HCIA-Datacom
认证题库分类精讲

韩立刚 ◎ 主　编
王应丹　赵建雲　韩　旭 ◎ 副主编

· 北京 ·

内容提要

本书是韩立刚老师十余年网络技术实践及授课经验的结晶。

本书以华为 HCIA 认证考试试题为主线，首先按所涉及的知识点把试题进行了分类归纳，这样非常有利于读者对每一个知识点的对比学习及深入掌握。然后，在给出每道题答案及解析的基础上，又通过有代表性的扩展知识，把各题所涉及的知识点背后的理论知识重新进行深入讲解并尽量与工作实践相结合，以期让读者真正地把相关的网络技术“吃深、吃透”，在顺利通过认证的基础上，真正提高技术水平，从而在职场中形成显著的竞争优势。

本书可作为华为 HCIA 认证考生的备考用书，也可作为从事或打算从事网络技术相关工作的专业人员、教师的参考用书。

图书在版编目（CIP）数据

HCIA-Datacom认证题库分类精讲 / 韩立刚主编. -- 北京 : 中国水利水电出版社, 2023.8
ISBN 978-7-5226-1851-7

Ⅰ. ①H… Ⅱ. ①韩… Ⅲ. ①计算机网络－题解 Ⅳ. ①TP393-44

中国国家版本馆CIP数据核字(2023)第186261号

策划编辑：周春元　　责任编辑：王开云　　封面设计：李　佳

书　名	HCIA-Datacom 认证题库分类精讲 HCIA-Datacom RENZHENG TIKU FENLEI JINGJIANG
作　者	主　编　韩立刚 副主编　王应丹　赵建雲　韩　旭
出版发行	中国水利水电出版社 （北京市海淀区玉渊潭南路 1 号 D 座　100038） 网址：www.waterpub.com.cn E-mail：mchannel@263.net（答疑） sales@mwr.gov.cn 电话：（010）68545888（营销中心）、82562819（组稿）
经　售	北京科水图书销售有限公司 电话：（010）68545874、63202643 全国各地新华书店和相关出版物销售网点
排　版	北京万水电子信息有限公司
印　刷	三河市德贤弘印务有限公司
规　格	184mm×260mm　16 开本　31 印张　832 千字
版　次	2023 年 8 月第 1 版　2023 年 8 月第 1 次印刷
印　数	0001—3000 册
定　价	88.00 元

为什么要看这本书

韩立刚老师是数据通信与网络技术认证教材作者，也是“华为开发者学堂官方认证讲师”。

随着HCIA认证的热度越来越高，韩老师在授课过程中发现，越来越多的学员采用刷题的方式来获得HCIA认证。我们知道，网络技术是理论性与实践性都非常强且理论与实践结合相当紧密的技术，因此，绝大多数HCIA题目也是理论与实践的结合。

不可否认，刷题对于考证是有效的，但韩老师坚持认为，绝对不应该为考试而刷题，我们要尽量通过每一道题目，真正理解它背后所涉及的理论知识与实践知识，以便能够真正地把相关的理论与方法应用到实际工作中，从而提高解决实际网络问题的能力。

本书就是基于这一目标而编写的。首先，韩老师根据历年真题，把HCIA的考试分为以下知识域：网络基础，TCP/IP，IP 地址和子网划分，设备管理，路由，OSPF，交换，DHCP，网络安全和NAT，IPv6，广域网，WLAN，VPN、MPLS、SR，网络设计和管理。然后，再根据真题的考试频率，把相关考题收入到相应的知识域中，这样，就非常有利于读者系统性地对各知识域的知识点、相关考法进行对比学习与理解。然而，这并不是本书的最大特色。

在给出每道题的答案及解析的基础上，韩老师通过知识扩展，在题目后面紧跟着把该题所涉及的基础理论、实践应用进行了系统而深入浅出的讲解。因此，本书事实上是一本以认证题目为引领的对计算机网络原理的“回炉”学习过程。这种通过题目提出具体学习目标，题目与对应的理论与实践知识的无缝衔接的学习方式才是本书的重点。通过学习本书，读者不但可以有效地通过认证考试，还可以切实提高理论水平与网络技术应用水平，从而形成真正的择业优势。

更为宝贵的是，通过本书您可能会认识韩立刚老师。只要您打算从事网络技术，韩立刚老师就可能会成为您实际工作中可遇而不可求的坚强技术后盾。

希望本书对您有所帮助。

目　录

第1章 计算机网络基础

本章汇总了计算机网络基础知识相关试题。考查的主要知识点涉及：互联网的应用，网络通信方式，网络拓扑，局域网和广域网，以太网使用的协议，全双工、半双工、单工通信，集线器、交换机、路由器、防火墙等常见网络设备，集线器、交换机、路由器划分的冲突域，广播域，单播、组播、广播 MAC 地址，交换机使用 MAC 地址表转发数据，交换机 MAC 地址表构建过程，MAC 地址表构成。

1.1 互联网的应用

典型 HCIA 试题

以下哪些是通信网络？【多选题】

A．使用计算机在线看视频

B．使用计算机访问官方网络

C．从公司的邮箱里下载邮件到自己电脑里

D．使用即时通信软件（如：QQ、微信）与好友聊天

试题解析

网络中的计算机通信，实际上是计算机上的应用程序之间的通信。比如打开 QQ、微信和好友聊天，打开浏览器访问网站，打开播放软件在线看电影，收发电子邮件，这些都会产生网络流量。本题四个选项都需要使用网络进行通信，故答案为 ABCD。

关联知识精讲

应用程序通常分为客户端程序和服务器端程序，客户端程序向服务器端程序发送请求，服务器端程序向客户端程序返回响应，提供服务。服务器端程序运行后等待客户端的连接请求。比如百度网站，不管是否有人访问，百度 Web 服务都一直等待客户端的访问请求，如图 1-1 所示。

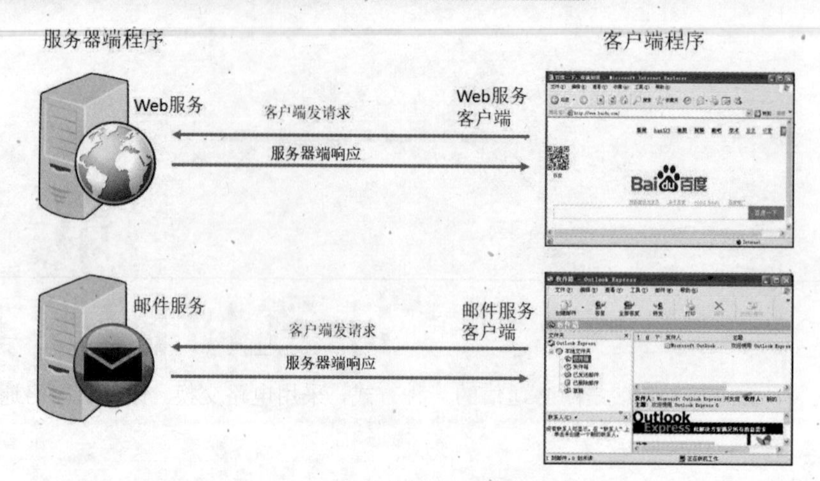

图 1-1　客户端和服务器端程序通信

客户端程序能够向服务器端程序发送哪些请求，也就是客户端能够向服务器端发送哪些命令，这些命令发送的顺序，发送的请求报文有哪些字段，分别代表什么意思，都需要提前约定好。

服务器端程序收到客户端程序发送来的请求，应该有哪些响应，什么情况发送什么响应，发送的响应报文有哪些字段，分别代表什么意思，也需要提前约定好。

这些提前约定好的客户端程序和服务器端程序通信规范就是应用程序通信使用的协议，称为应用层协议。Internet 上有很多应用，比如访问网站的应用、收发电子邮件的应用、文件传输的应用、域名解析应用等，每一种应用都需要一个专门的应用层协议，这就意味着应用层协议需要很多。

应用层协议的甲方和乙方是服务器端程序和客户端程序，在很多计算机网络原理的教材中，协议中的甲方和乙方称为对等实体。

在实际应用中，客户端程序和服务器端程序通常还具有以下一些主要特点。

客户端程序：

- 被用户调用后运行，在通信时主动向远地服务器发起通信（请求服务）。因此，客户端程序必须知道服务器端程序的地址。
- 不需要特殊的硬件和很复杂的操作系统。

服务器端程序：

- 是一种专门用来提供某种服务的程序，可同时处理多个远地或本地客户的请求。
- 系统启动后即自动调用并一直不断地运行着，被动地等待并接受来自各地的客户的通信请求。因此，服务器程序不需要知道客户程序的地址。
- 一般需要有强大的硬件和高级的操作系统支持。

客户端与服务器端的通信关系建立后，通信可以是双向的，客户和服务器都可发送和接收数据。

1.2　网络通信方式

典型 HCIA 试题

使用传统座机进行通话，是网络通信的一种方式。【判断题】

A．对　　　　　　　　　B．错

试题解析

网络从广义来讲是电路或电路中的一部分，即在电的系统中，由若干元件组成的用来使电信号按一定要求传输的电路或电路的一部分。网络包括电信网络、有线电视网络、计算机网络等。狭义的网络是指因特网，即计算机网络。本题中，传统座机（有线电话）使用电话交换机组建的网络进行通信，因此使用传统座机进行通话，也是网络通信的一种方式。故答案为 A。

关联知识精讲

传统座机（有线电话）通话是网络通信的一种方式，采用电路交换。计算机网络通信采用分组交换。

一、电路交换

在电话问世后不久，人们就发现要让所有的电话机都两两相连接是不现实的。图 1-2（a）表示两部电话只需要用 1 对电线就能够互相连接起来。但若有 5 部电话要两两相连．则需要 10 对电线，如图 1-2（b）所示。显然，若 N 部电话要两两相连，就需要 $N(N-1)/2$ 对电线。当电话机的数量很大时，这种连接方法需要的电线数量就太大了（与电话机的数量的平方成正比）。于是人们认识到，要使得每一部电话能够很方便地和另一部电话进行通信，就应当使用电话交换机将这些电话连接起来，如图 1-2（c）所示。每一部电话都连接到交换机上，而交换机使用交换的方法，让电话用户彼此之间可以很方便地通信。一百多年来，电话交换机虽然经过多次更新换代，但交换的方式一直都是电路交换。

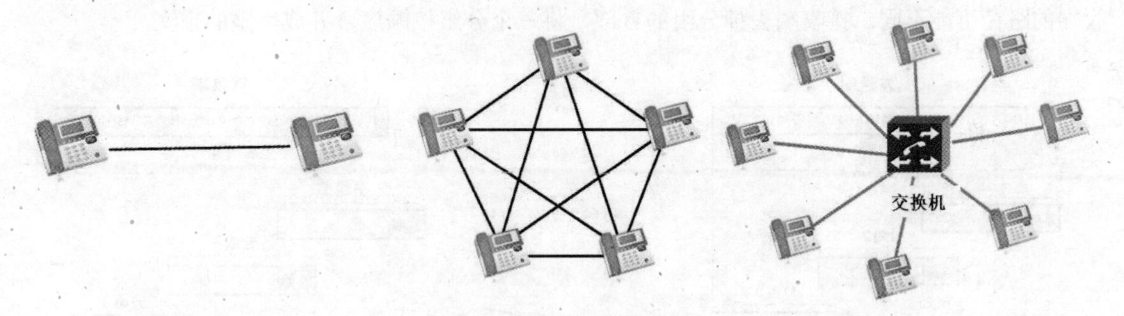

（a）两部电话直接相连　（b）5 部电话两两直接相连　（c）用交换机连接多部电话

图 1-2　电话机的不同连接方法

当电话机的数量增多时，就要使用很多彼此连接起来的交换机来完成全网的交换任务，如图 1-3 所示。用这样的方法，就构成了覆盖全世界的电信网。

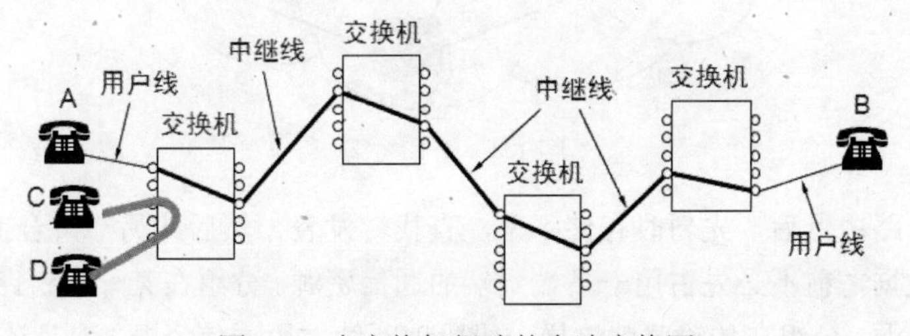

图 1-3　多交换机组建的电路交换网

从通信资源的分配角度来看，交换就是按照某种方式动态地分配传输线路的资源。在使用电路交换打电话之前，必须先拨号请求建立连接。当被叫用户听到交换机送来的拨号音并摘机后，从主叫端到被叫端就建立了一条连接，也就是一条专用的物理通路，通信质量有保证。

这条连接保证了双方通话时所需的通信资源，而这些资源在双方通信时不会被其他用户占用。此后主叫和被叫双方就能互相通电话。通话完毕挂机后，交换机释放刚才使用的这条专用的物理通路（即把刚才占用的所有通信资源归还给电信网）。这种必须经过“建立连接（占用通信资源）→通话（一直占用通信资源）→释放连接（归还通信资源）”三个步骤的交换方式称为电路交换。如果用户在拨号呼叫时电信网的资源已不足以支持这次呼叫，则主叫用户会听到忙音，表示电信网不接受用户的呼叫，用户必须挂机，等待一段时间后再重新拨号。

互联网中的计算机随时有可能访问多个服务器，如果访问服务器先建立拨号连接，就不灵活了，这种通信方式不适合计算机网络。

二、分组交换

计算机网络通信采用分组交换，分组交换采用存储转发技术。图 1-4 是把一个报文划分为几个分组的概念。通常把发送端要发送的整块数据称为一个报文。在发送报文之前，先把较长的报文划分成为一个个更小的等长数据段，例如，每个数据段为 1024bit。在每一个数据段前面，加上一些必要的控制信息组成首部后，就构成了一个分组（Packet），分组又称“包”，而分组的首部也可称“包头”。分组是在因特网中传送的数据单元。分组中的“首部”是非常重要的，正是由于分组的首部包含了诸如目标地址和源地址等重要控制信息，每一个分组才能在因特网中独立地选择传输路径，并被正确地交付到分组传输的终点。路由器为每个分组单独选择转发路径，各个分组到达接收端的路径可能不同。接收端去掉分组的首部，将三个分组按顺序合并成完整的报文。

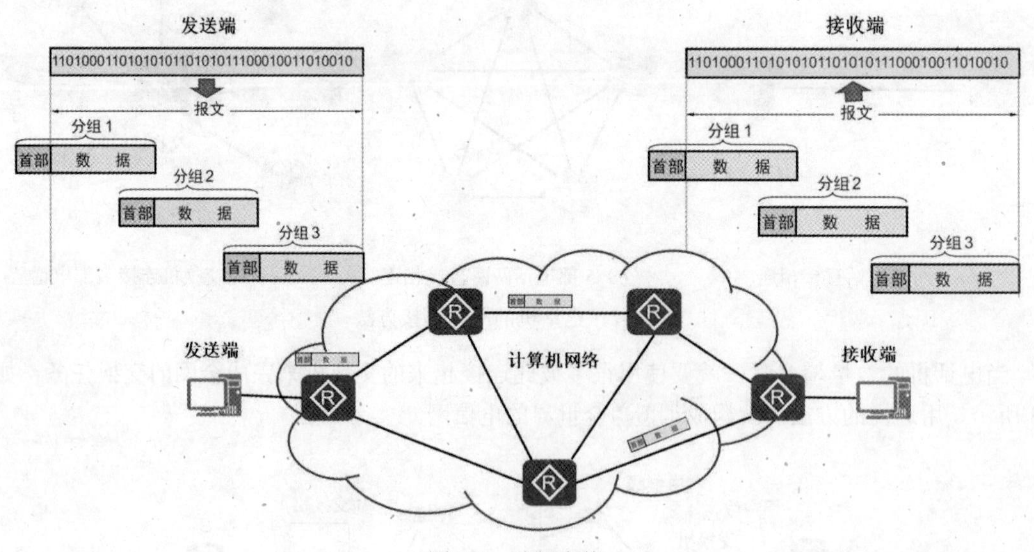

图 1-4　分组交换

分组到达一个路由器后，先暂时存储下来，查找转发表，然后从另一条合适的链路转发出去。分组交换在传送数据之前不必先占用一条端到端的通信资源。分组在某一段链路上传送时，才占用这段链路的通信资源。分组在传输时就这样一段段地断续占用通信资源，而且还省去了建立连接和释放连接的开销，因而数据的传输效率更高。

从以上所述可知，采用存储转发的分组交换，实质上采用了在数据通信的过程中断续（或动态）分配传输带宽的策略，这对传送突发式的计算机数据非常合适，使得通信线路的利用率大大提高了。

1.3 网络拓扑

典型HCIA试题

树型网络拓扑实际上是一种层次化的星型结构，易于扩充网络规模，但是层级越高的节点故障导致的网络问题越严重。【判断题】

A．对　　　　　　　　B．错

试题解析

网络设备（如计算机、路由器、交换机等）通过传输介质（如双绞线、光纤）连接成不同的网络拓扑（Network Topology）。每种网络拓扑具有其自身的优点和缺点。按照拓扑形态来划分，网络可分为星型网络、总线型网络、环型网络、树型网络、全网状网络、部分网状网络和组合型网络，如图1-5所示。

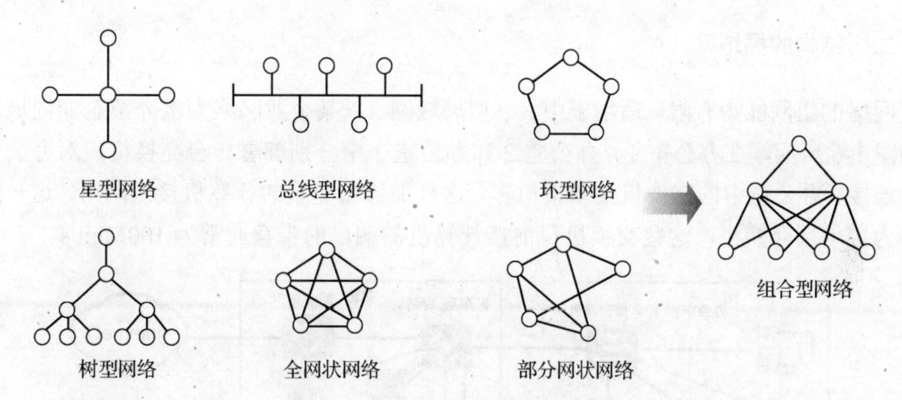

图1-5　网络拓扑

- 星型网络是一种所有节点通过一个中心节点连接在一起的网络结构。
  优点：容易在网络中增加新的节点。通信数据必须经过中心节点中转，易于实现网络监控。
  缺点：中心节点出现故障会影响整个网络的通信。
- 总线型网络是一种所有节点通过一条总线（如同轴电缆）连接在一起的网络结构。
  优点：安装简便，节省电缆；某一节点出现故障一般不会影响整个网络的通信。
  缺点：总线出现故障会影响整个网络的通信；某一节点发出的信息可以被所有其他节点收到，安全性低。
- 环型网络是一种所有节点连成一个封闭的环的网络结构。
  优点：节省线缆。
  缺点：增加新的节点比较麻烦，必须先中断原来的“环”，才能插入新节点以形成“新环”。

- 树型网络实际上是一种层次化的星型结构。

  优点：能够快速将多个星型网络连接在一起，可以根据需要分层，易于扩充网络规模。

  缺点：层级越高的节点所发生的故障导致的网络问题越严重。

- 全网状网络是一种所有节点都通过线缆两两互连的网络结构。

  优点：具有高可靠性和高通信效率。

  缺点：每个节点都需要大量的物理端口，同时还需要大量的互连线缆，成本高，不易扩展。

- 部分网状网络是一种只有重点节点之间才两两互连的网络结构。

  优点：成本低于全网状网络。

  缺点：可靠性比全网状网络低。

- 组合型网络是由前面所讲的星型、树型和部分网状网络结合在一起形成的网络结构。

  优点：既具有星型网络易于增加节点、在中心监控流量的特点，又具备树型网络分层的特点，同时还具备部分网状网络的可靠性。

  缺点：需要冗余设备和线缆，成本高。

根据树型网络的优点和缺点，本题答案为 A。

关联知识精讲

企业组网的网络拓扑可以分为二层结构的局域网和三层结构的局域网。

一、二层结构的局域网

二层网络的组网能力有限，适用于中、小型局域网。以某企业网络为例介绍企业局域网的网络拓扑，如图 1-6 所示，在办公室 1、办公室 2 和办公室 3 中分别部署一台交换机，对办公室内的计算机进行连接。办公室中的交换机要求接口多，这样能够将更多的计算机接入网络，这一级别的交换机被称为接入层交换机，这些交换机目前接计算机的端口的带宽通常为 100Mbit/s。

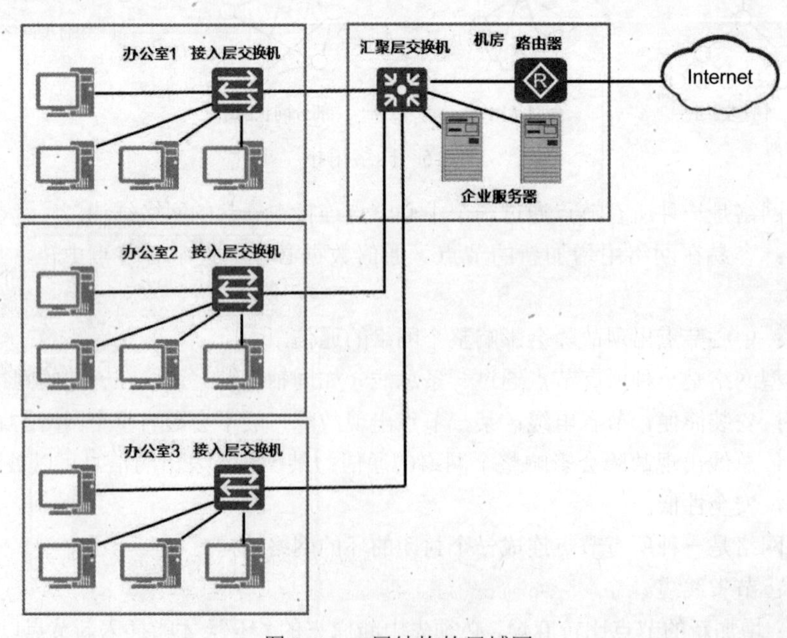

图 1-6 二层结构的局域网

汇聚层可以部署路由器，也可以部署交换机。如部署交换机，则交换机通常为三层部署，执行 IP 报文转发任务。

在企业机房部署一台交换机，该交换机连接企业的服务器和各办公室中的交换机，可汇聚办公室中接入层交换机的上网流量，并通过路由器连接 Internet。这一级别的交换机被称为汇聚层交换机。可以看到，这一级别的交换机端口不一定多，但端口带宽要比接入层交换机的带宽高，否则就会成为制约网速的瓶颈。

二、三层结构的局域网

在网络规模比较大的企业，局域网可能会采用三层结构。三层结构局域网中的交换机有三个级别：接入层交换机、汇聚层交换机和核心层交换机。层次模型可以用来帮助设计可扩展、可靠、性能价格比高的层次化网络。

如图 1-7 所示，某企业有 3 家分公司，每个分公司有自己的办公楼，每个办公楼都有自己的机房和网络，该企业网络中心为 3 家分公司提供 Internet 接入，因此各分公司的汇聚层交换机就要连接到网络中心的交换机，这一级别的交换机被称为核心层交换机。企业的服务器接入核心层交换机，即可为 3 家分公司提供服务。

汇聚层和核心层可以部署路由器，也可以部署交换机。如部署交换机，则交换机通常为三层部署，执行 IP 报文转发任务。

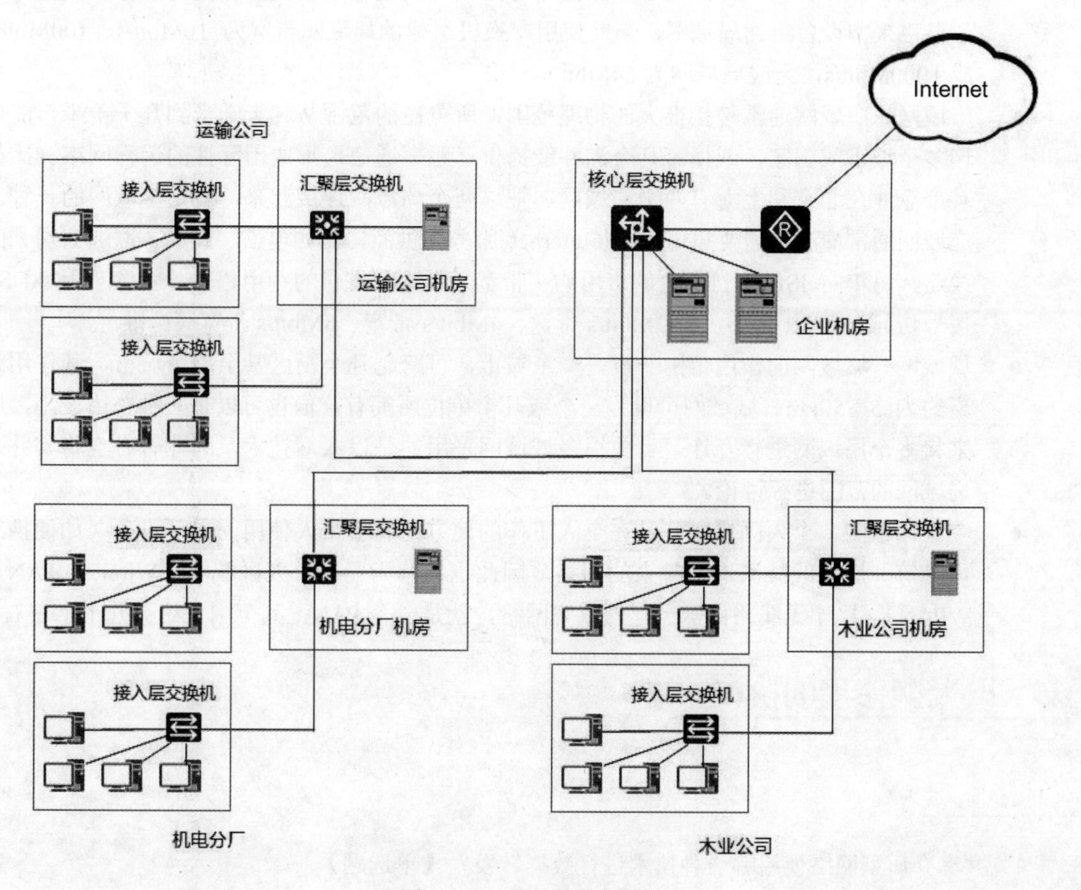

图 1-7 三层结构的局域网

1.4 局域网和广域网

典型 HCIA 试题

以下哪些网络属于局域网？【多选题】

A．一个家庭网络　B．宽带城域网　C．某公司办公网络　D．因特网

试题解析

局域网是在一个局部的地理范围内（如一个学校、工厂和机关内），一般是方圆几千米以内，由单位或个人购买设备组建和维护。因特网（Internet）是全球最大的互联网，城域网覆盖一个城市。

家庭网络和公司办公网络属于局域网，因此答案为AC。

关联知识精讲

按所覆盖的地理范围，网络可分为以下几种：

- 局域网。在一个局部的地理范围内（如一个学校、工厂和机关内），一般是方圆几千米以内，将各种计算机、外部设备和数据库等互相连接起来组成的计算机通信网。通常是单位自己采购设备组建局域网，当前使用交换机组建的局域网带宽为 10Mbit/s、100Mbit/s 或 1000Mbit/s，无线局域网为 54Mbit/s。
- 广域网。广域网通常跨接很大的物理范围，所覆盖的范围从几十千米到几千千米，能连接多个城市或国家，或横跨几个洲并能提供远距离通信，形成国际性的远程网络。比如有个企业在北京和上海有两个局域网，把这两个局域网连接起来，就是广域网的一种。广域网通常情况下需要租用 ISP（Internet 服务提供商，比如电信、移动、联通公司）的线路，每年向 ISP 支付一定的费用购买带宽，带宽和支付的费用相关，就像家用 ADSL 拨号访问 Internet 一样，有 2Mbit/s 带宽、4Mbit/s 带宽、8Mbit/s 带宽等标准。
- 城域网。城域网的作用范围一般是一个城市，可跨越几个街区甚至整个城市，其作用距离约为 5～50km。城域网可以为一个或几个单位所拥有，但也可以是一种公用设施，用来将多个局域网进行互连。目前很多城域网采用的是以太网技术，因此有时也将其并入局域网的范围进行讨论。
- 个人区域网。个人区域网就是在个人工作的地方把属于个人使用的电子设备（如便携式电脑等）用无线技术连接起来的网络，因此也常称为无线个人区域网（Wireless PAN，WPAN），比如无线路由器组建的家庭网络，就是一个 PAN，其范围大约在几十米左右。

1.5 以太网使用的协议

典型 HCIA 试题

1．共享介质型网络使用哪一种技术进行数据转发？【单选题】

A．CSMA/CD　B．CSMA/AC　C．TDMA/CD　D．CSMA/CD

2．以下哪项不是CSMA/CD的工作原理？【单选题】

A．边发边听　　B．延迟固定时间后重发　　C．冲突停发

D．随机延迟后重发　　E．先听后发

试题解析

1．使用共享介质通信，需要使用CSMA/CD协议进行通信，因此答案为A。

2．使用CSMA/CD协议通信，如果发生冲突，就要等一个随机时间再次尝试发送，而不是等待固定时间，因此答案为B。

关联知识精讲

最初的局域网使用同轴电缆进行组网，采用总线型拓扑，如图1-8所示。一条链路通过T形接口连接多个网络设备（网卡），总线上的设备通信都通过总线，总线为共享介质。链路上的两个计算机通信，比如计算机A给计算机B发送一个帧，同轴电缆会把承载该帧的数字信号传送到所有终端，链路上的所有计算机都能收到（所以称为广播信道）。要在这样的一个广播信道实现点到点通信，就需要给发送的帧添加源地址和目标地址，这就要求网络中的每个计算机的网卡有唯一的一个物理地址即MAC地址（Media Access Control Address），仅当帧的目标MAC地址和计算机的网卡MAC地址相同，网卡才接收该帧，对于不是发给自己的帧则丢弃。这和点到点链路不同，点到点链路的帧不需要源地址和目标地址。

图1-8表示的A计算机给B计算机通信，帧的源MAC地址为MA，目标MAC地址为MB。

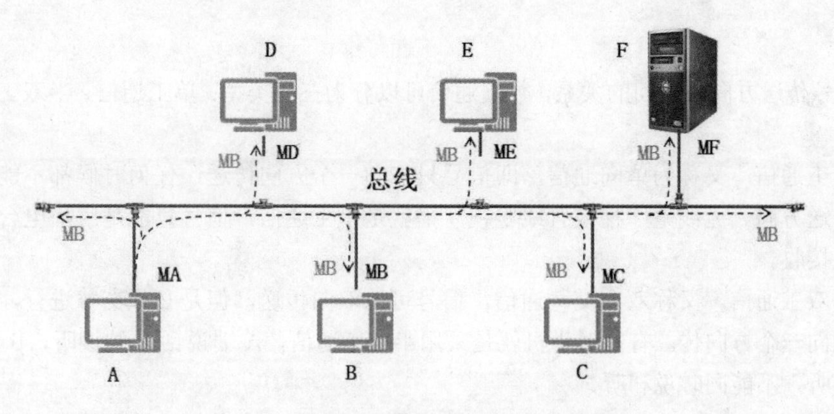

图1-8　总线型广播信道

广播信道中的计算机发送数据的机会均等，但是链路上又不能同时传送多个计算机发送的信号，因为会产生信号叠加相互干扰，因此每台计算机发送之前要判断链路上是否有信号在传，开始发送后还要判断是否和其他正在链路上传过来的数字信号发生冲突。如果发生冲突，就要等一个随机时间再次尝试发送，这种机制就是带冲突检测的载波侦听多路访问（Carrier Sense Multiple Access with Collision Detection，CSMA/CD）。CSMA/CD就是广播信道使用的数据链路层协议，使用CSMA/CD协议的网络就是以太网。

1.6 全双工、半双工、单工通信

典型 HCIA 试题

1．以太网光接口只能工作在（　　）模式下。【单选题】

A．全双工　　B．半双工　　C．单工　　D．自协商

2．如果使用万兆光模块互连两台华为 S5710 交换机，那么互连端口工作模式默认为全双工。【判断题】

A．对　　B．错

试题解析

1．使用光缆的以太网，使用双工光缆，一条光缆用于发送数据，另一条用于接收，以太网光接口只能工作在全双工模式下，答案为 A。

2．在 1999 年 3 月，IEEE 成立了高速研究组，其任务是致力于 10 吉比特以太网（10GE）的研究，10GE 的正式标准已在 2002 年 6 月完成。10GE 也就是万兆以太网。由于数据率很高，10GE 不再使用铜线而只使用光纤作为传输媒体。它使用长距离（40km）的光收发器与单模光纤接口，以便能够工作在广域网和城域网的范围。10GE 也可使用较便宜的多模光纤，但传输距离为 65～300m。10GE 只工作在全双工模式，因此不存在争用问题，也不使用 CSMA/CD 协议。这就使得 10GE 的传输距离不再受碰撞检测的限制而大大提高了。答案为 A。

关联知识精讲

按照信号传送方向与时间的关系，数据通信可以分为三种类型：单工通信、半双工通信与全双工通信。

- 单工通信。又称为单向通信，即信号只能向一个方向传送，任何时候都不能改变信号的传送方向。无线电广播或有线电视广播就是单工通信，信号只能是广播电台发送，收音机接收。
- 半双工通信。又称双向交替通信，信号可以双向传送，但是必须交替进行，一个时间只能向一个方向传。有些对讲机就是采用半双工通信，A 端说话 B 端接听，B 端说话 A 端接听，不能同时说和听。
- 全双工通信。又称双向同时通信，即信号可以同时双向传送。比如我们用手机打电话，听和说可以同时进行。

计算机上的网卡可以设置工作速率、指定双工模式。如图 1-9 所示，打开以太网属性，单击“配置”，如图 1-10 所示，在高级标签下可以设置连接速度和双工模式。连接集线器的网卡只能工作在半双工，连接交换机接口的计算机可以工作在全双工或半双工。1Gbit/s 只能工作在全双工模式。

常见的光纤接口类型有 ST、SC、FC、LC 四种，如图 1-11 所示。

- ST 卡接式圆形光纤接口。ST 头是在现场见得最多的光纤接口，可以这么形容它：圆的，可以转半圈卡住的光纤接口。这种接口优点是易于固定，缺点是容易折断，而且连接时稍稍费些力气。

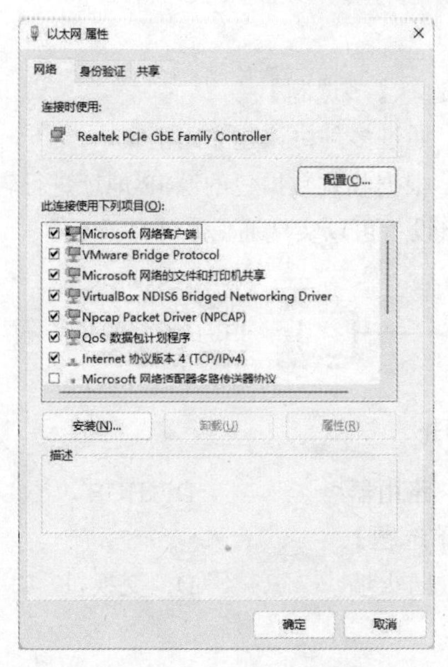

图 1-9　以太网属性

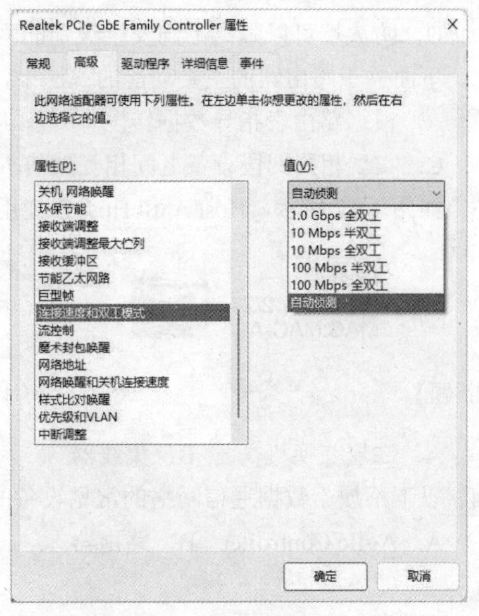

图 1-10　设置网卡双工模式

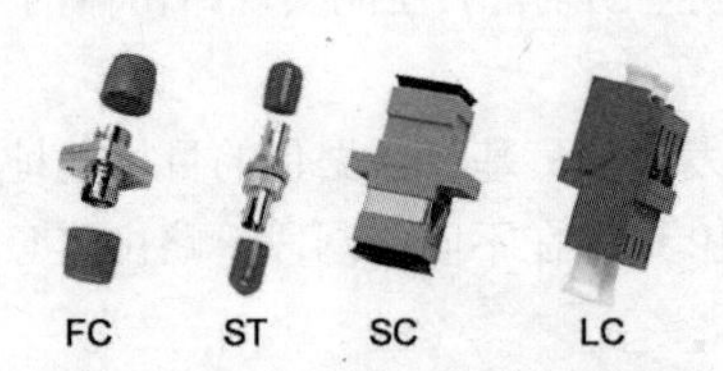

图 1-11　光纤接口类型

- SC 卡接式方形光纤接口。SC 连接口是直接插拔的，使用很方便，缺点是没有固定端，很容易掉出来。
- FC 圆形带螺纹光纤接口。FC 接口非常多见，线路保护装置跟通信柜连接时多用此类型的光纤连接头。这种接口有一个螺帽可以拧到连接器上，优点是牢靠、防灰尘，缺点是安装时间长。
- LC 光纤接口。LC 型连接器是著名的 Bell（贝尔）研究所研究开发出来的，采用操作方便的模块化插孔（RJ）闩锁机理制成。其所采用的插针和套筒的尺寸是普通 SC、FC 等所用尺寸的一半。这样可以提高光纤配线架中光纤连接器的密度。交换机、路由器接口常用 LC 光纤接口。

1.7　常见的组网设备

典型 HCIA 试题

1．关于防火墙的描述，错误的是？【单选题】

A．防火墙能够实现不同网络之间的访问控制

B．防火墙不能实现网络地址转换

C．防火墙能够实现用户身份认证

D．防火墙可以隔离不同安全级别的网络

2．下面关于路由器的主要功能的说法中，错误的是？【多选题】

A．根据路由表指导数据转发　　B．通过多种协议建立路由表

C．实现相同网段设备之间相互通信　　D．根据收到数据包的源 IP 地址进行转发

3．如图 1-12 所示，Host A 和 Host B 使用哪种网络设备可以实现通信？【单选题】

图 1-12　网络拓扑

A．二层交换机　　B．集线器　　C．路由器　　D．HUB

4．以下不属于数据通信网络的常见设备的是？【单选题】

A．Agile Controller　B．路由器　　C．防火墙　　D．交换机

试题解析

1．防护墙除了能够实现网络安全的功能，还能实现路由器的功能，比如路由和网络地址转换，答案为 B。

2．路由器负责在不同网段转发数据，基于数据包的目标地址转发，答案为 CD。

3．题中 Host A 和 Host B 的 IP 地址在不同的网段，路由器负责在不同网段转发数据，图中的 Device 应该为路由器，答案为 C。

4．Agile Controller 不是常见的网络设备，答案为 A。

关联知识精讲

图 1-13 所示是典型的企业计算机网络，该网络看起来较为复杂，但其可被看作一个具有三层结构的网络，即接入层、汇聚层与核心层。只不过为了避免单点故障，采用了双汇聚、双核心的高可用架构。此外，出口区域连接 Internet 的链路部署了防火墙，且通过双链路接入了 Internet。

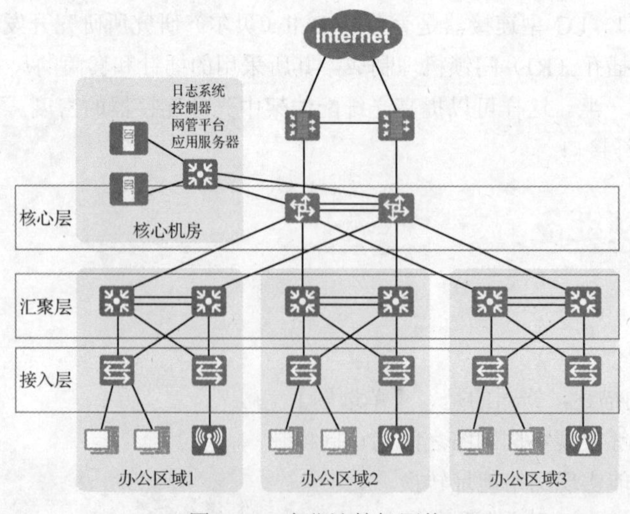

图 1-13　企业计算机网络

该网络中的设备有交换机、路由器、防火墙等。下面具体介绍各种网络设备的功能。

一、交换机

如图 1-14 所示，在园区网络中，交换机（Switch）一般是距离终端用户最近的设备。由以太网交换机组建的网络是一个广播域，即一个节点发送的广播帧其余节点都能够收到。

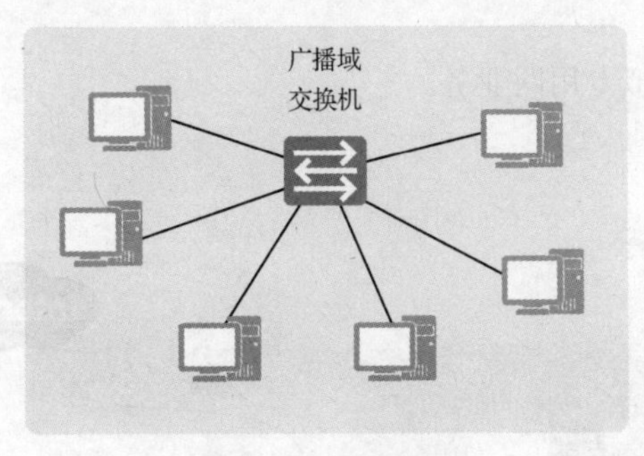

图 1-14　交换机

二、路由器

如图 1-15 所示，路由器（Router）负责在不同网段转发报文，根据收到的报文的目标 IP 地址选择一条合适的路径将报文传送到下一个路由器或目的地，路径中最后的路由器负责将报文送交目的主机。路由器隔离广播域，运行路由协议，构建路由表，维护路由表，转发 IP 报文，接入广域网，进行网络地址转换，连接交换机组建的网络。

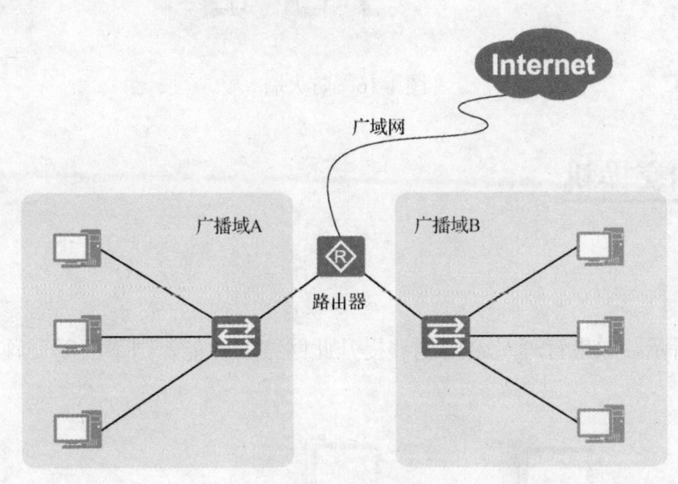

图 1-15　路由器

三、防火墙

防火墙（Firewall）是网络安全设备，如图 1-16 所示，用于控制两个信任程度不同的网络（如企业内部网络和 Internet）之间的安全通信。它通过制定并实施统一的安全策略，监测、限制、更改跨越防火墙的数据流，进而防止网络外部用户对网络内部的重要信息资源进行非法访问和存取，即尽可能地对网络外部屏蔽网络内部的信息、结构以及运行状况，以此来实现对企业内部网络的安全保护。防火墙可以实现的主要功能如下。

- 隔离不同安全级别的网络。
- 实现不同安全级别的网络之间的访问控制（安全策略）。
- 用户身份认证。
- 实现远程接入功能。
- 路由功能。
- 实现数据加密及虚拟专用网业务。
- 执行网络地址转换。
- 其他安全功能。

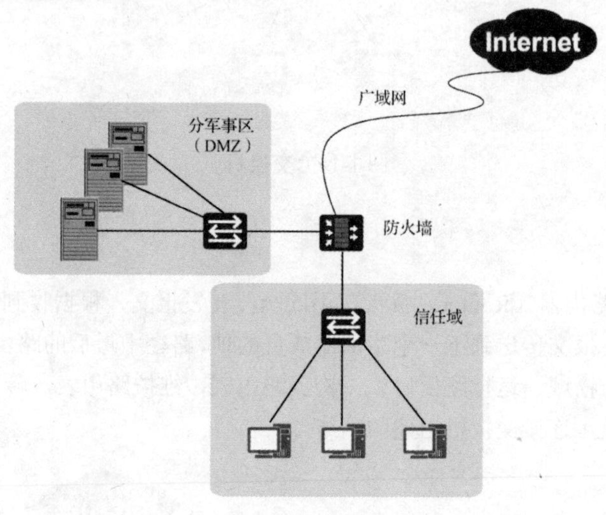

图 1-16　防火墙

1.8　集线器和交换机

典型 HCIA 试题

1. 如图 1-17 所示，如果管理员希望能够提升此网络的性能，则下面哪一种方法最合适？【单选题】

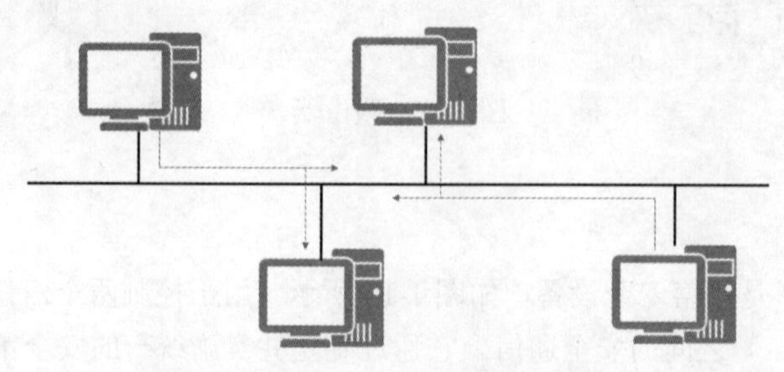

图 1-17　网络拓扑

A. 使用交换机把每台主机连接起来，并把每台主机的工作模式修改为全双工

B．使用 HUB 把每台主机连接起来，并把每台主机的工作模式都修改为半双工

C．使用 HUB 把每台主机连接起来，并把每台主机的工作模式都修改为全双工

D．使用交换机把每台主机连接起来，并把每台主机的工作模式修改为半双工

2．如图 1-18 所示的网络中，下列描述正确的是？【多选题】

图 1-18 网络拓扑

A．RTA 与 SWC 之间的网络为同一个冲突域

B．SWA 与 SWC 之间的网络为同一个广播域

C．SWA 与 SWC 之间的网络为同一个冲突域

D．SWA 与 SWB 之间的网络为同一个广播域

3．如图 1-19 所示，关于此网络拓扑图描述正确的是？【单选题】

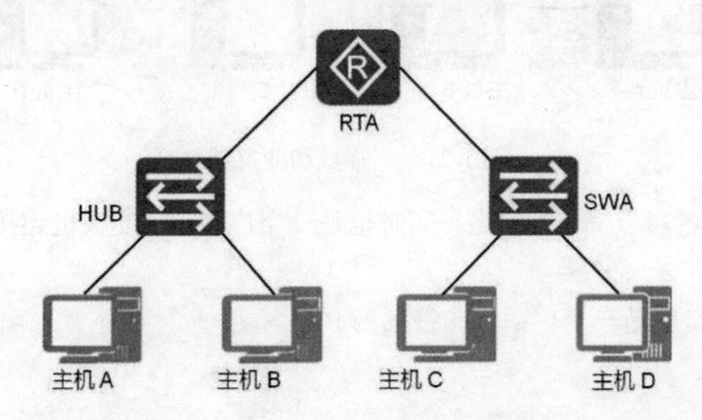

图 1-19 网络拓扑

A．此网络中有 6 个冲突域　　　　B．此网络中有 6 个广播域

C．此网络中有 12 个冲突域　　　D．此网络中有 2 个广播域

4．关于冲突域和广播域，描述正确的是？【多选题】

A．一台 HUB 所连接的设备属于一个广播域

B．一台交换机所连接的设备属于一个冲突域

C．一台交换机所连接的设备属于一个广播域

D．一台路由器所连接的设备属于一个广播域

E．一台 HUB 所连接的设备属于一个冲突域

5．路由器所有的接口属于同一个广播域。【判断题】

A．对　　　　B．错

试题解析

1．使用交换机替换总线避免冲突，优化以太网，答案为 A。

2．路由器每个接口就是一个广播域，集线器连接的设备就在一个冲突域，如图 1-20 所示，答案为 BC。

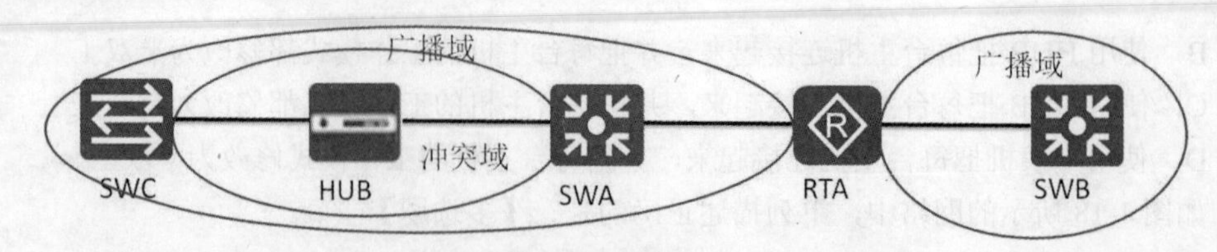

图 1-20　广播域和冲突域

3．如图 1-21 所示，路由器两个接口划分 2 个广播域，HUB 是个冲突域，答案为 D。

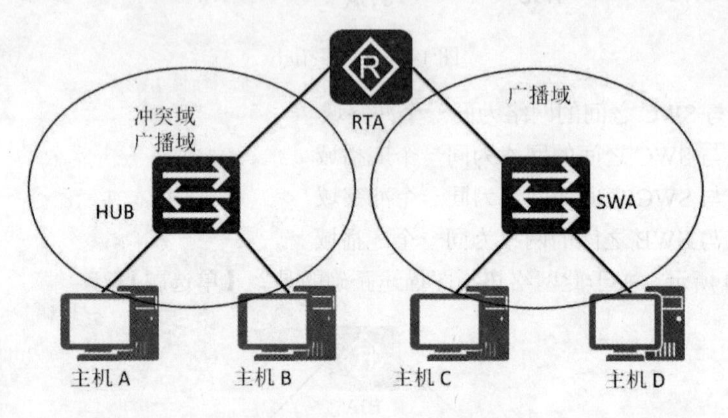

图 1-21　广播域和冲突域

4．HUB 锁链的设备属于一个冲突域，同时也是一个广播域，交换机连接的设备属于一个广播域，答案为 ACE。

5．路由器一个接口就是一个广播域，答案为 B。

关联知识精讲

广播信道除了总线型拓扑，使用集线器设备还可以连接成星型拓扑。如图 1-22 所示，计算机 A 发送给计算机 C 的数字信号，会被集线器发送到所有接口（这和总线型拓扑一样），网络中的计算机 B、C 和 D 的网卡都能收到，该帧的目标 MAC 地址和计算机 C 的网卡相同，只有计算机 C 接收该帧。为了避免冲突，计算机 B 和计算机 D 就不能同时发送帧了，因此连接在集线器上的计算机也要使用 CSMA/CD 协议进行通信。

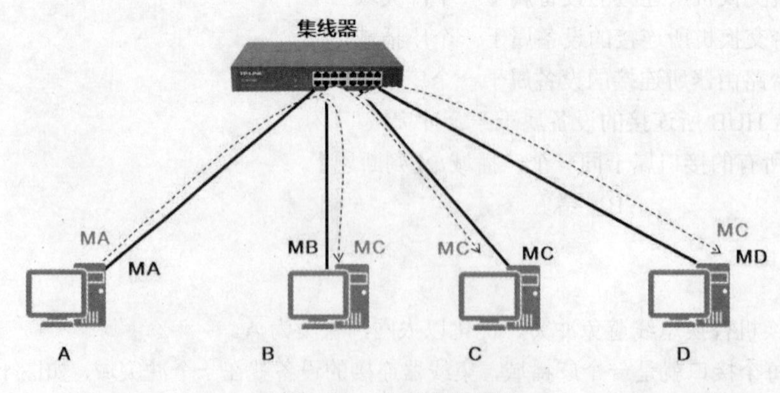

图 1-22　星型广播信道

使用同轴电缆、集线器组建的局域网，链路上的计算机带宽共享，计算机数量越多，平均到每台计算机的带宽越少。后来出现交换机替代了同轴电缆、集线器，交换机有 MAC 地址表，可以根据帧的目标 MAC 地址转发，而不是将帧转发给所有端口，这样就避免了冲突。

现在组建企业局域网大都使用交换机，交换机能够构建 MAC 地址表，并基于 MAC 地址表转发帧，如图 1-23 所示。

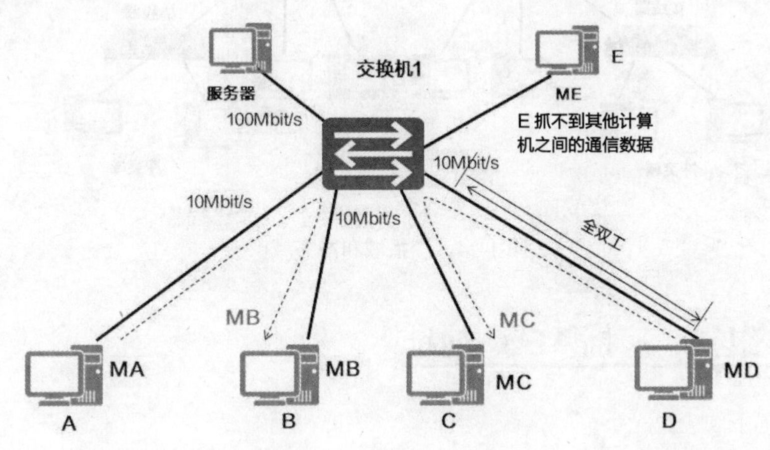

图 1-23　交换机扩展以太网

交换机组网与集线器组网相比有以下特点：

（1）端口独享带宽。交换机的每个端口独享带宽，10Mbit/s 交换机每个端口带宽是 10Mbit/s，24 口 10Mbit/s 交换机，交换机的总体交换能力是 240Mbit/s，这和集线器不同。

（2）安全。使用交换机组建的网络比集线器安全，比如计算机 A 给计算机 B 发送的帧，以及计算机 D 给计算机 C 发送的帧，交换机根据 MAC 地址表只转发到目标端口，E 计算机根本收不到其他计算机通信的数字信号，即便安装了抓包工具也没用。

（3）全双工通信。交换机接口和计算机直接相连，计算机和交换机之间的链路可以使用全双工通信，即可以同时收发。

（4）全双工不再使用 CSMA/CD 协议。交换机接口和计算机直接相连，使用全双工通信数据链路层就不再需要使用 CSMA/CD 协议，但我们还是称交换机组建的网络是以太网，是因为帧格式和以太网一样。

（5）接口可以工作在不同的速率。交换机使用的存储转发，也就是交换机的每一个接口都可以存储帧，从其他端口转发出去时，可以使用不同的速率。通常连接服务器的接口要比连接普通计算机的接口带宽高，交换机连接交换机的接口也比连接普通计算机的接口带宽高。

（6）转发广播帧。广播帧会转发到除了发送端口以外的全部端口。广播帧就是指目标 MAC 地址 48 位二进制全是 1，即目标 MAC 地址为 FF-FF-FF-FF-FF-FF。比如以太网中 ARP 通过发送的广播帧，解析本网段已知 IP 地址的 MAC 地址。有些病毒也会在网络中发送广播帧，造成交换机忙于转发这些广播帧而影响网络中计算机正常的通信，造成网络堵塞。所以说交换机组建的以太网就是一个广播域，路由器负责在不同网段转发数据包，广播数据包不能跨路由器，所以说路由器隔绝广播。

如图 1-24 所示，路由器连接两个交换机，交换机连接计算机和集线器，路由器隔绝广播，图中标出了广播域，冲突域。

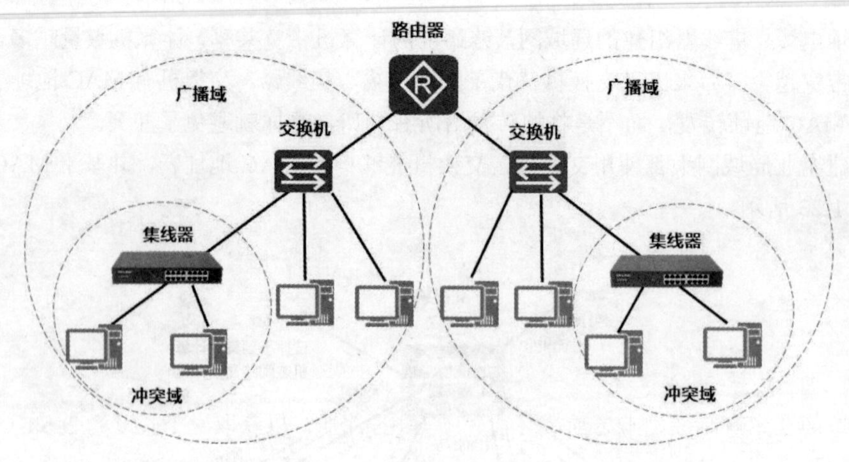

图 1-24　广播域和冲突域

1.9　单播、组播、广播 MAC 地址

典型 HCIA 试题

1．网络管理员在网络中捕获到了一个数据帧，其目标 MAC 地址是 01-00-5E-A0-B1-C3。关于该 MAC 地址的说法，正确的是？【单选题】

A．它是一个组播 MAC 地址　　B．它是一个单播 MAC 地址

C．它是一个非法 MAC 地址　　D．它是一个广播 MAC 地址

2．以下哪些 MAC 地址不能作为主机网卡的 MAC 地址？【多选题】

A．00-02-03-04-05-06　　B．02-03-04-05-06-07

C．01-02-03-04-05-06　　D．03-04-05-06-07-08

试题解析

有些病毒会在网上使用广播 MAC 地址或组播 MAC 地址发送数据，造成网络堵塞。这就要求网络管理员通过抓包工具捕获数据包后，能够区分广播帧、组播帧和单播帧。判断依据就是 MAC 地址的第一个字节最低位，第一个字节的最低位是 0 的 MAC 地址是单播 MAC 地址，第一个字节的最低位是 1 的 MAC 地址是组播 MAC 地址。

1．MAC 地址 01-00-5E-A0-B1-C3 第一个字节的最低位是 1，该 MAC 地址是组播 MAC 地址，答案为 A。

2．题中 01-02-03-04-05-06 和 03-04-05-06-07-08MAC 地址为组播 MAC 地址，广播 MAC 地址和组播 MAC 地址只能作为目标 MAC 地址，不能作为网卡的 MAC 地址，答案为 CD。

关联知识精讲

1980 年 2 月，美国电气和电子工程师协会（IEEE）召开了一次会议，此次会议启动了一个庞大的技术标准化项目，称为 IEEE 802 项目（IEEE Project 802）。802 中的“80”指 1980 年，“2”指 2 月。

IEEE 802 项目旨在制定一系列的关于局域网（LAN）的标准。以太网标准（IEEE 802.3）、令牌环网络标准（IEEE 802.5）、令牌总线网络标准（IEEE 802.4）等局域网标准都是 IEEE 802 项目的成果。我们把 IEEE 802 项目所制定的各种标准统称为 IEEE 802 标准。

MAC 地址是在 IEEE 802 标准中定义并规范的，凡是符合 IEEE 802 标准的网络接口卡（如以太网卡、令牌环网卡等）都必须拥有一个 MAC 地址。

如同每个人都有一个身份证号码来标识自己一样，每块网卡也拥有一个用来标识自己的号码，这个号码就是 MAC 地址，其长度为 48bit（6 字节）。不同的网卡其 MAC 地址也不相同。也就是说，一块网卡的 MAC 地址是具有全球唯一性的，连接在以太网的路由器接口和计算机网卡一样，也有 MAC 地址。

一个制造商在生产制造网卡之前，必须先向 IEEE 注册，以获取一个长度为 24bit（3 字节）的厂商代码，也称为组织唯一标识符（Organizationally Unique Identifier，OUI）。制造商在生产制造网卡的过程中，会在每一块网卡中的只读存储器（Read Only Memory，ROM）中烧录一个 48bit 的固化地址（Burned-In Address，BIA），BIA 地址的前 3 字节就是该制造商的 OUI，后 3 字节由该制造商自己确定，但不同的网卡，其 BIA 地址的后 3 字节不能相同。烧录网卡的 BIA 地址是不能被更改的，只能被读取出来使用。图 1-25 显示了 BIA 地址的格式。

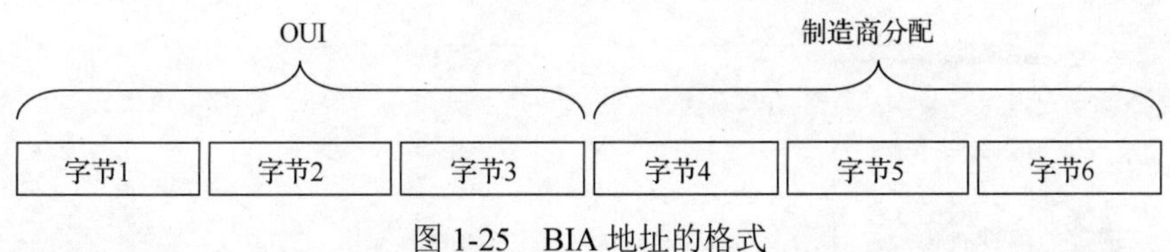

图 1-25　BIA 地址的格式

BIA 地址就是 MAC 地址的一种，更准确地说，BIA 地址是一种单播 MAC 地址。MAC 地址共分为 3 种，分别为单播 MAC 地址、组播 MAC 地址、广播 MAC 地址，如图 1-26 所示。

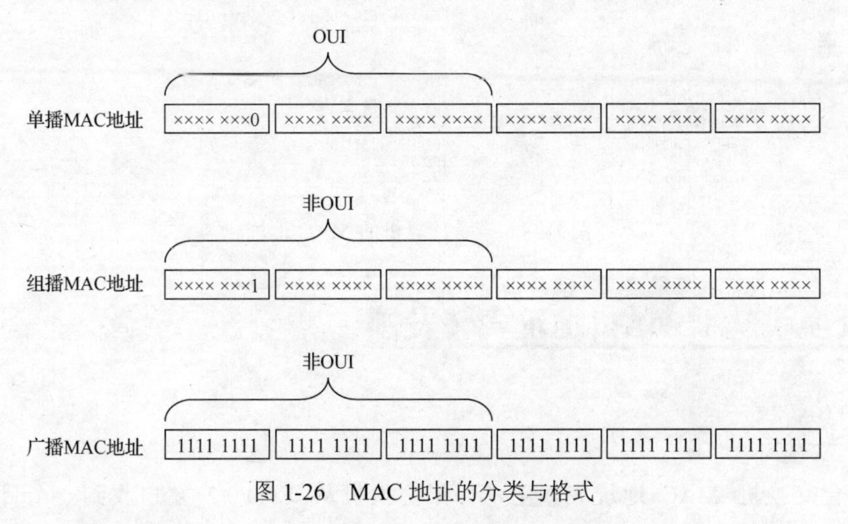

图 1-26　MAC 地址的分类与格式

单播 MAC 地址是指第一个字节的最低位是 0 的 MAC 地址。

组播 MAC 地址是指第一个字节的最低位是 1 的 MAC 地址。

广播 MAC 地址是指每个比特都是 1 的 MAC 地址。

一个单播 MAC 地址（如 BIA 地址）标识了一块特定的网卡，一个组播 MAC 地址标识的是一组网卡，广播 MAC 地址是组播 MAC 地址的一个特例，它标识了所有的网卡。

从图 1-26 可以发现，并非任何一个 MAC 地址的前 3 字节都是 OUI，只有单播 MAC 地址的前 3 字节才是 OUI，而组播或广播 MAC 地址的前 3 字节一定不是 OUI。

一个 MAC 地址有 48bit，为了方便起见，通常采用十六进制数的方式来表示一个 MAC 地址。每两位十六进制数 1 组（即 1 字节），一共 6 组，中间使用短线连接。也可以每 4 位十六进制数 1 组（即 2 字节），一共 3 组，中间使用短线连接。图 1-27 对这两种表示方法进行了举例说明。

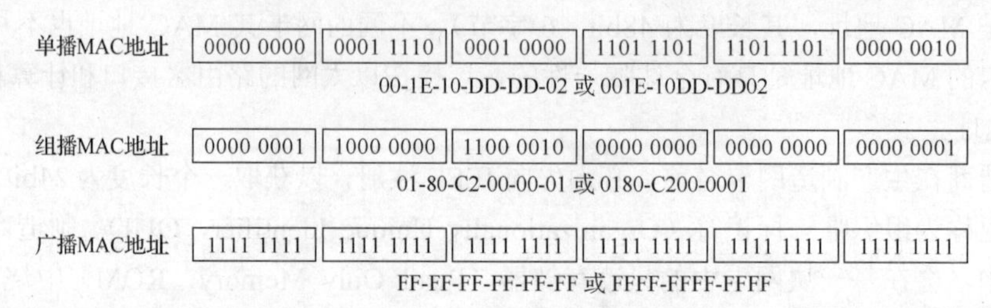

图 1-27　MAC 地址的表示方法

在 Windows 系统中在命令行下输入 ipconfig /all 能够看到网卡的物理地址，也就是 MAC 地址，如图 1-28 所示。

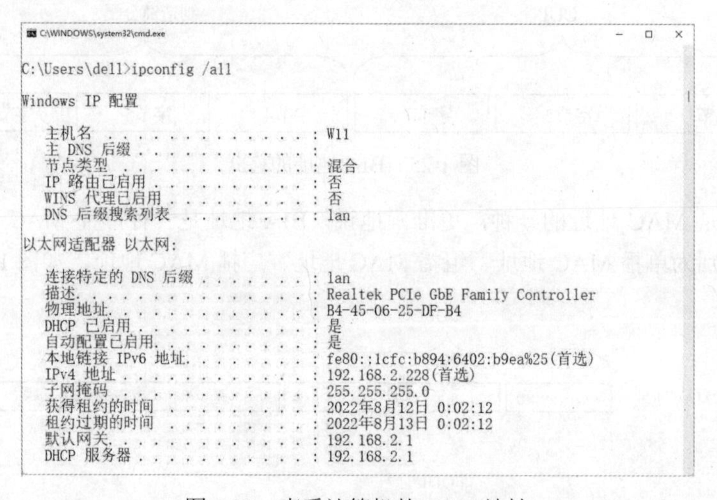

图 1-28　查看计算机的 MAC 地址

1.10　交换机基于 MAC 地址表转发帧

典型 HCIA 试题

1．某台交换机 MAC 地址表如下，如果交换机从 Eth0/0/2 端口收到一个目标 MAC 为 5489-9811-0b49 的数据帧，下列说法正确的是？【单选题】

```
<Huawei>display mac-address
MAC address table of slot 0:
-------------------------------------------------------------------------------
MAC Address     VLAN/        PEVLAN CEVLAN Port              Type         LSP/LSR-ID
```

```
                VSI/SI                                              MAC-Tunnel
-------------------------------------------------------------------------------
5489-9885-18a8   1          -     -     Eth0/0/2       dynamic    0/-
5489-9811-0b49   1          -     -     Eth0/0/3       dynamic    0/-
-------------------------------------------------------------------------------
Total matching items on slot 0 displayed = 2
```

A．将这个数据帧从 Eth0/0/2 端口转发出去

B．将这个数据帧丢弃

C．将这个数据帧从 Eth0/0/3 端口转发出去

D．将这个数据帧泛洪出去

2．MAC 地址表不包括以下哪项内容？【单选题】

A．端口号　　B．VLAN　　C．IP 地址　　D．MAC 地址

3．现有交换机 MAC 地址表如下，下列说法正确的是？【单选题】

```
<Huawei>display mac-address
MAC address table of slot 0:
-------------------------------------------------------------------------------
MAC Address     VLAN/        PEVLAN CEVLAN Port        Type      LSP/LSR-ID
                VSI/SI                                           MAC-Tunnel
-------------------------------------------------------------------------------
5489-9811-0b49 1            -      -      Eth0/0/3     static    -
-------------------------------------------------------------------------------
Total matching items on slot 0 displayed = 1
MAC address table of slot 0:
-------------------------------------------------------------------------------
MAC Address     VLAN/        PEVLAN CEVLAN Port        Type       LSP/LSR-ID
                VSI/SI                                            MAC-Tunnel
-------------------------------------------------------------------------------
5489-989d-1430   1           -      -     Eth0/0/1     dynamic    0/-
5489-9885-18a8   1           -      -     Eth0/0/2     dynamic    0/-
-------------------------------------------------------------------------------
Total matching items on slot 0 displayed = 2
```

A．当交换机重启，端口 Eth0/0/2 学习到的 MAC 地址不需要重新学习

B．当交换机重启，端口 Eth0/0/3 学习到的 MAC 地址需要重新学习

C．从端口收到源 MAC 地址为 5489-9811-0b49，目标 MAC 地址为 5489-989d-1430 的数据帧，从 Eth0/0/2 端口转发出去

D．从端口收到源 MAC 地址为 5489-9885-18a8，目标 MAC 地址为 5489-989d-1430 的数据帧，从 Eth0/0/1 端口转发出去

4．交换机收到一个单播数据帧，会在 MAC 地表中查找目标 MAC 地址，下列说法错误的是？【单选题】

A．如果查到了这个 MAC 地址，并且这个 MAC 地址在 MAC 地址表中对应的端口是这个帧进入交换机的那个端口，则交换机执行丢弃操作

B．如果查不到这个 MAC 地址，则交换机执行泛洪操作

C．如果查到了这个 MAC 地址，并且这个 MAC 地址在 MAC 地址表中对应的端口不是这个帧进入交接机的那个端口，则交换机执行转发操作

D．如果查不到这个 MAC 地址，则交换机执行丢弃操作

5．如图 1-29 所示，所有主机之间都可以正常通信，则 SWB MAC 地址和端口的对应关系正确的是？【单选题】

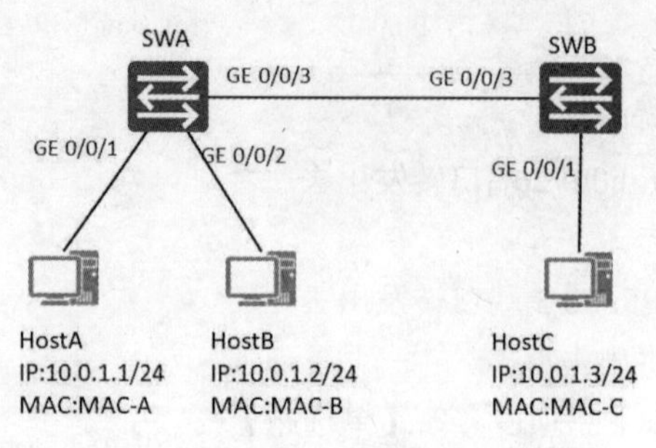

图 1-29　网络拓扑

A．MAC-A GE0/0/3　MAC-B GE0/0/3　MAC-C GE0/0/1

B．MAC-A GE0/0/1　MAC-B GE0/0/2　MAC-C GE0/0/3

C．MAC-A GE0/0/2　MAC-B GE0/0/2　MAC-C GE0/0/3

D．MAC-A GE0/0/1　MAC-B GE0/0/1　MAC-C GE0/0/3

6．图 1-30 中所有设备都能正常通信，则 SWA 的 MAC 地址表和端口对应关系正确的是？【单选题】

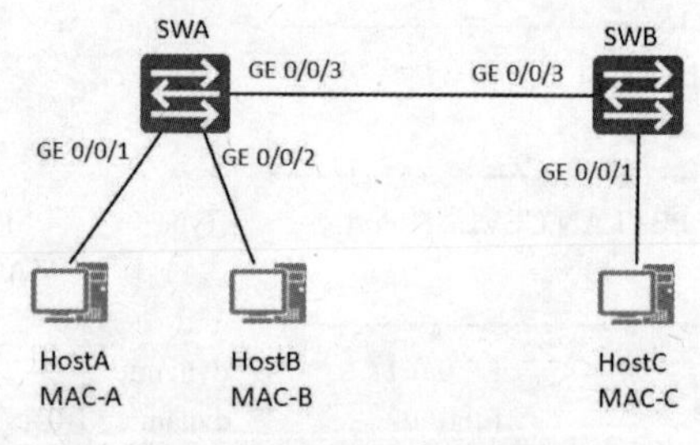

图 1-30　网络拓扑

A．MAC-A GE0/0/2　MAC-B GE0/0/2　MAC-C GE0/0/3

B．MAC-A GE0/0/1　MAC-B GE0/0/2　MAC-C GE0/0/1

C．MAC-A GE0/0/1　MAC-B GE0/0/1　MAC-C GE0/0/3

D．MAC-A GE0/0/1　MAC-B GE0/0/2　MAC-C GE0/0/3

7．如图 1-31 所示，假设 SWA 的 MAC 地址表如下，现在主机 A 发送一个目标 MAC 地址为 MAC-B 的数据帧，下列说法正确的是？【单选题】

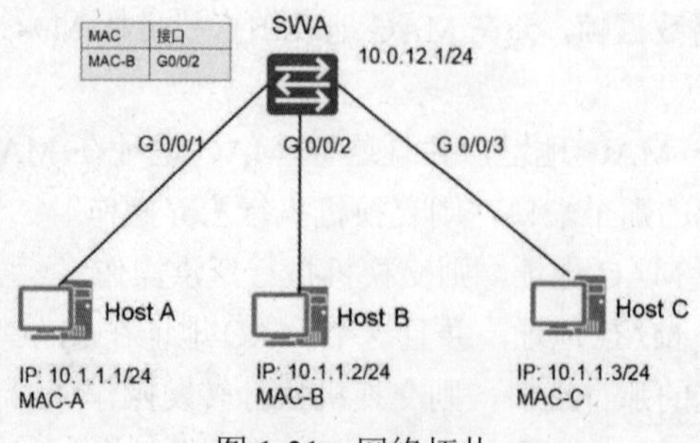

图 1-31　网络拓扑

A．SWA 将数据帧去弃

B．将这个数据帧只从 G0/0/2 端口转发出去

C．将这个数据帧只从 G0/0/3 端口转发出去

D．将这个数据帧泛洪出去

8．交换机收到一个单播数据帧，如果该数据帧目标 MAC 在 MAC 地表中能够找到，则此数据帧一定会从此 MAC 对应端口转发出去。【判断题】

A．对　　　　　　B．错

试题解析

1．题中交换机从 Eth0/0/2 端口收到一个目标 MAC 为 5489-9811-0b49 的数据帧，从显示的 MAC 地址表来看该目标 MAC 地址对应的是 Eth0/0/3 接口，应该由该接口转发出去。答案是 C。

2．MAC 地址表包括 MAC 地址、VLAN、端口号等信息，不包括 IP 地址，答案为 C。

3．题中 MAC 地址表项 Type 为 dynamic 的是动态 MAC 地址表项，重启交换机就自动清除，Type 为 static 的是静态 MAC 地址表项，由管理员添加，重启后依然生效，不需要重新学习。交换机根据帧的目标 MAC 地址转发帧，故答案为 D。

4．交换机收到一个单播数据帧，会在 MAC 地表中查找目标 MAC 地址，如果查不到这个 MAC 地址，则交换机执行泛洪操作。故答案为 D。

5．对于交换机来说，一个接口连接一个计算机，在 MAC 地址表中该接口对应一个 MAC 地址，如果一个接口连接交换机，该接口可能对应多个 MAC 地址，本题 SWB 的 GE0/0/3 连接 SWA，该接口对应 SWA 上的两个计算机的 MAC 地址，故答案为 A。

6．SWA 每个接口对应一个 MAC 地址，故答案为 D。

7．SWA 的 MAC 地址表有 MAC-B 对应的接口，一个数据帧只从 G0/0/2 端口转发出去。答案为 B。

8．如果帧的目标 MAC 对应的接口是接收该帧的接口，交换机就丢弃该帧。答案为 B。

关联知识精讲

一、交换机 MAC 地址表

MAC 地址表记录了交换机学习到的其他设备的 MAC 地址与接口的对应关系，以及接口所属 VLAN 等信息。交换机基于 MAC 地址表转发单播帧。设备在转发报文时，根据报文的目标 MAC 地址查询 MAC 地址表，如果 MAC 地址表中包含与报文目标 MAC 地址对应的表项，则直接通过该表项中的出接口转发该报文；如果 MAC 地址表中没有包含报文目标 MAC 地址对应的表项，设备将采取广播方式在所属 VLAN 内向除接收接口外的所有接口转发该报文。

如图 1-32 所示，使用两个交换机和 5 台计算机组建一个网络，在 PC1 上 ping PC2、PC3、PC4、PC5 的 IP 地址，这样交换机就能构建完整的 MAC 地址表。在 SW2 上输入“display mac-address”，可以看到 MAC 地址表，GE0/0/1 接口对应 PC1、PC2 两台计算机的 MAC 地址，可以断定 SW2 交换机的 GE0/0/1 接口对应连接 SW1。再过 300s，再次在 SW2 上输入“display mac-address”，查看 MAC 地址表，可以看到 MAC 地址表中条目自动清空。

```
<SW2>display mac-address
MAC address table of slot 0:
-------------------------------------------------------------------------------
MAC Address      VLAN/      PEVLAN   CEVLAN   Port      Type      LSP/LSR-ID
                 VSI/SI                                           MAC-Tunnel
-------------------------------------------------------------------------------
5489-9853-3b60   1          -        -        GE0/0/1   dynamic   0/-
5489-9851-0fbe   1          -        -        Eth0/0/1  dynamic   0/-
5489-98a6-7d20   1          -        -        Eth0/0/2  dynamic   0/-
5489-985e-16b9   1          -        -        Eth0/0/3  dynamic   0/-
5489-986a-20ec   1          -        -        GE0/0/1   dynamic   0/-
-------------------------------------------------------------------------------
Total matching items on slot 0 displayed = 5
```

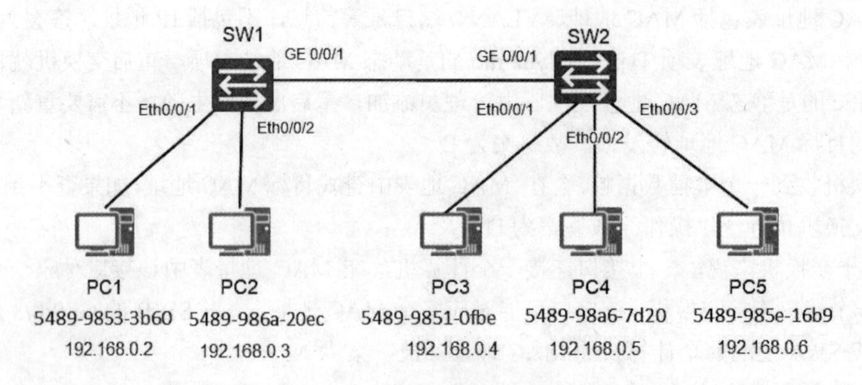

图 1-32　查看 MAC 地址表

从以上输出可以看到 Type 为 dynamic，这就意味着该条目是动态构建的，老化时间到期后，会自动删除。输入“display mac-address aging-time”查看 MAC 地址表老化时间。

```
[SW2]display mac-address aging-time
    Aging time: 300 seconds
```

进入系统视图，可以设置 MAC 地址表老化时间，下面的命令设置 MAC 地址表老化时间为 360 秒。

```
<Huawei>system-view
[Huawei]mac-address aging-time ?
<0,10-1000000> Aging-time seconds, 0 means that MAC aging function does not      work
[Huawei]mac-address aging-time 360
```

在现实中，一台低档交换机的 MAC 地址表通常最多可以存放数千条地址表项。一台中档交换机的 MAC 地址表通常最多可以存放数万条地址表项。一台高档交换机的 MAC 地址表通常最多可以存放几十万条地址表项。

在现实中，交换机或计算机在网络中的位置可能会发生变化。如果交换机或计算机的位置真的发生了变化，那么交换机的 MAC 地址表中某些原来的地址表项很可能会错误地反映当前 MAC 地址与接口的映射关系。另外，MAC 地址表中的地址表项如果太多，交换机查表一次所需的时间就会过长（交换机为了决定对单播帧执行何种转发操作，需要在 MAC 地址表中去查找该单播帧的目标 MAC 地址），也就是说，交换机的转发速度会受到一定的影响。鉴于上述两个主要原因，人们为 MAC 地址表设计了一种老化机制。

老化时间默认为 300s，这就意味着如果 MAC 地址表中的一个条目在 300s 内没有被用到，就会被从 MAC 地址表中删除。老化时间也可以通过命令进行配置，老化时间越短，计算机位置或交换机位置发生变化后，MAC 地址表就能越快学习到新的 MAC 地址和接口的对应条目。如果计算机和网络位置不怎么发生变化，老化时间短，MAC 地址和接口的对应条目很快被删除，当有到该 MAC 地址的帧时，交换机就会泛洪。

二、交换机的 3 种转发操作

交换机会对通过传输介质进入其接口的每一个帧都进行转发操作，交换机的基本作用就是转发帧。如图 1-33 所示，交换机对于从传输介质进入其某一接口（Port）的帧的转发操作一共有 3 种：泛洪、转发、丢弃。

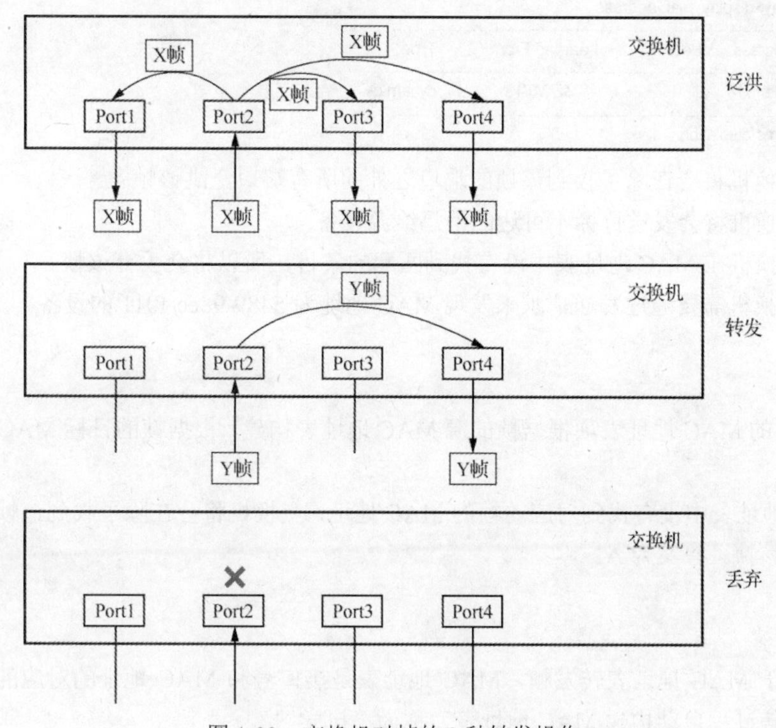

图 1-33 交换机对帧的 3 种转发操作

- 泛洪：交换机把从某一接口进来的帧转发到所有其他的接口（注意，“所有其他的接口”是指除这个帧进入交换机的那个接口以外的所有接口）。泛洪操作是一种点到多点的转发行为。例如，收到未知单播帧、广播帧和组播帧时会泛洪。
- 转发：交换机把从某一接口进来的帧通过另一个接口转发出去（注意，“另一个接口”不能是这个帧进入交换机的那个接口）。这里的转发操作是一种点到点的转发行为。
- 丢弃：交换机把从某一接口进来的帧直接丢弃。丢弃操作其实就是不进行转发。

图 1-33 中的箭头表示帧的运动轨迹。泛洪操作、转发操作、丢弃操作这 3 种转发行为经常被笼统地称为转发（即一般意义上的转发）操作，因此，读者在遇到“转发”一词时，需要根据上下文判断它究竟是一般意义上的转发还是特指点到点的转发。

1.11 交换机 MAC 地址表构建过程

典型 HCIA 试题

1．二层以太网交换机根据端口所接收到以太网帧的（　　）生成 MAC 地址表的表项。【单选题】

A．目标 MAC 地址　　　　B．目标 IP 地址

C．源 IP 地址　　　　D．源 MAC 地址

2．如以下 display 信息所示，当此交换机需要转发目标 MAC 地址为 5489-98ec-f011 的帧时，下列描述正确的是？【单选题】

```
<Quidway>display mac-address
------------------------------------------------------------
MAC Address    VLAN/ VSI    Learned-From    Type
------------------------------------------------------------
5489-98e-f018    1/-        GE0/0/13        dynamic
------------------------------------------------------------
Total items displayed = 1
```

A．交换机将会在除了收到该帧的端口之外的所有端口泛洪该帧

B．交换机将会发送目标不可达的消息给源设备

C．交换机在 MAC 地址表中没有找到匹配的条目，所以将会丢弃该帧

D．交换机需要通过发送请求来发现 MAC 地址为 5489-98ec-f011 的设备

试题解析

1．交换机的 MAC 地址表项根据帧的源 MAC 地址表构建，根据帧的目标 MAC 地址转发。答案为 D。

2．MAC 地址表中没有找到对应的帧的 MAC 地址，交换机将会在除了收到该帧的端口之外的所有端口泛洪该帧。答案为 A。

关联知识精讲

交换机基于 MAC 地址表转发帧，MAC 地址表是接口号和 MAC 地址的对应的一个表，交换机在计算机通信过程自动构建 MAC 地址表，称为“自学习”。

如图 1-34 所示，交换机有 4 个接口（Port），Port 后面的数字是接口编号（Port No.），分别为 1、2、3、4。每个接口连接一台计算机，分别是 PC1、PC2、PC3 和 PC4，对应的 MAC 地址分别是 MAC1、MAC2、MAC3 和 MAC4，一开始交换机的 MAC 地址表是空的，也就是说，在计算机通信之前，交换机也不知道接口对应哪些 MAC 地址。

只要交换机上的计算机发送帧，交换机就能够根据帧的源 MAC 地址构建 MAC 地址表。以后交换机就根据 MAC 地址表转发帧。

如图 1-35 所示，比如 PC1 给 PC3 发送一个 X 帧，这个帧源 MAC 地址为 MAC1，目标 MAC 地址为 MAC3，交换机在 MAC 地址中没有找到 MAC3 地址对应的接口，该帧会被泛洪到所有接口。PC2 和 PC4 的网卡会忽略该帧。Port1 接收到源 MAC 地址为 MAC1 的帧，就会在 MAC 地址表中添加 MAC1 和 Port1 的映射条目。

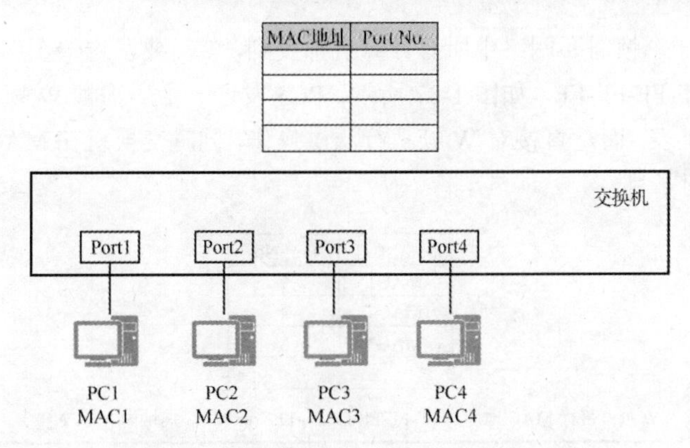

图 1-34 交换机构建 MAC 地址表的过程

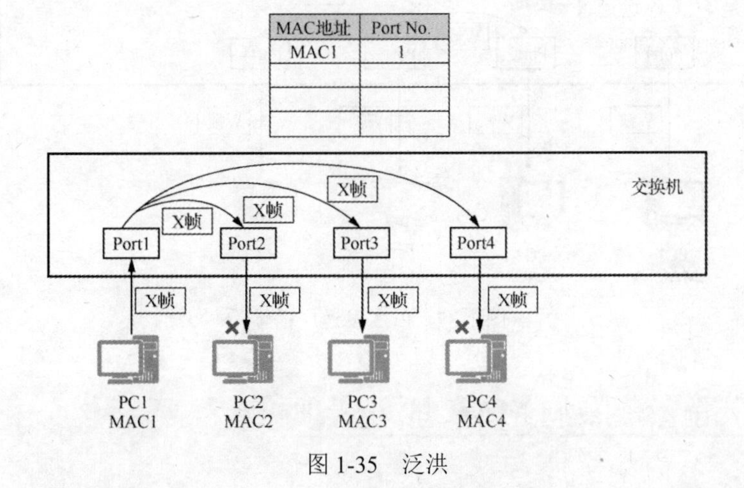

图 1-35 泛洪

如图 1-36 所示，PC4 发送给 PC1 一个 Y 帧，该帧的目标 MAC 地址为 MAC1，源 MAC 地址为 MAC4，交换机收到该帧后，查 MAC 地址表，发现 MAC1 对应 Port1，交换机将该帧转发到 Port1。同时在 MAC 地址表中添加一条 MAC4 和 Port4 的映射条目。

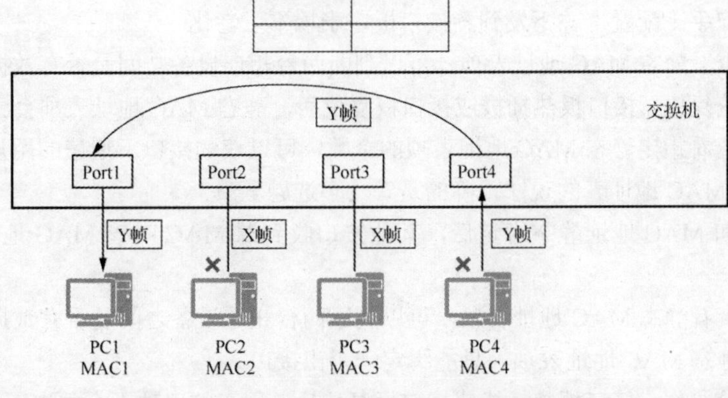

图 1-36 根据 MAC 地址表转发帧

如果计算机发送一个帧需要网络中所有计算机都收到，就需要发送一个广播帧。广播帧的目标MAC 地址为 FF-FF-FF-FF-FF-FF。如图 1-37 所示，PC3 发送一个广播帧 W 帧，交换机收到广播帧后不会去查 MAC 地址表，而是直接对 W 帧执行泛洪操作，同时交换机在 MAC 地址表中添加一条 MAC3 和 Port3 的映射条目。

MAC地址	Port No.
MAC1	1
MAC4	4
MAC3	3

W 帧：目标 MAC 地址为 FF-FF-FF-FF-FF-FF，源 MAC 地址为 MAC3

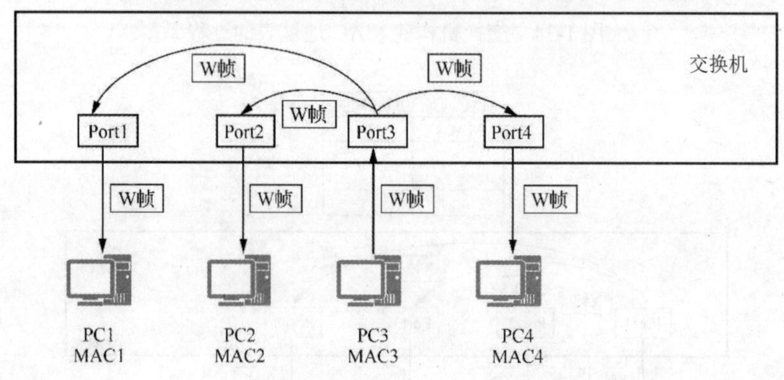

图 1-37　PC3 发送广播帧

1.12　动态、静态、黑洞 MAC 地址表项

典型 HCIA 试题

1．在交换机 MAC 地址表中，以下哪一类表项不会老化？【单选题】

A．动态 MAC 地址表项　　B．设备 MAC 地址表项

C．静态 MAC 地址表项　　D．端口 MAC 地址表项

2．关于静态 MAC 地址表的说法正确的是？【单选题】

A．由用户手工配置，并下发到各接口板，表项不可老化

B．通过查看静态 MAC 地址表项，可以判断两台相连设备之间是否有数据转发

C．在系统复位、接口板热插拔或接口板复位后，静态 MAC 地址表项会丢失

D．通过查看指定静态 MAC 地址表项的个数，可以获取接口下通信的用户数

3．关于静态 MAC 地址表的说法正确的是？【多选题】

A．接口和 MAC 地址静态绑定后，其他接口收到源 MAC 时该 MAC 地址的报文将会被丢弃

B．通过查看静态 MAC 地址表项，可以判断两台相连设备之间是否有数据转发

C．一条静态 MAC 地址表项，只能绑定一个出接口

D．在系统复位、接口板热插拔或接口板复位后，保存的表项不会丢失

4．现有交换机 MAC 地址表如下，下列说法正确的是？【单选题】

```
<Huawei>display mac-address
MAC address table of slot 0:
-------------------------------------------------------------------------------
MAC Address      VLAN/          PEVLAN CEVLAN Port          Type        LSP/LSR-ID
                 VSI/SI                                                 MAC-Tunnel
-------------------------------------------------------------------------------
5489-9811-0b49 1                -      -      Eth0/0/3      static      -
-------------------------------------------------------------------------------
Total matching items on slot 0 displayed = 1
MAC address table of slot 0:
-------------------------------------------------------------------------------
MAC Address      VLAN/          PEVLAN CEVLAN Port          Type        LSP/LSR-ID
                 VSI/SI                                                 MAC-Tunnel
-------------------------------------------------------------------------------
5489-989d-1430 1                -      -      Eth0/0/1      dynamic     0/-
5489-9885-18a8 1                -      -      Eth0/0/2      dynamic     0/-
-------------------------------------------------------------------------------
```

A．MAC 地址 5489-9885-1838 由管理员手工配置

B．MAC 地址 5489-9811-0b49 由管理员手工配置

C．MAC 地址 5489-3891-1450 由管理员手工配置

D．交换机重启后，所有 MAC 地址都需要重新学习

5．关于黑洞 MAC 地址表的说法正确的是？【多选题】

A．在系统复位、接口板热插拔或接口板复位后，保存的表项不会丢失

B．由用户手工配置，并下发到各接口板，表项不可老化

C．配置黑洞 MAC 地址后，源 MAC 地址或目标 MAC 地址是该 MAC 的报文将会被丢弃

D．通过配置黑洞 MAC 地址表项，可以过滤掉非法用户

6．以下哪些 MAC 地址不会老化？【多选题】

A．动态 MAC 地址　　B．黑洞 MAC 地址

C．静态 MAC 地址　　D．端口 MAC 地址

7．某台交换机输出信息如下，下列说法正确的是？【单选题】

```
<Huawei>display mac-address
MAC address table of slot 0:
-------------------------------------------------------------------------------
MAC Address      VLAN/          PEVLAN CEVLAN Port          Type        LSP/LSR-ID
                 VSI/SI                                                 MAC-Tunnel
-------------------------------------------------------------------------------
5489-9885-18a8 -                -      -      -             blackhole   -
5489-9811-0b49 1                -      -      Eth0/0/3      static      -
------------------------------------------------------
```

A．MAC 5489-9885-18a8 没有对应的端口信息，交换机出现 BUG

B．MAC 地址表中的所有条目都是交换机动态学习到的

C．交换机重启后，MAC 5489-9811-0b49 需要被重新学习

D．交换机收到源 MAC 或者目标 MAC 为 5489-9885-18a8 的数据帧，都会将该帧丢弃

8．静态 MAC 地址表在系统复位、接口板热插拔或接口板复位后，保存的表项不会丢失。【判断题】

A．对　　B．错

9．关于动态 MAC 地址表的说法正确的是？【多选题】

A．由接口通过报文中的源 MAC 地址学习获得，表项可老化

B．在系统复位、接口板热插拔或接口板复位后，动态表项会丢失

C．通过查看指定动态 MAC 地址表项的个数，可以获取接口下通信的用户数

D．在系统复位、接口板热插拔或接口板复位后，保存的表项不会丢失

10．交换机 MAC 地址表如下，下列说法正确的是？【单选题】

```
<Huawei>display mac-address
MAC address table of slot 0:
-------------------------------------------------------------------------
MAC Address      VLAN/       PEVLAN CEVLAN Port          Type        LSP/LSR-ID
                 VSI/SI                                              MAC-Tunnel
-------------------------------------------------------------------------
5489-9885-18a8 1         -      -      -                 blackhole   -
5489-9811-0b49 1         -      -      Eth0/0/3          static      -
-------------------------------------------------------------------------
Total matching items on slot 0 displayed = 2
-------------------------------------------------------------------------
MAC Address      VLAN/       PEVLAN CEVLAN Port          Type        LSP/LSR-ID
                 VSI/SI                                              MAC-Tunnel
-------------------------------------------------------------------------
5489-989d-1d30 1         -      -      Eth0/0/1          dynamic        0/-
-------------------------------------------------------------------------
Total matching items on slot 0 displayed = 1
```

A．交换机收到目标 MAC 地址为 5489-9811-0b49 的数据帧一定会丢弃

B．交换机收到目标 MAC 地址为 5489-9885-18a8 的数据帧一定会丢弃

C．交换机收到源 MAC 地址为 5489-9811-0b49 的数据帧一定会丢弃

D．交换机收到目标 MAC 地址为 5489-989d-1d30 的数据帧一定会丢弃

试题解析

1．静态 MAC 地址表项和黑洞 MAC 地址表项不会老化。答案为 C。

2．静态 MAC 地址表项由用户手工配置，不会老化，不需要通信学习构造 MAC 地址表项。静态 MAC 地址表项的配置会保存，在系统复位、接口板热插拔或接口板复位后，静态 MAC 地址表项不会丢失。一个接口对应的 MAC 地址表项有静态的，也可以同时有动态的，因此不能单独通过查看指定静态 MAC 地址表项的个数，获取接口下通信的用户数。答案为 A。

3．因为静态 MAC 地址表项不是通过计算机通信学习到的，因此通过查看静态 MAC 地址表项，不能断定两台相连设备之间是否有数据转发。答案为 ACD。

4．本题中 static 的项只有一个，对应的 MAC 地址为 5489-9811-0b49。答案为 B。

5．黑洞 MAC 和静态 MAC 地址表项一样，需要用户手工配置，表项不老化，重启配置不丢失。答案为 ABCD。

6．黑洞 MAC 和静态 MAC 地址表项一样，需要用户手工配置，表项不老化。答案为 BC。

7．MAC 5489-9885-18a8 没有对应的端口信息，交换机会将数据泛洪转发到其他端口，不会出现 BUG，Type 为 static 和 blackhole 的表项都是人工配置的，重启后静态和黑洞 MAC 地址表项不需要重新学习，交换机收到源或目标 MAC 地址为黑洞 MAC 的帧，都会丢弃，答案为 D。

8．静态 MAC 地址表在系统复位、接口板热插拔或接口板复位后，保存的表项不会丢失。答案为 A。

9．本题四个选项描述的都对，保存的表项应该是静态 MAC 地址表项。答案为 ABCD。

10．MAC 地址表中 MAC 地址 5489-9885-18a8 对应的黑洞表项，交换机收到目标 MAC 地址为 5489-9885-18a8 的数据帧一定会丢弃。交换机收到源 MAC 地址为 5489-9811-0b49 的数据帧会泛洪。答案为 B。

关联知识精讲

MAC 地址表的组成如下。

（1）动态表项。

- 由接口通过报文中的源 MAC 地址学习获得，表项可老化，默认老化时间为 300s。
- 在系统复位、接口板热插拔或接口板复位后，动态表项会丢失。

可以通过查看动态 MAC 地址表项，判断两台相连设备之间是否有数据转发；也可以通过查看指定动态 MAC 地址表项的个数，获取接口下通信的计算机数。

（2）静态表项。

设备通过源 MAC 地址学习自动建立 MAC 地址表时，无法区分合法用户和非法用户的报文，带来了安全隐患。如果非法用户将攻击报文的源 MAC 地址伪装成合法用户的 MAC 地址，并从设备的其他接口进入，设备就会学习到错误的 MAC 地址表项，于是将本应转发给合法用户的报文转发给非法用户。为了提高安全性，网络管理员可手工在 MAC 地址表中加入特定 MAC 地址表项，将用户设备与接口绑定，从而防止非法用户骗取数据。

- 静态 MAC 地址表项不会老化，保存后设备重启不会消失，只能手动删除。
- 静态 MAC 地址表项中指定的 MAC 地址，必须是单播 MAC 地址，不能是组播和广播 MAC 地址。
- 静态 MAC 地址表项的优先级高于动态 MAC 地址表项，对静态 MAC 地址进行漂移的报文会被丢弃。
- 一条静态 MAC 地址表项，只能绑定一个出接口。
- 一个接口和 MAC 地址静态绑定后，不会影响该接口动态 MAC 地址表项的学习。

以下命令添加静态表项，将 MAC 地址 5489-9885-18a8 和 Ethernet 0/0/3 进行绑定。如果将 MAC 地址为 5489-9885-18a8 的计算机通过其他接口接入，交换机也不会在 MAC 地址表中添加该 MAC 地址和其他接口的映射。

```
[Huawei]mac-address static 5489-9885-18a8 Ethernet 0/0/3 vlan 1
```

（3）黑洞表项。

如果知道了非法接入网络的计算机的 MAC 地址，可将该计算机的 MAC 地址配置为黑洞 MAC 地址。当设备收到目标 MAC 或源 MAC 地址为黑洞 MAC 地址的报文时，直接丢弃。

- 由用户手工配置，并下发到各接口板，表项不可老化。
- 在系统复位、接口板热插拔或接口板复位后，保存的表项不会丢失。

以下命令在 VLAN 1 中添加黑洞表项。MAC 地址为 5489-9857-2b22 的计算机接入交换机，发送的帧将被丢弃。

```
[Huawei]mac-address blackhole 5489-9857-2b22 vlan 1
```

第2章 TCP/IP 协议

本章汇总了 TCP/IP 协议和 OSI 参考模型相关试题。

计算机网络通信使用的 TCP/IP 协议栈是一组协议，根据这些协议实现的功能进行了分类，书中称为分层，底层协议为上一层协议提供服务。TCP/IP 协议栈中的协议按功能分层，由高到低为应用层、传输层、网络层、网络接口层（包含数据链路层和物理层）。

国际标准化组织（International Organization for Standardization，ISO）创建了开放系统互连（Open Systems Interconnection，OSI）参考模型。OSI 参考模型将计算机通信过程按功能划分为七层，并规定了每一层实现的功能。这样互联网设备的厂家以及软件公司就能参照 OSI 参考模型来设计自己的硬件和软件，不同供应商的网络设备之间就能够互相协同工作。

2.1 应用层协议

典型 HCIA 试题

1．使用 FTP 进行文件传输时，会建立多少个 TCP 连接？【单选题】

A．1　　B．2　　C．3　　D．4

2．FTP 协议控制平面使用的端口号为？【单选题】

A．22　　B．21　　C．24　　D．23

3．以下哪种协议不属于文件传输协议？【单选题】

A．FTP　　B．SFTP　　C．HTTP　　D．TFTP

4．DNS 协议的主要作用是？【单选题】

A．文件传输　　B．远程接入　　C．域名解析　　D．邮件传输

试题解析

1．FTP 和其他协议不一样的地方就是客户端访问 FTP 服务器需要建立两个 TCP 连接，一个用来传输 FTP 命令（控制连接），一个用来传输数据，故答案为 B。

2．FTP 协议控制平面使用的端口默认为 21，故答案为 B。

3．HTTP 是访问网站的协议，FTP、SFTP 和 TFTP 是文件传输协议，故答案为 C。

4．DNS 协议的主要作用是域名解析，故答案为 C。

关联知识精讲

一、TCP/IP 协议栈介绍

现在互联网中计算机通信使用的协议是 TCP/IPv4 协议栈，是目前最完整、使用最广泛的通信协议。如图 2-1 所示，这是一组协议，每一个协议都是独立的，有各自的甲方、乙方，有各自的目的和协议条款。这一组协议按功能分层，分为应用层、传输层、网络层、数据链路层协议（网络接口层）。这一组协议共同工作才能实现网络中计算机之间的通信。

TCP/IPv4 通信协议的魅力在于可使不同硬件结构、不同操作系统的计算机相互通信。TCP/IPv4 协议既可用于广域网，也可用于局域网。如图 2-1 所示，其中传输控制协议（TCP）和网际协议（IP）是这组协议的典型代表。

应用层
HTTP
FTP
DNS
DHCP
SMTP
POP3
传输层
TCP
UDP
网络层
ARP
IP
ICMP
IGMP
数据链路层
(网络接口层)
CSMA/CD
PPP
X.25
HDLC
帧中继

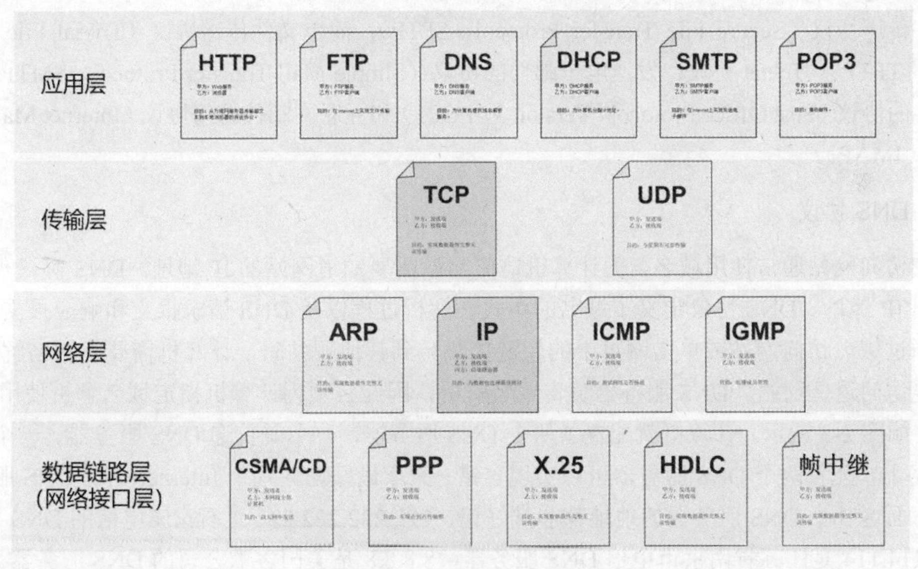

图 2-1　TCP/IPv4 协议栈

从图 2-2 可以看到我们通常所说的 TCP/IP 协议不是一个协议，也不是 TCP 和 IP 两个协议，而是一组独立的协议。这组协议按功能进行了分层，TCP/IP 协议分为 4 层，把数据链路层和物理层视为网络接口层。

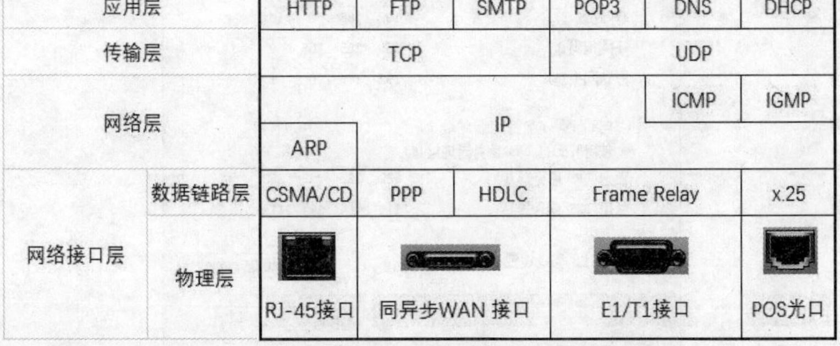

应用层
HTTP
FTP
SMTP
POP3
DNS
DHCP
传输层
TCP
UDP
网络层
IP
ICMP
IGMP
ARP
网络接口层
数据链路层
CSMA/CD
PPP
HDLC
Frame Relay
x.25
物理层
RJ-45接口
同异步WAN 接口
E1/T1接口
POS光口

图 2-2　TCP/IP 协议

二、应用层协议

互联网中常见的应用通信都定义了标准，应用层协议定义服务器和客户机之间如何交换信息、服务器和客户端之间能够进行哪些交互、命令的交互顺序，规定好信息的格式以及每个字段的意义。不同的应用实现的功能不一样，比如访问网站和收发电子邮件的应用实现的功能就不一样，因此就需要有不同的应用层协议。

具体来说，应用层协议应当定义：应用进程交换的报文类型，如请求报文和响应报文；各种报文类型的语法，如报文中的各个字段及其详细描述；字段的语义，即包含在字段中的信息的含义；进程何时、如何发送报文，以及对报文进行响应的规则。

常见的应用层协议有：域名系统（Domain Name System，DNS）；动态主机配置协议（Dynamic Host Configuration Protocol，DHCP）；超文本传输协议（Hypertext Transfer Protocol，HTTP）；安全超文本传输协议（Hypertext Transfer Protocol Secure，HTTPS）；文件传输协议（File Transfer Protocol，FTP）；安全文件传送协议（Secure File Transfer Protocol，SFTP）；简单文件传送协议（Trivial File Transfer Protocol，TFTP）；Telnet 协议；发送电子邮件的协议（Simple Mail Transfer Protocol，SMTP）；接收电子邮件的协议（Post Office Protocol - Version 3，POP3）和互联网邮件访问协议（Internet Mail Access Protocol，IMAP）。

三、DNS 协议

我们访问网站通常使用域名，但计算机访问网站需要知道网站的 IP 地址。DNS 协议负责将域名解析出 IP 地址。DNS 协议定义了域名的格式、解析过程以及 DNS 请求报文和响应报文格式。

当通过域名访问网站或单击网页中的超链接跳转到其他网站时，计算机需要将域名解析成 IP 地址才能访问这些网站。DNS 服务器负责域名解析，因此必须为计算机指定域名解析使用的 DNS 服务器。如图 2-3 所示，计算机就配置了两个 DNS 服务器，一个是首选 DNS 服务器、一个是备用 DNS 服务器，配置两个 DNS 服务器可以实现容错。大家最好记住几个 Internet 上的 DNS 服务器的地址，下面这 3 个 DNS 服务器的地址都非常好记，222.222.222.222 是石家庄电信的 DNS 服务器，114.114.114.114 是江苏省南京市电信 DNS 服务器，8.8.8.8 是美国谷歌公司的 DNS 服务器。

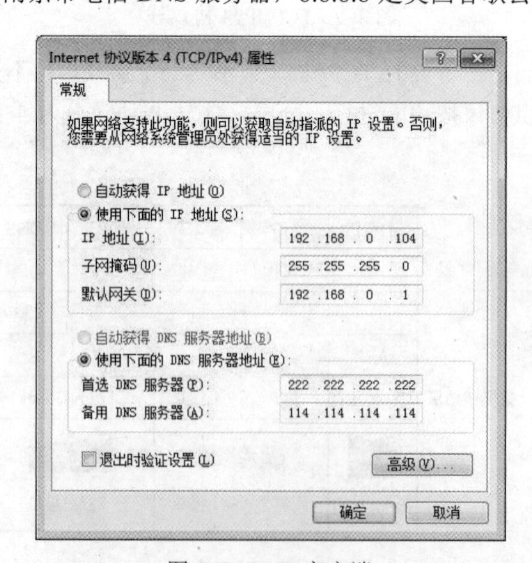

图 2-3　DNS 客户端

域名是分层的，如图 2-4 所示，所有的域名都是以英文的“.”开始，是域名的根，根下面是顶级域名，顶级域名共有两种形式：国家代码顶级域名（简称国家顶级域名）和通用顶级域名。国家代码顶级域名由各个国家的互联网络信息中心（NIC）管理，通用顶级域名则由位于美国的全球域名最高管理机构（ICANN）负责管理。

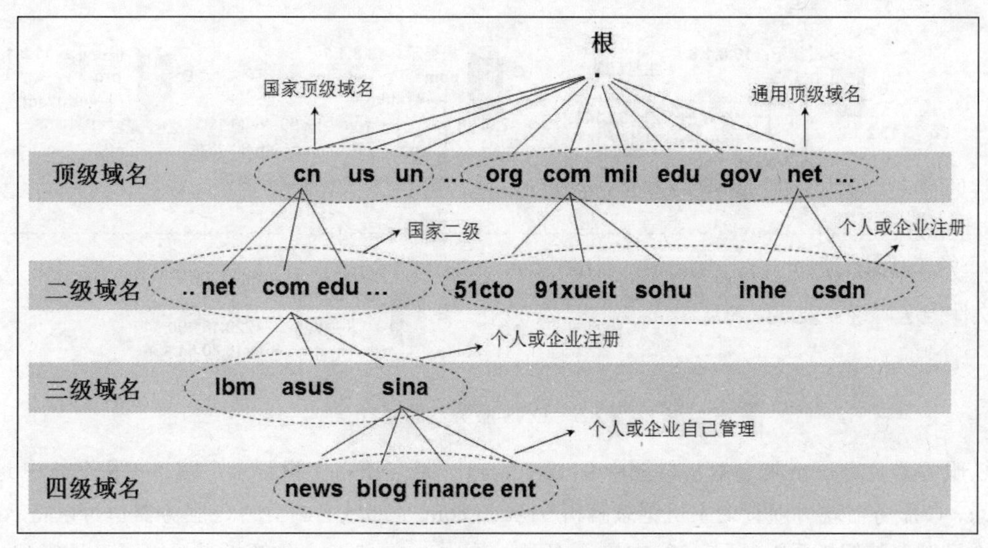

图 2-4　域名的层次结构

国家顶级域名，指示国家区域，如.cn 代表中国，.us 代表美国，.fr 代表法国，.uk 代表英国等。

通用顶级域名，指示注册者的域名使用领域，它不带有国家特性。到 2006 年 12 月为止，通用顶级域名的总数已经达到 18 个。最常见的通用顶级域名有 7 个，即：com（公司企业）、net（网络服务机构）、org（非营利性的组织）、int（国际组织）、edu（高等教育机构）、gov（政府实体和机构）、mil（军事机构）。

在国家顶级域名下注册的二级域名均由该国家自行确定。例如，顶级域名为 jp 的日本，将其教育和企业机构的二级域名定为 ac 和 co，而不用 edu 和 com。

我国把二级域名划分为“类别域名”和“行政区域名”两大类。

2019 年第二季度互联网注册域名数量增至 3.547 亿个。假设全球一个 DNS 服务器负责 3.115 亿个域名的解析，整个 Internet 每时每刻都在有无数网民请求域名解析。这个 DNS 服务器需要多高的配置？该服务器联网的带宽需要多高才能满足要求？关键是，如果就一个 DNS 服务器，该服务器一旦坏掉，全球的域名解析将失败。因此域名解析需要一个健壮的、可扩展的架构来实现。下面就介绍一下 Internet 上 DNS 服务器部署和域名解析过程。

要想在 Internet 中搭建一个健壮的、可扩展的域名解析体系架构，就要把域名解析的任务分摊到多个 DNS 服务器。如图 2-5 所示，B 服务器负责 net 域名的解析、C 服务器负责 com 域名的解析、D 服务器负责 org 域名的解析。B、C、D 这一级别的 DNS 服务器称顶级域名服务器。

A 服务器是根域名服务器，不负责具体的域名解析，但根 DNS 服务器知道 B 服务器负责 net 域名解析、C 服务器负责 com 域名解析、D 服务器负责 org 域名解析。具体来说根 DNS 服务器上就一个根区域，然后创建委派，每个顶级域名指向一个负责的 DNS 服务器的 IP 地址。每一个 DNS 服务器都知道根 DNS 服务器的 IP 地址。

根域名服务器

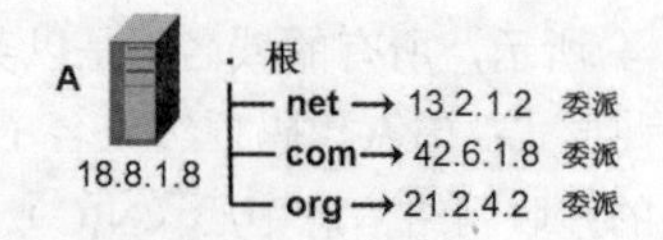

顶级域名服务器

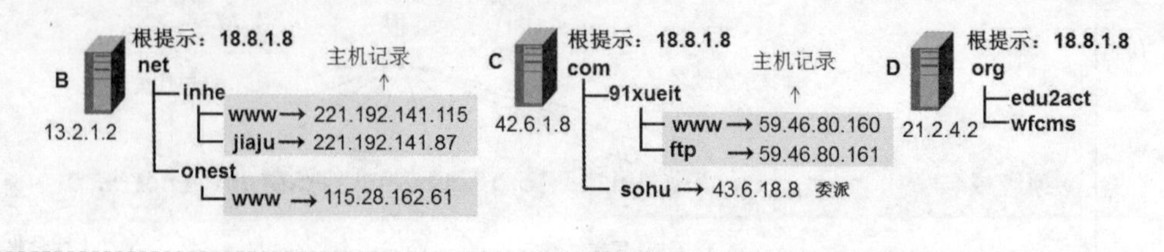

三级域名服务器

图 2-5　DNS 服务器的层次

C 服务器负责 com 域名解析，图中 91xueit.com 子域名下有主机记录，即“主机名→IP 地址”的记录，C 服务器就可以查询主机记录解析 91xueit.com 全部域名。当然 C 服务器也可以将 com 下的某个子域名的解析委派给另一个 DNS 服务器。图中 sohu.com 名称解析委派给了 E 服务器。

E 服务器属于三级域名服务器了，负责 sohu.com 域名解析，该服务器记录有 sohu.com 域名下的主机记录，E 服务器也知道根 DNS 服务器的 IP 地址，它不知道 C 服务器的地址。

当然三级域名服务器也可以将某个子域名的名称解析委派给四级 DNS 服务器。

根 DNS 知道顶级的 DNS 服务器，上级 DNS 委派下级 DNS，全部的 DNS 都知道根 DNS 服务器。这样的一种架构设计，客户端使用任何一个 DNS 服务器都能够解析出全球的域名，下面就讲解域名解析的过程。

为了讲解方便，图 2-6 只画出了一个根 DNS 服务器，其实全球共有 13 台根逻辑域名服务器。这 13 台根逻辑域名服务器的名字分别为“A”至“M”，真实的根服务器在 2014 年 1 月 25 日的数据为 386 台，分布于全球各大洲。每一个域名也都有多个 DNS 服务器来负责解析，这样能够负载均衡和容错。

计算机域名解析的过程，如图 2-6 所示，Client 计算机的 DNS 指向了 13.2.1.2，也就是指向了 B 服务器，现在 Client 向 DNS 发送一个域名解析请求数据包，解析 www.inhe.net 的 IP 地址，B 服务器正巧负责 inhe.net 域名解析，查询本地记录直接返回给 Client 查询结果 221.192.141.115，DNS 服务器直接返回查询结果就是权威应答，这是一种情况。

另一种情况，如图 2-7 所示，Client 向 B 服务器发送请求，解析 www.sohu.com.域名的 IP 地址，域名解析的步骤如下：

（1）Client 向 DNS 服务器 13.2.1.2 发送域名解析请求。

（2）B 服务器只负责 net 域名解析，它也不知道哪个 DNS 服务器负责 com 域名解析，但它知道根 DNS 服务器，于是将域名解析的请求转发给根 DNS 服务器。

（3）根 DNS 服务器返回查询结果，告诉 B 服务器去查询 C 服务器。

（4）B 服务器将域名解析请求转发到 C 服务器。

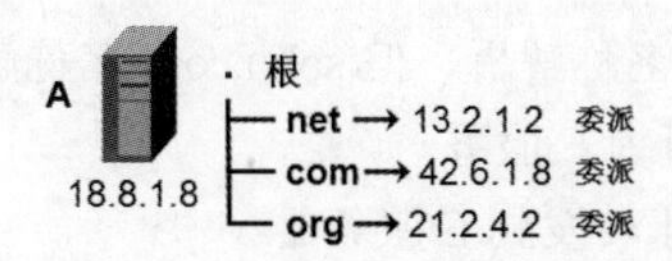

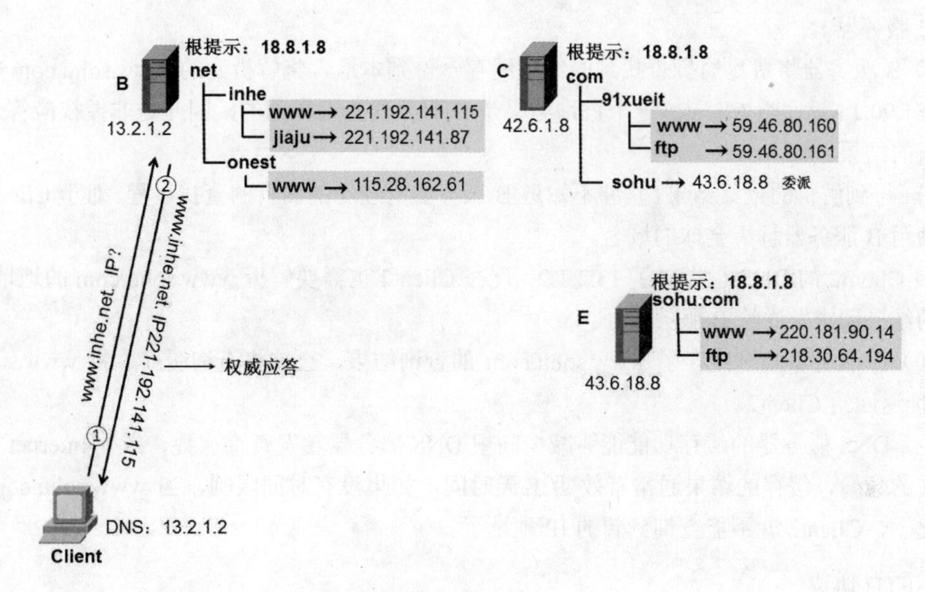

图 2-6　域名解析的过程（一）

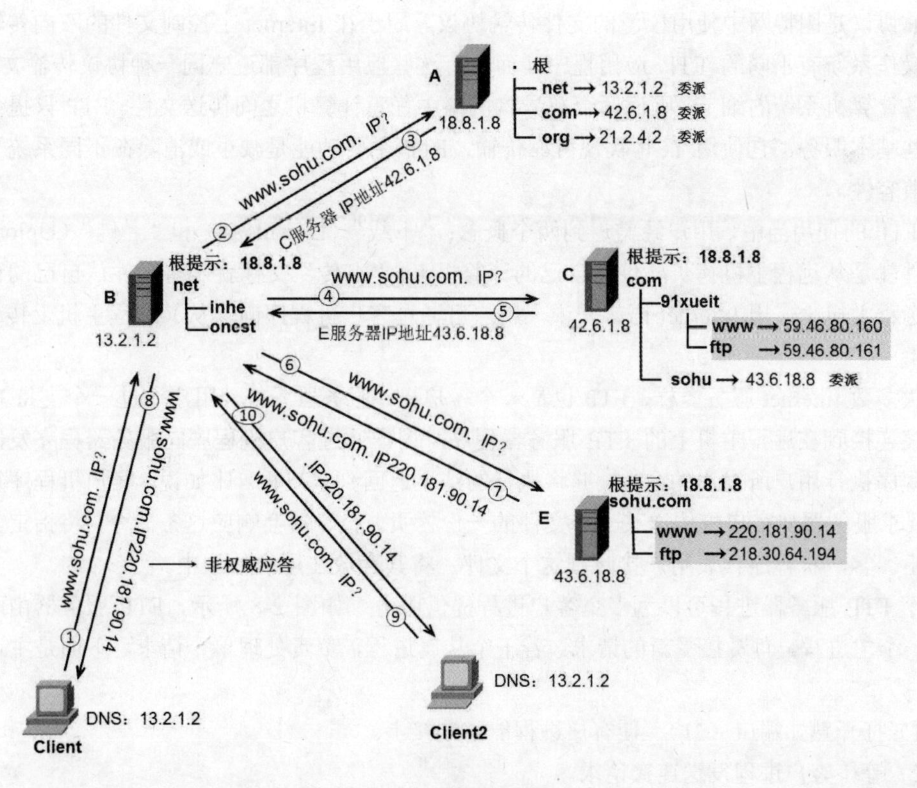

图 2-7　域名解析的过程（二）

（5）C 服务器虽然负责 com 名称解析，但 sohu.com 名称解析委派给了 E 服务器，C 服务器返回查询结果，告诉 B 服务器去查询 E 服务。

（6）B 服务器将域名解析请求转发到 E 服务器。

（7）E 服务器上有 sohu.com 域名下的主机记录，将 www.sohu.com 的 IP 地址 220.181.90.14 返回给 B 服务器。

（8）B 服务器将费尽周折查找到的结果缓存一份到本地，将解析到的 www.sohu.com 的 IP 地址 220.181.90.14 返回给 Client。这个查询结果是 B 服务器查询得到的，因此是非授权应答。Client 缓存解析的结果。

Client 得到解析的最终结果，它并不知道 B 服务器所经历的曲折的查找过程。对于 Client 来说，它可以使用 B 服务器解析全球的域名。

（9）Client2 的 DNS 也指向了 13.2.1.2，现在 Client2 也需要解析 www.sohu.com 的地址，将域名解析的结果请求发送给 B 服务器。

（10）B 服务器刚刚缓存了 www.sohu.com 的查询结果，直接将查询缓存，将 www.sohu.com 的 IP 地址返回给 Client2。

可见，DNS 服务器的缓存功能能够减少向根 DNS 服务器转发查询次数、减少 Internet 上 DNS 查询报文的数量，缓存的结果通常有效期 1 天时间，如果没有时间限制，当 www.sohu.com 的 IP 地址变化了，Client2 就不能查询到新的 IP 地址了。

四、FTP 协议

FTP 协议是因特网中使用广泛的文件传输协议。用于在 Internet 上控制文件的双向传输。基于不同的操作系统有不同的 FTP 应用程序，而所有这些应用程序都遵守同一种协议传输文件。FTP 屏蔽了各计算机系统的细节，因而适合在异构网络中任意计算机之间传送文件。FTP 只提供文件传送的一些基本服务，它使用 TCP 实现可靠传输，FTP 主要功能是减小或消除在不同系统下处理文件的不兼容性。

在 FTP 的使用当中，用户经常遇到两个概念：“下载”（Download）和“上传”（Upload）。“下载”文件就是从远程主机拷贝文件至自己的计算机上；“上传”文件就是将文件从自己的计算机中复制至远程主机上。用 Internet 语言来说，用户可通过客户机程序向（从）远程主机上传（下载）文件。

与大多数 Internet 服务一样，FTP 也是一个客户机、服务器系统。用户通过一个支持 FTP 的客户机程序连接到在远程主机上的 FTP 服务器程序。用户通过客户机程序向服务器程序发出命令，服务器程序执行用户所发出的命令，并将执行的结果返回到客户机。比如说，客户机程序发出一条命令，要求服务器向客户机传送某一个文件的一份拷贝，服务器会响应这条命令，将指定文件送至客户机上。客户机程序代表用户接收到这个文件，将其存放在用户目录中。

一个 FTP 服务器进程可以为多个客户进程提供服务。如图 2-8 所示，FTP 服务器由两大部分组成：一个主进程，负责接受新的请求；若干个从属进程，负责处理单个请求。下面是主进程工作步骤。

（1）打开熟知端口（21），使客户进程能够连接上。

（2）等待客户进程发送连接请求。

（3）启动从属进程处理客户进程发送的连接请求，从属进程处理完请求后结束，从属进程在运行期间可能根据需要创建一些其他子进程。

（4）回到等待状态，继续接受其他客户进程发起的请求，主进程与从属进程的处理是并发进行的。

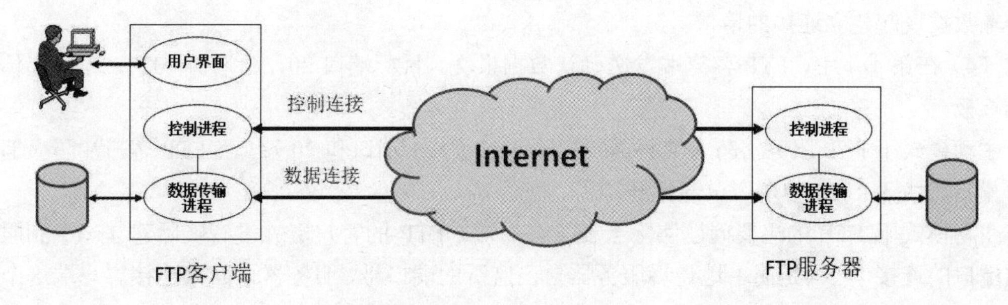

图 2-8 FTP 工作过程

FTP 和其他协议不一样的地方就是客户端访问 FTP 服务器需要建立两个 TCP 连接，一个用来传输 FTP 命令（控制连接），一个用来传输数据。FTP 控制连接在整个会话期间都保持打开，只用来发送连接/传送请求。当客户进程向服务器发送连接请求时，寻找连接服务器进程的熟知端口（21），同时还要告诉服务器进程自己的另一个端口号码，用于建立数据传送连接。接着，服务器进程用自己传送数据的熟知端口（20）与客户进程所提供的端口号码建立数据传送连接，FTP 使用了 2 个不同的端口号，所以数据连接和控制连接不会混乱。

在 FTP 服务器上需要开放两个端口：一个命令端口（或称控制端口）和一个数据端口。通常 21 端口是命令端口，20 端口是数据端口。当混入主动/被动模式的概念时，数据端口就有可能不是 20 了。

FTP 建立传输数据的 TCP 连接的模式分为主动模式和被动模式。

1. FTP 主动模式

如图 2-9 所示，主动模式下，FTP 客户端从任意的非特殊的端口 1026（*N*>1023）连入到 FTP 服务器的命令端口——21 端口。然后客户端在 1027（*N*+1）端口监听。

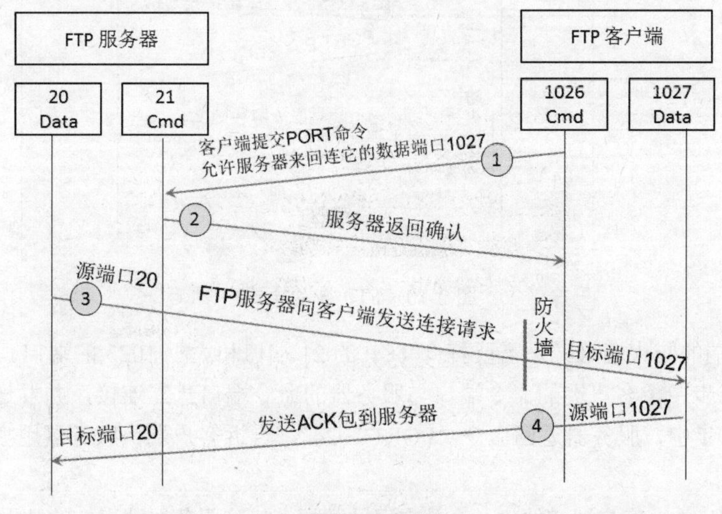

图 2-9 FTP 主动模式

（1）在第①步中，FTP 客户端提交 PORT 命令并允许服务器来回连它的数据端口（1027 端口）。

（2）在第②步中，服务器返回确认。

（3）在第③步中，FTP 服务器向客户端发送 TCP 连接请求，目标端口为 1027，源端口为 20。为传输数据发起建立连接的请求。

（4）在第④步中，FTP 客户端发送确认数据报文，目标端口 20，源端口 1027，建立起传输数据的连接。

主动模式下 FTP 服务器防火墙只需要打开 TCP 的 21 端口和 20 端口，FTP 客户端防火墙要将 TCP 端口号大于 1023 的端口全部打开。

主动模式下 FTP 的主要问题实际上在于客户端。FTP 的客户端并没有实际建立一个到服务器数据端口的连接，它只是简单地告诉服务器自己监听的端口号，服务器再回来连接客户端这个指定的端口。对于客户端的防火墙来说，这是从外部系统建立到内部客户端的连接，这是通常会被阻塞的，除非关闭客户端防火墙。

2. FTP 被动模式

为了解决服务器发起到客户的连接的问题，人们开发了一种不同的 FTP 连接方式。这就是所谓的被动方式，或者叫作 PASV，当客户端通知服务器它处于被动模式时才启用。

如图 2-10 所示，在被动模式 FTP 中，命令连接和数据连接都由客户端发起，这样就可以解决从服务器到客户端建立数据传输连接请求被客户端防火墙过滤掉的问题。当开启一个 FTP 连接时，客户端打开两个任意的非特权本地端口（*N*>1024 和 *N*+1）。第一个端口连接服务器的 21 端口，但与主动方式的 FTP 不同，客户端不会提交 PORT 命令并允许服务器来回连它的数据端口，而是提交 PASV 命令。这样做的结果是服务器会开启一个任意的非特权端口（*P*>1024），并发送 PORT P 命令给客户端。然后客户端发起从本地端口 *N*+1 到服务器的端口 *P* 的连接用来传送数据。

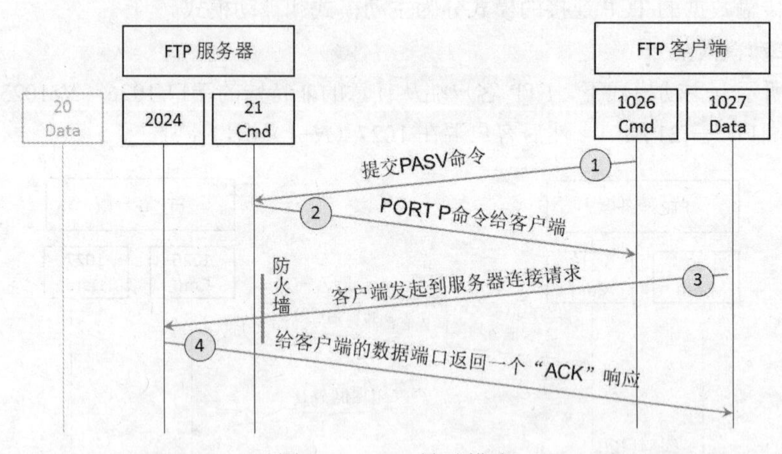

图 2-10 FTP 被动模式

对于服务器端的防火墙来说，需要打开 TCP 的 21 端口和大于 1023 的端口。

（1）在第①步中，客户端的命令端口与服务器的命令端口建立连接，并发送命令“PASV”。

（2）在第②步中，服务器返回命令“PORT 2024”，告诉客户端：服务器用哪个端口侦听数据连接。

（3）在第③步中，客户端初始化一个从自己的数据端口到服务器端指定的数据端口的数据连接。

（4）在第④步中，服务器给客户端的数据端口返回一个“ACK”响应。

被动模式的 FTP 解决了客户端的许多问题，但同时给服务器端带来了更多的问题。最大的问题是需要允许从任意远程终端到服务器高位端口的连接。幸运的是，许多 FTP 守护程序允许管理员指定 FTP 服务器使用的端口范围。

2.2 传输层协议

典型 HCIA 试题

1．关于传输层协议的说法正确的有？【多选题】

A．UDP 使用 SYN 和 ACK 标志位来请求建立连接和确认建立连接

B．知名端口号范围为 0～1023

C．UDP 适合传输对时延敏感的流量，并且可以依据报文首部中的序列号字段进行重组

D．TCP 连接的建立是一个三次握手的过程，而 TCP 连接的终止则要经过四次握手

2．UDP 是面向无连接的，必须依靠什么协议来保障传输的可靠性？【单选题】

A．传输控制协议　　B．应用层协议

C．网络层协议　　D．网际协议

3．由于 TCP 协议在建立连接和关闭连接时都采用三次握手机制，所以 TCP 支持可靠传输。【判断题】

A．对　　B．错

4．如下所示是管理员在网络中捕获到的三个数据包。下列说法不正确的是？【单选题】

```
Source destination protocol    info
10.0.12.1 10.0.12.2 TCP 50190>telnet[SYN] seq=0 win=8192 Len=0 mss=1460
10.0.12.2 10.0.12.1 TCP telnet>50190 [SYN,ACK] seq=0 ack=1 Win=8192 Len=0 mss=1460
10.0.12.1 10.0.12.2 TCP 50190>telnet [ACK] seq=1 ack=1 win=8192 Len=0
```

A．这三个数据包中都不包含应用层数据

B．这三个数据包代表了 TCP 的三次握手过程

C．telnet 客户端使用 50190 端口与服务器建立连接

D．telnet 服务器的 IP 地址是 10.0.12.1，telnet 客户端的 IP 地址是 10.0.12.2

5．如图 2-11 所示的网络，主机 A 通过 telnet 登录到路由器 A，然后在远程的界面通过 FTP 获取路由器 B 的配置文件，此时路由器 A 存在多少个 TCP 连接？【单选题】

图 2-11　试题 5 用图

A．1　　B．2　　C．3　　D．4

6．TFTP 基于 TCP 协议。【判断题】

A．对　　B．错

7．telnet 协议默认使用的服务器端口号是？【单选题】

A．21　　B．24　　C．22　　D．23

8．telnet 基于 TCP 协议。【判断题】

A．对　　　　B．错

9．以下应用程序中基于 TCP 协议的是哪一项？【多选题】

A．FTP　　　　B．HTTP　　　　C．ping　　　　D．TFTP

试题解析

1．UDP 协议是面向无连接的，通信不需要建立连接和释放连接。UDP 适合传输对时延敏感的流量，报文首部中没有序号字段，不支持按序号重组。答案为 BD。

2．UDP 是面向无连接的，如果通信失败，应用层协议会尝试再次发送。从这个角度来说可靠性由应用层协议保障。答案为 B。

3．TCP 协议在建立连接时采用三次握手机制，关闭连接时采用四次握手机制。答案为 B。

4．这三个数据包是建立 TCP 连接的三次握手，TCP 协议都是由客户端主动发起建立 TCP 连接的请求，从第一个数据包来看，telnet 客户端为 10.0.12.1，telnet 服务器的 IP 地址是 10.0.12.2。答案为 D。

5．telnet 需要建立一个 TCP 连接，FTP 需要建立两个 TCP 连接，共计 3 个 TCP 连接。答案为 C。

6．TFTP 在传输层使用 UDP 协议。答案为 B。

7．telnet 协议模式使用的端口为 23。答案为 D。

8．telnet 协议在传输层使用 TCP 协议。答案为 A。

9．ping 不是协议，TFTP 在传输层使用的是 UDP 协议。答案为 AB。

关联知识精讲

一、传输层两个协议 TCP 和 UDP

TCP 是 TCP/IP 体系中非常复杂的一个协议。下面介绍 TCP 最主要的特点。

- TCP 是面向连接的传输层协议。也就是说，应用程序在使用 TCP 协议之前，必须先建立 TCP 连接。在传送数据完毕后，必须释放已经建立的 TCP 连接。即应用进程之间的通信好像在“打电话”：通话前要先拨号建立连接，通话结束后要挂机释放连接。
- 每一条 TCP 连接只能有两个端点（End Point），只能是点对点的（一对一）。
- TCP 提供可靠交付的服务。也就是说，通过 TCP 连接传送的数据，无差错、不丢失、不重复且按序发送。
- TCP 提供全双工通信。TCP 允许通信双方的应用进程在任何时候都能发送数据。TCP 连接的两端都设有发送缓存和接收缓存，用来临时存放双向通信的数据。在发送时，应用程序把数据传送给 TCP 的缓存后，就可以做自己的事，而 TCP 在合适的时候把数据发送出去。在接收时，TCP 把收到的数据放入缓存，上层的应用进程在合适的时候读取缓存中的数据。

用户数据报协议（User Datagram Protocol，UDP）只在 IP 的数据报服务之上增加了很少一点功能，就是复用和分用的功能以及差错检测的功能，这里所说的复用和分用，就是使用端口标识不同的应用层协议。UDP 的主要特点是：

- UDP 是无连接的，即发送数据之前不需要建立连接（当然发送数据结束时也没有连接可释放），因此减少了开销和发送数据之前的时延。

- UDP 使用尽最大努力交付，即不保证可靠交付，因此主机不需要维持复杂的连接状态表（这里面有许多参数），通信的两端不用保持连接，因此节省系统资源。
- UDP 是面向报文的，发送方的 UDP 对应用程序交下来的报文，添加首部后就向下交付给网络层。UDP 对应用层交下来的报文，既不合并，也不拆分，而是保留这些报文的边界。这就是说，应用层交给 UDP 多长的报文，UDP 就原样发送，即一次发送一个报文，如图 2-12 所示。在接收方的 UDP，对 IP 层交上来的 UDP 用户数据报，在去除首部后就原封不动地交付给上层的应用进程。也就是说，UDP 一次交付一个完整的报文。因此，应用程序必须选择合适大小的报文。若报文太长，UDP 把它交给 IP 层后，IP 层在传送时可能要进行分片，这会降低 IP 层的效率；反之，若报文太短，UDP 把它交给 IP 层后，会使 IP 数据报的首部的相对长度太大，这也会降低 IP 层的效率。

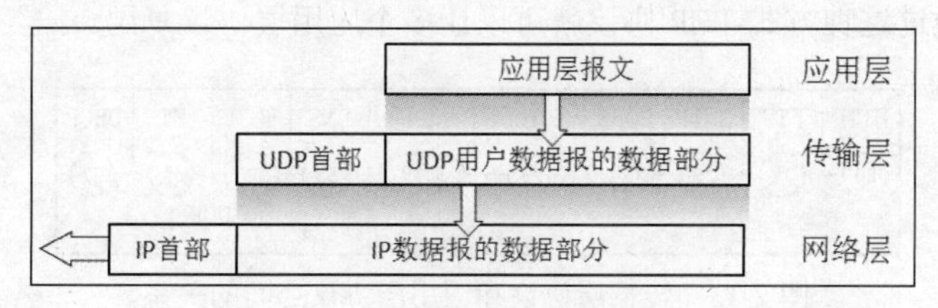

图 2-12　UDP 数据是应用层报文

- UDP 没有拥塞控制，因此网络出现的拥塞不会使源主机的发送速率降低。这对某些实时应用是很重要的。很多的实时应用（如 IP 电话、实时视频会议等）要求源主机以恒定的速率发送数据，并且允许在网络发生拥塞时丢失一些数据，但却不允许数据有太大的时延。UDP 正好适合这种要求。
- UDP 支持一对一、一对多、多对一和多对多的交互通信。
- UDP 的首部开销小，只有 8 字节，比 TCP 的 20 字节的首部要短。

虽然某些实时应用需要使用没有拥塞控制的 UDP，但当很多源主机同时都向网络发送高速率的实时视频流时，网络就有可能发生拥塞，结果大家都无法正常接收。因此，没有用拥塞控制功能的 UDP 有可能会引起网络发生严重的拥塞问题。还有一些使用 UDP 的实时应用，需要对 UDP 的不可靠的传输进行适当的改进，以减少数据的丢失。在这种情况下，应用进程本身可以在不影响应用的实时性的前提下，增加一些提高可靠性的措施，如采用前向纠错或重传已丢失的报文。

二、TCP 和 UDP 的应用场景

TCP 的应用场景：

- 客户端程序和服务端程序需要多次交互才能实现应用程序的功能，比如接收电子邮件使用的 POP3 和发送电子邮件使用的 SMTP，传输文件使用的 FTP，在传输层使用的都是 TCP。
- 应用程序传输的文件需要分段传输，比如在浏览器访问网页或者 QQ 传输文件时，在传输层均会选用 TCP 进行分段传输。

UDP 的应用场景：

- 客户端程序和服务器端程序通信，应用程序发送的数据包不需要分段。比如域名解析，DNS 协议在传输层就使用 UDP，客户端向 DNS 服务器发送一个报文解析某个网站的域名，DNS 服务器将解析的结果使用一个报文返回给客户端。

- 实时通信。比如使用 QQ、微信语音聊天、视频聊天。这类应用，发送端和接收端需要实时交互，也就是不允许较长延迟，即便有几句话因为网络堵塞没听清，也不要使用 TCP 等待丢失的报文，如果等待的时间太长了，就不能实现实时聊天了。
- 组播或广播通信。比如学校多媒体机房，教师的电脑屏幕需要学生的电脑接收，在教师的电脑安装多媒体教室服务端软件，学生的电脑安装多媒体教室客户端软件，教师的电脑使用组播地址或广播地址发送报文，学生的电脑都能收到。这类一对多通信在传输层使用 UDP。

三、传输层协议和应用层协议之间的关系

传输层协议和应用层协议之间的关系如图 2-13 所示，传输层协议有一个端口号字段用来标识一个应用层协议，通过这种方式 TCP 协议就可以让多个应用层协议复用。

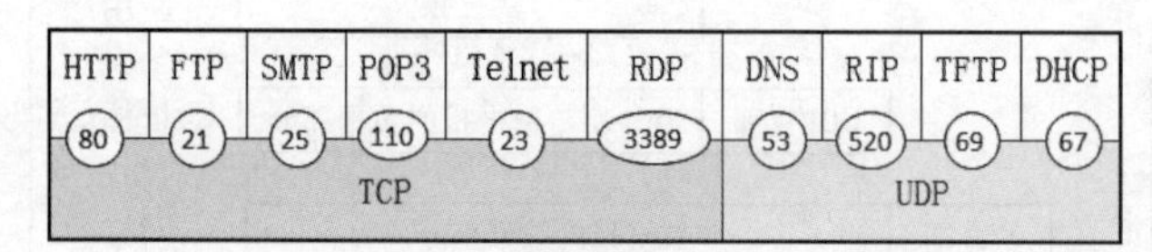

图 2-13　传输层协议和应用层协议之间的关系

下面列出常见的应用层协议默认使用的协议和端口号，记住这些应用层协议使用的端口号有助于掌握网络安全相关的知识，设置防火墙禁止传输层的某个端口的数据包通过来实现网络安全。

HTTP 默认使用 TCP 的 80 端口；FTP 默认使用 TCP 的 21 端口；TFTP 默认使用 UDP 的 69 端口；SMTP 默认使用 TCP 的 25 端口；POP3 默认使用 TCP 的 110 端口；HTTPS 默认使用 TCP 的 443 端口；DNS 默认使用 UDP 的 53 端口；DHCP 默认使用 UDP 的 67 端口；RIP 默认使用 UDP 的 520 端口；Telnet 默认使用 TCP 的 23 端口；远程桌面协议（RDP）默认使用 TCP 的 3389 端口；Windows 访问共享资源默认使用 TCP 的 445 端口；微软 SQL 数据库默认使用 TCP 的 1433 端口；MySQL 数据库默认使用 TCP 的 3306 端口。

以上列出的都是默认端口，当然可以更改应用层协议使用的端口，如果不使用默认端口，客户端需要指明所使用的端口。

四、端口号的分类

端口号可分为两大类，即服务器使用的端口号和客户端使用的端口号。

（1）服务器使用的端口号。服务器使用的端口号这里又可分为两类，最重要的一类叫作熟知端口号（well-known port number）或系统端口号，数值为 0～1023。

另一类叫作登记端口号，数值为 1024～49151。这类端口号是为没有熟知端口号的应用程序使用的。

（2）客户端使用的端口号。客户端软件和服务器建立连接时，计算机会为客户端软件分配临时端口，这就是客户端端口，取值范围为 49152～65535，由于这类端口号仅在客户进程运行时才动态选择，因此又叫作临时（短暂）端口号。

五、端口和服务的关系

如图 2-14 所示，服务器运行了 Web 服务、SMTP 服务和 POP3 服务，这 3 个服务分别使用 HTTP

协议、SMTP 协议和 POP3 协议与客户端通信。现在网络中的 A 计算机、B 计算机和 C 计算机分别打算访问服务器的 Web 服务、SMTP 服务和 POP3 服务。发送了 3 个数据包①②③，这 3 个数据包目标端口分别是 80、25 和 110，服务器收到这 3 个数据包，就根据目标端口将数据包提交给不同的服务。

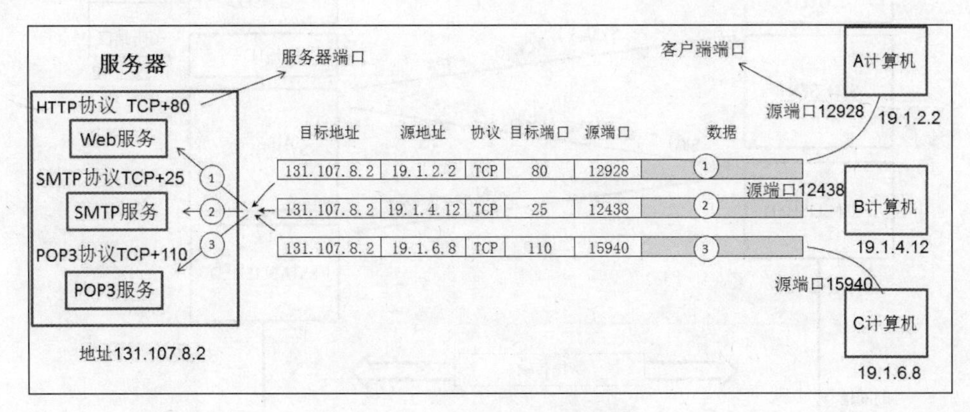

图 2-14 端口和服务的关系

数据包的目标 IP 地址用来在网络中定位某一个服务器，目标端口用来定位服务器上的某个服务。

图 2-14 给大家展示了 A、B、C 计算机访问服务器的数据包，有目标端口和源端口，源端口是计算机临时为客户端程序分配的，服务器向 A、B、C 发送响应数据包，源端口就变成了目标端口。

在传输层使用 16 位二进制标识一个端口，端口号取值范围是 0～65535，这个数目对一个计算机来说足够用了。

六、TCP 连接管理

TCP 协议是可靠传输协议，使用 TCP 通信的计算机在正式通信之前需要先确保对方是否存在，协商通信的参数，比如接收端的接收窗口大小、支持的最大报文段长度（MSS）、是否允许选择确认（SACK）、是否支持时间戳等。建立连接后就可以进行双向通信了，通信结束后，释放连接。

TCP 连接的建立采用客户/服务器方式。主动发起连接建立的应用进程叫作客户端（Client），被动等待连接建立的应用进程叫作服务器（Server）。

TCP 建立连接的过程如图 2-15 所示，不同阶段在客户端和服务器端能够看到不同的状态。

服务器端启动服务，就会使用 TCP 的某个端口侦听客户端的请求，等待客户端的连接，状态由 CLOSED 变为 LISTEN。

（1）客户端的应用程序发送 TCP 连接请求报文，把自己的状态告诉对方，这个报文的 TCP 首部 SYN 标记位是 1，ACK 标记位为 0，序号（seq）为 x，这个 x 被称为客户端的初始序列号，这个值通常为 0。发送出连接请求报文后，客户端就处于 SYN_SENT 状态。

（2）服务器端收到客户端的 TCP 连接请求后，发送确认连接报文，将自己的状态告诉给客户端，这个报文的 TCP 首部 SYN 标记位是 1，ACK 标记位为 1，确认号（ack）为 x+1，序号（seq）为 y，这 y 为服务器端的初始序列号。服务器端就处于 SYN_RCVD 状态。

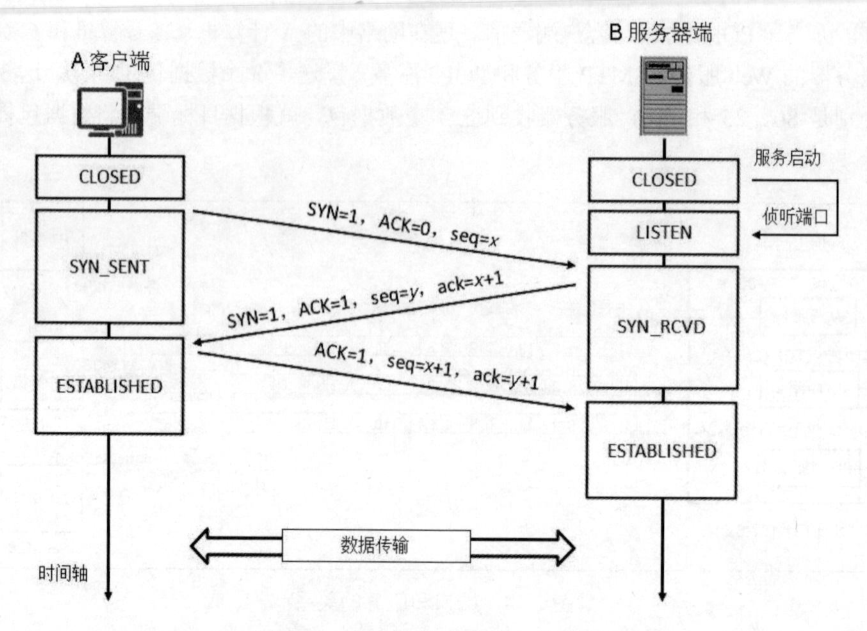

图 2-15 用三次握手建立 TCP 连接

（3）客户端收到连接请求确认报文后，状态就变为 ESTABLISHED，再次发送给服务器一个确认报文，用于确认会话的建立。该报文 SYN 标记位为 0，ACK 标记位为 1，确认号（ack）为 y+1。服务器端收到确认报文，状态变为 ESTABLISHED。

需要特别注意的是，经过三次握手之后，A、B 之间其实是建立起了两个 TCP 会话，一个是从客户端指向服务器端，另一个是从服务器端指向客户端。因为 A 是发起通信的一方，说明客户端有信息要传递给服务器端，于是客户端首先发送了一个 SYN 段，请求建立一个从客户端指向服务器端的 TCP 会话，这个会话的目的是要控制信息能够正确而可靠地从客户端传递给服务器端。服务器端在收到 SYN 段后，会发送一个 SYN+ACK 段作为回应。SYN+ACK 段的含义是：服务器端一方面同意了客户端的请求，另一方面也请求建立一个从服务器端指向客户端的 TCP 会话，这个会话的目的是要控制信息能够正确而可靠地从服务器端传递给客户端。客户端收到 SYN+ACK 段后，回应一个 ACK 段，表示同意服务器端的请求。

以后就可以进行双向可靠通信了。

TCP 协议通信结束后，需要释放连接。TCP 连接释放过程比较复杂，我们仍结合双方状态的改变来阐明连接释放的过程。数据传输结束后，通信的双方都可释放连接。如图 2-16 所示，现在 A 和 B 都处于 ESTABLISHED 状态，A 的应用进程先向其 TCP 发出连接释放报文段，并停止再发送数据，主动关闭 TCP 连接。A 把连接释放报文段首部的 FIN 置 1，其序号 seq=u，它等于前面已传送过的数据的最后一个字节的序号加 1。这时 A 进入 FIN-WAIT-1（终止等待 1）状态，等待 B 的确认。

B 收到连接释放报文段后即发出确认，确认号是 ack=u+1，而这个报文段自己的序号是 v，等于 B 前面已传送过的数据的最后一个字节的序号加 1。然后 B 就进入 CLOSE-WAIT（关闭等待）状态。TCP 服务器进程这时应通知高层应用进程，因而从 A 到 B 这个方向的连接就释放了，这时的 TCP 连接处于半关闭（half-close）状态，即 A 已经没有数据要发送了，但若 B 发送数据，A 仍要接收。也就是说，从 B 到 A 这个方向的连接并未关闭。这个状态可能会持续一些时间。

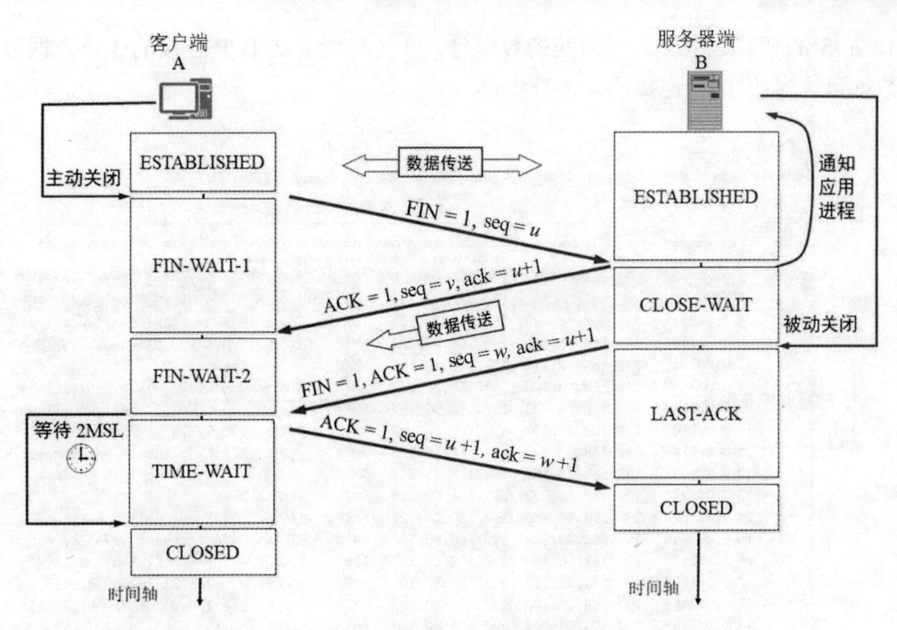

图 2-16　TCP 连接释放的过程

A 收到来自 B 的确认后，就进入 FIN-WAIT-2（终止等待 2）状态，等待 B 发出连接释放报文段。若 B 已经没有要向 A 发送的数据，其应用进程就通知 TCP 释放连接。这时 B 发出的连接释放报文段必须使 FIN=1。现假定 B 的序号为 w（在半关闭状态 B 可能又发送了一些数据）。B 还必须重复上次已发送过的确认号 ack=u+1。这时 B 就进入 LAST-ACK（最后确认）状态，等待 A 的确认。

如图 2-17 所示，在 Windows 计算机上打开一些网页，在命令提示符下输入“netstat -n”可以看到建立的 TCP 活动的连接以及状态。

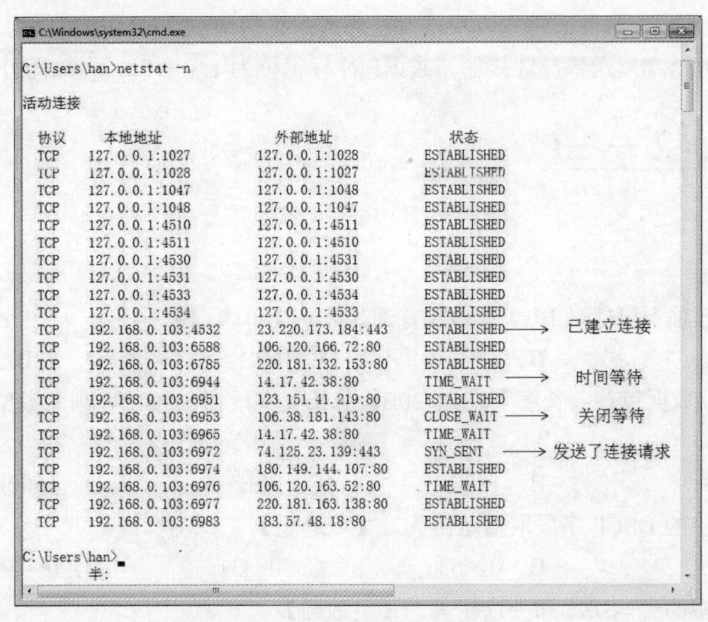

图 2-17　查看 TCP 连接的状态

图 2-18 是 SMTP 发送电子邮件捕获的数据包，可以看到建立 TCP 连接的 3 个数据包、发送电子邮件的数据包，释放 TCP 连接的 4 个数据包。

SMTP POP.pcapng

文件(F) 编辑(E) 视图(V) 跳转(G) 捕获(C) 分析(A) 统计(S) 电话(Y) 无线(W) 工具(T) 帮助(H)

应用显示过滤器 … <Ctrl-/>

阶段	No.	Time	Source	Destination	Protoc	Length	Info
建立连接	3	0.000123	192.168.80.222	192.168.80.100	TCP	62	1057 → 25 [SYN] Seq=0 Win=6424
	4	0.000217	192.168.80.100	192.168.80.222	TCP	62	25 → 1057 [SYN, ACK] Seq=0 Ack
	5	0.000228	192.168.80.222	192.168.80.100	TCP	54	1057 → 25 [ACK] Seq=1 Ack=1 Wi
可靠传输	6	0.000998	192.168.80.100	192.168.80.222	SMTP	161	S: 220 w2003 Microsoft ESMTP M
	7	0.001741	192.168.80.222	192.168.80.100	SMTP	63	C: HELO xp
	8	0.002357	192.168.80.100	192.168.80.222	SMTP	88	S: 250 w2003 Hello [192.168.80
	9	0.002743	192.168.80.222	192.168.80.100	SMTP	90	C: MAIL FROM: <hanligang@91xue
	10	0.003100	192.168.80.100	192.168.80.222	SMTP	100	S: 250 2.1.0 hanligang@91xueit
	11	0.003146	192.168.80.222	192.168.80.100	SMTP	88	C: RCPT TO: <hanligang@91xueit
	12	0.003237	192.168.80.100	192.168.80.222	SMTP	88	S: 250 2.1.5 hanligang@91xueit
	13	0.003274	192.168.80.222	192.168.80.100	SMTP	60	C: DATA
	14	0.003629	192.168.80.100	192.168.80.222	SMTP	100	S: 354 Start mail input; end w
	15	0.004055	192.168.80.222	192.168.80.100	SMTP	1287	C: DATA fragment, 1233 bytes
	16	0.141564	192.168.80.100	192.168.80.222	TCP	60	25 → 1057 [ACK] Seq=268 Ack=13
	17	0.141591	192.168.80.222	192.168.80.100	SMT…	59	from: =?gb2312?B?uqvBorjV?= <h
	18	0.142683	192.168.80.100	192.168.80.222	SMTP	129	S: 250 2.6.0 <C02FD48B83F2483
	19	0.142805	192.168.80.222	192.168.80.100	SMTP	60	C: QUIT
	20	0.142892	192.168.80.100	192.168.80.222	SMTP	108	S: 221 2.0.0 w2003 Service clo
释放连接	21	0.142929	192.168.80.100	192.168.80.222	TCP	60	25 → 1057 [FIN, ACK] Seq=397 A
	22	0.142941	192.168.80.222	192.168.80.100	TCP	54	1057 → 25 [ACK] Seq=1330 Ack=3
	23	0.142975	192.168.80.222	192.168.80.100	TCP	54	1057 → 25 [FIN, ACK] Seq=1330
	24	0.143026	192.168.80.100	192.168.80.222	TCP	60	25 → 1057 [ACK] Seq=398 Ack=13

SMTP POP.pcapng　分组：48 · 已显示：48 (100.0%)　配置：Default

图 2-18　发送邮件的过程

客户端（客户端的 IP 地址为 192.168.80.222）向服务器端（服务器的 IP 地址为 192.168.80.100）发送建立 TCP 连接的请求，SYN 标记位为 1（第 3 个数据包），服务器端向客户端发送建立 TCP 连接的响应，SYN 标记位为 1（第 4 个数据包）。

发送完电子邮件后，服务器端向客户端发送释放连接的请求，FIN 标记位为 1（第 21 个数据包），客户端向服务器端发送释放连接的请求，FIN 标记位为 1（第 23 个数据包）。

2.3　网络层协议——IP

典型 HCIA 试题

1. 下列哪个选项不可能是 IPv4 数据包首部长度？【单选题】

A．20B　　B．64B　　C．60B　　D．32B

2. 一个 IPv4 数据包首部长度字段为 20B，总长度字段为 1500B，则此数据包有效载荷为？【单选题】

A．1480B　　B．1520B　　C．20B　　D．1500B

3. IPv4 首部中的 DSCP 字段取值范围为？【单选题】

A．0～15　　B．0～63　　C．0～31　　D．0～7

4. IPv4 首部中的哪些字段和分片相关？【多选题】

A．Fragment Offset　　B．Flags　　C．TTL　　D．Identification

5．网络管理员在路由器设备上使用了 Tracert Route 功能后，路由器发出的数据包中，IPv4 首部的 Protocol 字段取值为？【单选题】

A．17　　B．2　　C．1　　D．6

6．IPv4 最后一个选项字段（option）是可变长的可选信息，该字段最大长度是？【单选题】

A．10B　　B．40B　　C．60B　　D．20B

7．如果传输层协议为 UDP，则网络层 Protocol 字段取值为 6。【判断题】

A．对　　B．错

8．主机在访问服务器的 Web 服务器时，网络层 Protocol 字段取值为 6。【判断题】

A．对　　B．错

9．对 IPv4 首部中的 TTL 字段的说法正确的有？【多选题】

A．路由出现环路时，TTL 值可以用来防止数据包无限次转发

B．报文每经过一台三层设备，TTL 值减 1

C．TTL 值长度为 8bit

D．TTL 值的范围是 0～255

10．下面关于 IP 报文头部中 TTL 字段的说法正确的是？【单选题】

A．TTL 定义了源主机可以发送数据包的数量

B．IP 报文每经过一台路由器时，其 TTL 值会被减 1

C．TTL 定义了源主机可以发送数据包的时间间隔

D．IP 报文每经过一台路由器时，其 TTL 值会被加 1

11．IP 报文头部中有一个 TTL 字段，关于该字段的说法正确的是？【单选题】

A．该字段用于数据包防环　　B．该字段用于数据包分片

C．该字段用来表示数据包的优先级　　D．该字段长度为 7 位

试题解析

1．IPv4 首部由 20 字节的固定长度+变长部分构成，首部长度是 4 个字节的倍数且最长 60 个字节。答案为 B。

2．数据包总长度=有效载荷+IPv4 数据包首部，首部长度 20B，总长度 1500B，有效载荷为 1480B。答案为 A。

3．区分服务字段占一个字节，0～5 比特位 DSCP 段，取值范围为 0～63。答案为 B。

4．IPv4 首部中 Fragment Offset（片偏移）、Identification（标识）、Flags（标记位）字段和分配相关。接收端将标识一样的分片根据片偏移按顺序组装成完整的数据包，标记位用来确定是否收到数据包的最后一个分片。答案为 ABD。

5．路由器上 tracert 命令、ping 命令会向目标地址发送 ICMP 请求报文，ICMP 报文会封装 IPv4 首部，Protocol 字段为 17。答案为 A。

6．IPv4 首部最长 60B，固定长度是 20B，可变长最大长度为 40B。答案为 B。

7．UDP 协议的协议号为 17。答案为 B。

8．访问 Web 服务器使用 HTTP 协议，HTTP 协议传输层使用的是 TCP 协议，TCP 协议的协议号为 6。答案为 A。

9．路由出现环路时，IPv4 首部中的 TTL 字段可以用来防止数据包无限次转发报文，每经过一

台三层设备，TTL 值减 1，减到 0 时，路由器丢弃数据包，并向发送端返回一个 ICMP 差错报告报文。TTL 字段长为 8bit，取值范围为 0～255。答案为 ABCD。

10．TTL 字段的功能为“跳数限制”。路由器在转发数据包之前就把 TTL 值减 1。答案为 B。

11．路由器在转发数据包之前就把 TTL 值减 1。若 TTL 值减小到 0，就丢弃这个数据包，不再转发。防止数据包在环路中一直转发。注意：路由环路是路由配置形成的，TTL 字段并不能防环，能够防止数据包在环路中一直转发。答案为 A。

关联知识精讲

一、网络层协议

如图 2-19 所示，TCP/IPv4 协议栈的网络层有 4 个协议：ARP、IPv4、ICMP 和 IGMP。其中，ARP、ICMP 和 IGMP 为辅助协议。TCP 和 UDP 使用端口号标识应用层协议，TCP 段、UDP 报文、ICMP 报文、IGMP 报文都可以封装在 IPv4 数据包中，使用协议号区分，也就是说 IPv4 使用协议号标识上层协议，TCP 的协议号是 6，UDP 的协议号是 17，ICMP 的协议号是 1，IGMP 的协议号是 2。虽然 ICMP 和 IGMP 都在网络层，但从关系上来看，ICMP 和 IGMP 在 IP 协议之上，也就是 ICMP 和 IGMP 的报文要封装在 IPv4 数据包中。

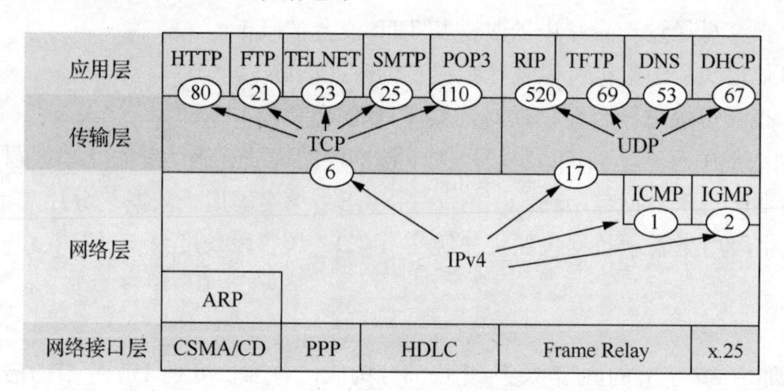

图 2-19 TCP/IPv4 协议栈

ARP 只在以太网中使用，用来将 IP 地址解析为 MAC 地址。解析出 MAC 地址才能将数据包封装成帧发送出去，因此，ARP 为 IP 提供服务。虽然将 ARP 归属到网络层，但从关系上来看，ARP 位于 IP 协议之下，数据过程 IP 包不需要封装在 ARP 包中。

二、IP 协议

IP（Internet Protocol）又称为网际协议，负责 Internet 上网络之间的通信，并规定了将数据包从一个网络传输到另一个网络应遵循的规则，是 TCP/IP 协议栈的核心。

当采用 IP 作为网络层协议时，通信的双方都会被分配到一个“独一无二”的 IP 地址来标识自己。IP 地址可被写成 32 位的二进制形式，但为了方便人们阅读和分析，它通常会被写成点分十进制的形式，即 4 字节被分开用十进制表示，中间用点分隔，比如 192.168.1.1。

IP 协议工作时，需要如 OSPF、IS-IS、BGP 等各种路由协议帮助路由器建立路由表，需要 ICMP 协助进行网络状态诊断。如果某条链路上涌入的数据包超过了路由器的处理能力，路由器就丢弃来不及处理的数据包，由于每个数据包均单独选择转发路径，因此不能保障数据包按顺序到达接收端。

IP 协议只负责尽力转发数据包，但不能保证传输的可靠性，有可能丢包，也不保证数据包按顺序到达。

IP 数据包的封装与转发过程如下。

（1）网络层收到上层（如传输层）协议传来的数据时，会封装一个 IP 报文首部，并且把源和目标 IP 地址都添加到该首部。

（2）中间经过的网络设备（如路由器），会维护一张指导 IP 报文转发的路由表，通过读取 IP 数据包的目标地址，根据本地路由表转发 IP 数据包。

（3）IP 数据包最终到达目标主机，目标主机通过读取目标 IP 地址确定是否接收并做下一步处理。

IP 数据包由首部和数据两部分组成。IP 协议定义了 IP 数据包首部，如图 2-20 所示。IP 数据包首部的前一部分是固定长度，共 20 字节，是所有 IP 数据包必有的。在首部的固定部分的后面是一些可选字段，其长度是可变的。

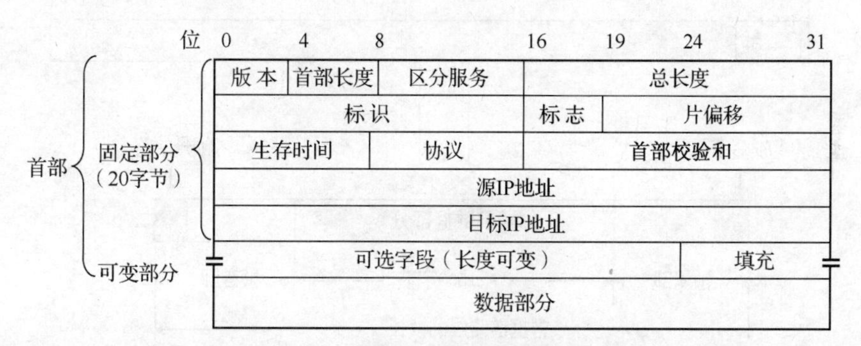

图 2-20 网络层 IP 数据包首部格式

- 版本。占 4 位，指 IP 协议的版本。IP 协议目前有 IPv4 和 IPv6 两个版本。通信双方使用的 IP 协议版本必须一致。目前广泛使用的 IP 协议版本号为 4（即 IPv4）。
- 首部长度。占 4 位，可表示的最大十进制数值是 15。请注意，这个字段所表示数的单位是 32 位二进制数（即 4 个字节），因此，当 IP 的首部长度为 1111 时（即十进制的 15），首部长度就达到 60 字节。当 IP 分组的首部长度不是 4 字节的整数倍时，必须利用最后的填充字段加以填充。因此数据部分永远从 4 字节的整数倍开始，这样在实现 IP 协议时较为方便。首部长度限制为 60 字节的缺点是有时可能不够用。但这样做是希望用户尽量减少开销。最常用的首部长度就是 20 字节（即首部长度为 0101），这时不使用任何选项。

正是因为首部长度有可变部分，才需要有一个字段来指明首部长度，如果首部长度是固定的也就没有必要有“首部长度”这个字段了。

- 区分服务。占 8 位，配置计算机给特定应用程序的数据包添加一个标志，然后再配置网络中的路由器优先转发这些带标志的数据包。在网络带宽比较紧张的情况下，也能确保这种应用的带宽有保障，这就是区分服务。区分服务占 8bit，分区分服务代码点（Differential Services Code Point，DSCP）和显示拥塞通告（Explicit Congestion Notification，ECN）两部分，用来报告网络拥塞情况，由两个比特构成，如图 2-21 所示，DSCP 段的取值范围为 0～63。

图 2-21　区分服务字段

- 总长度。总长度指 IP 首部和数据之和的长度，也就是数据包的长度，单位为字节。总长度字段为 16 位，因此数据包的最大长度为 2^{16}-1=65535 字节。实际上传输这样长的数据包在现实中是极少遇到的。

前面讲数据链路层时以太网帧所能封装的数据包最大为 1500 字节，也即以太网数据链路层最大传输单元（Maximum Transfer Unit，MTU），如图 2-22 所示。数据包的最大长度可以是 65535 字节，这就意味着一个数据包长度大于数据链路层的 MTU，需要将该数据包分片传输。

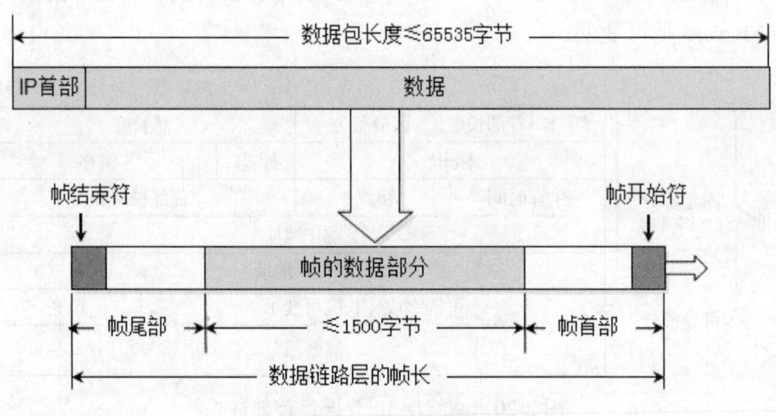

图 2-22　最大传输单元

网络层首部的标识、标志和片偏移都是和数据包分片相关的字段。

- 标识（identification）。占 16 位。IP 软件在存储器中维持一个计数器，每产生一个数据包，计数器就加 1，并将此值赋给标识字段。但这个“标识”并不是序号，因为 IP 是无连接服务，数据包不存在按序接收的问题。当数据包由于长度超过网络的 MTU 而必须分片时，同一个数据包被分成多个片，这些片的标识都一样，也就是数据包的标识字段的值被复制到所有的数据包片的标识字段中。相同的标识字段的值使分片后的各数据包片最后能正确地重装成为原来的数据包。
- 标志（flag）。占 3 位，但目前只有两位有意义。标志字段中的最低位记为 MF（More Fragment）。MF=1 即表示后面“还有分片”的数据包；MF=0 表示这已是若干数据包片中的最后一个。标志字段中间的一位记为 DF（Don’t Fragment），意思是“不能分片”。只有当 DF=0 时才允许分片。
- 片偏移。占 13 位。片偏移指出较长的分组在分片后，某片在原分组中的相对位置。也就是说相对于用户数据字段的起点，该片从何处开始。片偏移以 8 个字节为偏移单位。这就是说，每个分片的长度一定是 8 字节（64 位）的整数倍。

例如，一数据包的总长度为 3820 字节，其数据部分为 3800 字节（使用固定首部），需要分为长度不超过 1420 字节的数据包片。因固定首部长度为 20 字节，因此每个数据包片的数据部分长度不能超过 1400 字节。于是分为 3 个数据包片，其数据部分的长度分别为 1400、1400 和 1000 字节。原始数据包首部被复制为各数据包片的首部，但必须修改有关字段的值。图 2-23 给出分片后得出的结果（请注意片偏移的数值）。

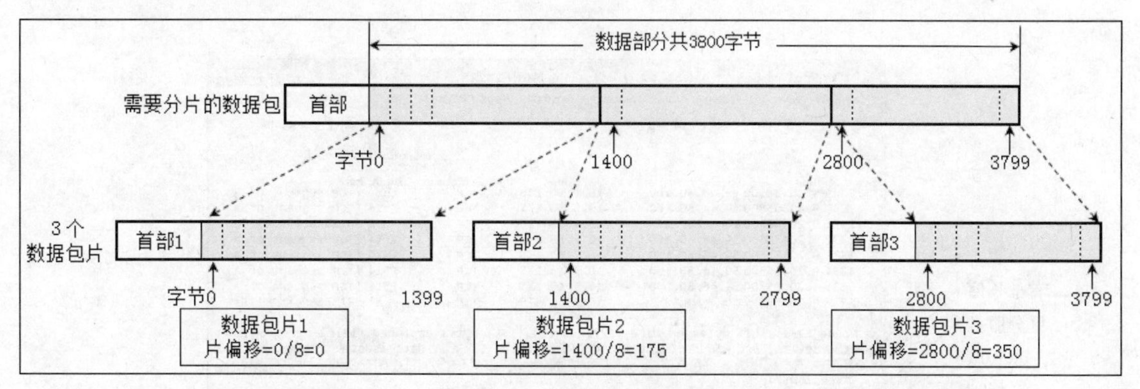

图 2-23　数据包分片举例

图 2-24 所示是本例中数据包首部与分片有关的字段中的数值，其中标识字段的值是任意给定的（12345）。具有相同标识的数据包片在目标站就可无误地重装成原来的数据包。

	总长度	标识	MF	DF	片偏移
原始数据包	3820	12345	0	0	0
数据包片1	1420	12345	1	0	0
数据包片2	1420	12345	1	0	175
数据包片3	1020	12345	0	0	350

图 2-24　数据包首部与分片相关字段中的数值

- 生存时间。生存时间字段常用的英文缩写是 TTL（Time To Live），TTL 字段的功能为“跳数限制”。路由器在转发数据包之前就把 TTL 值减 1。若 TTL 值减小到 0，就丢弃这个数据包，不再转发。TTL 的意义是指明数据包在网络中至多可经过多少个路由器。显然，数据包能在网络中经过的路由器的最大数值是 255。若把 TTL 的初始值设置为 1，就表示这个数据包只能在本局域网中传送。因为这个数据包一旦传送到局域网上的某个路由器，在被转发之前 TTL 值就减小到 0，因而就会被这个路由器丢弃。
- 协议。占 8 位，协议字段指出此数据包携带的数据使用何种协议，以便使目标主机的网络层知道应将数据部分上交给哪个处理过程。常用的一些协议和相应的协议字段值如图 2-25 所示。

协议名	ICMP	IGMP	IP	TCP	EGP	IGP	UDP	IPv6	ESP	OSPF
协议字段值	1	2	4	6	8	9	17	41	50	89

图 2-25　协议号

- 首部校验和。占 16 位，这个字段只校验数据报的首部，但不包括数据部分。这是因为数据报每经过一个路由器，路由器都要重新计算一下首部校验和（一些字段，如生存时间、标志、片偏移等都可能发生变化）。不校验数据部分可减少计算的工作量。

- 源 IP 地址。占 32 位。
- 目标 IP 地址。占 32 位。

图 2-26 是使用抓包工具捕获的 IP 数据包，可以看到 IP 首部各个字段，IP 首部长度是 20 个字节。

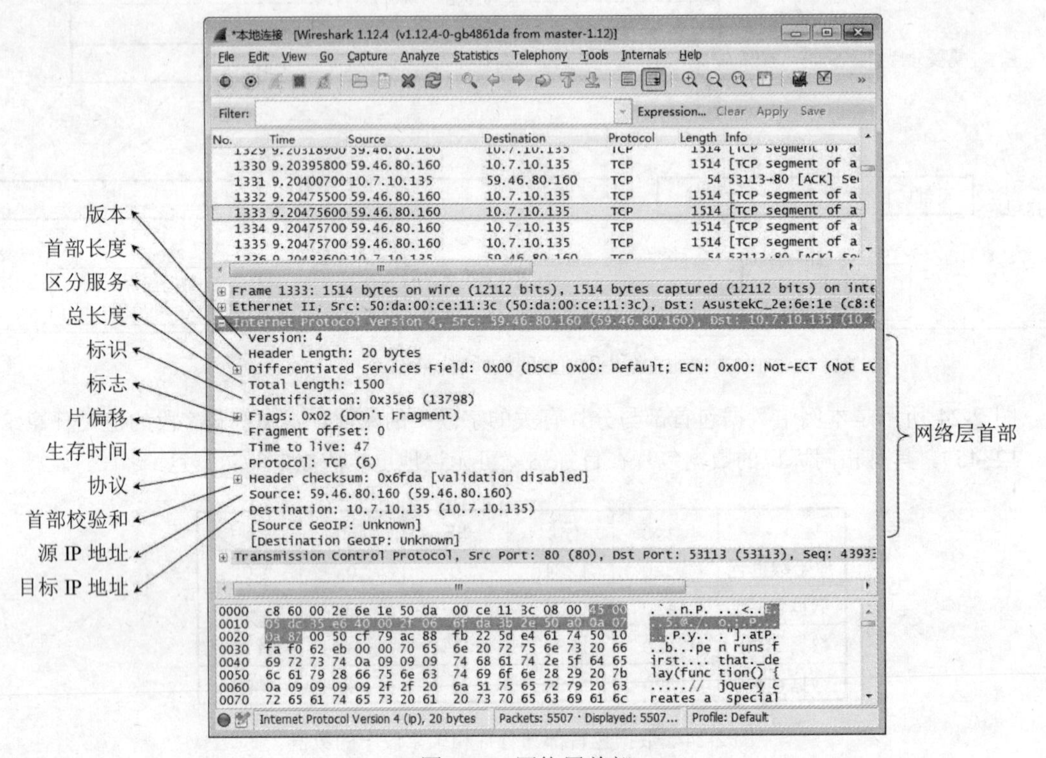

图 2-26 网络层首部

2.4 网络层协议——ICMP

典型 HCIA 试题

1. 以下关于 ICMP 报文的说法正确的有？【多选题】

   A. ICMP 报文格式中的 Type 字段长度为 8bit

   B. ICMP 报文格式中的 Checksum 字段长度为 8bit

   C. ICMP 报文在 IPv4 的首部协议类型字段的值为 1

   D. ICMP 报文格式中的 Code 字段长度为 8bit

2. 关于检测 IP 网络连通性时使用的命令，下列说法错误的有？【多选题】

   A. ping 127.0.0.1 用来检测主机的网线是否插好

   B. ipconfig /release 可以用来检测主机到本地网关的连通性

   C. ping 127.0.0.2 用来检测主机的网线是否插好

   D. ping 命令可以用来检测主机到本地网关的连通性

3．网络管理员使用 ping 来测试网络的连通性，在这个过程中下列哪个协议可能会被使用到？【单选题】

A．UDP　　B．ICMP　　C．ARP　　D．TCP

4．网络管理员使用 ping 来测试网络连通性用哪些协议？【多选题】

A．UDP　　B．TCP　　C．ARP　　D．ICMP

5．华为路由器中的 Tracert 诊断工具使用 UDP 封装跟踪数据。【判断题】

A．对　　B．错

6．华为路由器中的 Tracert 诊断工具被用来跟踪数据的转发路径。【判断题】

A．对　　B．错

7．Tracert 诊断工具记录下每一个 ICMP TTL 超时消息的（　　），从而可以向用户提供报文到达目的地所经过的 IP 地址。【单选题】

A．目标端口　　B．源端口

C．目标 IP 地址　　D．源 IP 地址

8．在使用 Tracert 程序测试到达目标节点所经过的路径时，默认对每个 TTL 值 Traceroute 都要测（　　）次。【单选题】

A．3　　B．8　　C．6　　D．4

9．在华为 ARG3 路由器上，VRP 中 ping 命令的-i 参数用来设置（　　）。【单选题】

A．发送 Echo Request 报文的接口　　B．发送 Echo Request 报文的源 IP 地址

C．接收 Echo Reply 报文的接口　　D．接收 Echo Reply 报文的目标 IP 地址

10．在 VRP 平台上使用 ping 命令时，如果需要指定一个 IP 地址作为回显请求报文的源地址，那么应该使用下列哪一个参数？【单选题】

A．-s　　B．-a　　C．-d　　D．-n

试题解析

1．ICMP 报文 Type 字段长度 8bit，Checksum 字段长度 16bit，ICMP 协议号为 1，ICMP 报文 Code 字段长度 8bit。答案为 ACD。

2．127.0.0.1 或 127.0.0.0/8 网段的地址都是本地环回地址，用来测试计算机 TCP/IP 组件是否正常工作，和网线连接无关。ipconfig /release 用来释放自动获取的 IP 地址。答案为 ABC。

3．ping 命令会产生并发送 ICMP 请求报文，会用到 ICMP 协议，如果是多选题，以太网中还会用到 ARP 协议解析 MAC 地址，不过本题是单选题。答案为 B。

4．ping 命令会产生并发送 ICMP 请求报文，会用到 ICMP 协议，本题是多选题，以太网中还会用到 ARP 协议解析 MAC 地址。答案为 CD。

5．华为路由器中的 Tracert 使用 UDP 封装跟踪数据，Windows 系统会使用 ICMP 封装跟踪报文。答案为 A。

6．华为路由器中的 Tracert 诊断工具用来跟踪数据的转发路径。答案为 A。

7．Tracert 诊断工具记录下返回的每一个 ICMP TTL 超时报文的源 IP 地址，跟踪报文到达目的地所经的路径。答案为 D。

8．Tracert 程序测试到达目标节点所经过的路径时，默认对每个 TTL 值 Traceroute 都要测 3 次。答案为 A。

9．如果到某个地址有多个出口，VRP 中 ping 命令的-i 参数用来设置发送 Echo Request 报文的接口，如图 2-27 所示，在 AR1 上执行 ping -i serial 2/0/0 192.168.2.1，指定使用 Serial 2/0/0 接口发送请求报文。ping -i GigabitEthernet 0/0/0 192.168.2.1 不通，因为到 192.168.2.1 地址通过 GigabitEthernet 0/0/0 接口发送出去到不了目标地址。答案为 A。

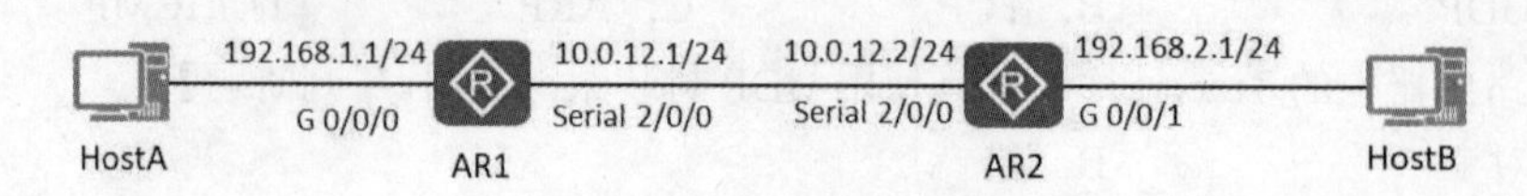

图 2-27 网络拓扑

10．在 VRP 平台上使用 ping 命令时，如果需要指定一个 IP 地址作为回显请求报文的源地址，需要使用-a 参数。如图 2-27 所示，在 AR1 路由器上 ping 192.168.2.1，由接口 Serial 2/0/0 发送 ICMP 请求，源地址为 Serial 2/0/0 接口地址，如果需要使用 AR1 的 G0/0/0 接口的地址，执行<AR1>ping -a 192.168.1.1 192.168.2.1 命令。答案为 B。

关联知识精讲

一、ICMP 协议

ICMP 协议是 TCP/IPv4 协议栈中网络层的一个协议，ICMP 即 Internet Control Message Protocol（Internet 控制报文协议），用于在 IP 主机、路由器之间传递控制消息。控制消息是指网络通不通、主机是否可达、路由是否可用等网络本身的消息。

ICMP 报文是在 IP 数据报内部被传输的，它封装在 IP 数据报内。ICMP 报文通常被 IP 层或更高层协议（TCP 或 UDP）使用。一些 ICMP 报文把差错报文返回给用户进程。

下面抓包查看 ICMP 报文的格式。如图 2-28 所示，PC1 ping PC2，ping 命令产生一个 ICMP 请求报文发送给目标地址，用来测试网络是否畅通，如果目标计算机收到 ICMP 请求报文，就会返回 ICMP 响应报文。下面的操作就是使用抓包工具捕获链路上 ICMP 请求报文和 ICMP 响应报文，观察这两种报文的区别。

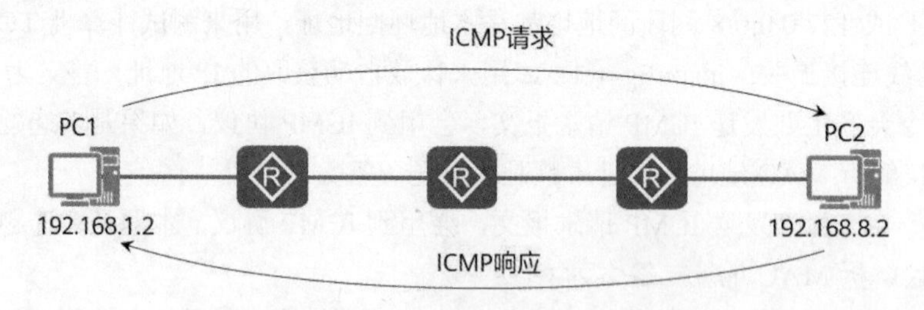

图 2-28 ICMP 请求和响应报文

图 2-29 是 ICMP 请求报文，请求报文中有 ICMP 报文类型字段、ICMP 报文代码字段、校验和字段以及 ICMP 数据部分。请求报文类型值为 8，报文代码为 0。

如图 2-30 选中的是 ICMP 响应报文，类型值为 0，报文代码为 0。

ICMP 报文分几种类型，每种类型又使用代码来进一步指明 ICMP 报文所代表的不同的含义。图 2-31 列出了常见的 ICMP 报文的类型和代码所代表的含义。

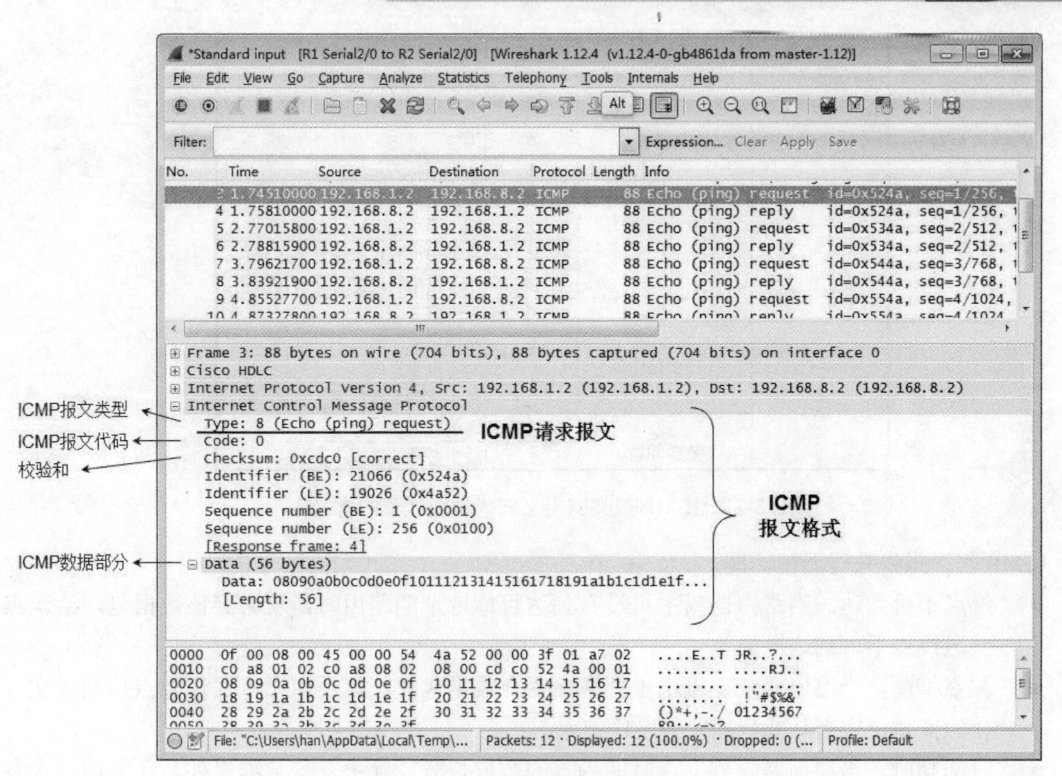

图 2-29 ICMP 请求报文

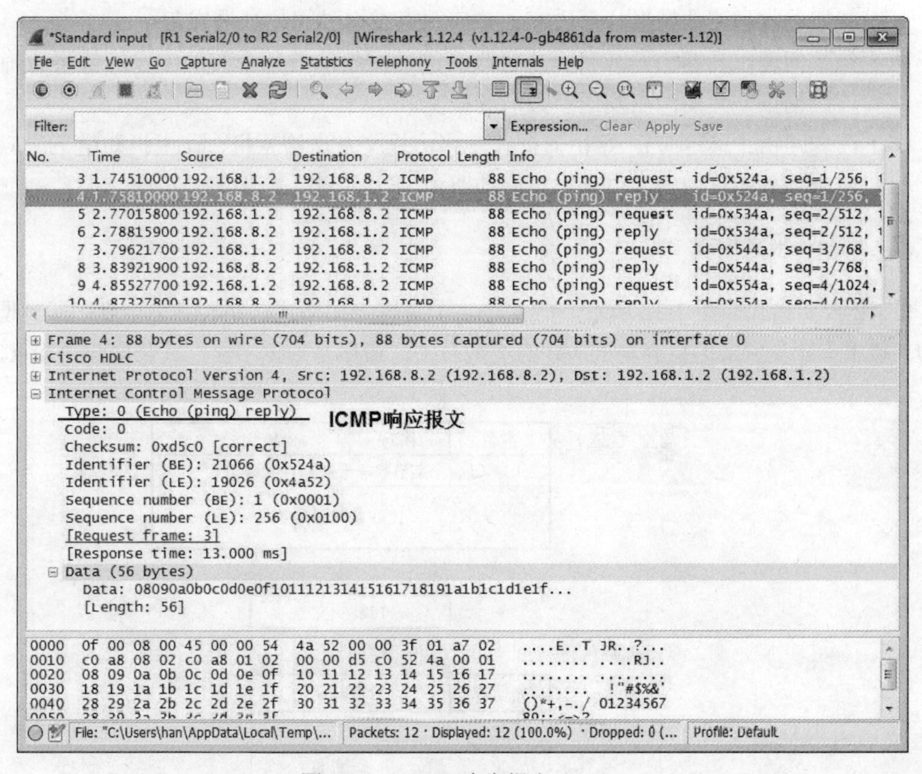

图 2-30 ICMP 响应报文

报文种类	类型值	代码	描述
请求报文	8	0	请求回显报文
响应报文	0	0	回显应答报文
差错报告报文	3（终点不可到达）	0	网络不可达
		1	主机不可达
		2	协议不可达
		3	端口不可达
		4	需要进行分片但设置了不分片
		13	由于路由器过滤，通信被禁止
	4	0	源端被关闭
	5（改变路由）	0	对网络重定向
		1	对主机重定向
	11	0	传输期间生存时间（TTL）为0
	12（参数问题）	0	坏的IP首部
		1	缺少必要的选项

图 2-31　ICMP 报文的类型和代码所代表的含义

ICMP 差错报告共有五种，即：

- 终点不可到达。当路由器或主机没有到达目标地址的路由时，就丢弃该数据包，给源点发送终点不可到达报文。
- 源点抑制。当路由器或主机由于拥塞而丢弃数据包时，就会向源点发送源点抑制报文，使源点知道应当降低数据包的发送速率。
- 时间超时。当路由器收到生存时间为零的数据报时，除丢弃该数据报外，还要向源点发送时间超过报文。当终点在预先规定的时间内不能收到一个数据报的全部数据报片时，就把已收到的数据报片都丢弃，并向源点发送时间超过报文。
- 参数问题。当路由器或目标主机收到的数据报的首部中有的字段的值不正确时，就丢弃该数据报，并向源点发送参数问题报文。
- 改变路由（重定向）。路由器把改变路由报文发送给主机，让主机知道下次应将数据报发送给另外的路由器（可通过更好的路由）。

二、ICMP 报文格式

ICMP 报文格式如图 2-32 所示，前 4 个字节是统一的格式，共有三个字段：即类型、代码和校验和。接下来 4 个字节的内容与 ICMP 的类型有关。最后是数据字段，其长度取决于 ICMP 的类型。

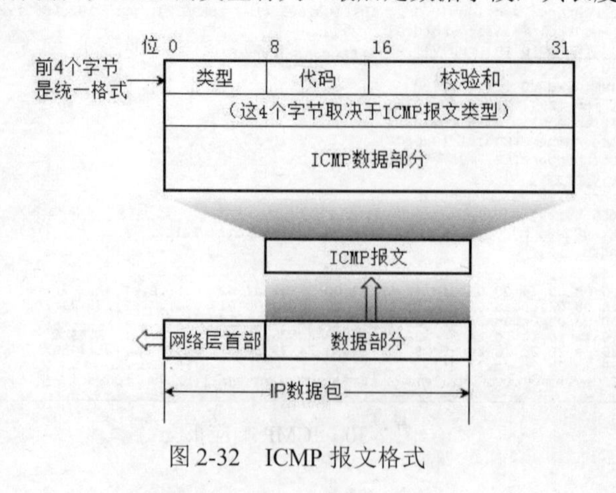

图 2-32　ICMP 报文格式

如图 2-33 所示，所有的 ICMP 差错报告报文中的数据字段都具有同样的格式。把收到的需要进行差错报告的 IP 数据报的首部和数据字段的前 8 个字节提取出来，作为 ICMP 报文的数据字段。再加上相应的 ICMP 差错报告报文的前 8 个字节，就构成了 ICMP 差错报告报文。

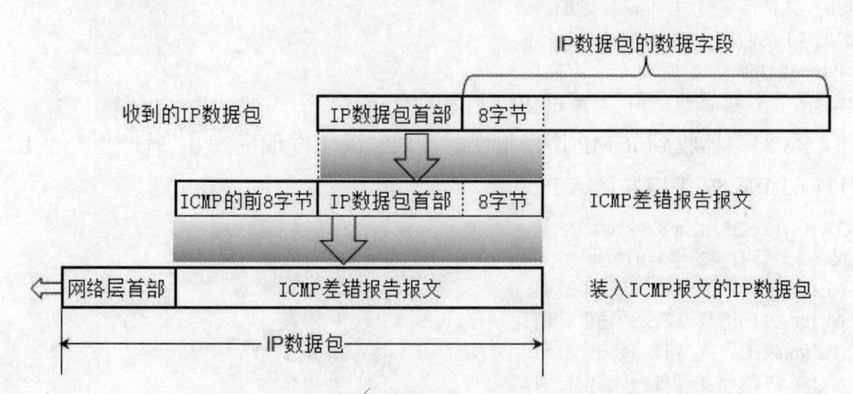

图 2-33　ICMP 差错报告报文的数据字段的内容

提取收到的数据包的数据字段的前 8 个字节是为了得到传输层的端口号（对于 TCP 和 UDP）以及传输层报文的发送序号（对于 TCP）。这些信息对源点通知高层协议是有用的。整个 ICMP 报文作为 IP 数据包的数据字段发送给源点。

三、ICMP 差错报告报文——TTL 过期

在 Windows 10 上安装 Wireshark 抓包工具，确保计算机能够访问 Internet，ping 一个公网地址，指定 TTL，就可以看到 TTL 耗尽后，路由器返回的 TTL 耗尽的差错报告，网络拓扑如图 2-34 所示。

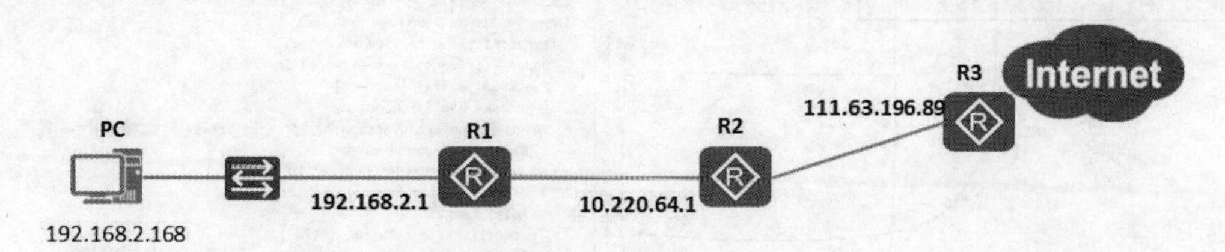

图 2-34　网络拓扑

在 PC 上 ping 8.8.8.8，使用-i 参数指定 TTL。

TTL 是 1，R1 路由器收到 ICMP 请求报文后，TTL 减 1 发现变为 0，就产生一个 ICMP 差错报告报文，由 192.168.2.1 接口发送给 PC1。

```
C:\WINDOWS\system32>ping 8.8.8.8 -i 1
正在 Ping 8.8.8.8 具有 32 字节的数据:
来自 192.168.2.1 的回复: TTL 传输中过期。
来自 192.168.2.1 的回复: TTL 传输中过期。
来自 192.168.2.1 的回复: TTL 传输中过期。
来自 192.168.2.1 的回复: TTL 传输中过期。
8.8.8.8 的 Ping 统计信息:
数据包: 已发送 = 4，已接收 = 4，丢失 = 0 (0% 丢失),
```

TTL 是 2，R2 路由器收到 ICMP 请求报文后，TTL 减 1 发现变为 0，就产生一个 ICMP 差错报告报文，由 10.220.64.1 接口发送给 PC1。

```
C:\WINDOWS\system32>ping 8.8.8.8 -i 2
正在 Ping 8.8.8.8 具有 32 字节的数据:
来自 10.220.64.1 的回复: TTL 传输中过期。
来自 10.220.64.1 的回复: TTL 传输中过期。
来自 10.220.64.1 的回复: TTL 传输中过期。
来自 10.220.64.1 的回复: TTL 传输中过期。
8.8.8.8 的 Ping 统计信息:
数据包: 已发送 =4，已接收 =4，丢失 =0 (0% 丢失),
```

TTL 是 3，R3 路由器收到 ICMP 请求报文后，TTL 减 1 发现变为 0，就产生一个 ICMP 差错报告报文，由 111.63.196.89 接口发送给 PC1。

```
C:\WINDOWS\system32>ping 8.8.8.8 -i 3
正在 Ping 8.8.8.8 具有 32 字节的数据:
来自 111.63.196.89 的回复: TTL 传输中过期。
来自 111.63.196.89 的回复: TTL 传输中过期。
来自 111.63.196.89 的回复: TTL 传输中过期。
来自 111.63.196.89 的回复: TTL 传输中过期。
8.8.8.8 的 Ping 统计信息:
数据包: 已发送 =4，已接收 =4，丢失 =0 (0% 丢失),
```


查看抓包工具捕获的 ICMP 差错报告报文，可以看到类型（Type）值是 11，代码（Code）是 0，如图 2-35 所示。

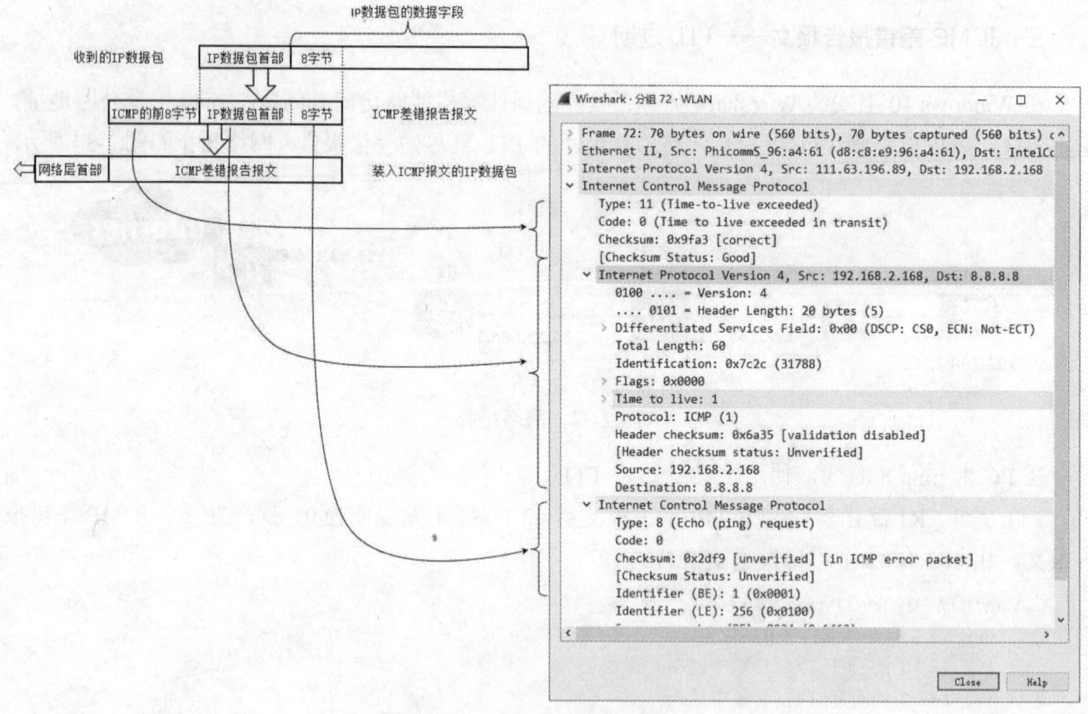

图 2-35　ICMP 差错报告报文

四、使用 ping 命令诊断网络故障

如果计算机不能访问 Internet，打不开网页，或者 QQ、微信登录不了。使用 ping 命令可以帮助我们诊断网络故障，为断定网络故障提供参考。

首先在命令行下输入 ipconfig /all 查看配置。如果地址是 0.0.0.0，就是和网络中的计算机地址冲突，如果是 169.254.0.0/16 网段的地址，说明没有从 DHCP 服务器获取到合法的 IP 地址。确保本机的 IP 地址、子网掩码、网关和 DNS 配置正确。

在 Windows 系统中，命令行输入 ipconfig /?可以显示可用选项。

```
C:\Users\dell>ipconfig /?
..
    选项:
       /?                显示此帮助消息
       /all              显示完整配置信息
       /release          释放指定适配器的 IPv4 地址
       /renew            更新指定适配器的 IPv4 地址
       /flushdns         清除 DNS 解析程序缓存
       /registerdns      刷新所有 DHCP 租用并重新注册 DNS 名称
       /displaydns       显示 DNS 解析程序缓存的内容
  ..
```

Ping 127.0.0.1，127.0.0.1 是本地环回地址，用来测试计算机的 TCP/IP 协议是否正确安装，该地址和物理网卡没关系，哪怕拔掉所有网卡，ping 该地址也能通。

Ping 本机的 IP 地址，可以断定 IP 地址是否生效，如果计算机的配置的地址和网络中的地址冲突，ping 本机的 IP 地址会失败。

Ping 网关，可以判断网线连接是否正常，是否能够和本网段的计算机通信。

Ping 互联网上的 IP 地址，测试到 Internet 网络是否畅通。比如 ping 8.8.8.8，ping 114.114.114.114。

Ping 域名，测试域名解析是否成功，比如 ping www.cctv.com，如果 ping 域名解析不到 IP 地址，就要使用别的 DNS 服务器了。

五、使用 tracert 跟踪数据包路径

ping 命令并不能跟踪从源地址到目标地址沿途经过了哪些路由器，而 Windows 操作系统中的 tracert 命令是路由跟踪实用程序，专门用于确定 IP 数据报访问目标地址路径，能够帮助我们发现到达目标网络到底是哪一条链路出现了故障。tracert 命令是 ping 命令的扩展，用 IP 报文生存时间（TTL）字段和 ICMP 差错报告报文来确定沿途经过的路由器。

不使用 tracert 命令，使用 ping 命令，也可以得到到达目标主机沿途经过的路由器。如图 2-36 所示，如何在 PC1 上测试到达 PC2 途经的路由器呢？下面演示使用 ping 命令和-i 参数确定数据包到达目的地途经的路由器。

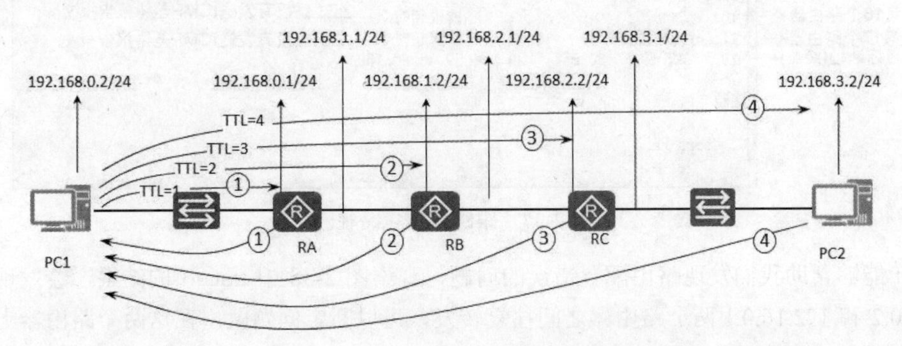

图 2-36　使用 ping 和-i 参数跟踪数据包路径

在 PC1 上 ping PC2 的地址：ping 192.168.3.2 -i 1，给目标地址发送 ICMP 请求数据包时指定 TTL=1，就会由第 1 个路由器 RA 返回一个 TTL 耗尽的 ICMP 差错报告报文，PC1 得到途经的第 1 个路由器的地址 192.168.0.1。

```
C:\Users\han>ping 192.168.3.2 -i 1
正在 Ping 192.168.3.2 具有 32 字节的数据:
来自 192.168.0.1 的回复: TTL 传输中过期。
来自 192.168.0.1 的回复: TTL 传输中过期。
来自 192.168.0.1 的回复: TTL 传输中过期。
来自 192.168.0.1 的回复: TTL 传输中过期。
```

PC1 再次 ping PC2 的地址：ping 192.168.3.2 -i 2，给目标地址发送 ICMP 请求数据包时指定 TTL=2，就会由第 2 个路由器 RB 返回一个 TTL 耗尽的 ICMP 差错报告报文，PC1 得到途经的第 2 个路由器的地址 192.168.1.2。

以此类推，PC1 再次 ping PC2 的地址，指定 TTL 为 3，就能得到第 3 个路由器 RC 的地址 192.168.2.2。

tracert 命令工作原理就是使用上述方法，通过给目标地址发送 TTL 逐渐增加的 ICMP 请求，根据返回的 ICMP 错误报告报文来确定沿途经过的路由器。

如图 2-37 所示，tracert www.91xueit.com 网站途经 17 个路由器，第 18 个是该网站的地址（终点）。可以看到第 12、16 和第 17 个路由器显示“请求超时”，表明没有返回 ICMP 差错报告报文，因为这些路由器设置了访问控制列表（ACL）禁止路由器发出 ICMP 差错报告报文。

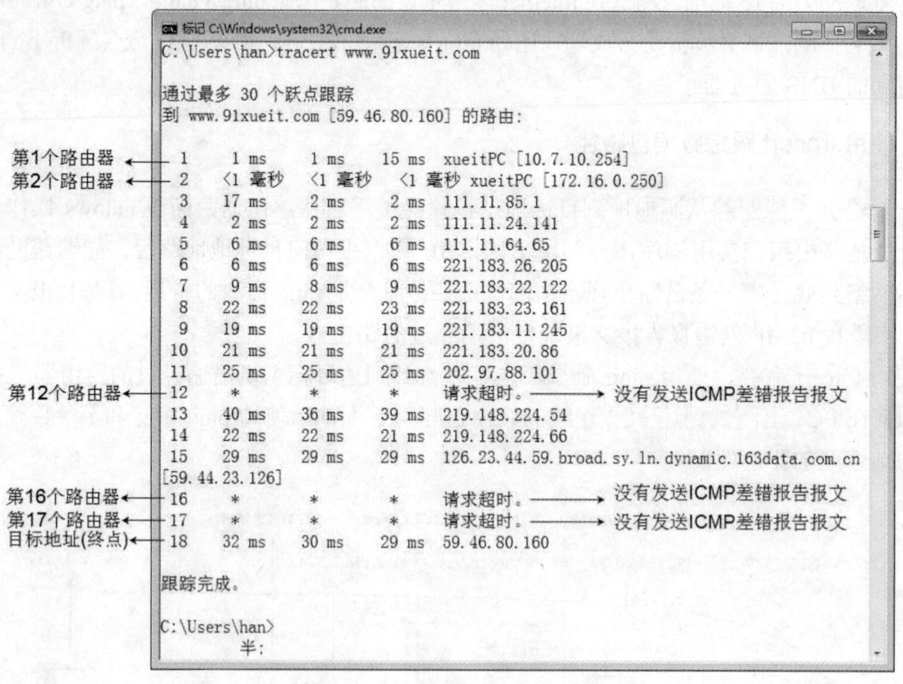

图 2-37　跟踪数据包路径

tracert 能够帮助我们发现路由配置错误的问题，观察图 2-38 中 tracert 的结果，会发现数据包在 172.16.0.2 和 172.16.0.1 两个路由器之间往复转发，可以断定问题就出在这两个路由器上的路由配置，需要检查这两个路由器的路由表。

```
C:\Windows\system32\cmd.exe
Microsoft Windows [版本 6.1.7601]
版权所有 (c) 2009 Microsoft Corporation。保留所有权利。

C:\Users\win7>tracert 131.107.2.2

通过最多 30 个跃点跟踪到 131.107.2.2 的路由

  1    38 ms    10 ms    10 ms  192.168.1.1
  2    12 ms    81 ms    49 ms  172.16.0.2
  3    20 ms    49 ms    19 ms  172.16.0.1
  4   154 ms   188 ms    76 ms  172.16.0.2
  5   106 ms   107 ms   155 ms  172.16.0.1
  6    95 ms   137 ms   113 ms  172.16.0.2
  7   110 ms   139 ms   138 ms  172.16.0.1
  8   171 ms   138 ms   113 ms  172.16.0.2
  9   171 ms   156 ms   294 ms  172.16.0.1
 10   158 ms   208 ms   217 ms  172.16.0.2
 11   162 ms   232 ms   172 ms  172.16.0.1
 12   212 ms   231 ms   232 ms  ^C
C:\Users\win7>_
```

图 2-38 数据包在两个路由器之间往复转发

华为路由器的 tracert 命令不适用 ICMP 报文，而是向目标地址发送 UDP 报文，默认对每个 TTL 值 Traceroute 都要测 3 次，沿途的路由器将 TTL 耗尽的 UDP 报文丢弃，返回一个 ICMP 差错报告报文。

```
<AR1>tracert 172.16.1.2
 traceroute to  172.16.1.2(172.16.1.2), max hops: 30 ,packet length: 40,press CTRL_C to break
 1 172.16.0.2 40 ms   20 ms   20 ms
 2 172.16.1.2 30 ms   20 ms   20 ms
<AR1>
```

2.5 网络层协议——ARP

典型 HCIA 试题

1．ARP 协议能够根据目标 IP 地址解析目标设备 MAC 地址，从而实现链路层地址与 IP 地址的映射。【判断题】

A．对　　　　B．错

2．关于 ARP 报文的说法错误的是？【单选题】

A．ARP 应答报文是单播方式发送的

B．任何网络设备都需要通过发送 ARP 报文获取数据链路层标识

C．ARP 请求报文是广播发送的

D．ARP 报文不能穿越路由器，不能被转发到其他广播域

3．关于 ARP 协议的作用和报文封装，描述正确的是？【单选题】

A．ARP 协议支持在 PPP 链路与 HDLC 链路上部署

B．ARP 协议基于 Ethernet 封装

C．通过 ARP 协议可以获取目标端的 MAC 地址和 UUID 的地址

D．网络设备上的 ARP 缓存只可以通过 ARP 协议得到

4．如图 2-39 所示的网络，主机存在 ARP 缓存，下列说法正确的有？【多选题】

图 2-39 网络拓扑

A．路由器需要配置静态路由，否则主机 A 和主机 B 不能双向通信

B．主机 A 的 ARP 缓存中存在如下条目

10.0.12.2 MAC-C

C．主机 A 的 ARP 缓存中存在如下条目

11.0.12.1 MAC-B

D．主机 A 和主机 B 可以双向通信

5．如图 2-40 所示的网络，主机存在 ARP 缓存，主机 A 发送数据包给主机 B，则此数据包的目标 MAC 和目标 IP 分别为？【单选题】

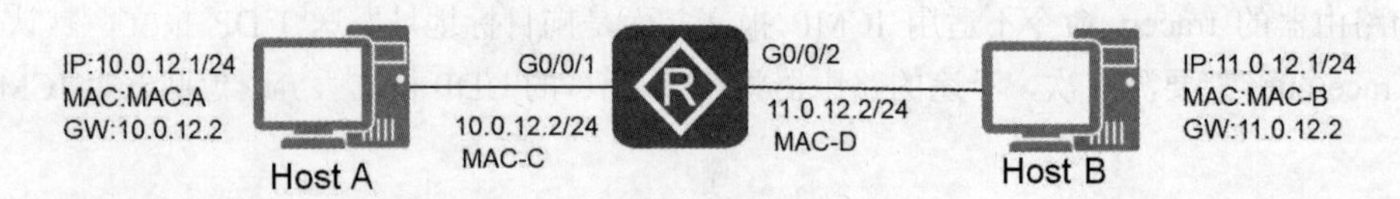

图 2-40 网络拓扑

A．MAC-C，10.0.12.2　　B．MAC-A，11.0.12.1

C．MAC-C，11.0.12.1　　D．MAC-B，11.0.12.1

6．如图 2-41 所示，RTA 的 G0/0/0 和 G0/0/1 接口分别连接到两个不同的网段，RTA 是这两个网络的网关。主机 A 在发送数据给主机 C 之前，会先发送 ARP Request 来获取（　　）的 MAC 地址？【单选题】

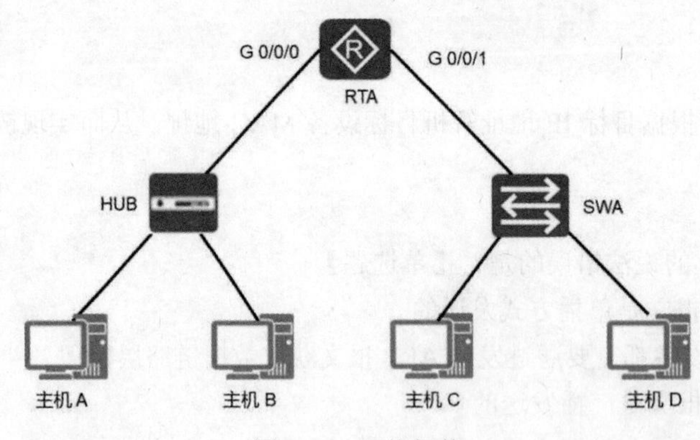

图 2-41 网络拓扑

A．SWA　　B．主机 C

C．RTA 的 G0/0/1 接口　　D．RTA 的 G0/0/0 接口

7．下列关于免费 ARP 报文的作用的描述错误的是？【单选题】

A．在 VRRP 备份组中用来通告主备发生变换

B．用于通告一个新的 MAC 地址：发送方更换网卡，MAC 地址发生改变，为了能够在 MAC 项老化前通告所有主机，发送方可以发送一个免费 ARP

C．用于检查重复的 IP 地址：正常情况下不会收到 ARP 回应，如果收到，则表明本网络中存在与自身 IP 地址重复的地址

D．免费 ARP 报文用来在主机空闲时与网关设备保持激活

8．关于免费 ARP，下列说法正确的是？【多选题】

A．免费 ARP 报文的格式与普通 ARP 应答报文的格式相同

B．免费 ARP 可以帮助更新旧的 IP 地址信息

C．通过发送免费 ARP，可以确认 IP 地址是否有冲突

D．免费 ARP 报文的格式与普通 ARP 请求报文的格式是相同的

9．如图 2-42 所示的网络，主机 A 没有配置网关，主机 B 存在网关的 ARP 缓存，下列说法正确的有？【多选题】

图 2-42　网络拓扑

A．在路由器 G0/0/1 端口开启 ARP 代理，则主机 A 可以和主机 B 通信

B．主机 B 发送目标 IP 地址为 10.0.12.1 的数据包可以转发到主机 A

C．主机 A 发送目标 IP 地址为 11.0.12.1 的数据包可以转发到主机 B

D．主机 A 和主机 B 不能双向通信

10．使能 Proxy ARP 功能的路由器收到一个 ARP 请求报文时，发现其所请求的 IP 地址不是自己，则会进行如下哪些操作？【多选题】

A．如果查到有到该目标地址的路由，则将自己的 MAC 地址发给 ARP 请求方

B．丢弃报文

C．广播 ARP 请求报文

D．查找有无到该目标地址的路由

试题解析

1．ARP 解析本网段计算机的 MAC 地址（同网段通信），或解析网关的 MAC 地址（跨网段通信）。答案为 A。

2．ARP 请求是广播发送，ARP 应答报文是单播发送，路由器隔绝广播。答案为 B。

3．ARP 只在以太网中使用。PPP 链路与 HDLC 链路的帧没有 MAC 地址字段，不需要 ARP 协议。ARP 协议只是用来解析 IP 地址的 MAC 地址，网络设备的 ARP 缓存也可以使用命令添加。答案为 B。

4．路由器直连的网段不需添加静态路由，主机 A 如果和主机 B 通信，ARP 解析网关的 MAC 地址。主机 A 和主机 B 设置了正确的 IP 地址和网关，路由器有直连网段的路由，主机 A 和主机 B 就可以双向通信。答案为 BD。

5．主机 A 给主机 B 通信，目标 IP 地址为主机 B，目标 MAC 地址网关的 MAC 地址 MAC-C。答案为 C。

6．跨网段通信，解析网关 MAC 地址。答案为 D。

7. 免费 ARP 不用于与网关设备保持激活。答案为 D。

8. 免费 ARP 报文格式与普通 ARP 的请求报文格式相同，通过发送免费 ARP，可以确认 IP 地址是否有冲突。答案为 CD。

9. 本题中 Host A 不设置网关，到其他网段的通信就不知道出口地址。但在 Windows 10 中需要将网关设置成自己才能实现这个功能，如图 2-43 所示。在路由器接口 G0/0/1 启用 ARP 代理后就能够实现双向通信。但在本题中，Host A 没有设置网关，在路由器接口 G0/0/1 启用 ARP 代理也没用。答案为 BD。

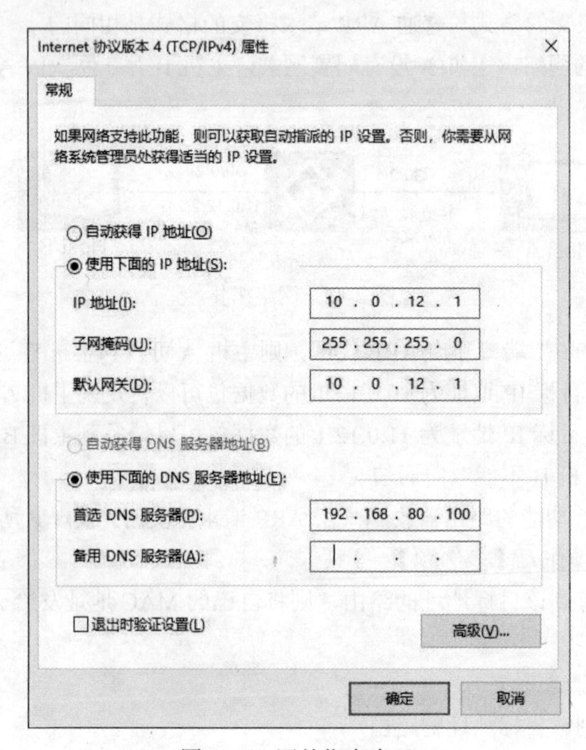

图 2-43　网关指向自己

10. 路由器接口启用 ARP 代理后，收到一个 ARP 请求报文时，发现其所请求的 IP 地址不是自己，查找有无到该目标地址的路由，如果查到有到该目标地址的路由，则将自己的 MAC 地址发给 ARP 请求方。答案为 AD。

关联知识精讲

一、ARP 协议工作方式

地址解析协议（Address Resolution Protocol，ARP）是 IPv4 中必不可少的一种协议，它的主要功能是将 IP 地址解析为 MAC 地址，维护 IP 地址与 MAC 地址的映射关系的缓存，即 ARP 表项，实现网段内重复 IP 地址的检测。

在计算机和目标计算机通信之前，需要使用该协议解析到目标计算机的 MAC 地址（同一网段通信）或网关的 MAC 地址（跨网段通信）。

这里大家需要知道：ARP 协议只是在以太网中使用，点到点链路使用 PPP 协议通信，PPP 帧的数据链路层根本不用 MAC 地址，所以也不用 ARP 协议解析 MAC 地址。

ARP 的工作过程如图 2-44 所示，计算机 A 发送 ARP 请求报文，请求解析 192.168.1.20 的目标 MAC 地址，因为计算机 A 不知道 192.168.1.20 的目标 MAC 地址，所以该请求将目标 MAC 地址写成广播地址，即 FF-FF-FF-FF-FF-FF，交换机收到后会将该请求转发到全部端口。

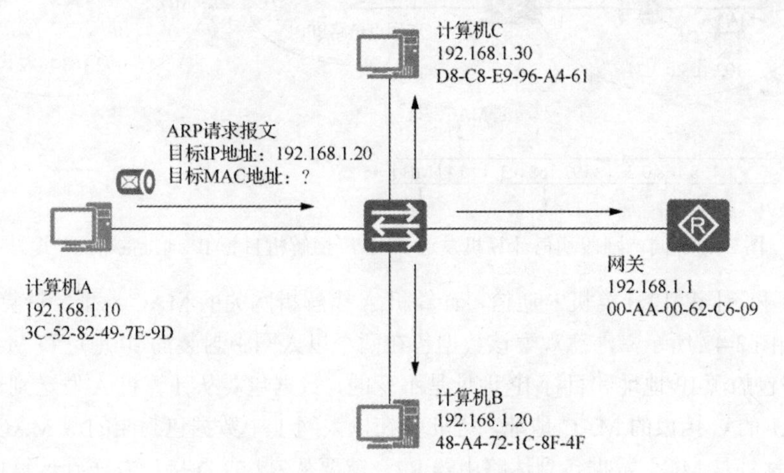

图 2-44　ARP 请求使用广播帧

所有的主机接收到该 ARP Request 报文后，都会检查它的目标端 IP 地址字段与自身的 IP 地址是否匹配。如果不匹配，则主机不会响应该 ARP Request 报文。如果匹配，则主机会将 ARP 请求报文中的发送端 MAC 地址和发送端 IP 地址信息记录到自己的 ARP 缓存表中，然后通过 ARP Reply 报文进行响应，如图 2-45 所示。ARP 响应帧目标 MAC 地址是计算机 A 的 MAC 地址。

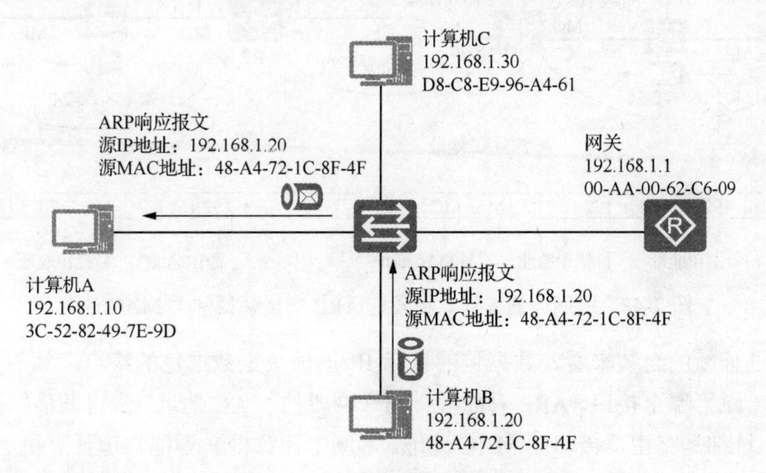

图 2-45　ARP 响应使用单播帧

二、同一网段通信和跨网段通信

如图 2-46 所示，网络中有两个以太网和一个点到点链路，计算机和路由器接口的地址如图 2-46 所示，图中的 MA、MB 直至 MF，代表对应接口的 MAC 地址。计算机 A 和同一网段计算机 B 通信，计算机 A 发送 ARP 广播解析目标 IP 地址的 MAC 地址，以后通信的帧封装目标 IP 地址和 MAC 地址。

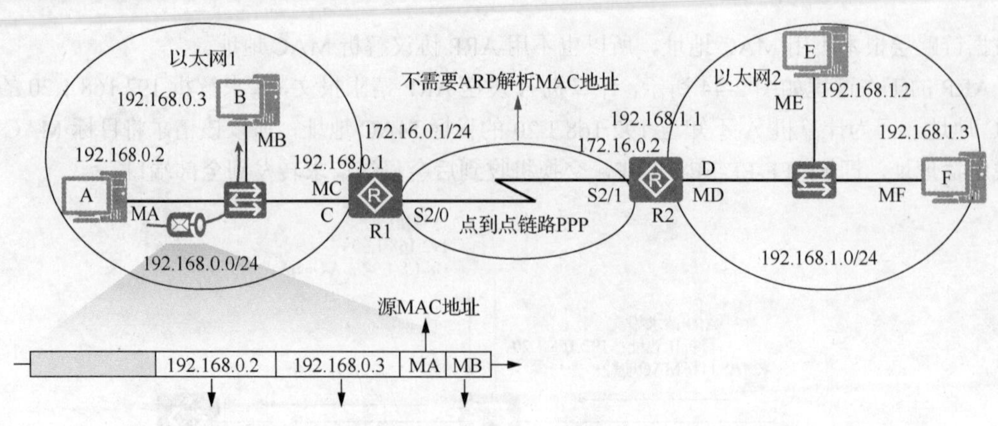

图 2-46　同一网段通信计算机发送 ARP 广播解析目标 IP 地址的 MAC 地址

计算机 A 和不同网段计算机 F 通信，计算机 A 需解析网关的 MAC 地址，计算机 A 发送给计算机 F 的帧如图 2-47 所示，注意观察该数据包在两个以太网中封装的 IP 地址和 MAC 地址。在传输过程中数据包的源 IP 地址和目标 IP 地址是不变的，数据包要从计算机 A 发送到计算机 F，需要转发路由器 R1 的 C 接口的 MAC 地址，因此，在以太网 1 中数据包封装的源 MAC 地址是 MA，而目标 MAC 地址是 MC。数据包到达路由器 R2，就要从 R2 的 D 接口发送到计算机 F，数据包要重新封装数据链路层，源 MAC 地址为 MD，目标 MAC 地址是 MF。

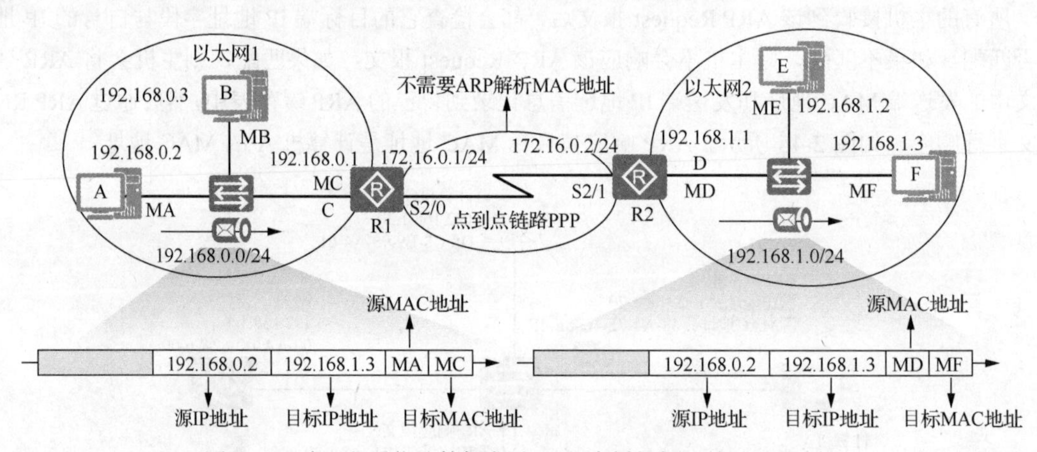

图 2-47　跨网段通信计算机发送 ARP 广播解析网关 MAC 地址

从跨网段通信帧的封装来看，数据包的目标 IP 地址决定数据包的终点，帧的目标 MAC 地址决定数据包下一跳给哪个接口。ARP 只能解析同一网段的 MAC 地址。来自其他网段计算机的数据包，源 MAC 地址都是路由器接口的 MAC 地址。本例中计算机 F 不能知道计算机 A 的 MAC 地址，计算机 F 看到来自计算机 A 的数据包源 MAC 地址是路由器 R2 接口 D 的 MAC 地址。

在 Windows10 系统中输入 arp -a 可以查看缓存的 MAC 地址和 IP 地址映射。动态映射是通过 ARP 解析得到。其他的为静态映射，比如 192.168.80.255 为本地广播 IP 地址（主机位写成二进制全是 1），对应的 MAC 地址就是广播 MAC 地址。这就意味着该计算机 ping 192.168.80.255，目标 MAC 地址为 ff-ff-ff-ff-ff-ff。

```
C:\Windows\system32>arp -a
接口: 192.168.80.129 --- 0x5
  Internet 地址          物理地址             类型
```

```
192.168.80.2          00-50-56-e2-59-0c     动态
192.168.80.255        ff-ff-ff-ff-ff-ff     静态
224.0.0.22            01-00-5e-00-00-16     静态
224.0.0.251           01-00-5e-00-00-fb     静态
224.0.0.252           01-00-5e-00-00-fc     静态
239.255.255.250       01-00-5e-7f-ff-fa     静态
255.255.255.255       ff-ff-ff-ff-ff-ff     静态
```

也可以使用命令添加 IP 地址和 MAC 地址静态映射到 ARP 缓存。在 Windows 10 中，单击“开始”→“Windows 系统”，右键单击“命令提示符”，单击“更多”→“以管理员身份运行”。打开命令提示符后，输入 interface ipv4 show interface 查看接口以太网接口编号（Idx）。

```
C:\Windows\system32>netsh interface ipv4 show interface

Idx     Met      MTU          状态              名称
---  ----------  ------------  ---------------  ---------------------------
  1      75   4294967295  connected          Loopback Pseudo-Interface 1
  5      25         1500  connected          Ethernet0
 24      65         1500  disconnected       蓝牙网络连接
```

输入以下命令配置网卡 Ethernet0 网卡的 ARP 静态映射，将 192.168.80.2 地址映射到 00-50-56-e2-59-0c。该映射将一直存在不会过期清除。再次输入 arp -a 查看 ARP 缓存，可以看到添加的 IP 地址和 MAC 地址的静态映射。该计算机和 192.168.80.2 这个地址通信，就不需要 ARP 协议解析 MAC 地址了，这个可以防止 ARP 欺骗。

```
C:\Windows\system32>netsh interface ipv4 add neighbors 5 192.168.80.2 00-50-56-e2-59-0c

C:\Windows\system32>arp -a

接口: 192.168.80.129 --- 0x5
  Internet 地址         物理地址              类型
  192.168.80.2          00-50-56-e2-59-0c     静态
  192.168.80.255        ff-ff-ff-ff-ff-ff     静态
  224.0.0.22            01-00-5e-00-00-16     静态
  224.0.0.251           01-00-5e-00-00-fb     静态
  224.0.0.252           01-00-5e-00-00-fc     静态
  239.255.255.250       01-00-5e-7f-ff-fa     静态
  255.255.255.255       ff-ff-ff-ff-ff-ff     静态
```

三、免费 ARP

免费 ARP 又称无故 ARP。免费 ARP 不同于一般的 ARP 请求，其作用如下：

- 用于检查重复的 IP 地址。当主机启动的时候，或更改计算机 IP 地址的时候，主机将发送一个免费 ARP 请求，即请求自己的 IP 地址的 MAC 地址。正常情况下不会收到 ARP 回应，如果收到，则表明本网络中存在与自身 IP 地址重复的地址。
- 用于通告一个新的 MAC 地址：发送方更换网卡，MAC 地址发生改变，为了能够在 MAC 项老化前通告所有主机，发送方可以发送一个免费 ARP。
- 免费 ARP 在 VRRP 备份组中用来通告主备发生变换。

在计算机上运行抓包工具，更改计算机 IP 地址或 MAC 地址，可以捕获免费 ARP。图 2-48 是更改IP地址后，计算机发送的用来检测地址是否冲突的免费ARP，可以看到Sender IP address为0.0.0.0。

图2-49是192.168.80.177解析192.168.80.100的MAC地址的ARP请求报文，可以看到有发送者的IP地址。

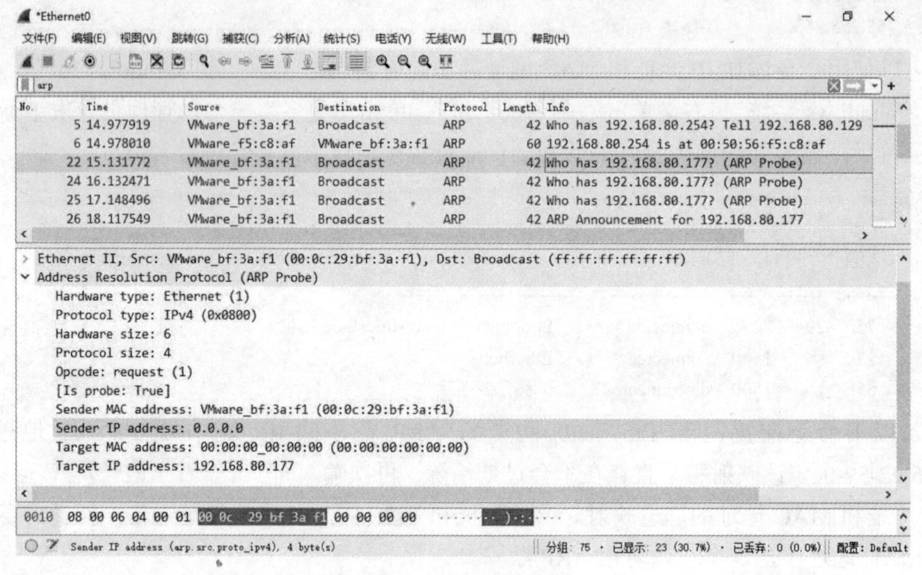

图2-48　免费ARP

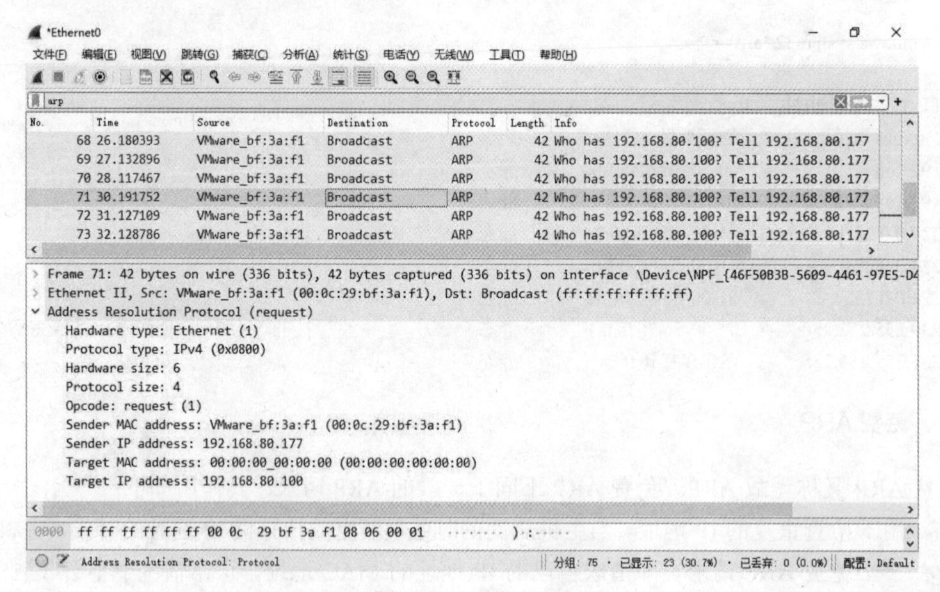

图2-49　正常ARP

四、ARP代理

ARP代理（arp-proxy）的原理就是当出现跨网段的ARP请求时，路由器将自己的MAC返回给发送ARP广播请求发送者，实现MAC地址代理（善意的欺骗），最终使得主机能够通信。

如图 2-50 所示，HostA 和 HostB 属于 192.168.1.0/24 网段，中间使用路由器连接，但路由器的两个接口分别属于 192.168.1.0/25 和 192.168.1.128/25 两个子网，注意看子网掩码和 Host 不同。HostA 和 HostB 通信，就直接发送 ARP 请求 192.168.1.130 的 MAC 地址，在 RouterA 的 G 0/0/0 接口启用了 ARP 代理，RouterA 的 G 0/0/0 接口收到 ARP 请求后，路由器将 G 0/0/0 接口的 MAC 地址发回给 HostA，相当于 ARP 欺骗。同样，RouterA 的 G 0/0/1 接口启用 ARP 代理，HostB 解析 HostA 的 MAC 地址，路由器将 G 0/0/1 接口的 MAC 地址发回给 HostB。在接口启用 ARP 代理的命令如下。

```
[Huawei-GigabitEthernet0/0/0]arp-proxy enable
```

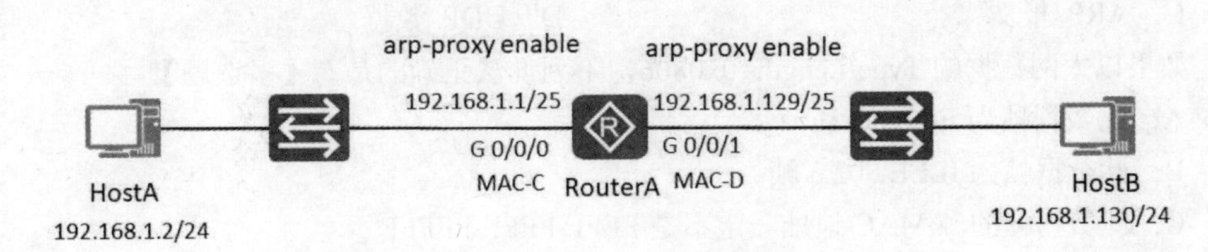

图 2-50　ARP 代理应用场景 1

如图 2-51 所示，在 RouterA 上有一条默认路由 0.0.0.0 0.0.0.0，出口 G 0/0/0。在 RouterB 上只有两个网段的路由。HostA 和 HostB、HostC 通信，RouterA 的 G 0/0/0 接口会 ARP 解析 HostB、HostC 的 MAC 地址，RouterB 的 G 0/0/1 接口启用了 ARP 代理，发现有到 HostB 和 HostC 的路由，就会使用 MAC-D 响应。代理 ARP 只响应那些在自己的路由表里能找到的网段，HostA 和 HostD 通信，RouterB 就不会响应。

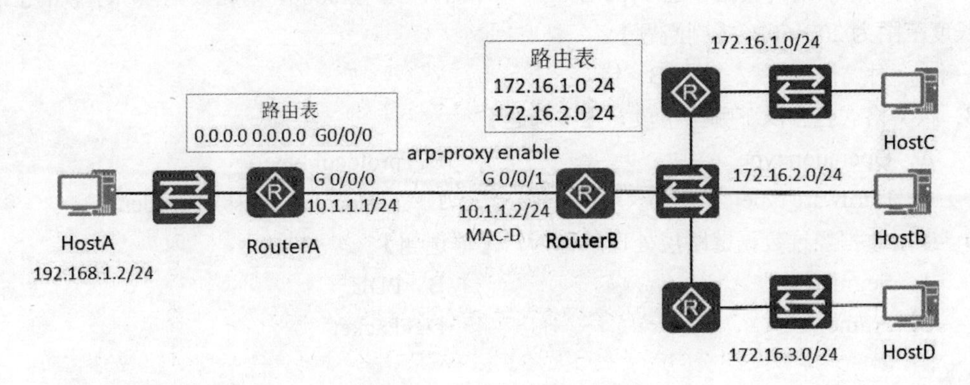

图 2-51　ARP 代理应用场景 2

2.6　数据链路层协议

典型 HCIA 试题

1．路由器在进行数据报转发时，每经过一个数据链路层，数据链路层都需要重新封装。【判断题】

A．对　　　　B．错

2. VRP 平台上，设置 Serial 接口数据链路层的封装类型为 HDLC 的命令是？【单选题】

A. link-protocol hdlc　　B. hdlc enable

C. encapsulation hdlc　　D. link-protocol ppp

3. 包含以太网头部的 Ethernet_II 帧的长度为？【单选题】

A. 64～1518B　　B. 60～1560B

C. 46～1500B　　D. 64～1500B

4. 如果一个以太网数据帧的 Type/Length = 0x8100，那么这个数据帧的载荷可能是？【多选题】

A. TCP 数据段　　B. ICMP 报文

C. ARP 报文　　D. UDP 数据

5. 如果以太网数据帧 Type/Length=0x0806，下列说法正确的是？【多选题】

A. 此数据帧为 Ethernet II 帧

B. 此数据帧为 IEEE 802.3 帧

C. 此数据帧的源 MAC 地址一定不是 FFFF-FFFF-FFFF

D. 此数据帧的目标 MAC 地址一定是 FFFF-FFFF-FFFF

6. 如果以太网数据帧 Type/Length=0x0806，下列说法正确的是？【多选题】

A. 此数据帧的目标 MAC 地址有可能是 FFFF-FFFF-FFFF

B. 此数据帧为 Ethernet II 帧

C. 此数据帧的源 MAC 地址一定不是 FFFF-FFFF-FFFF

D. 此数据帧为 IEEE802.3 帧

7. 如果一个以太网数据帧的 Type/Length 字段的值为 0x0800，则此数据帧所承载的上层报文首部长度范围为 20～60B。【判断题】

A. 对　　B. 错

8. 报文格式包含以下哪些字段？【多选题】

A. Operation type　　B. protocol type

C. Hardware type　　D. protocol Address of sender

9. 应用数据经过数据链路层处理后称为？【单选题】

A. Segment　　B. PDU

C. Frame　　D. Packet

试题解析

1. 路由器在进行数据报转发时，网络层中 IP 地址信息不变，每经过一个数据链路层，数据链路层都需要重新封装。答案为 A。

2. 在 VRP 平台，Serial 接口支持多种数据链路层协议。在接口视图下输入 link-protocol ?可以显示支持的数据链路层协议。答案为 A。

```
[R1]interface Serial 2/0/0
[R1-Serial2/0/0]link-protocol ?
  fr     Select FR as line protocol
  hdlc   Enable HDLC protocol
  lapb   LAPB(X.25 level 2 protocol)
  ppp    Point-to-Point protocol
```

sdlc　SDLC(Synchronous Data Line Control) protocol
x25　X.25 protocol

3．以太网 Ethernet_II 封装增加 18 个字节，以太网帧长度为最短 64 字节，MTU 为 1500 字节加 18 字节以太网封装，最大为 1518 字节。答案为 A。

4．以太网数据帧 Type 字段用来表示载荷数据的类型。Type ＝ 0x8100，表明封装的数据为 dot1q，就是 802.1Q，是 VLAN 的一种封装方式。如图 2-52 所示，802.1Q 封装有 Type 字段，用来表示载荷数据的类型，那就有可能是 TCP 数据段、ICMP 报文、ARP 报文、UDP 数据。答案为 ABCD。

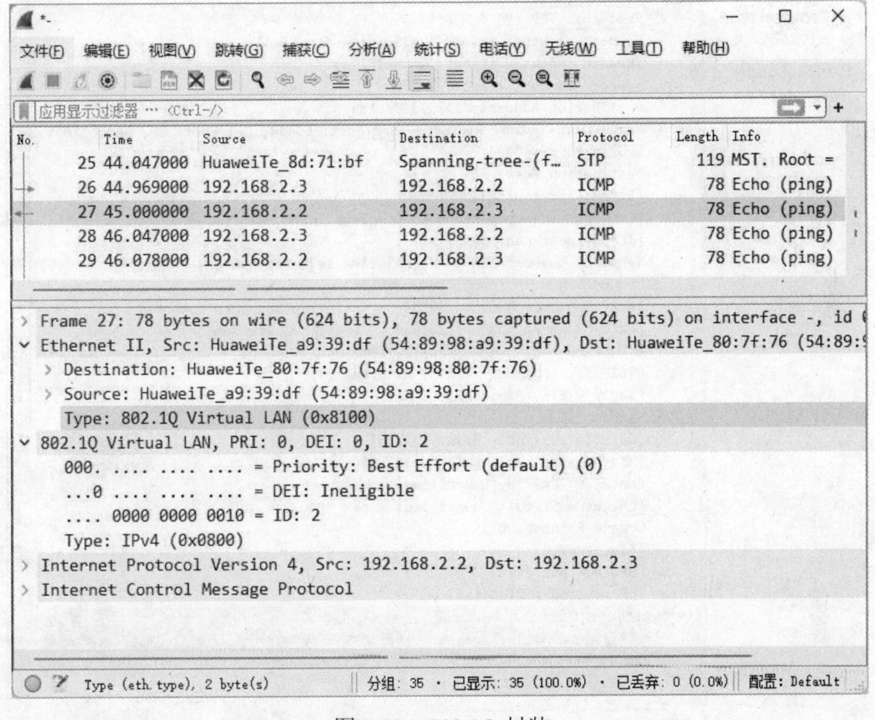

图 2-52　802.1Q 封装

5．以太网数据帧 Type/Length=0x0806，能够确定有效载荷为 ARP 报文，源 MAC 地址一定不是广播地址。本题答案为 AC。

6．以太网数据帧 Type/Length=0x0806，能够确定有效载荷为 ARP 报文，源 MAC 地址一定不是广播地址，目标 MAC 地址有可能是广播地址。答案为 ABC。

7．以太网数据帧的 Type/Length 字段的值为 0x0800，能够确定有效载荷为 IP 协议，IP 首部长度为 20～60B。答案为 A。

8．图 2-53 所示为抓包工具捕获的数据包，可以看到报文格式包含的字段，Hardware type（硬件类型）是 Ethernet II，可以断定是以太网帧接口，Protocol type（协议类型）是 TCP，Protocol Address of sender（发送者的网络层地址）是 192.168.2.136，Operation type（操作类型）是 GET。答案为 ABCD。

9．应用数据经过传输层处理后称为段（Segment），经过网络层处理后称为包（Packet），经过数据链路层处理后称为帧（Frame）。答案为 C。

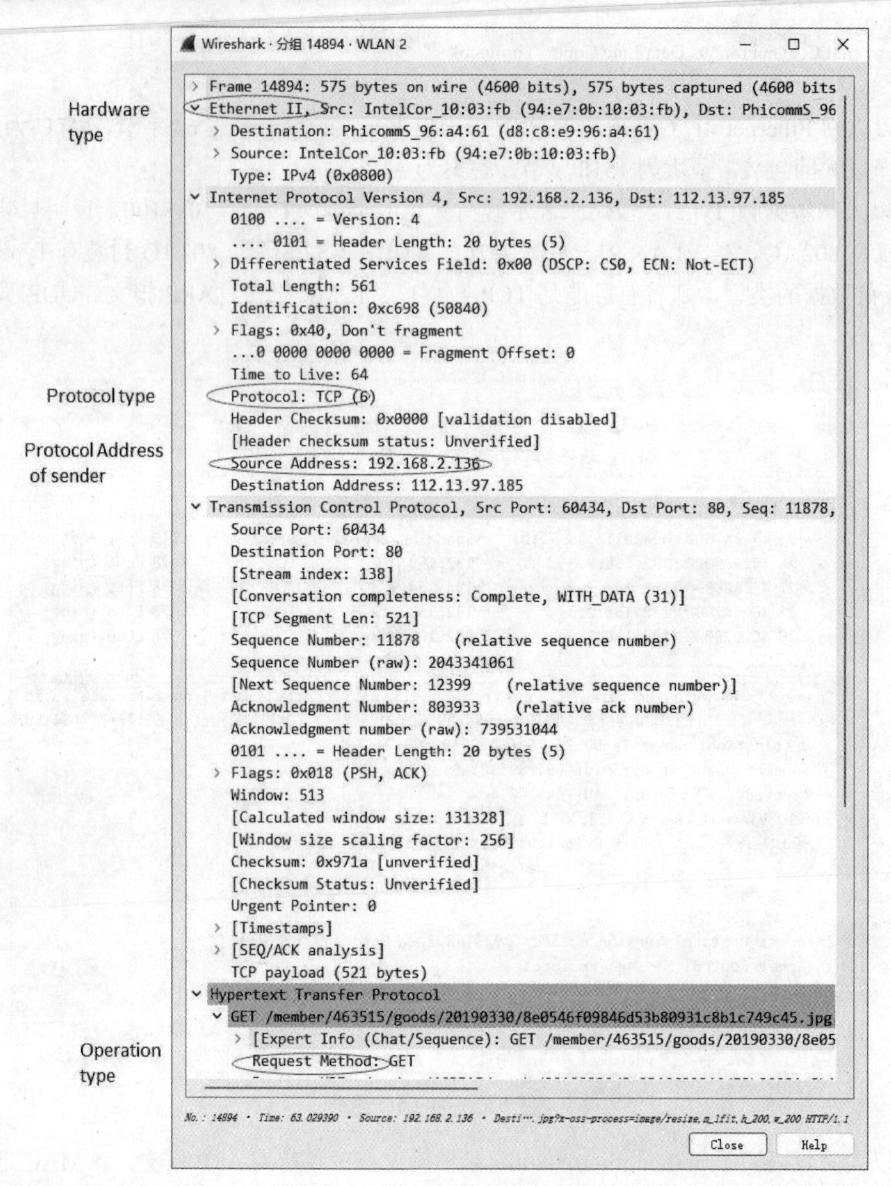

图 2-53　报文格式包含的字段

关联知识精讲

一、数据链路层协议

数据链路层负责将数据从链路的一端传输到另一端。如图 2-54 所示，不同的链路可以使用不同的数据链路层协议，每种数据链路层协议都定义了相应的数据链路层封装（帧格式），数据包经过不同的链路，就要封装成不同的帧。图中展示了 PC1 给 PC2 发送数据包的全过程，首先经过以太网即链路 1，要把数据包封装成以太网帧。在链路 2 中数据链路层协议使用的是 PPP，数据包经过链路 2 要把数据包封装成 PPP 帧。链路 3 是以太网，数据包封装成以太网帧。注意观察，整个传输过程数据包的网络层封装没变，每经过一条链路，数据链路层都要重新封装。

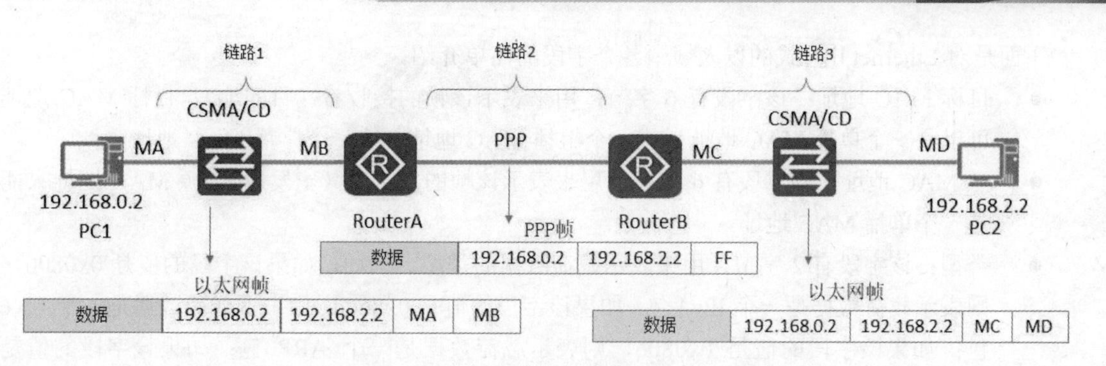

图 2-54　数据链路层封装

二、以太网帧格式

以太网技术所使用的帧称以太网帧（Ethernet Frame），或简称以太帧。以太帧的格式有两个标准：一个是由 IEEE 802.3 定义的，称为 IEEE 802.3 格式；另一个是由数字设备公司（Digital Equipment Corporation，DEC）、英特尔（Intel）、施乐（Xerox）这 3 家公司联合定义的，称 Ethernet Ⅱ格式，也称 DIX 格式。以太帧的两种格式如图 2-55 和图 2-56 所示。虽然 Ethernet Ⅱ格式与 IEEE 802.3 格式存在一定的差别，但它们都可以应用于以太网。目前的网络设备都可以兼容这两种格式的帧，但 Ethernet Ⅱ格式的帧使用更加广泛。通常，承载了某些特殊协议信息的以太帧才使用 IEEE 802.3 格式，而绝大部分的以太帧使用的都是 Ethernet Ⅱ格式。

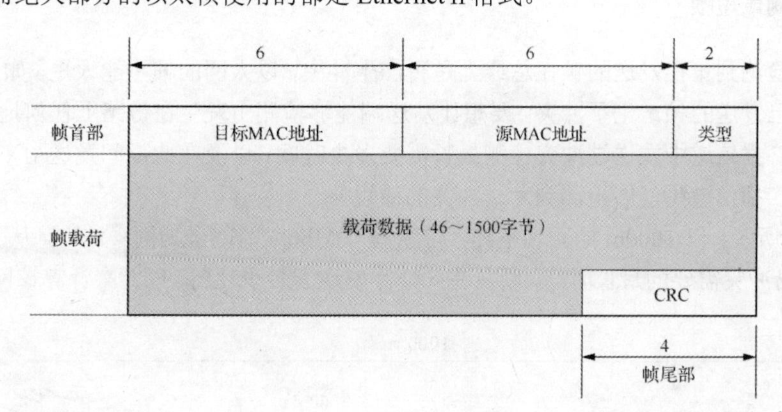

图 2-55　Ethernet Ⅱ格式

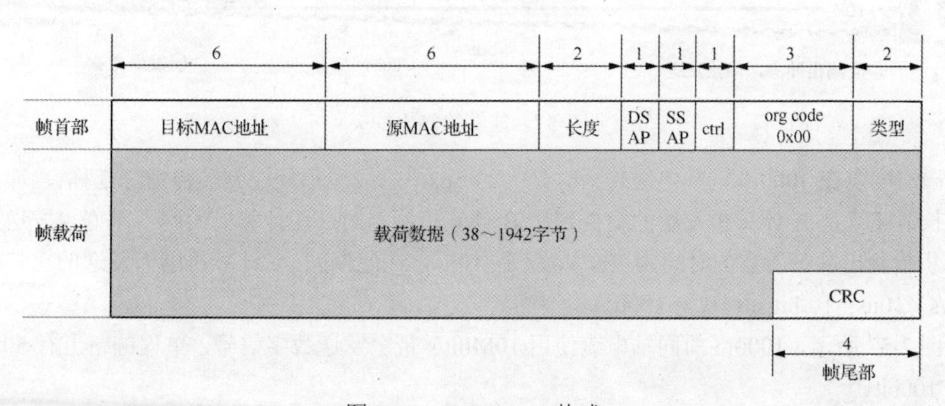

图 2-56　IEEE 802.3 格式

下面是对 Ethernet II 格式的以太帧中各个字段的简单介绍。

- 目标 MAC 地址：该字段有 6 字节，用来表示该帧的接收者（目的地）。目标 MAC 地址可以是一个单播 MAC 地址，或一个组播 MAC 地址，或一个广播 MAC 地址。
- 源 MAC 地址：该字段有 6 字节，用来表示该帧的发送者（出发地）。源 MAC 地址只能是一个单播 MAC 地址。
- 类型：该字段有 2 字节，用来表示载荷数据的类型。例如，如果该字段的值是 0x0800，则表示载荷数据是一个 IPv4 包；如果该字段的值是 0x86dd，则表示载荷数据是一个 IPv6 包；如果该字段的值是 0x0806，则表示载荷数据是一个 ARP 包；如果该字段的值是 0x8848，则表示载荷数据是一个 MPLS 报文；如果该字段的值是 0x8100，则表示载荷数据是一个 dot1q 包；等等。
- 载荷数据：该字段的长度是可变的，最短为 46 字节，最长为 1500 字节，它是该帧的有效载荷，载荷的类型由前面的类型字段表示。
- CRC 字段：该字段有 4 字节。CRC 的全称是循环冗余校验（Cyclic Redundancy Check），它的作用是对该帧进行检错校验，其具体的工作机制已超出了本书的知识范围，所以这里略去不讲。

IEEE 802.3 格式的以太帧中，目标 MAC 地址字段、源 MAC 地址字段、长度字段定义了 Data 字段包含的字节数，类型字段、载荷数据字段、CRC 字段的功能和作用与 Ethernet II 格式是一样的。

三、以太网最短帧

为了能够检测到正在发送的帧在总线上是否产生冲突，以太网的帧不能太短，如果太短就有可能检测不到自己发送的帧产生了冲突。要想让发送端能够检测出发生在链路上任何地方的碰撞，那就要探讨一下广播信道中发送端冲突检测最长需要多少时间，以及在此期间发送了多少比特，从而也就能够算出广播信道中能够检测到发送冲突的最短帧。

如图 2-57 所示，以 1000m 的同轴电缆，带宽为 10Mbit/s 的网卡为例，来计算从 A 计算机发送数据，到检测出冲突需要的最长时间，以及在此期间发送了多少比特，以此来计算该网络的最短帧。

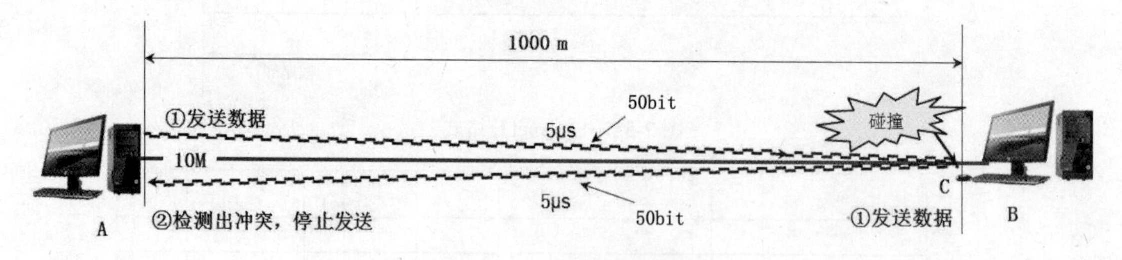

图 2-57　能够检测出冲突

电磁波电缆在 1000m 同轴电缆传播时延大约 5μs，总线上单程端到端传播时延称τ，冲突检测用时最长情况就是 A 计算机发送的数据到达 B 计算机网卡时，B 计算机的网卡刚好也发送数据，A 计算机检测出冲突所需的时间为 2τ，也就是 10μs，在此期间 A 计算机网卡发送的比特数量为 10Mbit/s×10μs $=10^7$bit/s×10^{-5}s=100b。

如图 2-57 所示，1000m 的同轴电缆使用 10Mbit/s 带宽发送数字信号，单程链路上有 50bit，双程就有 100bit。

如果发送端发送的帧低于 100bit，就有可能检测不到该帧在链路上产生冲突。如图 2-58 所示，计算机 A 发送的帧只有 60bit，在链路的 C 处与 B 计算机发送的信号发送碰撞，发送完毕时，碰撞后的信号还没有到达 A 计算机，A 计算机认为发送成功，等碰撞后的信号到达 A 计算机时，A 计算机已经没办法判断是自己发送的帧发生了碰撞，还是总线上的其他计算机发送的帧发生了碰撞。

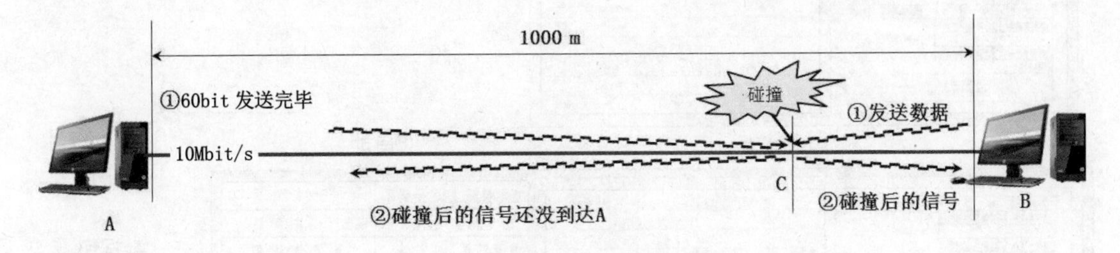

图 2-58　帧太短不能检测出冲突

以太网最短帧为 64 个字节。

四、MTU

为了提高数据链路层的传输效率，应当使帧的数据部分尽可能大于首部和尾部的长度。但是每一种数据链路层协议都规定了所能够传送帧的数据部分长度的上限，即最大传输单元（MTU）、以太网的 MTU 为 1500 字节，如图 2-59 所示，MTU 指的是网络层提交给数据链路层最多的字节个数。以太网最短帧是 64 个字节，要求网络层提交给数据链路层的数据最少为 46 个字节。

以太网的帧长度范围为 64～1518 字节。

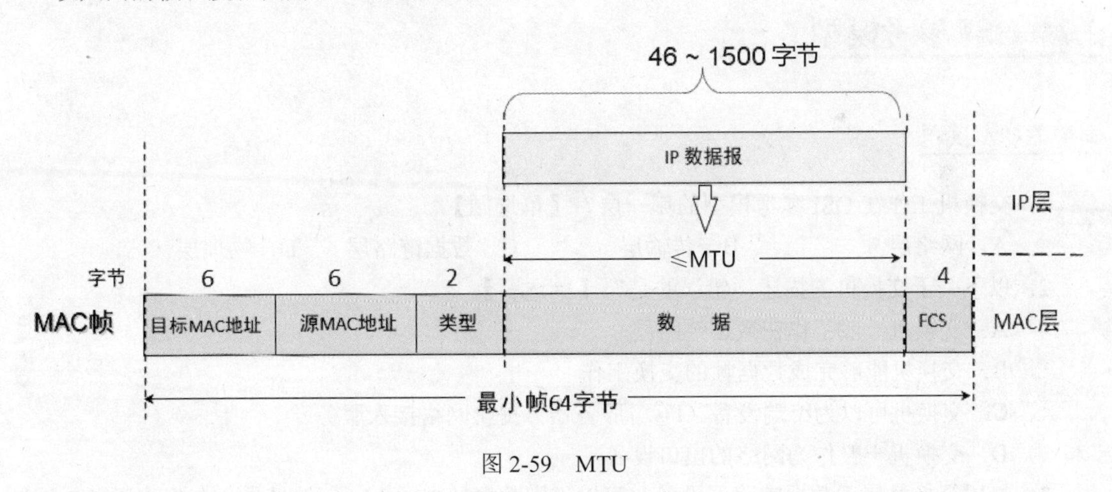

图 2-59　MTU

五、数据封装

TCP/IP 协议栈中的协议按功能分层，各层之间是独立的。某一层并不需要知道它的下一层如何实现，而仅需知道该层通过层间接口所提供的服务。上层对下层来说就是要处理的数据，如图 2-60 所示。应用层协议要传输的数据称为报文，加上 TCP 首部后称为段，加上 IP 首部后称数据包，加上以太网首部后称为帧，这个过程叫作封装。接收端收到帧后，去掉以太网封装的首部，去掉 IP 首部，去掉 TCP 首部，应用程序接收到报文，这个过程称为解封。

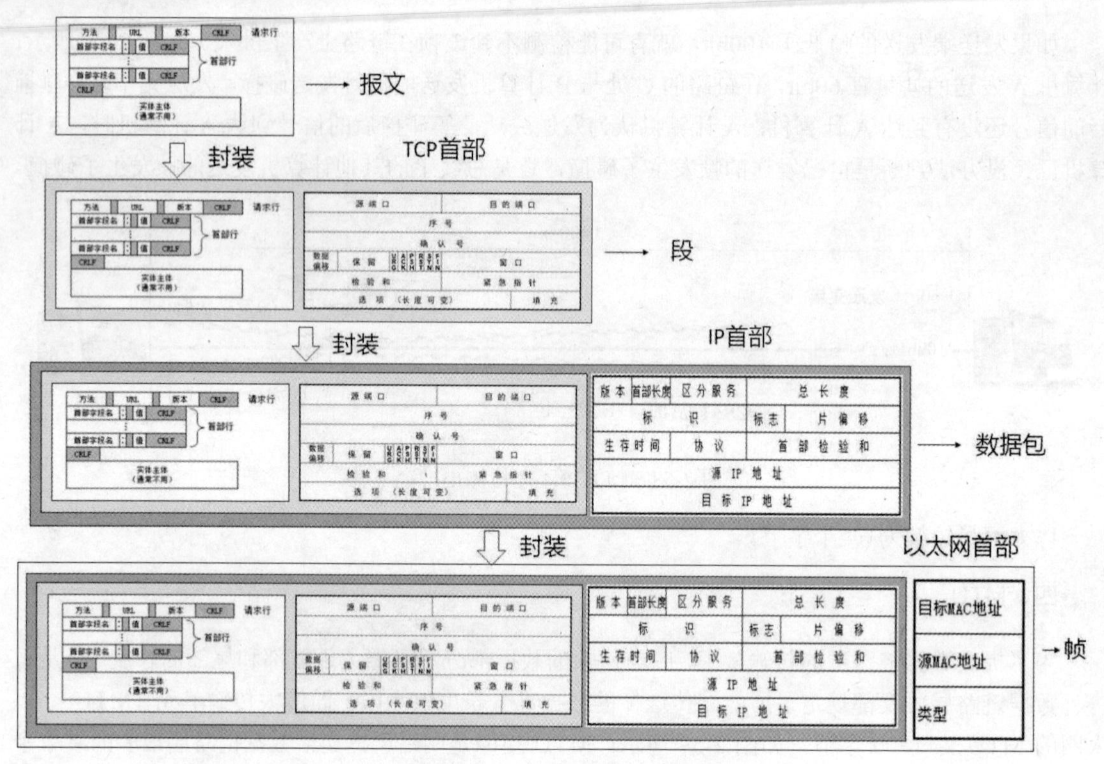

图 2-60　数据封装示意图

2.7　OSI 参考模型

典型 HCIA 试题

1．交换机工作在 OSI 参考模型的哪一层？【单选题】

A．网络层　　B．传输层　　C．数据链路层　　D．物理层

2．以下关于交换机的描述，错误的是？【单选题】

A．交换机一般工作在数据链路层

B．交换机能够完成数据帧的交换工作

C．交换机可以为终端设备（PC、服务器）提供网络接入服务

D．交换机一般作为网络的出口设备

3．二层交换机属于数据链路层设备，可以识别数据帧中的 MAC 地址信息，根据 MAC 地址转发数据，并将这些 MAC 地址与对应的端口信息记录在自己的 MAC 地址表中。【判断题】

A．对　　B．错

4．下列关于二层以太网交换机的描述，不正确的是？【单选题】

A．二层以太网交换机工作在数据链路层

B．能够学习 MAC 地址

C．需要对所转发的报文三层头部做一定的修改，然后再转发

D．按照以太网帧二层头部信息进行转发

5．路由器工作在 OSI 参考模型的哪一层？【单选题】

A．数据链路层　　B．网络层　　C．应用层　　D．传输层

6．以下说法正确的是？【单选题】

A．路由器工作在网络层　　B．交换机工作在物理层

C．交换机工作在网络层　　D．路由器工作在物理层

7．下列选项中哪些与封装、解封装相关？【多选题】

A．缩短报文长度

B．封装和解封装的过程可以完成故障定位

C．封装和解封装是实现不同协议功能的重要步骤

D．不同网络之间可以互通

8．在 OSI 参考模型的传输层中，可以使用下列哪些流量控制方式？【多选题】

A．源抑制报文　　B．窗口机制

C．确认技术　　D．缓存技术

9．在 OSI 参考模型中，能够完成端到端差错检测和流量控制的是？【单选题】

A．传输层　　B．网络层

C．数据链路层　　D．物理层

10．OSI 应用数据经过数据链路层处理后一定携带了 MAC 地址。【判断题】

A．对　　B．错

11．TCP/IPv4 模型不包括哪些层次？【多选题】

A．会话层　　B．表示层　　C．网络层

D．传输层　　E．应用层

12．关于 OSI 参考模型中网络层功能的说法正确的是？【单选题】

A．在设备之间传输比特流，规定了电平、速度和电缆针脚

B．OSI 参考模型中最靠近用户的那一层，为应用程序提供网络服务

C．提供面向连接或非面向连接的数据传递以及进行重传前的差错检测

D．提供逻辑地址，实现数据从源到目的地的转发

试题解析

1．交换机根据 MAC 地址转发数据，MAC 地址是以太网的数据链路层协议定义地址，因此说交换机工作在 OSI 参考模型的数据链路层。答案为 C。

2．交换机基于 MAC 地址转发数据，工作在数据链路层，为计算机提供网络接入。路由器在不同网段转发数据，是网络中计算机访问其他网段的出口，企业网络通常也通过路由器连接 Internet，从这个角度来说，是企业网络的出口。答案为 D。

3．二层交换机根据数据帧的源 MAC 地址构建 MAC 地址表，根据 MAC 地址转发数据。答案为 A。

4．二层交换机不能识别和修改三层头部，不关心帧里封装的数据包是 IPv4 的数据包还是 IPv6 的数据包。答案为 C。

5．网络层负责数据包从源网络传输到目标网络过程中的路由选择工作，这个工作主要由网络中的路由器实现，因此说路由器工作在网络层。虽然路由器也能识别传输层的封装，根据传输

层协议和端口进行流量过滤，但这不是路由器的主要功能，因此不认为路由器工作在传输层。答案为B。

6．路由器工作在网络层，路由器的接口实现对数据包的数据链路层封装，将 bit 转换成电信号或光信号由接口发送出去（物理层功能）。交换机工作在数据链路层。答案为A。

7．应用程序发送的报文要经过传输层封装、网络层封装、数据链路层封装，再发送。接收端收到后去掉数据链路层封装、网络层封装、传输层封装。每层首部是该层协议规定需要填写的内容。不同的数据链路层封装使得不同网络之间可以通信，这里不同网络是指使用不同数据链路层协议的网络，比如交换机组建的以太网（使用 CSMA/CD 协议）和路由器之间点到点网络（使用 PPP 协议）能够相互通信。答案为CD。

8．在 OSI 参考模型的传输层中，能够实现流量控制的是传输层，确认技术实现可靠传输，源抑制报文、窗口机制、缓存技术实现流量控制。答案为ABD。

一般说来，我们总是希望数据传输得更快一些。但如果发送方把数据发送得过快，接收方就可能来不及接收，从而造成数据的丢失。所谓流量控制（Flow Control）就是让发送方的发送速率不要太快，要让接收方来得及接收。

源抑制报文（Source Quench Message）一般被接收设备用于帮助防止它们的缓存溢出。接收设备通过发送源抑制报文来请求源设备降低当前的数据发送速度。

源抑制报文为ICMP 差错报告报文种类之一，类型值为4。

其具体过程为：首先，接收设备由于缓存溢出而开始丢弃数据，然后，接收设备开始向源设备发送源抑制报文，其发送速度是每丢弃一个数据包就发送一个源抑制报文。源设备接收到源抑制报文就开始降低它的数据发送速度，直到不再接收源抑制请求为止。最后，只要不再接收到作为接收方目的设备的源抑制请求，源设备就会又逐渐开始增加其发送速度。

在客户端向服务器发送 TCP 连接请求时，TCP 首部会包含客户端的接收窗口大小，服务器就会根据这个客户端的接收窗口大小调整发送窗口大小。在传输过程中，客户端发送的确认数据包，除了确认号还包含窗口信息，服务器收到确认数据包后，会根据窗口信息调整发送窗口。通过这种方式就能进行流量控制。

流量控制的过程如图 2-61 所示，为了讲解方便，假设 A 向 B 发送数据。

在连接建立时，B 告诉 A:“我的接收窗口 rwnd=400”（这里 rwnd 表示 receiver window）。因此，发送方的发送窗口不能超过接收方给出的接收窗口的数值。请注意，TCP 的窗口单位是字节，不是报文段。再设每一个分组大小 100 个字节，用编号 1、2、3 表示，数据报文段序号的初始值设为 1（图中的注释可帮助我们理解整个过程）。请注意，图中箭头上面大写 ACK 表示首部中的确认位，小写 ack 表示确认字段的值。

我们应注意到，接收方的主机 B 进行了 3 次流量控制。第一次把窗口减小到 rwnd=300，第二次又减到 rwnd=100，最后减到 rwnd=0，即不允许发送方再发送数据了。这种使发送方暂停发送的状态将持续到主机 B 重新发出一个新的窗口值为止。我们还应注意到，B 向 A 发送的 3 个报文段都设置了 ACK=1，只有在 ACK=1 时确认号字段才有意义。

现在我们考虑一种情况。在图 2-61 中，B 向 A 发送了 0 窗口的报文段后不久，B 的接收缓存又有了一些存储空间。于是 B 向 A 发送了 rwnd=400 的报文段。然而这个报文段在传送过程中丢失了。A 一直等待收到 B 发送的非 0 窗口的通知，而 B 也一直等待 A 发送的数据。如果没有其他措施，这种互相等待的死锁局面将一直延续下去。

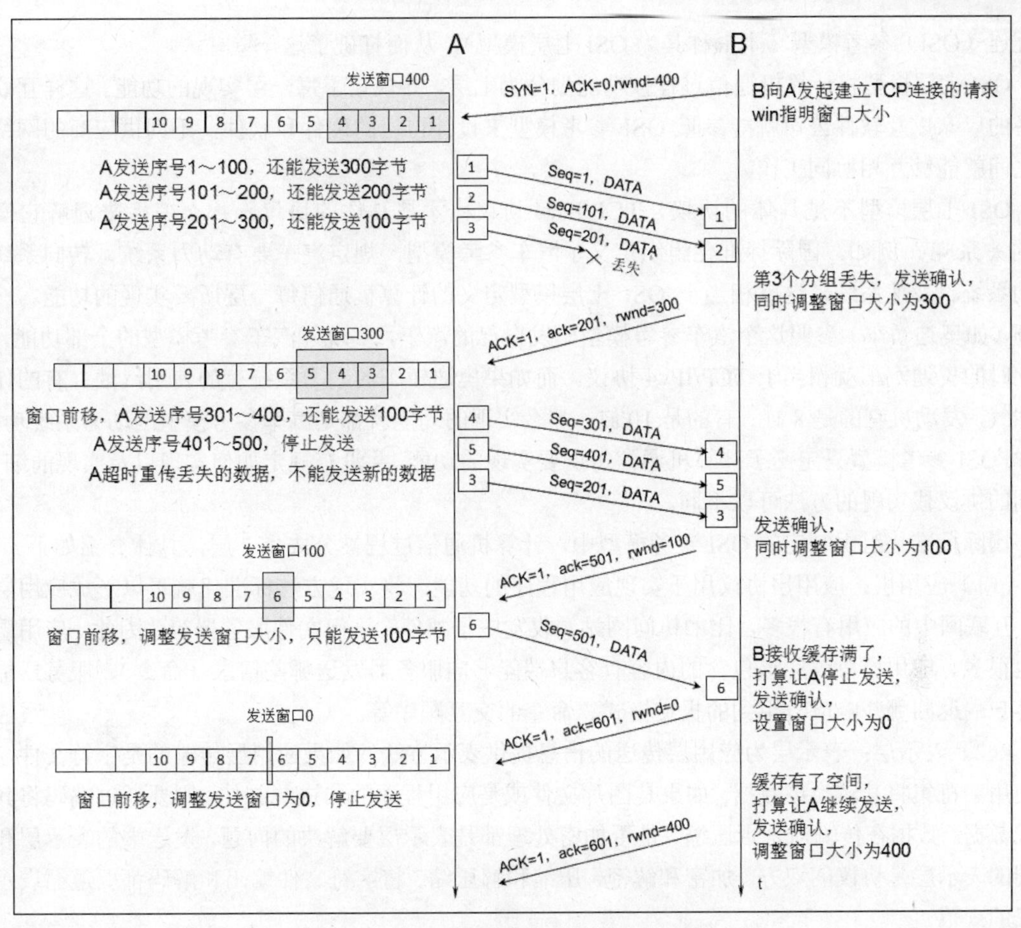

图 2-61 利用可变窗口进行流量控制举例

为了解决这个问题，TCP 为每一个连接设置了一个持续计时器（Persistence Timer）。只要 TCP 连接的一方收到对方的 0 窗口通知，就启动持续计时器。若持续计时器设置的时间到期，就发送一个 0 窗口探测报文段（仅携带 1 字节的数据），而对方就在确认这个探测报文段时给出现在的窗口值。如果窗口仍然是 0，那么收到这个报文段的一方就重新设置持续计时器；如果窗口不是 0，那么死锁的僵局就可以打破了。

9．在 OSI 参考模型中，传输层能够完成端到端差错检测和流量控制。答案为 A。

10．OSI 应用数据经过数据链路层处理后一定携带了 MAC 地址，以太网的数据链路层携带 MAC 地址，PPP、HDLC 等数据链路层协议的帧就没有 MAC 地址。答案为 B。

11．TCP/IP 协议中不包含 OSI 参考模型的表示层、会话层。答案为 AB。

12．OSI 参考模型中网络层的功能是提供逻辑地址，实现数据从源到目的地的转发。答案为 D。

关联知识精讲

一、OSI 参考模型

TCP/IPv4 协议栈是互联网通信的工业标准。网络刚开始出现时，典型情况下只能在同一制造商制造的计算机产品之间进行通信。20 世纪 70 年代后期，国际标准化组织（ISO）创建了开放系统互连（OSI）参考模型（本书称其为 OSI 七层模型），从而打破了这一壁垒。

OSI 七层模型将计算机通信过程按功能划分为七层，并规定了每一层实现的功能。这样互联网设备的厂家以及软件公司就能参照 OSI 参考模型来设计自己的硬件和软件，不同供应商的网络设备之间就能够互相协同工作。

OSI 七层模型不是具体的协议，TCP/IPv4 协议栈才是具体的协议。那么怎么来理解它们之间的关系呢？例如，国际标准化组织定义了汽车参考模型，规定汽车要有动力系统、转向系统、制动系统、变速系统，这就相当于 OSI 七层模型定义的计算机通信每一层所要实现的功能。汽车厂商（如奥迪轿车）参照这个汽车参考模型研发自己的汽车，实现了汽车参考模型的全部功能，那么此时的奥迪汽车就相当于 TCP/IPv4 协议。而如果奥迪轿车的动力系统有的使用汽油、有的使用天然气，发动机有的是 8 缸、有的是 10 缸，那么实现的功能就都是汽车参考模型的动力系统功能。同样，OSI 参考模型只定义了计算机通信每层要实现的功能，并没有规定如何实现以及实现的细节，不同的协议栈实现的方法可以不同。

国际标准化组织制定的 OSI 参考模型中，计算机通信过程被分成了 7 层，具体介绍如下。

（1）应用层：应用层协议用于实现应用程序的功能，将实现方法标准化就可以形成应用层协议。互联网中的应用有很多，比如访问网站、收发电子邮件、访问文件服务器等，因此，应用层协议也很多。应用层协议应该包含的内容有客户端能够向服务器发送哪些请求（命令）、服务器能够向客户端返回哪些响应、用到的报文格式、命令的交互顺序等。

（2）表示层：表示层为应用层传送的信息提供表示方法。如果应用层传输的是字符文件，则要使用字符集将其转换成数据。如果是图片文件或是应用程序的二进制文件，则要通过编码将其转换成数据。数据在传输前是否压缩、是否加密处理都是表示层要解决的问题。发送端的表示层和接收端的表示层是协议的双方，加密和解密、压缩和解压缩、将字符文件编码和解码都要遵循表示层协议的规范。

（3）会话层：会话层为通信的客户端和服务器端程序建立会话、保持会话和断开会话。建立会话：A、B 两台计算机之间要通信，就要建立一条会话供它们使用；在建立会话的过程中会有身份验证、权限鉴定等环节。保持会话：会话建立后，通信双方开始传递数据，当数据传递完成后，会话层不一定会立即将这条通信会话断开，它会根据应用程序和应用层的设置对会话进行维护，在会话维持期间，通信双方可以随时使用会话传输数据。断开会话：当应用程序或应用层规定的超时时间到期，或 A/B 重启、关机，或手动断开会话时，即会断开 A、B 之间的会话。

（4）传输层：传输层主要为主机之间通信的进程提供端到端（End-to-End）服务，处理数据报错误、数据报次序错误等传输问题。传输层是计算机通信体系结构中关键的一层，使用了网络层提供的数据转发服务，可以向高层屏蔽下层数据的通信细节，使用户完全不用考虑物理层、数据链路层和网络层工作的详细情况。

（5）网络层：网络层负责数据包从源网络传输到目标网络过程中的路由选择工作。互联网是由多个网络组成的一个集合，正是借助了网络层的路由路径选择功能，才使多个网络之间得以畅通，信息得以共享。

（6）数据链路层：数据链路层负责将数据从链路的一端传到另一端，传输的基本单位为“帧”，并为网络层提供差错控制和流量控制服务。

（7）物理层：物理层是 OSI 参考模型中的最底层，主要定义了系统的电气、机械、过程和功能标准，如电压、带宽、最大传输距离和其他的类似特性。物理层的主要功能是利用传输介质为数据链路层提供物理传输工作。物理层传输的基本单位是比特流，即 0 和 1，也就是最基本的电信号或光信号。

TCP/IPv4 协议栈对 OSI 参考模型进行了合并简化，其应用层实现了 OSI 参考模型的应用层、表示层和会话层的功能，并将数据链路层和物理层合并成网络接口层，如图 2-62 所示。

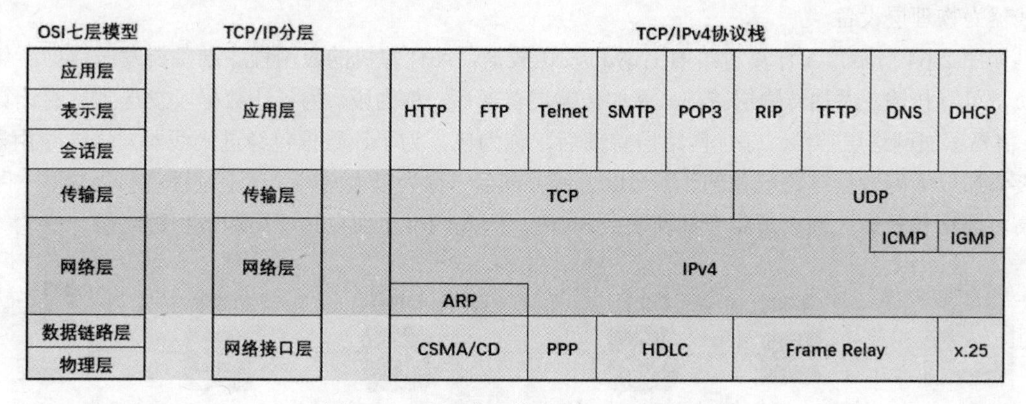

图 2-62　OSI 参考模型和 TCP/IP 分层

二、TCP/IP 协议作用范围

图 2-63 画出了 TCP/IPv4 协议栈的分层和每层协议的作用范围。既然是协议，就有甲方和乙方。应用层协议的甲方、乙方是服务器端程序和客户端程序，实现应用程序的功能。传输层协议的甲方、乙方分别位于通信的两个计算机中，TCP 为应用层协议实现可靠传输，UDP 为应用层协议提供报文转发服务。网络层协议中的 IP 为数据包跨网段转发选择路径，IP 是多方协议，包括通信的两台计算机和沿途经过的路由器。数据链路层负责将网络层的数据包从链路的一端发送到另一端，同一链路上的设备是数据链路层协议的对等实体，数据链路层协议的作用范围是一段链路，不同类型的链路有不同的数据链路层协议。如图 2-63 所示，以太网使用 CSMA/CD 协议，点到点链路使用 PPP。

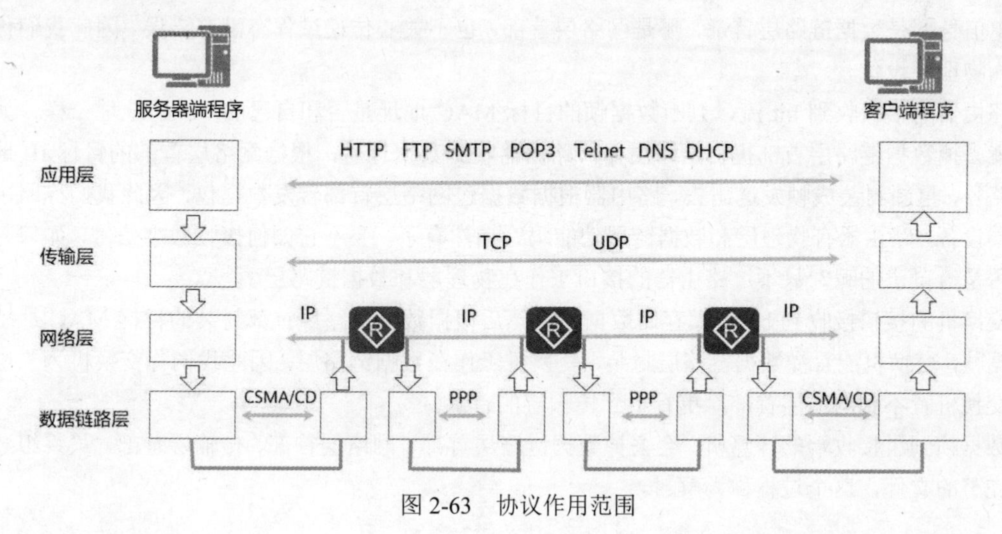

图 2-63　协议作用范围

三、网络设备和分层

参照 OSI 参考模型将计算机通信划分的层，再根据网络设备在计算机通信过程的作用，我们就可以知道不同的网络设备工作在不同的层，路由器根据网络层首部信息，为数据包选择转发路由，我们就称路由器为网络层设备或三层设备。交换机根据数据链路层地址转发数据帧，我们就称其为数据链路层设备，即二层设备。集线器只是负责传递数字信号，看不懂帧的任何内容，因此我们称集线器为物理层设备。

如图 2-64 所示，A 计算机给 B 计算机发送数据，A 计算机的应用程序准备要发送数据，传输层负责可靠传输，添加传输层首部。添加传输层首部后，称为段。为了让数据段发送到目的计算机 B，需要添加网络层首部。添加网络层首部后，称为包。为了让数据包经过集线器发送给路由器，需要添加以太网数据链路层首部。添加以太网首部后，称为以太网帧。这个过程就称为封装。网卡负责将数据包封装成帧以及将数据帧变成 bit 流，因此网卡工作在物理层和数据链路层。

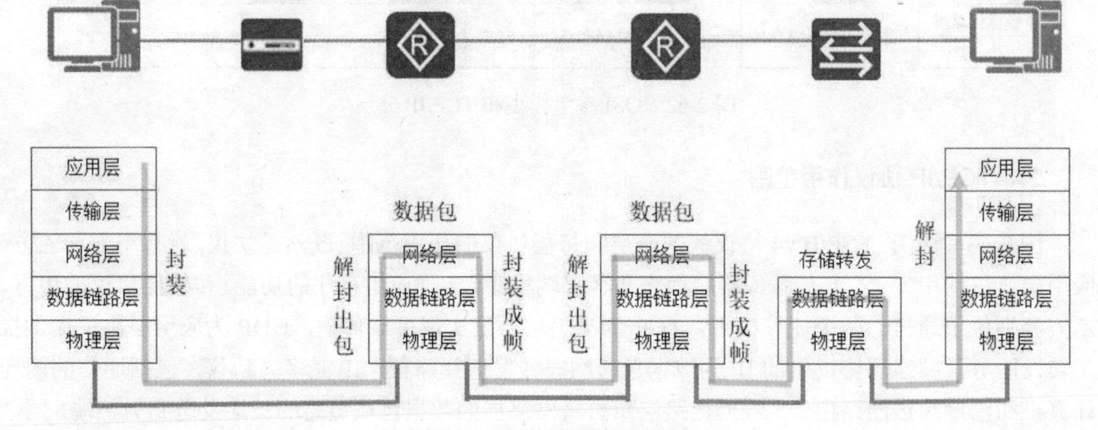

图 2-64 网络层设备和分层

集线器只是将电信号传递到全部接口，集线器和网线一样，它看到的只是 bit 流，它分不清传递的电信号哪是数据链路层首部，哪是网络层首部，也不关心传递过程有没有错误。因此我们称集线器为物理层设备。

路由器的接口收到 bit 流，判断数据帧的目标 MAC 地址是否和自己的 MAC 地址一样，如果一样就去掉数据链路层首部提交给路由器，路由器收到数据包后，根据网络层首部的目标 IP 地址选择路径，重新封装成帧发送出去，路由器根据数据包网络层首部转发数据包，因此我们称路由器为三层设备。路由器有物理层和数据链层功能吗？当然有了，要不它如何接收数字信号，如何判断帧是否是给自己的呢？只不过路由器的接口工作在物理层和数据链路层。

交换机的接口接收到 bit 流，存储数据帧，然后根据数据链路层首部封装的目标 MAC 地址转发数据帧，交换机能看懂数据链路层封装，交换机工作在数据链路层，因此我们称交换机为二层设备。交换机看不到网络层首部，更看不到传输层的首部。

数据帧到了接收端的计算机，会去掉数据链路层首部、网络层首部、传输层首部，最终组装成一个完整的文件，这个过程称为解封。

第3章 IP地址和子网划分

本章汇总了IP地址和子网划分的相关试题。

本章考查IP地址和MAC地址的作用，IP地址格式、子网掩码的作用，IP地址的分类，公网地址和私网地址以及一些特殊的地址，等长子网划分和变长子网划分，合并网段等知识。

3.1 IP地址和MAC地址的作用

典型HCIA试题

1．如图3-1所示的网络，路由器从主机A收到目标IP地址为11.0.12.1的数据包，这个数据包经路由器转发后，目标MAC和目标IP分别为？【单选题】

图3-1 试题1用图

A．MAC-C，11.0.12.1　　B．MAC-B，11.0.12.1

C．MAC-D，10.0.12.2　　D．MAC-D，11.0.12.1

2．路由器进行数据包转发时需要修改数据包中的目标IP地址。【判断题】

A．对　　B．错

试题解析

1．目标MAC地址为Host B的MAC地址MAC-B，目标IP地址不变，依然是11.0.12.1。答案为B。

2．路由器转发数据包时，一般不修改目标IP地址，但会修改IP首部的TTL字段的值，将TTL减1后转发。如果在路由器上配置了NAT或NAPT，从内网访问外网，会修改数据包的源IP地址，返回的数据包，会修改目标IP地址。本题没有说NAT和NAPT，路由器转发数据包时不修改目标IP地址。答案为B。

关联知识精讲

计算机的网卡有物理层地址（MAC 地址），为什么还需要 IP 地址呢？

如图 3-2 所示，网络中有 3 个网段，一个交换机一个网段，使用两个路由器连接这 3 个网段。图中 MA、MB、MC、MD、ME、MF 以及 M1、M2、M3 和 M4，分别代表计算机和路由器接口的 MAC 地址。

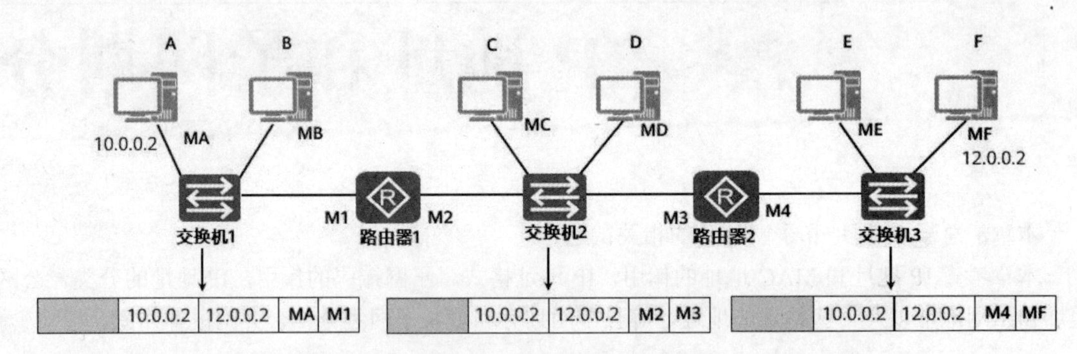

图 3-2 MAC 地址和 IP 地址的作用

计算机 A 给计算机 F 发送一个数据包，计算机 A 在网络层给数据包添加源 IP 地址（10.0.0.2）和目标 IP 地址（12.0.0.2）。

该数据包要想到达计算机 F，要经过路由器 1 转发，该数据包如何才能让交换机 1 转发到路由器 1 呢？那就需要在数据链路层添加 MAC 地址，源 MAC 地址为 MA，目标 MAC 地址为 M1。

路由器 1 收到该数据包，需要将该数据包转发到路由器 2，这就要求将数据包重新封装成帧，帧的目标 MAC 地址是 M3，源 MAC 地址是 M2，这也要求重新计算帧校验序列。

数据包到达路由器 2，数据包需要重新封装，目标 MAC 地址为 MF，源 MAC 地址为 M4。交换机 3 将该帧转发给计算机 F。

从图 3-2 可以看出，数据包的目标 IP 地址决定了数据包最终到达哪一个计算机，而目标 MAC 地址决定了该数据包下一跳由哪个设备接收，但不一定是终点。

如果全球计算机网络是一个大的以太网，那就不需要使用 IP 地址通信了，只使用 MAC 地址就可以了。那将是一个什么样的场景？一个计算机发广播帧，全球计算机都能收到，都要处理，整个网络的带宽将会被广播帧耗尽。所以还必须由网络设备路由器来隔绝以太网的广播，默认路由器不转发广播帧，路由器只负责在不同的网络间转发数据包。

3.2 公网地址和私网地址

典型 HCIA 试题

1．主机使用以下哪个 IPv4 地址不能直接访问 Internet？【单选题】

A．50.1.1.1　　B．10.1.1.1　　C．100.1.1.1　　D．200.1.1.1

2．一台主机可以直接使用以下哪一个 IPv4 地址直接访问 Internet？【单选题】

A．172.16.255.254/24　　B．10.255.255.254/24　　C．192.168.1.1/24　　D．172.32.1.1/24

试题解析

1．私网地址不能直接访问 Internet，10.1.1.1 是保留的私网地址。答案为 B。

2．B 类地址中保留的私网地址是 172.16.0.0/16～172.31.0.0/16，172.32.1.1 是公网地址，可以直接访问 Internet。答案为 D。

关联知识精讲

在 Internet 上的计算机使用的 IP 地址是全球统一规划的，称为公网地址。在企业、学校等内网通常使用保留的私网地址。

一、公网地址

在 Internet 上有千百万台主机，都需要使用 IP 地址进行通信，这就要求接入 Internet 的各个国家的各级 ISP 使用的 IP 地址块不能重叠，需要互联网有一个组织进行统一的地址规划和分配。这些统一规划和分配的全球唯一的地址被称为公网地址（Public Address）。

公网地址的分配和管理由因特网信息中心（Internet Network Information Center，InterNIC）负责。各级 ISP 使用的公网地址都需要向 InterNIC 提出申请，由 InterNIC 统一发放，这样就能确保地址块不冲突。

正是因为 IP 地址是统一规划、统一分配的，只要知道 IP 地址，就能很方便地查到该地址属于哪个城市的哪个 ISP。如果某个网站遭到了来自某个地址的攻击，通过以下方式就可以知道攻击者所在的城市和所属的运营商。

例如，在百度上输入一个 IP 地址，就能查到该 IP 地址所属运营商和所在位置，如图 3-3 所示。

图 3-3　查公网地址位置

二、私网地址

创建 IP 寻址方案时也创建了私网 IP 地址。这些地址可以被用于私有网络，在 Internet 上没有这些 IP 地址，Internet 上的路由器也没有到私网地址的路由。在 Internet 上不能访问这些私网地址，从这一点来说，使用私网地址的计算机更加安全，同时也有效地节省了公网 IP 地址。

不同的企业或学校的内网可以使用相同的私网地址。下面列出了保留的私网 IP 地址。

- A 类：10.0.0.0 255.0.0.0，仅保留了一个 A 类网络。
- B 类：172.16.0.0 255.255.0.0～172.31.0.0 255.255.0.0，共保留了 16 个 B 类网络。

- C 类：192.168.0.0 255.255.255.0～192.168.255.0 255.255.255.0，共保留了 256 个 C 类网络。

可以根据企业或学校内网的计算机数量和网络规模选择使用哪一类私有地址。如果公司目前有 7 个部门，每个部门不超过 200 台计算机，可以考虑使用保留的 C 类私网地址。如果网络规模大，比如为石家庄市教委规划网络，石家庄市教委要和石家庄地区的几百所中小学的网络连接，那就选择保留的 A 类私有网络地址，最好用 10.0.0.0 网络地址并带有“/24”的网络掩码，可以提供 65 536 个子网，并且每个网络允许带有 254 台主机，这样会给学校留有非常大的地址空间。

3.3 IP 地址分类

典型 HCIA 试题

1．下列哪一类地址不能作为主机的 IPv4 地址？【单选题】

A．A 类地址　　B．B 类地址　　C．C 类地址　　D．D 类地址

2．下列哪些 IPv4 地址是 A 类地址？【多选题】

A．100.1.1.1　　B．172.16.1.1　　C．192.168.1.1　　D．126.0.0.1

试题解析

1．D 类地址是组播地址，组播地址由接收组播的软件绑定到计算机的网卡。不能配置主机使用 D 类地址，D 类地址在数据包中只能作为目标地址。答案为 D。

2．判断 IP 地址的分类只要看到 IP 地址的第 1 部分，而不是看子网掩码。IP 地址的第 1 部分范围 1～126 是 A 类地址。答案为 AD。

关联知识精讲

一、IP 地址分类

最初设计互联网络时，Internet 委员会定义了 5 种 IP 地址类型以适用于不同容量的网络。IPv4 地址共 32 位二进制数，分为网络 ID 和主机 ID。至于哪些位是网络 ID、哪些位是主机 ID，最初是使用 IP 地址第 1 部分进行标识的。也就是说只要看到 IP 地址的第 1 部分就知道该地址的网络掩码。通过这种方式将 IP 地址分成了 A 类、B 类、C 类、D 类和 E 类共 5 类。

1．A 类地址

如图 3-4 所示，IP 地址最高位是 0 的地址为 A 类地址。网络 ID 全 0 不能用，127 作为保留网段，因此，A 类地址的第 1 部分取值范围为 1～126。

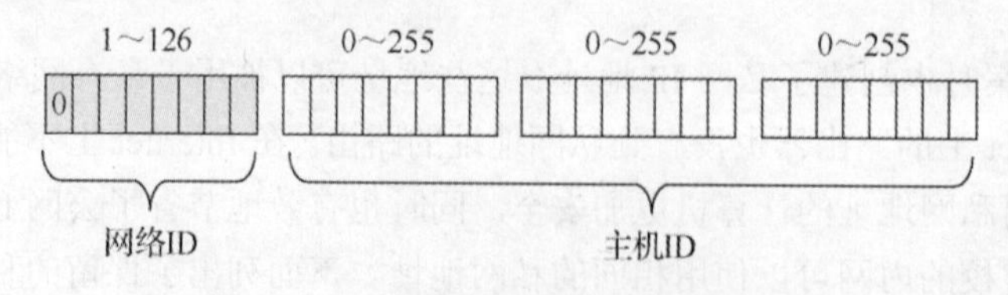

图 3-4　A 类地址的网络 ID 和主机 ID

A 类网络默认网络掩码为 255.0.0.0。主机 ID 由第 2～4 部分组成，每部分的取值范围为 0～255，

共 256 种取值，学过排列组合就会知道，一个 A 类网络主机数量是 256×256×256=16777216，取值范围是 0～16777215，0 也算一个数。可用的地址还需减去 2，主机 ID 全 0 的地址为网络地址，不能给计算机使用，而主机 ID 全 1 的地址为广播地址，也不能给计算机使用，可用的地址数量为 16777214。如果给主机 ID 全 1 的地址发送数据包，计算机会产生一个广播帧，发送到本网段全部计算机。

2. B 类地址

如图 3-5 所示，IP 地址最高位是 10 的地址为 B 类地址。B 类地址第 1 部分的取值范围为 128～191。

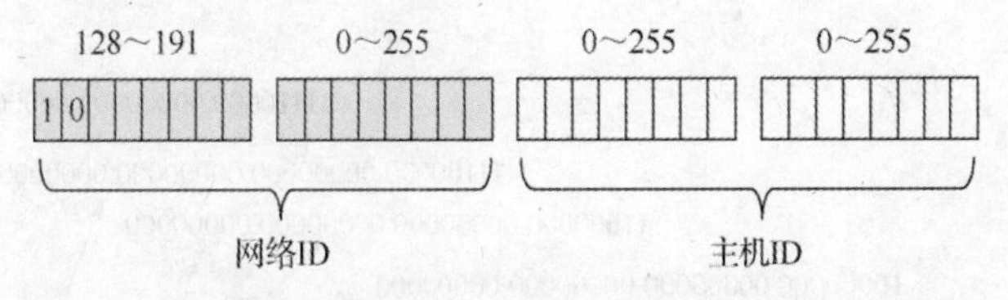

图 3-5　B 类地址的网络 ID 和主机 ID

B 类网络默认网络掩码为 255.255.0.0。主机 ID 由第 3 和第 4 部分组成，每个 B 类网络可以容纳的最大主机数量为 256×256=65536，取值范围为 0～65535，去掉主机 ID 全 0 和全 1 的地址，可用的地址数量为 65534 个。

3. C 类地址

如图 3-6 所示，IP 地址最高位是 110 的地址为 C 类地址。C 类地址第 1 部分的取值范围为 192～223。

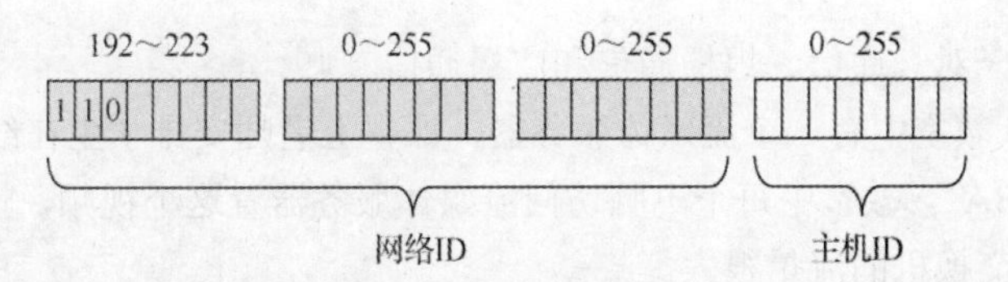

图 3-6　C 类地址的网络 ID 和主机 ID

C 类网络默认网络掩码为 255.255.255.0。主机 ID 由第 4 部分组成，每个 C 类网络地址数量为 256 个，取值范围为 0～255，去掉主机 ID 全 0 和全 1 的地址，可用的地址数量为 254 个。

一个网段的可用地址，可以使用 2^n-2 来计算，其中 n 是主机位数。

4. D 类地址

如图 3-7 所示，IP 地址最高位是 1110 的地址为 D 类地址。D 类地址第 1 部分的取值范围为 224～239。D 类地址是用于组播（也称为多播）的地址，组播地址没有网络掩码，组播地址只能作为目标地址。希望读者能够记住组播地址的范围，因为有些病毒除了在网络中发送广播，还有可能发送组播数据包，当使用抓包工具排除网络故障时，必须能够断定捕获的数据包是组播还是广播。

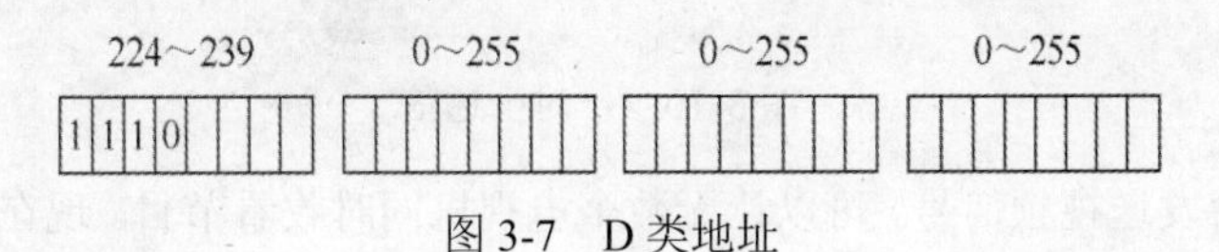

图 3-7　D 类地址

5. E 类地址

如图 3-8 所示，IP 地址最高位是 1111 的地址为 E 类地址，E 类地址不区分网络 ID 和主机 ID。

第 1 部分取值范围为 240～254，保留为今后使用。本书不讨论 D 类和 E 类地址。

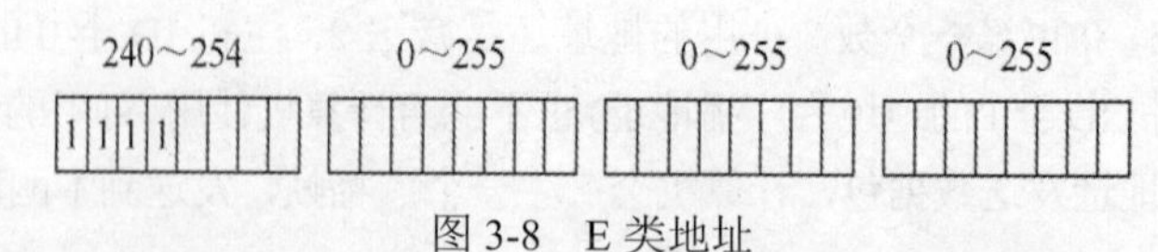

图 3-8　E 类地址

为了方便记忆 A 类、B 类、C 类、D 类、E 类地址的分界点，请观察图 3-9，将 IP 地址的第 1 部分画成一条数轴，数值范围为 0～255，A 类地址、B 类地址、C 类地址、D 类地址及 E 类地址的取值范围一目了然。

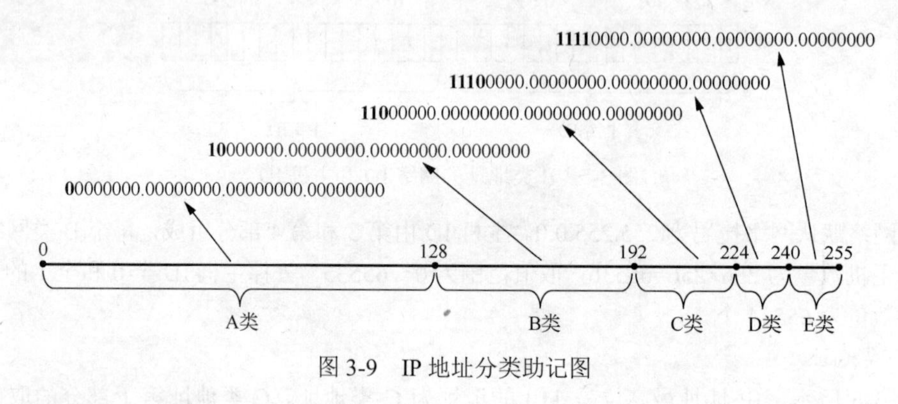

图 3-9　IP 地址分类助记图

二、组播地址

计算机通信分为一对一通信、组播通信和广播通信。

如图 3-10 所示，教室中有一个流媒体服务器，课堂上老师安排学生在线学习流媒体服务器上的一个课程“ExcelVBA”，教室中每个电脑访问流媒体服务器看这个视频，就是一对一通信，可以看到流媒体服务器到交换机的流量很大。

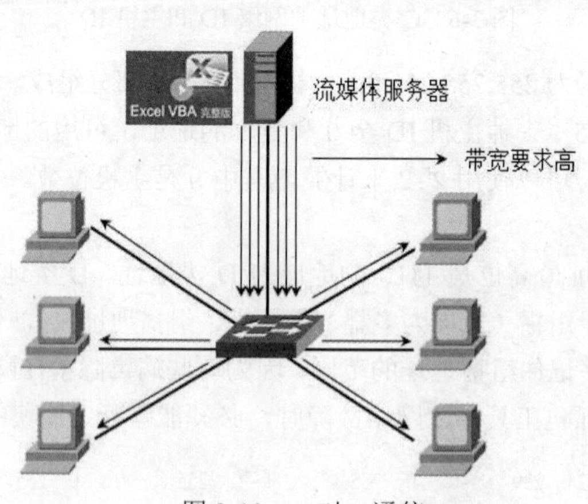

图 3-10　一对一通信

大家知道电视台发送视频信号，可以让无数个电视机同时收看节目。现在老师安排学生同时学习“ExcelVBA”这个课程，在网络中也可以让流媒体服务器像一个电视台一样，不同的视频节目使用不同的组播地址（相当于电视台的不同的频道）发送到网络中，网络中的计算机要想收到某个视频流，只需将网卡绑定相应的组播地址即可，这个绑定过程通常由应用程序来实现，组播节目文件就自带了组播地址信息，你只要使用视频播放软件播放，就会自动给计算机网卡绑定该组播地址。

如图 3-11 所示，上午 8 点学校老师安排 1 班学生学习 ExcelVBA 视频，安排 2 班学生学习 PPT2010 视频，机房管理员提前就配置好了流媒体服务，8 点钟准时使用 224.4.5.4 这个组播地址发送“ExcelVBA”课程视频，使用 224.4.5.3 这个组播地址发送“PPT2010”课程视频。

网络中的计算机除了配置唯一地址外，收看组播视频还需要绑定组播地址，观看组播视频学习过程学生不能“快进”或“倒退”。这样流媒体服务的带宽压力大大降低，网络中有 10 个学生收看视频和 1000 个学生收看视频对流媒体服务器来说流量是一样的。

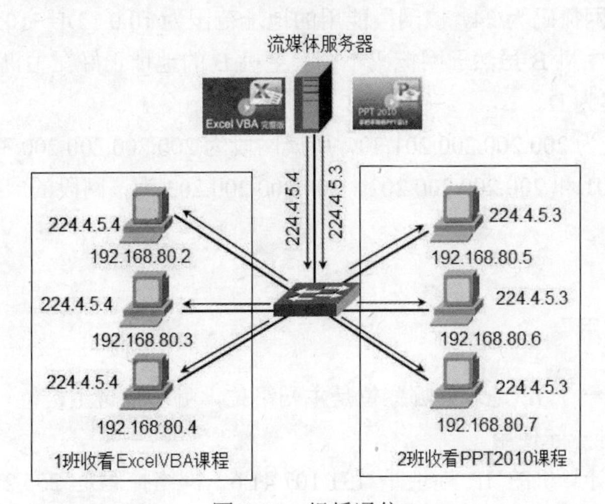

图 3-11 组播通信

媒体服务就像电视台，多播地址相当于不同频道。可以使用两个组播地址向网络中发送两个课程的视频，网络中的计算机绑定哪个多播地址就能收到哪个视频课程。

通过上面的图，你是否更好地理解了组播这个概念呢？“组”就是一组计算机绑定相同的地址。如果计算机同时收看多个组播视频，该计算机的网卡需要同时绑定多个组播地址。

3.4 子网掩码的作用

典型 HCIA 试题

1．如图 3-12 所示，下列说法正确是？【单选题】

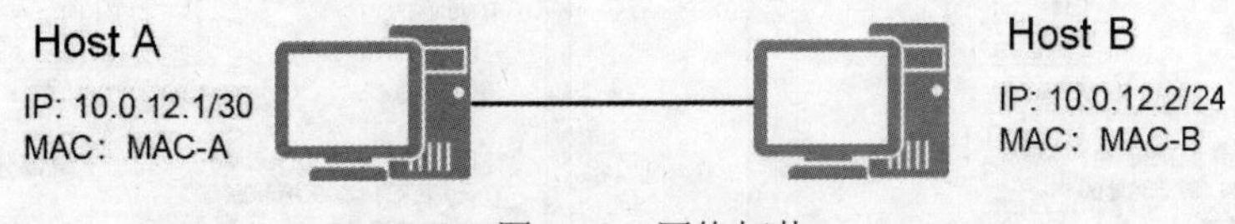

图 3-12 网络拓扑

A．主机 A 和主机 B 的 IP 地址掩码不同，所以主机 A 和主机 B 不能通信

B．主机 A 和主机 B 的广播地址相同

C．只有把主机 A 和主机 B 的掩码设置为一致，主机 A 和主机 B 才能通信

D．主机 A 可以 ping 通主机 B

2．主机 IPv4 地址为 200.200.200.201/30，拥有下列哪个 IPv4 地址的主机和其通信不需要经过路由器转发？【单选题】

A．200.200.200.203　　　　B．200.200.200.202

C．200.200.200.1　　　　D．200.200.200.200

试题解析

1．主机 A 的子网掩码为/30，该网段能用的地址范围为 10.0.12.1～10.0.12.2，广播地址为 10.0.12.3。主机 B 的子网掩码为/24，该网段能用的地址范围为 10.0.12.1～10.0.12.254，广播地址为 10.0.12.255。主机 A 和主机 B 虽然子网掩码不同，主机 B 的地址正好在主机 A 的网段，主机 A 和主机 B 能够通信。答案为 D。

2．主机 IPv4 地址为 200.200.200.201/30，所属网段为 200.200.200.200/30，该网段有两个可用的地址，200.200.200.201 和 200.200.200.202，200.200.200.203 为该网段的广播地址。答案为 B。

关联知识精讲

一、子网掩码的作用

子网掩码用来指明一个 IP 地址的哪些位是主网络位，哪些位是主机位。子网掩码不能单独存在，它必须结合 IP 地址一起使用。

如图 3-13 所示，计算机的 IP 地址是 131.107.41.6，网络掩码是 255.255.255.0，所在网段是 131.107.41.0，主机部分归零，就是该主机所在的网段。该计算机和远程计算机通信，只要目标 IP 地址前面三部分是 131.107.41 就认为和该计算机在同一个网段，比如该计算机和 IP 地址 131.107.41.123 在同一个网段，和 IP 地址 131.107.42.123 不在同一个网段，因为网络部分不相同。

如图 3-14 所示，计算机的 IP 地址是 131.107.41.6，网络掩码是 255.255.0.0，计算机所在网段是 131.107.0.0。该计算机和远程计算机通信，目标 IP 地址只要前面两部分是 131.107 就认为和该计算机在同一个网段，比如该计算机和 IP 地址 131.107.42.123 在同一个网段，而和 IP 地址 131.108.42.123 不在同一个网段，因为网络部分不同。

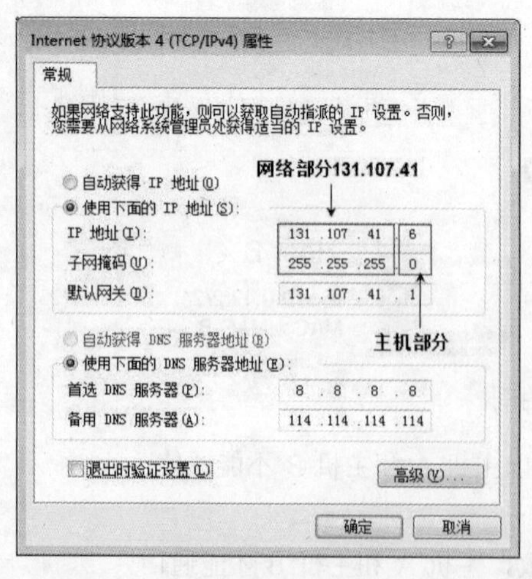

图 3-13　网络掩码的作用（一）

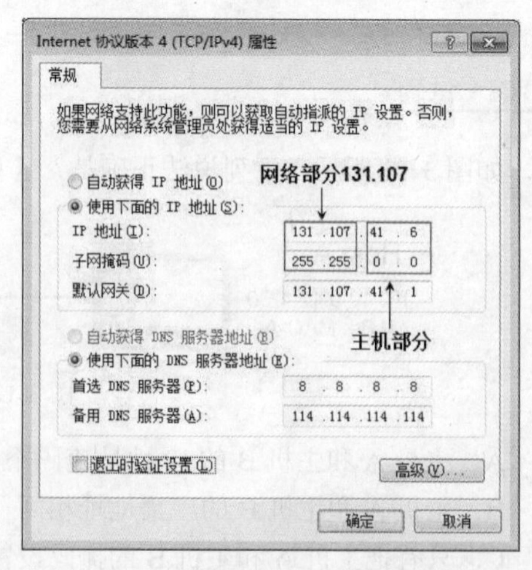

图 3-14　网络掩码的作用（二）

如图 3-15 所示，计算机的 IP 地址是 131.107.41.6，网络掩码是 255.0.0.0，计算机所在网段是 131.0.0.0。该计算机和远程计算机通信，目标 IP 地址只要前面一部分是 131 就认为和该计算机在同一个网段，比如该计算机和 IP 地址 131.108.42.123 在同一个网段，而和 IP 地址 132.108.42.123 不在同一个网段，因为网络部分不同。

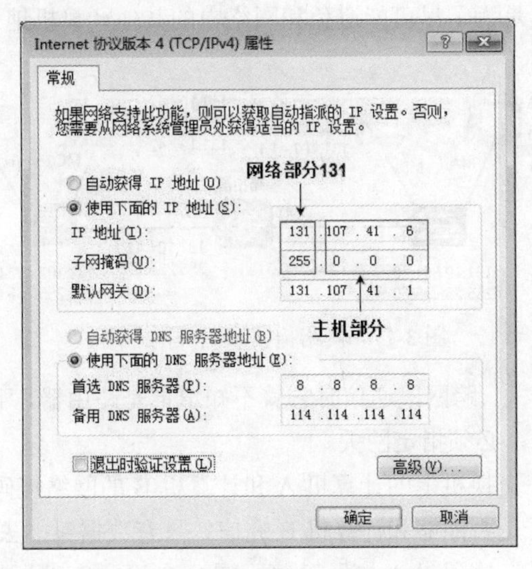

图 3-15　网络掩码的作用（三）

计算机如何使用网络掩码来计算自己所在的网段呢？

如图 3-16 所示，如果一台计算机的 IP 地址配置为 131.107.41.6，网络掩码为 255.255.255.0。将其 IP 地址和网络掩码都写成二进制，对应的二进制位进行“与”运算，两个都是 1 才得 1，否则都得 0，即 1 和 1 做“与”运算得 1，0 和 1 或 1 和 0 做“与”运算都得 0，0 和 0 做“与”运算得 0，这样将 IP 地址和网络掩码做完“与”运算后，主机位不管是什么值都归 0，网络位的值保持不变，得到该计算机所处的网段为 131.107.41.0。

IP地址	131	107	41	6
二进制IP地址	10000011	01101011	00101001	00000110
	与与			
网络掩码	255	255	255	0
二进制网络掩码	11111111	11111111	11111111	00000000
地址和网络掩码做"与"运算				
网络号	131	107	41	0
二进制网络号	10000011	01101011	00101001	00000000

图 3-16　网络掩码的作用（四）

网络掩码很重要，配置错误会造成计算机通信故障。计算机和其他计算机通信时，首先断定目标地址和自己是否在同一个网段，先用自己的网络掩码和自己的 IP 地址进行“与”运算得到自己所在的网段，再用自己的网络掩码和目标地址进行“与”运算，看看得到的网络部分与自己所在网段是否相同。如果不相同，则不在同一个网段，封装帧时目标 MAC 地址用网关的 MAC 地址，交换机将帧转发给路由器接口；如果相同，则直接使用目标 IP 地址的 MAC 地址封装帧，直接把帧发给目标 IP 地址。

如图 3-17 所示，路由器连接两个网段 131.107.41.0 255.255.255.0 和 131.107.42.0 255.255.255.0，同一个网段中的计算机网络掩码相同，计算机的网关就是到其他网段的出口，也就是路由器接口地址。路由器接口使用的地址可以是本网段中任何一个地址，不过通常使用该网段第一个可用的地址或最后一个可用的地址，这是为了尽可能避免和网络中的其他计算机地址冲突。

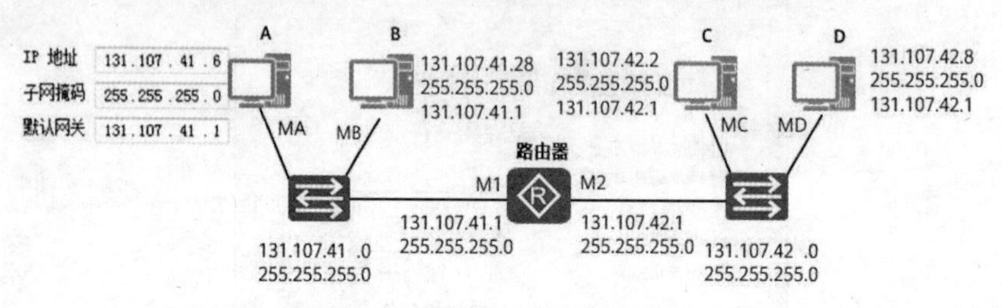

图 3-17　网络掩码和网关的作用

如果计算机没有设置网关，跨网段通信时它就不知道谁是路由器，下一跳该给哪个设备。因此计算机要想实现跨网段通信，必须指定网关。

如图 3-18 所示，连接在交换机上的计算机 A 和计算机 B 的网络掩码设置不一样，都没有设置网关。思考一下，计算机 A 是否能够和计算机 B 通信？只有数据包能去能回网络才能通。

计算机 A 和自己的网络掩码做“与”运算，得到自己所在的网段 131.107.0.0，目标地址 131.107.41.28 也属于 131.107.0.0 网段，计算机 A 把帧直接发送给计算机 B。计算机 B 给计算机 A 发送返回的数据包，计算机 B 在 131.107.41.0 网段，目标地址 131.107.41.6 碰巧也属于 131.107.41.0 网段，所以计算机 B 也能够把数据包直接发送到计算机 A，因此计算机 A 能够和计算机 B 通信。

如图 3-19 所示，连接在交换机上的计算机 A 和计算机 B 的网络掩码设置不一样，都没有设置网关。思考一下，计算机 A 是否能够和计算机 B 通信？

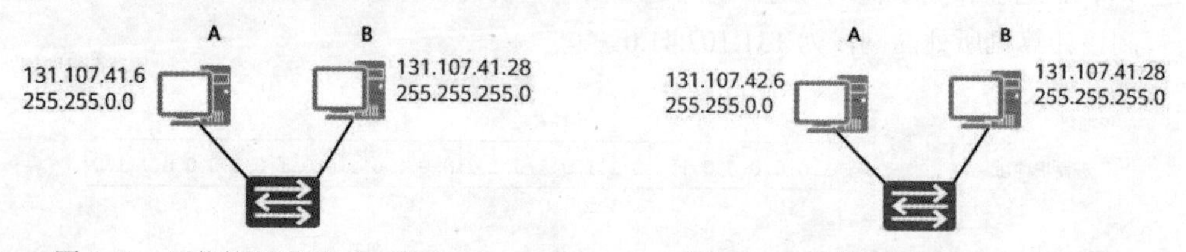

图 3-18　网络掩码设置不一样（一）　　　　图 3-19　网络掩码设置不一样（二）

计算机 A 和自己的网络掩码做“与”运算，得到自己所在的网段 131.107.0.0，目标地址 131.107.41.28 也属于 131.107.0.0 网段，计算机 A 可以把数据包发送给计算机 B。计算机 B 给计算机 A 发送返回的数据包，计算机 B 使用自己的网络掩码计算自己所属网段，得到自己所在的网段为 131.107.41.0，目标地址 131.107.42.6 不属于 131.107.41.0 网段，计算机 B 没有设置网关，不能把数据包发送到计算机 A，因此计算机 A 能发送数据包给计算机 B，但是计算机 B 不能发送返回的数据包，因此网络不通。

二、判断 IP 地址所属网段

下面来学习根据给出的 IP 地址和网络掩码判断该 IP 地址所属的网段。前面说过，IP 地址中主机位归 0 就是该主机所在的网段。

判断 192.168.0.101/26 所属的子网。

该地址为 C 类地址，默认网络掩码为 24 位，现在是 26 位。网络掩码往右移了两位，根据以上总结的规律，每个子网是原来的$\frac{1}{2}\times\frac{1}{2}$，即将这个 C 类网络等分成了 4 个子网。如图 3-20 所示，101 所处的位置位于 64～128 之间，主机位归 0 后等于 64，因此该地址所属的子网是 192.168.0.64。

判断 192.168.0.101/27 所属的子网。

该地址为 C 类地址，默认网络掩码为 24 位，现在是 27 位。网络掩码往右移了 3 位，根据以上总结的规律，每个子网是原来的$\frac{1}{2}\times\frac{1}{2}\times\frac{1}{2}$，即将这个 C 类网络等分成 8 个子网。如图 3-21 所示，101 所处的位置位于 96～128 之间，主机位归 0 后等于 96。因此该地址所属的子网是 192.168.0.96。

192.168.0.101/26
101
0
64
128
192
255
主机地址: 192.168.0.101
主机地址: 11000000 10101000 00000000 01100101
网络掩码: 11111111 11111111 11111111 11000000
子网地址: 11000000 10101000 00000000 01000000
子网地址: 192.168.0.64
主机位归0

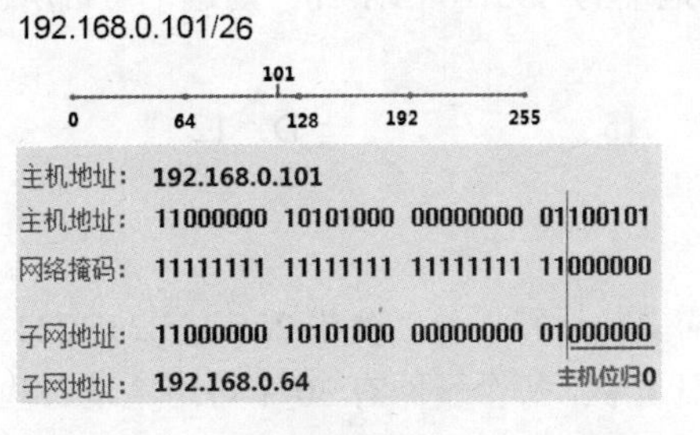

图 3-20 判断地址所属子网（一）

192.168.0.101/27
101
0
32
64
96
128
160
192
224
255
主机地址: 192.168.0.101
主机地址: 11000000 10101000 00000000 01100101
网络掩码: 11111111 11111111 11111111 11100000
子网地址: 11000000 10101000 00000000 01100000
子网地址: 192.168.0.96
主机位归0

图 3-21 判断地址所属子网（二）

总结：

IP 地址范围 192.168.0.0～192.168.0.63 都属于 192.168.0.0/26 子网。

IP 地址范围 192.168.0.64～192.168.0.127 都属于 192.168.0.64/26 子网。

IP 地址范围 192.168.0.128～192.168.0.191 都属于 192.168.0.128/26 子网。

IP 地址范围 192.168.0.192～192.168.0.255 都属于 192.168.0.192/26 子网，如图 3-22 所示。

这个范围地址属于0子网
这个范围地址属于64子网
这个范围地址属于128子网
这个范围地址属于192子网
0
64
128
192
255

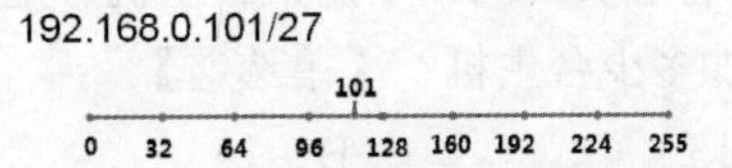

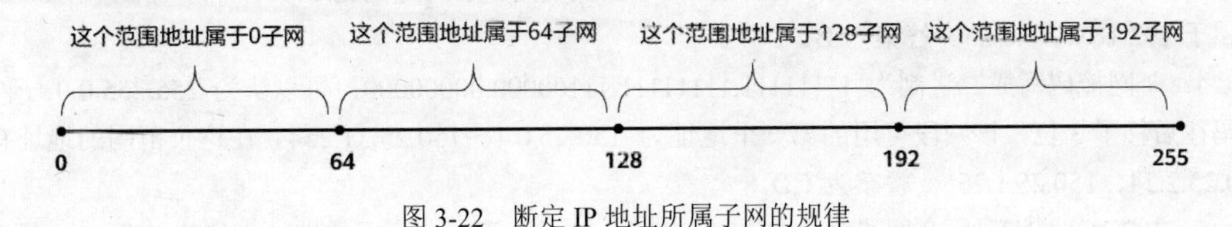

图 3-22 断定 IP 地址所属子网的规律

3.5 子网划分

典型 HCIA 试题

1. 某公司申请到一个 C 类 IP 地址段，需要平均分配给 8 个子公司，最大的一个子公司有 14 台计算机，不同的子公司必须在各自不同的网段中，则子网掩码应设为？【单选题】

A．255.255.255.192　　B．255.255.255.128

C．255.255.255.240　　D．255.255.255.0

2．某公司申请到一个 C 类 IP 地址段，但要分配给 6 个子公司，最大的一个子公司有 26 台计

算机，不同的子公司必须在不同的网段中，则该最大的子公司的网络子网掩码应设为？【单选题】

A．255.255.255.224　　B．255.255.255.128

C．255.255.255.0　　D．255.255.255.192

3．网络管理员希望能够有效利用 192.168.176.0/25 网段的 IP 地址。现公司市场部门有 20 个主机，则最好分配下面哪个地址段给市场部？【单选题】

A．192.168.176.160/27　　B．192.168.176.96/27

C．192.168.176.0/25　　D．192.168.176.48/29

4．一个网段 150.25.0.0 的子网掩码是 255.255.224.0，那么（　　）是该网段中的有效的主机地址。【多选题】

A．150.15.3.30　　B．150.25.0.0　　C．150.25.2.24　　D．150.25.1.255

5．网络管理员给网络中的某台主机分配的 IPv4 地址为 192.168.1.1/28，则这个主机所在的网络还可以增加多少台主机？【单选题】

A．13　　B．14　　C．15　　D．12

试题解析

1．将一个 C 类网络等分成 8 个子网，子网掩码需要往后移 3 位，变成 255.255.255.224。每个子网有 30 个可用的地址。最大的一个子公司有 14 台计算机，每个子网有 30 个可用地址有些浪费。每个子网有 14 个地址，子网掩码可以往后移 4 位，变成 255.255.255.240，每个子网有 14 个可用地址。本题是单选题，故选 C，如果答案中有 255.255.255.224，也要选上。

2．将一个 C 类网段进行子网划分可以划分为 2、4、8、16 个子网，也就是 2 的 *n* 次方个子网。本题要分配给 6 个子网，需要将 C 类网络等分成 8 个子网才够用，子网掩码往后移 3 位，变成 255.255.255.224，每个子网有 30 个可用地址。能够满足最大子公司的 26 台计算机数量。答案为 A。

3．将 192.168.176.0/25 划分子网，子网计算机数量为 20 个，子网掩码往后移 2 位，每个子网可用的 IP 地址有 30 个，能够满足市场部的 20 个主机使用。子网掩码为/27，但 192.168.176.160/27 不属于 192.168.176.0/25。答案为 B。

4．子网掩码写成二进制为 11111111.11111111.11100000.00000000，可以认为 255.255.0.0 子网掩码往后移了 3 位，该网段可用的第一个地址为 150.25.0.1～150.25.31.254。在这个范围的地址有 150.25.2.24、150.25.1.255。答案为 CD。

5．192.168.1.1/28 所在网段为 192.168.1.0/28，该子网第一个可用的地址为 192.168.1.1，最后一个可用的地址为 192.168.1.14。还可以增加 13 个主机。答案为 A。

关联知识精讲

子网划分，就是要打破 IP 地址的分类所限定的地址块，使得 IP 地址的数量和网络中的计算机数量更加匹配。由简单到复杂，先讲等长子网划分，再讲变长子网划分。

一、子网划分的任务

子网划分就是借用现有网段的主机位做子网位，划分出多个子网。子网划分的任务包括两部分：

- 确定网络掩码的长度。
- 确定子网中第一个可用的 IP 地址和最后一个可用的 IP 地址。

二、等分成 2 个子网

下面以一个 C 类网络划分为 2 个子网为例，讲解子网划分的过程。

如图 3-23 所示，某公司有两个部门，每个部门 100 台计算机，通过路由器连接 Internet。给这 200 台计算机分配一个 C 类网络 192.168.0.0，该网段的网络掩码为 255.255.255.0，连接局域网的路由器接口使用该网段的第一个可用的 IP 地址 192.168.0.1。

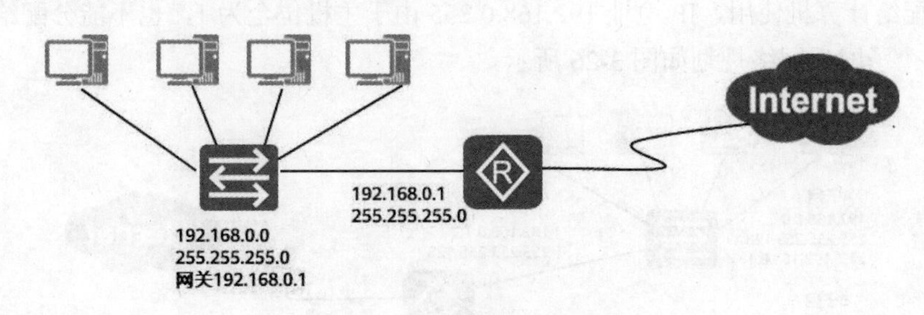

图 3-23　一个网段的情况

为了安全考虑，打算将这两个部门的计算机分为两个网段，中间使用路由器隔开。计算机数量没有增加，还是 200 台，因此一个 C 类网络的 IP 地址是足够用的。现在将 192.168.0.0 255.255.255.0 这个 C 类网络划分成 2 个子网。

如图 3-24 所示，将 IP 地址的第 4 部分写成二进制形式，网络掩码使用两种方式表示：二进制和十进制。网络掩码往右移一位，这样 C 类地址主机 ID 第 1 位就成为网络位，该位为 0 是 A 子网，该位为 1 是 B 子网。

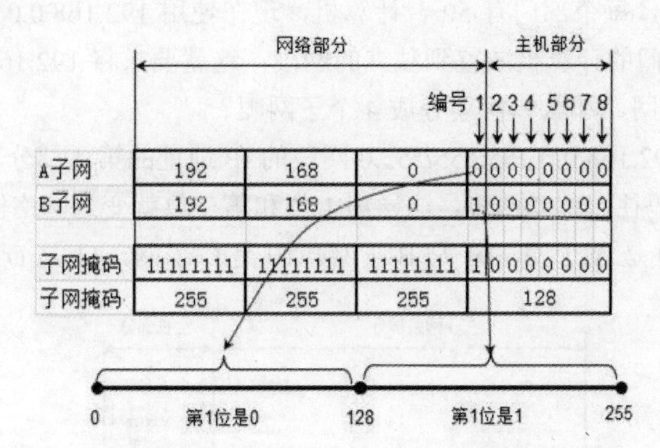

规律：如果 1 个子网是原来网络的 $\frac{1}{2}$，子网掩码往后移 1 位。

图 3-24　等分成 2 个子网

如图 3-25 所示，IP 地址的第 4 部分，其值在 0～127 之间的，第 1 位均为 0；其值在 128～255 之间的，第 1 位均为 1。分成 A、B 两个子网，以 128 为界。现在的网络掩码中的 1 变成了 25 个，写成十进制就是 255.255.255.128。网络掩码向后移动了 1 位（即网络掩码中 1 的数量增加 1），就划分出 2 个子网。

A 和 B 两个子网的网络掩码都为 255.255.255.128。

A 子网可用的地址范围为 192.168.0.1～192.168.0.126，IP 地址 192.168.0.0 由于主机位全为 0，不能分配给计算机使用，如图 3-25 所示，192.168.0.127 由于主机位全为 1，也不能分配计算机。

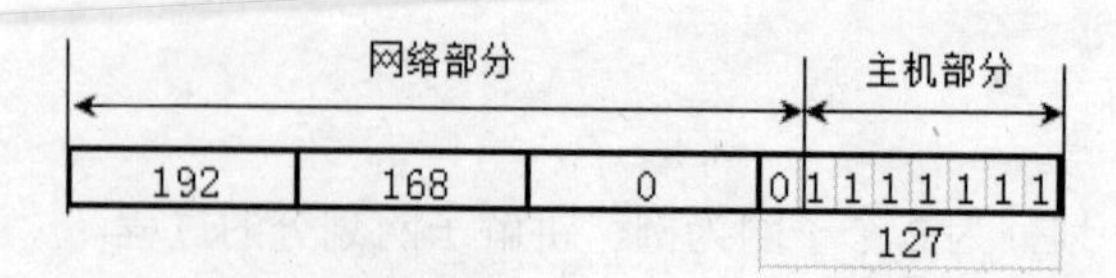

图 3-25　网络部分和主机部分

B 子网可用的地址范围为 192.168.0.129～192.168.0.254，IP 地址 192.168.0.128 由于主机位全为 0，不能分配给计算机使用，IP 地址 192.168.0.255 由于主机位全为 1，也不能分配给计算机。

划分成两个子网后网络规划如图 3-26 所示。

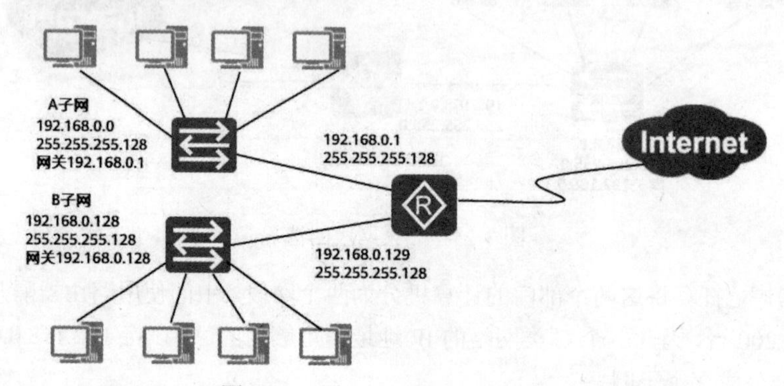

图 3-26　划分子网后的地址规划

三、等分成 4 个子网

假如公司有 4 个部门，每个部门有 50 台计算机，现在使用 192.168.0.0/24 这个 C 类网络。从安全考虑，打算将每个部门的计算机放置到独立的网段，这就要求将 192.168.0.0 255.255.255.0 这个 C 类网络划分为 4 个子网，那么如何划分成 4 个子网呢？

如图 3-27 所示，将 192.168.0.0 255.255.255.0 网段的 IP 地址的第 4 部分写成二进制，要想分成 4 个子网，需要将网络掩码往右移动两位，这样第 1 位和第 2 位就变为网络位。就可以分成 4 个子网，第 1 位和第 2 位为 00 是 A 子网，01 是 B 子网，10 是 C 子网，11 是 D 子网。

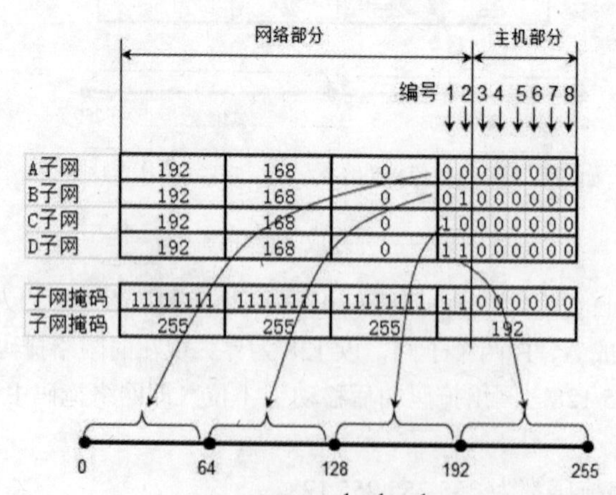

规律：如果 1 个子网是原来网络的 $\frac{1}{2}\times\frac{1}{2}=\frac{1}{4}$，子网掩码往后移 2 位。

图 3-27　等分为 4 个子网

A、B、C、D 子网的网络掩码都为 255.255.255.192。

A 子网可用的开始地址和结束地址为 192.168.0.1～192.168.0.62；

B 子网可用的开始地址和结束地址为 192.168.0.65～192.168.0.126；

C 子网可用的开始地址和结束地址为 192.168.0.129～192.168.0.190；

D 子网可用的开始地址和结束地址为 192.168.0.193～192.168.0.254。

注意：如图 3-28 所示，每个子网的最后一个地址都是本子网的广播地址，不能分配给计算机使用，如 A 子网的 63、B 子网的 127、C 子网的 191 和 D 子网的 255。

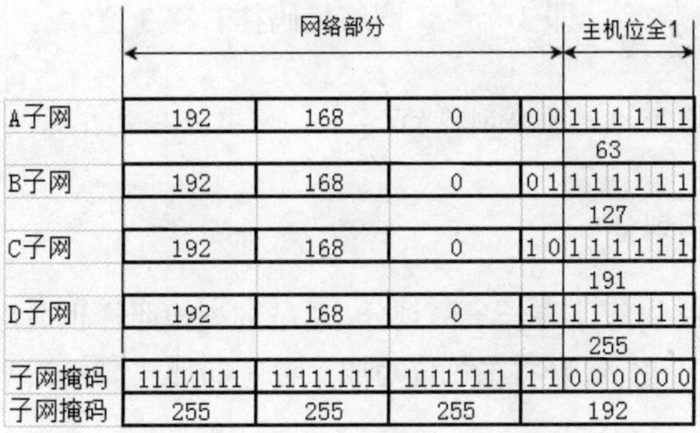

	网络部分					主机位全1					
A子网	192	168	0	0	0	1	1	1	1	1	1
						63					
B子网	192	168	0	0	1	1	1	1	1	1	1
						127					
C子网	192	168	0	1	0	1	1	1	1	1	1
						191					
D子网	192	168	0	1	1	1	1	1	1	1	1
						255					
子网掩码	11111111	11111111	11111111	1	1	0	0	0	0	0	0
子网掩码	255	255	255	192							

图 3-28　子网的网络部分和主机部分

四、等分为 8 个子网

如果想把一个 C 类网络等分成 8 个子网，如图 3-29 所示，网络掩码需要往右移 3 位，才能划分出 8 个子网，第 1 位、第 2 位和第 3 位都变成网络位。

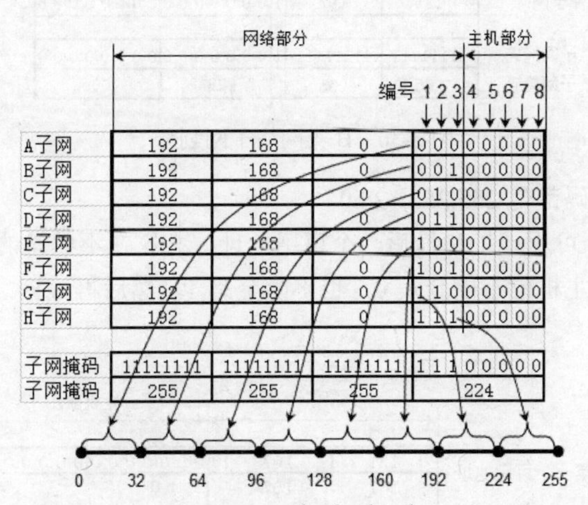

规律：如果 1 个子网是原来网络的 $\frac{1}{2}\times\frac{1}{2}\times\frac{1}{2}=\frac{1}{8}$，子网掩码往后移 3 位。

图 3-29　等分成 8 个子网

每个子网的网络掩码都一样，为 255.255.255.224。

A 子网可用的开始地址和结束地址为 192.168.0.1～192.168.0.30；

B 子网可用的开始地址和结束地址为 192.168.0.33～192.168.0.62；

C 子网可用的开始地址和结束地址为 192.168.0.65～192.168.0.94；

D 子网可用的开始地址和结束地址为 192.168.0.97～192.168.0.126；

E 子网可用的开始地址和结束地址为 192.168.0.129～192.168.0.158；

F 子网可用的开始地址和结束地址为 192.168.0.161～192.168.0.190；

G 子网可用的开始地址和结束地址为 192.168.0.193～192.168.0.222；

H 子网可用的开始地址和结束地址为 192.168.0.225～192.168.0.254。

注意：每个子网能用的主机 IP 地址，都要去掉主机位全 0 和主机位全 1 的地址。如图 3-29 所示，31、63、95、127、159、191、223、255 都是相应子网的广播地址。

每个子网是原来的 $\frac{1}{2}\times\frac{1}{2}\times\frac{1}{2}$，即 3 个 $\frac{1}{2}$，网络掩码往右移 3 位。

总结：如果一个子网地址块是原来网段的 $\left(\frac{1}{2}\right)^n$，网络掩码就在原网段的基础上后移 n 位。

五、B 类网络等长子网划分

前面使用一个 C 类网络讲解了等长子网划分，总结的规律照样也适用于 B 类网络的子网划分。在不太熟悉的情况下容易出错，最好将主机位写成二进制的形式，确定网络掩码和每个子网第一个和最后一个能用的地址。

如图 3-30 所示，将 131.107.0.0 255.255.0.0 等分成 2 个子网。网络掩码往右移动 1 位，就能等分成 2 个子网。

	网络部分		主机部分	
A子网	131	107	00000000	00000000
B子网	131	107	10000000	00000000
子网掩码	11111111	11111111	10000000	00000000
子网掩码	255	255	128	0

图 3-30 B 类网络子网划分

这两个子网的网络掩码都是 255.255.128.0。

先确定 A 子网第一个可用地址和最后一个可用地址，大家在不熟悉的情况下最好按照图 3-31 将主机部分写成二进制，主机位不能全是 0，也不能全是 1，然后再根据二进制写出第一个可用地址和最后一个可用地址。

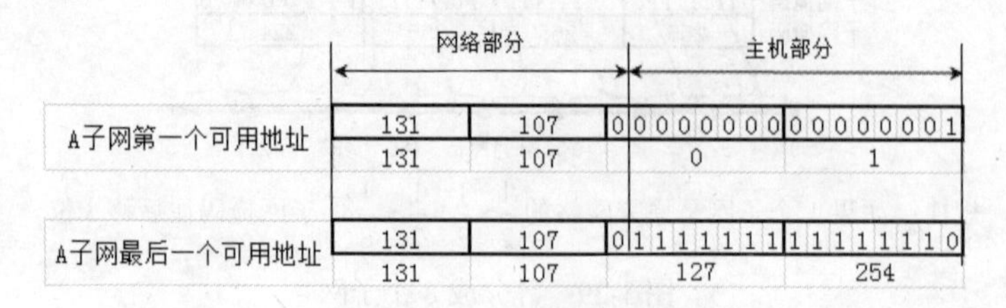

图 3-31 A 子网地址范围

A 子网第一个可用地址是 131.107.0.1，最后一个可用地址是 131.107.127.254。大家思考一下，A 子网中 131.107.0.255 这个地址是否可以给计算机使用？

如图 3-32 所示，B 子网第一个可用地址是 131.107.128.1，最后一个可用地址是 131.107.255.254。

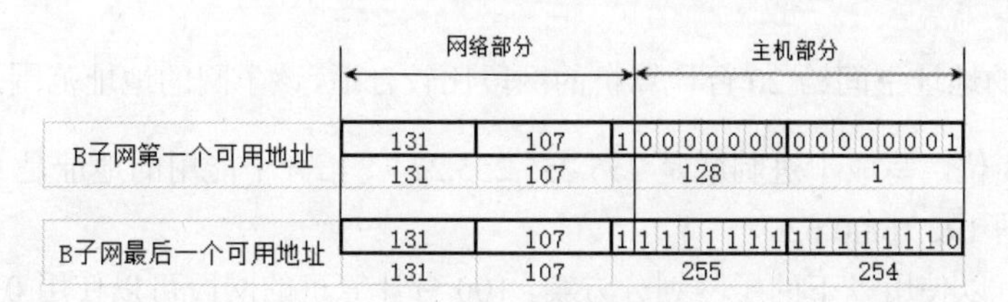

图 3-32 B 子网地址范围

这种方式虽然步骤烦琐一点，但不容易出错，等熟悉了之后就可以直接写出子网的第一个地址和最后一个地址了。

前面讲的都是将一个网段等分成多个子网，如果每个子网中计算机的数量不一样，就需要将该网段划分成地址空间不等的子网，这就是变长子网划分。有了前面等长子网划分的基础，划分变长子网也就容易了。

六、变长子网划分

如图 3-33 所示，有一个 C 类网络 192.168.0.0 255.255.255.0，需要将该网络划分成 5 个网段以满足以下网络需求，该网络中有 3 个交换机，分别连接 20 台计算机、50 台计算机和 100 台计算机，路由器之间的连接接口也需要地址，这两个地址也是一个网段，这样网络中一共有 5 个网段。

如图 3-33 所示，将 192.168.0.0 255.255.255.0 的主机位从 0～255 画一条数轴，从 128～255 的地址空间给 100 台计算机的网段比较合适，该子网的地址范围是原来网络的 $\frac{1}{2}$，网络掩码往后移 1 位，写成十进制形式就是 255.255.255.128。第一个能用的地址是 192.168.0.129，最后一个能用的地址是 192.168.0.254。

64～127 之间的地址空间给 50 台计算机的网段比较合适，该子网的地址范围是原来的 $\frac{1}{2}\times\frac{1}{2}$，网络掩码往后移 2 位，写成十进制就是 255.255.255.192。第一个能用的地址是 192.168.0.65，最后一个能用的地址是 192.168.0.126。

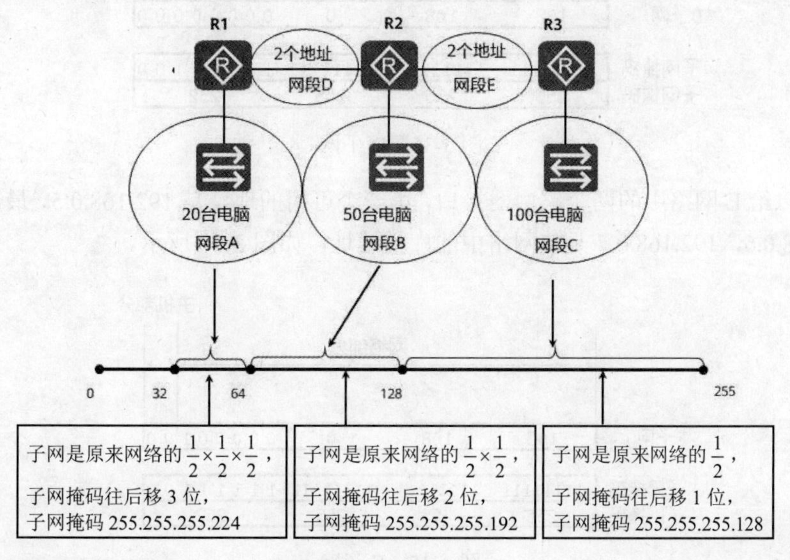

图 3-33 变长子网划分

32～63 之间的地址空间给 20 台计算机的网段比较合适，该子网的地址范围是原来的 $\frac{1}{2}\times\frac{1}{2}\times\frac{1}{2}$，网络掩码往后移 3 位，写成十进制就是 255.255.255.224。第一个能用的地址是 192.168.0.33，最后一个能用的地址是 192.168.0.62。

当然我们也可以使用以下的子网划分方案，100 台计算机的网段可以使用 0～127 之间的子网，50 台计算机的网段可以使用 128～191 之间的子网，20 台计算机的网段可以使用 192～223 之间的子网，如图 3-34 所示。

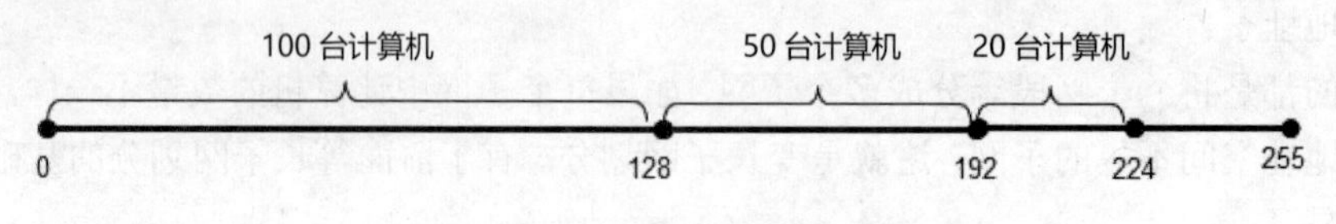

图 3-34　子网划分数轴

规律：如果一个子网地址块是原来网段的 $\left(\frac{1}{2}\right)^n$，网络掩码就在原网段的基础上后移 n 位，不等长子网，网络掩码也不同。

七、点到点网络的网络掩码

如果一个网络中就需要两个 IP 地址，网络掩码该是多少呢？如图 3-35 所示，路由器之间连接的接口也是一个网段，且需要两个地址。

如图 3-35 所示，D 子网可以给 D 网络中的两个路由器接口，第一个可用的地址是 192.168.0.1，最后一个可用的地址是 192.158.0.2，192.168.0.3 是该网络中的广播地址。

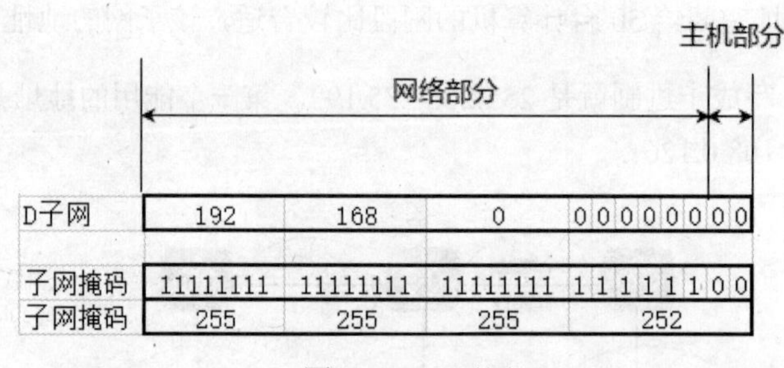

图 3-35　D 子网

E 子网可以给 E 网络中的两个路由器接口，第一个可用的地址是 192.168.0.5，最后一个可用的地址是 192.158.0.6，192.168.0.7 是该网络中的广播地址，如图 3-36 所示。

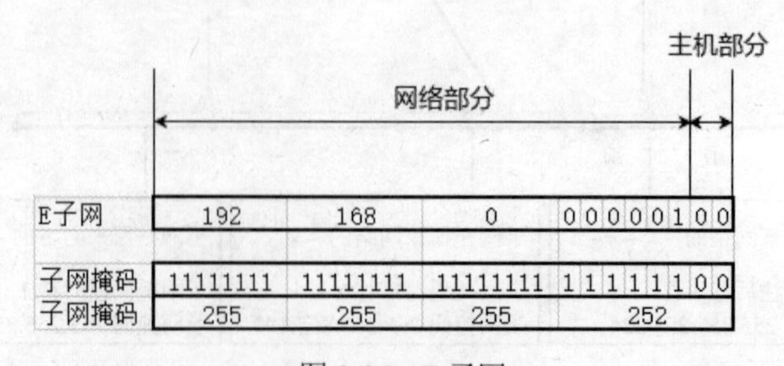

图 3-36　E 子网

每个子网是原来网络的 $\frac{1}{2}\times\frac{1}{2}\times\frac{1}{2}\times\frac{1}{2}\times\frac{1}{2}\times\frac{1}{2}$，也就是 $\left(\frac{1}{2}\right)^6$，网络掩码向后移动 6 位，11111111.11111111.11111111.11111100 写成十进制也就是 255.255.255.252。

子网划分最终结果如图 3-37 所示，经过精心规划，不但满足了 5 个网段的地址需求，还剩余了两个地址块，8～16 地址块和 16～32 地址块没有被使用。

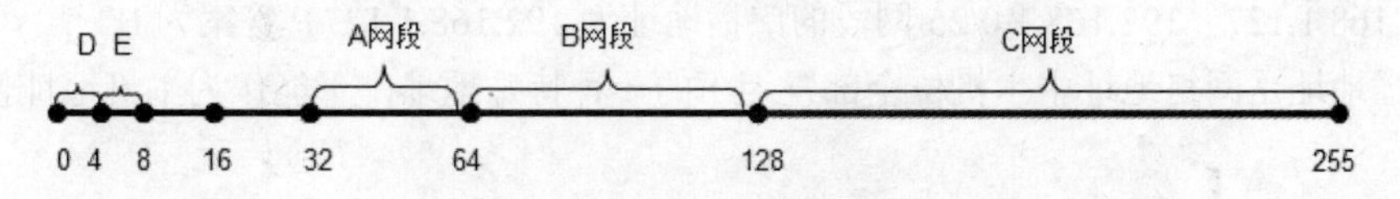

图 3-37　分配的子网和剩余的子网

3.6　特殊的地址

典型 HCIA 试题

1．192.168.1.127/25 代表的是（　　）地址。【单选题】

A．单播　　B．主机　　C．广播　　D．组播

2．192.168.1.0/25 网段的广播地址为 192.168.1.128。【判断题】

A．对　　B．错

3．广播地址是网络地址中主机位全部置为 1 的一种特殊地址，它也可以作为主机地址使用。【判断题】

A．对　　B．错

4．200.200.200.200/30 的广播地址为？【单选题】

A．200.200.200.203　　B．200.200.200.200

C．200.200.200.255　　D．200.200.200.252

5．如果一个网络的网络地址为 192.168.1.0，那么它的广播地址定是 192.168.1.255。【判断题】

A．对　　B．错

6．管理员要在路由器的 G0/0/0 接口上配置 IP 地址，那么使用下列哪个地址才是正确的？【单选题】

A．237.6.1.2/24　　B．145.4.2.55/26

C．127.3.1.4/28　　D．192. 168.10.112/30

7．园区网络规划时，设备互联 IP 地址推荐使用以下哪种掩码长度？【单选题】

A．30　　B．32　　C．16　　D．24

8．如图 3-38 所示，主机 A 和主机 B 不能通信。【判断题】

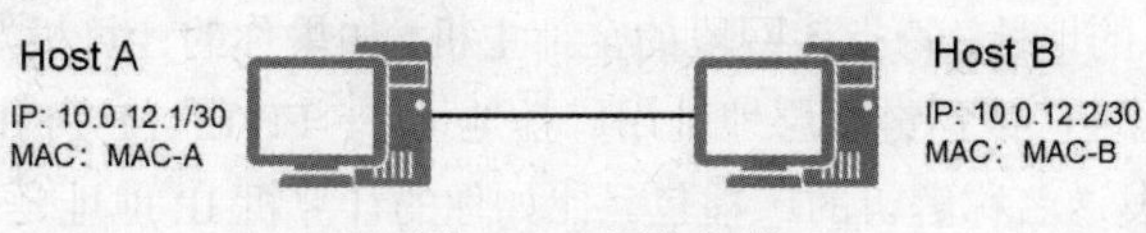

图 3-38　网络拓扑

A．对　　B．错

试题解析

1．192.168.1.127/25 将最后一部分的 IP 地址和子网掩码写成二进制为 192.168.1.01111111、255.255.255.10000000，发现主机位全是 1，该地址为 192.168.1.0/25 网段的广播地址。答案为 C。

2．192.168.1.0/25 最后一部分写成二进制，主机位全部写成 1，为 192.168.1.01111111，写成十进制为 192.168.1.127。192.168.1.0/25 网段的广播地址为 192.168.1.127。答案为 B。

3．广播地址是网络地址中主机位全部置为 1 的一种特殊地址，不能作为主机地址使用。答案为 B。

4．200.200.200.200/30，将最后一部分的 IP 地址写成二进制为 200.200.200.11001000，广播地址为 200.200.200.11001011，即 200.200.200.203。答案为 A。

5．判断一个网络的广播地址，首先要确定它是哪个网段，判断是哪个网段要知道子网掩码。本题没有明确子网掩码，就不能确定广播地址。答案为 B。

6．配置接口 IP 地址主机位不能是全 0 或全 1，不能是组播地址。237.6.1.2/24 属于组播地址，不能给路由器接口使用。127.3.1.4/28 是本地环回地址，也就是说 127.0.0.0/8 网段的地址都是属于本地环回地址，不能给路由器接口使用。192.168.10.112/30，将该地址的最后一部分写成二进制 192.168.10.01110000，主机位全 0。不能给路由器接口使用。答案为 B。

在 Windows 10 中 ping 127.0.0.0/8 网段的地址都能通。

```
C:\Users\dell>ping 127.2.1.4
正在 Ping 127.2.1.4 具有 32 字节的数据:
来自 127.2.1.4 的回复: 字节=32 时间<1ms TTL=64
来自 127.2.1.4 的回复: 字节=32 时间<1ms TTL=64
来自 127.2.1.4 的回复: 字节=32 时间<1ms TTL=64
来自 127.2.1.4 的回复: 字节=32 时间<1ms TTL=64
127.2.1.4 的 Ping 统计信息:
    数据包: 已发送 = 4，已接收 = 4，丢失 = 0 (0% 丢失),
往返行程的估计时间(以毫秒为单位):
    最短 = 0ms，最长 = 0ms，平均 = 0ms
```

7．互联网段通常是点到点连接，互联网段只需要 2 个可用的 IP 地址，推荐子网掩码长度为 30。答案为 A。

8．主机 A 和主机 B 在同一网段，能够通信。答案为 B。

关联知识精讲

有些 IP 地址被保留用于某些特殊目的，网络管理员不能将这些地址分配给计算机。下面列出了这些被排除在外的地址，并说明为什么要保留它们。

- 主机 ID 全为 0 的地址：特指某个网段，比如 192.168.10.0 255.255.255.0，指 192.168.10.0 网段。
- 主机 ID 全为 1 的地址：特指该网段的全部主机，如果你的计算机发送数据包使用主机 ID 全是 1 的 IP 地址，数据链路层地址用广播地址 FF-FF-FF-FF-FF-FF。同一网段计算机名称解析就需要发送名称解析的广播包。比如你的计算机 IP 地址是 192.168.10.10，网络掩码是 255.255.255.0，它要发送一个广播包，如目标 IP 地址是 192.168.10.255，帧的目标 MAC 地址是 FF-FF-FF-FF-FF-FF，该网段中全部计算机都能收到。

- 127.0.0.1：是环回地址，指本机地址，一般用作测试使用。环回地址（127.×.×.×）即本机回送地址（Loopback Address），指主机 IP 堆栈内部的 IP 地址，主要用于网络软件测试以及本地机进程间通信，无论什么程序，一旦使用回送地址发送数据，协议软件立即返回，不进行任何网络传输。任何计算机都可以用该地址访问自己的共享资源或网站，如果 ping 该地址能够通，说明你的计算机的 TCP/IP 协议栈工作正常，即便计算机没有网卡，ping 127.0.0.1 还是能够通的。
- 169.254.0.0：169.254.0.0～169.254.255.255 实际上是自动私有 IP 地址。在 Windows 2000 以前的操作系统中，如果计算机无法获取 IP 地址，则自动配置成“IP 地址：0.0.0.0”“网络掩码：0.0.0.0”的形式，导致其不能与其他计算机通信。而对于 Windows 2000 以后的操作系统，则在无法获取 IP 地址时自动配置成“IP 地址：169.254.×.×”“网络掩码：255.255.0.0”的形式，这样可以使所有获取不到 IP 地址的计算机之间能够通信，如图 3-39 和图 3-40 所示。

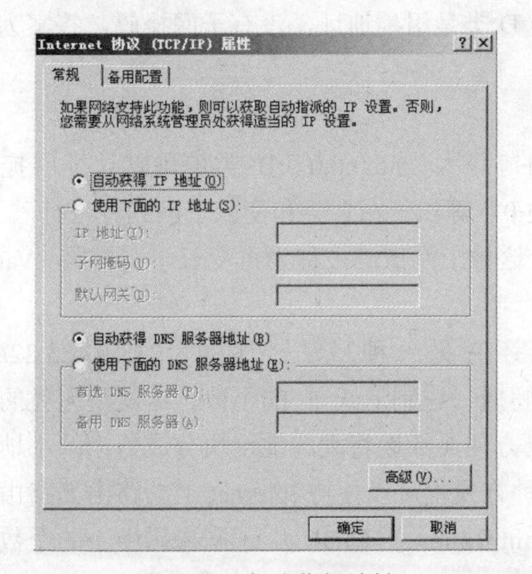

图 3-39 自动获得地址

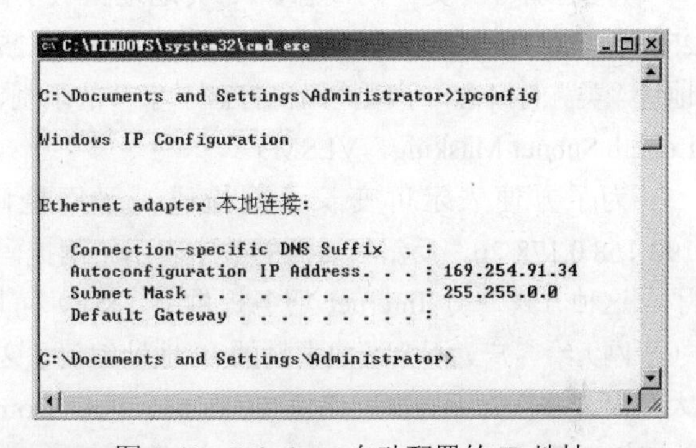
```
C:\WINDOWS\system32\cmd.exe

C:\Documents and Settings\Administrator>ipconfig

Windows IP Configuration

Ethernet adapter 本地连接:

        Connection-specific DNS Suffix  . :
        Autoconfiguration IP Address. . . : 169.254.91.34
        Subnet Mask . . . . . . . . . . . : 255.255.0.0
        Default Gateway . . . . . . . . . :

C:\Documents and Settings\Administrator>
```

图 3-40 Windows 自动配置的 IP 地址

- 0.0.0.0：如果计算机的 IP 地址和网络中的其他计算机地址冲突，使用 ipconfig 命令看到的就是 0.0.0.0，网络掩码也是 0.0.0.0，如图 3-41 所示。

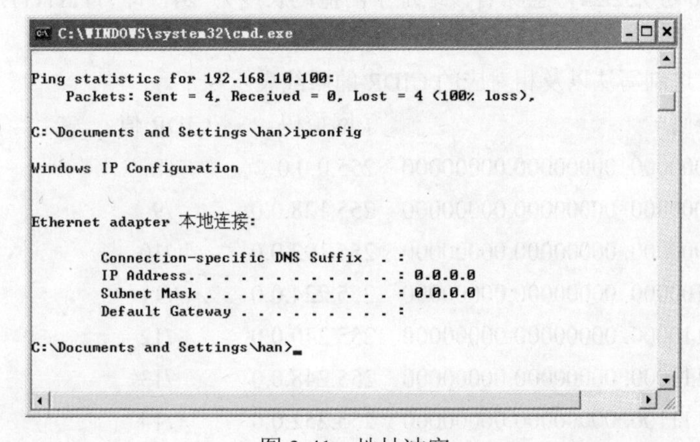
```
C:\WINDOWS\system32\cmd.exe

Ping statistics for 192.168.10.100:
    Packets: Sent = 4, Received = 0, Lost = 4 (100% loss),

C:\Documents and Settings\han>ipconfig

Windows IP Configuration

Ethernet adapter 本地连接:

        Connection-specific DNS Suffix  . :
        IP Address. . . . . . . . . . . . : 0.0.0.0
        Subnet Mask . . . . . . . . . . . : 0.0.0.0
        Default Gateway . . . . . . . . . :

C:\Documents and Settings\han>_
```

图 3-41 地址冲突

3.7 子网掩码的两种表示方法

典型 HCIA 试题

1．掩码长度为 12 位可以表示为？【单选题】

A．255.240.0.0　　B．255.255.255.0　　C．255.248.0.0　　D．255.255.0.0

2．VLSM 可以扩大任意 IP 网段，包括 D 类地址。【判断题】

A．对　　B．错

试题解析

1．子网掩码长度为 12，可以标识为 255.240.0.0。答案为 A。

2．VLSM 可以扩大 A 类、B 类、C 类的网段，D 类是组播地址，没有子网掩码。答案为 B。

关联知识精讲

IP 地址有“类”的概念，A 类地址默认子网掩码为 255.0.0.0、B 类地址默认子网掩码为 255.255.0.0、C 类地址默认子网掩码为 255.255.255.0。等长子网划分和变长子网划分，打破了 IP 地址“类”的概念，子网掩码也打破了字节的限制，这种子网掩码被称为可变长子网掩码（Variable Length Subnet Masking，VLSM）。

为了方便表示可变长子网掩码，子网掩码还有另一种写法。比如 131.107.23.32/25、192.168.0.178/26，反斜杠后面的数字表示子网掩码写成二进制形式 1 的个数。这就是无类的概念了。这种方式使得 Internet 服务提供商（ISP）可以方便灵活地将大的地址块分成恰当的小地址块（子网）给客户，不会造成大量的 IP 地址浪费。这种方式也可以使得 Internet 上的路由器路由表大大精简，被称为无类域间路由（Classless Inter-Domain Routing，CIDR），子网掩码中 1 的个数被称为 CIDR 值。

CIDR 的作用就是支持 IP 地址的无类规划，CIDR 采用 13～27 位可变网络 ID，而不是 A、B、C 类网络 ID 所用的固定的 8、16 位和 24 位。在 IP 地址后面添加一个/，后面是二进制子网掩码的位数。比如 192.168.10.32/24，意味着该地址子网掩码长度为 24，即 11111111.11111111.11111111.00000000，等价于子网掩码 255.255.255.0。

子网掩码的二进制写法以及相对应的 CIDR 的斜线表示如下。

二进制子网掩码	子网掩码	CIDR 值
11111111. 10000000. 00000000.00000000	255.0.0.0	/8
11111111. 10000000. 00000000.00000000	255.128.0.0	/9
11111111. 11000000. 00000000.00000000	255.192.0.0	/10
11111111. 11100000. 00000000.00000000	255.224.0.0	/11
11111111. 11110000. 00000000.00000000	255.240.0.0	/12
11111111. 11111000. 00000000.00000000	255.248.0.0	/13
11111111. 11111100. 00000000.00000000	255.252.0.0	/14
11111111. 11111110. 00000000.00000000	255.254.0.0	/15

11111111. 11111111. 00000000.00000000　255.255.0.0　/16
11111111. 11111111. 10000000.00000000　255.255.128.0　/17
11111111. 11111111. 11000000.00000000　255.255.192.0　/18
11111111. 11111111. 11100000.00000000　255.255.224.0　/19
11111111. 11111111. 11110000.00000000　255.255.240.0　/20
11111111. 11111111. 11111000.00000000　255.255.248.0　/21
11111111. 11111111. 11111100.00000000　255.255.252.0　/22
11111111. 11111111. 11111110.00000000　255.255.254.0　/23
11111111. 11111111. 11111111.00000000　255.255.255.0　/24
11111111. 11111111. 11111111.10000000　255.255.255.128　/25
11111111. 11111111. 11111111.11000000　255.255.255.192　/26
11111111. 11111111. 11111111.11100000　255.255.255.224　/27
11111111. 11111111. 11111111.11110000　255.255.255.240　/28
11111111. 11111111. 11111111.11111000　255.255.255.248　/29
11111111. 11111111. 11111111.11111100　255.255.255.252　/30

3.8　合并网段

典型 HCIA 试题

现在有以下 10.24.0.0/24、10.24.1.0/24、10.24.2.0/24、10.24.3.0/24 四个网段，这 4 个网段可以汇总为以下哪个网段？【多选题】

A．10.24.0.0/23　B．10.24.1.0/23　C．10.24.0.0/22　D．10.24.0.0/21

试题解析

10.24.0.0/24、10.24.1.0/24、10.24.2.0/24、10.24.3.0/24 这 4 个网段，第一个网段能够被 4 整除，就能和后面的 3 个网段合并，这 4 个网段要想合并成一个网段，子网掩码最少前移 2 位，即合并到 10.24.0.0/22 网段。子网掩码前移 3 位，能够合并 8 个网段，即 10.24.0.0/24、10.24.1.0/24、10.24.2.0/24、10.24.3.0/24、10.24.4.0/24、10.24.5.0/24、10.24.6.0/24、10.24.7.0/24，其实是合并了这 8 个网段。故本题答案为 CD。

关联知识精讲

一、超网

超网（Supernetting）与子网划分相反，把多个网络（子网）的网络位当作主机位，就能将多个连续的网合并成一个大的网络，合并后的网络称为超网。

如图 3-42 所示，某企业有一个网段，该网段有 200 台计算机；使用 192.168.0.0 255.255.255.0 网段后，计算机数量增加到了 400 台。

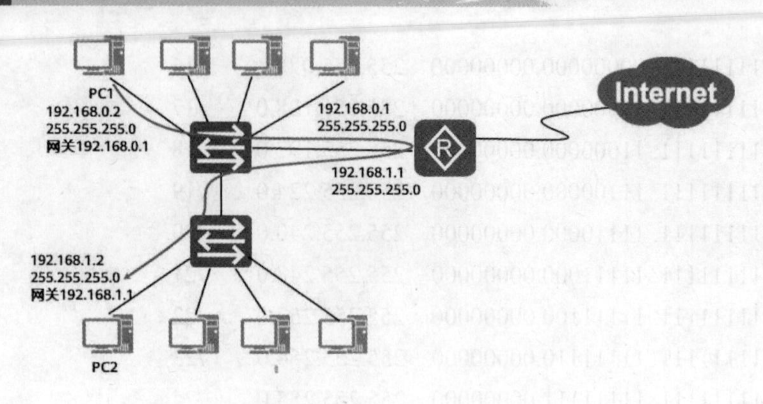

图 3-42　两个网段的地址

在该网络中添加交换机，可以扩展网络的规模，此时，若一个 C 类 IP 地址不够用，再添加一个 C 类地址 192.168.1.0 255.255.255.0。这些计算机在物理层面处于一个网段，但是 IP 地址没在一个网段，即逻辑上不在一个网段。如果想让这两个网段的计算机能够通信，可以在路由器的接口添加两个的地址作为这两个网段的网关。

在这种情况下，PC1 到 PC2 进行通信，必须通过路由器转发，如图 3-42 所示。本来这些计算机物理上在一个网段，还需要路由器转发，效率不高。

最好的办法是让这两个 C 类网络的计算机认为它们在同一个网段，这就需要将 192.168.0.0/24 和 192.168.1.0/24 两个 C 类网络合并。

如图 3-43 所示，将这两个网段的 IP 地址第 3 部分和第 4 部分写成二进制，可以看到将网络掩码往左移动 1 位（网络掩码中 1 的数量减少 1），两个网段的网络部分就一样了，两个网段就在一个网段了。

	网络部分			主机部分	
192.168.0.0	192	168	0 0 0 0 0 0 0	0	0 0 0 0 0 0 0 0
192.168.1.0	192	168	0 0 0 0 0 0 0	1	0 0 0 0 0 0 0 0
子网掩码	11111111	11111111	1 1 1 1 1 1 1	0	0 0 0 0 0 0 0 0
子网掩码	255	255	254		0

图 3-43　合并两个子网

合并后的网段为 192.168.0.0/23，网络掩码写成十进制为 255.255.254.0，可用地址为 192.168.0.1～192.168.1.254，网络中计算机的 IP 地址和路由器接口的地址配置，如图 3-44 所示。

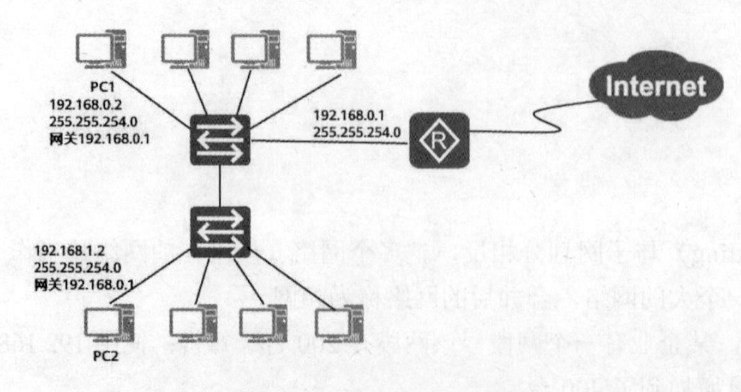

图 3-44　合并后的地址配置

合并之后，IP 地址 192.168.0.255/23 就可以给计算机使用。该地址的主机位好像全部是 1，不能给计算机使用，但是把这个 IP 地址的第 3 部分和第 4 部分写成二进制就会看出主机位并不全为 1，如图 3-45 所示。

	网络部分			主机部分
192.168.0.255/23	192	168	0 0 0 0 0 0 0 0	1 1 1 1 1 1 1 1

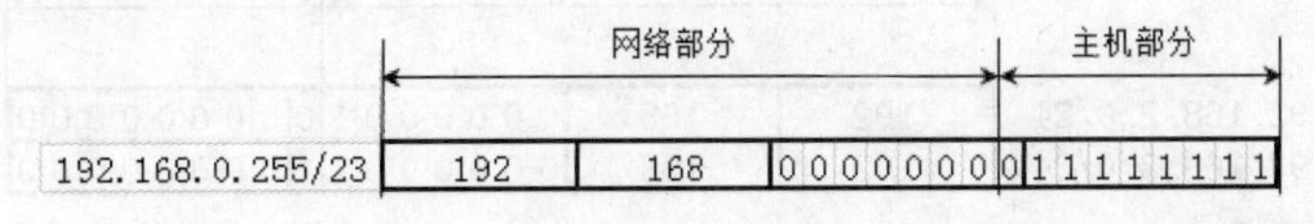

图 3-45　确定是否是广播地址的方法

网络掩码往左移 1 位，能够合并两个连续的网段，但不是任何两个连续的网段都能左移动 1 位合并成 1 个网段。

比如 192.168.1.0/24 和 192.168.2.0/24 就不能向左移动 1 位网络掩码合并成一个网段。将这两个网段的第 3 部分和第 4 部分写成二进制后即可看出来，如图 3-46 所示，向左移动 1 位网络掩码，这两个网段的网络部分还是不相同，说明这两个网段不能合并成一个网段。

	网络部分			主机部分
192.168.1.0	192	168	0 0 0 0 0 0 0 1	0 0 0 0 0 0 0 0
192.168.2.0	192	168	0 0 0 0 0 0 1 0	0 0 0 0 0 0 0 0
子网掩码	11111111	11111111	1 1 1 1 1 1 1 0	0 0 0 0 0 0 0 0
子网掩码	255	255	254	0

图 3-46　合并网段的规律（一）

要想合并成一个网段，网络掩码就要向左移动 2 位，但如果移动 2 位，其实就是合并了 4 个网段，如图 3-47 所示。

	网络部分			主机部分
192.168.0.0	192	168	0 0 0 0 0 0 0 0	0 0 0 0 0 0 0 0
192.168.1.0	192	168	0 0 0 0 0 0 0 1	0 0 0 0 0 0 0 0
192.168.2.0	192	168	0 0 0 0 0 0 1 0	0 0 0 0 0 0 0 0
192.168.3.0	192	168	0 0 0 0 0 0 1 1	0 0 0 0 0 0 0 0
子网掩码	11111111	11111111	1 1 1 1 1 1 0 0	0 0 0 0 0 0 0 0
子网掩码	255	255	252	0

图 3-47　合并网段的规律（二）

二、合并网段的规律

下面讲解哪些连续的网络（子网）能够合并，即合并网段的规律。

- 判断两个网段是否能够合并。

如图 3-48 所示，192.168.0.0/24 和 192.168.1.0/24 网络掩码往左移 1 位，可以合并为一个网段 192.168.0.0/23。

	网络部分			主机部分
192.168.0.0/24	192	168	0 0 0 0 0 0 0 0	0 0 0 0 0 0 0 0
192.168.1.0/24	192	168	0 0 0 0 0 0 0 1	0 0 0 0 0 0 0 0

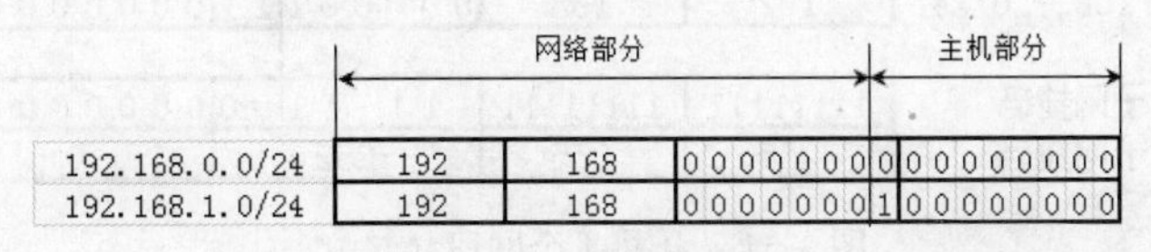

图 3-48　合并 192.168.0.0/24 和 192.168.1.0/24

如图 3-49 所示，192.168.2.0/24 和 192.168.3.0/24 网络掩码往左移 1 位，可以合并为一个网段 192.168.2.0/23。

图 3-49　合并 192.168.2.0/24 和 192.168.3.0/24

规律：合并两个连续的网段，第一个网络的网络号写成二进制最后一位是 0，这两个网段就能合并。只要一个数能够被 2 整除，写成二进制最后一位肯定是 0。

结论：判断连续的两个网段是否能够合并，只要第一个网络号能被 2 整除，就能够通过左移 1 位网络掩码合并。

131.107.31.0/24 和 131.107.32.0/24 是否能够左移 1 位网络掩码合并？

131.107.142.0/24 和 131.107.143.0/24 是否能够左移 1 位网络掩码合并？

根据上面的结论，31 除以 2，余 1，131.107.31.0/24 和 131.107.32.0/24 不能通过左移 1 位网络掩码合并成一个网段。142 除以 2，余 0，131.107.142.0/24 和 131.107.143.0/24 能通过左移 1 位网络掩码合并成一个网段。

- 判断 4 个网段是否能够合并。

如图 3-50 所示，合并 192.168.0.0/24、192.168.1.0/24、192.168.2.0/24 和 192.168.3.0/24 四个网段，网络掩码需要向左移动 2 位。

	网络部分				主机部分
192.168.0.0	192	168	000000	00	00000000
192.168.1.0	192	168	000000	01	00000000
192.168.2.0	192	168	000000	10	00000000
192.168.3.0	192	168	000000	11	00000000
子网掩码	11111111	11111111	111111	00	00000000
子网掩码	255	255	252		0

图 3-50　合并 4 个网段（一）

可以看到，合并 192.168.4.0/24、192.168.5.0/24、192.168.6.0/24 和 192.168.7.0/24 四个网段，网络掩码需要向左移动 2 位，如图 3-51 所示。

	网络部分				主机部分
192.168.4.0/24	192	168	000001	00	00000000
192.168.5.0/24	192	168	000001	01	00000000
192.168.6.0/24	192	168	000001	10	00000000
192.168.7.0/24	192	168	000001	11	00000000
子网掩码	11111111	11111111	111111	00	00000000
子网掩码	255	255	252		0

图 3-51　合并 4 个网段（二）

规律：要合并连续的 4 个网络，只要第一个网络的网络号写成二进制后面两位是 00，这 4 个网段就能合并，只要一个数能够被 4 整除，写成二进制最后两位肯定是 00。

结论：判断连续的 4 个网段是否能够合并，只要第一个网络号能被 4 整除，就能够通过左移 2 位网络掩码将这 4 个网段合并。

思考一下，如何判断连续的 8 个网段是否能够合并？

第4章 管理华为设备

本章汇总了配置华为设备相关的试题。

4.1 VRP

典型 HCIA 试题

1．通用路由平台 VRP 的全称是？【单选题】

A．Versatile Redundancy Platform
B．Versatile Routing Protocol
C．Virtual Routing Platform
D．Versatile Routing Platform

2．VRP 平台如何表示路由器第 3 槽位，0 号子卡，2 号 GE 端口？【单选题】

A．interface GigabitEthernet 3/2/0
B．interface Ethernet 3/0/2
C．interface XGigabitEthernet 3/0/2
D．interface GigabitEthernet 3/0/2

3．管理员发现设备弹出了下面的提示信息，关于此信息的说法正确的是？【单选题】

<Huawei>
Warning:Auto-Config is working.
Before configuring the device,stop Auto-Config.If you perform configurations when Auto-Config is running,the DHCP, routing,DNS,and VTY configurations will be lost.
Do you want to stop Auto-Config?[Y/N]:

A．如果需要启用自动配置，则管理员需要选择 Y
B．如果不需要启用自动配置，则管理员需要选择 N
C．设备第一次启动时，自动配置功能是启用的
D．设备第一次启动时，自动配置功能是禁用的

试题解析

1．通用路由平台 VRP 的全称是 Versatile Routing Platform。答案为 D。

2．VRP 平台接口编号标识方法为 X/Y/Z，分别对应“槽位号/子卡号/接口序号”，路由器第 3 槽位，0 号子卡，2 号 GE 端口表示为 GigabitEthernet 3/0/2。答案为 D。

3．设备第一次启动时，自动配置功能是启用的。如果不需要启用自动配置，则管理员需要选择 Y。答案为 C。

关联知识精讲

一、VRP 介绍

VRP（Versatile Routing Platform）即通用路由平台，是华为公司数据通信产品操作系统平台。可以运行在从低端到高端的全系列路由器、交换机等数据通信产品的通用网络操作系统，就如同微软公司的 Windows 操作系统、苹果公司的 iOS 操作系统。

VRP 可以运行在多种硬件平台之上，包括路由器、局域网交换机、ATM 交换机、拨号访问服务器、IP 电话网关、电信级综合业务接入平台、智能业务选择网关及专用硬件防火墙等。VRP 拥有一致的网络界面、用户界面和管理界面，为用户提供了灵活丰富的应用解决方案，如图 4-1 所示。

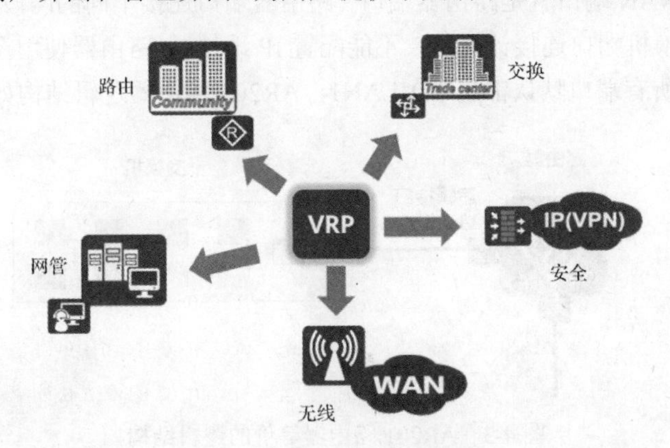

图 4-1　VRP 应用解决方案

VRP 以 TCP/IP 协议栈为核心，实现了数据链路层、网络层和应用层的多种协议，在操作系统中集成了路由交换技术、QoS 技术、安全技术和 IP 语音技术等数据通信功能，并以 IP 转发引擎技术作为基础，为网络设备提供了出色的数据转发功能。

二、华为设备型号

华为交换机和路由设备有不同的型号，下面讲解华为设备的命名规则。

S 系列，是以太网交换机。从交换机的主要应用环境或用户定位来划分，企业园区网接入层主要应用的是 S2700 和 S3700 两大系列，汇聚层主要应用的是 S5700 系列，核心层主要应用的是 S7700、S9300 和 S9700 系列。同一系列交换机版本：精简版（LI）、标准版（SI）、增强版（EI）、高级版（HI）。如：S2700-26TP-PWR-EI 表示 VRP 设备软件版本类型为增强版。

AR 系列，是访问路由器。路由器型号前面的 AR 是 Access Router（访问路由器）单词的首字母组合。AR 系列企业路由器有多个型号，包括 AR150、AR200、AR1200、AR2200、AR3200。它们是华为第三代路由器产品，提供路由、交换、无线、语音和安全等功能。AR 路由器被部署在企业网络和公网之间，作为两个网络间传输数据的入口和出口。在 AR 路由器上部署多种业务能降低企业的网络建设成本和运维成本。根据一个企业的用户数和业务的复杂程度可以选择不同型号的 AR 路由器来部署到网络中。

下面就以 AR201 路由器为例，如图 4-2 所示，可以看到该型号路由的接口和支持的模块。可以看到有 CON/AUX 端口，一个 WAN 端口和 8 个 FE（FastEthernet，快速以太网接口，100M 口）接口。

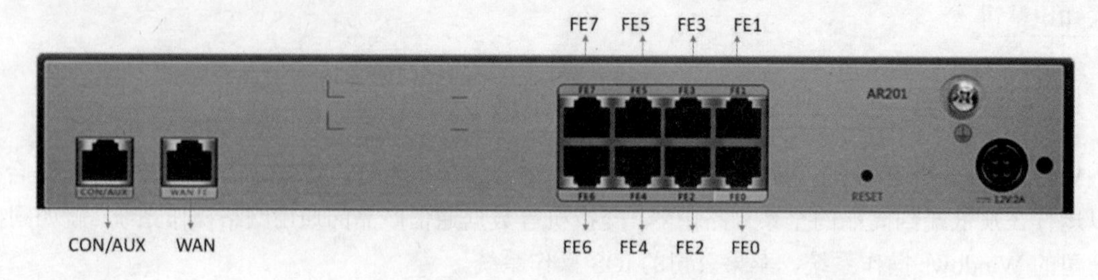

图 4-2　AR201 路由器接口

AR201 路由器是面向小企业网络的设备，其相当于一台路由器和一台交换机的组合，8 个 FE 接口是交换机端口，WAN 端口就是路由器端口（路由器端口连接不同的网段，可以设置 IP 地址作为计算机的网关，交换机端口连接计算机，不能配置 IP 地址），路由器使用逻辑接口 Vlanif 1 和交换机连接，交换机的所有端口默认都属于 VLAN1，AR201 路由器逻辑结构如图 4-3 所示。

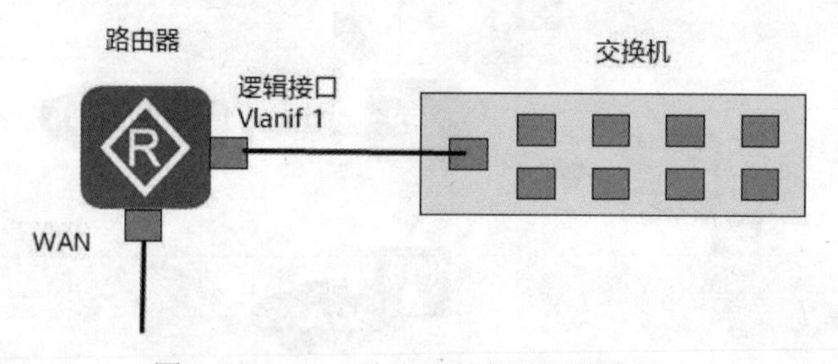

图 4-3　AR201 路由器等价的逻辑结构

再以 AR1220 系列路由器为例说明模块化路由器的接口类型，如图 4-4 所示，AR1220 是面向中型企业总部或大中型企业分支以宽带、专线接入、语音和安全场景为主的多业务路由器。该型号的路由器是模块化路由器，有两个插槽可以根据需要插入合适的模块，有两个 G 比特以太网接口，分别是 GE0 和 GE1，这两个接口是路由器接口，8 个 FE 接口是交换机接口，该设备也相当于两个设备：路由器和交换机。

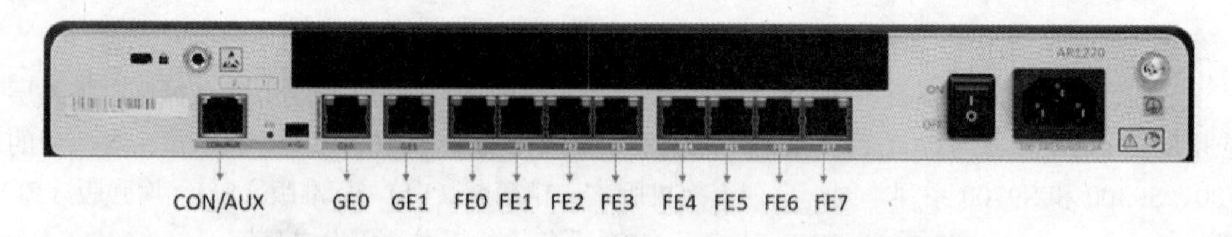

图 4-4　AR1220 路由器

端口命名规则，以 4GEW-T 为例。

- 4：表示 4 个端口。
- GE：表示千兆以太网。
- W：表示 WAN 接口板，这里的 WAN 表示三层接口。
- T：表示电接口。

端口命中还有以下标识。

- FE：表示快速以太网接口。
- L2：表示二层接口即交换机接口。
- L3：表示三层接口即路由器接口。
- POS：表示光纤接口。

图4-5 列出了常见的接口图片和接口描述。

接口	描述
 1GEC	1 端口-GE COMBO WAN 接口卡
 2FE	2 端口-FE WAN 接口卡
 4GEW-T	4 端口-GE 电口 WAN 接口卡
8FE1GE	8 端口-8FE/1GE L2/L3 以太接口卡
 24GE	24 端口-GE L2/L3 以太接口卡
 2SA	2 端口-同异步 WAN 接口卡
 1POS	1 端口-POS 光口接口卡
 2E1-f	2 端口-非通道化 E1/T1 WAN 接口卡
 4G.SHDSL	4 线对 G.SHDSL WAN 接口卡

图 4-5 常见的接口图片和描述

路由器接口编号规则：X/Y/Z 为需要配置的接口的编号，分别对应"槽位号/子卡号/接口序号"。

三、自动配置

在部署网络设备时，设备安装完成后，需要软调工程师到安装现场，对设备进行软件调试。当设备数量较多、分布较广时，维护人员需要在每一台设备上进行手工配置，既影响了设备部署的效率，又大大增加了人力成本。设备运行 Auto-Config 功能，可以从文件服务器获取版本文件并自动加载版本文件，实现远程部署接入网络的设备，从而减少人力成本，并提高了设备部署的效率。

Auto-Config 是指新出厂或空配置设备加电启动时采用的一种自动加载版本文件（包括系统软件、补丁文件、配置文件）的功能。通过配置 Auto-Config 功能，设备可以实现自动加载版本文件

（包括系统软件、补丁文件和配置文件），从而简化了配置，实现对设备的集中管理和远程调测。

autoconfig enable 命令用来使能 Auto-Config 功能。

undo autoconfig enable 命令用来去使能 Auto-Config 功能。

缺省情况下，Auto-Config 功能处于使能状态。

用户通过 Console 口登录新出厂（或空配置启动）的设备时，系统会提示：

“Auto-Config is working. Before configuring the device, stop Auto-Config. If you perform configurations when Auto-Config is running, the DHCP, routing, DNS, and VTY configurations will be lost. Do you want to stop Auto-Config? [y/n]:”

如果需要运行 Auto-Config 功能，选择 n。

如果不需要运行 Auto-Config 功能，选择 y。

4.2 命令视图

典型 HCIA 试题

1．VRP 操作平台存在哪些命令行视图？【多选题】

A．接口视图　B．用户视图　C．协议视图　D．系统视图

2．在系统视图下键入什么命令可以切换到用户视图？【单选题】

A．quit　B．souter　C．system-view　D．user-view

3．VRP 系统中，Ctrl+Z 组合键具备什么功能？【多选题】

A．从任何视图退出用户视图　B．退出接口视图

C．退出当前视图　D．退出 Console 接口视图

E．从系统视图退回到用户视图

4．VRP 系统中哪条命令能够访问上一个输入的命令？【多选题】

A．左光标　B．上光标　C．Ctrl+U　D．Ctrl+P

5．以下哪个命令可以修改设备名字为 huawei？【单选题】

A．sysname huawei　B．rename huawei

C．do name huawei　D．hostname huawei

6．管理员在哪个视图下才能为路由器修改设备名称？【单选题】

A．Protocol-view　B．System-view　C．User-view　D．Interface-view

7．VRP 操作平台对于输入命令不完整使用下列哪条信息提示？【单选题】

A．Error:Too many parameters found at ‘^’ position

B．Error:Wrong parameter found at ‘^’ position

C．Error:Incomplete command found at ‘^’ position

D．Error:Ambiguous command found at ‘^’ position

8．某网络工程师在输入命令行时提示如下信息：

Error:Unrecognized command found at‘^’position.对于该提示信息说法正确的是？【单选题】

A．输入命令不完整　B．没有查找到关键字

C．输入命令不明确　D．参数类型错误

试题解析

1．VRP 操作平台系统视图用来更改路由器全局参数、接口视图用来更改和查看特定接口的配置，协议视图用来更改和查看特定协议的配置，用户视图用来查看路由器的一些配置、保存配置管理文件等操作。当然 VRP 操作平台的视图还不止这些，当配置 AAA 时，还可以进入 aaa 视图。答案为 ABCD。

2．在系统视图下键入 quit，或输入 Ctrl+Z，切换到用户视图。答案为 A。

3．VRP 系统中，Ctrl+Z 组合键能够从任何视图退出用户视图，从系统视图退回到用户视图。答案为 AE。

4．VRP 系统中“上光标”和“Ctrl+P”命令能够访问上一个输入的命令。答案为 BD。

5．sysname huawei 可以修改设备名字为 huawei。答案为 A。

6．管理员在 System-view 视图下才能为路由器修改设备名称。答案为 B。

7．VRP 操作平台对于输入命令不完整会提示：

```
[Huawei]interface
                  ^
Error:Incomplete command found at '^' position.
```

输入的命令不能唯一确定是哪条命令，会提示：

```
[Huawei]in
          ^
Error:Ambiguous command found at '^' position.
```

输入错误的参数，会提示：

```
[Huawei]interface GigabitEthernet 0/00
                                  ^
Error: Wrong parameter found at '^' position.
```

输入的参数太多，会提示：

```
[Huawei]user-interface maximum-vty 0 4
                                   ^
Error:Too many parameters found at '^' position.
```

答案为 C。

8．当在某视图下输入的命令不存在时会出现以下提示：

```
[Huawei]ip address
        ^
Error: Unrecognized command found at '^' position.
```

答案为 B。

关联知识精讲

VRP 命令行中的命令由关键字和参数组成，命令总数达数千条之多，为了实现对它们的分级管理，VRP 系统将这些命令按照功能类型的不同分别注册在了不同的视图下。VRP 命令级别分为 0 级（访问级）、1 级（监控级）、2 级（配置级）、3 级（管理级），登录网络设备的用户分为 0～15 级，不同级别的用户能够执行不同级别的命令。

一、命令行的基本概念

华为网络设备功能的配置和业务的部署是通过 VRP 命令行来完成的。命令行是在设备内部注册的、具有一定格式和功能的字符串。命令行由关键字和参数组成。关键字是一组与命令行功能相关的单词或词组，通过关键字可以唯一确定一条命令行，本书正文中采用加粗字体方式来标识命令行的关键字。参数是为了完善命令行的格式或指示命令的作用对象而指定的相关单词或数字等，包括整数、字符串、枚举值等数据类型，本书正文中采用斜体字来标识命令行的参数。例如，测试设备间连通性的命令行 ping ip-address 中，ping 为命令行的关键字，ip-address 为参数（取值为一个 IP 地址）。

新购买的华为网络设备初始配置为空。若希望它能够具有诸如文件传输、网络互通等功能，则需要进入该设备的命令行界面，并使用相应的命令进行配置。

命令行界面是用户与设备之间的文本类指令交互的界面，就如同 Windows 操作系统中的硬盘操作系统（Disk Operation System，DOS）窗口一样。VRP 命令行界面如图 4-6 所示。

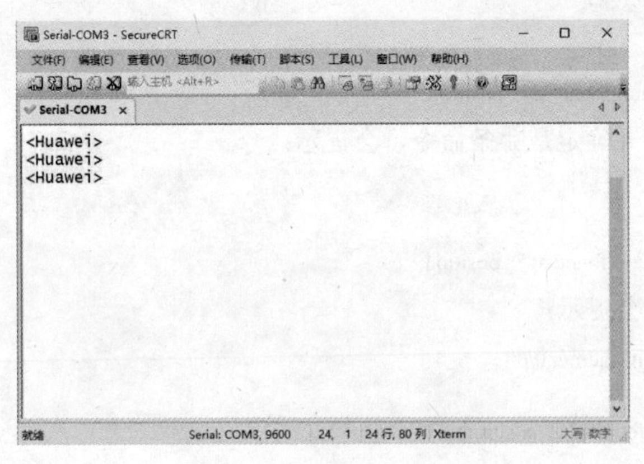

图 4-6　VRP 命令行界面

二、命令行视图

命令行界面分成了若干种命令行视图，使用某个命令行时，需要先进入该命令行所在的视图。常用的命令行视图有用户视图、系统视图和接口视图，三者之间既有联系，又有一定的区别。

如图 4-7 所示，登录华为设备后，先进入用户视图<R1>，提示符“<R1>”中，“< >”表示用户视图，“R1”是设备的主机名。在用户视图下，用户可以了解设备的基础信息、查询设备状态，但不能进行与业务功能相关的配置。如果需要对设备进行业务功能配置，则需要进入系统视图。

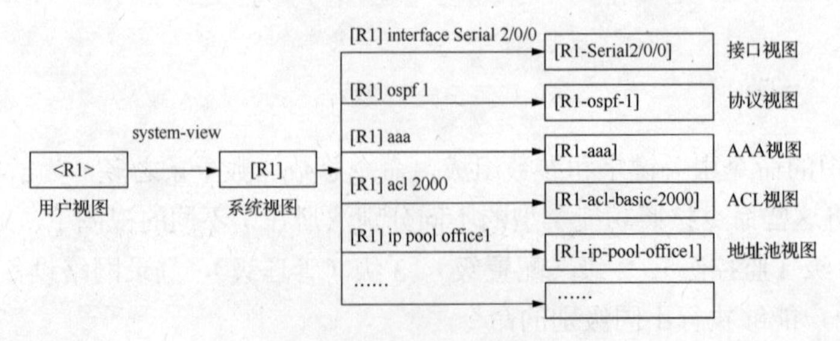

图 4-7　命令行视图

输入“system-view”进入系统视图[R1]，可以配置系统参数，此时的提示符中使用了方括号“[ ]”。系统视图下可以使用绝大部分的基础功能配置命令，在系统视图下可以配置路由器的一些全局参数，比如路由器主机名称等。

在系统视图下可以进入接口视图及协议视图、AAA 视图等。配置接口参数、配置路由协议参数、配置 IP 地址池参数等都要进入相应的视图。进入不同的视图，就能使用该视图下的命令。若希望进入其他视图，则必须先进入系统视图。

输入“quit”可以返回上一级视图。输入“return”可以直接返回用户视图。按“Ctrl+Z”组合键可以返回用户视图。进入不同的视图，提示内容会有相应变化，比如，进入接口视图后，主机名后追加了接口类型和接口编号的信息。在接口视图下，可以完成对相应接口的配置操作，例如配置接口的 IP 地址等，示例代码如下。

```
[R1]interface GigabitEthernet 0/0/0
[R1-GigabitEthernet0/0/0]ip address 192.168.10.111 24
```

VRP 系统对命令和用户进行了分级，每条命令都有相应的级别，每个用户也有自己的权限级别，并且用户权限级别与命令级别具有一定的对应关系。具有一定权限级别的用户登录以后，只能执行等于或低于自己级别的命令。

三、命令行的使用方法

用户进入 VRP 系统后，首先进入的就是用户视图。如果出现如下所示的“<Huawei>”，并有光标在“>”右边闪动，则表明用户已成功进入了用户视图。

```
<Huawei>
```

进入用户视图后，便可以通过命令来了解设备的基础信息、查询设备状态等。如果需要对 GigabitEthernet1/0/0 接口进行配置，则需要先使用 system-view 命令进入系统视图，再使用 interface interface-type interface-number 命令进入相应的接口视图。

```
<Huawei>system-view              -- 进入系统视图
[Huawei]
[Huawei]interface gigabitethernet 1/0/0      --进入接口视图
[Huawei-GigabitEthernet1/0/0]
```

quit 命令的功能是从任何一个视图退出到上一层视图。例如，接口视图是从系统视图进入的，所以系统视图是接口视图的上一层视图。

```
[Huawei-GigabitEthernet1/0/0] quit              --退出到系统视图
[Huawei]
```

如果希望继续退出至用户视图，可再次执行 quit 命令。

```
[Huawei]quit               --退出到用户视图
<Huawei>
```

有些命令视图的层级很深，如果从当前视图退出到用户视图，需要多次执行 quit 命令。使用 return 命令可以直接从当前视图退出到用户视图。

```
[Huawei-GigabitEthernet 1/0/0]return              --退出到用户视图
<Huawei>
```

另外，在任意视图下，使用“Ctrl+Z”组合键，可以达到与使用 return 命令相同的效果。

四、命令行输入

VRP 系统提供了丰富的命令行输入方法，支持多行输入，每条命令最大长度为 510 个字符，命令关键字不区分大小写，同时支持不完整关键字输入。表 4-1 列出了命令行输入过程中常用的一些功能键的功能。

表 4-1　功能键的功能

功能键	功能
退格键 Backspace	删除光标位置的前一个字符，光标左移，若已经到达命令起始位置，则停止
左光标键←或“Ctrl+B”	光标向左移动一个字符位置，若已经到达命令起始位置，则停止
右光标键→或“Ctrl+F”	光标向右移动一个字符位置，若已经到达命令尾部，则停止
删除键 Delete	删除光标所在位置的一个字符，光标位置保持不动，光标后方字符向左移动一个字符位置，若已经到达命令尾部，则停止
上光标键↑或“Ctrl+P”	显示上一条历史命令。如果需显示更早的历史命令，可以重复使用该功能键
下光标键↓或“Ctrl+N”	显示下一条历史命令，可重复使用该功能键

为了提高命令行输入的效率和准确性，VRP 系统支持不完整关键字输入功能，即在当前视图下，当输入的字符能够匹配唯一的关键字时，可以不必输入完整的关键字。例如，当需要输入命令“display current-configuration”时，可以通过输入“d cu”“di cu”或“dis cu”来实现，但不能输入“d c”或“dis c”等，因为系统内有多条以“d c”“dis c”开头的命令，如“display cpu-defend”“display clock”“display current-configuration”。

五、在线帮助

在线帮助是 VRP 系统提供的一种实时帮助功能。在命令行输入过程中，用户可以随时输入“?”以获得在线帮助信息。命令行在线帮助可分为完全帮助和部分帮助两种。

假如我们希望查看设备的当前配置情况，但在进入用户视图后不知道下一步该如何操作，这时就可以输入“？”，得到如下的回显帮助信息。

```
<Huawei>?
User view commands:
  arp-ping                ARP-ping
  autosave                <Group> autosave command group
  backup                  Backup   information
  ……
  dialer                  Dialer
  dir                     List files on a filesystem
  display                 Display information
  factory-configuration   Factory configuration
---- More ----
```

从显示的关键字中可以看到“display”，对此关键字的解释为“Display information”。我们自然会想到，要查看设备的当前配置情况，很可能会用到“display”这个关键字。于是，按任意字母键退出帮助后，输入“display”和空格，再输入问号“?”，得到如下的回显帮助信息。

```
<Huawei>display ?
  Cellular                   Cellular interface
  aaa                        AAA
  access-user                User access
  accounting-scheme          Accounting scheme
……
  cpu-usage                  Cpu usage information
  current-configuration      Current configuration
  cwmp                       CPE WAN Management Protocol
---- More ----
```

从回显信息中，我们发现了“current-configuration”。通过简单分析和推理，我们便知道，要查看设备的当前配置情况，应该输入的命令是“display current-configuration”。

通常情况下，我们不会完全不知道需要输入的整个命令行，而是知道命令行关键字的部分字母。假如我们希望输入“display current-configuration”命令，但不记得完整的命令格式，只记得关键字 display 的开头字母为“dis”，current-configuration 的开头字母为“c”。此时，我们就可以利用部分帮助功能来确定完整的命令。

输入“dis”后，再输入问号“?”。

```
<Huawei>dis?
display Display information
```

回显信息表明，以“dis”开头的关键字只有 display，基于不完整关键字输入原则，用“dis”就可以唯一确定关键字 display。所以，在输入“dis”后可以直接输入空格，然后输入“c”，最后输入“?”，以获取下一个关键字的帮助信息。

```
<Huawei>dis c?
  <0-0>                      Slot number
  Cellular                   Cellular interface
  calibrate                  Global calibrate
  capwap                     CAPWAP
  channel                    Informational channel status and configuration
                             information
  clock                      Clock status and configuration information
  config                     System config
  controller                 Specify controller
  cpos                       CPOS controller
  cpu-defend                 Configure CPU defend policy
  cpu-usage                  Cpu usage information
  current-configuration      Current configuration
  cwmp                       CPE WAN Management Protocol
```

回显信息表明，关键字 display 后，以“c”开头的关键字只有为数不多的十几个，从中很容易找到“current-configuration”。至此，我们便可利用“dis”和“c”这样的记忆片段来获得完整的命令“display current-configuration”。

六、快捷键

快捷键的使用可以进一步提高命令行的输入效率。VRP 系统已经定义了一些快捷键，称为系统快捷键。系统快捷键功能固定，用户不能再重新定义。常见的 VRP 系统快捷（组合）键及其功能见表 4-2。

表 4-2　常见的 VRP 系统快捷（组合）键及其功能

快捷（组合）键	功能
Ctrl+A	将光标移动到当前行的开始
Ctrl+E	将光标移动到当前行的末尾
ESC+N	将光标向下移动一行
ESC+P	将光标向上移动一行
Ctrl+C	停止当前正在执行的功能
Ctrl+Z	返回到用户视图，功能相当于 return 命令
Tab	部分帮助的功能，输入不完整的关键字后按“Tab”键，系统自动补全关键字

VRP 系统还允许用户自定义一些快捷键，但自定义快捷键可能会与某些操作命令发生混淆，所以一般情况下最好不要自定义快捷键。

七、使用 undo 命令行

在命令前添加 undo 关键字，即为 undo 命令行。undo 命令行一般用来恢复默认情况、禁用某个功能或删除某项配置。以下为参考案例。

使用 undo 命令恢复默认情况。

```
<Huawei>system-view
[Huawei]sysname Server
[Server]undo sysname
[Huawei]
```

使用 undo 命令禁用某个功能。

```
<Huawei>system-view
[Huawei]ftp server enable
[Huawei]undo ftp server
```

使用 undo 命令删除某项设置。

```
[Huawei]interface g0/0/1
[Huawei-GigabitEthernet0/0/1]ip address 192.168.1.1 24
[Huawei-GigabitEthernet0/0/1]undo ip address
```

4.3　用户权力级别

典型 HCIA 试题

1. 管理员通过 Telnet 成功登录路由器后，发现无法配置路由器的接口 IP 地址。那么可能的原因是？【单选题】

A. Telnet 用户的认证方式配置错误

B. 管理员使用的 Telnet 终端软件禁止相应操作

C. Telnet 用户的级别配置错误

D. SNMP 参数配置错误

2．配置如下所示，用户权限等级被设置为3级。【判断题】

[Huawei]user-interface vty 0 14

[Huawei-ui-vty0-14]ac1 2000 inbound

[Huawei-ui-vty0-14]user privilege level 3

[Huawei-ui-vty0-14]authentication-mode password

Please configure the login password (maximum length huawei vty)

A．对　　　　B．错

3．VRP操作系统命令划分为访问级、监控级、配置级、管理级4个级别。能运行各种业务配置命令，但不能操作文件系统的是哪一级？【单选题】

A．访问级　　　　B．监控级　　　　C．配置级　　　　D．管理级

4．<Huawei> system-view

[Huawei]command-privilege level 3 view user save

关于上面的配置命令，说法正确的是？【单选题】

A．修改用户视图命令的权限等级为 3，并且保存配置

B．修改用户的权限等级为 3，并且保存配置

C．修改某一用户使用的save 命令的权限等级为 3

D．修改用户视图下的save 命令的权限等级为 3

试题解析

1．通过Telnet成功登录路由器后，发现无法配置路由器的接口 IP 地址，是因为Telnet用户的级别太低。答案为C。

2．[Huawei-ui-vty0-14]user privilege level 3 命令可以设置Telnet登录的用户默认级别。答案为A。

3．VRP操作系统命令划分为访问级、监控级、配置级、管理级4个级别，能运行各种业务配置命令，但不能操作文件系统的是配置级。答案为C。

4．将user视图下的save命令的运行级别设置为3使用command-privilege level 3 view uscr save。答案为D。

关联知识精讲

一、命令级别

VRP命令级别分为0～3级：0级（访问级）、1级（监控级）、2级（配置级）、3级（管理级）。网络诊断类命令属于访问级命令，用于测试网络是否连通等。监控级命令用于查看网络状态和设备基本信息。对设备进行业务配置时，需要用到配置级命令。对于一些特殊的功能，如上传或下载配置文件，则需要用到管理级命令。

二、用户权限级别

用户权限分为0～15共16个级别。默认情况下，3级用户就可以操作VRP系统的所有命令，也就是说4～15级的用户权限在默认情况下是与3级用户权限一致的。4～15级的用户权限一般与提升命令级别的功能一起使用，例如当设备管理员较多时，需要在管理员中再进行权限细分，这时

可以将某条关键命令所对应的用户级别提高，如提高到 15 级，这样一来，缺省的 3 级管理员便不能再使用该关键命令。用户权限级别与命令级别的对应关系见表 4-3。

表 4-3　用户权限级别与命令级别的对应关系

用户权限级别	命令级别	说明
0	0	网络诊断类命令（ping、tracert）、从本设备访问其他设备的命令（telnet）等
1	0、1	系统维护命令，包括 display 等。但并不是所有的 display 命令都是监控级的，例如，display current-configuration 和 display saved-configuration 都是管理级命令
2	0、1、2	业务配置命令，包括路由、各个网络层次的命令等
3～15	0、1、2、3	涉及系统基本运行的命令，如文件系统、FTP 下载、配置文件切换命令、用户管理命令、命令级别设置命令、系统内部参数设置命令等，还包括故障诊断的 debugging 命令

三、更改命令的级别

在没有专业人员指导下建议用户不要修改命令的缺省级别，以免造成操作和维护上的不便，甚至给设备带来安全隐患。

command-privilege level *level* view *view-name command-key*。

其中，*level* 级别的取值为 0～15，*view-name* 是指哪个视图下的命令，视图命令和视图名称的对应关系见表 4-4。

表 4-4　视图命令和视图名称的对应关系

视图命令	视图名称
system	系统视图
aaa	AAA 视图
interface Eth-Trunk 0	Eth-Trunk0 接口视图
interface GigabitEthernet 0/0/1	GE 0/0/1 接口视图
interface LoopBack 0	LoopBack 0 接口视图
interface Vlanif 1	Vlanif 1 接口视图

以下将 save 命令的级别设置为 0。这就意味着访问级的用户就可以保存配置。建议不要轻易更改命令的级别。

```
<HUAWEI> system-view
[HUAWEI] command-privilege level 1 view user save
```

以下设置将 system-view 命令的级别设置为 0。访问级别用户就可以进入系统视图。

```
[Huawei]command-privilege level 0 view user system-view
```

以下设置将 interface 命令的级别设置为 0。访问级别用户就可以进入接口视图，查看接口配置。

```
[Huawei]command-privilege level 0 view system interface
```

以下设置将 ip address 命令的级别设置为 0，访问级别的用户就可以进入 gigabitethernet 接口配置 IP 地址。

```
[Huawei]command-privilege level 0 view gigabitethernet ip address
```

注意：如果直接将 ip address 的命令设置为 0，访问级别的用户没有进入系统视图的权力，也没办法执行该命令。

以下设置将所有视图下的 ping 命令运行级别设置为 3，访问级别的用户就没法使用该命令。cli_8f 代表所有视图下的 ping 命令。

```
[Huawei]command-privilege level 3 view cli_8f ping
  The command level is modified successfully
```

有部分命令不支持修改命令级别，包括以下命令：

```
enable log [ config | state | error | snmp-trap ]
config lock
config unlock interval time
diagnose
quit
return
cls
```

4.4 登录网络设备

典型 HCIA 试题

1. VRP 不支持哪种方式对路由器进行配置？【单选题】
   A. 通过 mini USB 口对路由器进行配置
   B. 通过 FTP 对路由器进行配置
   C. 通过 Console 口对路由器进行配置
   D. 通过 Telnet 对路由器进行配置
2. 通过 Console 配置路由器时，终端仿真程序的正确设置是？【单选题】
   A. 9600b/s、8 位数据位、1 位停止位、偶校验和硬件流控
   B. 19200b/s、8 位数据位、1 位停止位、无校验和无流控
   C. 4800b/s、8 位数据位、1 位停止位、奇校验和无流控
   D. 9600b/s、8 位数据位、1 位停止位、无校验和无流控
3. <Huawei>system-view
   [Huawei]user-interface console 0
   [Huawei-ui-console0]history-command max-size 20

关于上面的配置，说法正确的是？【单选题】
   A. history-command max-size 20 是希望调整历史命令缓存的大小为 20 条
   B. 历史命令缓存的默认大小是 5 条
   C. 历史命令缓存的默认大小是 5 字节
   D. 上述配置完成后，历史命令缓存可以保存 20 个字节的命令

4．VRP 支持通过哪几种方式对路由器进行配置？【多选题】

A．通过 Telnet 对路由器进行配置

B．通过 FTP 对路由器进行配置

C．通过 mini USB 口对路由器进行配置

D．通过 Console 口对路由器进行配置

5．某公司网络管理员希望能够远程管理分支机构的网络设备，则下列哪个协议会被用到？【单选题】

A．VLSM　　B．Telnet　　C．RSTP　　D．CIDR

6．以下哪种远程登录方式最安全？【单选题】

A．Telnet　　B．Stelnet v100　　C．Stelnet v2　　D．Stelnet v1

7．VTY 用户界面的“maximum-vty”命令可以配置多个用户同时通过 Telnet 登录设备。【判断题】

A．对　　B．错

8．如果在路由器上执行命令：user-interface maximum-vty 0，下列说法正确的是？【单选题】

A．最多支持 4 个用户同时通过 VTY 方式访问

B．最多支持 15 个用户同时通过 VTY 方式访问

C．任何用户都不能通过 Telnet 或者 SSH 登录到路由器

D．最多支持 5 个用户同时通过 VTY 方式访问

9．VRP 中的登录超时功能只能在 VTY 接口下设置。【判断题】

A．正确　　B．错误

10．VTY 用户界面的最大个数决定了多少个用户可以同时通过 Telnet 或 Stelnet 登录设备。【判断题】

A．对　　B．错

11．华为设备可以使用 Telnet 协议进行管理，关于该管理功能，以下哪个说法是正确的？【单选题】

A．Telnet 默认使用的端口号为 22，不可以修改

B．Telnet 必须开启 VTY 接口，且最大为 15

C．Telnet 不支持基于用户名和密码的认证

D．Telnet 不支持部署 ACL 来增加安全性

12．用 Telnet 方式登录路由器时，可以选择哪几种认证方式？【多选题】

A．Password 认证　　B．AAA 本地认证

C．不认证　　D．MD5 密文认证

13．目前，公司有一个网络管理员，公司网络中的 AR2200 通过 Telnet 直接输入密码后就可以实现远程管理。新来了两个网络管理员后，公司希望给所有的管理员分配各自的用户名与密码，以及不同的权限等级。那么应该如何操作？【多选题】

A．在配置每个管理员的账户时，需要配置不同的权限级别

B．Telnet 配置的用户认证模式必须选择 AAA 模式

C．在 AAA 视图下配置三个用户名和各自对应的密码

D．每个管理员在运行 Telnet 命令时，使用设备的不同公网 IP 地址

14．某管理员无法通过 Telnet 登录 AR2200 路由器，但是其他管理员可以正常登录，那么下列哪些项是可能的原因？【多选题】

A．该管理员用户账户已经被删除

B．该管理员用户账户已经被禁用

C．该管理员用户账户的权限级别已经被修改为 0

D．AR2200 路由器的 Telnet 服务已经被禁用

试题解析

1．VRP 可以通过 mini USB 口、Console 口、Telnet、Web 界面进行配置。可以从 FTP 下载上传配置文件，但不能通过 FTP 配置。答案为 B。

2．通过 Console 配置路由器时，终端仿真程序的正确设置是 9600b/s、8 位数据位、1 位停止位、无校验和无流控。答案为 D。

3．使用 history-command max-size 20 设置历史命令缓存大小，默认是 10。答案为 A。

4．VRP 可以通过 mini USB 口、Console 口、Telnet、Web 界面进行配置。答案为 ACD。

5．远程管理网络设备，使用 Telnet。答案为 B。

6．Stelnet 版本为 Version2。答案为 C。

7．VTY 用户界面的“maximum-vty”命令可以配置多个用户同时通过 Telnet 登录设备。答案为 A。

8．执行命令 user-interface maximum-vty 0，任何用户都不能通过 Telnet 或者 SSH 登录到路由器。答案为 C。

9．VRP 中的登录超时功能能在 VTY 接口下设置，也可以在 Console 接口下设置。答案为 B。如果说登录超时只能在 VTY 视图下进行设置，该题答案为 A。

10．VTY 用户界面的最大个数决定了多少个用户可以同时通过 Telnet 或 Stelnet 登录设备。通过 Telnet 或 Stelnet 登录设备都占用一个 VTY 接口。答案为 A。

11．Telnet 默认使用 23 端口，可以使用命令修改端口，Telnet 必须开启 VTY 接口，最大为 15。支持基于用户名和密码的认证，支持 ACL 来增强安全性。答案为 B。

```
[Huawei]telnet server port ?
  INTEGER<23,1025-51200>   Set the port number, the default value is 23
[Huawei]telnet server port 1025
  After the command is executed, logging in to the port through telnet fails,
all the telnet users exit, and a new port is created. If you need to set the port
through telnet again, wait for at least two minutes and then set the port again.
 Are you sure to continue?(y/n)[n]:y。
```

在 Windows 系统 Telnet 登录路由器，后面要指明端口号。

```
C:\Users\dell>telnet 192.168.80.111 1025
```

12．使用 Telnet 登录时，可选择 Password 或 AAA 本地认证。答案为 AB。

13．要区分不同的 Telnet 用户就需要验证用户名和密码，为不同的用户设置不同的权限级别。答案为 ABC。

14．其他管理员可以正常登录，说明 VTY 服务是启用的，该用户的权限级别是 0 也可以 Telnet 登录。账户被禁用或被删除都会造成登录失败。答案为 AB。

关联知识精讲

配置华为网络设备可以用 Console（控制）口、Telnet（远程登录系统）、SSH（Secure Shell）和 Web 方式。本节介绍配置用户界面和登录设备的各种方式。

一、配置用户界面

用户在与设备进行信息交互的过程中，不同的用户拥有不同的用户界面。使用 Console 口登录设备的用户，其用户界面对应了设备的物理 Console 接口。使用 Telnet 登录设备的用户，其用户界面对应了设备的虚拟类型终端（Virtual Type Terminal，VTY）接口。不同的设备支持的 VTY 接口的总数可能不同。

如果希望对不同的用户进行登录控制，则需要先进入对应的用户界面视图进行相应的配置（如规定用户权限级别、设置用户名和密码等）。例如，假设规定通过 Console 口登录的用户的权限级别为 3 级，则相应的操作如下。

```
<Huawei>system-view
[Huawei]user-interface console 0                    --进入 Console 口用户界面视图
```

如果有多个用户登录设备，比如两个管理员同时使用 Telnet 配置同一个网络设备，每个用户都会有自己的用户界面，那么设备如何识别这些不同的用户界面呢？下面将围绕这一问题展开介绍。

用户登录设备时，系统会根据该用户的登录方式，自动分配一个当前空闲且编号最小的相应类型的用户界面给该用户。用户界面的编号有两种，即相对编号和绝对编号。

相对编号的形式：用户界面类型+序号。一般地，一台设备只有 1 个 Console 口（插卡式设备可能有多个 Console 口，每个主控板提供 1 个 Console 口），VTY 类型的用户界面一般有 15 个（默认情况下，开启了其中的 5 个）。所以，相对编号的具体呈现形式如下。

-Console 口的编号：CON 0。

-VTY 的编号：第一个为 VTY 0，第二个为 VTY 1，以此类推。

绝对编号仅仅是一个数值，用来唯一标识一个用户界面。绝对编号与相对编号具有一一对应的关系：Console 用户界面的相对编号为 CON 0，对应的绝对编号为 0；VTY 用户界面的相对编号为 VTY 0～VTY 14，对应的绝对编号为 129～143。

使用 display user-interface 命令可以查看设备当前支持的用户界面信息。如下所示，可以看到 CON 0 有一个用户连接，权限级别为 3，有一个用户通过虚拟接口连接 VTY 0，权限级别为 2，Auth 表示身份验证模式，P 代表 password（只需要输入密码），A 代表 AAA 验证（需要输入用户名和密码）。

```
<Huawei>display user-interface
  Idx    Type     Tx/Rx    Modem   Privi   ActualPrivi   Auth   Int
+ 0      CON 0    9600     -       15      15            P      -
+ 129    VTY 0             -       2       2             A      -
  130    VTY 1             -       2       -             A      -
  131    VTY 2             -       2       -             A      -
  132    VTY 3             -       0       -             P      -
  133    VTY 4             -       0       -             P      -
  145    VTY 16            -       0       -             P      -
  146    VTY 17            -       0       -             P      -
  147    VTY 18            -       0       -             P      -
```

```
148  VTY 19          -      0      -      P   -
149  VTY 20          -      0      -      P   -
150  Web 0    9600   -      15     -      A   -
151  Web 1    9600   -      15     -      A   -
152  Web 2    9600   -      15     -      A   -
153  Web 3    9600   -      15     -      A   -
154  Web 4    9600   -      15     -      A   -
155  XML 0    9600   -      0      -      A   -
156  XML 1    9600   -      0      -      A   -
157  XML 2    9600   -      0      -      A   -
UI(s) not in async mode -or- with no hardware support:
1-128
  +     : Current UI is active.
  F     : Current UI is active and work in async mode.
  Idx   : Absolute index of UIs.
  Type : Type and relative index of UIs.
  Privi: The privilege of UIs.
  ActualPrivi: The actual privilege of user-interface.
  Auth : The authentication mode of UIs.
        A: Authenticate use AAA.
        N: Current UI need not authentication.
        P: Authenticate use current UI's password.
  Int   : The physical location of UIs.
```

回显信息中，第一列 Idx 表示绝对编号，第二列 Type 表示相对编号。

二、用户验证

每个用户登录设备时都会有一个用户界面与之对应。那么，如何做到只有合法用户才能登录设备呢？答案是通过用户验证机制。设备支持的用户验证方式有 3 种：Password 验证、AAA 验证和 None 验证。

- Password 验证。

Password 验证只须输入密码，密码验证通过后，即可登录设备。默认情况下，设备使用的是 Password 验证方式。使用该方式时，如果没有配置密码，则无法登录设备。

- AAA 验证。

AAA 验证需要输入用户名和密码，只有输入正确的用户名和共对应的密码时，才能登录设备。由于需要同时验证用户名和密码，所以 AAA 验证方式的安全性比 Password 验证方式高，并且该方式可以区分不同的用户，不同的用户可以设置不同的权限级别，用户之间互不干扰。所以，使用 Telnet 登录时，一般采用 AAA 验证方式。

- None 验证。

None 验证不需要输入用户名和密码，可直接登录设备，即无须进行任何验证。为安全起见，不推荐使用这种验证方式。

用户验证机制保证了用户登录的合法性。默认情况下，通过 Telnet 登录的用户，登录后的权限级别是 0 级。

三、通过 Console 口登录设备

下面配置 Console 用户界面，使用 Password 验证方式，并设置登录密码。

在路由器初次配置时，可使用 Console 线缆来连接交换机（或路由器）的 Console 口与计算机的串行通信端口（Cluster Communication Port，COM），这样就可以实现本地调试和维护。Console 口是一种符合 RS232 串口标准的 RJ45 接口。目前大多数台式计算机提供的 COM 口都可以与 Console 口连接，如图 4-8 所示。笔记本电脑一般不提供 COM 口，需要使用 USB 到 RS232 的转换接口。

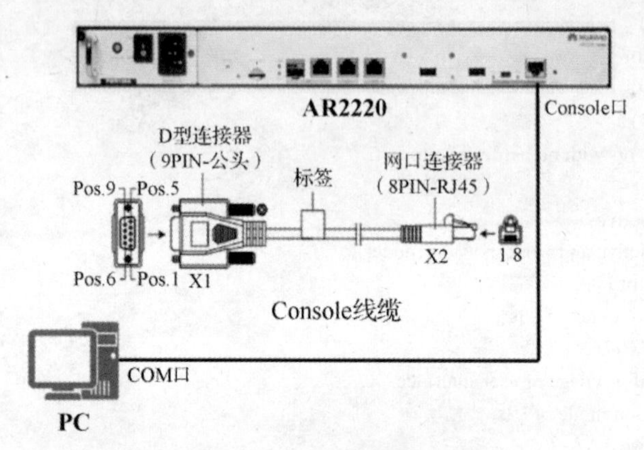

图 4-8　配置路由器

打开计算机管理，如图 4-9 所示，单击“设备管理器”，安装驱动后，可以看到 USB 接口充当了 COM3 接口。

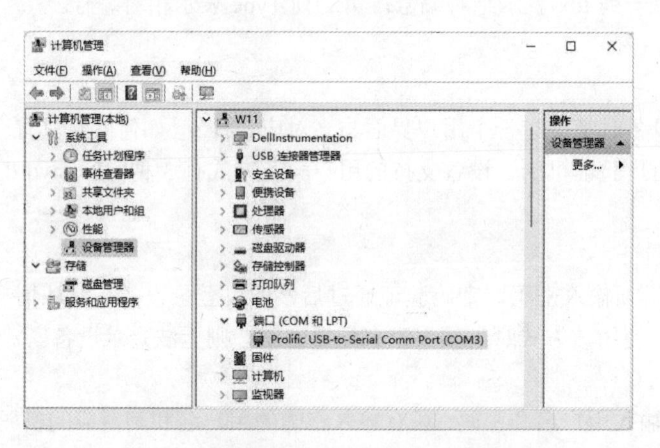

图 4-9　查看 USB 接口充当的 COM3 口

在 Windows 上安装 SecureCRT［SecureCRT 是一款支持 SSH（SSH1 和 SSH2）的终端仿真程序，简单地说，是在 Windows 下登录 UNIX、Linux 服务器主机及华为网络设备的软件］。打开 SecureCRT 软件，如图 4-10 所示，SecureCRT 协议选“Serial”，单击“下一步”按钮。在出现的端口选择界面，如图 4-11 所示，根据 USB 设备模拟出的端口，在这里选择“COM3”，其他设置参照图 4-11 所示进行，然后单击“下一步”按钮。

Console 用户界面对应于从 Console 口直连登录的用户，一般采用 Password 验证方式。通过 Console 口登录的用户一般为网络管理员，需要最高级别的用户权限。

（1）进入 Console 用户界面。进入 Console 用户界面使用的命令为 user-interface console *interface-number*，表示 Console 用户界面的相对编号，取值为 0。

```
[Huawei]user-interface console 0
```

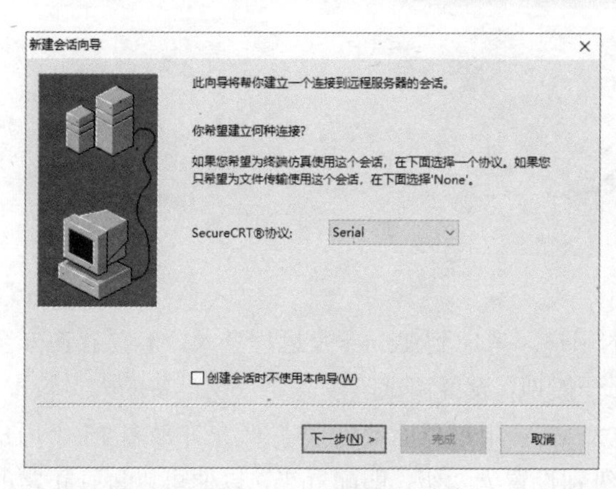

图 4-10 选择协议

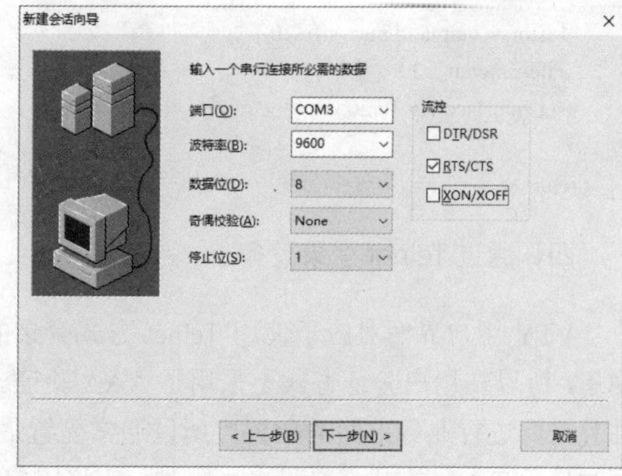

图 4-11 选择“COM3”端口

（2）配置用户界面。在 Console 用户界面视图下配置验证方式为 Password 验证，并设置密码为 huawei，且密码以密文形式保存在配置文件中。

配置用户界面的用户验证方式的命令为 authentication-mode {aaa l password}。

```
[Huawei-ui-console0]authentication-mode ?
  aaa         AAA authentication
  password    Authentication through the password of a user terminal interface
[Huawei-ui-console0]authentication-mode password
Please configure the login password (maximum length 16):huawei
```

如果打算重设密码，可以输入以下命令，将密码设置为 huawei.com，关键字 cipher 表示配置的密码将以密文形式保存在配置文件中。设置 Console 口登录用户的权限级别为 3，设置历史命令缓冲区，默认 10 条，配置超时时间 1 分 30 秒，默认 10 分钟。

```
[Huawei-ui-console0]set authentication password cipher huawei.com
[Huawei-ui-console0]user privilege level 3
[Huawei-ui-console0]history-command max-size 20
[Huawei-ui-console0]idle-timeout 1 30
```

配置完成后，配置信息会保存在设备的内存中，使用命令 display current-configuration 即可进行查看。如果不进行存盘保存，则这些信息在设备通电或重启时将会丢失。

输入“display current-configuration section user-interface”，将显示当前配置中 user-interface 的设置。如果只输入“display current-configuration”，将显示全部设置。

```
<Huawei>display current-configuration section user-interface
[V200R003C00]
#
user-interface maximum-vty 4
user-interface con 0
 authentication-mode password
 history-command max-size 20
 idle-timeout 10 10
user-interface vty 0 3
 authentication-mode password
 user privilege level 3
 set authentication password cipher %$%$s49^1HjV{$K!6h&Xh$I8,&ai0YX<.zYV5Zs[nq*P
D{17&al,%$%$
```

```
 history-command max-size 20
 idle-timeout 1 30
user-interface vty 16 20
#
return
```

四、通过 Telnet 登录设备

VTY 用户界面对应于使用 Telnet 方式登录的用户。考虑到 Telnet 是远程登录，容易存在安全隐患，所以在用户验证方式上采用了 AAA 验证。一般地，设备调试阶段需要登录设备的人员较多，并且需要进行业务方面的配置，所以通常配置最大 VTY 用户界面数为 15，即允许最多 15 个用户同时使用 Telnet 方式登录设备。同时，应将用户级别设置为 2 级，即配置级，以便可以进行正常的业务配置。下面配置 VTY 界面数量，设置 VTY 用户界面的用户级别为 2 级，身份验证方式为 AAA。

（1）配置最大 VTY 用户界面数为 15。

配置最大 VTY 用户界面数使用的命令是 user-interface maximum-vty *number*。如果希望配置最大 VTY 用户界面数为 15，则 number 的取值应为 15。

```
[Huawei]user-interface maximum-vty 15
```

（2）进入 VTY 用户界面视图。使用 user-interface vty *first-ui-number* [*last-ui-number*]命令进入 VTY 用户界面视图，其中 *first-ui-number* 和 *last-ui-number* 为 VTY 用户界面的相对编号，方括号“[ ]”表示该参数为可选参数。假设现在需要对 15 个 VTY 用户界面进行整体配置，则 *first-ui-number* 的取值应为 0，*last-ui-number* 的取值应为 14。


```
[Huawei]user-interface vty 0 14
```

进入了 VTY 用户界面视图。

```
[Huawei-ui-vty0-14]
```

（3）配置 VTY 用户界面的用户级别为 2 级。配置用户级别的命令为 user privilege level *level*。因为现在需要配置用户级别为 2 级，所以 *level* 的取值为 2。

```
[Huawei-ui-vty0-14]user privilege level 2
```

（4）配置 VTY 用户界面的用户验证方式为 AAA。配置用户验证方式的命令为 authentication-mode {aaa l password}，其中大括号“{ }”表示其中的参数可任选其一。

```
[Huawei-ui-vty0-14]authentication-mode aaa
```

（5）配置 AAA 验证方式的用户名和密码。

首先退出 VTY 用户界面视图，执行命令 aaa，进入 AAA 视图。再执行命令 local-user *user-name* password cipher *password*，配置用户名和密码。*user-name* 表示用户名，*password* 表示密码，关键字 cipher 表示配置的密码将以密文形式保存在配置文件中。最后，执行命令 local-user *user-name* service-type telnet，定义这些用户的接入类型为 Telnet。

```
[Huawei-ui-vty0-14]quit
[Huawei]aaa
[Huawei-aaa]local-user admin password cipher admin@123
[Huawei-aaa]local-user admin service-type telnet
[Huawei-aaa]quit
```

配置完成后，当用户通过 Telnet 方式登录设备时，设备会自动分配一个编号最小的可用 VTY

用户界面给用户使用，进入命令行界面之前需要输入上面配置的用户名（admin）和密码（admin@123）。

Telnet 协议是 TCP/IP 协议栈中应用层协议的一员。Telnet 的工作方式为“服务器/客户端”方式，它提供了从一台设备（Telnet 客户端）远程登录到另一台设备（Telnet 服务器）的方法。Telnet 服务器与 Telnet 客户端之间需要建立 TCP 连接，Telnet 服务器的默认端口号为 23。

VRP 系统既支持 Telnet 服务器功能，又支持 Telnet 客户端功能。利用 VRP 系统，用户还可以先登录某台设备，然后将这台设备作为 Telnet 客户端，再通过 Telnet 方式远程登录到网络上的其他设备，从而可以更为灵活地实现对网络的维护操作。如图 4-12 所示，路由器 R1 既是 PC 的 Telnet 服务器，又是路由器 R2 的 Telnet 客户端。

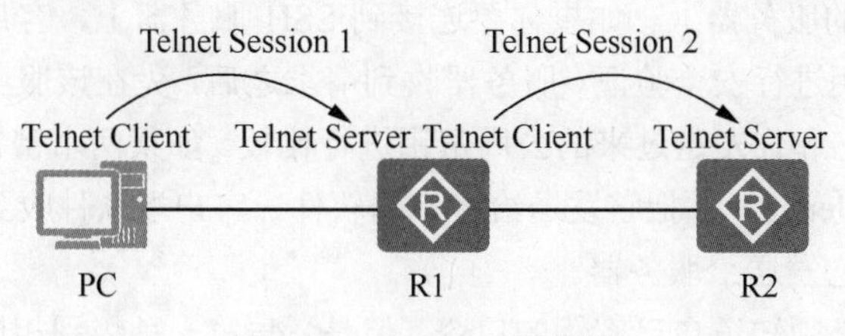

图 4-12　Telnet 二级连接

在 Windows 系统中，打开命令行工具，确保 Windows 系统和路由器的网络畅通，输入“telnet *ip-address*”，再输入账户和密码，就能远程登录路由器进行配置。如图 4-13 所示，telnet 192.168.10.111 输入账户和密码登录<Huawei>成功，接着 telnet 172.16.1.2 输入密码登录<R2>路由器成功，退出 Telnet，输入“quit”。

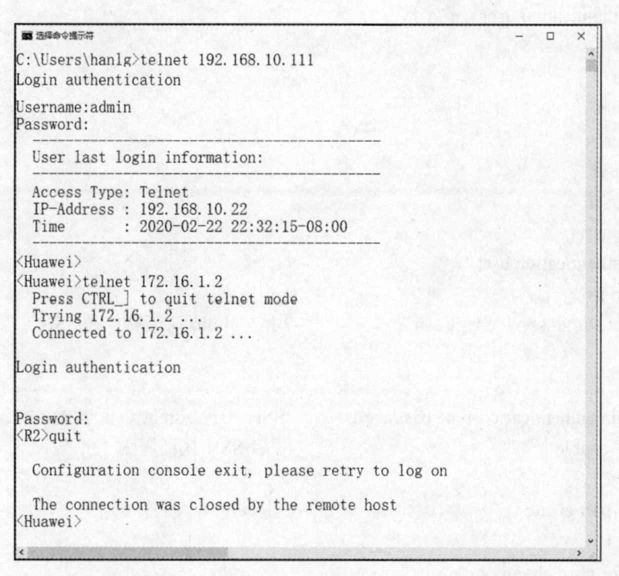

图 4-13　在 Windows 上使用 Telnet 登录路由器

五、通过 SSH 登录设备

SSH 是 Secure Shell 的缩写，由国际互联网工程任务组（The Internet Engineering Task Force，IETF）的网络小组制定。SSH 是专为远程登录会话提供安全性的协议。利用 SSH 协议可以有效防止远程管理过程中的信息泄露问题。在华为的网络设备上“SSH”的另一种叫法是 SSH Telnet，简称 Stelnet。

使用 Telnet 登录路由器，账户和密码在网上是明文传输，不安全。使用 SSH 通过网络登录路由器比 Telnet 更安全。

从客户端来看，SSH 提供两种级别的安全验证。

第一种级别是基于口令的安全验证。只要你知道自己的账户和密码，就可以登录远程主机。所有传输的数据都会被加密，但是不能保证你正在连接的服务器就是你想连接的服务器。可能会有别的服务器在冒充真正的服务器，也就是受到“中间人”这种方式的攻击。

第二种级别是基于密钥的安全验证。需要依靠密钥，也就是你必须为自己创建一对密钥，并把公用密钥放在需要访问的服务器上。如果你要连接到 SSH 服务器上，客户端软件就会向服务器发出请求，请求用你的密钥进行安全验证。服务器收到请求之后，先在该服务器的你的主目录下寻找你的公用密钥，然后把它和你发送过来的公用密钥进行比较。如果两个密钥一致，服务器就用公用密钥加密“质询”（Challenge）并把它发送给客户端软件。客户端软件收到“质询”之后就可以用你的私人密钥解密再把它发送给服务器。

用这种方式，用户必须知道自己密钥的口令。但是，与第一种级别相比，第二种级别不需要在网络上传送口令。

下面的操作将把上面创建的 admin 用户的登录类型更改为 SSH，设置 SSH 用户 admin 的认证模式为密码认证，开启路由器的 SSH 认证服务，生成本地认证密钥，配置 VTY 使用 SSH 协议。


```
[Huawei-aaa]local-user admin service-type ?
  8021x       802.1x user
  bind        Bind authentication user
  ftp         FTP user
  http        Http user
  ppp         PPP user
  ssh         SSH user
  sslvpn      Sslvpn user
  telnet      Telnet    user
  terminal    Terminal user
  web         Web authentication user
  x25-pad     X25-pad user
[Huawei-aaa]local-user admin service-type ssh            --用户 admin 认证默认是 SSH
[Huawei-aaa]quit

[Huawei]ssh user admin authentication-type password      -- SSH 用户 admin 认证模式是密码认证
[Huawei]stelnet server enable                            --开启 SSH 认证服务

[Huawei]rsa local-key-pair create                        -- 生成本地认证密钥
The key name will be: Host
% RSA keys defined for Host already exist.
Confirm to replace them? (y/n)[n]:y
The range of public key size is (512 ～ 2048).
NOTES: If the key modulus is greater than 512,
        It will take a few minutes.
Input the bits in the modulus[default = 512]:
Generating keys...
.........
```

```
.....
.........
.......

[Huawei]user-interface vty 0 14
[Huawei-ui-vty0-14]authentication-mode aaa          --设置虚拟终端认证模式为 AAA
[Huawei-ui-vty0-14]protocol inbound ssh             --开启 SSH
[Huawei-ui-vty0-14]quit
```

打开 SecureCRT，创建新的连接，如图 4-14 所示，选择连接使用的协议为 SSH2，单击“下一步”按钮。如图 4-15 所示，输入路由器的地址、端口和账户名称，单击“下一步”按钮。

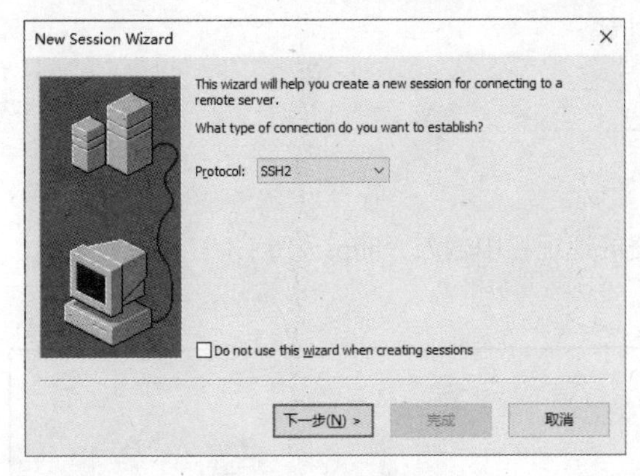

图 4-14　选择协议

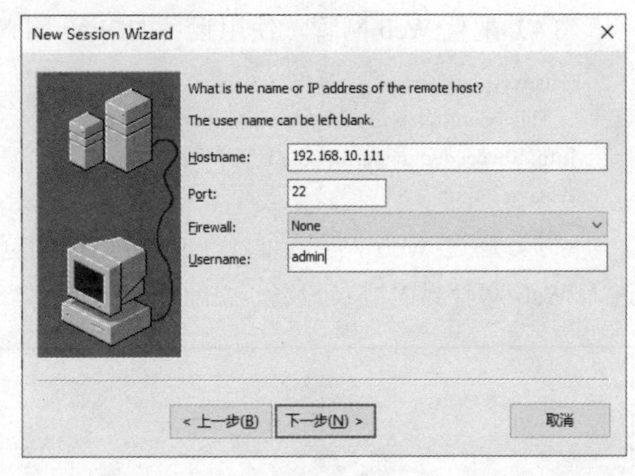

图 4-15　输入路由器的地址、端口和账户名称

当单击创建的连接时，会出现对话框，如图 4-16 所示，输入账户的密码，单击 OK 按钮。登录成功后进入用户视图，如图 4-17 所示。

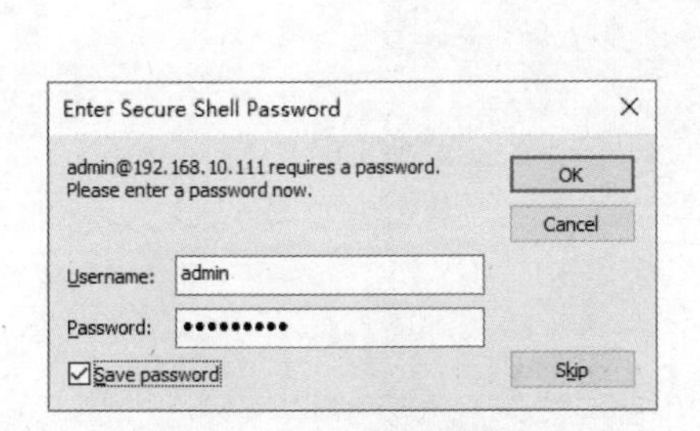

图 4-16　输入账户的密码

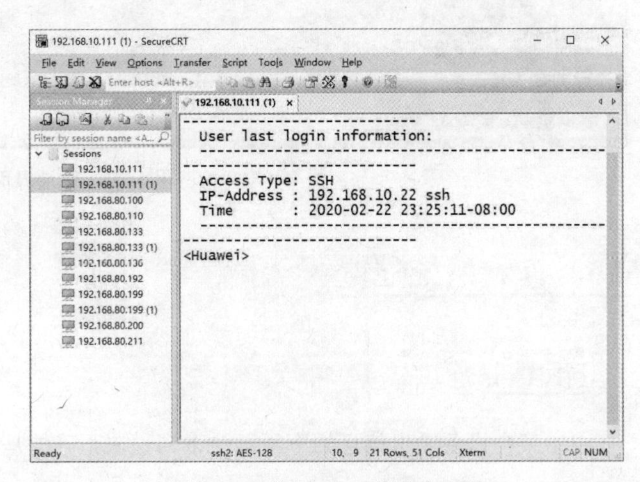

图 4-17　使用 SSH 登录路由器

六、通过 Web 登录设备

部分华为网络设备还可以通过 Web 进行登录，配置 Web 登录步骤如下。

（1）通过 Console 口登录设备。

（2）配置设备的管理 IP 地址。

```
<Huawei> system-view
[Huawei] interface gigabitethernet 0/0/0
[Huawei-GigabitEthernet0/0/0] ip address 10.1.1.1 24
[Huawei-GigabitEthernet0/0/0] quit
```

（3）配置 Web 用户。

```
[Huawei] aaa
[Huawei-aaa]local-user admin password cipher huawei
[Huawei-aaa] local-user admin privilege level 15
[Huawei-aaa] local-user admin service-type http
[Huawei-aaa] quit
```

（4）配置 Web 网管，使用设备的 Web 网管功能。

```
[Huawei] http server enable
  This operation will take several minutes, please wait..............................
Info: Succeeded in starting the HTTP server
[Huawei] quit
```

（5）通过 Web 网管界面登录设备。在浏览器的地址栏中输入“https://10.1.1.1”，按回车键，进入 Web 网管界面登录设备，如图 4-18 所示。

图 4-18　登录界面

4.5　查看系统配置

典型 HCIA 试题

1．某台设备输出信息如下所示，下列说法正确的是？【多选题】

```
<Huawei>display version
Huawei versatile Routing Platform Software
VRP(R)software Version 5.130(AR2200,V200R003C00)
Huawei AR2220 Router uptime is 0 week,0 day,0 hour,1 minute
BSP 0 version information
1. PCB Version：AR01RAK2A.VER.NC
2. If Supporting PoE：No
3. Board Type：AR2220
```

```
4. MPU Slot Quantity：1
5. LPU Slot Quantity：6
MPU(Master)：uptime is 0 week,0 day,0 hour,1 minute
MPU Version information：
1. PCB Version：AR01SR02A.VER.NC
2. MAB Version：0
3. Board Type：AR2220
4. MPU Slot Quantity：0
5. LPU Slot Quantity：6
```

A．该设备的 VRP 操作版本为 VRP5　　B．该设备已运行 1 分钟
C．该设备备用主控板正常运行　　D．该设备名称为 Huawei

2．路由器输出信息如下，下列说法错误的是？【单选题】

```
<R1>display ip interface Ethernet 0/0/0
Ethernet2/0/0 current state : UP
Line protocol current state : UP
The Maximum Transmit Unit : 1500 bytes
input packets : 0, bytes : 0, multicasts : 0
output packets : 0, bytes : 0, multicasts : 0
Directed-broadcast packets:
 received packets:              0, sent packets:              0
 forwarded packets:             0, dropped packets:            0
ARP packet input number:              0
  Request packet:                     0
  Reply packet:                       0
  Unknown packet:                      0
Internet Address is 10.0.12.1/24
Broadcast address : 10.0.12.255
```

A．Ethernet0/0/0 接口的 MTU 值为 1480
B．Ethernet0/0/0 接口物理链路正常
C．Ethernet0/0/0 接口对应的广播地址为 10.0.12.255
D．Ethernet0/0/0 接口的 IP 地址为 10.0.12.1/24

3．某台设备输出信息如下，下列说法正确的有？【多选题】

```
<R1>display interface GigabitEthernet 0/0/0
GigabitEthernet0/0/0 current state : UP
Line protocol current state : UP
Last line protocol up time : 2022-09-01 18:47:24 UTC-08:00
Description:HUAWEI, AR Series, GigabitEthernet0/0/0 Interface
Route Port,The Maximum Transmit Unit is 1000
Internet Address is 10.0.12.2/24
IP Sending Frames' Format is PKTFMT_ETHNT_2, Hardware address is 00e0-fc22-4fff
Port Mode: COMMON COPPER
Speed: 100,    Loopback: NONE
Duplex: FULL,    Negotiation: DISABLE
Mdi: AUTO
Last 300 seconds input rate 24 bits/sec, 0 packets/sec
Last 300 seconds output rate 24 bits/sec, 0 packets/sec
```

A．接口的 MAC 地址为 00e0-fc22-4fff　　B．接口的 IP 地址为 10.0.12.2/24

C．本接口的工作速率为 1Gbit/s　　D．本接口的 MTU 值为 1000

4．使用以下哪条命令可以查看路由器的 CPU 使用率？【单选题】

A．display cpu-usage　　B．display memory

C．display cpu-state　　D．display interface

5．在 VRP 操作平台上，接口视图下显示当前接口配置的命令是？【单选题】

A．display users　　B．display this

C．display ip interface brief　　D．display version

6．VRP 操作平台，以下哪条命令可以查看路由表？【单选题】

A．display ip routing-table　　B．display current-configuration

C．display ip interface brief　　D．display ip forwarding-table

试题解析

1．某台设备输出信息如下所示，可以看到，该设备的 VRP 操作版本为 VRP5，该设备已运行 1 分钟，该设备名称为 Huawei。答案为 ABD。

```
<Huawei>display version
Huawei versatile Routing Platform Software
VRP(R)software Version 5.130(AR2200,V200R003C00)
Huawei AR2220 Router uptime is 0 week,0 day,0 hour,1 minute
```

2．路由器输出信息如下。答案为 A。

```
<R1>display ip interface Ethernet 0/0/0
Ethernet2/0/0 current state : UP            --物理层 UP
Line protocol current state : UP            --数据链路层 UP
The Maximum Transmit Unit : 1500 bytes           --最大传输单元
input packets : 0, bytes : 0, multicasts : 0
output packets : 0, bytes : 0, multicasts : 0
Directed-broadcast packets:
 received packets:              0, sent packets:              0
 forwarded packets:             0, dropped packets:              0
ARP packet input number:              0
  Request packet:                     0
  Reply packet:                       0
  Unknown packet:                     0
Internet Address is 10.0.12.1/24               --接口地址
Broadcast address : 10.0.12.255                --接口广播地址
```

3．某台设备输出信息如下。答案为 ABD。

```
<R1>display interface GigabitEthernet 0/0/0
GigabitEthernet0/0/0 current state : UP
Line protocol current state : UP
Last line protocol up time : 2022-09-01 18:47:24 UTC-08:00
Description:HUAWEI, AR Series, GigabitEthernet0/0/0 Interface
Route Port,The Maximum Transmit Unit is 1000                --接口 MTU 为 1000
Internet Address is 10.0.12.2/24                          --接口 IP 地址
IP Sending Frames' Format is PKTFMT_ETHNT_2, Hardware address is 00e0-fc22-4fff
                                                             --接口 MAC 地址
```

```
Port Mode: COMMON COPPER
Speed : 100,    Loopback: NONE                    --接口工作速率 100Mbit/s
Duplex: FULL,    Negotiation: DISABLE
Mdi     : AUTO
Last 300 seconds input rate 24 bits/sec, 0 packets/sec
Last 300 seconds output rate 24 bits/sec, 0 packets/sec
```

4．使用 display cpu-usage 命令可以查看路由器的 CPU 使用率。答案为 A。

5．接口视图下 display this 可以显示当前接口配置。答案为 B。

6．display ip routing-table 可以查看路由器表。答案为 A。display current-configuration 可以显示所有的配置，包括路由表，如果是多选题，B 也对。

关联知识精讲

在 VRP 平台可以使用 display 系列命令，查看路由器基本信息或运行状态，是网络维护和故障处理的重要工具。

display version：可以获取设备软件、BootROM、主控板、接口板以及风扇模块的版本信息，同时，可以获取各种存储器的大小信息。

display current-configuration：查看路由器当前配置。

display saved-configuration：查看路由器保存的配置。

display interface：此命令通常用于查看接口的各种信息，常用于设备接口对接故障、查看报文丢包统计。

display interface GigabitEthernet 0/0/0：查看路由器 GE 0/0/0 接口的状态信息。

display memory-usage：查看内存使用信息。

display cpu-usage：显示的是接口板的 CPU 使用情况。

display this：查看当前视图下的配置，默认设置不显示。

```
[Huawei-GigabitEthernet0/0/0]display this
[V200R003C00]
#
interface GigabitEthernet0/0/0
 ip address 192.168.80.111 255.255.254.0
#
Return
```

显示接口摘要信息。

```
<Huawei>display interface brief
```

显示接口 IP 相关摘要信息。

```
<Huawei>display ip interface brief
*down: administratively down
^down: standby
(l): loopback
(s): spoofing
The number of interface that is UP in Physical is 2
The number of interface that is DOWN in Physical is 1
The number of interface that is UP in Protocol is 2
The number of interface that is DOWN in Protocol is 1
```

```
Interface                        IP Address/Mask      Physical   Protocol
GigabitEthernet0/0/0             192.168.80.111/23    up         up
GigabitEthernet0/0/1             unassigned           down       down
NULL0
```

display ip routing-table：显示路由表。

display ip routing-table statistics：显示路由表中的静态路由。

4.6 管理配置文件

典型 HCIA 试题

1．以下哪些存储介质是华为路由器常用的存储介质？【多选题】

A．SDRAM　　B．NVRAM　　C．Flash

D．Hard Disk　　E．SD Card

2．某路由器输出信息如下，下列说法正确的有？【多选题】

```
[Huawei]display startup
MainBoard:
  Startup system software:                   flash:/AR2220E-V200R007C00DPC600.cc
  Next startup system software:              flash:/AR2220E-V200R007C00DPC600.cc
  Backup system software for next startup:   null
  Startup saved-configuration file:          flash:/vrpcfg.zip
  Next startup saved-configuration file:     flash:/bacp.zip
  Startup license file:                      null
  Next startup license file:                 null
  Startup patch package:                     null
  Next startup patch package:                null
  Startup voice-files:                       null
  Next startup voice-files:                  null
```

A．当前使用的 VRP 版本文件和下次启动使用的 VRP 文件相同

B．当前使用的 VRP 版本文件和下次启动使用的 VRP 文件不同

C．当前使用的配置文件和下次启动使用的配置文件不同

D．当前使用的配置文件和下次启动使用的配置文件相同

3．以下是 AR2200 路由器的 display startup 信息，关于这些信息，说法错误的是？【单选题】

```
[Huawei]display startup
MainBoard:
  Startup system software:                   sdl:/ar2220E-V200r003c00spc200.cc
  Next startup system software:              sdl:/ar2220E-V200r003c00spc200.cc
  Backup system software for next startup:   null
  Startup saved-configuration file:          null
  Next startup saved-configuration file:     null
  Startup license file:                      null
  Next startup license file:                 null
  Startup patch package:                     null
  Next startup patch package:                null
```

```
Startup voice-files:                 null
Next startup voice-files:            null
```

A．正在运行的配置文件没有保存

B．设备此次启动使用的系统文件是 ar2220E-V200r003c00spc200.cc

C．设备下次启动时的系统文件可以使用命令“startup system software <startup-software-name）”来修改

D．设备下次启动时的系统文件不能被修改

4．<Huawei>reset saved-configuration

Warning:The action will delete the saved configuration in the device.

The configuration, will be erased to reconfigure. Continue? [Y/N]:

管理员在 AR2200 上进行了如上配置，则下列关于配置信息的描述，正确的是？【单选题】

A．保存的配置文件将会被正在运行的配置文件替换

B．用户如果想要清除保存的配置文件，则应该选择“Y”

C．用户如果想要清除保存的配置文件，则应该选择“N”

D．设备启动时的配置文件将会被保留

5. VRP 界面下，使用命令 startup saved-configuration backup.cfg，配置下次启动时使用 backup.cfg 文件。【判断题】

A．对　　B．错

6．华为 AR 路由器的命令行界面下，save 命令的作用是保存当前的系统时间。【判断题】

A．对　　B．错

7．一台 AR2200 路由器需要恢复初始配置，则下列哪些操作是必须的？【多选题】

A．重置 saved configuration　　B．清除 current configuration

C．重启该 AR2200 路由器　　D．重新指定下次启动加载的配置文件

8．使用 FTP 协议进行路由器升级时，传输模式应该选用哪一种？【单选题】

A．字节模式　　B．文字模式　　C．语言模式　　D．二进制模式

9．管理员想要更新 AR2200 路由器的 VRP，正确的方法有？【多选题】

A．管理员把 AR2200 配置为 TFTP 服务器，通过 TFTP 来传输 VRP 软件

B．管理员把 AR2200 配置为 TFTP 客户端，通过 TFTP 来传输 VRP 软件

C．管理员把 AR2200 配置为 FTP 服务器，通过 FTP 来传输 VRP 软件

D．管理员把 AR2200 配置为 FTP 客户端，通过 FTP 来传输 VRP 软件

10．管理员想要更新华为路由器的 VRP 版本，正确的方法有？【多选题】

A．管理员把路由器配置为 FTP 服务器，通过 FTP 来传输 VRP 软件

B．管理员把路由器配置为 FTP 客户端，通过 FTP 来传输 VRP 软件

C．管理员把路由器配置为 TFTP 客户端，通过 TFTP 来传输 VRP 软件

D．管理员把路由器配置为 TFTP 服务器，通过 TFTP 来传输 VRP 软件

11．路由器开启 FTP 服务，用户名和密码均为 huawei，并且设置 FTP 的根目录为 flash:/dhcp/，则以下哪些命令是必须要配置的?【多选题】

A．local-user huawei ftp-directory flash:/dhcp/　　B．ftp server enable

C．local-user huawei password cipher huawei　　D．local-user huawei service-type ftp

试题解析

1．华为路由器的存储介质包括 Flash、SD Card、NVRAM、SDRAM，路由器上没有 Hard Disk。答案为 ABCE。

2．当前使用的 VRP 版本文件和下次启动使用的 VRP 文件相同。

```
Startup system software:                flash:/AR2220E-V200R007C00DPC600.cc
Next startup system software:           flash:/AR2220E-V200R007C00DPC600.cc
```

当前使用的配置文件和下次启动使用的配置文件不同。

```
Startup saved-configuration file:       flash:/vrpcfg.zip
Next startup saved-configuration file:  flash:/bacp.zip
```

答案为 AC。

3．从下面的输出可以看出，正在运行的配置文件没有保存。

```
Next startup saved-configuration file:      null
```

从下面的输出可以看出，设备此次启动使用的系统文件是 ar2220-/200r003c00spc200.cc。

```
Next startup system software:           sdl:/ar2220E-V200r003c00spc200.cc
```

设备下次启动时的系统文件可以修改。

```
<R2>startup system-software sdl:/ar2220E-V200r003c00spc200.cc
```

答案为 D。

4．reset saved-configuration 重置保存的配置，输入 Y 将会被清除。答案为 B

5．使用 startup saved-configuration backup.cfg，配置下次启动时使用 backup.cfg 文件。答案为 A。

6．华为 AR 路由器的命令行界面下，save 命令的作用是保存当前配置。答案为 B。

7．一台 AR2200 路由器需要恢复初始配置，执行 reset saved-configuration 重置保存的配置，重启 AR2200 路由器，重启时不要选择保存配置。答案为 AC。

8．使用 FTP 协议进行路由器升级时，传输的是二进制文件，模式应该选用二进制模式。答案为 D。

9．TFTP 客户端能够从 TFTP 服务器下载 VRP。FTP 客户端能够从 FTP 服务器下载 VRP。答案为 BD。

10．要更新华为路由器的 VRP 版本，需要将路由器配置为 FTP 客户端或配置为 TFTP 客户端。答案为 BC。

11．将路由器配置成 FTP，需要启用 ftp 服务、创建用户、指定用户能够访问的服务为 FTP、指定用户的 ftp 目录。答案为 ABCD。

关联知识精讲

华为网络设备的配置被更改后会立即生效，称为当前配置，被保存在内存中。如果设备断电重启或关机重启，则内存中保存的配置会丢失，如果想让当前配置在设备重启后依然生效，就需要将配置保存到外部存储器根目录下。华为路由器支持的外部存储器一般有 Flash 和 SD 卡，交换机支持的外部存储器一般有 Flash 和 CF 卡。

一、华为网络设备的配置文件

本小节介绍华为路由器的配置和配置文件，涉及当前配置、配置文件和下次启动时的配置文件

3个概念。

- 当前配置。

设备内存中的配置就是当前配置，进入系统视图更改路由器的配置，就是更改当前配置，设备断电或重启时，内存中的所有信息（包括配置信息）全部消失。

- 配置文件。

包含设备配置信息的文件称为配置文件，它存在于设备的外部存储器中（注意不是内存中），其文件名的格式一般为“*.cfg”或“*.zip”，用户可以将当前配置保存到配置文件中。设备重启时，配置文件的内容可以被重新加载到内存，成为新的当前配置。配置文件除了保存配置信息的作用，还可以方便维护人员查看、备份以及移植配置信息用于其他设备。默认情况下，保存当前配置时，设备会将配置信息保存到名为“vrpcfg.zip”的配置文件中，并保存于设备的外部存储器的根目录下。

- 下次启动时的配置文件。

保存配置时可以指定配置文件的名称，也就是保存的配置文件可以有多个，下次启动加载哪个配置文件可以指定。默认情况下，下次启动时加载的配置文件名称为“vrpcfg.zip”。

二、保存当前配置

用户可以使用 save [*configuration-file*]命令随时将当前配置以手动方式保存到配置文件中，参数 *configuration-file* 为指定的配置文件名，格式必须为“*.cfg”或“*.zip”。如果未指定配置文件名，则配置文件名默认为“vrpcfg.zip”。

例如，需要将当前配置保存到文件名为“vrpcfg.zip”的配置文件中时，可进行以下操作。

在用户视图，使用 save 命令，再输入“y”，进行确认，保存路由器的配置。如果不指定保存的配置文件名，配置文件就是“vrpcfg.zip”，输入“dir”，将显示 flash 根目录下的全部文件和文件夹，从中能看到这个配置文件。路由器中的 flash 相当于计算机中的硬盘，可以存放文件和保存的配置。

```
<R1>save
  The current configuration will be written to the device.
  Are you sure to continue? (y/n)[n]:y                         --输入 y
  It will take several minutes to save configuration file, please wait.......
  Configuration file had been saved successfully
  Note: The configuration file will take effect after being activated
```

如果还需要将当前配置保存到文件名为“backup.zip”的配置文件中，作为对 vrpcfg.zip 的备份，则可进行以下操作。

```
<Huawei>save backup.zip
 Are you sure to save the configuration to backup.zip? (y/n)[n]:y
  It will take several minutes to save configuration file, please wait......
  Configuration file had been saved successfully
  Note: The configuration file will take effect after being activated
```

三、设置下次启动时的配置文件

可以设置任何一个存在于设备外部存储器的根目录下（如：flash:/）的“*.cfg”或“*.zip”文件为设备下次启动时的配置文件。可以通过 startup saved-configuration *configuration-file* 命令来设置设备下次启动时的配置文件，其中 *configuration-file* 为指定配置文件名。如果设备的外部存储器的根目录下没有该配置文件，则系统会提示设置失败。

例如，如果需要指定已经保存的backup.zip文件作为下次启动的配置文件，可执行以下操作。

```
<R1>startup saved-configuration backup.zip                --指定下一次启动加载的配置文件
This operation will take several minutes, please wait.....
Info: Succeeded in setting the file for booting system
<R1>display startup                                       --显示下一次启动加载的配置文件
MainBoard:
  Startup system software:                   null
  Next startup system software:              null
  Backup system software for next startup:   null
  Startup saved-configuration file:          flash:/vrpcfg.zip
  Next startup saved-configuration file:     flash:/backup.zip    --下一次启动配置文件
```

设置了下一次启动时的配置文件后，再保存当前配置时，默认会将当前配置保存到所设置的下一次启动时的配置文件中，从而覆盖了下一次启动时的配置文件的原有内容。周期性自动保存配置和定时自动保存配置，也会将配置保存到指定的下一次启动时的配置文件中。

四、查看配置结果

display startup 命令用于查看设备本次及下一次启动相关的系统软件、备份系统软件、配置文件、License 文件、补丁文件、语音文件，如下所示。

```
<Huawei>display startup
MainBoard:
  Startup system software:                   null
  Next startup system software:              null
  Backup system software for next startup:   null
  Startup saved-configuration file:          flash:/vrpcfg.zip
  Next startup saved-configuration file:     flash:/vrpcfg.zip
  Startup license file:                      null
  Next startup license file:                 null
  Startup patch package:                     null
  Next startup patch package:                null
  Startup voice-files:                       null
  Next startup voice-files:                  null
```

- Startup system software 表示本次系统启动所使用的 VRP 文件。
- Next startup system software 表示下一次系统启动所使用的 VRP 文件。
- Startup saved-configuration file 表示本次系统启动所使用的配置文件。
- Next startup saved-configuration file 表示下一次系统启动所使用的配置文件。

设备启动时，会从存储设备中加载配置文件并进行初始化。如果存储设备中没有配置文件，设备将会使用默认参数进行初始化。

以下命令可用于查看路由器当前生效的配置参数。

```
<Huawei>display current-configuration
```

以下命令可用于显示保存的配置参数。

```
<Huawei>display saved-configuration
```

如果不保存（Save），当前生效的配置参数和保存的配置参数可能不同。如果保存后没有再进行其他配置，二者就一样了。

五、将文件导出到 TFTP 或 FTP 服务器

简单文件传输协议（Trivial File Transfer Protocol，TFTP）是 TCP/IP 协议中一个用来在客户机与服务器之间进行简单文件传输的协议，提供不复杂、开销不大的文件传输服务，端口号为 69。此协议被设计为小文件传输。因此它不具备 FTP 的许多功能，它只能从文件服务器上获得或写入文件，不能列出目录，不进行认证。

下面的操作将演示如何把路由器的配置文件备份到 TFTP。在物理机上运行 TFTP，如图 4-19 所示，单击“查看”→“选项”。如图 4-20 所示，在出现的“选项”对话框中指定 TFTP 根目录，上传的文件就保存在根目录中。

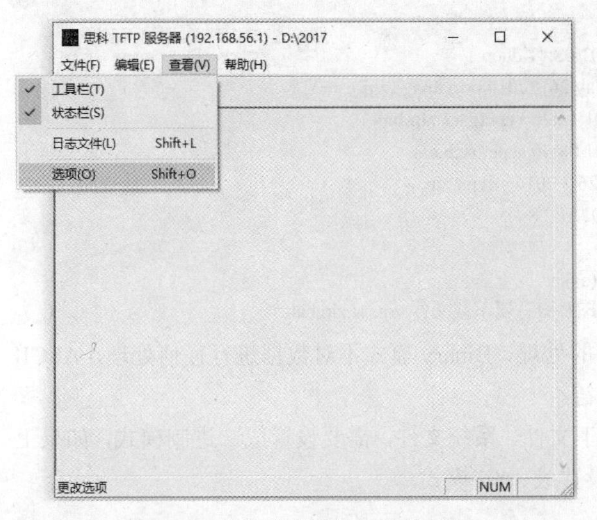

图 4-19 单击“查看”→“选项”

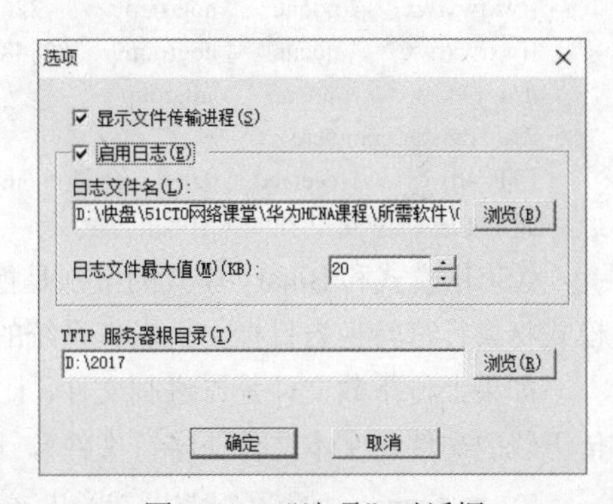

图 4-20 “选项”对话框

确保 R1 路由器和物理机之间的网络畅通。通过执行以下命令将配置文件上传到 TFTP。

```
<R1>tftp 192.168.1.11 put vrpcfg.zip vrpcfg.zip   --将配置文件上传到 TFTP
<R1>tftp 192.168.1.11 get vrpcfg.zip backup.zap   --从 TFTP 下载配置文件
```

put 和 get 命令后面跟的是源文件名和目标文件名。

TFTP 的安全性差，任何用户都可以接入 TFTP 进行文件的上传和下载。而使用 FTP 就需要进行身份验证，因而比 TFTP 安全。

将路由器 R2 配置成 FTP 服务器。

```
[R2]ftp server enable                              --启用 ftp 服务
[R2]set default ftp-directory flash:/              --设置 ftp 根目录
[R2]aaa                                            --设置用户
[R2-aaa]local-user test password cipher 12345      --创建用户
[R2-aaa]local-user test service-type ftp           --指定用户能够使用的服务类型
[R2-aaa]local-user test ftp-directory flash:       --指定用户 ftp 根目录
[R2-aaa]local-user test access-limit 100           --设置最大连接人数
[R2-aaa]local-user test idle-timeout 0 0           --设置超时时间 0 0 就是不限制
[R2-aaa]local-user test privilege level 3          --设置用户的权限级别
[R2-aaa]quit
```

在路由器 R1 上将配置上传到 R2 路由器的 FTP 服务器。

```
<R1>ftp 192.168.1.11
Trying 192.168.1.11 ...
Press Ctrl+K to abort
Connected to 192.168.1.11.
220 Microsoft FTP Service
User(192.168.1.11:(none)):test                          --输入用户名
331 Password required                                   --输入密码
Enter password:
230 User logged in.
[R1-ftp]put vrpcfg.zip vrpcfg.zip.bak                   --上传 vrpcfg.zip 到 FTP 服务器
[R1-ftp]dir                                             --查看上传的文件
200 Port command okay.
150 Opening ASCII mode data connection for *.
drwxrwxrwx    1 noone    nogroup          0 Sep 01 08:47 dhcp
7%-rwxrwxrwx    1 noone    nogroup     121802 May 26  2014 portalpage.zip
-rwxrwxrwx    1 noone    nogroup        824 Sep 01 12:28 vrpcfg-r1.zip.bak
-rwxrwxrwx    1 noone    nogroup       2263 Sep 01 08:46 statemach.efs
-rwxrwxrwx    1 noone    nogroup     828482 May 26  2014 sslvpn.zip
drwxrwxrwx    1 noone    nogroup          0 Sep 01 12:28 .
226 Transfer complete.
FTP: 401 byte(s) received in 0.060 second(s) 6.68Kbyte(s)/sec.
[R1-ftp]get vrpcfg-r1.zip.bak vrpcfg2.zip         --从 FTP 服务器下载文件 vrpcfg.zip.bak
```

ASCII 模式和 Binary 模式的区别是换行符的处理，Binary 模式不对数据进行任何处理，ASCII 模式将换行符转换为目标主机操作系统的换行符。

如果上传下载文件是二进制文件，比如补丁文件、系统文件，需要设置成二进制模式，如果上传下载的文件是文本文件（字符文件），就要设置成 ascii 模式。

```
[R1-ftp]binary          --设置成二进制模式
[R1-ftp]ascii           --设置成文本文件
```

4.7 文件和目录管理

典型 HCIA 试题

1．设备启动时依据哪个存储器保存的配置选择 VRP 版本文件？【单选题】

A．NVRAM　　B．SD Card　　C．Flash　　D．USB

2．VRP 操作平台中 pwd 和 dir 命令都可以查看当前目录下的文件信息。【判断题】

A．对　　B．错

3．VRP 操作平台中使用命令 mkdir test,系统会创建一个名字为 test 的目录。【判断题】

A．对　　B．错

4．VRP 界面下，使用命令 delete/unreserved vrpcfg.zip 无法删除文件，必须在回收站中清空，才能彻底删除文件。【判断题】

A．对　　B．错

5．管理员想要通过 USB 线缆来为 AR2200 升级配置文件，则下列描述正确的有？【多选题】

A．AR2200 不支持使用 USB 来更新配置文件

B．使用 mini USB 线缆连接 PC 和 AR2200 的 USB 接口

C．在连接线缆之后，管理员需要为 mini USB 安装驱动程序

D．使用 mini USB 线缆连接 PC 和 AR2200 的 mini USB 接口

试题解析

1．华为设备启动时依据 NVRAM 存储器保存的配置选择 VRP 版本文件。答案为 A。

2．pwd 命令查看当前所在的目录，dir 命令查看当前目录的文件。答案为 B。

3．VRP 操作平台中使用命令 mkdir test，系统会创建一个名字为 test 的目录。答案为 A。

4．VRP 界面下，使用命令 delete/unreserved vrpcfg.zip 彻底删除文件，不会放到回收站。答案为 B。

5．管理员想要通过 USB 线缆来为 AR2200 升级配置文件，在连接线缆之后，管理员需要为 mini USB 安装驱动程序，使用 mini USB 线缆连接 PC 和 AR2200 的 mini USB 接口。答案为 CD。

关联知识精讲

VRP 通过文件系统来对设备上的所有文件（包括设备的配置文件、系统文件、License 文件、补丁文件）和目录进行管理。VRP 文件系统主要用来创建、删除、修改、复制和显示文件及目录，这些文件和目录都存储于设备的外部存储器中。华为路由器支持的外部存储器一般有 Flash 和 SD 卡，交换机支持的外部存储器一般有 Flash 和 CF 卡。

设备的外部存储器中的文件类型是多种多样的，除了有之前提到过的配置文件，还有系统软件文件、License 文件、补丁文件等。在这些文件中，系统软件文件具有特别的重要性，因为它其实就是设备的 VRP 操作系统本身。系统软件文件的扩展名为“.cc”，并且必须存放于外部存储器的根目录下。设备上电时，系统软件文件的内容会被加载至内存并运行。

下面就以备份配置文件为例，展示文件管理的过程。

- 查看当前路径下的文件，并确认需要备份的文件名称与大小。

dir [/all] [*filename* | *directory*]命令可用来查看当前路径下的文件，all 表示查看当前路径下的所有文件和目录，包括已经删除至回收站的文件。*filename* 表示待查看文件的名称，*directory* 表示待查看目录的路径。

路由器的默认外部存储器为 Flash，执行如下命令可查看路由器 R1 的 Flash 存储器的根目录下的文件和目录。

```
<R1>dir     --列出当前目录文件和文件夹
Directory of flash:/
  Idx  Attr   Size(Byte)   Date          Time(LMT)   FileName
    0  drw-            -   May 01 2018   02:51:18    dhcp                --d 代表这是一个文件夹
    1  -rw-      121,802   May 26 2014   09:20:58    portalpage.zip
    2  -rw-        2,263   May 01 2018   08:13:21    statemach.efs
    3  -rw-      828,482   May 26 2014   09:20:58    sslvpn.zip
    4  -rw-          408   May 01 2018   07:27:28    private-data.txt
    5  -rw-          897   May 01 2018   08:18:00    backup.zip
    6  -rw-          872   May 01 2018   07:27:28    vrpcfg.zip

1,090,732 KB total (784,452 KB free)
```

从回显信息中，我们看到了名为“vrpcfg.zip”的配置文件，大小为 872 字节，假设它就是我们需要备份的配置文件。

- 新建目录。

创建目录的命令为 mkdir directory，directory 表示需要创建的目录。在 Flash 的根目录下创建一个名为 backup 的目录。

```
<R1>mkdir /backup       --创建一个文件夹
Info: Create directory flash:/backup......Done
```

- 复制并重命名文件。

复制文件的命令为 copy *source-filename destination-filename*，*source-filename* 表示被复制文件的路径及源文件名，*destination-filename* 表示目标文件的路径及目标文件名。把需要备份的配置文件 vrpcfg.zip 复制到新目录 backup 下，并重命名为 cfgbak.zip。

```
<R1>copy vrpcfg.zip flash:/backup/cfgbak.zip --将 vrpcfg.zip 拷贝到 backup 文件夹
Copy flash:/vrpcfg.zip to flash:/backup/cfgbak.zip? (y/n)[n]:y
100%   complete
Info: Copied file flash:/vrpcfg.zip to flash:/backup/cfgbak.zip...Done
```

- 查看备份后的文件。

cd directory 命令用来修改当前的工作路径。我们可以执行如下操作来查看文件备份是否成功。

```
<R1>dir flash:/backup/     --列出 Flash:/backup 目录内容
Directory of flash:/backup/
  Idx  Attr    Size(Byte)  Date          Time(LMT)  FileName
    0  -rw-    872         May 01 2018   08:58:49   cfgbak.zip
```

回显信息表明，backup 目录下已经有了文件 cfgbak.zip，配置文件 vrpcfg.zip 的备份过程已顺利完成。

- 删除文件。

当设备的外部存储器的可用空间不够时，我们就很可能需要删除其中的一些无用文件。删除文件的命令为 delete [/unreserved][/force] *filename*，其中/unreserved 表示彻底删除指定文件，删除的文件将不可恢复；/force 表示无需确认直接删除文件；*filename* 表示要删除的文件名。

如果不使用/unreserved，则 delete 命令删除的文件将被保存到回收站中，而使用 undelete 命令则可恢复回收站中的文件。注意，保存到回收站中的文件仍然会占用存储器空间。Reset recycle-bin 命令将会彻底删除回收站中的所有文件，这些文件将被永久删除，不能再被恢复。

以下操作为删除文件、查看删除的文件、清空回收站中的文件。

```
<R1>delete backup.zip     --删除文件
Delete flash:/backup.zip? (y/n)[n]:y
Info: Deleting file flash:/backup.zip...succeed.
<R1>dir /all  --参数 all，显示所有文件，包括回收站中的文件
Directory of flash:/
  Idx  Attr    Size(Byte)   Date          Time(LMT)  FileName
    0  drw-             -   May 01 2018   02:51:18   dhcp
    1  -rw-       121,802   May 26 2014   09:20:58   portalpage.zip
    2  drw-             -   May 01 2018   08:58:49   backup
    3  -rw-         2,263   May 01 2018   08:13:21   statemach.efs
    4  -rw-       828,482   May 26 2014   09:20:58   sslvpn.zip
```

```
    5  -rw-          408      May 01 2018     07:27:28       private-data.txt
    6  -rw-          872      May 01 2018     07:27:28       vrpcfg.zip
    7  -rw-          897      May 01 2018     09:11:32       [backup.zip]          --回收站中的文件

1,090,732 KB total (784,440 KB free)
<R1>reset recycle-bin      --清空回收站
Squeeze flash:/backup.zip? (y/n)[n]:y
Clear file from flash will take a long time if needed...Done.
%Cleared file flash:/backup.zip.
```

使用 move 命令移动文件。

```
<R1>move backup.zip flash:/backup/backup1.zip
```

进入 backup 目录。

```
<R1>cd backup/
```

使用 pwd 显示当前目录。

```
<R1>pwd
flash:/backup
```

在同一个目录可以使用 move 命令，重命名文件。

```
<R1>move backup1.zip backup2.zip
```

第5章 路由基础

本章汇总了路由相关的试题，重点是静态路由。

要想网络畅通，网络中的路由器就需要知道到各个网段如何转发数据包。路由器会根据路由表来转发数据包，而路由表又可以通过直连网络、静态路由以及动态路由来构建。

静态路由是指人工手动给路由器添加的路由项。通过配置静态路由优先级，可以实现浮动静态路由，即当最佳路径不可用时，路由器会自动选择备用路径。

IP 地址如果规划合理，就可以在边界路由器上进行路由汇总。路由汇总可以简化路由表，提高查表速度。

默认路由是一种特殊的静态路由，指的是当路由表中没有与数据包的目标地址相匹配的路由时，路由器能够做出的选择。如果没有默认路由，目标地址在路由表中没有匹配路由的数据包将被丢弃。在 Windows 系统中设置了网关就等价于在 Windows 系统上添加了默认路由。

5.1 路由来源和路由组成

典型 HCIA 试题

1．路由器建立路由表的方式有哪三种？【多选题】

A．动态路由　　B．静态路由　　C．直连路由　　D．聚合路由

2．一条路由条目包含多个要素，下列说法错误的是？【单选题】

A．NextHop 显示此路由条目对应的本地接口地址

B．Pre 显示此路由协议的优先级

C．Destination/Mask 显示目的网络/主机的地址和掩码长度

D．Proto 显示学习此路由的来源

3．下列描述正确的是？【多选题】

A．路由表中下一跳是多余的，有出接口就可以指导报文转发

B．通过不同路由协议获得的路由，其优先级也不相同

C．不同路由协议所定义的度量值不具有可比性

D．不同路由协议所定义的度量值具有可比性

4．在路由表中不包含以下哪项内容？【单选题】

A．MAC　　B．NextHop　　C．Cost　　D．Destination/Mask

5．下列哪项是路由表中所不包含的？【单选题】

A．下一跳　　B．路由代价　　C．源地址　　D．目标网络

6．路由表当中包含以下哪些要素？【多选题】

A．Interface　　B．Protocol　　C．Destination/Mask

D．Cost　　E．NextHop

7．路由器在转发某个数据包时，如果未匹配到对应的明细路由且无默认路由时，将直接丢弃该数据包。【判断题】

A．对　　B．错

试题解析

1．路由表包含了若干条路由信息，这些路由信息生成方式总共有3种：直连路由、静态路由、动态路由。答案为ABC。

2．一条路由条目包含多个要素：Destination/Mask、Proto、Pre、Cost、Flags、NextHop、Interface，其中NextHop指的是下一跳的IP地址，而非本地接口地址。答案为A。

3．出口是以太网接口，下一跳不是多余的，决定了数据包下一跳的接收者。通过不同路由协议获得的路由，其优先级也不相同。不同路由协议所定义的度量值不具有可比性。答案为BC。

4．一条路由条目包含多个要素：Destination/Mask、Proto、Pre、Cost、Flags、NextHop、Interface，不包含MAC。答案为A。

5．路由表中不包括源地址。答案为C。

6．一条路由条目包含多个要素：Destination/Mask、Proto、Pre、Cost、Flags、NextHop、Interface。答案为ABCDE。

7．路由器在转发某个数据包时，如果未匹配到对应的明细路由且无默认路由时，将直接丢弃该数据包。答案为A。

关联知识精讲

一、路由的定义

在网络通信中，“路由”（Route）一词是一个网络层术语，它是指数据包从某一网络设备出发去往某个目的地的路径。网络中的路由器（或三层设备）负责为数据包选择转发路径。如图5-1所示，路由器中有路由表（Routing Table），路由表由若干条路由信息构成。在路由表中，一条路由信息也被称为一个路由项或一个路由条目，路由器根据路由表为数据包选择转发路径。路由表只存在于终端计算机和路由器（以及三层设备）中，二层交换机中是不存在路由表的。

如图5-1所示，PC1给PC2发送一个数据包，源IP地址是11.1.1.2，目标IP地址是12.1.1.2。R1路由器收到该数据包，查路由表发现有到12.1.1.0/24网段的路由，下一跳是172.16.0.2，于是该数据包就从R1路由器的GE 0/0/0接口发送给R2路由器；R2路由器收到后查看路由表，发现有到12.1.1.0/24网段的路由，下一跳是172.16.1.2，于是该数据包就从R2路由器的GE 0/0/1接口发送给R3路由器；R3路由器收到该数据包后查路由表，发现有到12.1.1.0/24网段的路由，下一跳是

12.1.1.1，该地址是 R3 路由器 GE 0/0/1 接口的地址，该数据包就从 GE 0/0/1 发送出去，最终到达 PC2。PC2 给 PC1 发送数据包，也要经过沿途路由器查询路由表决定转发路径。

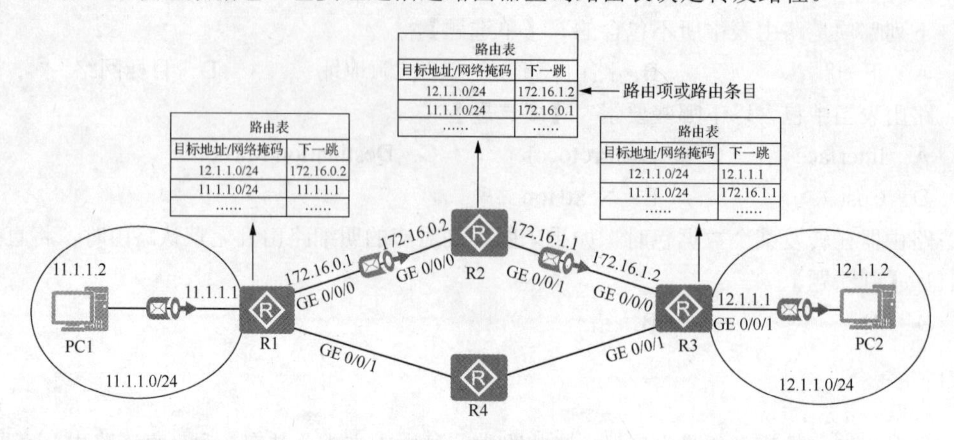

图 5-1　IP 路由

需要指出的是，如果一个路由项的下一跳 IP 地址就是出接口的 IP 地址，则说明该接口直连到了该路由项所指的目的网络。还需要指出的是，下一跳 IP 地址所对应的那个主机接口与出接口一定是位于同一个二层网络（二层广播域）。

下面是实际路由器上的路由表，输入“display ip routing-table”便可看到路由表。

```
[AR1]display ip routing-table
Route Flags: R - relay, D - download to fib
------------------------------------------------------------------------------
Routing Tables: Public
         Destinations : 14        Routes : 14

Destination/Mask    Proto    Pre   Cost   Flags   NextHop        Interface
……
172.16.0.0/24       Direct   0     0      D       172.16.0.1     Serial2/0/0
172.16.0.2/32       Direct   0     0      D       172.16.0.2     Serial2/0/0
172.16.1.0/24       OSPF     10    96     D       172.16.0.2     Serial2/0/0
192.168.0.0/24      Direct   0     0      D       192.168.0.1    Vlanif1
192.168.1.0/24      OSPF     10    97     D       172.16.0.2     Serial2/0/0
192.168.10.0/24     Static   60    0      RD      172.16.0.2     Serial2/0/0
……
```

可以看到，该路由表有 14 个目标网段（Destinations）、14 条路由（Routes）。

下面对路由条目的各个字段进行解释。

- Destination/Mask 表示目标网段和网络掩码。
- Proto 即 Protocol（协议）的简写，标明该路由条目是通过什么协议生成的。Direct 是直连网段，自动发现的路由。OSPF 标明该路由条目是通过 OSPF 协议构建的动态路由，Static 标明该路由条目是手工配置的静态路由。
- Pre 即 Preference（优先级）的简写，用来反映路由信息来源的优先级。
- Cost 表示开销，路由的开销是路由的一个非常重要的属性，路由器为数据包选择最佳转发路径，最佳路径也就是开销小的路径。

- Flags 表示路由标记，R 表示该路由是迭代路由，D 表示该路由下发到 FIB 表。
- NextHop 表示下一跳，即到达目标网段，下一跳应该给哪个地址，从而路由器也就能够断定该数据包应该从哪个出口发送出去。
- Interface 表示到达目标网段的下一跳出口。

二、路由信息的来源

路由表包含了若干条路由信息，这些路由信息生成方式总共有 3 种：直连路由、静态路由、动态路由。

1. 直连路由

我们把设备自动发现的路由信息称为直连路由（Direct Route），网络设备启动之后，当路由器接口状态为 UP 时，路由器就能够自动发现去往自己接口直接相连的网络的路由。

如图 5-2 所示，R1 路由器的 GE 0/0/1 接口的状态为 UP 时，R1 便可以根据 GE 0/0/1 接口的 IP 地址 11.1.1.1/24 推断出 GE 0/0/1 接口所在的网络的网络地址为 11.1.1.0/24。于是，R1 便会将 11.1.1.0/24 作为一个路由项填写进自己的路由表，这条路由的目的地/掩码为 11.1.1.0/24，出接口为 GE 0/0/1，下一跳 IP 地址与出接口的 IP 地址相同，即 11.1.1.1，由于这条路由是直连路由，所以其 Protocol 属性为 Direct。另外，对于直连路由，其 Cost 的值总是为 0。

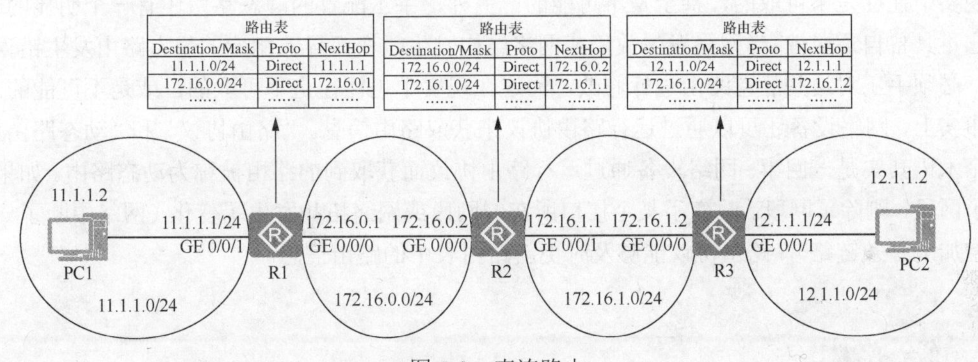

图 5-2 直连路由

类似地，R1 路由器还会自动发现另外一条直连路由，该路由的目的地/掩码为 172.16.0.0/24，出接口为 GE 0/0/0，下一跳地址是 172.16.0.1，Protocol 属性为 Direct，Cost 的值为 0。

可以看到网络中的 R1、R2、R3 路由器只要一开机，端口状态为 UP 后，这些端口连接的网段就会出现在路由表中。

2. 静态路由

要想让网络中的计算机能够访问网络中的任何网段，网络中的路由器必须有到全部网段的路由。路由器直连的网段，路由器能够自动发现并将其加入路由表。对于没有直连的网段，需要管理员手工将它们添加到路由表。在路由器上手工配置的路由信息被称为静态路由（Static Route），适合规模较小的网络或较为稳定的网络。

如图 5-3 所示，网络中有 4 个网段，每个路由器直连两个网段，对于没有直连的网段，需要手工添加静态路由，即需要在每个路由器上添加两条静态路由。注意观察静态路由的下一跳，在 R1 上添加到 12.1.1.0/24 网段的路由，下一跳是和 R1 直接相连的 R2 的接口地址 172.16.0.2，而不是 R3 的 GE0/0/0 接口的 172.16.1.2。注意，很多初学者对“下一跳”的理解容易出现错误。

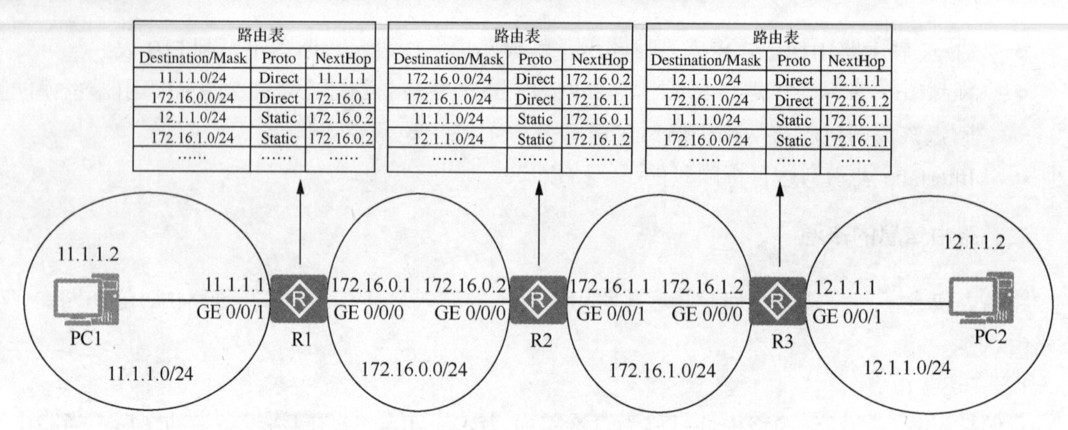

图 5-3　配置静态路由

3. 动态路由

路由器使用动态路由协议（如RIP、OSPF等）获得的路由信息被称为动态路由（Dynamic Route）。动态路由适合规模较大的网络，能够针对网络的变化自动选择最佳路径。

如果网络规模不大，我们可以通过手工配置的方式“告诉”网络设备去往那些非直接相连的网络的路由。然而，如果非直接相连的网络的数量众多，则必然会耗费大量的人力来进行手工配置，这在现实中往往是不可取的，甚至是不可能的。另外，手工配置的静态路由还有一个明显的缺陷，就是它不具备自适应性。当网络发生故障或网络结构发生改变而导致相应的静态路由发生错误或失效时，必须手工对这些静态路由进行修改，而这在现实中也往往是不可取的，或是不可能的。

事实上，网络设备还可以通过运行路由协议来获取路由信息。“路由协议”和“动态路由协议”这两个术语其实是一回事。网络设备通过运行路由协议而获取到的路由被称为动态路由。如果网络新增了网段、删除了网段、改变了某个接口所在的网段或网络拓扑发生了变化（网络中断了一条链路或增加了一条链路），路由协议能够及时更新路由表中的路由信息。

5.2　静态路由

典型 HCIA 试题

1．下列关于华为设备中静态路由的说法，错误的是？【单选题】

A．静态路由的优先级为 0 时，该路由一定会被优选

B．静态路由的开销值（Cost）不可以被修改

C．静态路由优先级的缺省值为 60

D．静态路由优先级值的范围为 1～255

2．下列关于静态路由与动态路由的描述，错误的是？【单选题】

A．动态路由协议比静态路由要占用更多的系统资源

B．链路产生故障后，静态路由能够自动完成网络收敛

C．静态路由在企业中应用时配置简单，管理方便

D．管理员在企业网络中部署动态路由协议后，后期维护和扩展能够更加方便

3．以下关于静态路由的说法，错误的是？【单选题】

A．通过网络管理员手动配置　　B．路由器之间需要交互路由信息

C．不能自动适应网络拓扑的变化　　D．对系统性能要求低

4．如图 5-4 所示的网络，通过静态路由的方式使 Router A 和 Router B 的 Loopback 0 通信，则需要在 Router A 输入如下哪条命令？【单选题】

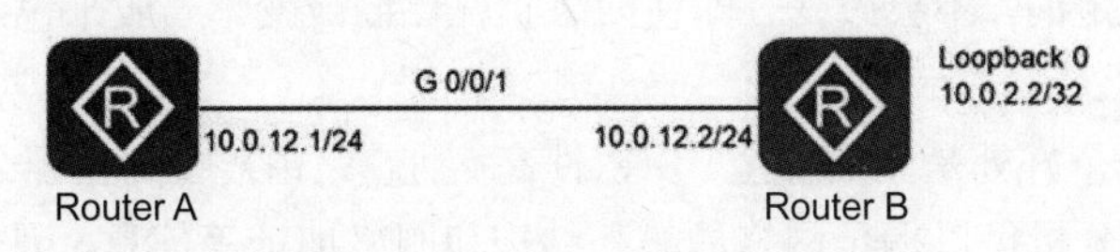

图 5-4　网络拓扑

A．ip route-static 10.0.2.2 32 GigabitEthernet 0/0/0

B．ip route-static 10.0.2.2 255.255.255.255 10.0.12.1

C．ip route-static 10.0.2.2 255.255.255.255 10.0.12.2

D．ip route-static 10.0.2.20 GigabitEthernet 0/0/0

5．配置静态路由有哪些必要条件？【多选题】

A．出接口　　B．出接口 MAC 地址

C．下一跳　　D．目标 IP 网段

6．关于命令 ip route-static 10.0.12.0 255.255.255.0 192.168.1.1 的描述，正确的是？【单选题】

A．该路由的优先级为 100

B．此命令配置了一条到达 192.168.1.1 网络的路由

C．此命令配置了一条到达 10.0.12.0/24 网络的路由

D．如果路由器通过其他协议学习到和此路由相同的目的网络的路由，路由器将会优先选择此路由

7．以上两条配置命令可以实现路由器 RTA 去往同一目的地 10.1.1.0 的路由主备备份。【判断题】

[RTA]ip route-static 10.1.1.0 24 12.1.1.1 permanent

[RTA]ip route-static 10.1.1.0 24 13.1.1.1

A．对　　B．错

试题解析

1．华为设备静态路由默认优先级为 60，静态路由的开销值（Cost）不可以被修改，OSPF 优先级为 10，静态路由优先级值的范围为 1～255。答案为 A。

2．链路产生故障后，静态路由不能够自动完成网络收敛。答案为 B。

3．静态路由不需要路由器之间交互路由信息。答案为 B。

4．添加到具体 IP 地址的路由（主机路由），子网掩码要写成 4 个 255。答案为 C。

5．配置静态路由需要配置目标 IP 网段、下一跳或出接口。答案为 ACD。

6．ip route-static 10.0.12.0 255.255.255.0 192.168.1.1 命令为配置一条到达 10.0.12.0/24 网络的路由。答案为 C。

7．添加静态路由时带 permanent 参数，出口状态为 DOWN 之后路由依然出现在路由表。答案为 B。

关联知识精讲

一、静态路由的基本概念

静态路由是一种路由的方式，路由项（Routing Entry）由手动配置，而非动态决定。与动态路由不同，静态路由是固定的，不会改变，即使网络状况已经改变。一般来说，静态路由是由网络管理员逐项加入路由表的。

使用静态路由的一个好处是网络安全、保密性高。动态路由需要路由器之间频繁地交换各自的路由表，而对路由表的分析可以揭示网络的拓扑结构和网络地址等信息，因此，网络出于安全方面的考虑可以采用静态路由。静态路由不会产生更新流量，不占用网络带宽。

大型和复杂的网络环境通常不宜采用静态路由。一方面，网络管理员难以全面地了解整个网络的拓扑结构；另一方面，当网络的拓扑结构和链路状态发生变化时，路由器中的静态路由信息需要进行大范围的调整，这一工作的难度和复杂程度非常高。此外，当网络发生变化或网络发生故障时，不能重选路由，很可能使路由失败。

二、静态路由配置须知

要想实现全网通信，也就是网络中的任意两个节点都能通信，就要求网络中所有路由器的路由表中必须有到所有网段的路由。对路由器来说，接口直连的网段会自动加入路由表，对于没有直连的网段，则需要管理员人工添加到这些网段的路由。

图 5-5 所示的网络拓扑中有 A、B、C、D 共 4 个网段，计算机和路由器接口的 IP 地址已在图中标出，网络中的 3 个路由器 AR1、AR2 和 AR3 如何添加路由才能使全网畅通呢？

AR1 路由器直连 A、B 两个网段，C、D 网段没有直连，需要添加到 C、D 网段的路由。

AR2 路由器直连 B、C 两个网段，A、D 网段没有直连，需要添加到 A、D 网段的路由。

AR3 路由器直连 C、D 两个网段，A、B 网段没有直连，需要添加到 A、B 网段的路由。

在路由器上配置静态路由时，需要进入系统视图，然后执行命令 ip route-static ip-address { mask | mask-length } { nexthop-address | interface-type interface-number [nexthop-address]} [**preference** preference]。其中，ip-address { mask | mask-length } 表示目的地/掩码，nexthop-address 表示下一跳 IP 地址，interface-type interface-number 表示出口接口，preference 表示路由优先级。

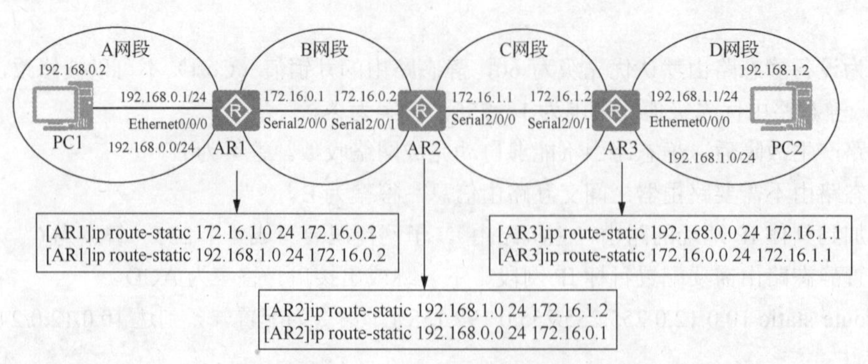

图 5-5　添加静态路由的命令

这里一定要正确理解“下一跳”。如图 5-5 所示，在 AR1 路由器上添加到 192.168.1.0/24 网段的路由，下一跳是相邻设备接口的 IP，即 AR2 路由器的 Serial 2/0/1 接口的地址，而不是 AR3 路由器的 Serial 2/0/1 接口的地址。

5.3 串口配置静态路由

典型 HCIA 试题

1．在以 PPP 作为数据链路层协议的接口上，可以通过指定下一跳地址或出接口来配置静态路由。【判断题】

A．对　　B．错

2．在串行接口上，可以通过指定下一跳地址或出接口来配置静态路由。【判断题】

A．对　　B．错

3．在广播型的接口上配置静态路由时，可以通过指定下一跳地址或出接口来配置静态路由。【判断题】

A．对　　B．错

试题解析

1．在以 PPP 作为数据链路层协议的接口上，静态路由可以通过指定下一跳地址或出接口来配置静态路由。答案为 A。

2．在串行接口上，可以通过指定下一跳地址或出接口来配置静态路由。答案为 A。

3．在广播型的接口上配置静态路由时，可以通过指定下一跳地址来配置静态路由。答案为 B。

关联知识精讲

如果转发到目标网络要经过一条点到点链路，添加静态路由还有另外一种格式，目标地址和掩码后配置出口信息。比如可以按图 5-6 所示在 AR2 路由器上添加到 192.168.1.0/24 网段的路由。注意，后面的 Serial 2/0/0 是路由器 AR2 的接口，这就是告诉路由器 AR2，到 192.168.1.0/24 网段的数据包由 Serial 2/0/0 接口发送出去。

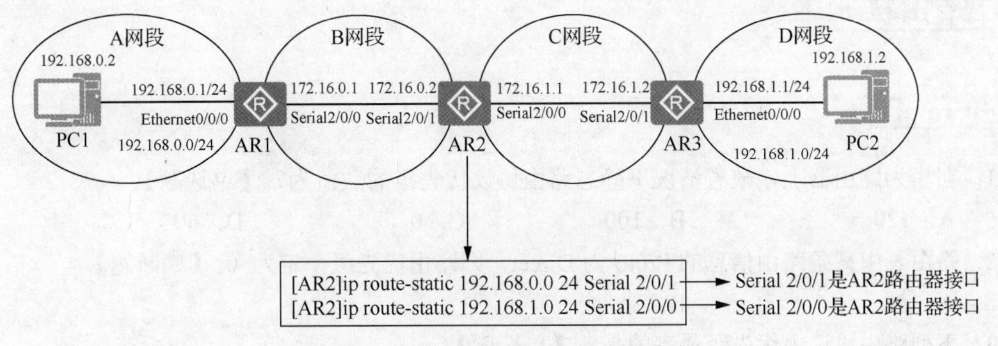

图 5-6　点到点链路路由配置出口信息

如图 5-7 所示，如果路由器之间是以太网连接，在这种情况下添加路由，最好写下一跳地址，而不要写路由器的出口，请想一想：原因是什么？

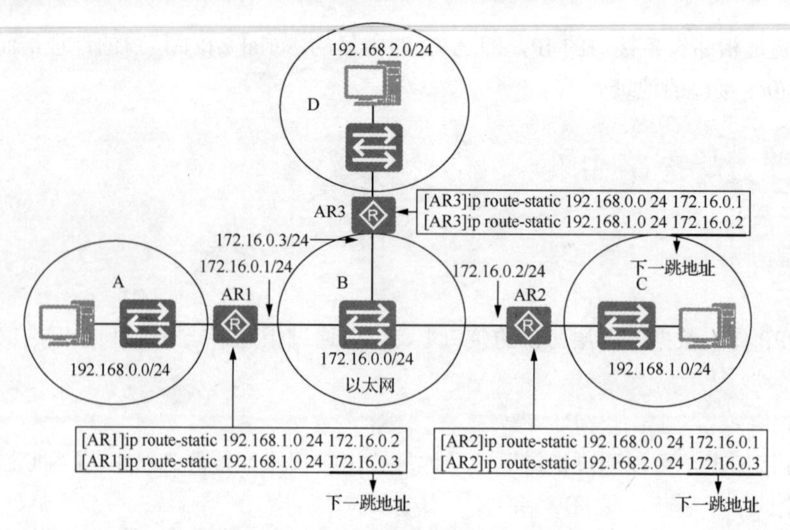

图 5-7　以太网接口最好填写下一跳地址

以太网中可以连接多台计算机或路由器，如果添加路由时下一跳不写地址，就无法判断下一跳应该由哪个接口接收。点到点链路就不存在这个问题，一端发送另一端接收，根本用不上数据链路层地址。

路由器只关心到某个网段如何转发数据包，因此，在路由器上添加路由时，必须是到某个网段（子网）的路由，而不能是到特定地址的路由。添加到某个网段的路由时，一定要确保 IP 地址的主机位全是 0。比如下面添加路由时报错了，是因为 172.16.1.2 24 不是网络，而是 172.16.1.0 24 网络中的 IP 地址。


```
[AR1]ip route-static 172.16.1.2 24 172.16.0.2
Info: The destination address and mask of the configured static route mismatched , and the static route 172.16.1.0/24 was generated.  --错误的地址和子网掩码
```

如果想添加到具体 IP 地址的路由（主机路由），子网掩码要写成 4 个 255，这就意味着 IP 地址的 32 位全部是网络位。

```
[AR1]ip route-static 172.16.1.2 32 172.16.0.2          --添加到 172.16.1.2/32 网段的路由
```

5.4　路由优先级

典型 HCIA 试题

1．在华为路由器上，缺省情况下静态路由协议优先级的数值为？【单选题】

A．120　　B．100　　C．0　　D．60

2．路由表中某条路由信息的 Proto 为 Direct，则路由优先级一定为 0。【判断题】

A．对　　B．错

3．下列路由协议中优先级最高的是？【单选题】

A．Static　　B．OSPF　　C．Direct　　D．RIP

4．在华为路由器上 OSPF 的优先级为？【单选题】

A．10　　B．0　　C．30　　D．70

5．路由表中某条路由信息的 Proto 为 OSPF，则此路由的优先级一定为 10。【判断题】

A．对　　　　　　　　　B．错

6．关于华为设备中静态路由的说法，错误的是？【多选题】

A．静态路由优先级为 0 时一定优选该路由

B．静态路由的开销值不可修改

C．静态路由的优先级缺省值为 60

D．静态路由优先级范围为 0～255

7．下列关于华为设备中静态路由优先级的说法，错误的是？【单选题】

A．静态路由优先级的缺省值为 60

B．静态路由的优先级值为 255 表示该路由不可用

C．静态路由优先级值的范围为 0～255

D．静态路由的优先级分为内部优先级和外部优先级，管理员可以修改外部优先级

8．下列说法不正确的是？【多选题】

A．路由 Cost 值越大，则路由优先级越高

B．缺省情况下，直连路由优先级高于 OSPF 路由优先级

C．VRP 中，路由优先级数值越大则表示路由优先级越高

D．每条静态路由优先级可以不同

9．以下关于直连路由的说法，正确的是？【单选题】

A．直连路由优先级低于动态路由

B．直连路由需要管理员手工配置目的网络和下一跳地址

C．直连路由优先级低于静态路由

D．直连路由优先级最高

10．在 VRP 平台上，直连路由、静态路由、RIP、OSPF 区域内路由的默认协议优先级从高到低的排序是？【单选题】

A．直连路由、OSPF、RIP、静态路由　　　B．直连路由、静态路由、RIP、OSPF

C．直连路由、OSPF、静态路由、RIP　　　D．直连路由、RIP、静态路由、OSPF

11．ip route-static 10.0.2.2 255.255.255.255 10.0.12.2 preference 20，关于此命令的说法，正确的是？【多选题】

A．该路由可以指导目标 IP 地址为 10.0.2.2 的数据包转发

B．该路由可以指导目标 IP 地址为 10.0.12.2 的数据包转发

C．该路由优先级为 20

D．该路由的 NextHop 为 10.0.12.2

12．对于到达同一个目标网络的多条路径，路由器需要通过比较 Cost 值的大小进行选择，如果 Cost 取值相同，则依据 Preference 值的大小进行选择。【判断题】

A．对　　　　　　　　　B．错

13．对于到达同一个目标网络的多条路径，路由器需要通过比较 Preference 值的大小进行选择，如果 Preference 相同，则依据 Cost 值的大小进行选择。【判断题】

A．对　　　　　　　　　B．错

14．静态路由协议的优先级不能手工指定。【判断题】

A．对　　　　B．错

15．如图 5-8 所示，路由器 A 已经通过 IP 地址 10.0.12.2 Telnet 路由器 B，在当前界面下，以下哪些操作会导致路由器 A 和路由器 B 的 Telnet 会话中断？【多选题】

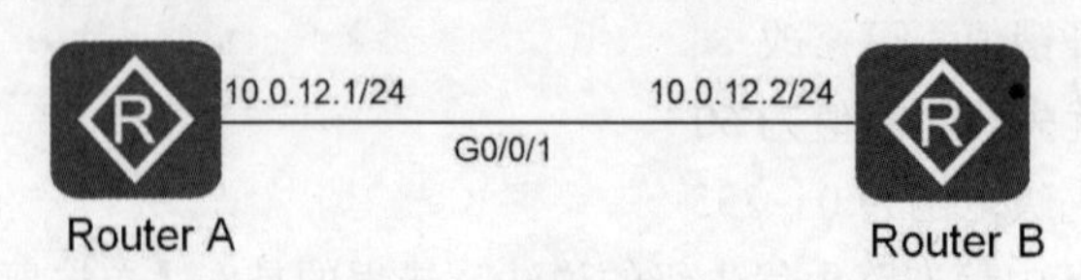

图 5-8　网络拓扑

A．在 G0/0/1 接口下开启 OSPF 协议　　B．配置静态路由

C．修改 G0/0/1 接口 IP 地址　　D．关闭 G0/0/1 接口

16．某 AR2200 路由器通过 OSPF 和 RIPv2 同时学习到了到达同一网络的路由条目，通过 OSPF 学习到的路由的开销值是 4882，通过 RIPv2 学习到的路由的跳数是 4，则该路由器的路由表中将有？【单选题】

A．OSPF 和 RIPv2 的路由　　B．OSPF 的路由

C．两者都不存在　　D．RIPv2 的路由

17．route-static 10.0.2.2 255.255.255.255 10.0.12.2 preference 20，关于此命令的说法，正确的是？【单选题】

A．该路由一定会出现在路由表当中　　B．该路由的目标网络为 10.0.12.2/32

C．该路由的优先级为 100　　D．该路由目标网络的掩码长度为 32 位

试题解析

1．在华为路由器上，缺省情况下静态路由协议优先级的数值为 60。答案为 D。

2．路由表中某条路由信息的 Proto 为 Direct，则路由优先级一定为 0，这个不能更改。答案为 A。

3．路由协议中优先级最高的是 Direct。答案为 C。

4．在华为路由器上 OSPF 的优先级为 10。答案为 A。

5．路由表中某条路由信息的 Proto 为 OSPF，则此路由的优先级默认为 10，使用以下命令可以更改。答案为 B。

```
[Huawei-ospf-1]preference 70
```

6．静态路由优先级范围为 1～255，如下命令所示。答案为 AD。

```
[Huawei]ip route-static 0.0.0.0 0 12.1.1.1 preference ?
INTEGER<1-255>   Preference value range
```

7．静态路由优先级值的范围为 1～255。答案为 C。

8．若路由 Cost 值用来选择最佳路径，则和路由优先级没关系。VRP 中，路由优先级数值越大则表示路由优先级越低。答案为 AC。

9．直连路由优先级最高。答案为 D。

10．在 VRP 平台上，默认协议优先级从高到低的排序是直连路由、OSPF、静态路由、RIP。答案为 C。

11．由命令 ip route-static 10.0.2.2 255.255.255.255 10.0.12.2 preference 20 可知，该路由可以指导目标 IP 地址为 10.0.2.2 的数据包转发，该路由优先级为 20，该路由的 NextHop 为 10.0.12.2。答案为 ACD。

12. 对于到达同一个目标网络的多条路径，先依据 Preference 值的大小进行选择，如果 Preference 取值相同，再比较 Cost 值的大小进行选择。答案为 B。

13. 对于到达同一个目标网络的多条路径，路由器需要通过比较 Preference 值的大小进行选择，如果 Preference 相同，则依据 Cost 值的大小进行选择。答案为 A。

14．静态路由协议的优先级可以手工指定。答案为 B。

15．Router A 和 Router B 直连，通信不需要动态路由或静态路由。修改 G0/0/1 接口 IP 地址或关闭 G0/0/1 接口才会中断通信。答案为 CD。

16．先比较协议优先级，优先级相同再比较开销。OSPF 优先级为 10，RIPv2 优先级为 100。答案为 B。

17．由命令 route-static 10.0.2.2 255.255.255.255 10.0.12.2 preference 20 可知，目标网络为 10.0.2.2/32，该路由目标网络的掩码长度为 32 位，优先级为 20，未必出现在路由表中。答案为 D。

关联知识精讲

一台路由器是可以同时运行多种路由协议的。如图 5-9 所示，R2 路由器同时运行 RIP 路由协议和 OSPF 路由协议。此时，该路由器除了会创建并维护一个 IP 路由表，还会分别创建并维护一个 RIP 路由表和一个 OSPF 路由表。RIP 路由表用来专门存放 RIP 协议发现的所有路由，OSPF 路由表用来专门存放 OSPF 协议发现的所有路由。

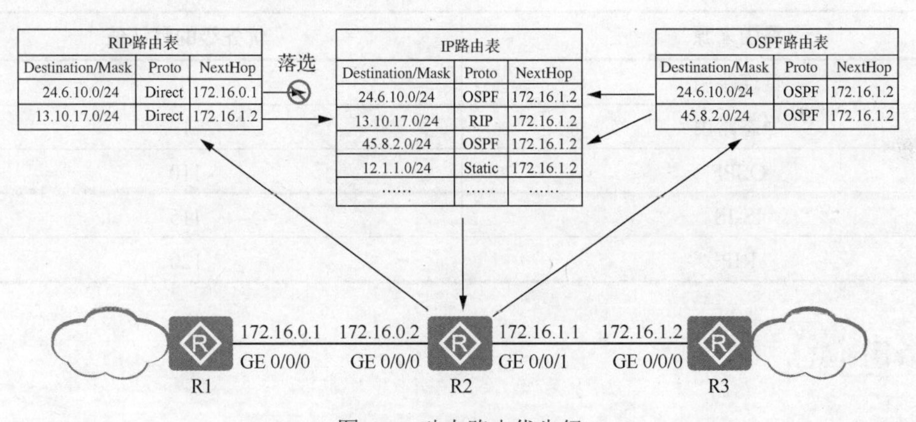

图 5-9 动态路由优先级

RIP 路由表和 OSPF 路由表中的路由项都会加进 IP 路由表中，如果 RIP 路由表和 OSPF 路由表都有到某一网段的路由项，那就要比较路由协议优先级了。图 5-9 中，R2 路由器的 RIP 路由表和 OSPF 路由表都有 24.6.10.0/24 网段的路由信息，由于 OSPF 协议的优先级高于 RIP 协议，OSPF 路由表中 24.6.10.0/24 路由项被加进 IP 路由表。而路由器最终是根据 IP 路由表来进行 IP 报文的转发工作的。

假设一台华为 AR 路由器同时运行了 RIP 和 OSPF 这两种路由协议，RIP 发现了一条去往目的地/掩码为 *z/y* 的路由，OSPF 也发现了一条去往目的地/掩码为 *z/y* 的路由。另外，我们还手工配置了一条去往目的地/掩码为 *z/y* 的路由。也就是说，该设备同时获取了去往同一目的地/掩码的 3 条不同的路由，那么该设备究竟会采用哪一条路由来进行 IP 报文的转发呢？或者说，这 3 条路由中的哪一条会被加入 IP 路由表呢？

事实上，我们给不同来源的路由规定了不同的优先级（Preference），并规定优先级的值越小，路由的优先级就越高。这样，当存在多条目的地/掩码相同但来源不同的路由时，具有最高优先级的路由便成了最优路由，并被加入 IP 路由表中，而其他路由则处于未激活状态，不显示在 IP 路由表中。

设备上的路由优先级一般具有默认值。不同厂商的设备对于路由优先级的默认值的规定不同。华为 AR 路由器上部分路由优先级的默认值规定见表 5-1。这些都是默认优先级，优先级可以更改，比如添加静态路由时可以指定该静态路由的优先级。优先级的取值范围为 0～255。

表 5-1　华为路由的优先级

路由来源	优先级的默认值
直连路由	0
OSPF	10
IS-IS	15
静态路由	60
RIP	100

思科路由器路由优先级见表 5-2。

表 5-2　思科路由器路由优先级

路由来源	优先级的默认值
直连路由	0
静态路由	1
OSPF	110
IS-IS	115
RIP	120

5.5　路由汇总

典型 HCIA 试题

1．现在有以下 10.24.0.0/24、10.24.1.0/24、10.24.2.0/24、10.24.3.0/24 四个网段，哪条路由可以同时指向这四个网段？【单选题】

A．10.24.1.0/23　B．0.0.0.0/0　C．10.24.0.0/22　D．10.24.0.0/21

2．路由条目 10.0.0.24/29 可能由如下哪几条子网路由汇聚而来？【多选题】

A．10.0.0.24/30　B．10.0.0.26/30　C．10.0.0.28/30　D．10.0.0.23/30

3．路由器收到目标 IP 地址为 195.199.10.64，路由表中有以下三条可选的路由：

路由 1:目标网络为 195.128.0.0/16

路由 2:目标网络为 195.192.0.0/17

路由 3:目标网络为 195.200.0.0/18

请指出：应该选择哪一条路由？

4．下面是某一台路由器的路由表，当该路由器收到一个目标 IP 地址为 9.1.1.1 的数据包时，路由器将根据 9.1.0.0/16 的路由进行转发，因为该条路由匹配目标地址 9.1.1.1 的位数更多。【判断题】

```
[Huawei]display ip routing-table
Route Flags: R - relay, D - download to fib
------------------------------------------------------------------------------
Routing Tables: Public
         Destinations : 2          Routes : 2

Destination/Mask    Proto    Pre    Cost    Flags    NextHop      Interface

    0.0.0.0/0       Static   60     0       D        120.0.0.2    Serial1/0/0
    8.0.0.0/8       RIP      100    3       D        120.0.0.2    Serial1/0/0
    9.0.0.0/8       OSPF     10     50      D        20.0.0.2     Ethernet2/0/0
    9.1.0.0/16      RIP      100    4       D        120.0.0.2    Serial1/0/0
    11.0.0.0/8      Static   60     0       D        120.0.0.2    Serial2/0/0
    20.0.0.0/8      Direct   0      0       D        20.0.0.1     Ethernet2/0/0
    20.0.0.1/32     Direct   0      0       D        127.0.0.1    Loopback0
```

A．对　　B．错

5．以下是路由器 R1 的路由表，如果 R1 发送一个目标 IP 地址为 10.0.2.2 的数据包，那么需要从哪个接口发出？【单选题】

```
<Huawei>display ip routing-table
Route Flags: R - relay, D - download to fib
------------------------------------------------------------------------------
Routing Tables: Public
         Destinations : 13          Routes : 13

Destination/Mask    Proto    Pre    Cost    Flags    NextHop      Interface

    0.0.0.0/0       Static   60     0       RD       10.0.14.4    GigabitEthernet 0/0/0
    10.0.0.0/8      Static   60     0       RD       10.0.12.2    Ethernet0/0/0
    10.0.2.0/24     Static   60     0       RD       10.0.13.3    Ethernet0/0/2
    10.0.2.2/32     Static   60     0       RD       10.0.21.2    Ethernet0/0/1
```

A．Ethernet0/0/2　　B．Ethernet0/0/1　　C．Ethernet0/0/0　　D．GigabitEthernet0/0/0

6．已知某台路由器的路由表中有如下两个表项，如果该路由器要转发目标地址为 9.1.4.5 的报文，则下列说法中正确的是？【单选题】

Destination/Mask	Protocol	Pre	Cost	Nexthop	Interface
9.0.0.0/8	OSPF	10	50	1.1.1.1	Serial0
9.1.0.0/16	IS-IS	15	100	2.2.2.2	Ethernet0

A．选择第二项作为最优匹配项，因为 Ethernet0 比 Serial0 的速度快

B．选择第二项作为最优匹配项，因为 RIP 协议的代价值较小

C．选择第一项作为最优匹配项，因为 OSPF 协议的优先级值较高

D．选择第二项作为最优匹配项，因为该路由相对于目标地址 9.1.4.5 来说，是更精确的匹配

7．路由器在查找路由表时存在最长匹配原则，这里的长度指的是以下哪个参数？【单选题】

A．NextHop IP 地址的大小　　　B．路由协议的优先级

C．Cost　　　D．掩码的长度

8．如图 5-10 所示的网络，下列哪些命令可以使 Router A 转发目标 IP 地址为 10.0.3.3 的数据包？【多选题】

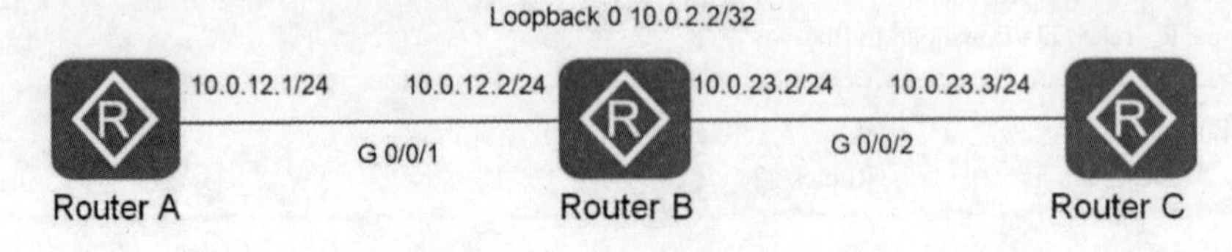

图 5-10　网络拓扑

A．ip route-static 10.0.3.3 255.255.255.255 10.0.12.2

B．ip route-static 10.0.2.2 255.255.255.255 10.0.12.2

ip route-static 10.0.3.3 255.255.255.255 10.0.2.2

C．ip route-static 0.0.0.0 0.0.0.0 10.0.12.2

D．ip route-static 10.0.3.3 255.255.255.255 10.0.2.2

9. 如图 5-11 所示，某公司网管要进行网络规划的时候，要让 PC1 访问 PC2 的数据包能够从 G0/0/0 口走。PC2 访问 PC1 的数据包从 G0/0/4 口走。在 AR1 和 AR2 如何添加静态理由？【单选题】

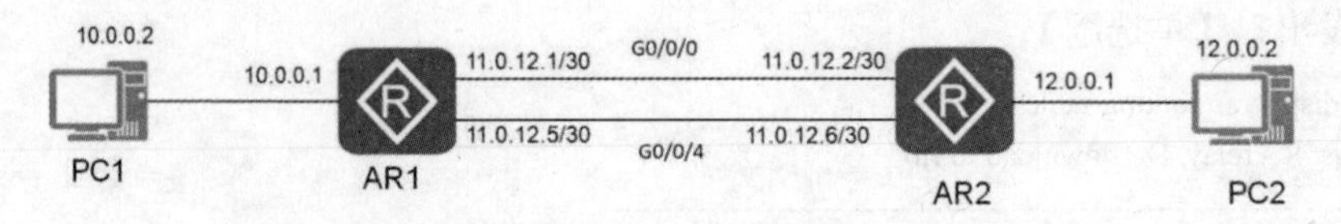

图 5-11　网络拓扑

A．[AR1]ip route-static 12.0.0.0 255.0.0.0 11.0.12.6

[AR2]ip route-static 10.0.0.0 255.0.0.0 11.0.12.1

B．[AR1]ip route-static 12.0.0.0 255.0.0.0 11.0.12.2

[AR2]ip route-static 10.0.0.0 255.0.0.0 11.0.21.5

C．[AR1]ip route-static 0.0.0.0 0 11.0.12.6

[AR2]ip route-static 0.0.0.0 0 11.0.12.1

D．[AR1]ip route-static 0.0.0.0 0 11.0.12.2

[AR2]ip route-static 0.0.0.0 0 11.0.12.1

10．VRP 操作平台，以下哪条命令可以只查看静态路由？【单选题】

A．display IP routing-table　　　B．display IP routing-table statistics

C．display IP routing-table verbose　　　D．display IP routing-table protocol static

11．某台路由器路由表输出信息如下，下列说法正确的是？【多选题】

```
<R1>display ip routing-table
Route Flags: R - relay, D - download to fib
------------------------------------------------------------------------------
Routing Tables: Public
```

```
        Destinations : 10         Routes : 10

Destination/Mask   Proto   Pre   Cost   Flags   NextHop     Interface

    10.0.0.0/8     Static  60    0      RD      10.0.12.2   Ethernet0/0/0
    10.0.2.2/32    Static  70    0      RD      10.0.21.2   Ethernet0/0/1
```

A．本路由器到达 10.0.0.1 的出接口为 Ethernet0/0/1

B．本路由器到达 10.0.0.1 的出接口为 Ethernet0/0/0

C．本路由器到达 10.0.2.2 的出接口为 Ethernet0/0/0

D．本路由器到达 10.0.2.2 的出接口为 Ethernet0/0/1

12．如下所示路由表，下列说法正确的是？【多选题】

```
<Huawei>display ip routing-table
Route Flags: R - relay, D - download to fib
------------------------------------------------------------------------------
Routing Tables: Public
        Destinations : 14         Routes : 15

Destination/Mask   Proto   Pre   Cost   Flags   NextHop     Interface

10.0.2.2/32        Static  60    0      RD      10.0.12.2   Ethernet0/0/0
10.0.3.3/32        Static  60    0      RD      10.0.2.2    Ethernet0/0/0
10.0.12.0/24       Direct  0     0      D       10.0.12.1   Ethernet0/0/0
10.0.12.1/32       Direct  0     0      D       127.0.0.1   Ethernet0/0/0
```

A．目标网络 10.0.3.3/32 的 NextHop 非直连，所以路由器不会转发目标 IP 地址为 10.0.3.3 的数据包

B．路由器从 Ethernet0/0/0 转发目标 IP 地址为 10.0.2.2 的数据包

C．路由器从 Ethernet0/0/0 转发目标 IP 地址为 10.0.12.1 的数据包

D．路由器从 Ethernet0/0/0 转发目标 IP 地址为 10.0.3.3 的数据包

13．路由器路由表输出信息如下，下列说法正确的是？【多选题】

```
<Huawei>display ip routing-table
Route Flags: R - relay, D - download to fib
------------------------------------------------------------------------------
Routing Tables: Public
        Destinations : 13         Routes : 13

Destination/Mask   Proto   Pre   Cost   Flags   NextHop     Interface

0.0.0.0/0          Static  60    0      RD      10.0.14.4   GigabitEthernet0/0/0
10.0.0.0/8         RIP     60    0      RD      10.0.12.2   Ethernet0/0/0
10.0.2.0/24        Static  60    0      RD      10.0.13.3   Ethernet0/0/2
10.0.2.2/32        OSPF    10    50     RD      10.0.21.2   Ethernet0/0/1
10.0.12.0/24       Direct  0     0      D       10.0.12.1   Ethernet0/0/0
10.0.12.1/32       Direct  0     0      D       127.0.0.1   Ethernet0/0/0
```

A．路由表中存在两种动态路由协议

B．路由器 Ethernet0/0/0 接口 IP 地址的掩码长度为 24 位

C．路由器 Ethernet0/0/0 接口的 IP 地址为 10.0.12.1

D．路由表中存在一种动态路由协议

14．路由器 R1 路由表输出信息如下，下列说法正确的是？【多选题】

```
<R1>display ip routing-table
Route Flags: R - relay, D - download to fib
------------------------------------------------------------------------------
Routing Tables: Public
        Destinations : 13       Routes : 13

Destination/Mask   Proto    Pre   Cost   Flags   NextHop     Interface

0.0.0.0/0          Static   60    0      RD      10.0.14.4   GigabitEthernet0/0/0
10.0.0.0/8         RIP      60    0      RD      10.0.12.2   Ethernet0/0/0
10.0.2.0/24        Static   60    0      RD      10.0.13.3   Ethernet0/0/2
10.0.2.2/32        OSPF     10    50     RD      10.0.21.2   Ethernet0/0/1
```

A．路由器会转发目标网络为 12.0.0.0/8 的数据包

B．目标网络为 12.0.0.0/8 的数据包将从路由器的 Ethernet0/0/0 接口转发

C．目标网络为 11.0.0.0/8 的数据包将从路由器的 GigabitEthernet0/0/0 接口转发

D．路由器会丢弃目标网络为 11.0.0.0/8 的数据包

15．如图 5-12 所示的网络，网络管理员在进行流量规划时希望主机 A 发往主机 B 的数据包经过路由器之间的 G0/0/3 接口，主机 B 发往主机 A 的数据包经过路由器之间的 G0/0/4 接口，下列哪些命令可以实现这个需求？【多选题】

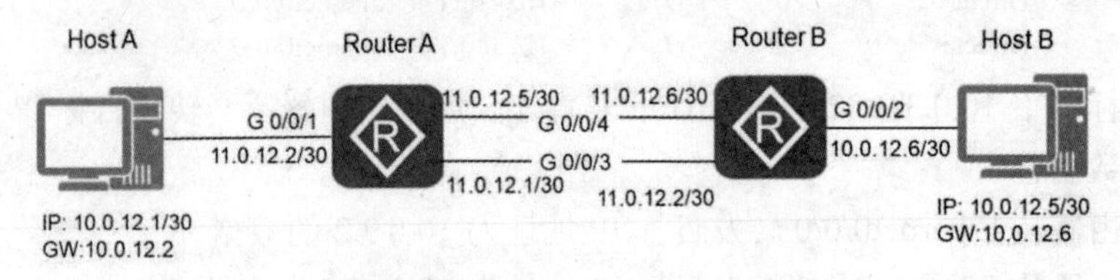

图 5-12　网络拓扑

A．Router A：ip route-static 10.0.12.5 255.255.255.252 11.0.12.2
　　Router B：ip route-static 10.0.12.1 255.255.255.252 11.0.12.5

B．Router A：ip route-static 0.0.0.0 0.0.0.0 11.0.12.6
　　Router B：ip route-static 0.0.0.0 0.0.0.0 11.0.12.1

C．Router A：ip route-static 10.0.12.5 255.255.255.252 11.0.12.6
　　Router B：ip route-static 10.0.12.1 255.255.255.252 11.0.12.1

D．Router A：ip route-static 0.0.0.0 0.0.0.0 11.0.12.2
　　Router B：ip route-static 0.0.0.0 0.0.0.0 11.0.12.5

16. 如图 5-13 所示的网络，在路由器输入下列哪些命令可以使主机 A 能够 ping 通主机 B？【单选题】

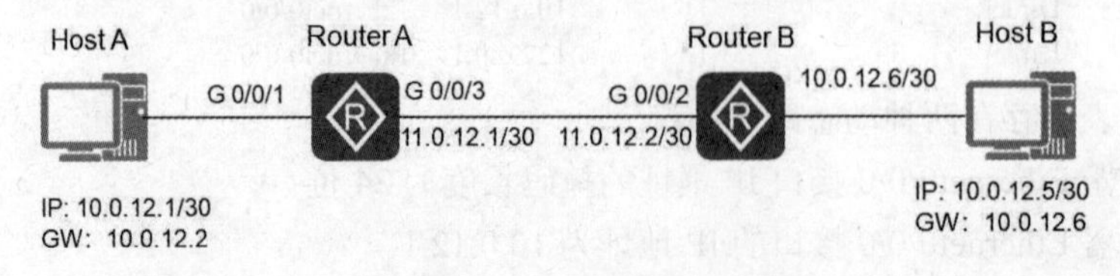

图 5-13　网络拓扑

A．Router A : ip route-static 10.0.12.5 255.255.255.252 11.0.12.1

Router B : ip route-static 10.0.12.1 255.255.255.252 11.0.12.2

B．Router A : ip route-static 0.0.0.0 0.0.0.0 11.0.12.1

Router B : ip route-static 0.0.0.0 0.0.0.0 11.0.12.2

C．Router A : ip route-static 10.0.12.5 255.255.255.252 11.0.12.2

Router B : ip route-static 10.0.12.1 255.255.255.252 11.0.12.1

D．Router A : ip route-static 0.0.0.0 0.0.0.0 11.0.12.2

Router B : ip route-static 0.0.0.0 0.0.0.0 11.0.12.1

试题解析

1．10.24.0.0/24、10.24.1.0/24、10.24.2.0/24、10.24.3.0/24 这四个网段可以合并到 10.24.0.0/22。答案为 C。

2．10.0.0.24/29 网段能够用的地址范围为 10.0.0.24～10.0.0.31，这个范围包含了 10.0.0.24/30、10.0.0.28/30 两个子网。答案为 AC。

3．路由器收到目标 IP 地址为 195.199.10.64，更匹配路由 3。

4．当该路由器收到一个目标 IP 地址为 9.1.1.1 的数据包时，路由器将根据 9.1.0.0/16 的路由进行转发，因为该条路由匹配目标地址 9.1.1.1 的位数更多。答案为 A。

5．10.0.2.2 的数据包，根据最长前缀匹配算法最佳匹配 10.0.2.2/32，出口为 Ethernet0/0/1。答案为 B。

6．9.1.4.5 的报文，根据最长前缀匹配算法最佳匹配，选择第二项作为最优匹配项，因为该路由相对于目标地址 9.1.4.5 来说，是更精确的匹配。答案为 D。

7．路由器在查找路由表时存在最长匹配原则，这里的长度指的是掩码的长度。答案为 D。

8．ip route-static 10.0.3.3 255.255.255.255 10.0.12.2 添加了一条主机路由。B 选项先添加了一条到 Router B 的 Loopback 0 接口地址的路由，又添加了一条到 10.0.3.3 地址的主机路由，下一跳指向了 Router B 的 Loopback 0 接口的地址，这就是递归路由。C 选项添加了一条默认路由。答案为 ABC。

9．在 AR1 路由器上添加到 12.0.0.0/24 网段的路由，下一跳指向 11.0.12.2，在 AR2 上添加到 10.0.0.0/24 网段的路由，下一跳指向 11.0.21.5。答案为 B。

10．display IP routing-table protocol static 只显示静态路由。答案为 D。

11．虽然这两条静态路由优先级不同，但是是不同的网段，依然会按照最长前缀匹配算法选择出口。答案为 BD。

12．目标网络 10.0.3.3/32 的 NextHop 非直连，但通过递归查询能够找到下一跳的地址，A 选项不对。

```
10.0.12.1/32    Direct   0    0          D    127.0.0.1         Ethernet0/0/0
```

可以看到 NextHop 是 127.0.0.1，能够确定 Ethernet0/0/0 接口的地址为 10.0.12.1，不会转发到 10.0.12.1 数据包，C 选项不对。答案为 BD。

13．从路由表输出看出路由表中存在两种动态路由协议 OSPF 和 RIP，由 10.0.12.0/24 Direct 可以看到子网掩码长度为 24 位。从下面这一项输出，能够看出 Ethernet0/0/0 接口地址为 10.0.12.1。答案为 ABC。

```
10.0.12.1/32      Direct    0    0          D      127.0.0.1         Ethernet0/0/0
```

14．到 12.0.0.0/8、11.0.0.0/8 网段的数据包由默认路由转发。答案为 AC。

15．使用默认路由或到主机 A 和主机 B 的主机路由均可实现。答案为 AD。

16．路由器只关心到某个网段转发，主机 B 所在的网段为 10.0.12.4/30，主机 A 所在的网段 10.0.12.0/30，选项 A 和 C 不对。选项 B 下一跳写错了。答案为 D。

关联知识精讲

Internet 是全球最大的互联网，如果 Internet 上的路由器把全球所有的网段都添加到路由表中，那将是一张非常庞大的路由表。路由器每转发一个数据包，都要检查路由表，为该数据包选择转发出口，庞大的路由表势必会增加处理时延。

如果为物理位置连续的网络分配地址连续的网段，就可以在路由边界将远程的网段合并成一条路由，这就是路由汇总。通过路由汇总能大大减少路由器上的路由表条目。

一、路由汇总

如图 5-14 所示，北京市的网络可以认为是物理位置连续的网络，为北京市的网络分配连续的网段，即从 192.168.0.0/24、192.168.1.0/24、192.168.2.0/24、192.168.3.0/24、192.168.4.0/24 一直到 192.168.255.0/24 的网段。

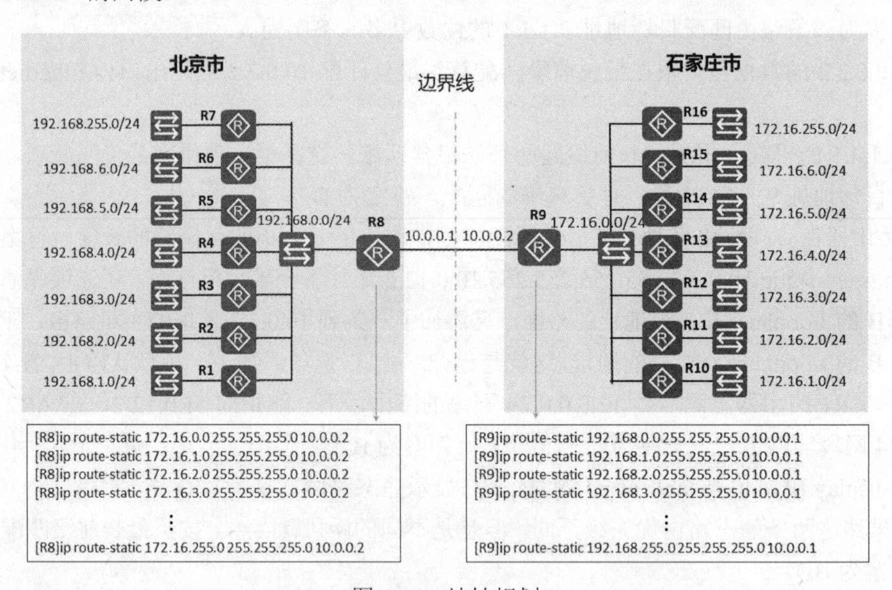

图 5-14　地址规划

石家庄市的网络也可以认为是物理位置连续的网络，为石家庄市的网络分配连续的网段，即从 172.16.0.0/24、172.16.1.0/24、172.16.2.0/24、172.16.3.0/24、172.16.4.0/24 一直到 172.16.255.0/24 的网段。

在北京市的路由器中添加到石家庄市全部网段的路由，如果为每一个网段添加一条路由，需要添加 256 条路由。在石家庄市的路由器中添加到北京市全部网络的路由，如果为每一个网段添加一条路由，也需要添加 256 条路由。

石家庄市的这些子网 172.16.0.0/24、172.16.1.0/24、172.16.2.0/24、…、172.16.255.0/24 都属于 172.16.0.0/16 网段，这个网段包括全部以 172.16 开始的网段。因此，在北京市的路由器中添加一

条到 172.16.0.0/16 这个网段的路由即可。

北京市的网段从 192.168.0.0/24、192.168.1.0/24、192.168.2.0/24、192.168.3.0/24、192.168.4.0/24 一直到 192.168.255.0/24，也可以合并成一个网段 192.168.0.0/16（这时候一定要能够想起 IP 地址和子网划分那一章讲到的使用超网合并网段，192.168.0.0/16 就是一个超网，子网掩码前移了 8 位，合并了 256 个 C 类网络），这个网段包括全部以 192.168 开始的网段。因此，在石家庄市的路由器中添加一条到 192.168.0.0/16 这个网段的路由即可。

汇总后，北京市的路由器 R8 和石家庄市的路由器 R9 的路由表得到极大的精简，如图 5-15 所示。

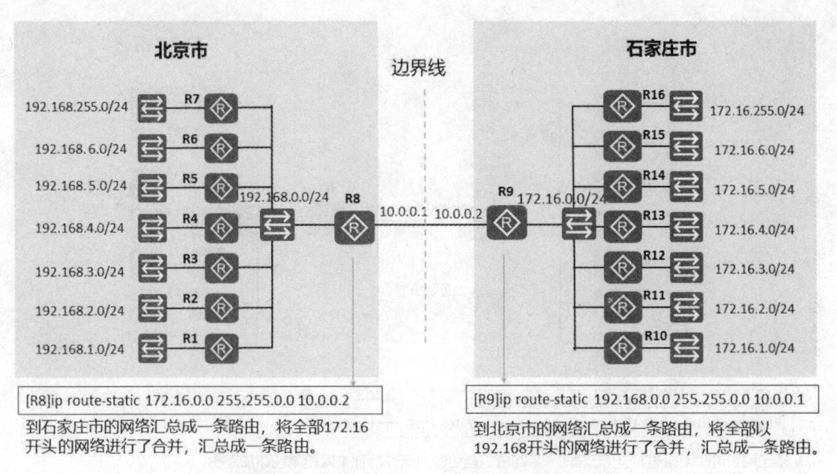

图 5-15 地址规划后可以进行路由汇总

进一步，如图 5-16 所示，如果石家庄市的网络使用 172.0.0.0/16、172.1.0.0/16、172.2.0.0/16、…、172.255.0.0/16 这些网段，总之，凡是以 172 开头的网络都在石家庄市，那么可以将这些网段合并为一个网段 172.0.0.0/8。在北京市的边界路由器 R8 中只需要添加一条路由。如果北京市的网络使用 192.0.0.0/16、192.1.0.0/16、192.2.0.0/16、…、192.255.0.0/16 这些网段，总之，凡是以 192 开头的网络都在北京市，那么也可以将这些网段合并为一个网段 192.0.0.0/8，在石家庄市的边界路由器 R9 中只需要添加一条路由。

可以看出规律：添加路由时，网络位越少（子网掩码中 1 的个数越少），路由汇总的网段越多。

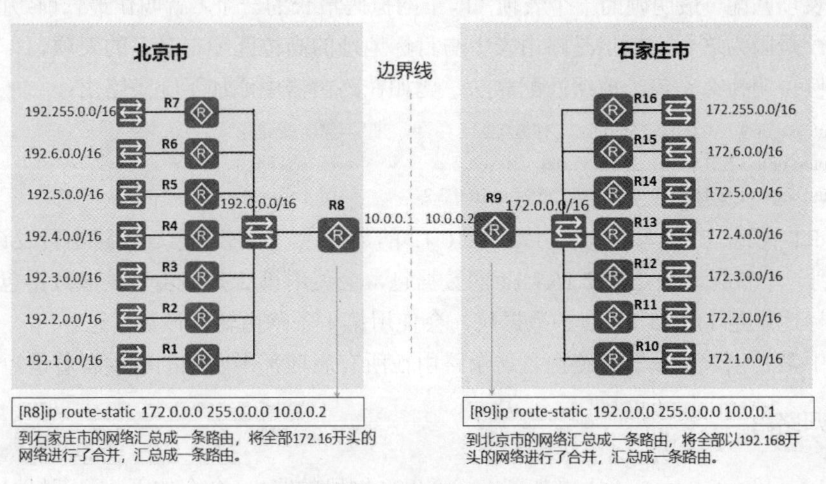

图 5-16 路由汇总

二、路由汇总例外

如图 5-17 所示，在北京市有个网络使用了 172.16.10.0/24 网段，后来石家庄市的网络连接北京市的网络，给石家庄市的网络规划使用 172.16 开头的网段，这种情况下，北京市网络的路由器还能不能把石家庄市的网络汇总成一条路由呢？

这种情况下，在北京市的路由器中照样可以把到石家庄市网络的路由汇总成一条路由，但要针对例外的网段单独再添加一条路由，如图 5-17 所示。

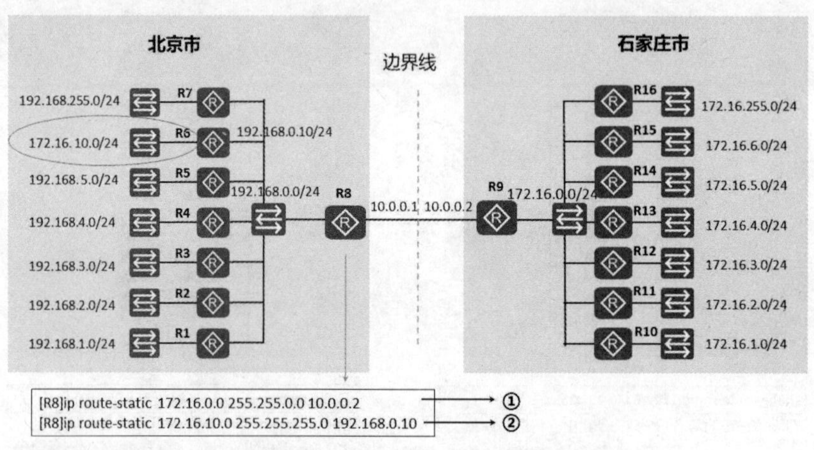

图 5-17　路由汇总例外

三、最长前缀匹配算法

如果路由器 R8 收到目标地址是 172.16.10.2 的数据包，应该使用哪一条路由进行路径选择呢？

因为该数据包的目标地址与第①条路由和第②条路由都匹配，路由器将使用最精确匹配的那条路由来转发数据包，这叫作最长前缀匹配（Longest Prefix Match），是指在 IP 协议中被路由器用于在路由表中进行选择的一种算法。因为路由表中的每个表项都指定了一个网络，所以一个目标地址可能与多个表项匹配。最明确的一个表项（即子网掩码最长的一个）就叫作最长前缀匹配。之所以这样称呼它，是因为这个表项也是路由表中与目标地址的高位匹配得最多的表项。

下面举例说明什么是最长前缀匹配算法，比如在路由器中添加了 3 条路由：

```
[R1]ip route-static 172.0.0.0    255.0.0.0    10.0.0.2            --第 1 条路由
[R1]ip route-static 172.16.0.0    255.255.0.0    10.0.1.2          --第 2 条路由
[R1]ip route-static 172.16.10.0    255.255.255.0    10.0.3.2       --第 3 条路由
```

路由器 R1 收到一个目标地址是 172.16.10.12 的数据包，会使用第 3 条路由转发该数据包。路由器 R1 收到一个目标地址是 172.16.7.12 的数据包，会使用第 2 条路由转发该数据包。路由器 R1 收到一个目标地址是 172.18.17.12 的数据包，会使用第 1 条路由转发该数据包。

路由表中常常包含一个默认路由。这个路由在所有表项都不匹配的时候有着最短的前缀匹配。

四、递归路由

如图 5-18 所示，在 Router A 上添加到 14.0.0.0/24 网段的路由。命令如下，下一跳地址写 12.0.0.2。

```
[RouterA]ip route-static 14.0.0.0 24 12.0.0.2
```

也可以这样添加静态路由：下一跳指向了一个没有直连的地址 A，路由器必须有到 A 地址的路由。这种路由就称为递归路由。

```
[RouterA]ip route-static 13.0.0.0 24 12.0.0.2
[RouterA]ip route-static 14.0.0.0 24 13.0.0.2
```

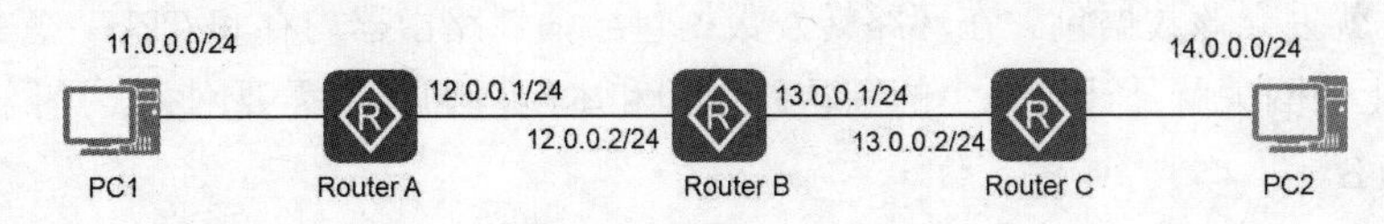

图 5-18　网络拓扑

5.6　默认路由

典型 HCIA 试题

1．缺省路由可以来源于？【多选题】

A．手工配置　　B．动态路由协议产生

C．路由器本身具备　　D．链路层协议产生

2．下列关于缺省路由的说法，正确的有？【多选题】

A．缺省路由只能由管理员手工配置

B．在路由表中，缺省路由以到网络 0.0.0.0（掩码也为 0.0.0.0）的路由形式出现

C．任何一台路由器的路由表中必须存在缺省路由

D．如果报文的目标地址不能与路由表的任何目标地址相匹配，那么该报文将选取缺省路由进行转发

3．下列配置默认路由的命令中，正确的是？【单选题】

A．[huawei]ip route-static 0.0.0.0 0.0.0.0 0.0.0.0

B．[huawei]ip route-static 0.0.0.0 255.255.255.255 192.168.1.1

C．[huawei-Serial0]ip route-static 0.0.0.0 0.0.0.0 0.0.0.0

D．[huawei]ip route-static 0.0.0.0 0.0.0.0 192.168.1.1

4．当路由出现环路时，可能会产生下列哪些问题？【多选题】

A．路由器的内存消耗增大　　B．数据包的字节数越来越大

C．数据包无休止地传递　　D．路由器的 CPU 消耗增大

E．数据包的目标 IP 地址不断被修改

5．一台主机和其他主机通信一定要配置网关。【判断题】

A．正确　　B．错误

试题解析

1．缺省路由可以手工配置，也可以使用动态路由产生。答案为 AB。

2．缺省路由可以手工配置，也可以使用动态路由产生。在路由表中，缺省路由以到网络 0.0.0.0

（掩码也为 0.0.0.0）的路由形式出现。缺省路由根据需要在路由器上添加。如果报文的目标地址不能与路由表的任何目标地址相匹配，那么该报文将选取缺省路由进行转发。答案 BD。

3. 在系统视图下添加默认路由，默认路由以到网络 0.0.0.0（掩码也为 0.0.0.0）的路由形式出现。答案为 D。

4. IP 首部有个 TTL 字段控制数据包的转发次数，当路由出现环路时，数据包不会无休止地传递，TTL 耗尽，就丢弃该数据包。在环路转发数据包会消耗路由器内存和 CPU。答案为 AD。

5. 计算机上的网关就是计算机上的默认路由，和本网段通信不需要网关。跨网段通信需要配置网关。答案为 B。

关联知识精讲

一、默认路由

默认路由又称缺省路由，是一种特殊的静态路由，是指当路由表中没有与数据包的目标地址相匹配的路由时路由器能够做出的选择。如果没有默认路由，那么目标地址在路由表中没有匹配的路由的数据包将被丢弃。默认路由在有些时候非常有用，比如连接末端网络的路由器，使用默认路由会大大简化路由器的路由表，减轻管理员的工作负担，提高网络性能。

在讲默认路由之前，先看看全球最大的网段在路由器中如何表示。在路由器中添加以下 3 条路由。

```
[R1]ip route-static 172.0.0.0    255.0.0.0    10.0.0.2              --第 1 条路由
[R1]ip route-static 172.16.0.0   255.255.0.0    10.0.1.2            --第 2 条路由
[R1]ip route-static 172.16.10.0    255.255.255.0    10.0.3.2        --第 3 条路由
```

从上面 3 条路由可以看出，子网掩码越短（子网掩码写成二进制形式后 1 的个数越少），主机位越多，该网段的地址数量就越大。

如果想让一个网段包括全部的 IP 地址，就要求子网掩码短到极限，最短就是 0，子网掩码变成了 0.0.0.0，这也意味着该网段的 32 位二进制形式的 IP 地址都是主机位，任何一个地址都属于该网段。因此，0.0.0.0 子网掩码为 0.0.0.0 的网段包括全球所有的 IPv4 地址，也就是全球最大的网段，换一种写法就是 0.0.0.0/0。

在路由器中添加到 0.0.0.0 0.0.0.0 网段的路由，就是默认路由。

```
[R1]ip route-static 0.0.0.0 0.0.0.0 10.0.0.2              --第 4 条路由
```

任何一个目标地址都与默认路由匹配，根据前面所讲的“最长前缀匹配”算法可知，默认路由是在路由器没有为数据包找到更为精确匹配的路由时最后匹配的一条路由。

二、Windows 上的默认路由和网关

以上介绍了为路由器添加静态路由，其实计算机也有路由表，可以在 Windows 操作系统上执行 route print 命令来显示 Windows 操作系统上的路由表，执行 netstat -r 命令也可以实现相同的效果。

如图 5-19 所示，给计算机配置网关就是为计算机添加默认路由，网关通常是本网段路由器接口的地址。如果不配置网关，计算机将不能跨网段通信，因为不知道把到其他网段的下一跳给哪个接口。

如果计算机的本地连接没有配置网关，使用 route add 命令添加默认路由也可以。如图 5-20 所示，去掉本地连接的网关，在命令提示符下执行“netstat -r”将显示路由表，可以看到没有默认路由了。

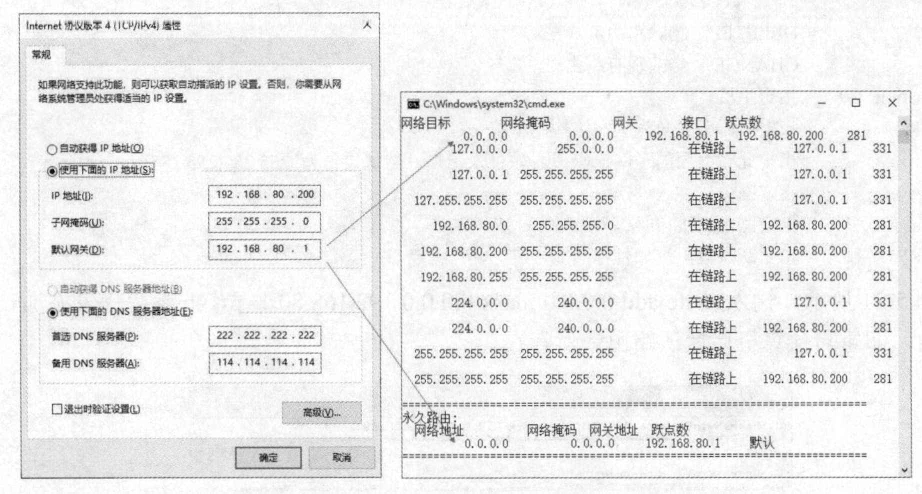

图 5-19　网关等于默认路由

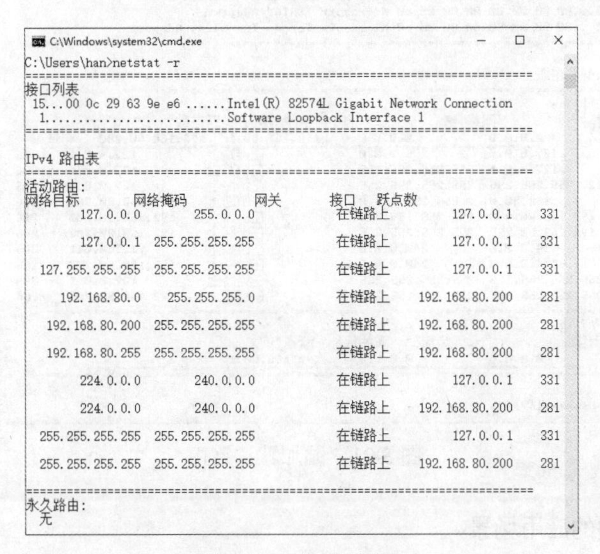

图 5-20　查看路由表

在命令提示符下执行“route /?”可以看到该命令的帮助信息。

```
C:\Users\win7>route /?
操作网络路由表。
UTE [-f] [-p] [-4|-6] command [destination]
                    [MASK netmask]   [gateway] [METRIC metric]   [IF interface]
-f                  清除所有网关项的路由表。如果与某个命令结合使用，在运行该命令前，应清除路由表。
-p                  与 ADD 命令结合使用时，将路由设置为在系统引导期间保持不变。默认情况下，重新
                    启动系统时，不保存路由。忽略所有其他命令，这始终会影响相应的永久路由。Windows 95
                    不支持此选项。
-4                  强制使用 IPv4。
-6                  强制使用 IPv6。

command             其中之一:
                    PRINT       打印路由
                    ADD         添加路由
```

	DELETE　删除路由
	CHANGE　修改现有路由
destination	指定主机
MASK	指定下一个参数为“网络掩码”值
netmask	指定此路由项的子网掩码值。如果未指定，默认设置为 255.255.255.255
gateway	指定网关
interface	指定路由的接口号码
METRIC	指定跃点数，例如目标的成本

如图 5-21 所示，输入 route add 0.0.0.0 mask 0.0.0.0 192.168.80.1 -p，-p 参数代表添加一条永久默认路由，即重启计算机后默认路由依然存在。

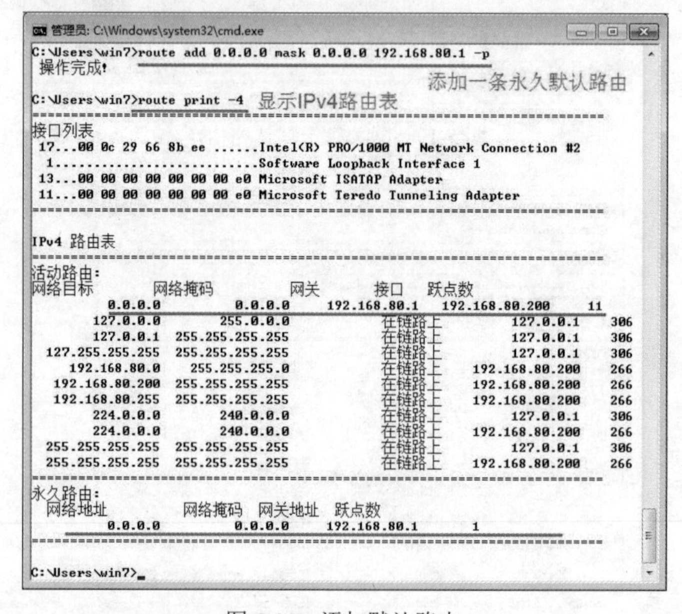

图 5-21　添加默认路由

三、添加静态路由的应用场景

如图 5-22 所示，某公司在电信机房部署了一个 Web 服务器，该 Web 服务器需要访问数据库服务器，安全起见，将数据库单独部署到一个网段（内网）。该公司在电信机房又部署了一个路由器和一个交换机，将数据库服务器部署在内网。

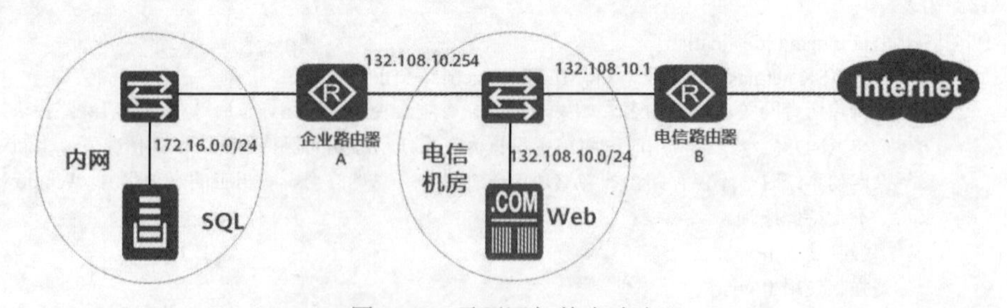

图 5-22　需要添加静态路由

在企业路由器上没有添加任何路由，在电信路由器上也没有添加到内网的路由（关键是电信机房的网络管理员也不同意添加到内网的路由）。这种情况下，需要在 Web 服务器上添加一条到

Internet 的默认路由，再添加一条到内网的路由，如图 5-23 所示。

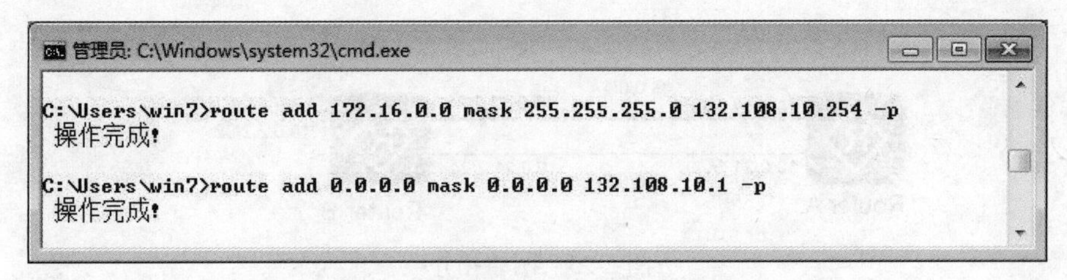

图 5-23　添加静态路由和默认路由

这种情况下千万别在 Web 服务器上添加两条默认路由（一条指向 132.108.10.1，另一条指向 132.108.10.254），或在本地连接中添加两个默认网关。如果添加两条默认路由，就相当于到 Internet 有两条等价路径，到 Internet 的一半流量将会发送到企业路由器，被企业路由器丢掉。

如果想删除到 172.16.0.0 255.255.255.0 网段的路由，执行以下命令：

```
route delete 172.16.0.0 mask 255.255.255.0
```

5.7　浮动静态路由和等价路由

典型 HCIA 试题

1．管理员计划通过配置静态浮动路由来实现路由备份，则正确的实现方法是？【单选题】

A．管理员只需配置两个静态路由

B．管理员需要为主用静态路由和备用静态路由配置不同的度量值

C．管理员需要为主用静态路由和备用静态路由配置不同的协议优先级值

D．管理员需要为主用静态路由和备用静态路由配置不同的 Tag

2．如图 5-24 所示的网络，管理员希望 Router A 使用静态路由的方式，指定优先通过 G0/0/1 端口发送数据包给 Router B，则在 Router A 输入哪条命令可以实现此需求？【单选题】

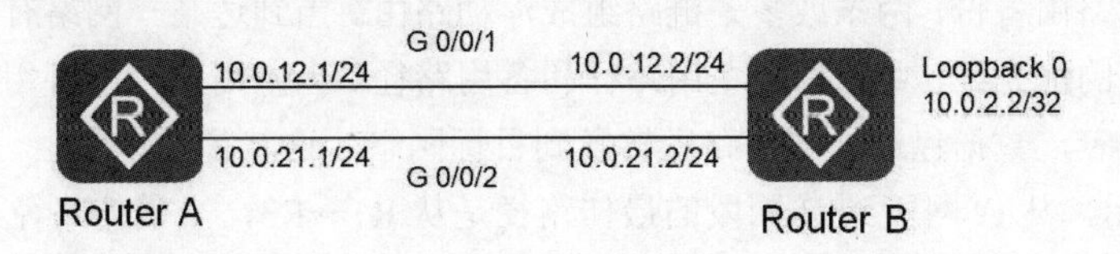

图 5-24　网络拓扑

A．ip route-static 10.0.2.2 255.255.255.255 10.0.12.2

　　ip route-static 10.0.2.2 255.255.255.255 10.0.21.2 preference 40

B．ip route-static 10.0.2.2 255.255.255.255 10.0.12.2

　　ip route-static 10.0.2.2 255.255.255.255 10.0.21.2 preference 70

C．ip route-static 10.0.2.2 255.255.255.255 10.0.12.2

　　ip route-static 10.0.2.2 255.255.255.255 10.0.21.2

D．ip route-static 10.0.2.2 255.255.255.255 10.0.12.2 preference 70

　　ip route-static 10.0.2.2 255.255.255.255 10.0.21.2

3．如图 5-25 所示的网络，在 Router A 设备里面存在如下配置，则下列说法正确的是？【多选题】

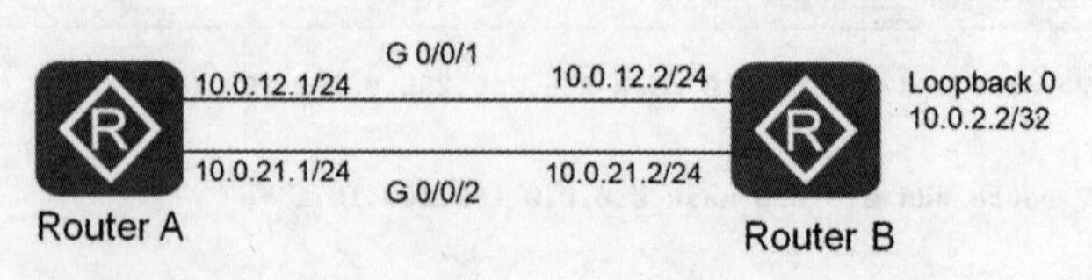

图 5-25　网络拓扑

```
ip route-static 10.0.2.2 255.255.255.255 10.0.12.2
ip route-static 10.0.2.2 255.255.255.255 10.0.21.2 preference 70
```

A．Router A 路由表中到达 10.0.2.2 的 NextHop 为 10.0.12.2

B．如果 G0/0/1 端口 Down，则 Router A 到达 10.0.2.2 的路由 NextHop 更改为 10.0.21.2

C．Router A 路由表中到达 10.0.2.2 的 NextHop 为 10.0.21.2

D．如果 G0/0/2 端口 Down，则 Router A 到达 10.0.2.2 的路由 NextHop 更改为 10.0.12.2

4．在路由表中存在到达同一个目标网络的多个 NextHop，这些路由称为？【单选题】

A．等价路由　　B．默认路由　　C．多径路由　　D．次优路由

试题解析

1．静态浮动路由要求到目标网段的优先级不同。答案为 C。

2．华为路由器静态路由默认优先级为 60，浮动路由的备用路径优先级大于 60 即可。答案为 B。

3．浮动静态路由当主路径的接口 Down 后，备用路径生效。答案为 AB。

4．到达同一目标网络的多个 NextHop 称为等价路由。答案为 A。

关联知识精讲

一、浮动静态路由

浮动路由又称路由备份，两条或多条链路组成浮动路由。当到达某一网络有多条路径，通过为静态路由设置不同的优先级，可以指定主用路径和备用路径。当主用路径不可用时，走备用路径的静态路由进入路由表，数据包通过备用路径转发到目标网络，这就是浮动路由。

如图 5-26 所示，从 A 网段到 B 网段的最佳路径是从 R1→R3，当最佳路径不可用时，可以走备用路径 R1→R2→R3。这就需要配置浮动静态路由，添加静态路由时指定优先级。指定路由优先级的参数是 preference，取值为 1～255，值越大，优先级越低，直连网络优先级为 0，静态路由默认为 60。

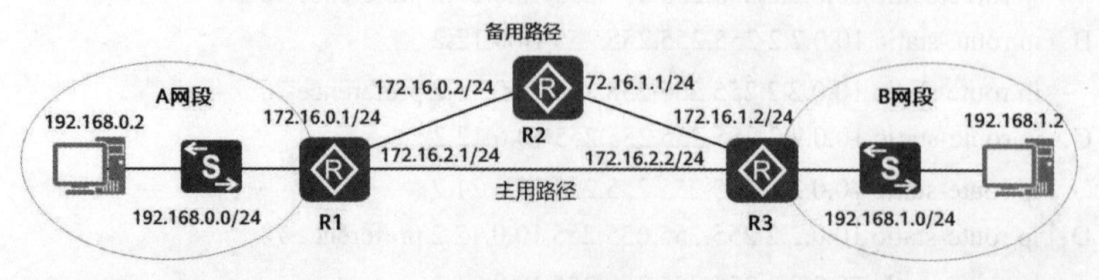

图 5-26　备用路径

在 R1 上添加两条到 192.168.1.0/24 网段的静态路由，主用路径优先级使用默认，备用路径的静态路由优先级设置成 100。

```
[AR1]ip route-static 192.168.1.0 24 172.16.2.2
[AR1]ip route-static 192.168.1.0 24 172.16.2.2 preference ?
  INTEGER<1-255>    Preference value range
[AR1]ip route-static 192.168.1.0 24 172.16.0.2 preference 100
```

在 R3 上添加两条到 192.168.0.0/24 网段的静态路由，主用路径优先级使用默认，备用路径的静态路由优先级设置成 100。

```
[AR3]ip route-static 192.168.0.0 24 172.16.2.1
[AR3]ip route-static 192.168.0.0 24 172.16.1.1 preference 100
```

在 R2 上添加到 192.168.0.0/24 和 192.168.1.0/24 网段的静态路由。

```
[AR2]ip route-static 192.168.0.0 24 172.16.0.1
[AR2]ip route-static 192.168.1.0 24 172.16.1.2
```

在 R1 上查看路由表，可以看到主用路径的路由，备用路径的静态路由没有加入路由表。

```
[AR1]display ip routing-table
Route Flags: R - relay, D - download to fib
------------------------------------------------------------------------------
Routing Tables: Public
         Destinations : 14        Routes : 14
Destination/Mask    Proto    Pre   Cost    Flags    NextHop        Interface
……
192.168.0.0/24      Direct   0     0       D        192.168.0.1    Vlanif1
192.168.0.1/32      Direct   0     0       D        127.0.0.1      Vlanif1
192.168.0.255/32    Direct   0     0       D        127.0.0.1      Vlanif1
192.168.1.0/24      Static   60    0       RD       172.16.2.2     GigabitEthernet0/0/1
255.255.255.255/32  Direct   0     0       D        127.0.0.1      InLoopback0
```

查看全部静态路由能够显示主用路由和备用路由。Active 表示该路由加入了 IP 路由表，Inactive 表示该路由没有加入 IP 路由表。

```
<AR1>display ip routing-table protocol static
Route Flags: R - relay, D - download to fib
------------------------------------------------------------------------------
Public routing table : Static
      Destinations : 1          Routes : 2          Configured Routes : 2
Static routing table status : <Active>
         Destinations : 1        Routes : 1
Destination/Mask    Proto    Pre    Cost    Flags    NextHop       Interface
192.168.1.0/24      Static   60     0       RD       172.16.2.2    GigabitEthernet0/0/1
Static routing table status : <Inactive>
         Destinations : 1        Routes : 1
Destination/Mask    Proto    Pre    Cost    Flags    NextHop       Interface
192.168.1.0/24      Static   100    0       R        172.16.0.2    GigabitEthernet0/0/0
```

在 R1 上关闭主用路径的接口，再次查看路由表，可以看到备用路由生效。

```
[AR1]interface GigabitEthernet 0/0/1
[AR1-GigabitEthernet0/0/1]shutdown
<AR1>display ip routing-table
Route Flags: R - relay, D - download to fib
------------------------------------------------------------------------------
......
Destination/Mask    Proto   Pre  Cost   Flags   NextHop      Interface
192.168.0.255/32    Direct  0    0      D       127.0.0.1    Vlanif1
192.168.1.0/24      Static  100  0      RD      172.16.0.2   GigabitEthernet0/0/0
```

二、等价路由

如果路由器有到达同一个目标 IP 或者目标网段存在多条 Cost 值相等的不同路由路径，则称为等价路由。如图 5-27 所示，Router A 有到达 131.107.0.0/24 网段的两条等价路径，在 Router A 上添加两条静态路由。等价路由要求来源、目标网段、Cost 值三项数值都一致。

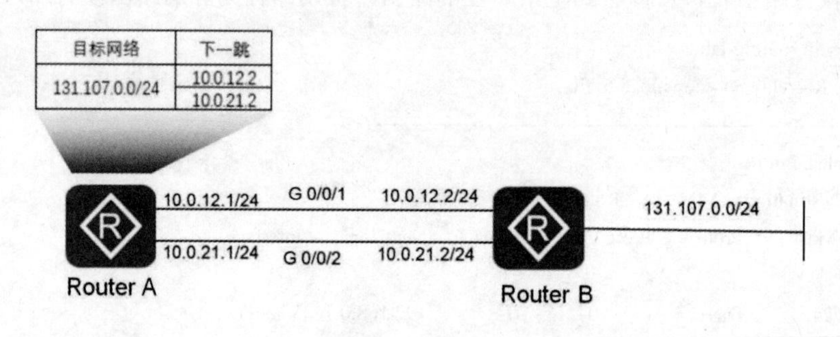

图 5-27　等价路由

第6章 OSPF

本章汇总了动态路由相关试题，重点是OSPF协议的特点和配置。

试题涉及的知识点：OSPF协议的特点、工作过程、报文类型、相关术语、支持的网络类型、指定路由器（Designated Router，DR）、备用指定路由器（Backup Designated Router，BDR）、OSPF的3张表以及OSPF多区域优点、配置OSPF。

6.1 动态路由特点

典型HCIA试题

动态路由协议能够自动适应网络拓扑的变化？【判断题】

A．对　　　　B．错

试题解析

动态路由协议能够自动适应网络拓扑的变化。答案为A。

关联知识精讲

静态路由不能随着网络的变化而自动调整，且在大规模网络中，人工管理路由器的路由表是一项非常艰巨的任务，且容易出错。因此，动态路由应运而生。

在动态路由中，管理员不再需要手工对路由器上的路由表进行维护，只需在每台路由器上运行一个动态路由协议即可。动态路由协议会通过路由信息的交换生成并维护路由表。当网络拓扑结构改变时，动态路由协议可以自动更新路由表，并确定传输数据的最佳路径。

6.2 动态路由协议分类

典型HCIA试题

1．下列哪些路由协议是动态路由协议？【多选题】

A．OSPF　　　　B．BGP　　　　C．Direct　　　　D．Static

2．下列哪些是路由协议？【多选题】

A．BGP　　B．IPX　　C．OSPF　　D．IP

3．下列属于链路状态协议的是？【单选题】

A．Direct　　B．Static　　C．FTP　　D．OSPF

4．下列协议中属于动态 IGP 路由协议的是？【单选题】

A．Static　　B．BGP　　C．OSPF　　D．Direct

试题解析

1．选项中 OSPF 和 BGP 是动态路由协议。答案为 AB。

2．题中的路由协议就是指动态路由协议。答案为 AC。

3．OSPF 属于链路状态协议。答案为 D。

4．本题的 IGP 是指域内路由协议，域内路由协议有 OSPF、RIP、IS-IS 等。答案为 C。

关联知识精讲

动态路由协议可以建立路由表，维护路由信息，选择最佳路径。动态路由协议可以自动适应网络状态的变化，自动维护路由信息而不需要网络管理员的参与。动态路由协议由于需要相互交换路由信息，因而占用网络带宽与系统资源，安全性不如静态路由。在有冗余连接的复杂网络环境中，适合采用动态路由协议。在动态路由协议中，目标网络是否可达取决于网络状态。

一、按工作机制及算法分类

动态路由协议按工作机制及算法分类，可分为距离矢量路由协议和链路状态路由协议。

- 距离矢量路由协议。

距离矢量路由协议采用距离矢量（Distance Vector，DV）算法。采用距离矢量算法的每个路由器和它直连的邻居之间周期性地交换整张路由表。网络拓扑发生了变化之后，路由器之间会通过定期交换更新包来获得网络的变化信息，从而更新路由表。

距离矢量路由协议度量值（Metric）的可信度低。距离矢量路由协议仅仅以跳数为选择最佳路径的依据，不考虑路由器之间链路的带宽，延迟等因素。这会导致数据包的传送会走在一个看起来跳数小但实际带宽窄和延时大的链路上。交换信息是通过定期广播整个路由表，在稍大一点的网络中，路由器之间交换的路由表会很大，产生的流量就多，导致收敛很缓慢。

距离矢量路由协议有 RIP、BGP 等。

- 链路状态路由协议。

链路状态路由协议采用链路状态（Link State，LS）算法。执行该算法的路由器不是简单地从相邻的路由器学习路由，而是把路由器分成区域，收集区域内所有路由器的链路状态信息，根据链路状态信息生成网络拓扑结构，每一个路由器再根据拓扑结构计算出到各个网络的路由。

链路状态路由协议有 OSPF、IS-IS 等。

二、按工作区域分类

动态路由协议按工作区域分类，可分为域内路由协议和域间路由协议。

大的 ISP 网络可能含有上千台路由器，而小的提供商通常只有十几台路由器。每个 ISP 管理的自己的内部网络，称为一个自治系统（Autonomous System，AS）。自治系统是指一组通过统一的路由协议互相交换路由信息的网络。它和其他 ISP 的连接称为域间连接。因此，Internet 又可以看成是由一个个域互连而成。这里说的域就是一个自治系统。

- 域内路由协议。

域内路由协议（Interior Gateway Protocol，IGP）负责一个自治系统内部路由的路由协议。域内路由协议的作用是确保在一个域内的每个路由器均遵循相同的方式表示路由信息，并且遵循相同的发布和处理信息的规则，主要用于发现和计算路由。

域内路由协议有 RIP、OSPF、IS-IS 等。

- 域间路由协议。

域间路由协议（Exterior Gateway Protocol，EGP）负责在自治系统之间或域间完成路由和可到达信息的交互，主要用于传递路由。

域间路由协议有 EGP、BGP。EGP 协议是早期的域间路由协议（此处的 EGP 是外部网关协议的一种），仅被作为一种标准的外部网关协议，因效率太低，没有被广泛使用。而 BGP 协议特别是 BGP-4 提供了一套新的机制以支持无类域间路由。这些机制包括支持网络前缀的通告、取消 BGP 网络中“类”的概念。BGP-4 也引入机制支持路由聚合，包括 AS 路径的集合，这些改变为提议的超网方案提供了支持。

6.3 OSPF 概念和特点

典型 HCIA 试题

1．OSPF 协议存在以下哪些特性？【多选题】

A．支持区域的划分　　B．易产生路由环路

C．以跳数计算最短路径　　D．触发更新

2．OSPF 协议存在以下哪种特点？【单选题】

A．易产生路由环路　　B．以跳数计算最短路径

C．支持区域的划分　　D．可扩展性差

3．OSPF 协议都有哪些优点？【多选题】

A．支持对等价路由进行负载分担

B．支持区域的划分

C．支持无类型域间选路（CIDR）

D．支持报文认证

4．下列哪个属性不能作为衡量 Cost 的参数？【单选题】

A．时延　　B．sysname

C．跳数　　D．带宽

5．如图 6-1 所示的网络，所有路由器运行 OSPF 协议，链路上方为 Cost 值的大小，则 RA 到达网络 10.0.0.0/8 的路径为？【单选题】

A．A-B-D　　B．RA 无法到达 10.0.0.0/8

C．A-D　　D．A-C-D

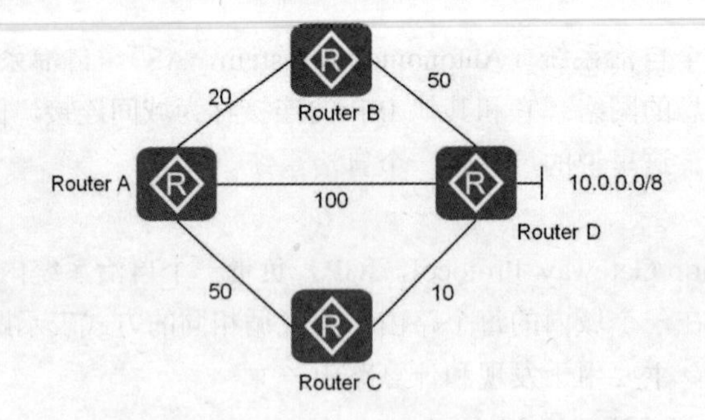

图 6-1　网络拓扑

6．OSPF 协议基于以下哪种协议？【单选题】

A．IP　　B．HTTP　　C．UDP　　D．TCP

7．OSPF 协议在网络层对应的协议号是？【单选题】

A．89　　B．0　　C．1　　D．6

试题解析

1．OSPF 由链路状态数据库计算路由，不容易产生路由环路，以带宽计算接口开销，累计开销最小的为最短路径。答案为 AD。

2．OSPF 不易产生路由环路，以累计开销计算最短路径，可扩展性强，支持区域的划分。答案为 C。

3．OSPF 支持对等价路由进行负载分担、支持区域的划分、支持无类型域间选路（CIDR）、支持报文认证。答案为 ABCD。

4．OSPF 默认使用带宽计算度量值，RIP 协议使用跳数作为度量值、EIGRP 协议可以使用带宽、时延、可靠性等综合指标计算度量值。答案为 B。

5．由 RA→RC→RD 这条路径累计开销最小。答案为 D。

6．OSPF 协议直接封装到 IP 数据包中，没有用到传输层协议。答案为 A。

7．OSPF 协议直接封装到 IP 数据包中，协议号为 89。答案为 A。

关联知识精讲

一、OSPF 路由协议特点

OSPF 路由协议是一种典型的链路状态的路由协议。运行 OSPF 协议的路由器（OSPF 路由器）之间交互的是链路状态信息，而不是直接交互路由。OSPF 路由器将网络中的链路状态信息收集起来，存储在链路状态数据库（Link State Database，LSDB）中。网络中的路由器都有相同的链路状态数据库，也就是相同的网络拓扑结构。每台 OSPF 路由器都采用最短路径优先（Shortest Path First，SPF）算法计算达到各个网段的最短路径，并将这些最短路径形成的路由加载到路由表中。

OSPF 协议主要有以下特点。

- 可适应大规模的网络。OSPF 协议当中对于路由的跳数，它是没有限制的。提出区域划分的概念，多区域的设计使得 OSPF 能够支持更大规模的网络。OSPF 适合应用于大型网络中，支持几百台的路由器，1000 台以上的路由器也是没有问题的。

- 路由变化收敛速度快，能够在最短的时间内将路由变化传递到整个自治系统。
- 无路由自环，每个路由器通过链路状态数据库使用最短路径的算法，这样不会产生环路。
- 支持变长子网掩码（VLSM）和手工路由汇总。
- 支持等值路由，OSPF 路由协议支持多条 Cost 相同的链路上的负载分担，如果到同一个目标地址有多条路径，而且花费都相等，那么可以将多条路径显示在路由表中。目前一些厂家的路由器支持 6 条链路的负载分担。
- 支持区域划分。
- 支持验证，只有互相通过路由验证的路由器之间才能交换路由信息。并且 OSPF 可以对不同的区域定义不同的验证方式，提高网络的安全性。
- 支持以组播地址发送协议报文，OSPF 使用 224.0.0.5 来发送。所以，OSPF 采用组播地址来发送，只有运行 OSPF 协议的设备才会接收发送来的报文，其他设备不参与接收。

二、度量值

动态路由协议根据度量值选择最佳路径，度量值小的路径优选。不同的动态路由协议度量值的算法不一样。RIP 度量值是跳数，OSPF 度量值由带宽计算。

OSPF 使用 Cost（开销）作为路由的度量值。每个激活了 OSPF 的接口都会维护一个接口 Cost 值，缺省时接口 Cost 值=$\frac{100\text{Mbit/s}}{\text{接口带宽}}$。其中 100Mbit/s 为 OSPF 指定的缺省参考值，该值是可配置的。

从公式可以看出，OSPF 协议选择最佳路径的标准是带宽，带宽越高，计算出来的开销越低。到达目标网络的各条链路中累计开销最低的，就是最佳路径。

例如一个带宽为 10Mbit/s 的接口，计算开销的方法为：将 10Mbit 换算成 bit，为 10000000bit，然后用 100000000 除以该带宽，结果为 100000000/10000000 = 10，所以一个 10Mbit/s 的接口，OSPF 认为该接口的度量值为 10。需要注意的是，在计算中，带宽的单位取 bit/s 而不是 Kbit/s，例如一个带宽为 100Mbit/s 的接口，开销值为 100000000/100000000=1，因为开销值必须为整数，所以即使是一个带宽为 1000Mbit/s（1Gbit/s）的接口，开销值也和 100Mbit/s 一样，为 1。如果路由器要经过两个接口才能到达目标网络，那么很显然，两个接口的开销值要累加起来，才算是到达目标网络的度量值，所以 OSPF 路由器计算到达目标网络的度量值时，必须将沿途所有接口的开销值累加起来，在累加时，只计算出接口，不计算进接口，如图 6-2 所示，展示了接口开销和累计开销。

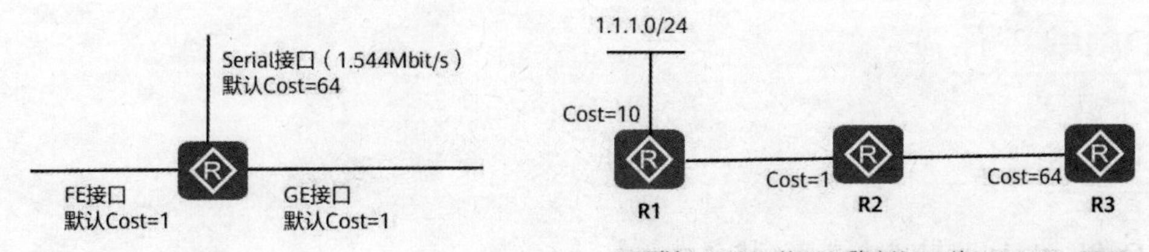

图 6-2　接口开销和累计开销

OSPF 会自动计算接口上的开销值，但也可以手工指定接口的开销值，手工指定的优先于自动计算的。

三、OSPF 使用的协议

OSPF 协议直接封装到 IP 包中，没有使用传输层协议，协议号为 89。根据图 6-3 所示的 OSPF 的位置来理解其和 TCP/IP 协议中其他协议的关系。

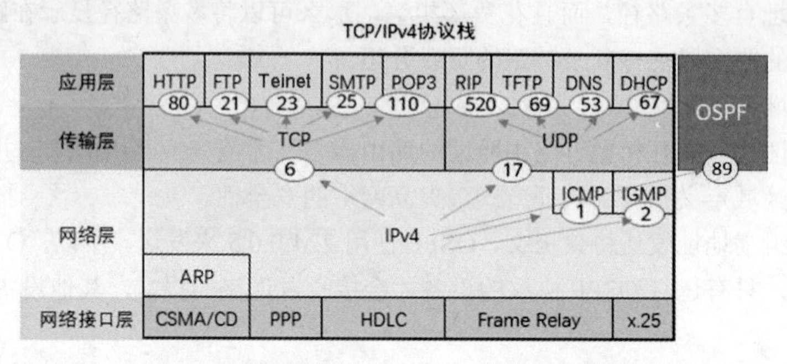

图 6-3　OSPF 协议在 TCP/IP 协议中的位置

图 6-4 从抓包工具捕获的 OSPF 报文可以看到 OSPF 直接封装在 IP 数据包中，Protocol 字段为 89。

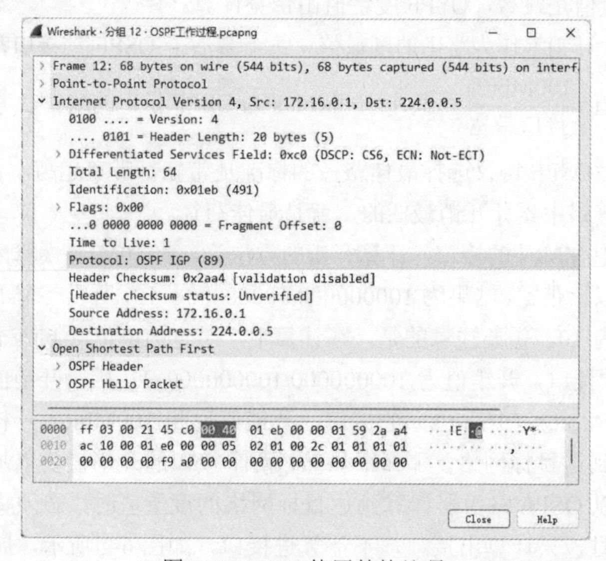

图 6-4　OSPF 使用的协议号

6.4　OSPF 工作过程

典型 HCIA 试题

1．OSPF 的 Hello 报文功能是？【多选题】

A．发现邻居　　B．同步路由器的 LSDB

C．更新 LSA 信息　　D．维持邻居关系

2．缺省情况下，广播网络上 OSPF 协议 Hello 报文发送的周期为？【单选题】

A．10s　　B．40s　　C．30s　　D．20s

3．OSPF 协议的 Hello 报文中不包含以下哪个字段？【单选题】

A．Neighbor　　B．sysname　　C．Hello Interval　　D．Network Mask

4．当两台 OSPF 路由器形成 2-Way 邻居关系时，LSDB 已完成同步。【判断题】

A．对　　B．错

5．OSPF 协议在哪种状态下确定 DD 报文的主从关系？【单选题】

A．2-Way　　B．Exchange　　C．ExStart　　D．Full

6．OSPF 协议邻居关系有哪几种稳定状态？【多选题】

A．Down　　B．Full　　C．2-Way　　D．Attempt

7．运行 OSPF 协议的路由器在完成 LSDB 同步后才能达到 Full 状态。【判断题】

A．对　　B．错

8．运行 OSPF 协议的路由器先达到 Full 状态，然后进行 LSDB 同步。【判断题】

A．对　　B．错

9．OSPF 协议用哪种报文来描述自己的 LSDB？【单选题】

A．DD　　B．LSR　　C．LSU　　D．Hello

10．OSPF 协议使用哪个报文发现和维护邻居关系？【单选题】

A．Hello　　B．LSU　　C．DD　　D．LSR

11．OSPF 报文类型有多少种？【单选题】

A．3　　B．4　　C．5　　D．2

12．OSPF 协议使用哪种报文向邻居发送 LSA？【单选题】

A．LSR　　B．LSAck　　C．LSU　　D．LSA

13．下列哪个 OSPF 协议的报文可以确保 LSU 更新的可靠性？【单选题】

A．DD　　B．LSR　　C．LSU　　D．LSAck

14．OSPF 协议使用哪种报文对接收到的 LSU 报文进行确认？【单选题】

A．LSAck　　B．LSA　　C．LSR　　D．LSU

15．下列哪些报文属于 OSPF 协议的报文？【多选题】

A．LSU　　B．LSA　　C．LSR　　D．Hello

16．OSPF 协议使用哪种报文请求本地缺少的 LSA？【单选题】

A．LSAck　　B．LSU　　C．Hello　　D．LSR

17．下列关于 OSPF 的 DD 报文和 LSA 的描述，正确的是？【多选题】

A．DD 报文中包含 LSA 的详细信息

B．LSA 头部只是 LSA 的一小部分

C．LSA 的头部可以唯一标识一个 LSA

D．DD 报文中仅包含 LSA 的头部信息

18．当路由器运行在同一个 OSPF 区域中时，对它们的 LSDB 和路由表的描述，正确的是？【多选题】

A．各台路由器得到的链路状态数据库是不同的

B．各台路由器的路由表是不同的

C．所有路由器得到的链路状态数据库是相同的

D．所有路由器得到的路由表是相同的

19．下列关于 OSPF 邻居状态的说法，正确的有？【多选题】

A．Exchange 状态下路由器相互发送包含链路状态信息摘要的 DD 报文，描述本地 LSDB 的内容

B．OSPF 的主从关系是在 ExStart 状态下形成的

C．路由器 LSDB 同步之后，转化为 Full 状态

D．DD 报文的序列号是在 Exchange 状态下决定的

20．OSPF 协议在进行主从关系选举时依据以下哪个参数？【单选题】

A．OSPF 协议的进程号　　　　B．Router ID

C．启动协议的顺序　　　　　　D．接口 IP 地址

试题解析

1．OSPF 的 Hello 报文用来发现邻居、维持邻居关系。答案为 AD。

2．缺省情况下，广播网络上 OSPF 协议 Hello 报文发送的周期为 10s。答案为 A。

3．OSPF 协议的 Hello 报文中不包含 sysname 字段。答案为 B。

4．当两台 OSPF 路由器形成 2-Way 邻居关系后，相邻路由器就要交换链路状态，建立链路状态数据库后，LSDB 已完成同步。答案为 B。

5．OSPF 协议在 ExStart 状态下确定 DD 报文的主从关系。答案为 C。

6．OSPF 协议的邻居关系有 Down、Full、2-Way 稳定状态，答案为 ABC。

7．运行 OSPF 协议的路由器在完成 LSDB 同步后才能达到 Full 状态。答案为 A。

8．运行 OSPF 协议的路由器先进行 LSDB 同步，然后达到 Full 状态。答案为 B。

9．OSPF 协议用 DD 报文来描述自己的 LSDB。答案为 A。

10．OSPF 协议使用 Hello 报文发现和维护邻居关系。答案为 A。

11．OSPF 报文类型有 5 种。答案为 C。

12．OSPF 协议使用 LSU 报文向邻居发送 LSA。这里 LSA 是指链路状态通告，不要和 LSAck 混淆。答案为 C。

13．LSAck 报文可以确保 LSU 更新的可靠性。答案为 D。

14．OSPF 协议使用 LSAck 报文对接收到的 LSU 报文进行确认。答案为 A。

15．OSPF 报文包括 Hello 报文、DD 报文、LSR 报文、LSU 报文、LSAck 报文。答案为 ACD。

16．OSPF 协议使用 LSR 报文请求本地缺少的 LSA。这里 LSA 是指链路状态通告。答案为 D。

17．DD 报文中仅包含 LSA 的头部信息，LSA 的头部可以唯一标识一个 LSA，LSA 头部只是 LSA 的一小部分。答案为 BCD。

18．当路由器运行在同一个 OSPF 区域中时，所有路由器得到的链路状态数据库是相同的，所有路由器得到的路由表是相同的。答案为 CD。

19．DD 报文的序列号是在 ExStart 状态确定的。答案为 ABC。

20．OSPF 协议在进行主从关系选举时依据 Router ID。答案为 B。

关联知识精讲

运行 OSPF 协议的路由器有 3 张表，分别是邻居表、链路状态表（链路状态数据库）和路由表。下面讲解 OSPF 相关术语、OSPF 三张表的生成过程，这也是 OSPF 协议的工作过程，从而掌握 OSPF

报文类型，端口状态。

一、OSPF 相关术语

- Router ID，网络中运行 OSPF 协议的路由器都要有一个唯一的标识，这就是 Router ID。
- 链路（Link），链路是路由器上的接口，这里指运行在 OSPF 进程下的接口。
- 链路状态，它就是 OSPF 接口的描述信息，例如接口的 IP 地址、子网掩码、网络类型、开销值等，OSPF 路由器之间交换的并不是路由表，而是链路状态。
- 邻居（Neighbor），同一个网段上的路由器可以成为邻居。通过 Hello 报文发现邻居，Hello 报文使用 IP 多播方式在每个端口定期发送。路由器一旦在其相邻路由器的 Hello 报文中发现它们自己，则它们就成为邻居关系了，在这种方式中，需要通信的双方确认。
- 完全邻接状态（Full），邻接状态是相邻路由器交互数据库描述、链路状态请求、链路状态更新、链路状态确认报文完成后，两端设备的链路状态数据库完全相同，进入到邻接状态。进入邻接状态就可以使用最短路径优先路径算法计算到各个网段的路由了。

二、OSPF 邻居建立过程

OSPF 通过 Hello 报文发现和维护邻居关系。只有达到“2-Way”（有时候描述为 two-way）状态的路由器才算邻居关系建立起来。OSPF 会在所有启用 OSPF 协议的接口发送 Hello 报文，不同的网络中发送 Hello 报文的间隔和目标地址也不一样。

- 在广播和点到点网络中，Hello 是每 10s 发送一次，在 NBMA 和 P2MP 网络中每 30s 发送一次。
- 在广播和点到点、点到多点网络中的 OSPF 通过组播 Hello 报文自动发现邻居，组播目标地址：224.0.0.5（所有 OSPF 路由器），而在 NBMA 网络中需要手工指定邻居。

在建立邻居关系时，路由器必须对 Hello 报文中携带的“参数”达成一致才能建立邻居关系。如图 6-5 所示，是 Hello 报文的字段。

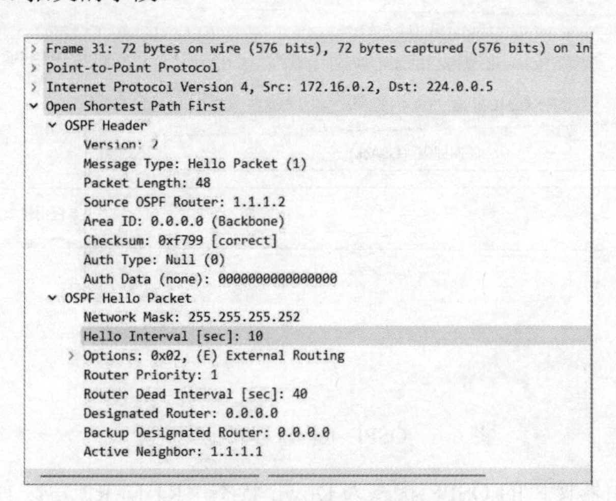

图 6-5　Hello 报文协商的参数

- Hello/Dead 发送时间间隔：时间一致才能建立邻居关系。若 Hello 间隔为 10s，而 Dead 的间隔时间默认是 Hello 时间的 4 倍。

- 区域 ID：相邻的路由器在同一区域才能建立邻居关系。
- 区域类型：区域类型要一致，具体参考 Hello 报文中的 Option 位，其中 E 和 N/P 置位代表的含义不同。
- 认证类型和密钥一致：只有验证通过才能建立邻居关系。
- Router ID 无冲突：Router ID 可手工指定，优选 Loopback 口，直连路由彼此 Router ID 一定要不一样。

图 6-6 展示了 R1 和 R2 路由器通过 Hello 数据包建立邻居表的过程。下面描述的 Active Neighbor、Source OSPF Router 字段可以从图 6-6 中找到。

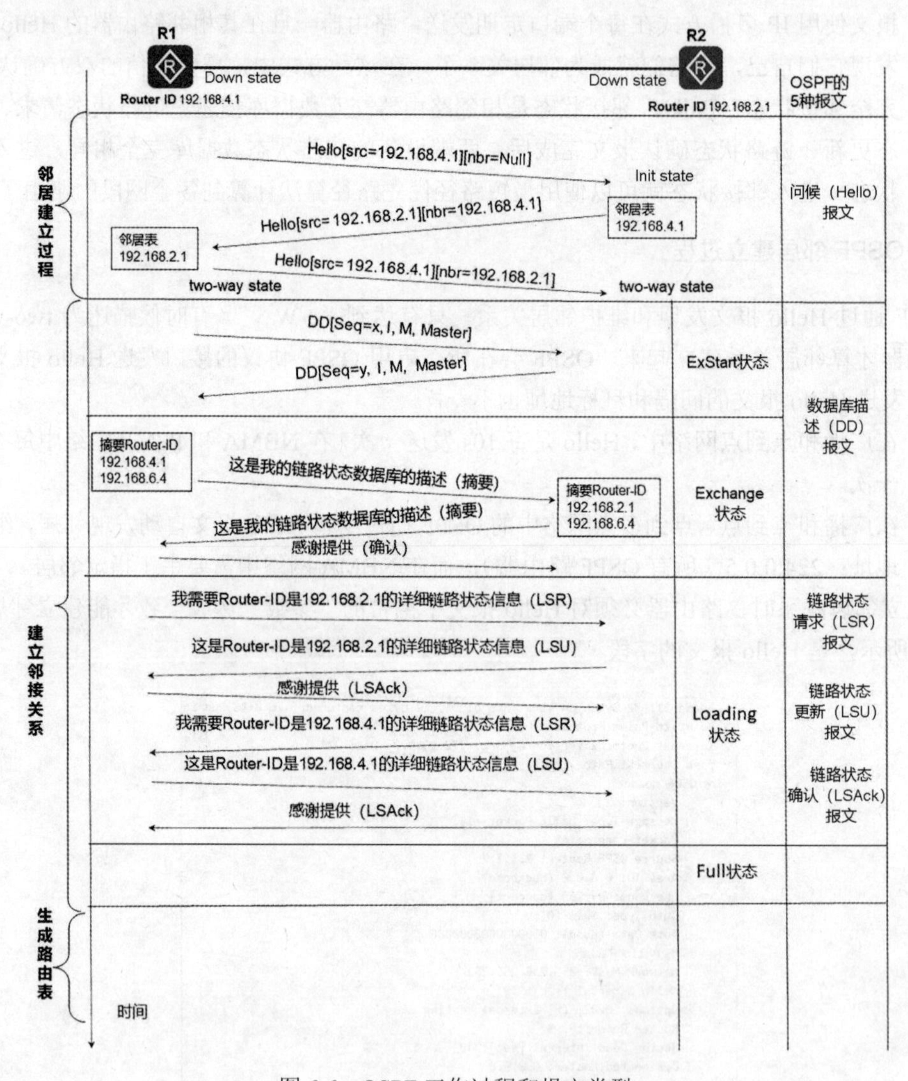

图 6-6　OSPF 工作过程和报文类型

1．一开始 R1 路由器接口的 OSPF 状态为 Down 状态，R1 向 R2 发送 Hello 报文，Hello 报文中 Active Neighbor 字段为 Null，Source OSPF Router 字段为 192.168.4.1。

2．R2 路由器接口收到 Hello 包后，该 Hello 报文中 Active Neighbor 字段中没有包含 R2 路由器的 Router ID 192.168.2.1，则 R2 中邻居的状态为 Init。同时将 R1 加入邻居表。

3．R2 向 R1 发送 Hello 包，Source OSPF Router 字段为 192.168.2.1，Active Neighbor 字段中为 192.168.4.1。

4．R1 收到 R2 路由器发过来的 Hello 数据包，Active Neighbor 字段中含有 R1 的 Router ID 192.168.4.1，此时路由器进入 two-way 状态。同时将 R2 加入邻居表。

5．R1 向 R2 发送 Hello 报文，R2 路由器接口收到 Hello 包后，该 Hello 报文中 Active Neighbor 字段中包含 R2 路由器的 Router ID 192.168.2.1，则 R2 中邻居的状态为 two-way 状态。

只有 R1 和 R2 都进入 two-way 状态，才表示彼此间双向邻居建立起来。

三、建立邻接关系

OSPF 双向邻居建立完成后，开始建立邻接关系。在广播和非广播网络中，邻接关系建立发生在 DR（指定路由器）和 BDR（备用指定路由器）选举之后。在其他网络中没有 DR/BDR 选举过程。

如图 6-6 所示，建立邻居表之后，相邻路由器就要交换链路状态建立链路状态表，在建立链路状态表的过程，和邻居的关系要经历 ExStart（交换开始）状态、Exchange（交换）状态、Loading（加载）状态、Full（完全邻接）状态。

ExStart 状态：在 ExStart 状态下，OSPF 双方进行 Master 和 Slave 的协商。协商过程要用到 DBD 报文的三个字段，分别为 Init 位，M 位和 MS 位，如图 6-7 所示。

```
∨ Open Shortest Path First
  > OSPF Header
  ∨ OSPF DB Description
      Interface MTU: 1500
    > Options: 0x52 (O, (L) LLS Data block, (E) External Routing)
    ∨ DB Description: 0x07 ((I) Init, (M) More, (MS) Master)
        .... 0... = (R) OOBResync: Not set
        .... .1.. = (I) Init: Set
        .... ..1. = (M) More: Set
        .... ...1 = (MS) Master: Yes
      DD Sequence: 1052
```

图 6-7　Hello 报文字段

- Init 位：该位置 1 表示这是第一个 DBD 报文，也是双方进入 ExStart 状态的标志。
- M 位：More，该位置 1 表示后续还有 DBD 报文。
- MS 位：该位置 1 表示自己是 Master。
- 序列号：己方生成的随机序列号，用于 DBD 报文协商时确认。

双方互相发送数据部分为空的 DBD 报文，且都将 M 位置 1，宣称自己是 Master，生成自己的序列号。双方都收到来自对方的 DBD 报文后，会进行选举，选举比较的是双方的 Router ID，ID 较大的一方成为 Master。

由于选举 Master 和 Slave 比较的是 Router ID，选举 DR 和 BDR 先比较的是优先级，优先级相同再比较 Router ID，所以 Master 和 DR 没有直接关系，一台路由器可以是 DR，也可以是 Slave，角色的选举是两个独立的过程。

Exchange 状态：

1．选举完成后，双方开始互相发送 DBD 报文，内含 LSA 头部信息。

2．选举完成开始互相发送 DBD 报文时，始终是 Slave 向 Master 先发送 DBD 报文。

3．Slave 发送的 DBD 报文中，序列号为上次收到来自 Master 的序列号，而 Master 发送的 DBD 报文中，序列号每次加 1。

Loading 状态：经过与相邻路由器交换数据库描述数据包后，路由器就使用链路状态请求数据包，向对方请求自己所缺少的某些路由器相关的链路状态的详细信息。通过这种一系列的分组交换，全网同步的链路状态数据库就建立了。

Full 状态：邻居间的链路状态数据库同步完成，至此，网络中所有路由器都有了相同的链路状态数据库，掌握全网拓扑。

四、生成路由表

每台路由器基于链路状态数据库，使用 SPF 算法计算出一棵以自己为根的、无环的、拥有最短路径的"树"，产生到达目标网络的路由条目。

运行 OSPF 协议的路由器，根据链路状态数据库就能生成一个完整的网络拓扑，所有的路由器都有相同的网络拓扑。如图 6-8 所示，标出了路由器连接的网段和每条链路上由带宽计算出来的开销。为了便于计算，标出的开销值都比较小。为了描述简练，路由器之间的连接占用的网段在这里没有画出，也不参与下面的讨论。

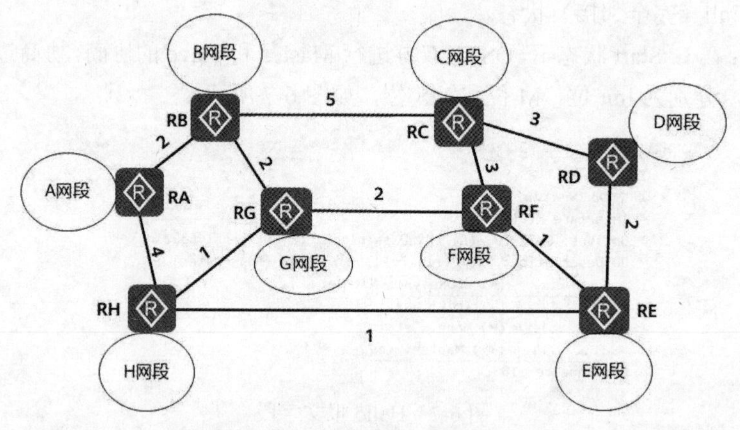

图 6-8　链路状态生成的网络拓扑

每个路由器都利用最短路径优先算法计算出以自己为根的、无环路的、拥有最短路径的一棵树。在这里不阐述最短路径算法的过程，只展现结果。图 6-9 画出了 RA 路由器最短路径树，即到其他网段累计开销最低的线路，该路线是无环路的。

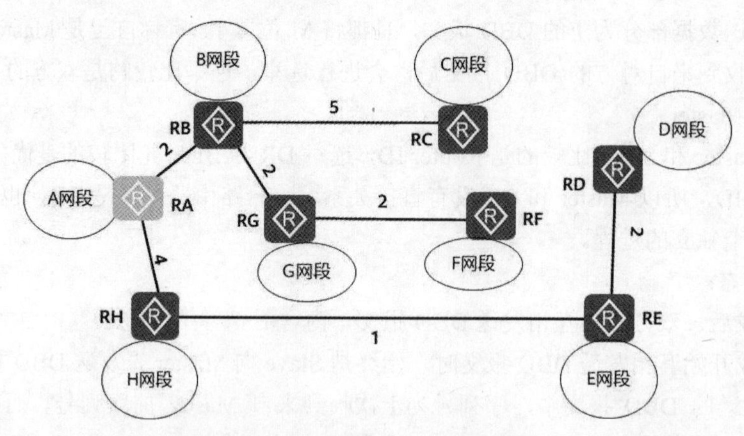

图 6-9　RA 路由器计算的最短路径

五、OSPF 共有 5 种报文类型

如图 6-10 所示，展示了 OSPF 工作过程捕获的数据包，看 Info 列，能够看出 OSPF 报文类型。第 11、12、13 个数据包是 Hello 报文，第 14、15、16 个数据包是 DD 报文（又称 DBD 报文），第 17 个数据包是 LSR 报文，第 22、23、24 个数据包是 LSU 报文，第 25、26 个数据包是 LSAck 报文。

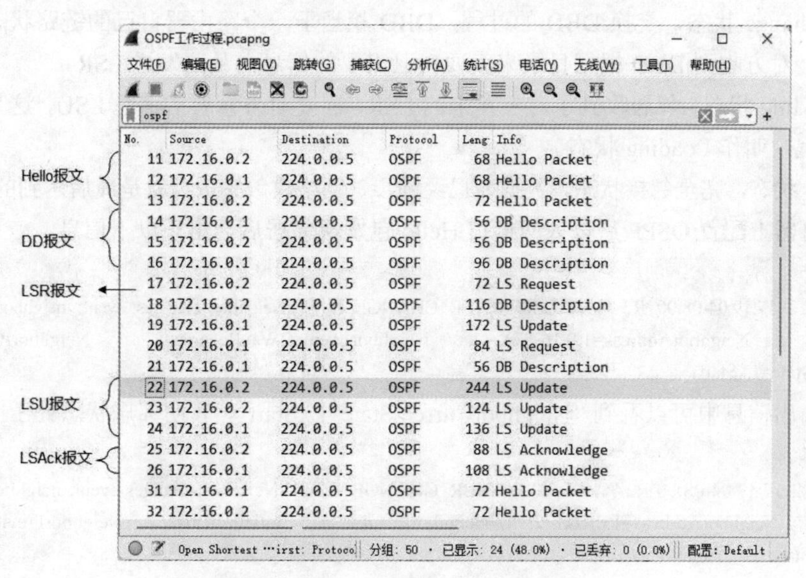

图 6-10　OSPF 工作过程捕获的数据包

- 类型 1：问候（Hello）报文，用于发现邻居与维持邻居关系。
- 类型 2：数据库描述（Database Description，DD）报文，向邻居给出自己的链路状态数据库中所有链路状态项目的摘要信息，摘要信息是链路状态表中所有路由器（Router ID）。
- 类型 3：链路状态请求（Link State Request，LSR）报文，向对方请求某缺少的某个路由器相关的链路状态的详细信息。
- 类型 4：链路状态更新（Link State Update，LSU）报文，发送详细的链路状态信息。路由器使用这种数据包将其链路状态通知给相邻路由器。在 OSPF 中，只有 LSU 需要显示确认。
- 类型 5：链路状态确认（Link State Acknowledgement，LSAck）报文，对 LSU 做确认。

六、OSPF 的 8 种邻居状态

在 OSPF 运行过程有以下 8 种邻居状态。

- Down 状态，刚刚开启 OSPF，还没有收到任何数据，此时路由器本身可以发送 Hello 企图寻找 OSPF 邻居。
- Attempt 状态，这是在特殊网络条件下才有的状态，就是不支持广播的网络（非广播网络），以太网是没有的，因为 OSPF 需要使用组播发送 Hello，所以在这种网络环境下，必须要指定使用单播来发送 Hello，这种状态叫作 Attempt 状态。
- Init 状态，一方收到了另一方的 Hello，在这个 Hello 包中还看不到自己是对方的邻居，这种状态叫作 Init 状态。

- two-way 状态，双方的 Hello 已经交换完成，建立了邻居关系（注意区别于邻接关系），DR、BDR 选举成功，若两端都是 DRother 路由器则会一直停留在这个状态。
- ExStart 状态，交换 LSA 之前，两端路由器会选择一个主从关系，确定由谁来先发起数据（DBD，LSR 等），Router ID 较大者成为主路由器，先发送，选举主从关系的状态叫作 ExStart 状态。
- Exchange 状态，交换 DBD 的过程，DBD 相当于一个路由器自己的链路状态数据库的目录，对方收到 DBD 根据目录来索要自己需要的信息，从而发送 LSR。
- Loading 状态，邻居收到了对方发来的 LSR，回复对方索要的信息 LSU，这是一个学习的过程，叫作 Loading 状态。
- Full 状态，完全邻接状态，数据库已经同步，网络收敛完成，就是最后达到的正常的状态。

当在路由器上配置 OSPF 后以太网接口 Hello 包发现邻居后会出现以下信息。

```
<R2>
Sep 5 2022 17:19:04-08:00 R2 %%01OSPF/4/NBR_CHANGE_E(l)[3]:Neighbor changes event: neighbor status changed. (ProcessId=256, NeighborAddress=1.0.16.172, NeighborEvent=2WayReceived, NeighborPreviousState=Init, NeighborCurrentState=ExStart)
```

从以上输出信息中可以看到“NeighborCurrentState=ExStart”，表明邻居状态处于 ExStart 状态。

```
<R2>
Sep 5 2022 17:19:04-08:00 R2 %%01OSPF/4/NBR_CHANGE_E(l)[4]:Neighbor changes event: neighbor status changed. (ProcessId=256, NeighborAddress=1.0.16.172, NeighborEvent= NegotiationDone, NeighborPreviousState=ExStart, NeighborCurrentState=Exchange)
```

从以上输出信息中可以看到“NeighborCurrentState=Exchange”，表明邻居状态处于 Exchange 状态。

```
<R2>
Sep 5 2022 17:19:04-08:00 R2 %%01OSPF/4/NBR_CHANGE_E(l)[5]:Neighbor changes event: neighbor status changed. (ProcessId=256, NeighborAddress=1.0.16.172, NeighborEvent= ExchangeDone, NeighborPreviousState=Exchange, NeighborCurrentState=Loading)
```

从以上输出信息中可以看到“NeighborCurrentState=Loading”，表明邻居状态处于 Loading 状态。

```
<R2>
Sep 5 2022 17:19:04-08:00 R2 %%01OSPF/4/NBR_CHANGE_E(l)[6]:Neighbor changes event: neighbor status changed. (ProcessId=256, NeighborAddress=1.0.16.172, NeighborEvent= LoadingDone, NeighborPreviousState=Loading, NeighborCurrentState=Full)
```

从以上输出信息中可以看到“NeighborCurrentState=Full”，表明邻居状态处于 Full 状态。

6.5 Router ID

典型 HCIA 试题

1．OSPF 的 Router ID 必须和路由器的某个接口 IP 地址相同。【判断题】

A．对　　　　　　　　B．错

2．管理员在某台路由器上配置 OSPF，但该路由器上未配置 Loopback 接口，以下关于 Router ID 的描述，正确的是？【单选题】

A．该路由器的优先级将会成为 Router ID

B．该路由器管理接口的 IP 地址将会成为 Router ID

C．该路由器物理接口的最大 IP 地址将会成为 Router ID

D．该路由器物理接口的最小 IP 地址将会成为 Router ID

3．以下关于 OSPF 的 Router ID 的描述，不正确的是？【多选题】

A．OSPF 协议正常运行的前提条件是该路由器有 Router ID

B．在同一区域内 Router ID 必须相同，在不同区域内的 Router ID 可以不同

C．Router ID 必须是路由器某接口的 IP 地址

D．必须通过手工配置方式来指定 Router ID

4．OSPF 进程的 Router ID 修改之后立即生效。【判断题】

A．对　　　　B．错

5．某台路由器运行 OSPF 协议，并且没有指定 Router ID，所有接口的 IP 地址如下，则此路由器 OSPF 协议的 Router ID 为？【单选题】

```
Interface          IP Address/Mask      Physical      Protocol
Ethernet0/0/0      10.0.12.1/24         up            up
Ethernet0/0/1      10.0.21.1/24         up            up
Loopback0          10.0.1.1/32          up            up(s)
Loopback1          10.0.1.2/32          up            up(s)
```

A．10.0.12.1　　B．10.0.1.2　　C．10.0.21.1　　D．10.0.1.1

6．在华为设备中，OSPF 选举 Router ID 的方法可以是下列哪种？【多选题】

A．通过手工定义一个任意的合法 Router ID

B．如果未配置 Loopback 接口，则在其他接口的 IP 地址中选取最大的 IP 地址作为 Router ID

C．华为交换机可能使用最大的 VLAN IF 的 IP 地址作为 Router ID

D．如果配置了 Loopback 接口，则从 Loopback 接口的 IP 地址中选择最大的 IP 地址作为 Router ID

E．使用默认的 127.0.0.1

试题解析

1．OSPF 的 Router ID 可以使用活动接口的 IP 地址，或路由器上活动 Loopback 接口中最大的 IP 地址，或人工指定。人工指定的地址可以和接口地址无关。答案为 B。

2．路由器上未配置 Loopback 接口，该路由器物理接口的最大 IP 地址将会成为 Router ID。答案为 C。

3．Router ID 必须唯一，OSPF 协议正常运行的前提条件是该路由器有 Router ID。答案为 BCD。

4．OSPF 进程的 Router ID 修改之后，需通过重置 OSPF 进程使之生效。答案为 B。

5．运行 OSPF 协议，没有指定 Router ID，优先使用 Loopback 接口最大的 IP 地址。答案为 B。

6．Router ID 没有默认值。VLAN IF 接口就相当于物理接口。答案为 ABCD。

关联知识精讲

网络中运行 OSPF 协议的路由器都要有一个唯一的标识，这就是 Router ID。Router ID 在网络中不可以重复，否则路由器收到的链路状态就无法确定发起者的身份，OSPF 路由器发出的链路状态都带有自己的 Router ID。Router ID 使用 IP 地址的形式来表示，确定 Router ID 的方法有以下方式。

- 手工指定 Router ID。
- 路由器上活动 Loopback 接口中最大的 IP 地址，也就是数字最大的 IP 地址，如 C 类地址优先于 B 类地址，一个非活动接口的 IP 地址是不能用作 Router ID 的。
- 如果没有活动的 Loopback 接口，则选择活动物理接口中最大的 IP 地址。在实际项目中，通常会通过手工配置方式为设备指定 Router ID。通常的做法是将 Router ID 配置为与该设备某个接口（通常为 Loopback 接口）的 IP 地址一致。

优先使用手动配置 OSPF 路由器的 Router ID，如果没有手动配置 Router ID，则路由器使用 Loopback 接口中最大的 IP 地址作为 Router ID。如果没有配置 Loopback 接口，则路由器使用物理接口中最大的 IP 地址作为 Router ID。

```
[R1]display router id                    --查看路由器的当前 ID
RouterID:172.16.1.1
[R1]ospf 1 router-id 1.1.1.1             --启用 ospf 1 进程并指明使用的 Router ID
```

OSPF 的路由器 Router ID 重新配置后，可以通过重置 OSPF 进程来更新 Router ID。

```
<R4>reset OSPF 1 process
```

华为优先选择第一个 UP 接口作为 router id。

6.6 OSPF 配置

典型 HCIA 试题

1. VRP 支持 OSPF 多进程，如果在启用 OSPF 时不指定进程号，则默认使用的进程号码是？【单选题】

A．0　　B．1　　C．10　　D．100

2. 下列对于 OSPF 的描述，正确的是？【多选题】

A．骨干区域编号不能为 2

B．区域编号从 0.0.0.0～255.255.255.255

C．所有网络都应在区域 0 中宣告

D．配置 OSPF 区域前必须为路由器的 Loopback 口配置 IP 地址

3. 在一台路由器上配置 OSPF 时，必须手动进行的配置有？【单选题】

A．指定每个使能 OSPF 的接口的网络类型

B．创建 OSPF 区域

C．创建 OSPF 进程

D．配置 Router ID

4. 在一台路由器上配置 OSPF 时，必须手动进行的配置有？【多选题】

A．开启 OSPF 进程　　B．创建 OSPF 区域

C．配置 Router ID　　D．指定每个区域中所包含的网络

5. 在 VRP 操作系统中，如何进入 OSPF 区域 0 的视图？【多选题】

A．[Huawei-OSPF-1]area 0　　B．[Huawei]OSPF area 0

C．[Huawei-OSPF-1]area 0 enable　　D．[Huawei-OSPF-1]area 0.0.0.0

6．如图6-11所示的网络，路由器A和路由器B建立OSPF邻居关系，路由器A的OSPF进程号为1，区域号为0，以下哪些方式可以使路由器B获得主机A所在网段的路由？【多选题】

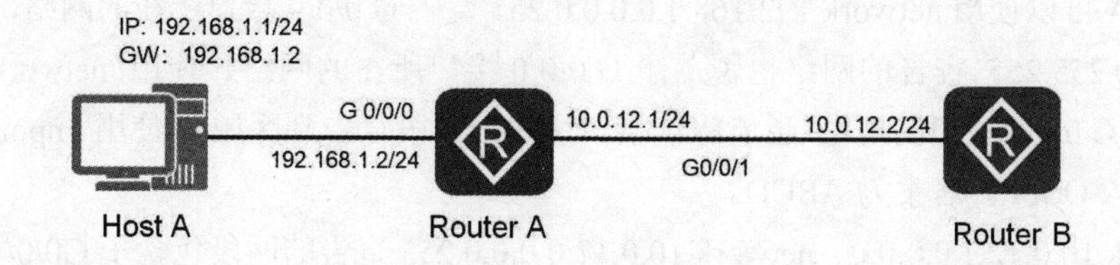

图6-11 网络拓扑

A．OSPF 1
area 0.0.0.0
network 192.168.1.0 0.0.0.255

B．OSPF 1
import-route direct

C．OSPF 1
area 0.0.0.0
network 192.168.0.0 0.0.255.255

D．OSPF 1
area 0.0.0.0
network 192.168.1.2 0.0.0.0

7．如图6-12所示，所有路由器运行OSPF协议，要求OSPF进程号为1，并且区域号为0，下列哪些命令可以在路由器Router A上实现这个需求？【多选题】

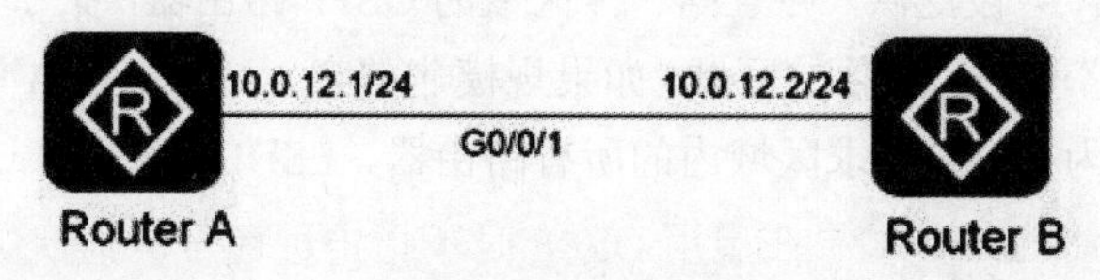

图6-12 网络拓扑

A．# OSPF 1
area 0.0.0.0
network 10.0.12.1 0.0.0.0
#

B．# OSPF 1
area 0.0.0.0
network 10.0.12.0 0.0.0.3
#

C．# OSPF 1
area 0.0.0.0
network 10.0.12.0 0.0.0.255
#

D．# interface GigabitEthernet0/0/1
ip address 10.0.12.1 255.255.255.0
OSPF enable 1 area 0.0.0.0
#

试题解析

1．VRP支持OSPF多进程，如果在启用OSPF时不指定进程号，则默认使用的进程号码是1。答案为B。

2．OSPF区域编号从0.0.0.0～255.255.255.255，骨干区域编号必须是0，非骨干区域不许宣告到区域0，配置OSPF不必非得配置Loopback接口配置IP地址。答案为AB。

3．在一台路由器上配置OSPF必须创建OSPF区域。答案为B。

4．在一台路由器上配置OSPF时，开启OSPF进程、创建OSPF区域、指定每个区域中所包含的网络是必须手动进行的配置。答案为ABD。

5. [Huawei-OSPF-1]area 0、[Huawei-OSPF-1]area 0.0.0.0 都可以进入 OSPF 区域 0 视图。答案为 AD。

6. Router A 可以使用 network 192.168.1.0 0.0.0.255 宣告 G 0/0/0 接口所在的网络，使用 network 192.168.0.0 0.0.255.255 宣告的网络也覆盖了 G 0/0/0 接口所在的网络、使用 network 192.168.1.2 0.0.0.0 宣告了 G 0/0/0 接口的地址，也能将该接口所属的网段宣告到区域 0，使用 import-router direct 将直连网络导入 OSPF。答案为 ABCD。

7. network 10.0.12.1 0.0.0.0、network 10.0.12.0 0.0.0.255 宣告的网段包含了 G0/0/1 接口。进入接口视图，也可以指定该接口启用 OSPF 进程指定所属区域。选项 B 的 network 后的反转掩码为 0.0.0.3 对应的子网掩码为 255.255.255.252，虽然通告的网段包含 Router A 接口的 IP 地址，但没包含 IP 地址所在的网段。写成 network 10.0.0.0 0.0.255.255 或 10.0.0.0 0.255.255.255 就可以。答案为 ACD。

关联知识精讲

一、OSPF 支持多区域

设想一下，如果 OSPF 没有区域的概念，或者整个 OSPF 网络就是一个区域，那么会有什么问题？在一个区域内，LSA 会被泛洪，并且同一个区域的 OSPF 路由器，关于该区域的 LSA 会同步，这样一来，如果整个网络就一个单独的区域，如果规模非常庞大，那么 LSA 的泛洪会很严重，OSPF 路由器的负担很大，因为 OSPF 要求区域内的所有路由器，LSDB 必须统一，这样以便计算出一个统一的、无环的拓扑。

- 区域内部动荡会影响全网路由器的 SPF 计算。
- LSDB 庞大，资源消耗过多，设备性能下降，影响数据转发。
- 每台路由器都需要维护的路由表越来越大，单区域内路由无法汇总。

基于上述原因，OSPF 设计了区域 Area 的概念。

- 多区域的设计减少了 LSA 洪泛的范围，有效地把拓扑变化控制在区域内，达到网络优化的目的。
- 在区域边界可以做路由汇总，减小了路由表。
- 充分利用 OSPF 特殊区域的特性，进一步减少 LSA 泛洪，从而优化路由。
- 多区域提高了网络的扩展性，有利于组建大规模的网络。

在部署 OSPF 时，要求全 OSPF 域，必须有且只能有一个 Area 0，Area 0 为骨干区域，骨干区域负责在非骨干区域之间发布由区域边界路由器汇总的路由信息（并非详细的链路状态信息），为避免区域间路由环路，非骨干区域之间不允许直接相互发布区域间路由。因此，所有区域边界路由器都至少有一个接口属于 Area 0，即每个区域都必须连接到骨干区域。

为了使 OSPF 能够用于规模很大的网络，OSPF 将一个自治系统再划分为若干更小的范围，叫作区域（Area），如图 6-13 所示，图中画出了一个有 3 个区域的自治系统。每一个区域都有一个 32 位的区域标识符（用点分十进制表示）。当然，一个区域也不能太大，一个区域内的路由器最好不超过 200 个。

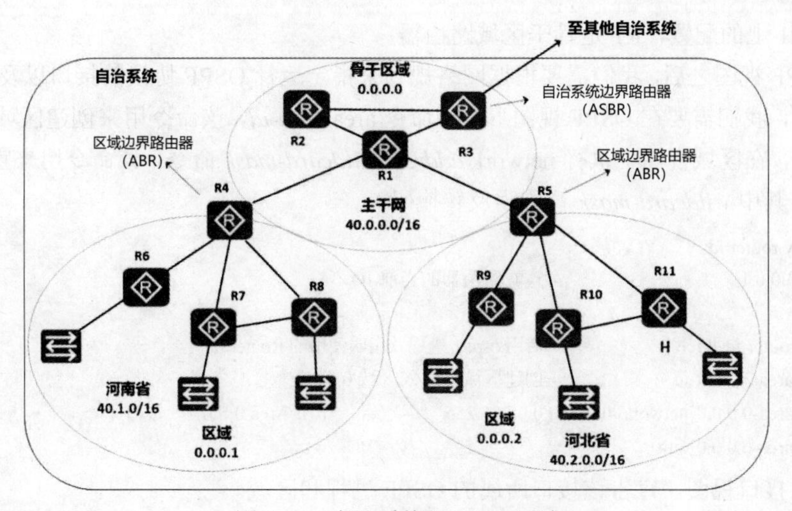

图 6-13 自治系统和 OSPF 区域

OSPF 路由器的角色：

- 区域内路由器（Internal Router）
- 区域边界路由器（Area Border Router，ABR）
- 骨干路由器（Backbone Router，BR）
- 自治系统边界路由器（AS Boundary Router，ASBR）

二、配置 OSPF

参照图 6-14 使用 eNSP 搭建网络环境，网络中的路由器按照图中的拓扑连接，按照规划的网段并配置接口 IP 地址。一定要确保直连的路由器能够相互 ping 通。以下操作配置这些路由器使用 OSPF 协议构造路由表，将这些路由器配置在一个区域，如果只有一个区域，只能是主干区域，区域编号是 0.0.0.0，也可以写成 0。

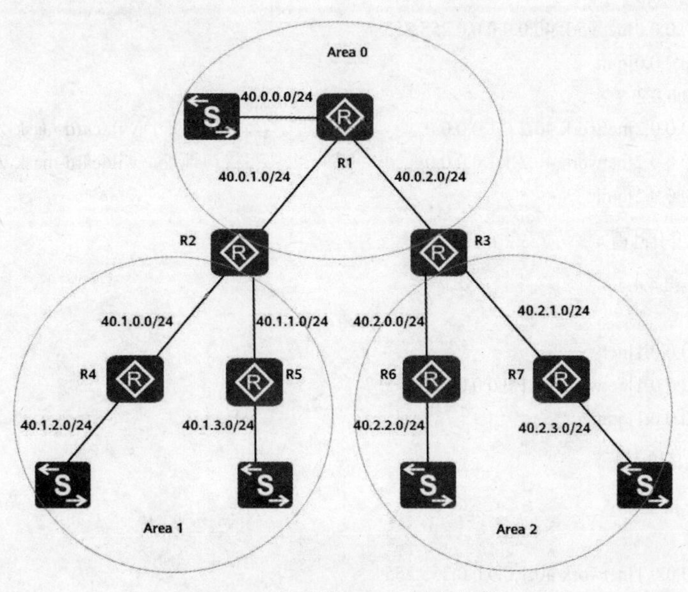

图 6-14 多区域 OSPF 网络拓扑

路由器 R1 上的配置，R1 是骨干区域路由器。

进入 OSPF 视图之后，我们需要根据网络规划来指定运行 OSPF 协议的接口以及这些接口所在的区域。首先，我们需要在 OSPF 视图下执行命令 area *area-id*，该命令用来创建区域，并进入到区域视图。然后，在区域视图下执行 network *address wildcard-mask* 命令，该命令用来宣告运行 OSPF 协议的接口，其中 *wildcard-mask* 被称为反转掩码。

```
<R1>display router id
RouterID:40.0.0.1                       --查看路由器的当前 ID
<R1>system
[R1]ospf 1 router-id 1.1.1.1            --启用 ospf 1 进程并指明使用的 Router ID
[R1-ospf-1]area 0.0.0.0                 --创建区域并进入区域 0.0.0.0
[R1-ospf-1-area-0.0.0.0]network 40.0.0.0 0.0.255.255      --宣告工作在 Area 0 的地址接口
[R1-ospf-1-area-0.0.0.0]quit
```

也可进入接口视图，宣告该接口所属的 OSPF 进程和区域。

```
[R1]interface GigabitEthernet 0/0/1
[R1-GigabitEthernet0/0/1]ospf enable 1 area 0
```

路由器 R2 上的配置，R2 是区域边界路由器，要指定工作在 Area 0 的接口和 Area 1 的接口。

```
[R2]ospf 1 router-id 2.2.2.2
[R2-ospf-1]area 0
[R2-ospf-1-area-0.0.0.0]network 40.0.0.0 0.0.255.255          --指定工作在 Area 0 的接口
[R2-ospf-1-area-0.0.0.0]quit

[R2-ospf-1]area 0.0.0.1
[R2-ospf-1-area-0.0.0.1]network 40.1.0.0 0.0.255.255          --指定工作在 Area 1 的接口
[R2-ospf-1-area-0.0.0.1]quit
```

路由器 R3 上的配置。

```
[R3]ospf 1 router-id 3.3.3.3
[R3-ospf-1]area 0.0.0.0
[R3-ospf-1-area-0.0.0.0]network 40.0.0.0 0.0.255.255
[R3-ospf-1-area-0.0.0.0]quit
[R3-ospf-1]area 0.0.0.2
[R3-ospf-1-area-0.0.0.2]network 40.2.0.1 0.0.0.0          --写接口地址，wildcard-mask 为 0.0.0.0
[R3-ospf-1-area-0.0.0.2]network 40.2.1.1 0.0.0.0          --写接口地址，wildcard-mask 为 0.0.0.0
[R3-ospf-1-area-0.0.0.2]quit
```

路由器 R4 上的配置。

```
[R4]ospf 1 router-id 4.4.4.4
[R4-ospf-1]area 1
[R4-ospf-1-area-0.0.0.1]net
[R4-ospf-1-area-0.0.0.1]network 40.1.0.0 0.0.255.255
[R4-ospf-1-area-0.0.0.1]quit
```

路由器 R5 上的配置。

```
[R5]ospf 1 router-id 5.5.5.5
[R5-ospf-1]area 1
[R5-ospf-1-area-0.0.0.1]network 40.1.0.0 0.0.255.255
[R5-ospf-1-area-0.0.0.1]quit
```

路由器 R6 上的配置。

```
[R6]ospf 1 router-id 6.6.6.6
[R6-ospf-1]area 2
[R6-ospf-1-area-0.0.0.2]network 40.2.0.0 0.0.255.255
[R6-ospf-1-area-0.0.0.2]quit
```

路由器 R7 上的配置。

```
[R7]ospf 1 router-id 7.7.7.7
[R7-ospf-1]area 2
[R7-ospf-1-area-0.0.0.2]network 40.2.0.0 0.0.255.255
[R7-ospf-1-area-0.0.0.2]quit
```

三、network 宣告区域覆盖的范围

network 命令用来宣告运行 OSPF 协议的接口和接口所属的区域。

```
network network-address wildcard-mask
```

network-address 为接口所在的网段地址。

wildcard-mask 为子网掩码的反转掩码，相当于将子网掩码反转（0 变 1，1 变 0）。例如子网掩码 255.255.255.0 反转掩码为 0.0.0.255，子网掩码为 255.255.255.252 的反转掩码为 0.0.0.3。

创建 OSPF 进程后，还需要通过 network 命令配置区域所包含的网段，使用参数 network-address 和 wildcard-mask，可以在一个区域内配置一个或多个接口。在接口上运行 OSPF 协议，此接口的主 IP 地址必须在 network（OSPF）命令指定的网段范围之内。如果此主接口的从 IP 地址在 network（OSPF）命令指定的网段范围之内，则该主接口不运行 OSPF 协议。

如果 network 后面针对每一个接口所在的网段来写，就要写 3 条，这样标识的地址集合更精确。如果不同的接口在不同的区域，就要针对每一个端口进行配置，在本例中路由器 R2 和 R3 是区域边界路由器，就要对端口进行区分。

[R1-ospf-1-area-0.0.0.0]network 40.0.0.0 0.0.0.255

[R1-ospf-1-area-0.0.0.0]network 40.0.1.0 0.0.0.255

[R1-ospf-1-area-0.0.0.0]network 40.0.2.0 0.0.0.255

路由器 R1 所有的接口都在 Area 0，我们也可以如下这样配置：

[R1-ospf-1-area-0.0.0.0]network 40.0.0.0 0.255.255.255

也可以写成这样：

[R1-ospf-1-area-0.0.0.0]network 0.0.0.0 255.255.255.255

0.0.0.0 255.255.255.255 包含了网络中的所有 IP 地址，即 0.0.0.0～255.255.255.255。包括路由器配置 Loopback 接口和管理接口。

使用 network 还可以精确宣告路由器接口的地址，wildcard-mask 为 0.0.0.0。

[R1-ospf-1-area-0.0.0.0]network 40.2.0.1 0.0.0.0

ospf enable 命令用来在接口上使能 OSPF，优先级高于 network 命令。

6.7 DR 和 BDR

典型 HCIA 试题

1．OSPF 协议支持的网络类型有哪些？【多选题】

A．Point-to-Multipoint　　B．Non-Broadcast Multi-Access

C．Point-to-Point　　D．Broadcast

2．OSPF 协议 DR 和 BDR 的作用有哪些？【多选题】

A．减少邻接关系的数量　　B．减少 OSPF 协议报文的类型

C．减少邻接关系建立的时间　　D．减少链路状态信息的交换次数

3．在 OSPF 广播网络中，一台 DRother 路由器会与哪些路由器交换链路状态信息？【多选题】

A．BDR　　B．所有 OSPF 邻居　　C．DRother　　D．DR

4．如图 6-15 所示的广播网络中，OSPF 运行在四台路由器上，且在同一个区域，同一网段。OSPF 会自动选举一个 DR，多个 BDR，从而达到更好的备份效果。【判断题】

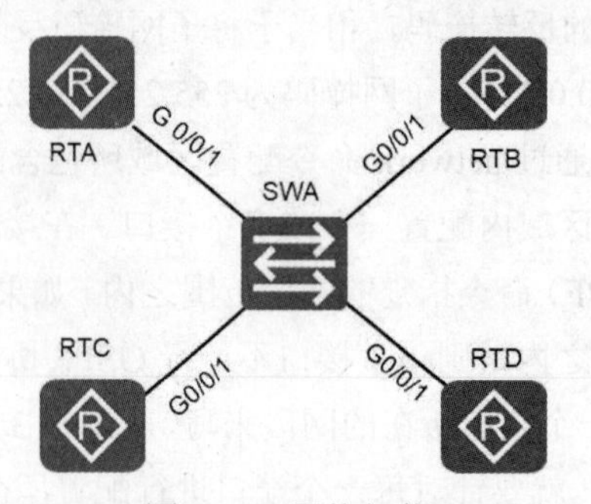

图 6-15　网络拓扑

A．对　　B．错

5．关于 OSPF 协议 DR 的说法正确的是？【单选题】

A．DR 一定是网络中优先级最高的设备

B．DR 的选举是抢占式的

C．Router ID 值越大越优先被选举为 DR

D．一个接口优先级为 0，那么该接口不可能成为 DR

6．在广播网络上，DR 和 BDR 都使用组播地址 224.0.0.6 来接收链路状态更新报文。【判断题】

A．对　　B．错

7．在 OSPF 协议中，下列对 DR 的描述中，正确的是？【多选题】

A．DR 和 BDR 之间也要建立邻接关系

B．若两台路由器的优先级值相等，则选择 Router ID 大的路由器作为 DR

C．若两台路由器的优先级值不同，则选择优先级值较小的路由器作为 DR

D．默认情况下，本广播网络中所有的路由器都将参与 DR 选举

8．如图 6-16 所示的网络，所有链路均是以太网链路，并且所有路由器运行 OSPF 协议，则整个网络中选举几个 DR？【单选题】

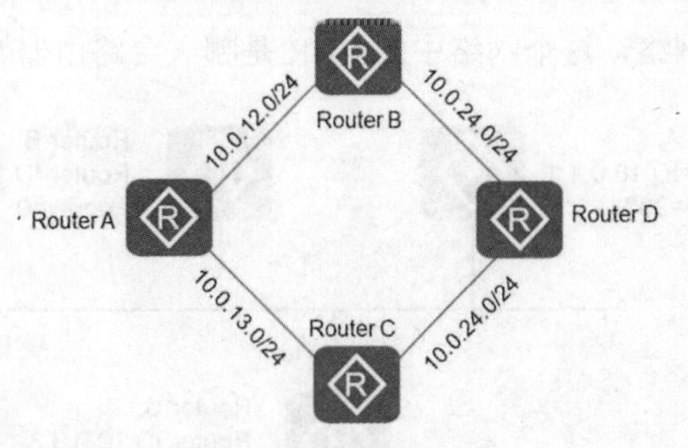

图 6-16 网络拓扑

A. 1　　B. 2　　C. 3　　D. 4

9. OSPF 协议在以下哪种网络类型中需要选举 DR 和 BDR？【多选题】

A. 点到点类型　　B. 广播类型　　C. NBMA　　D. 点到多点

10. 以下关于 DR 和 BDR 的选举的说法，正确的有？【多选题】

A. 如果一个接口优先级为 0，那么该接口将不会参与 DR 或者 BDR 的选举

B. 广播型网络中一定存在 DR

C. 如果优先级相同，则比较 Router ID，值越大越优先被选举为 DR

D. 广播型网络中一定存在 BDR

11. 如图 6-17 所示的网络，当 OSPF 邻居状态稳定后，Router B 和 Router C 的邻居状态为？【单选题】

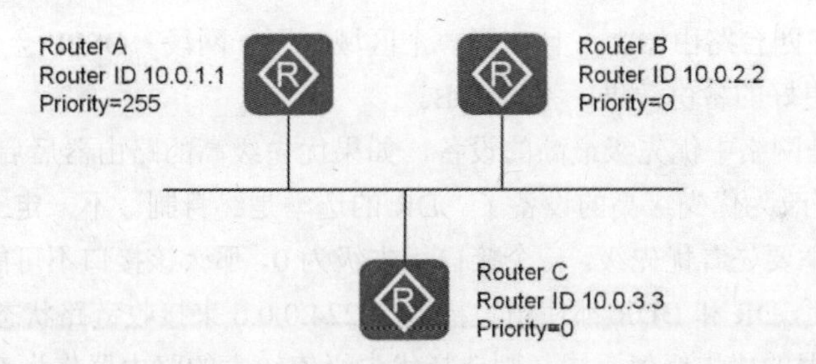

图 6-17 网络拓扑

A. Full　　B. 2-Way　　C. Attempt　　D. Down

12. 如图 6-18 所示的网络，假设所有路由器同时运行 OSPF 协议，这个网络中的 BDR 是哪一台路由器？【单选题】

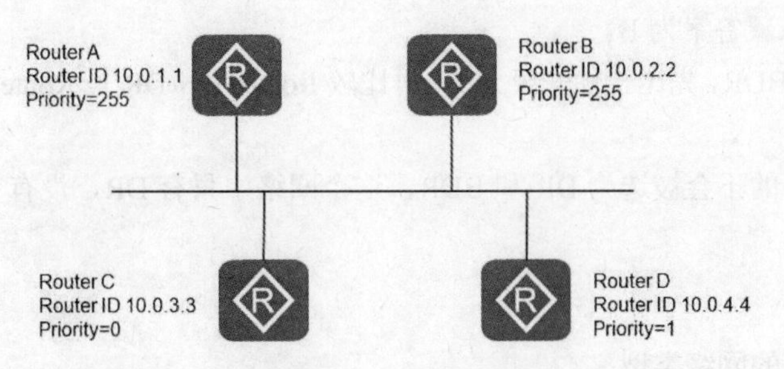

图 6-18 网络拓扑

A. Router A　　B. Router B　　C. Router C　　D. Router D

13．如图 6-19 所示的网络，这个网络中的 BDR 是哪一台路由器？【单选题】

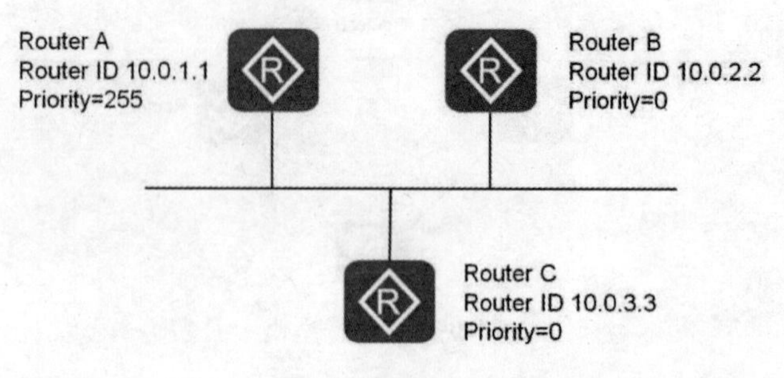

图 6-19　网络拓扑

A．Router B　　B．Router A　　C．无 BDR　　D．Router C

试题解析

1. OSPF 协议支持的网络类型有 Point-to-Multipoint、Non-Broadcast Multi-Access、Point-to-Point、Broadcast。答案为 ABCD。

2．OSPF 协议 DR 和 BDR 的作用有减少邻接关系的数量、减少链路状态信息的交换次数。答案为 AD。

3．在 OSPF 广播网络中，一台 DRother 路由器会与 DR、BDR 路由器交换链路状态信息。答案为 AD。

4．OSPF 运行在四台路由器上，且在同一个区域，同一网段。OSPF 会自动选举一个 DR，一个 BDR，从而达到更好的备份效果。答案为 B。

5．DR 不一定是网络中优先级最高的设备，如果优先级高的路由器后启动，DR 和 BDR 已经选举好了，也不会更改为优先级高的设备了。DR 的选举是终身制。不一定 Router ID 值越大越优先被选举为 DR，选举要先看优先级。一个接口优先级为 0，那么该接口不可能成为 DR。答案为 D。

6. 在广播网络上，DR 和 BDR 都使用组播地址 224.0.0.6 来接收链路状态更新报文。答案为 A。

7．若两台路由器的优先级值不同，则选择优先级值较大的路由器作为 DR。答案为 ABD。

8．每个以太网网段都要选一个 DR。答案为 D。

9．OSPF 协议在广播类型、NBMA 需要选举 DR 和 BDR。答案为 BC。

10．广播型网络中可以不存在 BDR，比如就两个路由器，其中一个优先级为 0。答案为 ABC。

11．优先级为 0，Router B 和 Router C 的角色都是 DRother，邻居状态会停留在 2-Way 状态，而不会进入 Full 状态。答案为 B。

12. 选举 DR 和 BDR，先比较优先级大小，再比较 Router ID，DR 是 Router B、BDR 是 Router A。答案为 A。

13．优先级为 0 的不会被选为 DR 和 BDR，这个网络中只有 DR，没有 BDR。答案为 C。

关联知识精讲

一、OSPF 定义的网络类型

在讲解指定路由器（Designated Router，DR）和备用指定路由器（Backup Designated Router，

BDR）之前，需要先了解 OSPF 的网络类型。

OSPF 网络类型是一个非常重要的接口变量，这个变量将影响 OSPF 在接口上的操作，例如，采用什么方式发送 OSPF 协议报文，以及是否需要选举指定路由器、备用指定路由器等。接口默认的 OSPF 网络类型取决于接口所使用的数据链路层封装。

OSPF 定义了 4 种网络类型，分别为点到点网络（Point to Point，P2P）、广播型网络（Broadcast Multi-Access，BMA）、非广播多路访问网络（Non-Broadcast Multiple Access，NBMA）和点到多点网络（Point to Multiple Point，P2MP）。

一般情况下，链路两端的 OSPF 接口网络类型必须一致，否则双方无法建立邻居关系。OSPF 网络类型可以在接口下通过命令手动修改以适应不同的网络场景，例如，可以将 BMA 网络类型修改为 P2P 网络类型。

```
[R1-GigabitEthernet0/0/0]ospf network-type ?
  broadcast     Specify OSPF broadcast network
  nbma          Specify OSPF NBMA network
  p2mp          Specify OSPF point-to-multipoint network
  p2p           Specify OSPF point-to-point network
```

P2P 指在一段链路上只能连接两台网络设备的环境，如图 6-20（a）所示。典型的例子是 PPP 链路，当接口采用 PPP 封装时，OSPF 在该接口上采用的默认网络类型为 P2P。

BMA 也被称为 Broadcast，如图 6-20（b）所示，指允许多台设备接入的、支持广播的环境。典型的例子是以太网。当接口采用 Ethernet 封装时，OSPF 在该接口上采用的默认网络类型为 BMA。

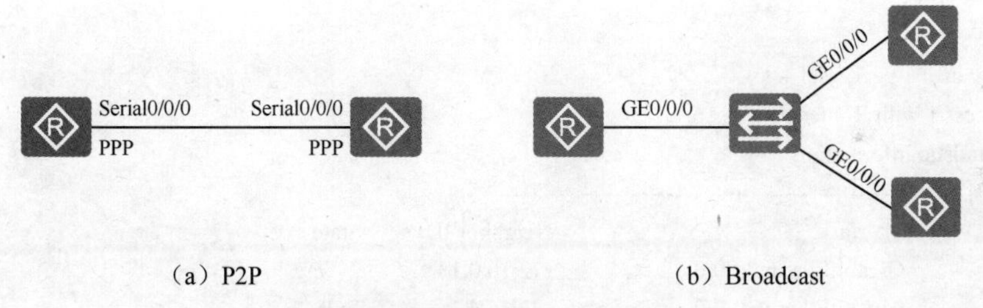

图 6-20　P2P 网络和 Broadcast 网络

NBMA 指允许多台网络设备接入且不支持广播的环境，如图 6-21（a）所示。典型的例子是帧中继（Frame Relay）网络。

P2MP 相当于将多条 P2P 链路的一端进行捆绑得到的网络，如图 6-21（b）所示。在默认情况下，没有一种链路层协议会被认为是 P2MP 网络类型。该类型必须由其他网络类型手动更改而成。常用做法是将非全连通的 NBMA 改为点到多点的网络。

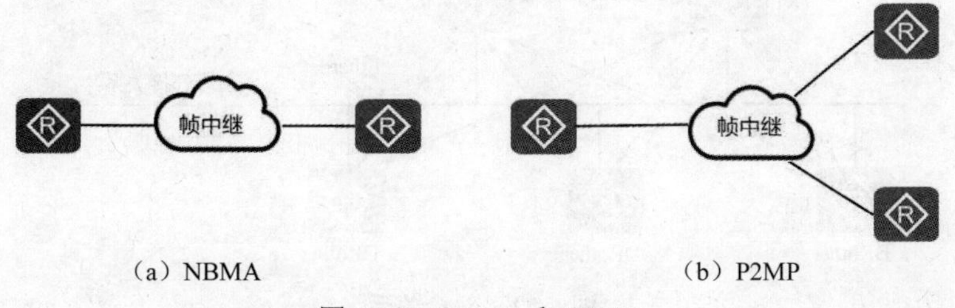

图 6-21　NBMA 和 P2MP

二、DR 和 BDR

多路访问网（Multi-Access，MA）有两种类型：广播型多路访问网络（BMA）和非广播型多路访问网络（NBMA）。以太网（Ethernet）是一种典型的广播型多路访问网络。

在 MA 网络中，如果每台 OSPF 路由器都与其他的所有路由器建立 OSPF 邻接关系，便会致使网络中存在过多的 OSPF 邻接关系，如图 6-22 所示，增加设备负担，也增加了网络中泛洪的 OSPF 报文数量。当拓扑出现变更时，网络中的 LSA 泛洪可能会造成带宽的浪费和设备资源的损耗。

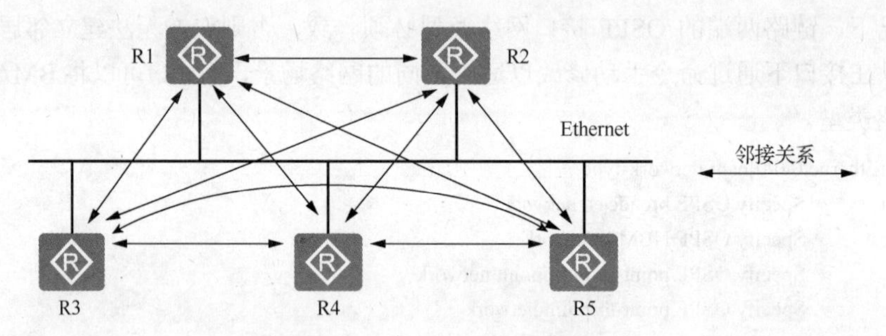

图 6-22　多路访问网络邻接关系

为了优化 MA 网络中 OSPF 邻接关系，OSPF 指定了 3 种 OSPF 路由器身份：指定路由器（DR）、备用指定路由器（BDR）和 DRother 路由器。OSPF 协议只允许 DR、BDR 与 DRother 建立邻接关系。DRother 之间不会建立邻接关系，双方停滞在 two-way 状态。执行 display ospf 1 peer brief 显示邻居建立的关系摘要，下面的命令可以看到 BDR 会监控 DR 的状态，并在当前 DR 发生故障时接替其角色。

```
<R4>display ospf 1 peer brief
 OSPF Process 1 with Router ID 172.16.1.1
      Peer Statistic Information
-----------------------------------------------------------------------
Area ID        Interface                  Neighbor ID      State
0.0.0.0        GigabitEthernet0/0/0       172.16.0.1       2-Way
0.0.0.0        GigabitEthernet0/0/0       172.16.4.1       Full
0.0.0.0        GigabitEthernet0/0/0       172.16.3.1       Full
0.0.0.0        GigabitEthernet0/0/0       172.16.2.1       2-Way
-----------------------------------------------------------------------
```

这种设计的考虑是让 DR 或 BDR 成为信息交换的中心，如图 6-23 所示，而不是让每个路由器与该网段上其他路由器两两做更新信息的交换。

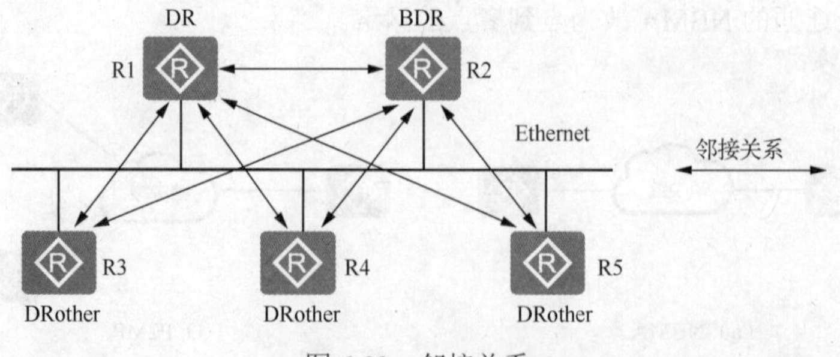

图 6-23　邻接关系

网络中的路由器发现网络拓扑变更时，将这个消息以 LSU 报文通告出去，LSU 报文包含 LSA 链路状态通告，反映拓扑变更，发向保留的组播目的地 224.0.0.6，只有 DR 和 BDR 侦听这个地址，DR 意识到这个变化后会将 LSU 报文泛洪给全网路由器，全网路由器都能收到拓扑变更情况，向外泛洪的目标地址是 224.0.0.5，所有运行 OSPF 的接口都会侦听这个地址。

从图 6-22 可以看出，邻居不一定有邻接关系，R3 有 4 个邻居，但只与 R1 和 R2 形成邻接关系。点到点网络总是和邻居建立邻接关系，如图 6-24 所示。如果两个路由器通过以太网接口直接相连，可以人工将这两个路由器的以太网接口指定成 P2P 类型，这样就不会有 DR 和 BDR 的选举了。

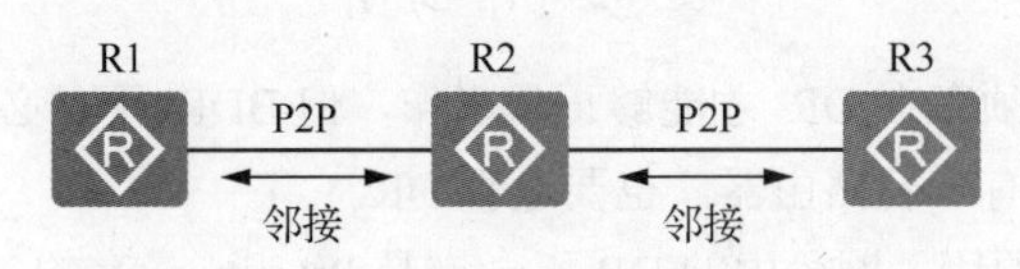

图 6-24　P2P 邻接关系

三、DR 和 BDR 的选举规则

- 选举规则

1．广播网络或 NBMA 类型的网络需要选举指定路由器（DR）和备份指定路由器（BDR）。

2．路由器接口的优先级 Priority 将影响接口在选举 DR 时所具有的资格。优先级为 0 的路由器不会被选举为 DR 或 BDR。

3．DR 由本网段中所有路由器共同选举。Priority 大于 0 的路由器都可作为“候选者”，选票就是 Hello 报文，OSPF 路由器将自己选出的 DR 写入 Hello 报文中，发给网段上的其他路由器。当同一网段的两台路由器都宣布自己是 DR 时，Priority 高的胜出。如果 Priority 相等，则 Router ID 大的胜出。

4．如果 DR 失效，则网络中的路由器必须重新选举 DR，并与新的 DR 同步，为了缩短这个过程，OSPF 提出了 BDR 的概念，与 DR 同时被选举出来。BDR 也与本网段内的所有路由器建立邻接关系并交换路由信息。DR 失效后，BDR 立即成为 DR，由于不需要重新选举，并且邻接关系已经建立，所以这个过程可以很快完成。这时，还需要选举出一个新的 BDR，这时不会影响路由的计算。

- DR 和 BDR 的指导思想：

1．选举制：DR 是各路由器选出来的，而非人工指定的，但管理员可以通过配置 Priority 干预选举过程。

2．终身制：DR 一旦当选，除非路由器故障，否则不会更换，即使后来的路由器 Priority 更高。

3．世袭制：DR 选出的同时也选出 BDR 来，DR 故障后，由 BDR 接替 DR 成为新的 DR。

- DR 和 BDR 的注意事项：

1．只有在广播和 NBMA 的链路上才会选举 DR，在 P2P 和 P2MP 的链路上不会选举 DR。

2．DR 是针对一个网段内的设备选举的，对于一台路由器来说，可能它在某个接口上是 DR，在其他接口上是 BDR、DRother，如图 6-25 所示，或者因为是 P2P 的链路而不参加 DR 的选举。

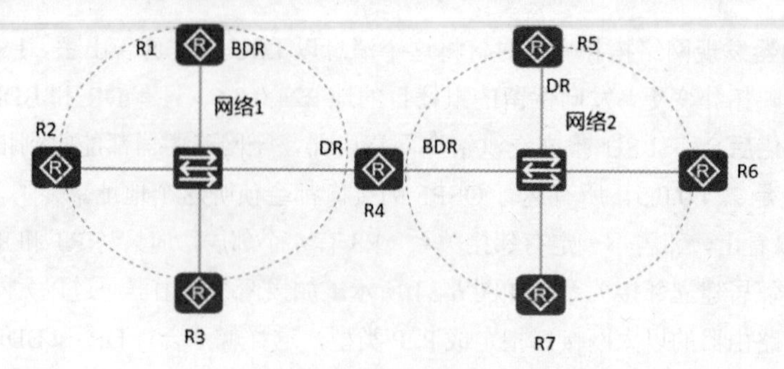

图 6-25　网络拓扑

3．在广播的网络上必须存在 DR 才能够正常工作，但 BDR 不是必需的。

4．一个网段中即使只有一台路由器，也要选举 DR。

5．由于“终身制”的原因，网段中的 DR 不一定是 Priority 最高的，但通常是“来得早”的路由器。

四、设置接口 DR 和 BDR 优先级

进入接口视图，可以设置成为 DR、BDR 的优先级，可以看到优先级的值在 0～255 之间。优先级为 0 的路由器不会被选举为 DR 或 BDR。

```
[R1-GigabitEthernet0/0/0]ospf dr-priority ?
  INTEGER<0-255>    Router priority value
[R1-GigabitEthernet0/0/0]ospf dr-priority 100
```

6.8　邻接关系

典型 HCIA 试题

1．OSPF 建立邻接关系时，以下哪些参数必须设置一致？【多选题】

A．Router Priority　　B．Router ID

C．Area ID　　D．Router Dead Interval

2．OSPF 协议使用哪种状态表示邻居关系已经建立？【单选题】

A．2-Way　　B．Down　　C．Attempt　　D．Full

3．以下哪个命令可以查看 OSPF 是否已经正确建立邻居关系？【单选题】

A．display OSPF neighbor　　B．display OSPF brief

C．display OSPF peer　　D．display OSPF interface

4．管理员发现两台路由器在建立 OSPF 邻居时，停留在 two-way 状态，则下列描述正确的是？【单选题】

A．路由器配置了相同的区域 ID

B．这两台路由器是广播型网络中的 DRother 路由器

C．路由器配置了错误的 Router ID

D．路由器配置了相同的进程 ID

试题解析

1．OSPF 建立邻接关系时，必须是同一区域、Hello 报文中的 Router Dead Interval 字段必须一样。答案为 CD。

2．OSPF 协议邻居关系建立后处于 2-Way 状态。答案为 A。

3．display OSPF peer 命令可以查看 OSPF 是否已经正确建立邻居关系。答案为 C。

4．广播型网络中的 DRother 路由器之间的状态停留在 two-way 状态。答案为 B。

关联知识精讲

本节试题关联知识参考本章 6.4 节“三、建立邻接关系”。

6.9　OSPF 配置排错

典型 HCIA 试题

1．查询设备 OSPF 协议的配置信息，可以使用下列哪些命令？【单选题】

A．在 OSPF 协议视图下输入命令“display this”

B．display current-configuration

C．display OSPF peer

D．dis ip routing-table

2．查询 OSPF 协议的配置信息，可以使用下列哪些命令？【多选题】

A．dis ip routing-table　　B．display current-configuration

C．display OSPF peer　　D．在 OSPF 协议视图下：display this

3．如配置所示，管理员在 R1 上配置了 OSPF，但 R1 学习不到其他路由器的路由，那么可能的原因是？【多选题】

```
[R1]OSPF
[R1-OSPF-1]area 1
[R1-OSPF-1-area-0.0.0.1]network 10.0.12.0 0.0.0.255
```

A．此路由器没有配置认证功能，但是邻居路由器配置了认证功能

B．此路由器配置时，没有配置 OSPF 进程号

C．此路由器配置的区域 ID 和它的邻居路由器的区域 ID 不同

D．此路由器在配置 OSPF 时没有宣告连接邻居的网络

4．两台路由器通过 PPP 链路互连，管理员在两台路由器上配置了 OSPF，且运行在同一个区域中，如果它们的 Router ID 相同，则下列描述正确的是？【单选题】

A．两台路由器将会建立正常的完全邻居关系

B．两台路由器将不会互相发送 Hello 信息

C．两台路由器将会建立正常的完全邻接关系

D．VRP 会提示两台路由器的 Router ID 冲突

5．某台路由器输出信息如下，下列说法正确的有？【多选题】

```
<R1>display ospf interface verbose
 OSPF Process 1 with Router ID 10.0.1.1
       Interfaces
Area: 0.0.0.0              (MPLS TE not enabled)
 Interface: 10.0.12.1 (GigabitEthernet0/0/0)
Cost: 1          State: Waiting      Type: Broadcast      MTU: 1500
Priority: 1
Designated Router: 10.0.12.2
Backup Designated Router: 10.0.12.1
Timers: Hello 10 , Dead 40 , Poll   120 , Retransmit 5 , Transmit Delay 1
 IO Statistics
             Type          Input       Output
            Hello            66
   DB Description            2            3
   Link-State Req            0            1
Link-State Update            3            2
   Link-State Ack            2            2
ALLSPF GROUP
OpaqueId: 0     PrevState: Waiting
Effective cost: 1, enabled by OSPF Protocol
```

A．本路由接口 DR 优先级为 10　　　　B．路由器 Router ID 为 10.0.1.1

C．本接口 Cost 值为 1　　　　　　　D．本路由器是 BDR

6．如图 6-26 所示，关于 OSPF 的拓扑和配置，下列说法正确的是？【单选题】

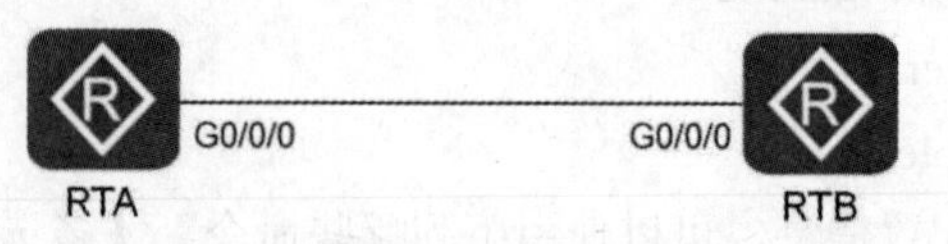

图 6-26　网络拓扑


```
[R1]interface GigabitEthernet 0/0/0
[R1-GigabitEthernet0/0/0]ip address 100.1.1.1 255.255.255.0
[R1-GigabitEthernet0/0/0]ospf network-type p2p
[R1-GigabitEthernet0/0/0]ospf dr-priority 100
[R1-GigabitEthernet0/0/0]ospf timer hello 20
[R1-GigabitEthernet0/0/0]quit
[R1]ospf 1
[R1-ospf-1]area 0.0.0.0
[R1-ospf-1-area-0.0.0.0]network 100.1.1.1 0.0.0.0

[R2]interface GigabitEthernet 0/0/0
[R2-GigabitEthernet0/0/0]ip address 100.1.1.2 255.255.255.0
[R2]ospf 1
[R2-ospf-1]area 0.0.0.0
[R2-ospf-1-area-0.0.0.0]network 100.1.1.2 0.0.0.0
```

A．R1 和 R2 可以建立稳定的 OSPF 邻居关系

B．R1 与 R2 相比，R2 更有机会成为 DR，因为它的接口 DR 优先级值较小

C．只要把 R1 的接口网络类型恢复为默认的广播类型，R1 和 R2 即可建立稳定的邻居关系

D．只要把 R1 的接口网络类型恢复为默认的广播类型，同时调整 Hello 时间为 10s，R1 和 R2 即可建立稳定的邻居关系

7．如图 6-27 所示的网络，路由器配置信息如下，据此网络和配置，下列说法正确的是？【多选题】

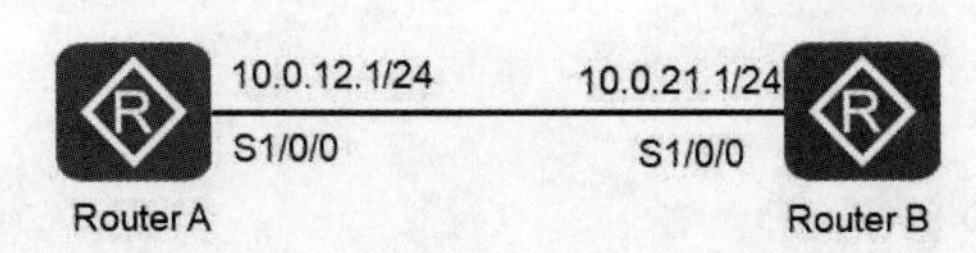

图 6-27 网络拓扑

```
Router B
interface Serial1/0/0
link-protocol ppp
ip address 10.0.21.1 255.255.255.0
#
OSPF 1 router-id 10.0.21.1
area 0.0.0.0
network 10.0.21.1 0.0.0.0
# Router A
interface Serial1/0/0
link-protocol ppp
ip address 10.0.12.1 255.255.255.0
#
OSPF 1 router-id 10.0.12.1
area 0.0.0.0
network 10.0.12.1 0.0.0.0
#
```

A．路由器 A 和路由器 B 学习不到对方接口的 MAC 地址

B．路由器 A 和路由器 B 存在 ARP 表

C．两台路由器可以建立 OSPF 邻接关系

D．网络中不存在 DR 和 BDR

8．某台路由器输出信息如下，下列说法正确的有？【多选题】

```
<R1>display ospf peer
 OSPF Process 1 with Router ID 10.0.2.2
        Neighbors
 Area 0.0.0.0 interface 10.0.12.2(GigabitEthernet 0/0/0)'s neighbors
 Router ID: 10.0.1.1          Address: 10.0.12.1
   State: Full    Mode:Nbr is   Master   Priority: 1
   DR: 10.0.12.2    BDR: 10.0.12.1    MTU: 0
   Dead timer due in 32   sec
   Retrans timer interval: 5
   Neighbor is up for 00:14:09
   Authentication Sequence: [ 0 ]
```

A．路由器 Router ID 为 10.0.1.1　　　　B．本路由器是 DR

C．本路由器的接口地址为 10.0.12.2　　　D．路由器 Router ID 为 10.0.2.2

9．某台路由器输出信息如下，下列说法错误的是？【多选题】

```
<R1>display current-configuration configuration ospf
 #
ospf 1 router-id 10.0.1.1
```

```
area 0.0.0.0
  network 10.0.12.0 0.0.0.3
  network 10.0.12.0 0.0.0.255
#
return
<R1>display ospf peer
 OSPF Process 1 with Router ID 10.0.12.1
       Neighbors
 Area 0.0.0.0 interface 10.0.12.1(GigabitEthernet 2/0/0)'s neighbors
 Router ID: 10.0.2.2            Address: 10.0.12.2
   State: Full   Mode:Nbr is   Master   Priority: 1
   DR: 10.0.12.2     BDR: 10.0.12.1     MTU: 0
   Dead timer due in 30   sec
   Retrans timer interval: 5
   Neighbor is up for 00:17:36
   Authentication Sequence: [ 0 ]
```

A．本路由器开启了区域认证

B．本设备出现故障，配置的 Router ID 和实际生效的 Router ID 不一致

C．本设备生效的 Router ID 为 10.0.12.1

D．本设备生效的 Router ID 为 10.0.1.1

试题解析

1．查询设备 OSPF 协议的配置信息，可以在 OSPF 协议视图下输入命令“display this”，也可以输入 display current-configuration 查看到所有配置，包括 OSPF 配置。本题是单选题，精确答案为 A。

2．查询设备 OSPF 协议的配置信息，可以在 OSPF 协议视图下输入命令“display this”，也可以输入 display current-configuration 查看到所有配置，包括 OSPF 配置。本题为多选题，答案为 BD。

3．配置 OSPF 时如果不指定进程号，默认就是 1。其他的三个选项会引起学习不到邻居。答案为 ACD。

4．如果 Router ID 相同，会提示冲突。下面的输出就是 Router ID 冲突出现的提示。

```
<R4>
Sep 12 2022 22:50:05-08:00 R4 %%01OSPF/4/CONFLICT_ROUTERID_INTF(l)[0]:OSPF Router id conflict is detected on interface . (ProcessId=256, RouterId=1.1.16.172, AreaId=0.0.0.0, InterfaceName=GigabitEthernet0/0/0, IpAddr=5.0.168.192, PacketSrcIp=4.0.168.192)
```

答案为 D。

5．从输出可以看出优先级为 1（Priority: 1），路由器 Router ID 为 10.0.1.1（OSPF Process 1 with Router ID 10.0.1.1），本接口 Cost 值为 1（Cost: 1），本路由器是 BDR（Backup Designated Router: 10.0.12.1）。答案为 BCD。

6．成为邻居关系必须网络类型相同，Hello 间隔相同。答案为 D。

7．点到点链路使用了 PPP 协议，通信不需要 MAC 地址，也不需要选举 DR 和 BDR。答案为 ACD。

8．路由器 Router ID 为 10.0.2.2（OSPF Process 1 with Router ID 10.0.2.2），本路由器的接口地址为 10.0.12.2（interface 10.0.12.2(GigabitEthernet 0/0/0)'s neighbors），DR 为 10.0.12.2，就是自己的地址。答案为 BCD。

9．从输出信息来看没有配置区域认证，配置的 Router ID（ospf 1 router-id 10.0.1.1）和实际生

效的 Router ID（OSPF Process 1 with Router ID 10.0.12.1）不一致，要想一致需要执行<R1>reset ospf 1 process 重置 OSPF 进程。答案为 AD。

关联知识精讲

一、查看 OSPF 配置

发现的配置 OSPF 结果和预想的不一致，就要排查 OSPF 配置是否出现错误，可以输入以下命令查看 OSPF 配置。

```
<R1>display current-configuration section ospf
[V200R003C00]
#
ospf 1 router-id 1.1.1.1
 area 0.0.0.0
  network 172.16.0.0 0.0.255.255
#
Return
```

或在 OSPF 视图下输入：

```
[R1-ospf-1]display this
[V200R003C00]
#
ospf 1 router-id 1.1.1.1
 area 0.0.0.0
  network 172.16.0.0 0.0.255.255
#
Return
```

二、邻接关系形成条件

路由器开启 OSPF 之后会和相邻路由器建立两种关系：邻居关系和邻接关系。邻居关系是路由器状态机停留在 2-Way 状态，邻接关系是路由器状态机达到 Full 状态。

成功建立邻居关系需要达到 2-Way 状态，说明路由器双方完成了交互 Hello 报文，而观察 Hello 报文的头部字段即可知道路由器建立邻居关系的条件。

OSPF 邻居关系建立的六个条件，缺一不可：

1．Router ID 唯一。

2．Area 相同，即两台设备处于相同区域，如：同属 area 0。

3．Authentication-type（验证类型）和 Authentication-key（验证口令）相同。

4．网络掩码相同，比如双方都是 24 位掩码。

5．Hello 报文的发送间隔时间相同。

6．路由器死亡时间间隔相同，一般是 Hello 报文发送间隔的 4 倍。

还有一个比较特殊，即路由器优先级，在广播网络里，如果路由器的优先级都是 0，说明路由器是 DRother，而 DRother 之间只能达到 2-Way 状态（即建立邻居关系），不能达到 Full 状态（即不能建立邻接关系）。

达到 2-Way 状态后，路由器之间开始交互 DD 报文，而 DD 报文头部字段里有一项 MTU，思科路由器是需要比较 MTU 的，如果两个路由器的 MTU 不同，是不能建立邻接关系的，只能停留在 2-Way 状态，而华为路由器之间是不比较 MTU 的。如果是思科路由器和华为路由器互联，MTU 需要保持一致，否则不能建立邻接关系。

OSPF 邻居关系建立的六个条件，并没有要求相邻的路由器接口 IP 地址在一个网段。如果两个路由器通过以太网接口相连，而互联接口的地址一个配置为 1.1.1.1，另一个配置为 2.2.2.2，其他建立邻接关系需要的条件都满足，实际上是不能建立邻居关系的。

将互联接口地址配置为 1.1.1.1/24 和 2.2.2.2/24 并将网段发布出去之后，在链路上抓包，发现路由器之间可以正常发送 Hello 报文，但仅此而已，连 2-Way 状态都没有达到，甚至 Init 都没有。

将 2.2.2.2 修改为 1.1.1.2 后再重新发布后可以正常建立邻接关系了，观察抓的包发现，发送 DD 报文前路由器会先发送一个 ARP 报文。进一步研究发现，原来 Hello 包的目标地址是组播 224.0.0.5，而 DD 包的目标地址是单播的，所以需要 ARP 解析来得到对端的 MAC 地址，但这应该并不影响邻居关系的建立，可是为什么刚才连 2-Way 状态都没有到呢？进一步想到 OSPF 报文是封装在 IP 报文内的，并进一步封装在数据链路层的，而数据链路层是以太网，以太网的本质是共享介质的，共享介质就要求路由器要在同一个子网下，路由器收到 Hello 包，发现发送端源地址跟自己不在同一个子网 ，于是将 Hello 包丢弃，所以是无法到达 2-Way 状态的。

6.10 静默接口

典型 HCIA 试题

1. 两台配置 OSPF 的路由器，在 A 上配置 silent-interface s0/0/0，下列说法正确的是？【多选题】

A. RTA 将不发送 OSPF 报文

B. RTA 将继续接受并分析处理 B 发送的 OSPF 报文

C. 两台路由器邻居不受影响

D. 两台路由器邻居会 Down 掉

2. 如图 6-28 所示，两台路由器配置了 OSPF 之后，管理员在 RTA 上配置了<silent-interface s0/0/1> 命令，则下列描述正确的是？【多选题】

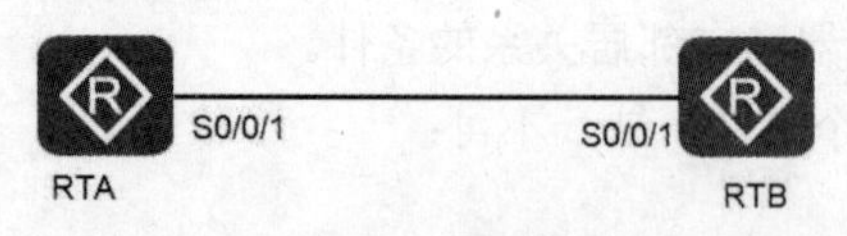

图 6-28　网络拓扑

A. RTA 会继续接收并分析处理 RTB 发送的 OSPF 报文

B. 两台路由器的邻居关系将会 Down 掉

C. RTA 将不再发送 OSPF 报文

D. 两台路由器的邻居关系将不会受影响

试题解析

1. 静默接口不发送 OSPF 报文，接口上无法建立邻居关系。答案为 AD。

2. 静默接口不发送 OSPF 报文，接口上无法建立邻居关系。答案为 BC。

关联知识精讲

如图 6-29 所示，Router A 和 Router B 配置了 OSPF，Router A 的 G0/0/0 接口和 Router B 的 G0/0/0 接口用于连接终端网段，在这两个网段中，只存在终端 PC，除此之外并无任何 OSPF 路由器存在。为了让路由器能够通过 OSPF 学习到这两个接口网段的路由，使用 network 命令在这些接口上激活了 OSPF，由于激活了 OSPF，Router A 的 G0/0/0 接口和 Router B 的 G0/0/0 接口便周期性地发送 Hello 报文，尝试在这两个接口上发现 OSPF 邻居，但实际上，这两个网段中并无其他 OSPF 路由器，因此这些 Hello 报文实际上是增加了终端 PC 的困扰。可以将连接终端的接口配置为静默接口（silent-interface）。

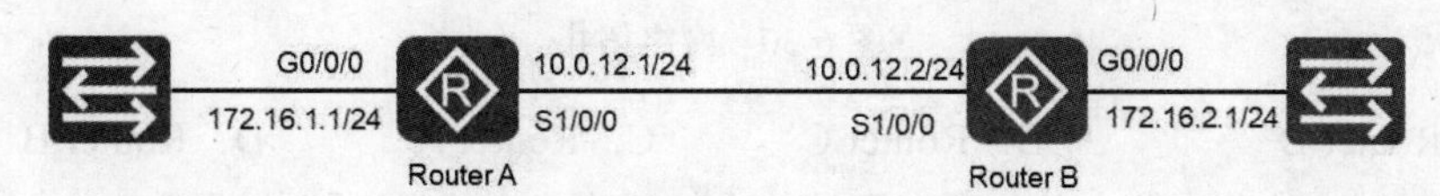

图 6-29　网络拓扑

路由器的静默接口不接收网络中其他设备发布的路由更新信息，静默接口也不发送 Hello 报文。但该接口的直连路由仍可以发布出去，但接口的 Hello 报文将被阻塞，接口上无法建立邻居关系。这样可以增强 OSPF 的组网适应能力，减少系统资源的消耗。

以下命令将 GigabitEthernet 0/0/0 接口配置为静默接口。

```
[R1]ospf 1
[R1-ospf-1] silent-interface GigabitEthernet 0/0/0
```

6.11　多区域

典型 HCIA 试题

1．关于 OSPF 协议区域划分的说法，错误的是？【单选题】

A．划分 OSPF 区域可以缩小部分路由器的 LSDB 规模

B．同一个 OSPF 区域中的路由器中的 LSDB 是完全一致的

C．只有 ABR 才能作为 ASBR

D．Area 0 是骨干区域，其他区域都必须与此区域相连

2．运行 OSPF 协议的路由器所有接口必须属于同一区域。【判断题】

A．对　　　　B．错

3．骨干区域内的路由器有其他所有区域的全部 LSDB。【判断题】

A．对　　　　B．错

4．下列关于 OSPF 区域的描述，正确的是？【多选题】

A．在配置 OSPF 区域时必须给路由器的 loopback 接口配置 IP 地址

B．所有的网络都应在区域 0 中宣告

C．骨干区域的编号不能为 2

D．区域的编号范围是从 0.0.0.0 到 255.255.255.255

5．如图 6-30 所示的网络，所有路由器均运行 OSPF 协议，哪台设备是 ABR？【多选题】

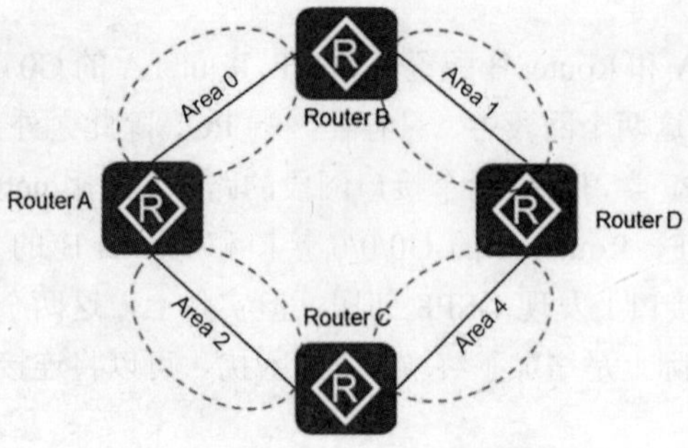

图 6-30　网络拓扑

A．Router D　　B．Router C　　C．Router A　　D．Router B

6．骨干区域内的路由器有其他所有区域的完整链路状态信息。【判断题】

A．对　　B．错

7．对于 OSPF 骨干区域的说法，正确的是？【单选题】

A．Area 0 是骨干区域

B．所有区域都可以是骨干区域

C．当运行 OSPF 协议的路由器数量超过 2 台以上时必须部署骨干区域

D．骨干区域所有路由器都是 ABR

8．网络结构和 OSPF 分区如图 6-31 所示，除了 R1 之外，路由器 R2、R3 和 R4 都是 OSPF 的 ABR 路由器。【判断题】

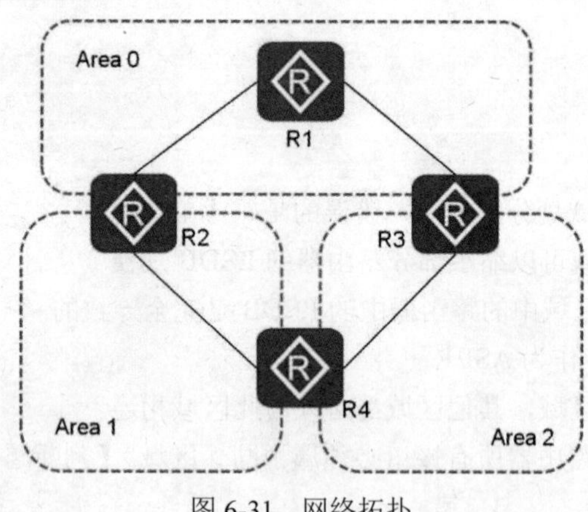

图 6-31　网络拓扑

A．对　　B．错

9．以下哪种路由协议可以产生缺省路由？【多选题】

A．OSPFv3　　B．Direct　　C．OSPF　　D．Static

试题解析

1．ASBR 不一定是 ABR。答案为 C。

2．ABR 路由器接口就在不同的区域。答案为 B。

3．骨干区域内的路由器只有本区域的 LSDB。答案为 B。

4．骨干区域编号必须为 0，区域的编号范围是从 0.0.0.0 到 255.255.255.255。答案为 CD。

5．ABR 可以同时属于两个以上的区域，但其中一个必须是骨干区域（Area 0）。网络中 Router A 和 Router B 是 ABR。答案为 CD。

6．骨干区域内的路由器只有本区域的完整链路状态信息。答案为 B。

7．骨干区域的区域编号必须是 0。答案为 A。

8．R4 没有和骨干区域连接，不是 ABR。答案为 B。

9．OSPFv3 和 OSPF 可以产生缺省路由。在 R1 路由器的 OSPF 视图下执行[R1-ospf-1]default-route-advertise always 可以产生缺省路由。答案为 AC。

关联知识精讲

在大型企业网络中，网络结构的变化是时常发生的，因此 OSPF 路由器就会经常运行 SPF 算法来重新计算路由信息，大量消耗路由器的 CPU 和内存资源。

在 OSPF 网络中，随着多条路径的增加，路由表变得越来越庞大，每一次路径的改变都使路由器不得不花大量的时间和资源去重新计算路由表，路由器变得越来越低效。

包含完整网络结构信息的链路状态数据库也会越来越大，这将有可能使路由器的 CPU 和内存资源彻底耗尽，从而导致路由器的崩溃。

为了解决这个问题，OSPF 允许把大型区域划分成多个更易管理的小型区域。这些小型区域可以交换路由汇总信息，而不是每一个路由的细节。通过划分成多个小型区域，OSPF 的工作可以更加流畅。

一、OSPF 多区域的好处

为了使 OSPF 能够用于规模很大的网络，OSPF 将一个自治系统再划分为若干更小的范围，叫作区域（Area）。为了使一个区域能够和本区域以外的区域进行通信，OSPF 使用层次结构的区域划分。划分区域的好处：

- 改善网络的可扩展性

OSPF 通常在一个学校或大型企业中的网络拓扑是非常大型和复杂的，而 SPF 算法的反复计算，庞大的路由表和拓扑表的维护等都会占用大量的路由器资源，这会降低路由器的运行效率。

- 快速收敛

OSPF 协议可以通过划分区域来减小这些不利的影响，也就是说 OSPF 协议划分多个区域后，每一个区域的路由器只需要了解所在区域的网络路由拓扑，并不需要了解整个网络的路由拓扑，这样可以把洪泛法交换链路状态信息的范围控制在一个区域而不是整个自治系统，这就减少了整个网络的通信量，减小了 LSDB 的大小，提高了网络的可扩展性，达到快速收敛。

当网络中包含多个区域时，OSPF 协议有特殊的规定，即其中必须有一个 Area 0，通常也叫作骨干区域（Backbone Area）。在设计 OSPF 网络时，一个很好的方法就是从骨干区域开始，然后扩展到其他区域。骨干区域在所有其他区域的中心，即所有区域都必须与骨干区域物理或逻辑上相连。这种设计思想产生的原因是，OSPF 协议要把所有区域的路由信息引入骨干区域，然后再将路由信息从骨干区域分发到非骨干区域中。

二、OSPF 路由器的类型

区域内路由器（Internal Router）：所有接口都位于同一个区域中的路由器，同一个区域中所有内部路由器的 LSDB 都相同。

区域边界路由器（Area Border Router，ABR）：位于一个或多个 OSPF 区域边界上，将这些区域连接到主干网络的路由器。ABR 被认为同时是 OSPF 主干和相连区域的成员，可以同时属于两个以上的区域，但其中一个必须是骨干区域（Area 0）。只能在 ABR 对其连接的区域的地址进行汇总（对其连接的区域的 LSDB 中的路由选择信息进行汇总）。ABR 分离 LSA 泛洪区，还可能提供默认路由。一个区域可能有一台或多台 ABR。理想的设计是只让每个 ABR 连接两个区域：骨干区域和另一个区域。正如前面指出的，建议 ABR 最多不要连接 3 个以上的区域。

骨干路由器（Backbone Router）：该类路由器至少一个接口属于骨干区域。因此，所有的 ABR 和位于 Area 0 的内部路由器都是骨干路由器。

自治系统边界路由器（AS Boundary Router，ASBR）：与其他 AS 交换路由信息的路由器称为 ASBR。只要一台 OSPF 路由器引入了外部路由的信息，它就成为 ASBR。

注意：同一台路由器可属于多种类型。例如，如果路由器同时连接区域 0、区域 1 和一个非 OSPF 网络，则它既是 ABR 又是 ASBR。

图 6-32 展示了一个有 3 个区域的自治系统。每一个区域都有一个 32 位的区域标识符（用点分十进制表示）。一个区域的规模不能太大，区域内的路由器最好不超过 200 个。

如图 6-32 所示，使用多区域划分要和 IP 地址规划相结合，以确保一个区域的地址空间连续，这样才能在区域边界路由器上将一个区域的网络汇总成一条路由并通告给其他区域。

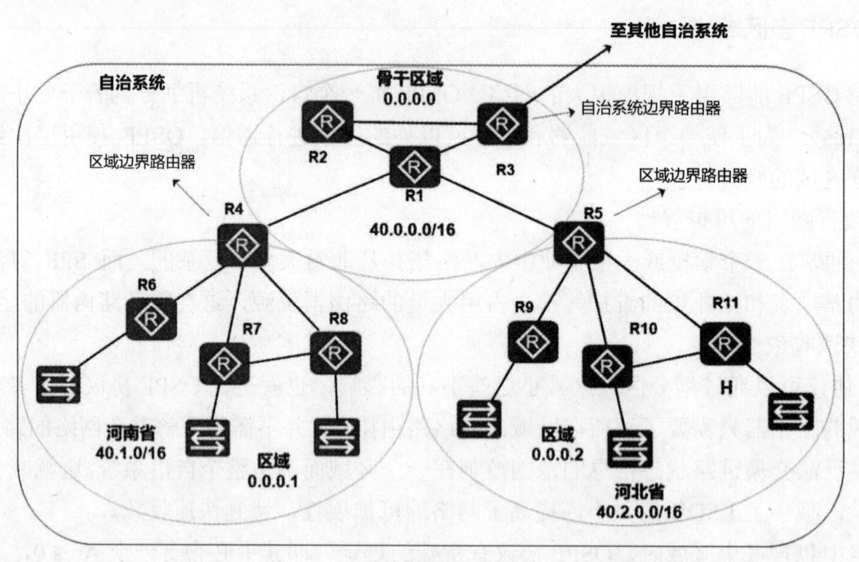

图 6-32 自治系统和 OSPF 区域

图 6-32 中，上层的区域叫作骨干区域，骨干区域的标识符规定为 0.0.0.0。骨干区域的作用是连通其他下层的区域。从其他区域发来的信息都由区域边界路由器进行路由汇总。路由器 R4 和 R5 都是区域边界路由器。显然，每一个区域至少应当有一个区域边界路由器。骨干区域内的路由器叫作骨干路由器，如 R1、R2、R3、R4 和 R5。骨干路由器可以同时是区域边界路由器，如 R4

和 R5。骨干区域内还要有一个路由器（图 6-32 中的 R3）专门和本自治系统外的其他自治系统交换路由信息，R3 路由器叫作自治系统边界路由器。

需要说明的是，ABR 连接骨干区域和非骨干区域，ASBR 连接其他 AS。

在自治系统边界路由器上可以使用命令产生一条默认路由通告骨干区域。

三、OSPF 区域划分规则

1．每一个网段必须属于一个区域且只能属于一个区域，即每个运行 OSPF 协议的接口必须指定属于某一个特定区域。

2．区域用区域号来标识，区域号范围为 0.0.0.0～255.255.255.255。

3．骨干区域不能被非骨干区域分割开。

4．非骨干区域必须和骨干区域相连，不建议使用虚连接。

第7章 交换机组网

本章汇总了交换机组网相关试题，重点是生成树协议（STP和RSTP）、VLAN以及VLAN间路由、链路聚合。

STP 关联知识点包括：交换机组网环路问题，生成树协议相关术语，生成树协议工作原理，BPDU报文类型，STP端口状态和端口角色。

RSTP关联知识点包括：快速生成树协议（RSTP）相对于STP的改进，RSTP端口角色和端口状态，快速收敛机制，保护功能。

VLAN相关知识点包括：VLAN的概念。交换机端口类型：Access端口、Trunk端口、Hybrid端口，Hybrid接口的应用场景和配置。VLAN类型：基于接口的VLAN、基于MAC地址的VLAN。单臂路由和三层交换实现VLAN间路由。

7.1 STP

典型HCIA试题

1．交换机组网中，如果发生环路则可能会导致广播风暴。【判断题】

A．对　　　　B．错

2．交换机组成的网络不开启 STP，一定出现二层环路。【判断题】

A．对　　　　B．错

3．如图7-1所示，两台交换机上都禁用了STP协议，主机A发送了一个ARP Request，则下列描述正确的是？【多选题】

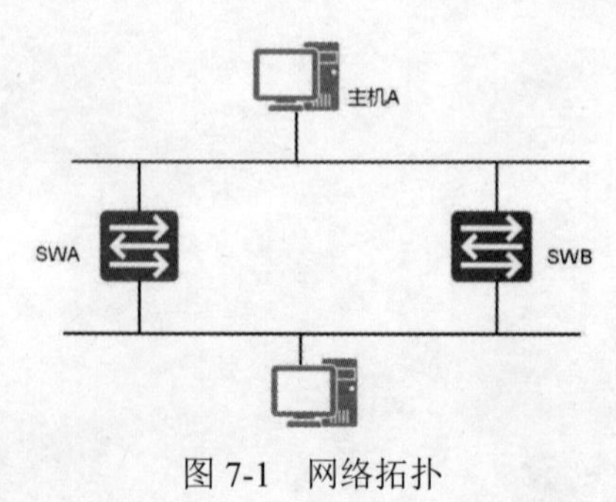

图7-1　网络拓扑

A．这两台交换机能够实现负载均衡　　B．这两台交换机的CPU占用率将会很高
C．这个网络中将会出现重复帧　　D．这两台交换机的MAC地址表会频繁抖动

4．STP协议中BPDU报文的目标MAC地址为？【单选题】

A．01-80-C2-04-05-06　　B．FF-FF-FF-FF-FF-FF
C．00-80-C2-00-00-00　　D．01-80-C2-00-00-00

5．关于STP报文的说法，正确的有？【多选题】

A．在初始化过程中，每个开启STP协议的交换机都主动发送配置BPDU
B．端口使能STP，交换机就会周期性地从指定端口发出TCN BPDU
C．BPDU报文被封装在以太网数据帧中，目标MAC是组播MAC
D．STP协议存在两种报文，配置BPDU和TCN BPDU

6．在存在冗余链路的二层网络中，可以使用下列哪种协议避免出现环路？【单选题】

A．STP　　B．UDP　　C．ARP　　D．VRRP

7．交换网络中STP协议的桥ID如下，拥有以下哪个桥ID的交换机会成为根桥？【单选题】

A．4096 00-01-02-03-04-DD　　B．32768 00-01-02-03-04-AA
C．32768 00-01-02-03-04-BB　　D．32768 00-01-02-03-04-CC

8．生成树协议中使用哪个参数来进行根桥的选举？【单选题】

A．桥优先级　　B．端口ID　　C．根路径开销　　D．桥ID

9．如图7-2所示，下列交换机的哪个端口会成为指定端口？【单选题】

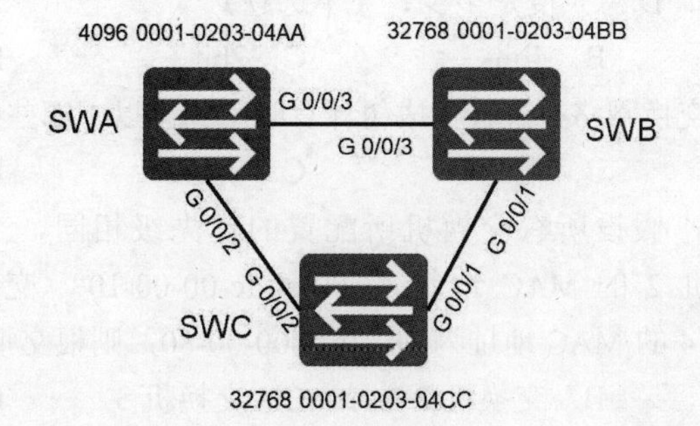

图7-2　网络拓扑

A．SWC的G0/0/2　　B．SWB的G0/0/3
C．SWC的G0/0/1　　D．SWA的G0/0/3

10．当交换机有冗余链路时，使用STP可以解决问题。【判断题】

A．对　　B．错

11．缺省情况下，交换机生成树的桥优先级默认为32768。【判断题】

A．对　　B．错

12．缺省情况下，STP计算的端口开销（Port Cost）和端口带宽有一定关系，即带宽越大，开销越？【单选题】

A．一致　　B．小　　C．大　　D．不一定

13．在STP协议中，下面哪些因素会影响根交换机的选举？【多选题】

A．交换机优先级　　B．交换机接口ID

C．交换机的 IP 地址　　D．交换机接口带宽

E．交换机的 MAC 地址

14．交换机发送的配置 BPDU 中，哪一个桥 ID 不可能出现？【单选题】

A．4096 01-01-02-03-04-05　　B．0 10-01-02-03-04-05

C．32768 06-01-02-03-04-05　　D．0 00-01-02-03-04-05

15．交换机发送的配置 BPDU 中，哪一个桥 ID 不可能出现？【单选题】

A．8192 00-01-02-03-04-CC　　B．2048 00-01-02-03-04-CC

C．4096 00-01-02-03-04-CC　　D．0 00-01-02-03-04-CC

16．IEEE 802.1D 标准中规定桥优先级是多少？【单选题】

A．8bit　　B．4bit　　C．16bit　　D．2bit

17．下列关于生成树协议根桥选举的说法，正确的是？【单选题】

A．桥优先级相同时，MAC 地址大的设备成为根桥

B．桥优先级相同时，端口数量较多的设备成为根桥

C．桥优先级的数值较小的设备成为根桥

D．桥优先级的数值较大的设备成为根桥

18．STP 中选举根端口时需要考虑以下哪些参数？【多选题】

A．端口的双工模式　　B．端口优先级　　C．端口到达根交换机的 Cost

D．端口的 MAC 地址　　E．端口槽位编号，如 G0/0/1

19．生成树协议中端口 ID 总长度是多少？【单选题】

A．16bit　　B．4bit　　C．2bit　　D．8bit

20．运行 STP 协议的交换网络在进行生成树计算时用到了以下哪些参数？【多选题】

A．根路径开销　　B．端口 ID　　C．桥 ID　　D．Forward Delay

21．在 STP 协议中，假设所有交换机所配置的优先级相同，交换机 1 的 MAC 地址为 00-e0-fc-00-00-40，交换机 2 的 MAC 地址为 00-e0-fc-00-00-10，交换机 3 的 MAC 地址为 00-e0-fc-00-00-20，交换机 4 的 MAC 地址为 00-e0-fc-00-00-80，则根交换机应当为？【单选题】

A．交换机 1　　B．交换机 2　　C．交换机 3　　D．交换机 4

22．华为 Sx7 系列交换机运行 STP 时，缺省情况下交换机的优先级为？【单选题】

A．8192　　B．32768　　C．16384　　D．4096

23．图 7-3 中所有交换机都开启了 STP 协议，假设所有端口的路径开销值都为 200，则 SWD 的 G0/0/4 端口收到的 NPDU 报文中包含的根路径开销值是多少？【单选题】

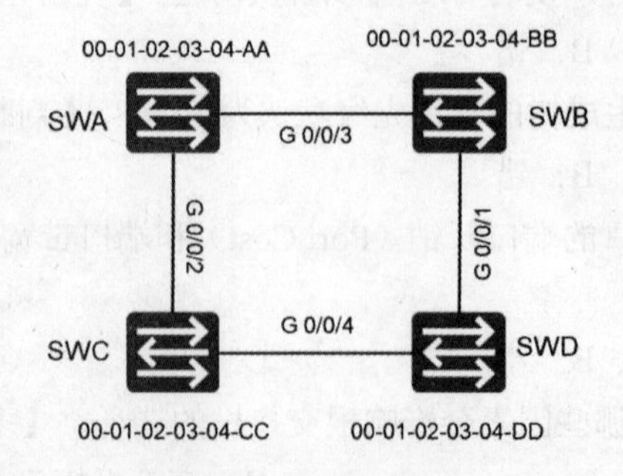

图 7-3　网络拓扑

A．0　　B．200　　C．400　　D．600

24．根桥交换机上所有的端口都是指定端口。【判断题】

A．对　　B．错

25．默认情况下，STP 协议中根桥的根路径开销一定是 0。【判断题】

A．对　　B．错

26．如图 7-4 所示，两台交换机使用默认参数运行 STP，交换机 A 上使用了配置命令 STP root primary，交换机 B 上使用了配置命令 STP priority 0，则下列哪个端口将会被阻塞？【单选题】

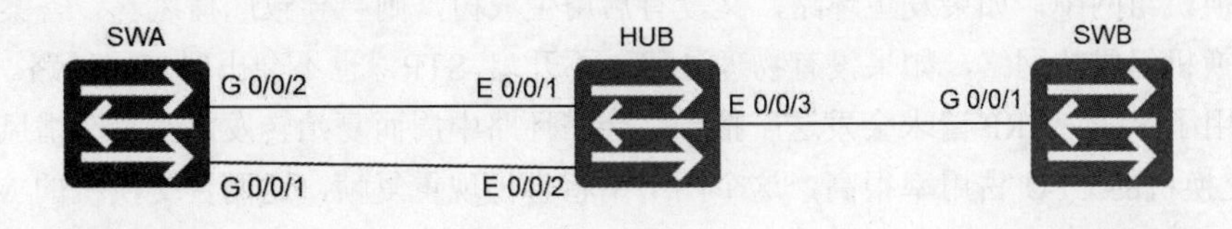

图 7-4　网络拓扑

A．交换机 A 的 G0/0/2　　B．交换机 B 的 G0/0/1

C．交换机 A 的 G0/0/1　　D．HUB 的 E0/0/3

27．如图 7-5 所示的网络，交换机的 MAC 地址已标出。在 SWD 交换机上输入命令 stp root secondary，下列哪台交换机会成为此网络的根桥？【单选题】

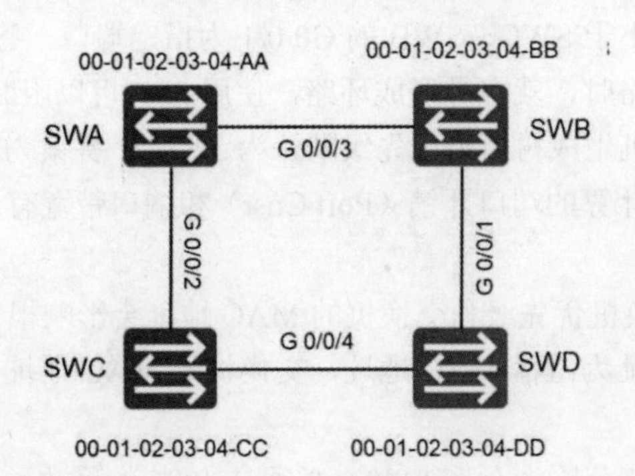

图 7-5　网络拓扑

A．SWA　　B．SWB　　C．SWC　　D．SWD

28．缺省情况下，交换机的桥优先级取值是 32768。【判断题】

A．对　　B．错

29．如图 7-6 所示，交换机使用默认参数运行 STP，则下列哪个端口将会被选举为指定端口？【单选题】

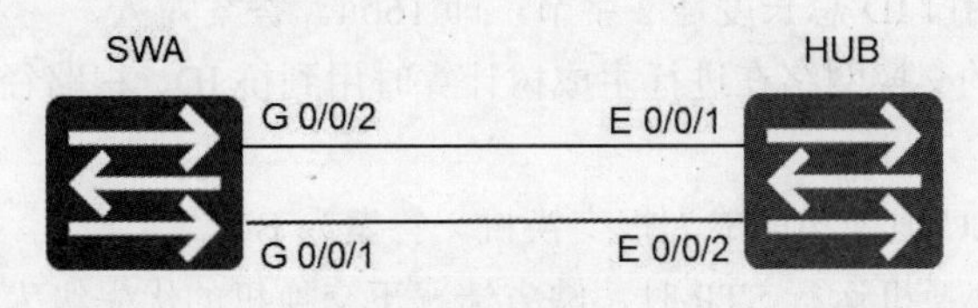

图 7-6　网络拓扑

A．交换机 A 的 G0/0/1 端口　　B．交换机 A 的 G0/0/2 端口
C．HUB 的 E0/0/2 端口　　D．HUB 的 E0/0/1 端口

30．交换网络中 STP 协议的桥 ID 如下，拥有下列哪个桥 ID 的交换机会成为根桥？【单选题】
A．32768 00-01-02-03-04-AA　　B．32768 00-01-02-03-04-BB
C．32768 00-01-02-03-04-CC　　D．4096 00-01-02-03-04-DD

试题解析

1．交换机组网中，如果发生环路，又没有启用生成树，则会导致广播风暴。答案为 A。

2．交换机组成的网络，如果没有物理环路，不开启 STP，也不会出现二层环路。答案为 B。

3．禁用了 STP，ARP 请求会发送广播帧，会在环路中周而复始转发，产生广播风暴。这会造成这两台交换机的 CPU 占用率很高，这个网络中将会出现重复帧，这两台交换机的 MAC 地址表会频繁抖动。答案为 BCD。

4．STP 协议中 BPDU 报文的目标 MAC 地址为 01-80-C2-00-00-00。答案为 D。

5. 启用了 STP 的端口，只有当网络拓扑发生变化才会从根端口发出 TCN BPDU 。答案为 ACD。

6．生成树协议 STP 可以阻断环路。答案为 A。

7．A 选项的优先级为 4096，优先级值小的会成为根桥。答案为 A。

8．生成树协议中使用桥 ID 来进行根桥的选举。答案为 D。

9．根交换机的连接其他交换机的接口会成为指定端口，SWA 的 G0/0/3 和 SWA 的 G0/0/2 都是指定端口。SWB 的桥 ID 小于 SWC，SWB 的 G0/0/1 为指定端口。答案为 D。

10．当交换机有冗余链路时，就容易形成环路，使用 STP 可以阻断环路。答案为 A。

11．缺省情况下，交换机生成树的桥优先级默认为 32768。答案为 A。

12．缺省情况下，STP 计算的端口开销（Port Cost）和端口带宽有一定关系，即带宽越大，开销越小。答案为 B。

13．在 STP 协议中，交换机优先级和交换机的 MAC 地址会影响根交换机的选举。答案为 AE。

14．选项 A 的 MAC 地址为组播 MAC 地址，交换机的 MAC 地址只能是单播 MAC 地址。答案为 A。

15．交换机优先级，取值范围为 0～61440，必须是 4096 的倍数。答案为 B。

16．STP 是生成树协议，由 IEEE 802.1D-1998 标准定义。网桥优先级有 2 个字节，即 16bit。答案为 C。

17．桥优先级数值较小的设备成为根桥，优先级相同，MAC 地址小的成为根桥。答案为 C。

18．根接口的选举首先比较根路径开销（Root Path Cost，RPC），再比较交换机各个接口收到的 BPDU 中的 BID，再比较上行交换机的 PID，最后比较本地交换机的 PID，即比较本端交换机各个接口各自的 PID，PID 由接口优先级和接口槽位编号组成。答案为 BCE。

19．生成树协议中端口 ID 总长度是 2 字节，即 16bit。答案为 A。

20．运行 STP 协议的交换网络在进行生成树计算时用到桥 ID、根路径开销、端口 ID。答案为 ABC。

21．优先级相同 MAC 地址小的成为根交换机。答案为 B。

22．华为 Sx7 系列交换机运行 STP 时，缺省情况下交换机的优先级为 32768。答案为 B。

23．本题中 SWA 是根交换机，SWA 发出去的 NPDU 中的 Root Path Cost 值为 0，SWC 和 SWB

发给 SWD 的 NPDU 报文的 Cost 值要加上 200 路径开销。答案为 B。

24．根桥交换机的两个接口如果连接一个 HUB，其中一个接口就要成为阻断端口了。连接其他的交换机接口是指定端口。答案为 B。

25．默认情况下，STP 协议中根桥的根路径开销一定是 0。答案为 A。

26．SWA 和 SWB 的桥 ID 优先级相同，就要比较 MAC 地址的值，SWA 的 MAC 地址小，就称为根交换机。SWA 的两个接口连接 HUB，形成环路。SWA 的 G0/0/1 接口编号小，将会成为指定端口，交换机 A 的 G0/0/2 接口将会成为阻断端口。答案为 A。

27．交换机默认优先级为 32768，使用命令 stp root secondary 将优先级设置为 4096，SWD 成为根交换机。答案为 D。

28．缺省情况下，交换机的桥优先级取值是 32768。答案为 A。

29．HUB 是物理层设备，可以认为 SWA 的 G0/0/2 接口和 G0/0/1 接口直接连接成环路，G0/0/1 编号小，会成为指定端口。答案为 A。

30．优先级值小的，优先成为根桥。答案为 D。

关联知识精讲

一、交换机组网环路问题

如图 7-7 所示，企业组建局域网采用二层架构，接入层交换机连接汇聚层交换机，如果汇聚层交换机出现故障，2 台接入层交换机就不能相互访问，这就是单点故障。某些企业和单位业务不允许因设备故障造成网络长时间中断，为了避免汇聚层交换机单点故障，在组网时通常会部署 2 台汇聚层交换机，如图 7-8 所示，当汇聚层交换机 1 出现故障时，接入层的 2 台交换机可以通过汇聚层交换机 2 进行通信。

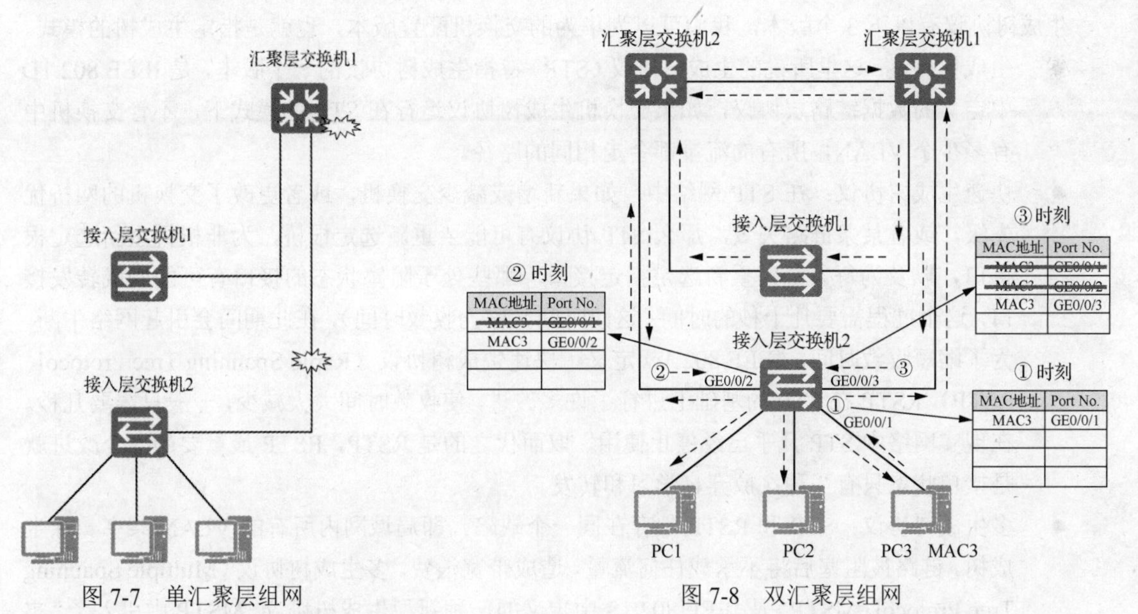

图 7-7 单汇聚层组网　　　图 7-8 双汇聚层组网

这样一来，交换机组建的网络则会形成环路。如图 7-8 所示，如果网络中 PC3 发送广播帧，交换机收到广播帧会泛洪，所以会在环路中一直转发，占用交换机的接口带宽，消耗交换机的资源，网络中的计算机会一直重复收到该帧，影响计算机接收正常通信的帧，这就是广播风暴。

交换机组建的网络如果有环路，还会出现交换机 MAC 地址表的快速震荡，如图 7-8 所示，在①时刻接入层交换机 2 的 GE0/0/1 接口收到了 PC3 的广播帧，会在 MAC 地址表添加一条 MAC3 和 GE0/0/1 接口的映射条目。该广播帧会从接入层交换机 2 的 GE0/0/3 和 GE0/0/2 接口发送出去。在②时刻接入层交换机 2 的 GE0/0/2 从汇聚层交换机 2 收到该广播帧，将 MAC 地址表中 MAC3 对应的接口修改为 GE0/0/2。在③时刻接入层交换机 2 的 GE0/0/3 接口从汇聚层交换机 1 收到该广播帧，将 MAC 地址表中 MAC3 对应的接口更改为 GE0/0/3。这样一来，接入层交换机 2 的 MAC 地址表中关于 PC3 的 MAC 地址的表项内容就会无休止地、快速地变来变去，这就是 MAC 地址震荡。接入层交换机 1 和汇聚层交换机 1、2 的 MAC 地址表也会出现完全一样的快速翻摆现象。MAC 地址表的快速翻摆会大量消耗交换机的处理资源，甚至可能导致交换机瘫痪。

这就要求交换机能够有效解决环路的问题。交换机使用生成树协议来阻断环路，生成树协议通过阻塞接口来阻断环路。

二、生成树协议概述

生成树协议（Spanning Tree Protocol，STP）可应用于计算机网络中树型拓扑结构的建立，主要作用是防止交换机网络中的冗余链路形成环路。生成树协议适合所有厂商的网络设备，不同厂商的设备在配置上有所差别，但是在原理和应用效果上是一致的。

通过在交换机之间传递网桥协议数据单元（Bridge Protocol Data Unit，BPDU），采用生成树算法选举根桥、根接口和指定接口的方式，最终形成树型结构的网络。其中，根接口、指定接口都处于转发状态，其他接口处于禁用状态。如果网络拓扑发生改变，将重新计算生成树拓扑。生成树协议的存在，既解决了核心层和汇聚层网络需要冗余链路的网络健壮性要求，又解决了因为冗余链路形成的物理环路导致的“广播风暴”问题和 MAC 地址震荡问题。

生成树协议有以下 3 个版本，我们可以为华为的交换机配置版本，也就是指定生成树的模式。

- 生成树协议：这里所说的生成树协议（STP）特指生成树协议的一个版本，是 IEEE 802.1D 中定义的数据链路层协议，如果交换机生成树协议运行在 STP 的模式下，不管交换机中有多少个 VLAN，所有的流量都会走相同的路径。
- 快速生成树协议：在 STP 网络中，如果新增或减少交换机，或者更改了交换机的网桥优先级，或者某条链路失效，那么 STP 协议有可能要重新选定根桥，为非根桥重新选定根接口，以及为每条链路重新选定指定接口，那些处于阻塞状态的接口有可能变成转发接口，这个过程需要几十秒的时间（这段时间又称为收敛时间），在此期间会引起网络中断。为了缩短收敛时间，IEEE 802.1w 定义了快速生成树协议（Rapid Spanning Tree Protocol，RSTP），RSTP 在 STP 的基础上进行了许多改进，使收敛时间大大减少，一般只需要几秒。在现实网络中 STP 几乎已经停止使用，取而代之的是 RSTP，RSTP 最重要的一个改进就是接口状态只有 3 种：放弃、学习和转发。
- 多生成树协议：STP 和 RSTP 都存在同一个缺陷，即局域网内所有的 VLAN 共享一棵生成树，链路被阻塞后将不承载任何流量，造成带宽浪费。多生成树协议（Multiple Spanning Tree Protocol，MSTP）是 IEEE 802.1S 中定义的一种新型生成树协议。MSTP 中引入了“实例”（Instance）和“域”（Region）的概念。所谓“实例”，就是多个 VLAN 的一个集合，这种将多个 VLAN 捆绑到一个实例中的方法可以节省通信开销和资源占用率。MSTP 各个实例拓扑的计算是独立的，在这些实例上就可以实现负载均衡。使用的时候，可以把多个相同拓扑结构的 VLAN 映射到某个实例中，这些 VLAN 在接口上的转发状态将取决于对应实例在 MSTP 里的转发状态。

华为交换机生成树协议默认使用 MSTP 模式。

三、生成树相关术语

在描述生成树协议之前，我们还需要了解桥（Bridge）、桥的 MAC 地址（Bridge MAC Address）、桥 ID（Bridge Identifier，BID）、接口 ID（Port Identifier，PID）4 个基本术语。

- 桥

因为性能方面的限制等因素，早期的交换机一般只有两个转发接口（如果接口多了，交换机的转发速度就会慢得无法接受），所以那时的交换机常常被称为“网桥”，或简称“桥”。在 IEEE 的术语中，“桥”这个术语一直沿用至今，并不特指只有两个转发接口的交换机了，而是泛指具有任意多接口的交换机。目前，“桥”和“交换机”这两个术语是完全混用的，本书也采用了这一混用习惯。

- 桥的 MAC 地址

一个桥有多个转发接口，每个接口有一个 MAC 地址。通常，我们把接口编号最小的那个接口的 MAC 地址作为整个桥的 MAC 地址。

- 桥 ID

如图 7-9 所示，一个桥（交换机）的桥 ID 由两部分组成，前面 2 字节是这个桥的优先级，后面 6 字节是这个桥的 MAC 地址。桥优先级的值可以人为设定，默认值为 32768。

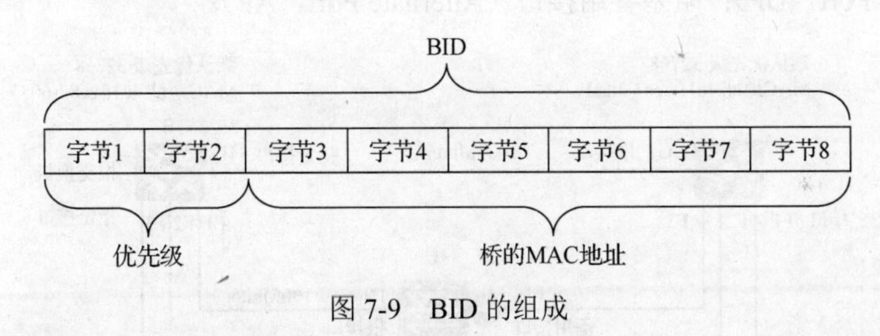

图 7-9　BID 的组成

可以使用命令更改优先级，取值范围为 0～61440，必须是 4096 的倍数。

```
[Huawei]stp priority ?
  INTEGER<0-61440>    Bridge priority, in steps of 4096
[Huawei]stp priority 0
```

也可以使用以下命令将 S2 的优先级设置为 0。

```
[S2]stp root primary
```

也可以使用以下命令将 S1 的优先级设置为 4096。

```
[S1]stp root secondary
```

- 接口 ID

一个桥（交换机）的某个接口的接口 ID 的定义方法有很多种，图 7-10 给出了其中的两种定义。在第一种定义中，接口 ID 由 2 字节组成，第一字节是该接口的接口优先级，后一字节是该接口的接口编号。在第二种定义中，接口 ID 由 16 比特组成，前 4 比特是该接口的接口优先级，后 12 比特是该接口的接口编号。接口优先级的值是可以人为设定的。不同的设备商所采用的 PID 定义方法可能不同。华为交换机的 PID 采用第一种定义。

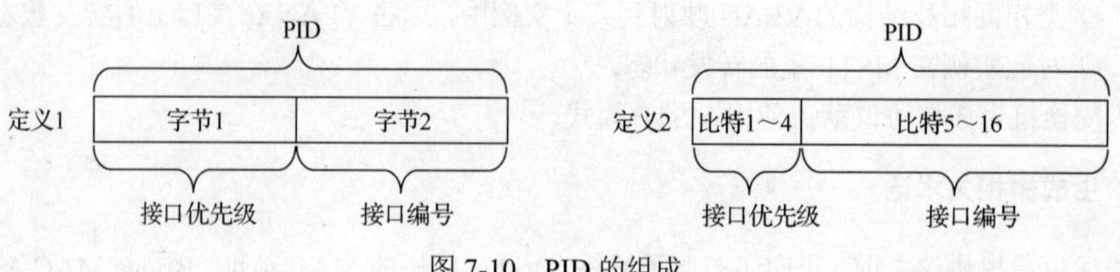

图 7-10 PID 的组成

四、生成树协议基本概念和工作原理

生成树协议的基本原理就是在具有物理环路的交换网络中，交换机通过运行 STP 协议，自动生成没有环路的网络拓扑。

STP 的任务是找到网络中的所有链路，并关闭所有冗余的链路，这样就可以防止网络环路的产生。为了达到这个目的，STP 首先需要选举一个根桥（根交换机），由根桥负责决定网络拓扑。一旦所有的交换机都同意将某台交换机选举为根桥，其余的交换机就要选定唯一的根接口。还必须为两台交换机之间的每一条链路两端连接的接口（一根网线就是一条链路）选定一个指定接口，既不是根接口也不是指定接口的接口就成为备用接口，备用接口不转发计算机通信的帧，从而阻断环路。

下面将以图 7-11 所示的网络拓扑为例讲解生成树的工作过程，具体分为 4 个步骤：选举根桥（Root Bridge）；为非根桥选定根接口（Root Port，RP）；为每条链路两端连接的接口选定一个指定接口（Designated Port，DP）；阻塞备用接口（Alternate Port，AP）。

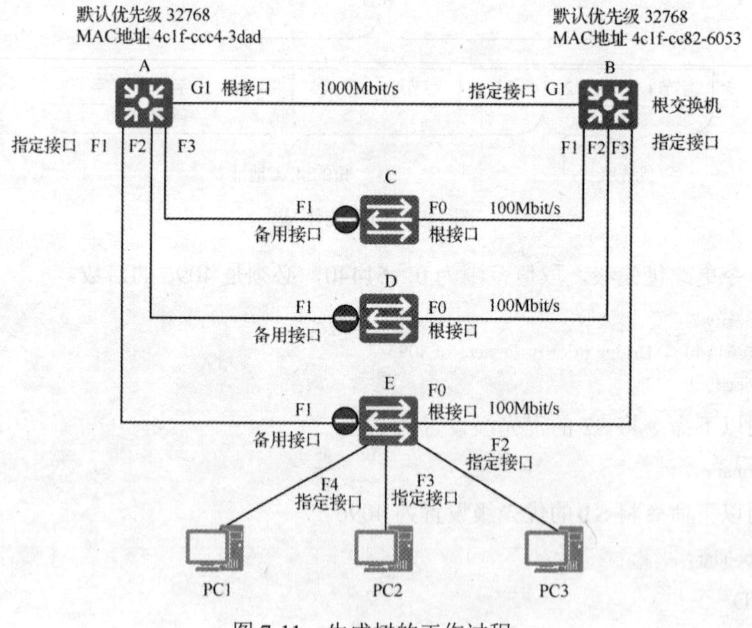

图 7-11 生成树的工作过程

1. 选举根桥

根桥是 STP 树的根节点。要生成一棵 STP 树，首先要确定一个根桥。根桥是整个交换网络的逻辑中心，但不一定是它的物理中心。当网络的拓扑发生变化时，根桥也可能会发生变化。

运行STP协议的交换机（简称STP交换机）会相互交换STP协议帧，这些协议帧的载荷数据被称为网桥协议数据单元（BPDU）。虽然BPDU是STP协议帧的载荷数据，但它并非网络层的数据单元；BPDU的产生者、接收者、处理者都是STP交换机本身，而非终端计算机。BPDU中包含了与STP协议相关的所有信息，其中就有BID。

STP交换机初始启动之后，都会认为自己是根桥，并在发送给别的交换机的BPDU中宣告自己是根桥。当交换机从网络中收到其他设备发送过来的BPDU时，会比较BPDU中指定的根桥BID和自己的BID。交换机不断地交互BPDU，同时对BID进行比较，直至最终选举出一台BID最小的交换机作为根桥。

图7-11所示的网络中有A、B、C、D、E共5台交换机，BID最小的将被选举为根桥。

默认每隔2s发送一次BPDU。在本例中，交换机A和交换机B的优先级相同，交换机B的MAC地址为4c1f-cc82-6053，比交换机A的MAC地址4c1f-ccc4-3dad小，交换机B就更有可能成为根桥。此外，可以通过更改交换机的优先级来指定成为根桥的首选和备用交换机。通常我们会事先指定性能较好、距离网络中心较近的交换机作为根桥。在本例中，显然让交换机B和交换机A成为根桥的首选和备用交换机最佳。

2. 选定根接口

根桥确定后，其他没有成为根桥的交换机都被称为非根桥。一台非根桥上可能会有多个接口与网络相连，为了保证从某台非根桥到根桥的工作路径是最优且唯一的，就必须从该非根桥的接口中确定出一个被称为“根接口”的接口，由根接口来作为该非根桥与根桥之间进行报文交互的接口。

根接口的选举首先比较根路径开销（RPC），STP协议把根路径开销作为确定根接口的重要依据。RPC值越小，越优先；当RPC相同时，比较上行交换机的BID，即比较交换机各个接口收到的BPDU中的BID，值越小，越优先；当上行交换机BID相同时，比较上行交换机的PID，即比较交换机各个端口收到的BPDU中的PID，值越小，越优先；当上行交换机的PID相同时，则比较本地交换机的PID，即比较本端交换机各个接口各自的PID，值越小，越优先。一台非根桥设备上最多只能有一个根接口。

生成树协议把根路径开销作为确定根接口的一个重要依据。一个运行STP协议的网络中，我们将某个交换机的接口到根桥的累计路径开销(即从该接口到根桥所经过的所有链路的路径开销的和）称为这个接口的根路径开销（RPC）。链路的路径开销（Path Cost）与接口带宽有关，接口带宽越大，则路径开销越小。接口带宽与路径开销的对应关系可参考表7-1。

表7-1 接口带宽和路径开销的对应关系

接口带宽	路径开销（IEEE 802.1t标准）
10Mbit/s	2000000
100Mbit/s	200000
1000Mbit/s	20000
10Gbit/s	2000

图7-11中，确定了交换机B为根桥后，交换机A、C、D和E为非根桥，每个非根桥要选择一个到达根桥最近（累计开销最小）的接口作为根接口。图7-11中交换机A的G1接口以及交换机C、D、E的F0接口成为这些交换机的根接口。

如图 7-12 所示，S1 为根桥，假设 S4 到根桥的路径 1 开销和路径 2 开销相同，则 S4 会对上行设备 S2 和 S3 的网桥 ID 进行比较，如果 S2 的网桥 ID 小于 S3 的网桥 ID，S4 会将自己的 GE0/0/1 确定为自己的根接口；如果 S3 的网桥 ID 小于 S2 的网桥 ID，S4 会将自己的 GE0/0/2 确定为自己的根接口。

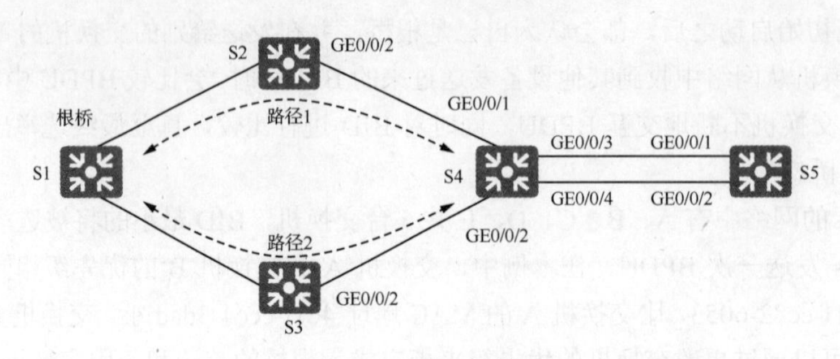

图 7-12 确定根接口

对于 S5 而言，假设其 GE0/0/1 接口的 RPC 与 GE0/0/2 接口的 RPC 相同，由于这两个接口的上行设备同为 S4，所以 S5 还会对 S4 的 GE0/0/3 和 GE0/0/4 接口的 PID 进行比较，如果 S4 的 GE0/0/3 接口 PID 小于 GE0/0/4 的 PID，则 S5 会将自己的 GE0/0/1 作为根接口。如果 S4 的 GE0/0/4 接口 PID 小于 GE0/0/3 的 PID，则 S5 会将自己的 GE0/0/2 作为根接口。

3. 选定指定接口

根接口保证了交换机与根桥之间工作路径的唯一性和最优性。为了防止工作环路的存在，连接交换机的网线两端连接的接口还要确定一个指定接口。指定接口也是通过比较 RPC 来确定的，RPC 较小的接口将成为指定接口；如果 RPC 相同，则比较 BID；如果 BID 相同，则再比较设备的 PID 等；值小的那个接口成为指定接口。

如图 7-13 所示，假定 S1 已被选举为根桥，并且假定各链路的开销均相等。显然，S3 的 GE0/0/1 接口的 RPC 小于 S3 的 GE0/0/2 接口的 RPC，所以 S3 将自己的 GE0/0/1 接口确定为自己的根接口。类似地，S2 的 GE0/0/1 接口的 RPC 小于 S2 的 GE0/0/2 接口的 RPC，所以 S2 将自己的 GE0/0/1 接口确定为自己的根接口。

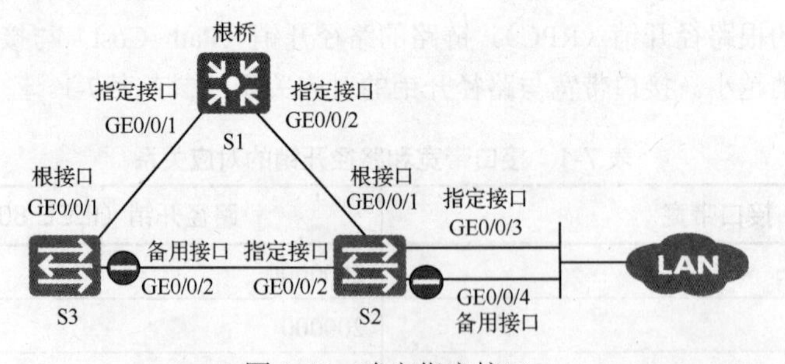

图 7-13 确定指定接口

对 S3 的 GE0/0/2 和 S2 的 GE0/0/2 之间的网段来说，S3 的 GE0/0/2 接口的 RPC 是与 S2 的 GE0/0/2 接口的 RPC 相等的，所以需要比较 S3 的 BID 和 S2 的 BID。假定 S2 的 BID 小于 S3 的 BID，则 S2 的 GE0/0/2 接口将被确定为 S3 的 GE0/0/2 和 S2 的 GE0/0/2 之间的链路的指定接口。

对网段 LAN 来说，比如 LAN 是一个集线器组建的网络，集线器相当于网线，不参与生成树。与之相连的交换机只有 S2。在这种情况下，就需要比较 S2 的 GE0/0/3 接口的 PID 和 GE0/0/4 接口的 PID。假定 GE0/0/3 接口的 PID 小于 GE0/0/4 接口的 PID，则 S2 的 GE0/0/3 接口将被确定为网段 LAN 的指定接口。

图 7-11 所示网络中，由于交换机 A 和 B 之间的连接带宽为 1000Mbit/s，因此交换机 A 的 F1、F2、F3 接口比交换机 C、D 和 E 的 F1 接口的 RPC 小，交换机 A 的 F1、F2 和 F3 接口成为指定接口。根桥的所有接口都是指定接口，交换机 E 连接计算机的 F2、F3、F4 接口为指定接口。

4. 阻塞备用接口

确定了根接口和指定接口后，剩下的接口就是非指定接口和非根接口，这些接口统称为备用接口。STP 会对这些备用接口进行逻辑阻塞。所谓逻辑阻塞，是指这些备用接口不能转发由终端计算机产生并发送的帧，这些帧也被称为用户数据帧。不过，备用接口可以接收并处理 STP 协议帧，根接口和指定接口既可以发送和接收 STP 协议帧，又可以转发用户数据帧。

如图 7-11 和图 7-13 所示，一旦备用接口被逻辑阻塞后，STP 树（无环工作拓扑）的生成过程便告完成。

7.2 STP 端口状态

典型 HCIA 试题

1. 三台二层交换机与一台 HUB 互连，交换机均开启 STP，桥 ID 参照图 7-14，其他配置默认，下列说法错误的是？【单选题】

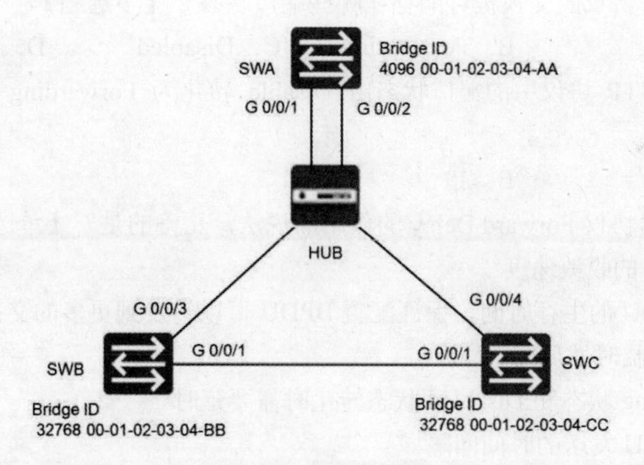

图 7-14 网络拓扑

A. SWA 为该简单网络中的根桥

B. SWA 上两个端口为指定端口，处于转发状态

C. SWA 的 G0/0/2 为阻塞状态

D. SWC 的 G0/0/1 为 Alternative，处于阻塞状态

2. STP 端口在下列哪种状态之间转化时存在 Forward Delay？【多选题】

A. Forwarding→Disabled　　B. Blocking→Listening

C. Disabled→Blocking　　D. Listening→Learning

E. Learning→Forwarding

3. 如图 7-15 所示，四台交换机都运行 STP，各种参数都采用默认值。在根交换机某端口发送阻塞并无法通过该端口发送配置 BPDU 时，网络中 blocked 端口在多久之后会进入到转发状态？【单选题】

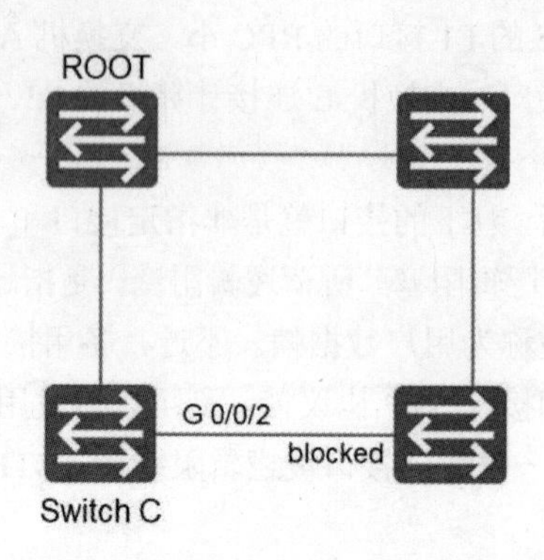

图 7-15 网络拓扑

A. 约 30 秒　　B. 约 50 秒　　C. 约 15 秒　　D. 约 3 秒

4. 缺省情况下，STP 协议 Forward Delay 时间是多少秒？【单选题】

A. 15　　B. 10　　C. 20　　D. 5

5. STP 协议在以下哪个状态下进行端口角色的选举？【单选题】

A. Blocking　　B. Disabled　　C. Learning　　D. Listening

6. 开启标准 STP 协议的交换机可能存在哪些端口状态？【多选题】

A. Discarding　　B. Forwarding　　C. Disabled　　D. Listening

7. 缺省情况下，STP 协议中的端口状态由 Disable 转化为 Forwarding 状态至少需要 30 秒的时间。【判断题】

A. 对　　B. 错

8. 下列关于 STP 协议 Forward Delay 的作用的说法，正确的是？【单选题】

A. 提高 STP 的收敛速度

B. 提升 BPDU 的生存时间，保证配置 BPDU 可以转发到更多的交换机

C. 防止出现临时性环路

D. 在 Blocking 状态和 Disabled 状态转化时需要延时

E. 减少 BPDU 发送的时间间隔

9. 运行 STP 协议的设备端口处于 Forwarding 状态，下列说法正确的是？【单选题】

A. 该端口仅仅接收并处理 BPDU，不转发用户流量

B. 该端口既转发用户流量也处理 BPDU 报文

C. 该端口不仅不处理 BPDU 报文，也不转发用户流量

D. 该端口会根据收到的用户流量构建 MAC 地址表，但不转发用户流量

10. 运行 STP 协议的交换机，端口在 Learning 状态下需要等待转发延时后才能转化为 Forwarding 状态。【判断题】

A. 对　　B. 错

11. 如图 7-16 所示，下列交换机的哪个端口会处于阻塞状态？【单选题】

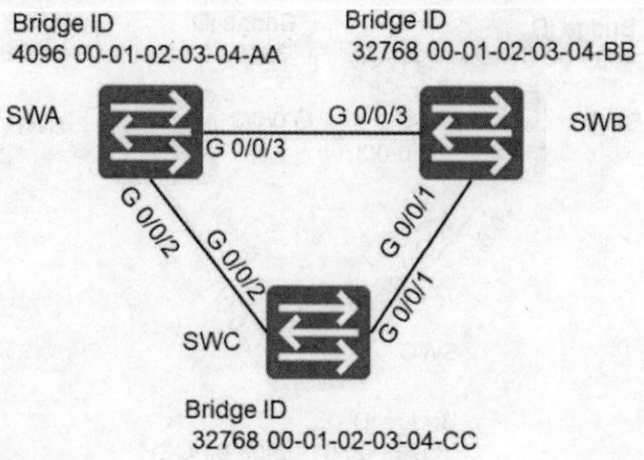

图7-16　网络拓扑

A．SWC 的 G0/0/2　　　　　B．SWA 的 G0/0/3

C．SWC 的 G0/0/1　　　　　D．SWB 的 G0/0/3

12．下列关于生成树协议中 Forwarding 状态的描述，错误的是？【单选题】

A．Forwarding 状态的端口可以发送 BPDU 报文

B．Forwarding 状态的端口不学习报文源 MAC 地址

C．Forwarding 状态的端口可以转发数据报文

D．Forwarding 状态的端口可以接收 BPDU 报文

13．运行 STP 协议的交换机，端口在任何状态下都可以直接转化为 Disabled 状态。【判断题】

A．对　　　　B．错

14．STP 协议中端口处于哪个工作状态时可以不经过其他状态转为 Forwarding 状态？【单选题】

A．Listening　　　B．Learning　　　C．Disabled　　　D．Blocking

15．如图 7-17 所示，交换机开启 STP 协议，当网络稳定后，下列说法正确的有？【多选题】

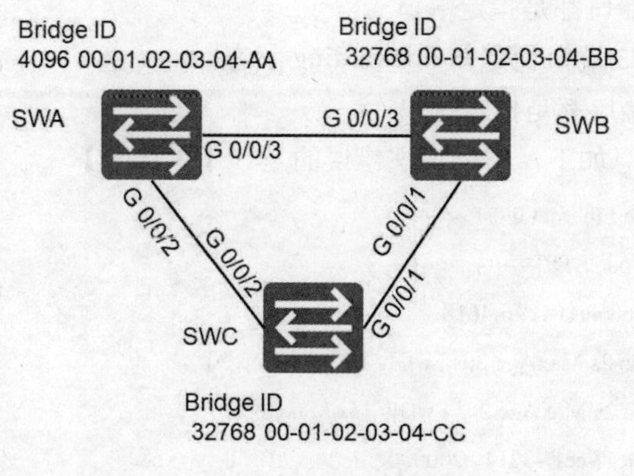

图7-17　网络拓扑

A．SWB 是这个网络中的根桥

B．SWA 是这个网络中的根桥

C．SWB 的两个端口都处于 Forwarding 状态

D．SWC 的两个端口都处于 Forwarding 状态

16．如图 7-18 所示，下列交换机的哪个端口会处于阻塞状态？【单选题】

Bridge ID
4096 00-01-02-03-04-AA
Bridge ID
32768 00-01-02-03-04-BB
SWA
G 0/0/3
G 0/0/3
SWB
G 0/0/2
G 0/0/2
G 0/0/1
G 0/0/1
SWC
Bridge ID
32768 00-01-02-03-04-CC

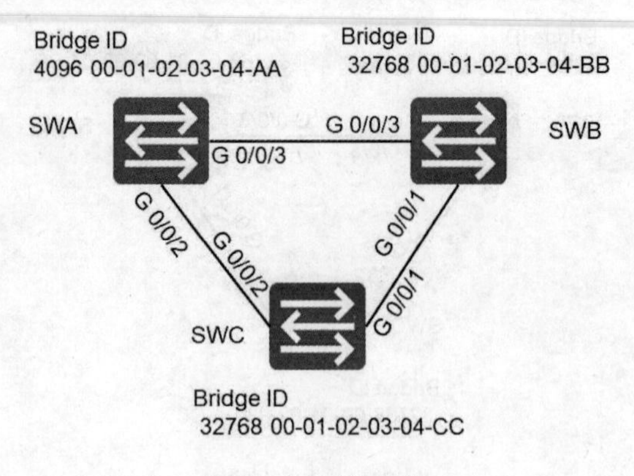

图 7-18 网络拓扑

A．SWC 的 G0/0/2　　B．SWC 的 G0/0/1

C．SWB 的 G0/0/3　　D．SWA 的 G0/0/3

17．如图 7-19 所示的两台交换机都开启了 STP 协议，某工程师对此网络做出了如下结论，你认为正确的结论有？【多选题】

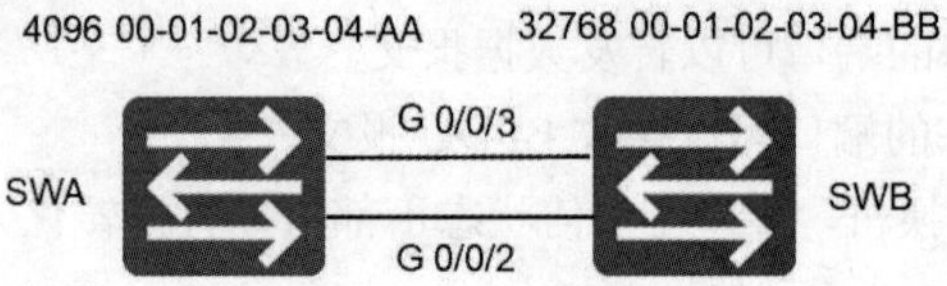

4096 00-01-02-03-04-AA
32768 00-01-02-03-04-BB
G 0/0/3
SWA
SWB
G 0/0/2

图 7-19 网络拓扑

A．SWB 的 G0/0/2 端口稳定在 Forwarding 状态

B．SWA 的 G0/0/2 端口稳定在 Forwarding 状态

C．SWB 的两个端口都是指定端口

D．SWA 的 G0/0/3 端口稳定在 Forwarding 状态

E．SWA 的两个端口都是指定端口

18．STP 端口输出信息如下：下列说法错误的是？【单选题】

```
[Huawei]display stp interface Ethernet 0/0/1
-------[CIST Global Info] [Mode STP]-------
CIST Bridge          :32768.4c1f-cc46-4618
Config Times         :Hello 2s MaxAge 20s FwDly 15s MaxHop 20
Active Times         :Hello 2s MaxAge 20s FwDly 15s MaxHop 20
CIST Root/ERPC       :0.4c1f-ccf7-3214 / 200000
CIST RegRoot/IRPC    :32768.4c1f- cc46-4618 / 0
```

A．该交换机非根桥　　B．Forward-delay 为 20s

C．配置 BPDU 的 MaxAge 为 20s　　D．该端口发送配置 BPDU 的周期为 2s

19. 如图 7-20 所示的两台交换机都开启了 STP 协议，哪个端口最终会处于 Blocking 状态？【单选题】

A．SWA 的 G0/0/2 端口　　B．SWA 的 G0/0/3 端口

C．SWB 的 G0/0/2 端口　　D．SWB 的 G0/0/3 端口

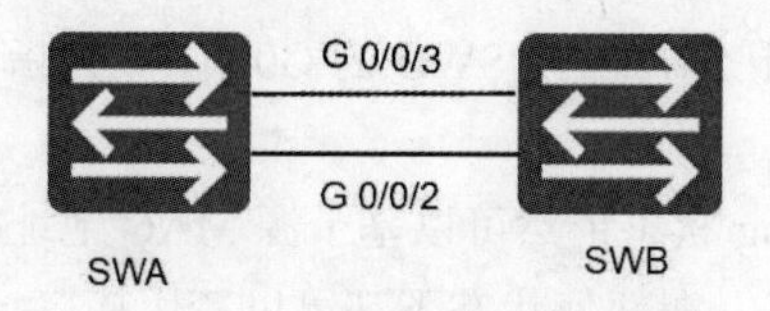

图 7-20 网络拓扑

20．以下是某运行 STP 的交换机上所显示的端口状态信息，根据这些信息，下列描述错误的是？【单选题】

MSTID	Port	Role	STP State	Protection
0	GigabitEthernet0/0/1	DESI	FORWARDING	NONE
0	GigabitEthernet0/0/2	DESI	FORWARDING	NONE
0	GigabitEthernet0/0/13	DESI	FORWARDING	NONE
0	GigabitEthernet0/0/21	DESI	FORWARDING	NONE
0	GigabitEthernet0/0/22	DESI	FORWARDING	NONE
0	GigabitEthernet0/0/23	DESI	FORWARDING	NONE

A．此交换机是网络中的根交换机　　B．此交换机的优先级为 0

C．此网络中有可能只包含这一台交换机　　D．此交换机可能连接了 6 台其他的交换机

试题解析

1. SWA 桥 ID 最小，成为根桥。HUB 是物理层设备，通过 HUB 连接的 SWA 的 G0/0/1 和 G0/0/2 相当于一条物理链路，SWA 的接口 G0/0/1 和 G0/0/2 也要选一个指定端口和阻断端口，G0/0/1 成为指定端口，G0/0/2 成为阻塞状态。SWB 和 SWC 之间的链路，也要选一个指定端口和阻断端口，SWB 的桥 ID 小于 SWC 的，SWB 的 G0/0/1 成为指定端口，SWC 的 G0/0/1 成为备用端口，处于阻塞状态。答案为 B。

2．STP 端口在 Listening→Learning，Learning→Forwarding 状态转化时存在 Forward Delay。答案为 DE。

3．由阻塞→侦听，需要 0～20 秒时间。由侦听→学习，需要 15 秒时间。由学习→转发，需要 15 秒时间。STP 从开启到转发，最少需要 30 秒，最大需要 50 秒。答案为 B。

4．缺省情况下，STP 协议 Forward Delay 时间为 15 秒。Forward Delay 控制两个阶段的时间，即由侦听→学习，由学习→转发，需要 15 秒时间。答案为 A。

5．STP 协议在 Listening 状态下进行端口角色的选举。答案为 D。

6．华为交换机的 Blocking 状态为 Discarding 状态，但标准 STP 协议定义的端口状态是 Disabled、Blocking、Listening、Learning、Forwarding 五种状态。答案为 BCD。

7．缺省情况下，STP 协议中的端口状态由 Disable 转化为 Forwarding 状态至少需要 30 秒的时间，最长 50 秒。答案为 A。

8．STP 协议 Forward Delay 的作用是防止出现临时性环路。答案为 C。

9．运行 STP 协议的设备端口处于 Forwarding 状态，该端口既转发用户流量也处理 BPDU 报文。答案为 B。

10．运行 STP 协议的交换机，端口在 Learning 状态下需要等待转发延时后才能转化为 Forwarding 状态。答案为 A。

11．SWA 的 Bridge ID 最小，成为根桥。SWC 的 G0/0/1 和 SWB 的 G0/0/1 接口到根交换机的开销相等，SWC 的 Bridge ID 大于 SWB 的，SWB 的 G0/0/1 成为指定端口，SWC 的 G0/0/1 成为阻塞端口。答案为 C。

12．生成树协议中 Forwarding 状态依然可以基于源 MAC 地址构建 MAC 地址。答案为 B。

13．运行 STP 协议的交换机，在任何状态下都可以禁用接口，或在该接口禁用 STP，这些接口进入 Disabled 状态。因此端口在任何状态下都可以直接转化为 Disabled 状态。答案为 A。

14．运行了生成树的交换机接口状态变化，可以由 Learning 状态转换到 Forwarding 状态。答案为 B。

15．SWA 的 Bridge ID 最小，成为根桥。SWB 的 Bridge ID 比 SWC 的小，SWB 的 G0/0/1 成为指定端口，G0/0/3 为根端口，两个端口都处于 Forwarding 状态。答案为 BC。

16．SWA 的 Bridge ID 最小，成为根桥。SWB 的 Bridge ID 比 SWC 的小，SWC 的 G0/0/1 端口成为阻断端口。答案为 B。

17．SWA 的 Bridge ID 最小，成为根桥。SWA 的两个接口都为指定端口，处于 Forwarding 状态。SWB 的 G0/0/3 接口编号比 G0/0/2 接口编号大，为阻塞端口。答案为 ABDE。

18．根交换机的 Bridge ID 为 0.4c1f-ccf7-3214（CIST Root/ERPC:0.4c1f-ccf7-3214/200000），本交换机的 Bridge ID 为 32768.4c1f-cc46-4618（CIST Bridge:32768.4c1f-cc46-4618），从而得知该交换机为非根桥。Forward-delay 为 15s（FwDly 15s）。配置 BPDU 的 MaxAge 为 20s（MaxAge 20s），该端口发送配置 BPDU 的周期为 2s（Hello 2s）。答案为 B。

19．从网桥 ID 来看 SWA 的小于 SWB 的，SWA 交换机为根交换机。SWB 的 G0/0/2 接口编号小于 G0/0/3 的，SWB 的 G0/0/3 接口成为备用端口，处于 Blocking 状态。答案为 D。

20．不能看出此交换机的优先级为 0。没有根端口，这个交换机就是根交换机。答案为 B。

关联知识精讲

一、STP 端口角色

运行 STP 协议的网络中的设备存在 2 种端口角色：根端口和指定端口。

二、STP 端口状态

对运行 STP 的网桥或交换机来说，其接口状态会在下列 5 种状态之间转变。

- Disabled：禁用状态。端口状态为 Down，不处理 BPDU 报文，也不转发用户流量。
- Blocking：阻塞状态。端口仅仅能接收并处理 BPDU，不能转发 BPDU，也不能转发用户流量。此状态是预备端口的最终状态。在默认情况下，端口会在这种状态下停留 20 秒。
- Listening：侦听状态。过渡状态，开始生成树计算，端口可以接收和发送 BPDU，但不转发用户流量。在默认情况下，该端口会在这种状态下停留 15 秒。
- Learning：学习状态。过渡状态，建立无环的 MAC 地址转发表，不转发用户流量。增加 Learning 状态是为了防止临时环路。在默认情况下，端口会在这种状态下停留 15 秒。
- Forwarding：转发状态。端口既可转发用户流量也可转发 BPDU 报文，只有根端口或指定端口才能进入 Forwarding 状态。

端口状态对比参照表 7-2。

表 7-2　端口状态对比

状态	BPDU	MAC	是否转发用户数据
Disabled（禁用状态）	端口既不处理也不转发 BPDU 报文	不学习 MAC	不转发
Blocking（阻塞状态）	端口仅仅能接收报文并处理 BPDU，不能转发 BPDU 报文	不学习 MAC	不转发
Listening（侦听状态）	端口可以接收、转发 BPDU 报文	不学习 MAC	不转发
Learning（学习状态）	端口可以接收、转发 BPDU 报文	学习 MAC	不转发
Forwarding（转发状态）	端口可以接收、转发 BPDU 报文	学习 MAC	转发

端口状态转变时间：

阻塞→侦听需要 0～20 秒。

侦听→学习需要 15 秒。

学习→转发需要 15 秒。

所以，STP 从开启到转发，最少需要 30 秒，最大需要 50 秒。

端口状态迁移机制如图 7-21 所示。

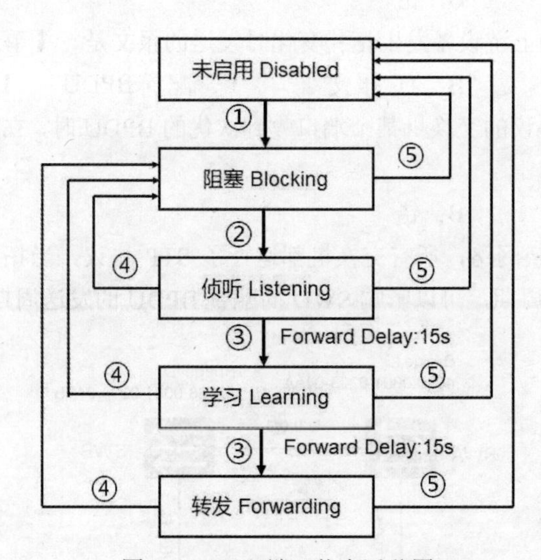

图 7-21　STP 端口状态迁移图

①端口 Up 或启用了 STP，会从 Disabled 状态进入到 Blocking 状态。

②端口被选举为根端口或指定端口，会进入 Listening 状态。

③端口的 Forward Delay 定时器超时，会进入 Learning/Forwarding 状态。

④端口不再是根端口或指定端口时，会进入 Blocking 状态。

⑤端口 Down 或者禁用 STP 时，就进入 Disabled 状态。

7.3 BPDU

典型 HCIA 试题

1. STP 协议的配置 BPDU 报文不包含以下哪个参数？【单选题】

A. Port ID　　B. Bridge ID　　C. VLAN ID　　D. Root ID

2. STP 协议中根桥发出的配置 BPDU 报文中的 Message Age 为 0。【判断题】

A. 对　　B. 错

3. 运行 STP 协议的交换机，只有在本交换机某个端口出现故障时才会发送 TCN BPDU。【判断题】

A. 对　　B. 错

4. 标准 STP 模式下，下列非根交换机中的哪个端口会转发由根交换机产生的 TC 置位 BPDU？【单选题】

A. 根端口　　B. 备份端口　　C. 预备端口　　D. 指定端口

5. STP 协议当指定端口收到比自己差的配置 BPDU 时，立刻向下游发送自己的 BPDU。【判断题】

A. 对　　B. 错

6. STP 下游设备通知上游设备发生拓扑变化时发送的报文是？【单选题】

A. TCA 报文　　B. TC 报文　　C. 配置 BPDU　　D. TCN BPDU

7. 当运行标准 STP 协议的交换机某个端口收到次优的 BPDU 时，立刻从此端口发送自己的配置 BPDU。【判断题】

A. 对　　B. 错

8. 如图 7-22 所示交换网络，所有交换机都运行了 STP 协议，当拓扑稳定后，在下列哪个交换机上修改 BPDU 的发送周期，可以影响 SWD 的配置 BPDU 的发送周期？【单选题】

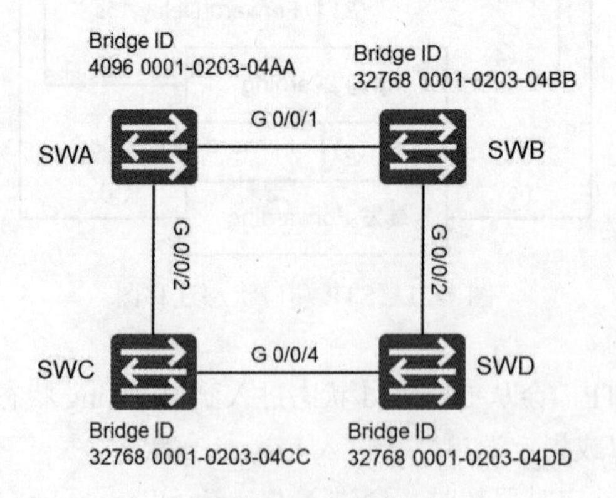

图 7-22　网络拓扑

A. SWB　　B. SWA　　C. SWC　　D. SWD

9. 如图 7-23 所示网络，所有交换机开启 STP 协议。关闭 SWA 的 G0/0/2 端口配置 BPDU 的发送功能，SWC 的 G0/0/1 重新收敛成为根端口，关于此过程，下列说法正确的有？【多选题】

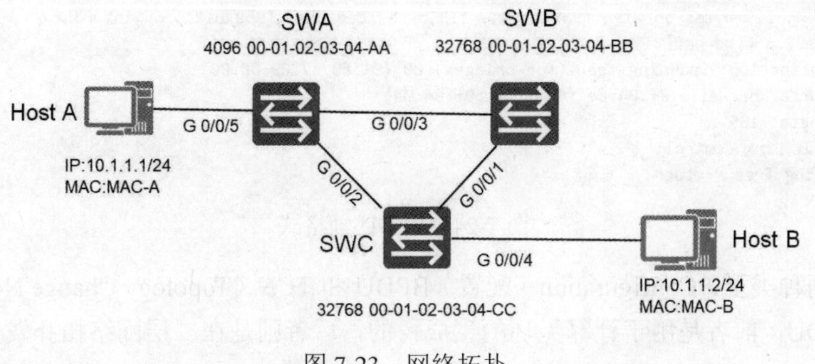

图 7-23 网络拓扑

A. SWB 向 SWA 转发 TCN BPDU

B. SWC 向 SWB 发送 TCN BPDU 报文

C. SWB 向 SWC 发送 TCA 置位的配置 BPDU

D. SWA 发送 TC 置位的配置 BPDU

试题解析

1. BPDU 包括 Port ID、Bridge ID、Root ID，不包括 VLAN ID。答案为 C。

2. STP 协议中根桥发出的配置 BPDU 报文中的 Message Age 为 0，经过一个交换机加 1。答案为 A。

3. 运行 STP 协议的交换机，本交换机某个端口出现故障时，或收到下游交换机发送的 TCN BPDU 时会向上游发送 TCN BPDU。答案为 B。

4. 非根交换机会通过指定端口向下游交换机转发由根交换机产生的 TC 置位的 BPDU。答案为 D。

5. 当指定端口收到比自己差的配置 BPDU 时，也就是到根路径开销（RPC）更大的 BPDU，立即向下游发送自己的 BPDU，告诉下游交换机我才是你的上游交换机。答案为 A。

6. STP 下游设备通知上游设备发生拓扑变化时发送的报文是 TCN BPDU。答案为 D。

7. 当运行标准 STP 协议的交换机某个端口收到次优的 BPDU 时，立刻从此端口发送自己的配置 BPDU，这样能够确认到根交换机的最短路径。答案为 A。

8. 在根交换机上修改 BPDU 的发送周期会影响非根交换机的 BPDU 发送周期。根交换机为 SWA。答案为 B。

9. 关闭 SWA 的 G0/0/2 端口配置 BPDU 的发送功能，会触发 SWC 向 SWB 发送 TCN BPDU，SWB 向 SWC 发送 TCA 置位的配置 BPDU，SWA 发送 TC 置位的配置 BPDU。答案为 BCD。

关联知识精讲

一、STP 的基本原理

STP 的基本原理：通过在交换机之间传递一种特殊的协议报文——网桥协议数据单元（BPDU），来确定网络的拓扑结构。STP 协议帧采用了 IEEE 802.3 封装格式，如图 7-24 所示，其载荷数据被称为 BPDU。STP 交换机通过交换 STP 协议帧来建立和维护 STP 树，并在网络的物理拓扑发生变化时重建新的 STP 树。STP 协议帧由 STP 交换机产生、发送、接收、处理。STP 协议帧是一种组播帧，组播地址为 01-80-c2-00-00-00。

```
> Frame 4: 119 bytes on wire (952 bits), 119 bytes captured (952 bits) on interface -, id 0
v IEEE 802.3 Ethernet
  > Destination: Spanning-tree-(for-bridges)_00 (01:80:c2:00:00:00)
  > Source: HuaweiTe_0f:04:0e (4c:1f:cc:0f:04:0e)
    Length: 105
> Logical-Link Control
> Spanning Tree Protocol
```

图 7-24　BPDU 帧格式

BPDU 有两种类型：Configuration（配置）BPDU 和 TCN（Topology Change Notification，拓扑变化通知）BPDU，前者是用于计算无环的生成树的，后者则是在二层网络拓扑发生变化时用来缩短 MAC 表项的刷新时间的（由默认的 300 秒缩短为 15 秒）。

在初始形成 STP 树的过程中，各 STP 交换机都会周期性地（默认为 2 秒）主动产生并发送 Configuration BPDU。在 STP 树形成后的稳定期，只有根桥才会周期性地（默认为 2 秒，被称为 Hello Time，可以在根交换机上修改）主动产生并发送 Configuration BPDU。相应地，非根交换机会从自己的根接口周期性地接收到 Configuration BPDU，并立即被触发而产生自己的 Configuration BPDU，且从自己的指定接口发送出去。这一过程看起来就像根桥发出的 Configuration BPDU 逐跳地“经过”了其他的交换机。

如图 7-25 所示，网络中某条链路发生了故障，导致工作拓扑发生了改变，则位于故障点的交换机可以通过接口状态直接感知到这种变化，但是其他的交换机是无法直接感知到这种变化的。这时，位于故障点的交换机会以 Hello Time 为周期通过其根接口不断向上游交换机发送 TCN BPDU，直到接收到从上游交换机发来的确认 Configuration BPDU，其 TCA（Topology Change Acknowledgement，拓扑变化确认）标志置为 1。上游交换机在收到 TCN BPDU 后，一方面会通过其指定接口回复确认 Configuration BPDU，另一方面会以 Hello Time 为周期通过其根接口不断向它的上游交换机发送 TCN BPDU。此过程一直重复，直到根桥接收到 TCN BPDU。根桥接收到 TCN BPDU 后，会发送 TC（Topology Change，拓扑变化）标志位置 1 的 Configuration BPDU，通告所有交换机网络拓扑发生了变化。

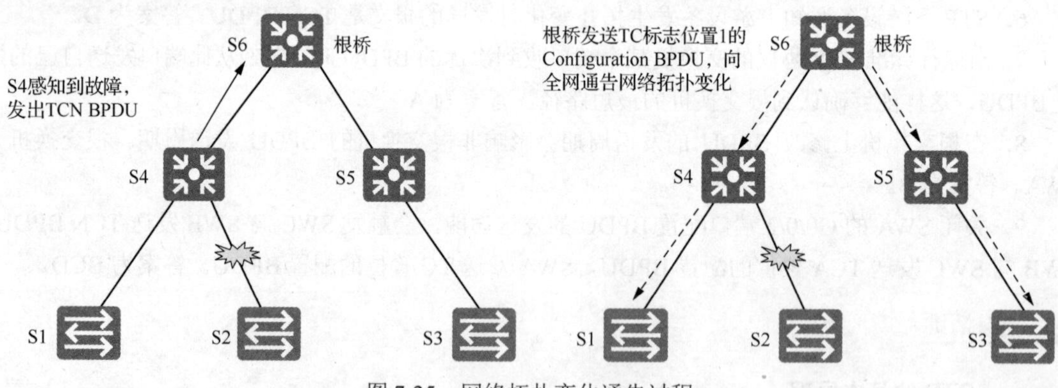

图 7-25　网络拓扑变化通告过程

交换机收到了 TC 标志位置 1 的 Configuration BPDU 后，便意识到网络拓扑已经发生了变化，这说明自己的 MAC 地址表的表项内容很可能已经不再是正确的了，这时交换机会将自己的 MAC 地址表的老化周期（默认为 300 秒）缩短为 Forward Delay 的时间长度（默认为 15 秒），以加速老化原来的地址表项。

二、BPDU 报文

为了计算生成树，交换机之间需要交换相关的信息和参数，这些信息和参数被封装在 BPDU 中。BPDU 有两种类型：配置 BPDU 和 TCN BPDU。配置 BPDU 包含了桥 ID、路径开销和端口 ID 等参数。STP 协议通过在交换机之间传递配置 BPDU 来选举根交换机，以及确定每个交换机端口的角色和状态。在初始化过程中，每个桥都主动发送配置 BPDU。在网络拓扑稳定以后，只有根桥主动发送配置 BPDU，其他交换机在收到上游传来的配置 BPDU 后，才会发送自己的配置 BPDU。

TCN BPDU 是指下游交换机感知到拓扑发生变化时向上游发送的拓扑变化通知。

配置 BPDU 中包含了足够的信息来保证设备完成生成树计算，其中包含的重要信息如图 7-26 所示，表 7-3 介绍了各个字段的含义。

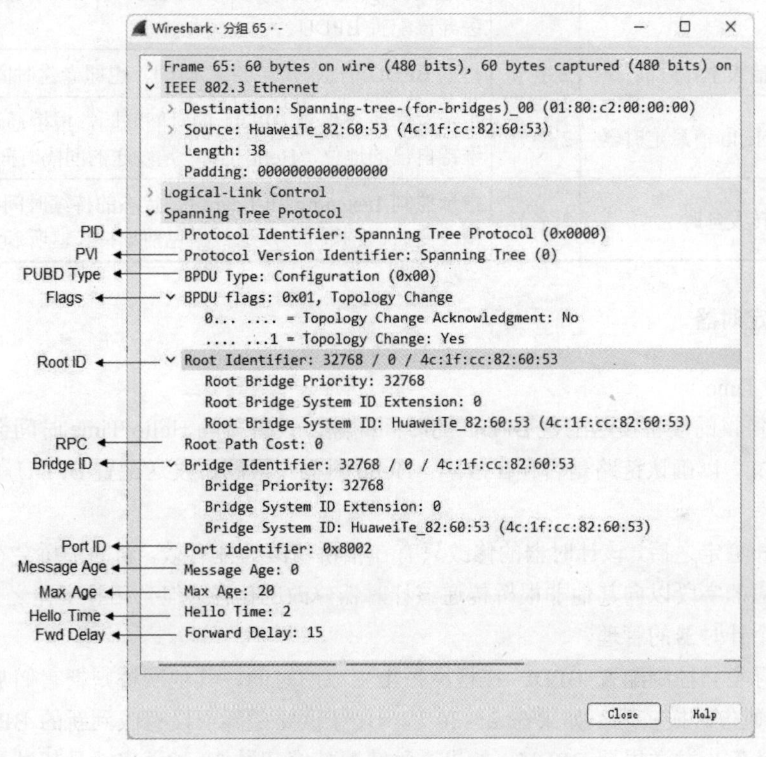

图 7-26　BPDU 帧包含的字段

表 7-3　BPDU 帧各字段的含义

报文字段	字段名称	字节数	说明
PID	STP 协议 ID	2 字节	该字段总是为 0
PVI	STP 协议版本	1 字节	STP（802.1D）传统生成树，值为 0。 RSTP（802.1W）快速生成树，值为 2。 MSTP（802.1S）多生成树，值为 3
Root ID	根桥 ID	8 字节	指示当前根桥的 RID（即“根 ID”），由 2 字节的桥优先级和 6 字节 MAC 地址构成
RPC	根路径开销	4 字节	指示发送该 BPDU 报文的端口累计到根桥的开销

续表

报文字段	字段名称	字节数	说明
Bridge ID	桥 ID	8 字节	指示发送该 BPDU 报文的交换设备的 BID（即“发送者 BID”），也是由 2 字节的桥优先级和 6 字节 MAC 地址构成
Port ID	端口 ID	2 字节	指示发送该 BPDU 报文的端口 ID，即“发送端口 ID”
Message Age	消息生存时间	2 字节	指示该 BPDU 报文的生存时间，即端口保存 BPDU 的最长时间，过期后将删除，要在这个时间内转发才有效，如果配置 BPDU 是直接来自根桥的，则 Message Age 为 0，如果是其他桥转发的，则 Message Age 是从根桥发送到当前桥接收到 BPDU 的总时间，包括传输延时等。实际实现中，配置 BPDU 报文经过一个桥，Message Age 增加 1，如果 Message Age 大于 Max Age，非根桥会丢弃该配置 BPDU
Max Age	最大生存时间	2 字节	指示 BPDU 消息的最大生存时间，也即老化时间
Hello Time	Hello 消息定时器	2 字节	指示发送两个相邻 BPDU 的时间间隔，根桥通过不断发送 STP 维持自己的地位，Hello Time 是发送的间隔时间
Fwd Delay	转发延时	2 字节	指示控制 Listening 和 Learning 状态的持续时间，表示在拓扑结构改变后，交换机在发送数据包前维持在监听和学习状态的时间

三、STP 定时器

- Hello Time

运行 STP 协议的设备发送配置 BPDU 的时间间隔。设备每隔 Hello Time 时间会向周围的设备发送 BPDU 报文，以确认链路是否存在故障。Hello 时间（根网桥发送配置 BPDU 的时间间隔）缺省为 2 秒。

当网络拓扑稳定之后，该计时器的修改只有在根桥修改后才有效。新的根桥会在发出的 BPDU 报文中填充相应的字段以向其他非根桥传递该计时器修改的信息。但当拓扑变化之后，TCN BPDU 的发送不受这个计时器的管理。

这个值实际上只控制配置 BPDU 在根网桥上生成的时间，其他网桥则把它们从根网桥接收到的 BPDU 向外通告。换言之，如果在 2～20 秒内由于网络故障而没有收到新的 BPDU，非根网桥在这段时间内就停止发送周期 BPDU。如果这种情况持续超过 20 秒，也就是超过最大存活期，非根网桥就使原来存储的 BPDU 无效，并开始寻找新的根端口。

- Forward Delay

设备状态迁移的延迟时间。链路故障会引发网络重新进行生成树的计算，生成树的结构将发生相应的变化。不过重新计算得到的新配置消息无法立刻传遍整个网络，如果新选出的根端口和指定端口立刻就开始数据转发的话，可能会造成临时环路。为此，STP 采用了一种状态迁移机制，新选出的根端口和指定端口要经过 2 倍的 Forward Delay 延时后才能进入转发状态，这个延时保证了新的配置消息传遍整个网络，从而防止了临时环路的产生。

Forward Delay Timer 指一个端口处于 Listening 和 Learning 状态的各自持续时间，默认是 15 秒。即 Listening 状态持续 15 秒，随后 Learning 状态再持续 15 秒。这两个状态下的端口均不转发用户流量，这正是 STP 用于避免临时环路的关键。

- Max Age

如图 7-27 所示，SWA 是根交换机，SWA 发送 BPDU 的间隔时间为 2 秒，即 Hello Time 是 2。根交换机发出的 BPDU MSG Age 为 0，Max Age 为 20。SWC 发送给 SWE 的 BPDU MSG Age 为 1，Max Age 为 20，即经过一个交换机后 MSG Age 加 1。

如果 Message Age 大于 Max Age，则该配置 BPDU 报文将被老化掉。该非根桥设备将直接丢弃该配置 BPDU，并认为是网络直径过大，导致了根桥连接失败。

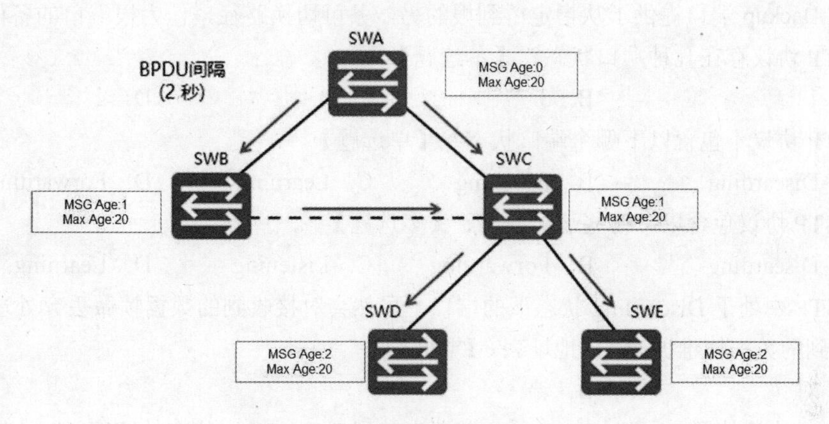

图 7-27 MSG Age 和 Max Age

7.4 RSTP

典型 HCIA 试题

1. RSTP 协议比 STP 协议增加了哪种端口角色？【多选题】

   A. Alternate 端口　　B. Backup 端口　　C. 根端口　　D. 指定端口

2. RSTP 中 Alternate 端口和 Backup 端口均无法转发用户流量，也不可以接收、处理、发送 BPDU。【判断题】

   A. 对　　B. 错

3. RSTP 协议中，当拓扑稳定时，哪些端口角色处于 Discarding 状态？【多选题】

   A. Backup 端口　　B. 指定端口　　C. Alternate 端口　D. 根端口

4. 现有一台交换机通过一个端口和对端设备的指定端口直连，但是该端口不转发任何报文，却可以通过接收 BPDU 来监听网络变化，那么该端口的角色应该是？【单选题】

   A. Root 端口　　B. Designated 端口

   C. Alternate 端口　　D. Disable 端口

5. 下列关于 RSTP 协议中 Alternate 端口的说法，正确的是？【单选题】

   A. Alternate 端口作为指定端口的备份，提供了另一条从根桥到相应网段的备份通路

   B. Alternate 端口既转发用户流量又学习 MAC 地址

   C. Alternate 端口不转发用户流量但是学习 MAC 地址

   D. Alternate 端口提供了从指定桥到根的另一条可切换路径，作为根端口的备份端口

6．RSTP 中 Backup 端口可以替换发生故障的根端口。【判断题】

A．对　　B．错

7．下列关于 RSTP 协议中 Backup 端口的说法，正确的是？【单选题】

A．Backup 端口作为指定端口的备份，提供了另一条从根桥到相应网段的备份通路

B．Backup 端口既转发用户流量又学习 MAC 地址

C．Backup 端口不转发用户流量但是学习 MAC 地址

D．Backup 端口提供了从指定桥到根的另一条可切换路径，作为根端口的备份端口

8．RSTP 协议存在几种端口状态？【单选题】

A．1　　B．3　　C．4　　D．2

9．RSTP 协议不包含以下哪个端口状态？【单选题】

A．Discarding　　B．Blocking　　C．Learning　　D．Forwarding

10．RSTP 协议包含以下哪些端口状态？【多选题】

A．Discarding　　B．Forwarding　　C．Listening　　D．Learning

11．RSTP 中处于 Discarding 状态下的端口，虽然会对接收到的数据帧做丢弃处理，但可以根据该端口收到的数据帧维护 MAC 地址表。【判断题】

A．对　　B．错

12．RSTP 协议使用 P/A 机制加快了上游端口转到 Forwarding 状态的速度，但是却没有出现环路的原因是什么？【单选题】

A．引入了边缘端口

B．缩短了 Forward Delay 的时间

C．通过阻塞自己的非根端口来保证不会出现环路

D．加快了端口角色选举的速度

13．RSTP 协议提供的环路保护功能只能在指定端口上配置生效。【判断题】

A．对　　B．错

14．RSTP 配置 BPDU 报文中的 Type 字段取值为？【单选题】

A．0x03　　B．0x01　　C．0x00　　D．0x02

15．RSTP BPDU 报文中的 Flag 字段的总长度为多少 bit？【单选题】

A．6　　B．4　　C．8　　D．2

16．运行 RSTP 协议的交换机接收到 TC 置位的 BPDU 后，清空所有端口学习到的 MAC 地址。【判断题】

A．对　　B．错

17．RSTP 协议配置 BPDU 中的 Flag 字段使用了哪些 STP 协议未使用的标志位？【多选题】

A．Agreement　　B．TCA　　C．TC　　D．Proposal

18．运行 STP 的设备收到 RSTP 的配置 BPDU 时会丢弃。【判断题】

A．对　　B．错

19．在下列哪种情况下，运行 RSTP 协议的交换机会产生 TC 置位的配置 BPDU？【单选题】

A．一个非边缘端口迁移到 Forwarding 状态

B．Backup 端口为 Down

C．边缘端口迁移到 Forwarding 状态

D．边缘端口迁移到 Discarding 状态

20．如果一个以太网数据帧的 Type/Length=0x8100，那么这个数据帧的载荷不可能是？【多选题】

A．ARP 应答报文　　B．OSPF 报文

C．RSTP 数据帧　　D．STP 数据帧

21．在 RSTP 标准中，为了提高收敛速度，可以将交换机直接与终端相连的端口定义为？【单选题】

A．快速端口　　B．根端口

C．边缘端口　　D．备份端口

22．以下哪项不是 RSTP 可以提高收敛速度的原因？【单选题】

A．边缘端口的引入　　B．取消了 Forward Delay

C．根端口的快速切换　　D．P/A 机制

23．RSTP 协议中，边缘端口收到配置 BPDU 报文，就丧失了边缘端口属性。【判断题】

A．对　　B．错

24．以下关于 RSTP 协议中边缘端口的说法，正确的是？【单选题】

A．边缘端口可以由 Disable 直接转到 Forwarding 状态

B．交换机之间互联的端口需要设置为边缘端口

C．边缘端口丢弃收到配置 BPDU 报文

D．边缘端口参与 RSTP 运算

25．如图 7-28 所示，交换机 SWA 在运行 RSTP，管理员将 SWA 的 G0/0/3 端口配置为 Edge Port 后，使用一台交换机替代了主机 C，则下列描述正确的是？【单选题】

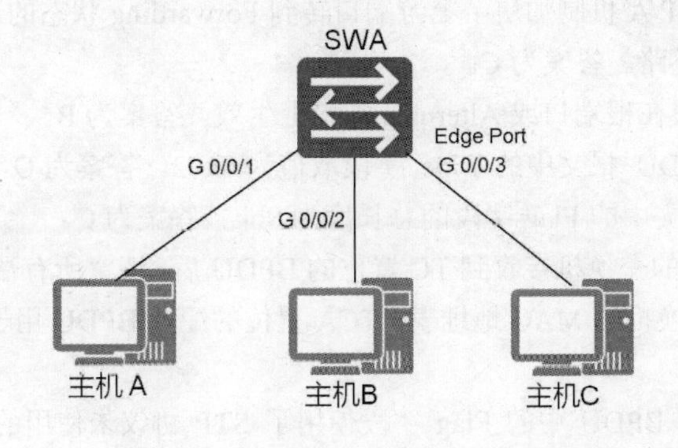

图 7-28　网络拓扑

A．SWA 的 G0/0/3 端口在接收到 BPDU 后，将会进行 RSTP 运算

B．所有主机中，只有主机 A 能够正常发送和接收数据

C．SWA 的 G0/0/3 端口收到交换机发送的 BPDU 后会被关闭

D．SWA 的 G0/0/3 端口将会丢弃接收到的 BPDU，正常转发数据

26．RSTP 协议中，在根端口失效的情况下，哪个端口会快速转换为新的根端口并立即进入转发状态？【单选题】

A．Backup 端口　　B．Edge 端口

C．Forwarding 端口　　D．Alternate 端口

试题解析

1．RSTP 协议比 STP 协议增加了 Alternate 端口、Backup 端口角色。答案为 AB。

2．RSTP 中 Alternate 端口和 Backup 端口均无法转发用户流量，可以接收处理 BPDU，不转发 BPDU。答案为 B。

3．RSTP 协议中，当拓扑稳定时，Backup 端口、Alternate 端口角色处于 Discarding 状态。答案为 AC。

4．一台交换机通过一个端口和对端设备的指定端口直连，但是该端口不转发任何报文，却可以通过接收 BPDU 来监听网络变化，那么该端口的角色应该是 Alternate 端口，Disable 端口不接收 BPDU，也不转发任何报文。答案为 C。

5．Alternate 端口提供了从指定桥到根的另一条可切换路径，作为根端口的备份端口。答案为 D。

6．RSTP 中 Backup 端口可以替换发生故障的指定端口。答案为 B。

7．Backup 端口作为指定端口的备份，提供了另一条从根桥到相应网段的备份通路。Backup 端口不转发用户流量，也不学习 MAC 地址。答案为 A。

8．RSTP 端口存在 Discarding、Learning、Forwarding 三种状态。答案为 B。

9．RSTP 端口存在 Discarding、Learning、Forwarding 三种状态，不包含 Blocking 状态。答案为 B。

10．RSTP 端口存在 Discarding、Learning、Forwarding 三种状态。答案为 ABD。

11．RSTP 中处于 Discarding 状态下的端口，会对接收到的数据帧做丢弃处理，不维护 MAC 地址表。答案为 B。

12．RSTP 协议使用 P/A 机制加快了上游端口转到 Forwarding 状态的速度，通过阻塞自己的非根端口来保证不会出现环路。答案为 C。

13．环路保护功能仅在根端口或 Alternate 端口上生效。答案为 B。

14．RSTP 配置 BPDU 报文中的 Type 字段取值为 0x02。答案为 D。

15．RSTP BPDU 报文中的 Flag 字段的总长度为 8bit。答案为 C。

16．运行 RSTP 协议的交换机接收到 TC 置位的 BPDU 后，清空所有端口学习到的 MAC 地址。TC BPDU 来清空各个交换机的 MAC 地址表，TCA 置位的配置 BPDU 用于回答 TCN BPDU。答案为 A。

17．RSTP 协议配置 BPDU 中的 Flag 字段使用了 STP 协议未使用的 Agreement、Proposal、Forwarding、Learning、Port Role 标志位。答案为 AD。

18．RSTP 兼容 STP，但 STP 不兼容 RSTP。运行 STP 的设备收到 RSTP 的配置 BPDU 时会丢弃。答案为 A。

19．在 RSTP 中检测拓扑是否发生变化只有一个标准：一个非边缘端口迁移到 Forwarding 状态。答案为 A。

20．如果一个以太网数据帧的 Type/Length=0x8100，那么这个数据帧的载荷为带 VLAN 标记的帧，如图 7-29 所示。STP 和 RSTP 帧格式和以太网的帧格式不一样，就没有 Type 字段，只有 Length 字段，如图 7-30 所示。答案为 CD。

21．在 RSTP 标准中，为了提高收敛速度，可以将交换机直接与终端相连的端口定义为边缘端口。答案为 C。

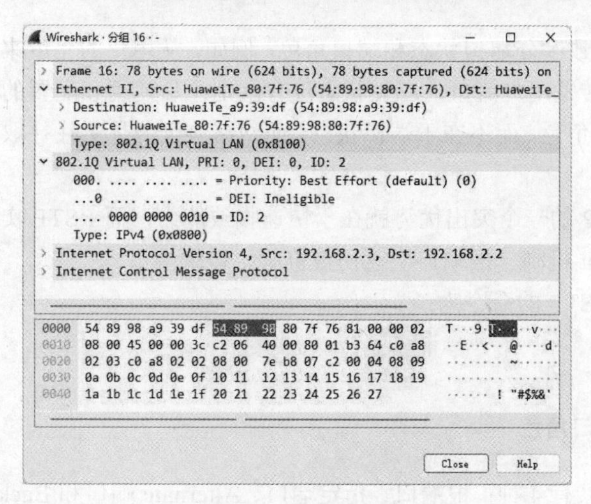

图 7-29　802.1Q 帧

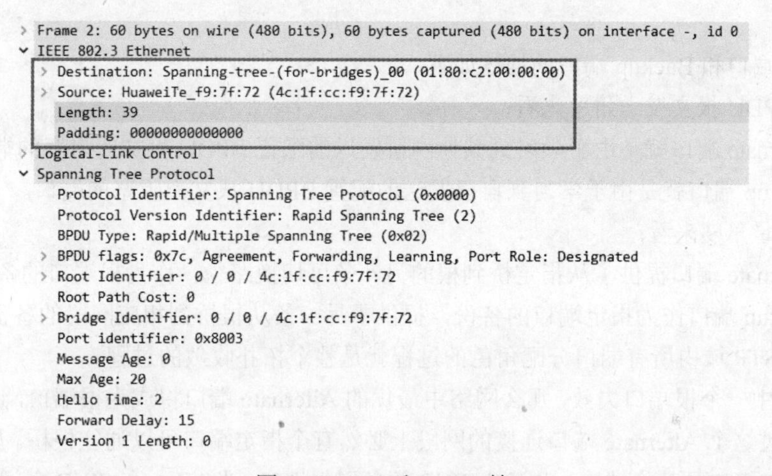

图 7-30　STP 和 RSTP 帧

22．边缘端口的引入、根端口的快速切换、P/A 机制可以提高 RSTP 收敛速度。答案为 B。

23．RSTP 协议中，边缘端口收到配置 BPDU 报文，就丧失了边缘端口属性。答案为 A。

24．交换机与计算机连接的端口需要设置为边缘端口，边缘端口可以由 Disable 直接转到 Forwarding 状态，边缘端口不参与 RSTP 运算，边缘端口可以由 Disable 直接转到 Forwarding 状态。答案为 A。

25．边缘端口在接收到 BPDU 后，将会进行 RSTP 运算。答案为 A。

26．RSTP 协议中，在根端口失效的情况下，Alternate 端口会快速转换为新的根端口并立即进入转发状态。答案为 D。

关联知识精讲

随着局域网规模的不断增长，STP 拓扑收敛速度慢的问题逐渐凸显，因此，IEEE 在 2001 年发布了 802.1w 标准，定义了快速生成树协议（Rapid Spanning Tree Protocol，RSTP），RSTP 在 STP 的基础上进行了改进，RSTP 在许多方面对 STP 进行了优化，它的收敛速度更快，而且能够兼容 STP。

STP 协议也没有细致区分端口状态和端口角色。例如，从用户的角度来说，Listening、Learning 和 Blocking 状态都不转发用户流量，三种状态没有区别；从使用和配置的角度来说，端口之间最本质的区别在于端口的角色，而不在于端口状态。而网络协议的优劣往往取决于协议是否对各种情况加以细致区分。

相比于 STP，RSTP 的一个突出优势就在于快速收敛能力，而 RSTP 实现快速收敛关键在于引入了 Proposal/Agreement 机制、根端口快速切换机制、边缘端口。

将生成树更改为 RSTP 的命令为：

```
[Huawei]stp   mode rstp
```

一、改进点 1：端口角色

RSTP 的端口角色共有 4 种：根端口、指定端口、Alternate 端口和 Backup 端口。与 STP 相比，新增加了 2 种端口角色，备份端口（Backup Port）即备用指定端口、替换端口（Alternate Port）即备用根端口。

Alternate 端口和 Backup 端口的描述如下：

从配置 BPDU 报文发送角度来看：

- Alternate 端口就是由于学习到其他网桥发送的配置 BPDU 报文而阻塞的端口。
- Backup 端口就是由于学习到自己发送的配置 BPDU 报文而阻塞的端口。

从用户流量角度来看：

- Alternate 端口提供了从指定桥到根的另一条可切换路径，作为根端口的备份端口。
- Backup 端口作为指定端口的备份，提供了另一条从根桥到相应网段的备份通路。

给一个 RSTP 域内所有端口分配角色的过程就是整个拓扑收敛的过程。

如果网络中一个根端口失效，那么网络中最优的 Alternate 端口将成为根端口，进入 Forwarding 状态。因为通过这个 Alternate 端口连接的网段上必然有个指定端口可以通往根桥。如图 7-31 所示，SWC 的 G0/0/1 接口是替换端口，也就是 SWC 的备用根端口。当 SWA 和 SWC 之间的链路断开后，SWC 的 G0/0/1 接口成为根端口。

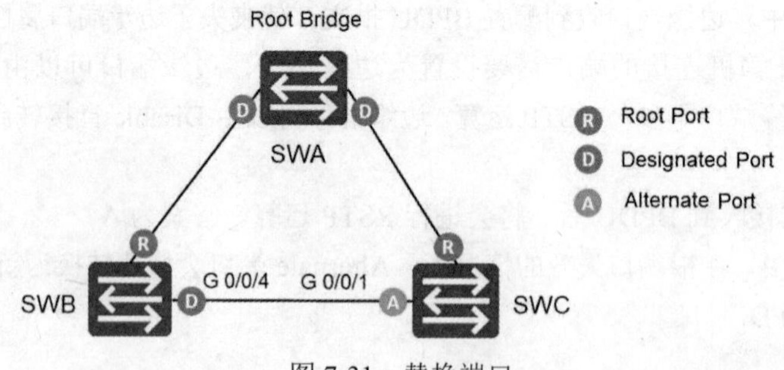

图 7-31　替换端口

如果网络中一指定端口失效，那么网络中最优的 Backup 端口将成为指定端口，进入 Forwarding 状态。因为 Backup 端口作为指定端口的备份，提供了另一条从根桥到相应网段的备份通路。如图 7-32 所示，SWB 的 G0/0/3 接口为指定端口，G0/0/4 为备用的指定端口，当 G0/0/3 接口端口失效后，G0/0/4 成为指定端口。

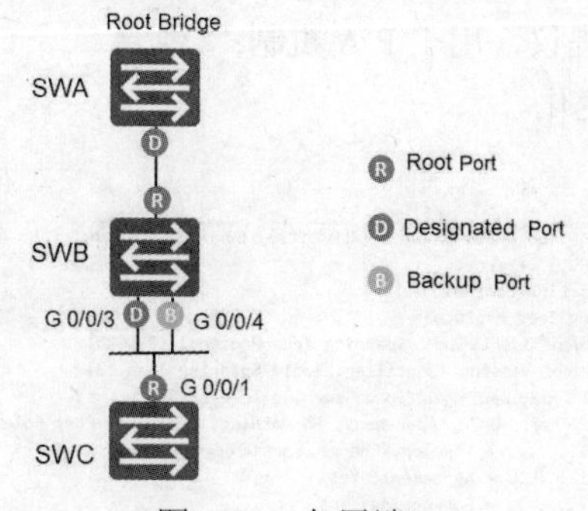

图 7-32　备用端口

二、改进点 2：端口状态

不同于 STP 的 5 种端口状态，RSTP 将端口状态缩减为 3 种。根据端口是否转发用户流量和学习 MAC 地址，端口状态可分为：

- Discarding：端口既不转发用户流量也不学习 MAC 地址；
- Learning：端口不转发用户流量但是学习 MAC 地址；
- Forwarding：端口既转发用户流量又学习 MAC 地址。

表 7-4显示了 STP 与 RSTP 端口状态和角色的对应关系，以及各种端口角色能够具有的端口状态，因为端口状态和端口角色是没有必然联系的。

表 7-4　STP 与 RSTP 端口状态和角色的对应关系

STP 端口状态	RSTP 端口状态	端口角色
Disabled	Discarding	包括 Disable 端口
Blocking	Discarding	包括 Alternate 端口、Backup 端口
Listening	Discarding	包括根端口、指定端口
Learning	Learning	包括根端口、指定端口
Forwarding	Forwarding	包括根端口、指定端口

三、改进点 3：RSTP 的 BPDU

RSTP 的配置 BPDU 充分利用了 STP 报文中的 Flag 字段，明确了端口角色。

除了保证和 STP 格式基本一致之外，RSTP 作了如下变化，如图 7-33 所示。

Type 字段，1 字节：配置 BPDU 类型不再是 0 而是 2，所以运行 STP 的设备收到 RSTP 的配置 BPDU 时会丢弃。

Flag 字段，1 字节：使用了原来保留的中间 6 位，这样改变的配置 BPDU 叫作 RST BPDU。

- bit 7：TCA，表示拓扑变化确认；
- bit 6：Agreement，表示同意，用于 P/A 机制；
- bit 5：Forwarding，表示转发状态；
- bit 4：Learning，表示学习状态；
- bit 3 和 bit 2：表示端口角色，00 表示未知端口，01 表示替代或备份端口，10 表示根端口，11 表示指定端口；

- bit 1：Proposal，表示提议，用于 P/A 机制；
- bit 0：TC，表示拓扑变化。

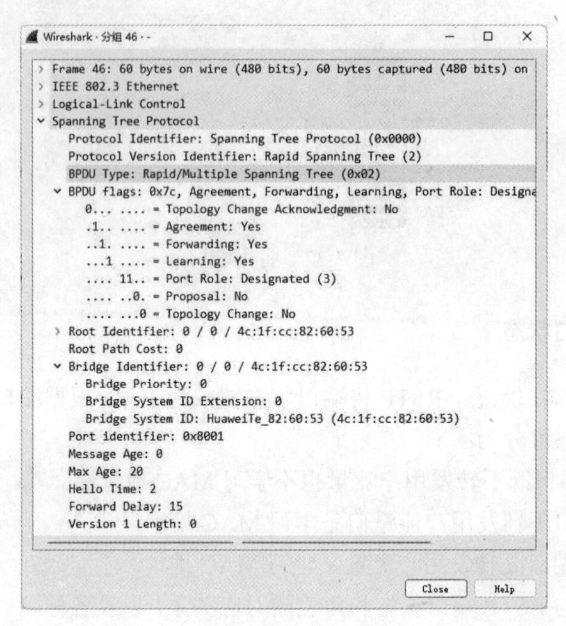

图 7-33　RSTP 的 BPDU

四、改进点 4：配置 BPDU 处理

RSTP 在拓扑稳定后，无论非根桥设备是否接收到根桥传来的配置 BPDU 报文，非根桥设备仍然按照 Hello Time 规定的时间间隔发送配置 BPDU，该行为完全由每台设备自主进行。

STP 拓扑稳定后，根桥按照 Hello Time 规定的时间间隔发送配置 BPDU。其他非根桥设备在收到上游设备发送过来的配置 BPDU 后，才会触发发出配置 BPDU，此方式使得 STP 计算复杂且缓慢。

如图 7-34 所示，如果 SW2 一个端口在超时时间（即三个周期，超时时间＝Hello Time×3）内没有收到上游设备发送过来的配置 BPDU，会认为自己是根桥，发送自身的 BPDU 给 SW3。SW3 收到次优 BPDU 后，会与自身缓存的 RST BPDU 进行比较，并立即回应自身的 RST BPDU。RSTP 的任何端口角色都会处理次优 BPDU。

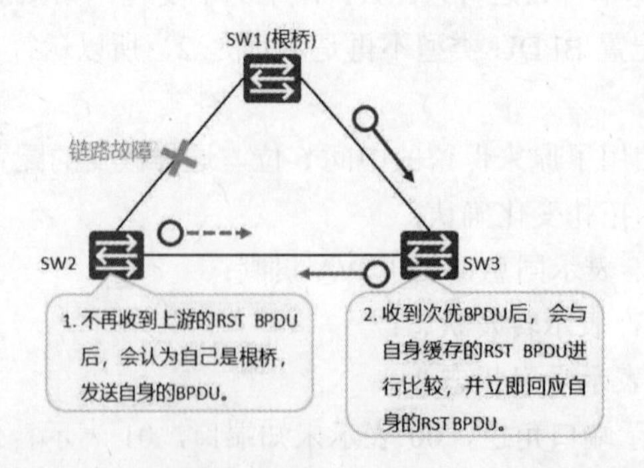

图 7-34　BPDU 的处理

STP只有指定端口会立即处理次优BPDU，其他端口会忽略次优BPDU，等到Max Age计时器超时后，缓存的次优BPDU才会老化，然后发送自身更优的BPDU，进行新一轮的拓扑收敛。

五、改进点5：快速收敛机制

- 替换接口实现根端口的快速切换，备份接口实现指定端口的快速切换。
- 边缘端口（Edge Port）。

在RSTP里面，如果某一个端口位于整个网络的边缘，即不再与其他交换设备连接，而是直接与终端设备直连，这种端口可以设置为边缘端口。如图7-35所示，边缘端口不参与RSTP计算，可以由Discarding直接进入Forwarding状态，不需等待2倍的转发延时就可转发流量。边缘端口的Up和Down，不会引起网络拓扑的变动。但是一旦边缘端口收到配置BPDU，就丧失了边缘端口属性，成为普通STP端口，并重新进行生成树计算，从而引起网络震荡。

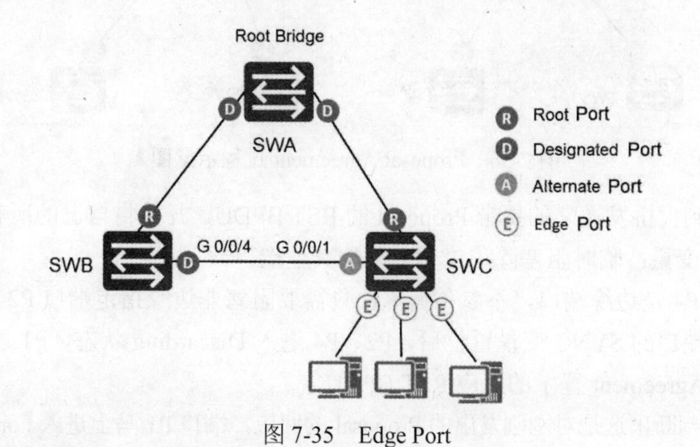

图7-35　Edge Port

将接口配置为边缘接口的命令如下：

```
[Huawei-GigabitEthernet0/0/1] stp edged-port enable
```

- Proposal/Agreement（提议/同意）机制。

Proposal/Agreement机制简称P/A机制，其目的是使上游指定端口尽快进入Forwarding状态。在RSTP中，当一个端口被选举成为指定端口之后，会先进入Discarding状态，再通过P/A机制快速进入Forwarding状态。

如图7-36所示，在当前状态下，SW2是根桥，SW2的P3是边缘端口，P2、P4是指定端口且处于Forwarding状态。现在在SW2上增加一个交换机SW1，SW1将成为新的根桥。图中标注了上游、中游、下游链路。

P/A机制先在上游链路实现，使得SW1的P1接口和SW2的P1接口快速进入转发状态。中游链路和下游链路依次通过P/A机制快速进入转发状态。

SW1的P1接口和SW2的P1接口连接成功后，P/A机制协商过程如下：

（1）SW1的P1和SW2的P1两个端口马上都先成为指定端口，发送RST BPDU。

（2）SW2的P1端口收到更优的RST BPDU，马上意识到自己将成为根端口，而不是指定端口，停止发送RST BPDU。

（3）SW1的P1进入Discarding状态，于是发送的RST BPDU中把Proposal和Agreement置1。

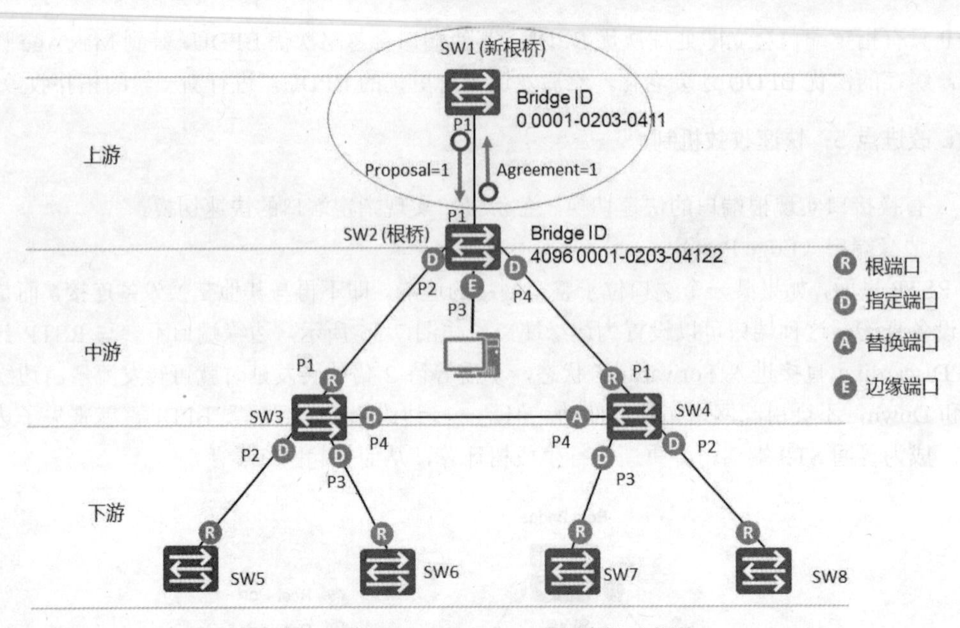

图 7-36　Proposal/Agreement 过程示意图

（4）SW2 收到根桥发送来的携带 Proposal 的 RST BPDU，开始将自己的所有端口进入 SYNC 变量置位（即同步变量：临时阻塞除边缘端口外的其他端口）。

（5）SW2 的 P4 是边缘端口，不参与运算；只需要阻塞非边缘指定端口 P2、P4。

（6）SW2 各端口的 SYNC 变量置位后，P2、P4 进入 Discarding 状态，P1 进入 Forwarding 状态并向 SW1 返回 Agreement 置 1 的回应 RST BPDU。

（7）当 SW1 判断出这是对刚刚发出的 Proposal 的回应，端口 P1 马上进入 Forwarding 状态。

下游设备继续执行 P/A 协商过程。

事实上对于 STP，指定端口的选择可以很快完成，主要的速度瓶颈在于：为了避免环路，必须等待足够长的时间，使全网的端口状态全部确定，也就是说必须要等待至少一个 Forward Delay 所有端口才能进行转发。而 RSTP 的主要目的就是消除这个瓶颈，通过阻塞自己的非根端口来保证不会出现环路。而使用 P/A 机制加快了上游端口转到 Forwarding 状态的速度。

六、改进点 6：拓扑变更机制

在 STP 中，如果拓扑发生了变化，需要先向根桥传递 TCN BPDU，再由根桥来通知拓扑变更，泛洪 TC 置位的配置 BPDU。

在 RSTP 中，通过新的拓扑变更机制，TC 置位的 RST BPDU 会快速地在网络中泛洪。在 RSTP 中检测拓扑是否发生变化只有一个标准：一个非边缘端口迁移到 Forwarding 状态。

如图 7-37 所示，SW3 的根端口收不到从根桥发来的 RST BPDU 后，Alternate 端口会快速切换为新的根端口，所有非边缘指定端口和根端口启动一个 TC While Timer，该计时器值是 Hello Time 的两倍。在这个时间内，清空所有端口上学习到的 MAC 地址。然后向外发出 TC 置位的 RST BPDU。

SW2 接收到 RST BPDU 后，会清空接收口以外所有端口学习到的 MAC 地址，同时开启计时器，并向外发送 TC 置位的 RST BPDU。

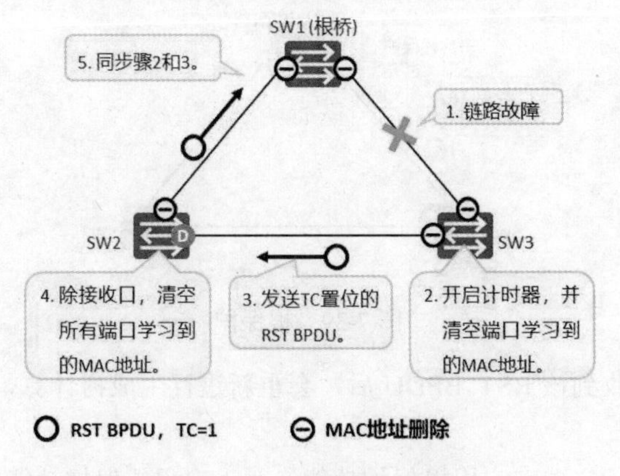

图 7-37　拓扑变更机制

七、改进点 7：保护功能

- BPDU 保护功能。

正常情况下，边缘端口不会收到 RST BPDU。如图 7-38 所示，如果有人在边缘接口恶意添加了交换机设备，当边缘端口接收到 RST BPDU 时，交换设备会自动将边缘端口设置为非边缘端口，并重新进行生成树计算，从而引起网络震荡。

交换设备上启动了 BPDU 保护功能后，如果边缘端口收到 RST BPDU，边缘端口将被 error-down，但是边缘端口属性不变，同时通知网管系统。

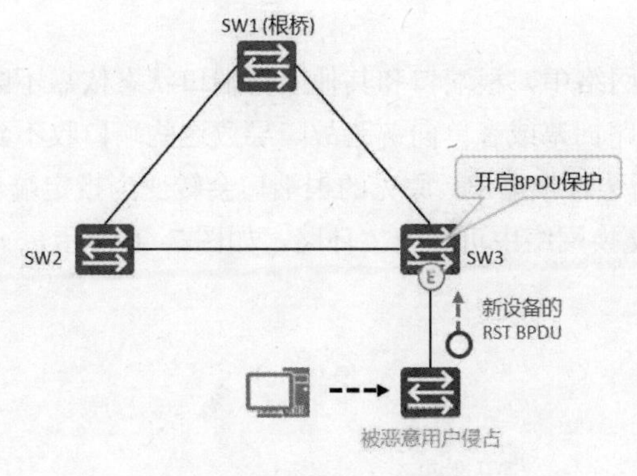

图 7-38　BPDU 保护功能

启用 BPDU 保护，命令如下：

```
[Huawei]stp bpdu-protection
```

- 根保护（Root 保护）。

由于维护人员的错误配置或网络中的恶意攻击，根桥有可能会收到优先级更高的 RST BPDU，使得根桥失去根地位，从而引起网络拓扑结构的错误变动。这种拓扑变化，会导致原来应该通过高速链路的流量被牵引到低速链路上，造成网络拥塞。

如图 7-39 所示，网络稳定时，SW1 为根桥，向下游设备发送最优 RST BPDU。如果 SW2 被恶意用户侵占，例如恶意修改 SW2 的桥优先级，使得 SW2 的桥优先级优于 SW1，此时 SW2 会主动发送自己的 RST BPDU。

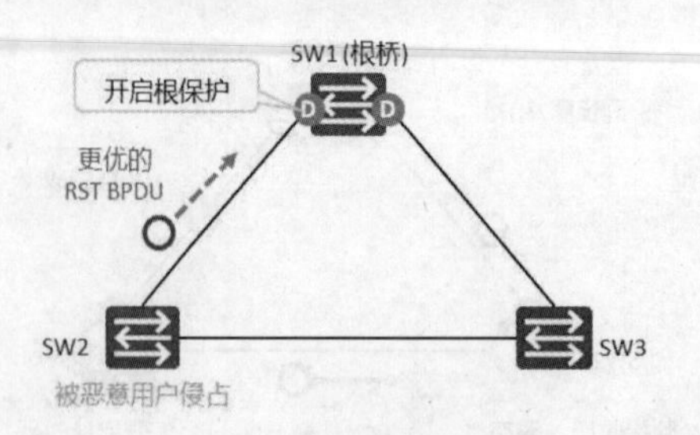

图 7-39 根保护

当 SW1 的指定端口收到该 RST BPDU 后，会重新进行生成树计算，而 SW1 也会失去根桥的地位，引起拓扑变动。

这就需要将 SW1 的指定端口启用根保护功能。对于启用根保护功能的指定端口，其端口角色只能保持为指定端口。

一旦启用根保护功能的指定端口收到优先级更高的 RST BPDU 时，端口将进入 Discarding 状态，不再转发报文。经过一段时间（通常为两倍的 Forward Delay），如果端口一直没有再收到优先级较高的 RST BPDU，端口会自动恢复到正常的 Forwarding 状态。

根保护功能确保了根桥的角色不会因为一些网络问题而改变。下面的命令将 GigabitEthernet0/0/1 接口启用根保护功能。

```
[Huawei-GigabitEthernet0/0/1] stp root-protection
```

当端口的角色是指定端口时，配置的根保护功能才生效。配置了根保护的端口，不可以配置环路保护。

- 环路保护。

在运行 RSTP 协议的网络中，根端口和其他阻塞端口状态依靠不断接收来自上游交换设备的 RST BPDU 维持。当由于链路拥塞或者单向链路故障导致这些端口收不到来自上游交换设备的 RST BPDU 时，交换设备会重新选择根端口。原先的根端口会转变为指定端口，而原先的阻塞端口会迁移到转发状态，从而造成交换网络中可能产生环路，如图 7-40 所示。

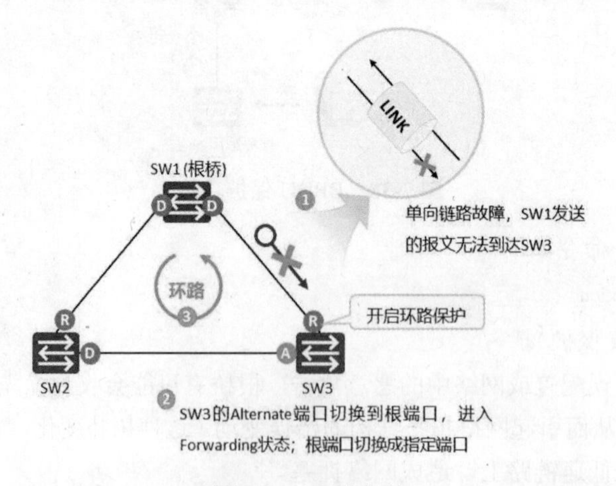

图 7-40 环路保护

在启动了环路保护功能后，如果根端口或 Alternate 端口长时间收不到来自上游设备的 BPDU 报文，则向网管发出通知信息（此时根端口会进入 Discarding 状态，角色切换为指定端口），而

Alternate 端口则会一直保持在阻塞状态（角色也会切换为指定端口），不转发报文，从而不会在网络中形成环路。

直到链路不再拥塞或单向链路故障恢复，端口重新收到 BPDU 报文进行协商，并恢复到链路拥塞或者单向链路故障前的角色和状态。

环路保护功能仅在根端口或 Alternate 端口上生效。环路保护功能和根保护功能不能同时配置在同一端口。以下命令在 GigabitEthernet0/0/2 启用环路保护功能。

```
[Huawei-GigabitEthernet0/0/2]stp loop-protection
```

- 防 TC-BPDU 攻击。

交换设备在接收到 TC 置位的 RST BPDU 报文后，会执行 MAC 地址表项的删除操作。如果有人伪造 TC 置位的 RST BPDU 报文恶意攻击交换设备，交换设备短时间内会收到很多 RST BPDU 报文，频繁的删除操作会给设备造成很大的负担，给网络的稳定带来很大隐患。

如图 7-41 所示，如果 SW3 被恶意用户侵占，伪造大量 TC 置位的 RST BPDU 并向外发送。SW2 收到这些 RST BPDU 后，会频繁执行 MAC 地址表项的删除操作，形成巨大负担。

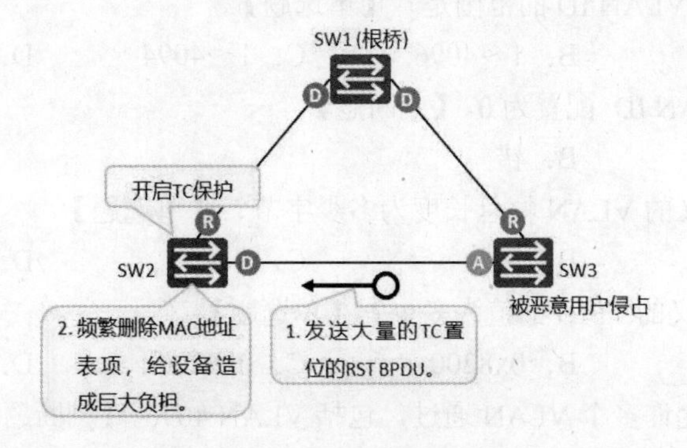

图 7-41 防 TC-BPDU 攻击

通过执行命令 stp tc-protection 启用防拓扑变化攻击功能后，在单位时间内，交换设备处理拓扑变化报文的次数可配置（缺省的单位时间是 2 秒，缺省的处理次数是 1 次）。如果在单位时间内，交换设备收到拓扑变化报文数量大于配置的阈值，那么设备只会处理阈值指定的次数。对于其他超出阈值的拓扑变化报文，定时器到期后设备只对其统一处理一次。这样可以避免频繁的删除 MAC 地址表项和 ARP 表项，从而达到保护设备的目的。

以下命令配置交换设备在收到 TC 类型 BPDU 报文后，单位时间内（缺省 2 秒），处理 TC 类型 BPDU 报文并立即刷新转发表项的阈值 2。

```
[Huawei] stp tc-protection threshold 2
```

缺省情况下，设备在单位时间内处理拓扑变化报文的最大数量是 1。

7.5 VLAN

典型 HCIA 试题

1. 如图 7-42 所示，如果主机 A 有主机 B 的 ARP 缓存，则主机 A 可以 ping 通主机 B。【判断题】

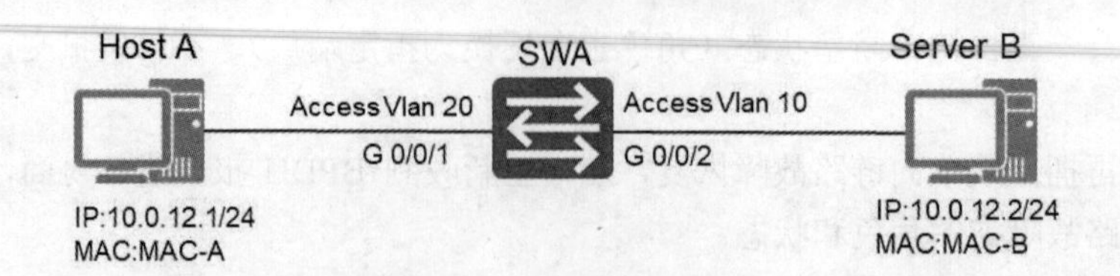

图 7-42 网络拓扑

A．对　　　　B．错

2．交换机上可以用 vlan batch 批量创建 VLAN 简化配置。【判断题】

A．对　　　　B．错

3．在交换机上，哪些 VLAN 可以通过使用 undo 命令来对其进行删除？【多选题】

A．VLAN 1　　　　B．VLAN 2　　　　C．VLAN 1024　　　　D．VLAN 4094

4．华为交换机上不能创建 VLAN 4095，不可以删除 VLAN 1。【判断题】

A．对　　　　B．错

5．用户可以使用的 VLAN ID 的范围是？【单选题】

A．0～4096　　　　B．1～4096　　　　C．1～4094　　　　D．0～4095

6．用户不能将 VLAN ID 配置为 0。【判断题】

A．对　　　　B．错

7．IEEE 802.1Q 定义的 VLAN 帧总长度为多少字节？【单选题】

A．1　　　　B．2　　　　C．3　　　　D．4

8．IEEE 802.1Q 定义的 TPID 的值为多少？【单选题】

A．0x9100　　　　B．0x8200　　　　C．0x7200　　　　D．0x8100

9．Trunk 端口可以允许多个 VLAN 通过，包括 VLAN 4096。【判断题】

A．对　　　　B．错

10．网络拓扑如图 7-43 所示，根据下列配置，说法正确的是？【多选题】

图 7-43 网络拓扑

```
[LSW1] interface GigabitEthernet 0/0/1
[LSW1-GigabitEthernet0/0/1]port hybrid pvid vlan 20
[LSW1-GigabitEthernet0/0/1]port hybrid untagged vlan 10 20
[LSW1] interface GigabitEthernet 0/0/2
[LSW1-GigabitEthernet0/0/2]port hybrid pvid vlan 10
[LSW1-GigabitEthernet0/0/2]port hybrid untagged vlan 10 20
```

A．主机 A（PC3）能够和主机 B（PC4）ping 通

B．交换机 G0/0/1 口的 PVID 为 20

C．两条链路数据帧都不包含 VLAN Tag

D．主机 A（PC3）不能 ping 通主机 B（PC4）

11．关于交换机端口的配置，下列说法错误的是？【单选题】

```
interface GigabitEthernet 0/0/2
port hybrid pvid vlan 100
port hybrid tagged vlan 100
port hybrid untagged vlan 200
```

A．如果数据帧携带的 VLAN Tag 为 200，则剥离该 Tag 转发

B．如果收到不带 VLAN Tag 的数据帧，交换机要添加 VLAN Tag 100

C．接口类型为 Hybrid

D．如果数据帧携带的 VLAN Tag 为 100，则剥离该 Tag 转发

12．Trunk 类型的端口和 Hybrid 类型的端口在接收数据帧时的处理方式相同。【判断题】

A．对　　　　　　　　B．错

13．以下关于 Hybrid 端口的说法，正确的有？【单选题】

A．Hybrid 端口不需要 PVID

B．Hybrid 端口只接收带 VLAN Tag 的数据帧

C．Hybrid 端口发送数据帧时，一定携带 VLAN Tag

D．Hybrid 端口可以在出端口方向将某些 VLAN 帧的 Tag 剥掉

14．某台交换机输出信息如下，下列说法正确的是？【多选题】

```
[SWA]display vlan
The total number of vlans is : 5
--------------------------------------------------------------------------------
U: Up;          D: Down;          TG: Tagged;          UT: Untagged;
MP: Vlan-mapping;                 ST: Vlan-stacking;
#: ProtocolTransparent-vlan;      *: Management-vlan;
--------------------------------------------------------------------------------
VID  Type     Ports
--------------------------------------------------------------------------------
1    common   UT:GE0/0/3(D)     GE0/0/4(D)     GE0/0/5(D)     GE0/0/6(D)
         GE0/0/7(D)     GE0/0/8(D)     GE0/0/9(D)     GE0/0/10(D)
         GE0/0/11(D)    GE0/0/12(D)    GE0/0/13(D)    GE0/0/14(D)
         GE0/0/15(D)    GE0/0/16(D)    GE0/0/17(D)    GE0/0/18(D)
         GE0/0/19(D)    GE0/0/20(D)    GE0/0/21(D)    GE0/0/22(D)
         GE0/0/23(D)    GE0/0/24(D)
TG:GE0/0/1(U)
10   common   UT:GE0/0/1(U)     GE0/0/2(U)
20   common   UT:GE0/0/1(U)
30   common   TG:GE0/0/1(U)
40   common   TG:GE0/0/1(U)
```

A．交换机 GE0/0/1 端口在发送 VLAN 20 的数据帧时，不携带 VLAN Tag

B．交换机 GE0/0/2 端口在发送 VLAN 20 的数据帧时，携带 VLAN Tag

C．交换机 GE0/0/1 端口在发送 VLAN 10 的数据帧时，不携带 VLAN Tag

D．用户手工创建了 4 个 VLAN

15．如图 7-44 所示网络，下列说法正确的有？【多选题】

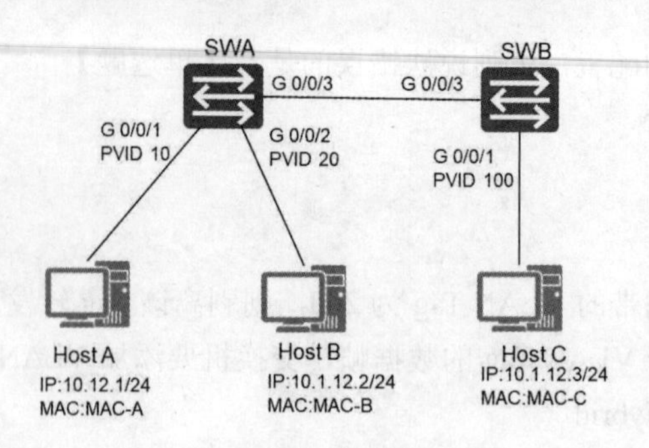

图 7-44　网络拓扑

```
SWA:
interface GigabitEthernet0/0/1
port hybrid pvid vlan 10
port hybrid untagged vlan 10 100
#
interface GigabitEthernet0/0/2
port hybrid pvid vlan 20
port hybrid untagged vlan 20 100
#
interface GigabitEthernet0/0/3
port hybrid tagged vlan 10 20 100
#
SWB:
interface GigabitEthernet0/0/1
port hybrid pvid vlan 100
port hybrid untagged vlan 10 20 100
#
interface GigabitEthernet0/0/3
port hybrid tagged vlan 10 20 100
#
```

A．主机 A 和主机 C 可以 Ping 通　　B．所有主机之间可以相互 Ping 通

C．主机 B 和主机 C 可以 Ping 通　　D．主机 A 和主机 B 不能 Ping 通

16．如图 7-45 所示，若在 R1 上执行命令 ping10.1.1.2，则 LSW1 收到来自 LSW2 的 VLAN 10 的数据帧是带标签的。【判断题】

图 7-45　网络拓扑

```
[R1]interface GigabitEthernet 0/0/0
[R1-GigabitEthernet0/0/0]ip address 10.1.1.1 255.255.255.0

[LSW1]interface GigabitEthernet 0/0/1
[LSW1-GigabitEthernet0/0/1]port hybrid untagged vlan 10 20
[LSW1-GigabitEthernet0/0/1]port hybrid pvid vlan 10
[LSW1]interface GigabitEthernet 0/0/2
[LSW1-GigabitEthernet0/0/2]port link-type trunk
```

```
[LSW1-GigabitEthernet0/0/2]port trunk allow-pass vlan 10 20

[LSW2]interface GigabitEthernet 0/0/2
[LSW2-GigabitEthernet0/0/2]port link-type trunk
[LSW2-GigabitEthernet0/0/2]port trunk allow-pass vlan 10 20
[LSW2]interface Vlanif 10
[LSW2-Vlanif10]ip address 10.1.1.2 255.255.255.0
```

A. 对　　B. 错

17. 以太网帧在交换机内部都是以带 VLAN Tag 的形式来被处理和转发的。【判断题】

A. 对　　B. 错

18. 如图 7-46 所示的拓扑以及交换机互联端口上的配置，可以判断标签为 VLAN 10 的数据帧可以在两台交换机之间正常转发。【判断题】

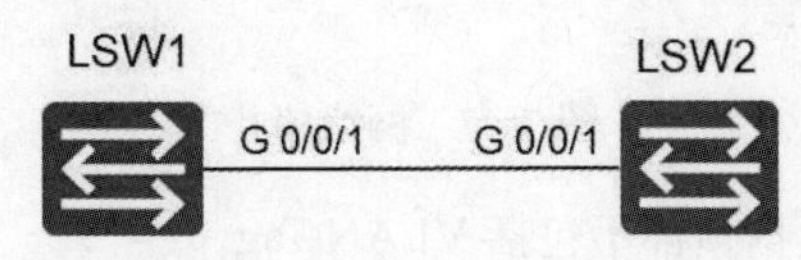

图 7-46　网络拓扑

```
[LSW1]interface GigabitEthernet 0/0/1
[LSW1-GigabitEthernet0/0/1]port link-type trunk
[LSW1-GigabitEthernet0/0/1]port trunk pvid vlan 20
[LSW1-GigabitEthernet0/0/1]port trunk allow-pass vlan 10
#
[LSW2]interface GigabitEthernet 0/0/1
[LSW2-GigabitEthernet0/0/1]port link-type trunk
[LSW2-GigabitEthernet0/0/1]port trunk pvid vlan 10
[LSW2-GigabitEthernet0/0/1]port trunk allow-pass vlan 10
```

A. 对　　B. 错

19. 交换机某个端口输出信息如下，下列说法错误的是？【多选题】

```
interface GigabitEthernet0/0/1
 port link-type trunk
 port trunk pvid vlan 100
 port trunk allow-pass vlan 100 200
```

A. 如果数据帧携带的 VLAN Tag 为 200，则交换机剥离 VLAN Tag 发出

B. 如果该端口收到不带 VLAN Tag 的数据帧，则交换机需要添加 VLAN Tag 100

C. 该端口的链路类型为 Hybrid 类型

D. 如果数据帧携带的 VLAN Tag 为 100，则交换机剥离 VLAN Tag 发出

20. 交换机和主机之间相连，交换机常用的端口链路类型为？【单选题】

A. Hybrid 链路　　B. Trunk 链路　　C. Access 链路　　D. 干线链路

21. 基于端口划分 VLAN 的特点是？【单选题】

A. 根据报文携带的 IP 地址给数据帧添加 BLAN 标签

B. 主机移动位置不需要重新配置 VLAN

C. 主机移动位置需要重新配置 VLAN

D. 根据数据顿的协议类型、封装格式来分配 VLAN ID

22．如图 7-47 所示网络，交换机配置信息如下，下列说法中正确的有？【多选题】

```
#
interface GigabitEthernet0/0/1
 port hybrid pvid vlan 20
 port hybrid untagged vlan 10 20
#
interface GigabitEthernet0/0/2
 port hybrid pvid vlan 10
 port hybrid untagged vlan 10 20
#
```

图 7-47　网络拓扑

A．在两条链路上的数据帧都不包括 VLAN Tag

B．主机 A 和主机 B 可以 ping 通

C．主机 A 和主机 B 不能 ping 通

D．交换机 GigabitEthernet0/0/1 端口的 PVID 为 20

23．交换机的端口在收到不携带 VLAN Tag 数据帧时，一定添加 PVID。【判断题】

A．对　　　　B．错

24．交换机 G0/0/1 端口配置信息如下，交换机在转发哪个 VLAN 数据帧时不携带 VLAN Tag?【单选题】

```
#
interface GigabitEthernet0/0/1
port link-type trunk
 port trunk pvid vlan 20
 port trunk allow-pass vlan 10 20 30 40
#
```

A．10　　　　B．30　　　　C．20　　　　D．40

25．交换机某个端口配置信息如下，则此端口发送携带哪个 VLAN Tag 的数据帧时，剥离 VLAN Tag？【单选题】

```
#
interface GigabitEthernet0/0/1
port link-type trunk
 port trunk pvid vlan 10
 port trunk allow-pass vlan 10 20 30 40
#
```

A．10　　　　B．20　　　　C．30　　　　D．40

26．交换机某个端口配置信息如下，则此端口在发送携带哪些 VLAN 的数据帧时携带 VLAN Tag？【单选题】

```
#
interface GigabitEthernet0/0/1
```

```
port link-type trunk
port trunk pvid vlan 10
port trunk allow-pass vlan 10 20 30 40
#
```

A. 1，2，3，100　　　　B. 2，3，4，6，100

C. 20，30，40　　　　D. 1，2，3，4，6，100

27. 根据如下输出，下列描述中正确的是？【多选题】

```
#
interface GigabitEthernet0/0/1
port link-type trunk
port trunk allow-pass vlan 10 to 4094
#
```

A. GigabitEthernet0/0/1 允许 VLAN 1 通过

B. GigabitEthernet0/0/1 不允许 VLAN 1 通过

C. 如果要把 GigabitEthernet0/0/1 变为 Access 端口，首先需要使用命令"undo port trunkallow-pass vlan all"

D. 如果要把 GigabitEthernet0/0/1 变为 Access 端口，首先需要使用命令"undo port trunkallow-pass vlan 2 to 4094"

28. Access 端口发送数据帧时如何处理？【单选题】

A. 打上 PVID 转发　　　　B. 发送带 Tag 的报文

C. 替换 VLAN Tag 转发　　　　D. 剥离 Tag 转发

29. Access 类型的端口在发送报文时，以下说法正确的是？【单选题】

A. 打上本端口的 PVID 信息，然后再发送出去

B. 发送带 Tag 的报文

C. 剥离报文的 VLAN 信息，然后再发送出去

D. 添加报文的 VLAN 信息，然后再发送出去

30. Trunk 端口发送数据帧时如何处理？【单选题】

A. 当 VLAN ID 与端口的 PVID 不同，丢弃数据帧

B. 当 VLAN ID 与端口的 PVID 不同，替换为 PVID 转发

C. 当 VLAN ID 与端口的 PVID 不同，剥离 Tag 转发

D. 当 VLAN ID 与端口的 PVID 相同，且是该端口允许通过的 VLAN ID 时，去掉 Tag，发送该报文

31. 如图 7-48 所示网络，交换机 A 和交换机 B 连接主机的端口分别属于 VLAN 10 和 VLAN 20，交换机互联的端口类型为 Trunk，PVID 分别为 10 和 20，下列说法正确的有？【多选题】

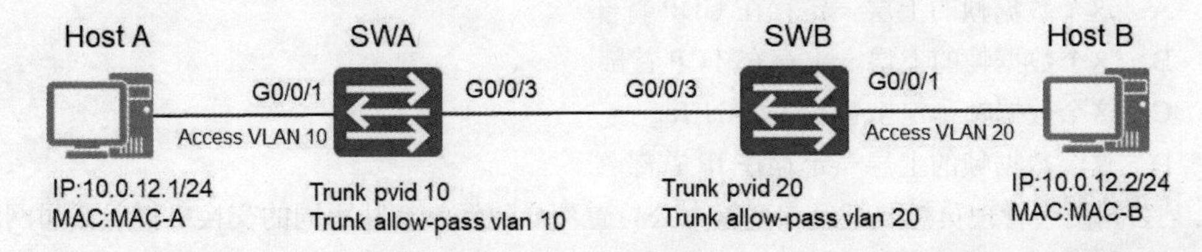

图 7-48　网络拓扑

A．主机 A 和主机 B 属于不同 VLAN，不能相互 ping 通

B．主机 A 和主机 B 可以 ping 通

C．主机 A 的 ARP 请求不能被转发到主机 B

D．交换机之间转发主机发送的数据帧时不携带 VLAN Tag

32．交换机某个端口配置信息如下，则此端口在发送携带哪些 VLAN 的数据帧时剥离 VLAN Tag？【单选题】

```
#
interface GigabitEthernet0/0/1
 port hybrid tagged vlan 2 to 3 100
 port hybrid untagged vlan 4 6
#
```

A．4、5、6　　B．4、6　　C．1、4、6　　D．1、4、5、6

33．命令 port trunk allow-pass vlan all 有什么作用？【单选题】

A．相连的对端设备可以动态确定允许哪些 VLAN ID 通过

B．如果为相连的远端设备配置了 port default vlan3 命令，则两台设备间的 VLAN 3 无法互通

C．与该端口相连的对端端口必须同时配置 port trunk permit vlan all

D．该端口上允许所有 VLAN 的数据帧通过

34．当主机经常移动位置时，使用哪种 VLAN 划分方式最合适？【单选题】

A．基于 IP 子网划分　　B．基于 MAC 地址划分

C．基干策略划分　　D．基于端口划分

35．VLAN 标签中的 Priority 字段可以标识数据帧的优先级，此优先级的范围是？【单选题】

A．0～15　　B．0～63　　C．0～7　　D．0～3

36．[Huawei-GigabitEthernet0/0/1]port link-type access

[Huawei-GigabitEthernet0/0/1]port default vlan 10

[Huawei-GigabitEthernet0/0/2] port link-type trunk

[Huawei-GigabitEthernet0/0/2] port trunk allow-pass vlan 10

根据如上所示的命令，下列描述中正确的是？【多选题】

A．GigabitEthernet0/0/2 端口的 PVID 是 1

B．GigabitEthernet0/0/2 端口的 PVID 是 10

C．GigabitEthernet0/0/1 端口的 PVID 是 1

D．GigabitEthernet0/0/1 端口的 PVID 是 10

37．如果一个以太网数据帧的 Type/Length=0x8100，下列说法正确的是？【单选题】

A．这个数据帧的上层一定存在 UDP 首部

B．这个数据帧的上层一定存在 TCP 首部

C．这个数据帧一定携带了 VLAN Tag

D．这个数据帧的上层一定存在 IP 首部

38. 某公司网络管理员想要把经常变换办公位置而导致经常会从不同的交换机接入公司网络的用户统一划分到 VLAN 10，则应该采用下列哪种方式来划分 VLAN？【单选题】

A．基于协议划分 VLAN　　B．基于 MAC 地址划分 VLAN
C．基于端口划分 VLAN　　D．基于子网划分 VLAN

39．某台交换机输出信息如下，以下哪个接口可以转发 VLAN ID 为 40 的数据帧，并且转发时不携带标签？【单选题】

```
[SWA]display vlan
The total number of vlans is : 5
--------------------------------------------------------------------------------
U: Up;          D: Down;          TG: Tagged;          UT: Untagged;
MP: Vlan-mapping;                 ST: Vlan-stacking;
#: ProtocolTransparent-vlan;    *: Management-vlan;
--------------------------------------------------------------------------------
VID  Type    Ports
10 common UT:GE0/0/1(U)    GE0/0/2(U)
20 common TG:GE0/0/1(U)    GE0/0/5(U)
30 common TG:GE0/0/1(U)
40 common UT:GE0/0/5(U)
TG:GE0/0/1(U)   GE0/0/3(U)   GE0/0/4(U)
```

A．GE0/0/4　　B．GE0/0/2　　C．GE0/0/3　　D．GE0/0/5

40．下列关于 Trunk 端口与 Access 端口的描述，正确的是？【单选题】

A．Trunk 端口只能发送 tagged 帧　　B．Trunk 端口只能发送 untagged 帧
C．Access 端口只能发送 tagged 帧　　D．Access 端口只能发送 untagged 帧

41．交换机的端口在发送携带 VLAN Tag 和 PVID 一致的数据帧时，一定剥离 VLAN Tag 转发。【判断题】

A．对　　B．错

42．使用命令“vlan batch 10 20”和“vlan batch 10 to 20”，分别能创建的 VLAN 数量是？【单选题】

A．11 和 11　　B．2 和 2　　C．11 和 2　　D．2 和 11

43．Hybrid 端口既可以连接用户主机，又可以连接其他交换机。【判断题】

A．对　　B．错

44．如图 7-49 所示，华为交换机上关于 VLAN 的配置，说法正确的是？【多选题】

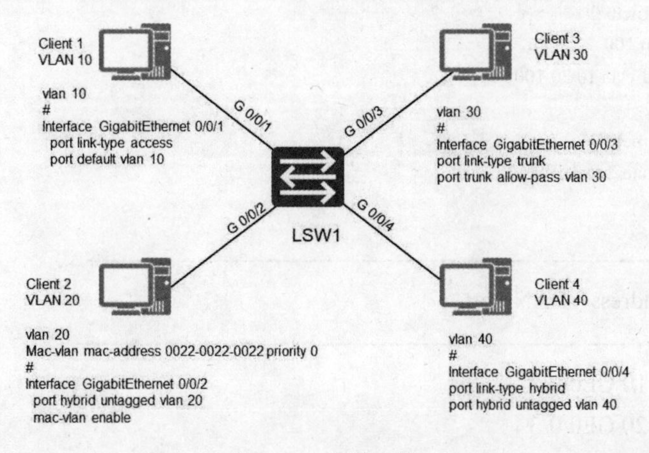

图 7-49　网络拓扑

A．Client1 属于 VLAN 10，且交换机上划分 VLAN 的命令正确

B．Client2 属于 VLAN 20，且交换机上基于 MAC 地址划分 VLAN 的命令正确

C．Client3 属于 VLAN 30，且交换机上划分 VLAN 的命令正确

D．Client4 属于 VLAN 40，且交换机上划分 VLAN 的命令正确

E．Client4 不属于 VLAN 40，且交换机上划分 VLAN 的命令错误

45．根据图 7-50 所示网络拓扑和下面输出的配置信息，SWA 和 SWB 的 MAC 地址表中，MAC 地址、VLAN、端口对应关系正确的有？【多选题】

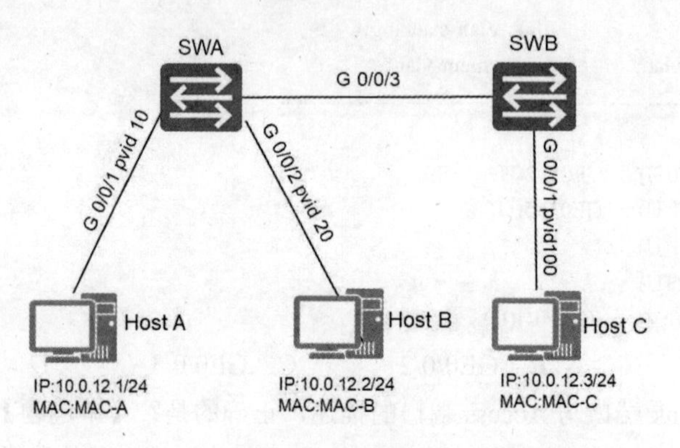

图 7-50　网络拓扑

```
SWA:
interface GigabitEthernet0/0/1
 port hybrid pvid vlan 10
 port hybrid untagged vlan 10 100
#
interface GigabitEthernet0/0/2
 port hybrid pvid vlan 20
 port hybrid untagged vlan 20 100
#
interface GigabitEthernet0/0/3
 port hybrid tagged vlan 2 to 3 100
SWB:
interface GigabitEthernet0/0/1
 port hybrid pvid vlan 100
 port hybrid untagged vlan 10 20 100
#
interface GigabitEthernet0/0/3
 port hybrid tagged vlan 2 to 3 100
```

A．SWA:

MAC Address VLAN Port

MAC-A 10 GE0/0/3

MAC-B 20 GE0/0/3

MAC-C 100 GE0/0/3

B．SWB:

MAC Address VLAN Port

MAC-C 100 GE0/0/1

C．SWA:

MAC Address VLAN Port

MAC-A 10 GE0/0/1

MAC-B 20 GE0/0/2

MAC-C 100 GE0/0/3

D．SWB:

MAC Address VLAN Port

MAC-A 10 GE0/0/3

MAC-B 20 GE0/0/3

MAC-C 100 GE0/0/1

46．Trunk 端口既能发送带标签的数据帧，也能发送不带标签的数据帧。【判断题】

A．对　　　　　　B．错

试题解析

1．主机 A 和主机 B 不在一个 VLAN，IP 地址在一个网段也不能通信，不同 VLAN 属于二层隔离。答案为 B。

2．批量创建 VLAN 可以使用 vlan batch，创建 VLAN 20、VLAN 21、VLAN 22 和 VLAN 70 可以使用命令[Huawei]vlan batch 20 to 22 70。答案为 A。

3．VLAN 1 是默认 VLAN 不能删除，其他 VLAN 都可以，答案为 BCD。

4．华为交换机 VLAN 编号最大为 4094，不可以删除 VLAN 1。答案为 A。

5．用户可以使用的 VLAN ID 的范围是 1～4094。答案为 C。

6．VLAN ID 范围为 1～4094，用户不能创建 VLAN 0。答案为 A。

7．IEEE 802.1Q 定义的 VLAN 帧比一般的以太网帧增加了 4 个字节。答案为 D。

8．以太网封装的 Type 字段（TPID）取值 0x8100 标明里面封装了 802.1Q 的数据，也就是带 VLAN 标记的帧。答案为 D。

9．VLAN 编号最大为 4094。答案为 B。

10．LSW1 的两个接口的 PVID 虽然不同，但都允许 VLAN 10 和 20 的帧转发出去。答案为 ABC。

11．port hybrid tagged vlan 100 允许 VLAN 100 的帧带标记转发，port hybrid untagged vlan 200 允许 VLAN 200 的帧剥离 VLAN 标记转发，port hybrid pvid vlan 100 的配置允许不带 VLAN 标记的帧进入后增加 VLAN 100 的标记。答案为 D。

12．Trunk 类型的端口和 Hybrid 类型的端口在接收数据帧时的处理方式相同，在发出时处理方式不同。答案为 A。

13．Hybrid 端口需要 PVID，这决定了该接口接收不带 VLAN 标记的帧进入端口后添加哪个 VLAN 的标记。Hybrid 端口既能接收带 VLAN Tag 的数据帧也能接收不带 VLAN Tag 的帧。Hybrid 端口可以在出端口方向将某些 VLAN 帧的 Tag 剥掉。答案为 D。

14．用户手工创建了 4 个 VLAN，GE0/0/1 端口在发送 VLAN 20 和 VLAN 10 的数据帧时，不携带 VLAN Tag，GE0/0/2 接口属于 VLAN 10，不发送 VLAN 20 的帧。答案为 ACD。

15．主机 A 和主机 B 不能 Ping 通。答案为 ACD。

16．LSW1 收到的是带 VLAN10 标签的帧，R1 收到的是不带 VLAN 标签的帧。答案为 A。

17．无论是 Access 接口、Hybrid 接口还是 Trunk 接口，进入交换机接口的帧都会有 VLAN 标记，所以以太网帧在交换机内部都是以带 VLAN Tag 的形式来被处理和转发的。答案为 B。

18．LSW1 的 G0/0/1 接口 PVID 设置错了。答案为 B。

19．PVID 确定接收到不带 VLAN 标记的帧，交换机需要添加的 VLAN 标记。PVID 也确定发送哪个 VLAN 的帧去掉 VLAN 标记。答案为 AC。

20．交换机和主机之间相连的端口通常配置成 Access 链路。答案为 C。

21．基于端口划分 VLAN 的特点是主机移动位置需要重新配置 VLAN。答案为 C。

22．LSW1 的两个接口属于 Hybrid 接口，属于不同的 VLAN，允许 VLAN 10 和 VLAN 20 的帧去掉 VLAN 标记转发出去，主机 A 和主机 B 能够通信，两条链路的数据帧都不包含 VLAN 标记，交换机 G0/0/1 接口的 PVID 为 20。答案为 ABD。

23．交换机的端口无论是 Access、Hybrid 还是 Trunk，在收到不携带 VLAN Tag 的数据帧时，一定添加 PVID。答案为 A。

24．port trunk pvid vlan 20，PVID 为 20，交换机转发 VLAN 20 的帧不携带 VLAN Tag。答案为 C。

25．port trunk pvid vlan 10，PVID 为 10，交换机转发 VLAN 10 的帧不携带 VLAN Tag。答案为 A。

26．port trunk pvid vlan 10，除了 PVID 指定的 VLAN，转发其他 VLAN 的帧都要带 VLAN 标记。答案为 C。

27．只要不明确拒绝，Trunk 链路默认允许 VLAN 1 通过。要想将 Trunk 端口更改为 Access 端口，需要将 Trunk 相关配置取消，undo port trunkallow-pass vlan 2 to 4094，如果设置了 port trunk pvid vlan 10，还需要执行 undo port trunk pvid vlan。答案为 AD。

28．Access 端口发送数据帧时会剥离 Tag 转发。答案为 D。

29．Access 类型的端口在发送报文时剥离报文的 VLAN 信息，然后再发送出去。答案为 C。

30．Trunk 端口发送数据帧时，当 VLAN ID 与端口的 PVID 相同，且是该端口允许通过的 VLAN ID 时，去掉 Tag，发送该报文。当 VLAN ID 与端口的 PVID 不同，且是该端口允许通过的 VLAN ID 时，带 Tag 转发。答案为 D。

31．两个交换机的干道链路的 PVID 与相连主机所在 VLAN 相同，交换机之间转发主机发送的数据帧时不携带 VLAN Tag，帧进入 SWB 后就变成 VLAN 20 的帧，进入 SWA 后就成为 VLAN 10 的帧。因此主机 A 和主机 B 能够相互通信。答案为 BD。

32．默认接口 PVID 为 1，port hybrid untagged vlan 4 6，意味着发送 VLAN 1、4、6 的帧剥离

VLAN 标记。答案为 C。

33．命令 port trunk allow-pass vlan all 为该端口上允许所有 VLAN 的数据帧通过。答案为 D。

34．当主机经常移动位置时，使用基于 MAC 地址划分 VLAN 最合适。答案为 B。

35．VLAN 标签中的 Priority 字段可以标识数据帧的优先级，如图 7-51 所示，优先级占 3bit，此优先级的范围是 0～7。答案为 C。

```
> Frame 15: 78 bytes on wire (624 bits), 78 bytes captured (624 bits) on interface -, id 0
> Ethernet II, Src: HuaweiTe_a9:39:df (54:89:98:a9:39:df), Dst: HuaweiTe_80:7f:76 (54:89:98:80:7f:76)
v 802.1Q Virtual LAN, PRI: 0, DEI: 0, ID: 2
    000. .... .... .... = Priority: Best Effort (default) (0)
    ...0 .... .... .... = DEI: Ineligible
    .... 0000 0000 0010 = ID: 2
    Type: IPv4 (0x0800)
v Internet Protocol Version 4, Src: 192.168.2.2, Dst: 192.168.2.3
    0100 .... = Version: 4
    .... 0101 = Header Length: 20 bytes (5)
  > Differentiated Services Field: 0x00 (DSCP: CS0, ECN: Not-ECT)
    Total Length: 60
    Identification: 0x1a19 (6681)
  > Flags: 0x4000, Don't fragment
```

图 7-51 VLAN 标签中优先级字段

36．Access 端口属于哪个 VLAN，PVID 就是哪个 VLAN，Trunk 端口默认 PVID 为 1。答案为 AD。

37．如果一个以太网数据帧的 Type/Length=0x8100，这个数据帧一定携带了 VLAN Tag。答案为 C。

38．基于 MAC 地址划分 VLAN 适合经常换位置的计算机。答案为 B。

39．从输出可以看出 VLAN40 只有端口 GE0/0/5 是 UT，即不带 VLAN 标记。答案为 D。

40．Access 端口只能发送 untagged 帧，Trunk 端口既能发送 untagged 帧，也能发送 tagged 帧。答案为 D。

41．交换机的端口在发送携带 VLAN Tag 和 PVID 一致的数据帧时，一定剥离 VLAN Tag 转发。答案为 A。

42．使用命令“vlan batch 10 20”和“vlan batch 10 to 20”，分别能创建的 VLAN 数量是 2 和 11。答案为 D。

43．Hybrid 端口既可以连接用户主机，又可以连接其他交换机。答案为 A。

44．G0/0/1 配置成 Access 端口，该端口属于 VLAN 10。G0/0/2 配置成基于 MAC 地址的 VLAN，Client 2 的 MAC 地址属于 VLAN 20，该接口连接 Client 2，属于 VLAN 20。G0/0/3 配置成了 Trunk 端口，不属于特定 VLAN。G0/0/4 配置成 Hybrid 接口，没有指定 G0/0/4 的 PVID，也没有在接口启用基于 MAC 的 VLAN。答案为 ABE。

45．G0/0/3 接口只允许 VLAN 2、3、100 通过。SWA 能够学习到 3 个计算机的 MAC 地址。SWB 只能学习到 HostC 的 MAC 地址。答案为 BC。

46．Trunk 端口既能发送带标签的数据帧，也能发送不带标签的数据帧。答案为 A。

关联知识精讲

一、VLAN 的概念和意义

虚拟局域网（VLAN）是一组逻辑上的设备和用户，这些设备和用户并不受物理位置的限制，从而使管理员可根据实际应用需求，把同一物理局域网内的不同用户逻辑地划分成不同的广播域，每一个 VLAN 都包含一组具有相同需求的计算机或服务器，相互之间的通信就好像它们在同一个网段一样，由此得名虚拟局域网。VLAN 工作在 OSI 参考模型的第二层和第三层，一个 VLAN 就是一个广播域，VLAN 之间的通信需要通过三层设备（路由器或三层交换机）来完成。

如图 7-52 所示，某公司在办公大楼的第一层、第二层和第三层部署了交换机，这 3 台交换机均为接入层交换机，通过汇聚层交换机进行连接。公司的销售部、研发部和财务部的计算机在每一层都有。从安全和控制网络广播方面考虑，可以为每一个部门创建一个 VLAN。在交换机上不同的 VLAN 使用数字进行标识，可以将销售部的计算机指定到 VLAN 1，为研发部创建 VLAN 2，为财务部创建 VLAN 3。

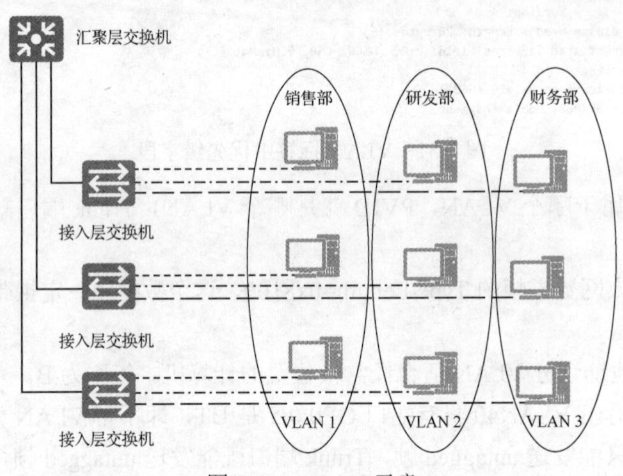

图 7-52　VLAN 示意

VLAN 具有以下优势。

- 控制广播范围。

一个 VLAN 就是一个广播域。一个 VLAN 中的计算机发送的广播帧不会扩散到其他 VLAN，从而减小了广播的影响范围。

- 安全。

可以根据安全要求创建不同的 VLAN，将安全要求一致的计算机放到同一个 VLAN。比如将具有敏感数据的计算机与网络中的其他计算机隔离，从而降低泄露机密信息的可能性。不同 VLAN 的计算机在数据链路层是相互隔离的，即一个 VLAN 内的用户不能和其他 VLAN 内的用户直接通信。如果不同 VLAN 要进行通信，则需要通过路由器或三层交换机等三层设备，可以在三层设备上进行流量控制。

- 性能提高。

将第二层平面网络划分为多个逻辑工作组（广播域）可以减少网络上不必要的流量并提高性能。

- 提高 IT 人员工作效率。

VLAN 为网络管理带来了方便，因为有相似网络需求的用户将共享同一个 VLAN。

二、单交换机上多个 VLAN

交换机的所有接口默认都属于 VLAN 1，VLAN 1 是默认 VLAN，不能删除。如图 7-53 所示，交换机 S1 的所有接口都在 VLAN 1 中，进入交换机接口的帧自动加上接口所属 VLAN 的标记，出交换机接口则会去掉 VLAN 标记。在图 7-53 中，计算机 A 给计算机 D 发送一个帧，帧进入 F0 接口，加了 VLAN 1 的标记，出 F3 接口，去掉 VLAN 1 的标记。对于通信的计算机 A 和 D 而言，这个过程是透明的。如果计算机 A 发送一个广播帧，该帧会加上 VLAN 1 的标记，转发到 VLAN 1 的所有接口。

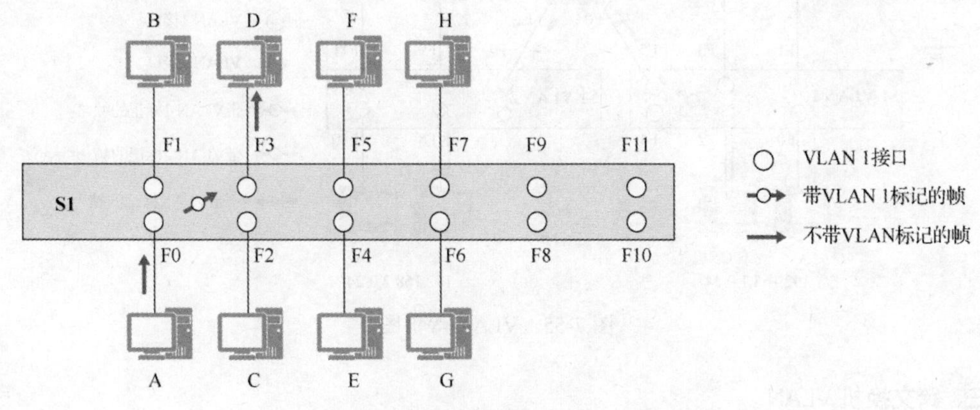

图 7-53 交换机接口默认属于 VLAN 1

假如交换机 S1 连接两个部门的计算机，A、B、C、D 是销售部的计算机，E、F、G、H 是研发部的计算机。为了安全考虑，将销售部的计算机指定到 VLAN 1，将研发部的计算机指定到 VLAN 2。如图 7-54 所示，计算机 E 给计算机 H 发送一个帧，进入 F8 接口，该帧加上了 VLAN 2 的标记，从 F11 接口出去，去掉了 VLAN 2 的标记。计算机发送和接收的帧不带 VLAN 标记。

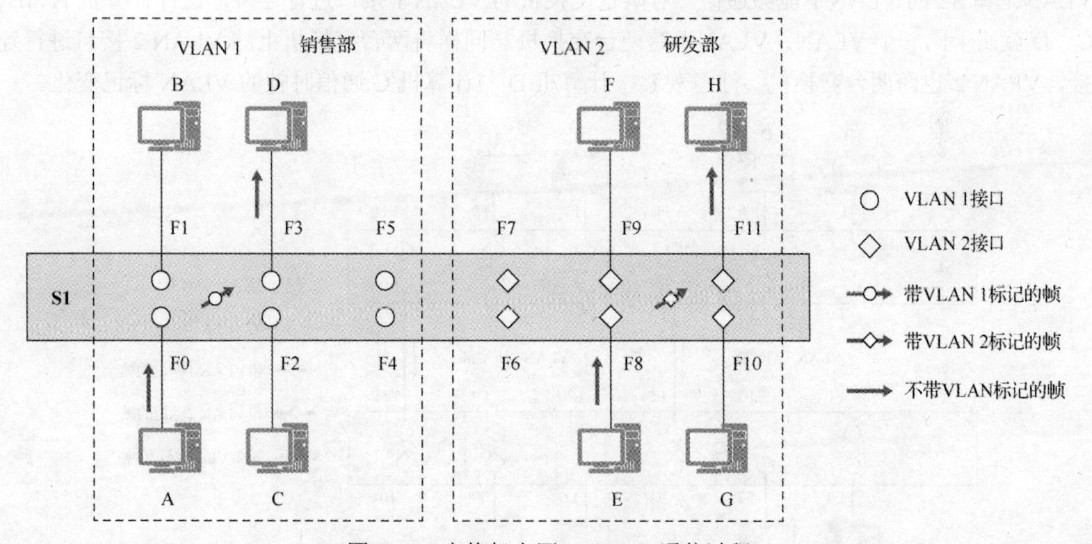

图 7-54 交换机上同一 VLAN 通信过程

交换机 S1 划分了两个 VLAN，等价于把该交换机逻辑上分成了两个独立的交换机 S1-VLAN 1 和 S1-VLAN 2，如图 7-55 所示。从图 7-55 可以看出，不同 VLAN 的计算机即使 IP 地址设置成一个网段，也不能通信了。要想实现 VLAN 间通信，必须经过路由器（三层设备）转发，这就要求不同 VLAN 分配不同网段的 IP 地址，图 7-55 中 S1-VLAN 1 分配的网段是 192.168.1.0/24，S1-VLAN 2

分配的网段是 192.168.2.0/24。图 7-55 中添加了一个路由器来展示 VLAN 间的通信过程，路由器的 F0 接口连接 S1-VLAN 1 的 F5 接口，F1 接口连接 S1-VLAN 2 的 F7 接口。图 7-55 标记了计算机 C 给计算机 E 发送数据包，帧进出交换机接口，以及 VLAN 标记的变化。

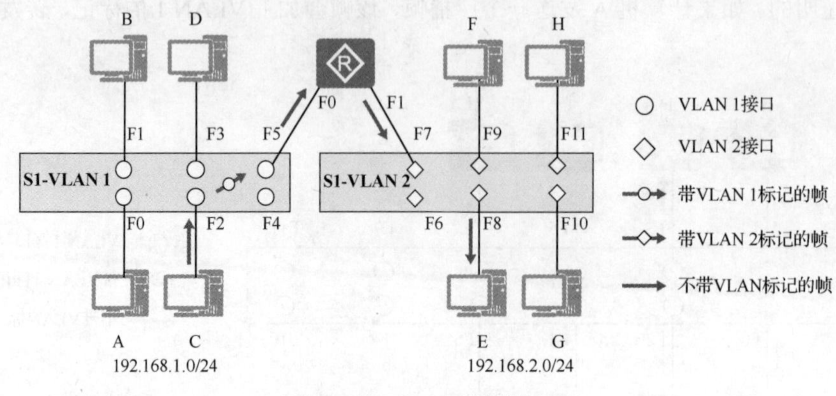

图 7-55　VLAN 等价图

三、跨交换机 VLAN

前面讲了一台交换机上可以创建多个 VLAN，有时候同一个部门的计算机接到不同的交换机，也要把它们划分到同一个 VLAN，这就是跨交换机 VLAN。

如图 7-56 所示，网络中有两台交换机 S1 和 S2，计算机 A、B、C、D 属于销售部，计算机 E、F、G、H 属于研发部。按部门划分 VLAN，销售部为 VLAN 1，研发部为 VLAN 2。为了让 S1 的 VLAN 1 和 S2 的 VLAN 1 能够通信，对两台交换机的 VLAN 1 接口进行连接，这样计算机 A、B、C、D 就属于同一个 VLAN，VLAN 1 跨两台交换机。同样将两台交换机上的 VLAN 2 接口进行连接，VLAN 2 也跨两台交换机。注意观察，计算机 D 与计算机 C 通信时帧的 VLAN 标记变化。

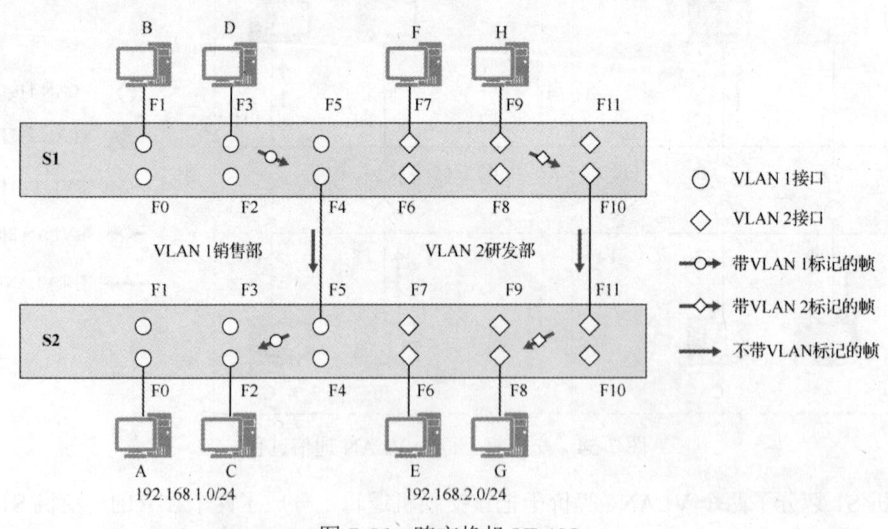

图 7-56　跨交换机 VLAN

通过图 7-56，大家容易理解跨交换机 VLAN 的实现方法，图中展示了两个跨交换机的 VLAN，每个 VLAN 使用单独的一根网线进行连接。跨交换机的多个 VLAN 也可以共用同一根网线，这根网线就称为干道（Trunk）链路，干道链路连接的交换机接口就称为干道接口，如图 7-57 所示。

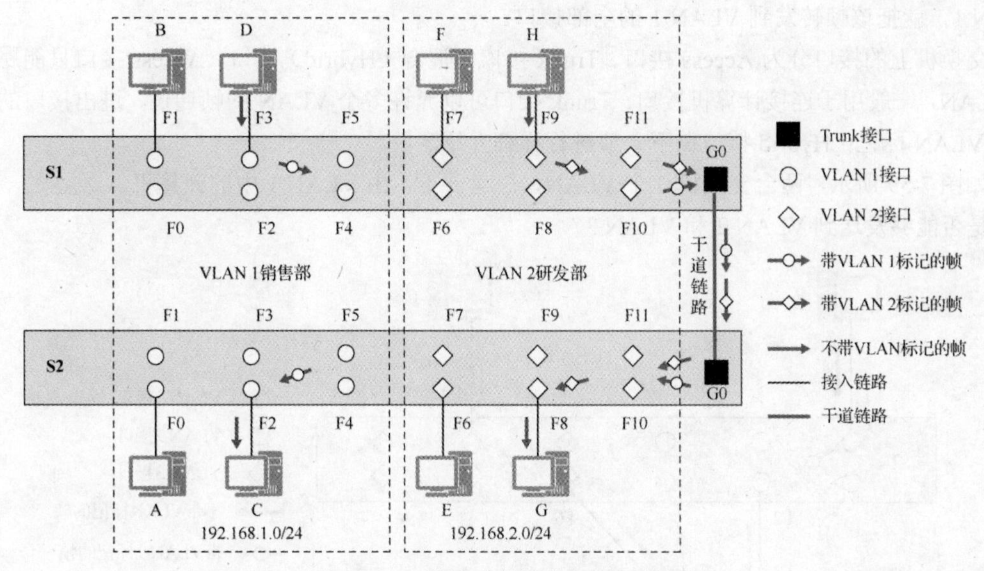

图 7-57　干道链路的帧有 VLAN 标记

干道链路的帧带 VLAN 标记，就是在以太网帧和网络层数据包之间增加了一层封装，用来指明是哪个 VLAN。IEEE 802.1Q 协议即 Virtual Bridged Local Area Networks 协议，规定了 VLAN 的国际标准实现，从而使得不同厂商之间的 VLAN 互通成为可能。802.1Q 协议占 4 个字节，如图 7-58 所示，VLAN 编号占 12 个 bit，以太网首部的 Type 字段是 0x8100。

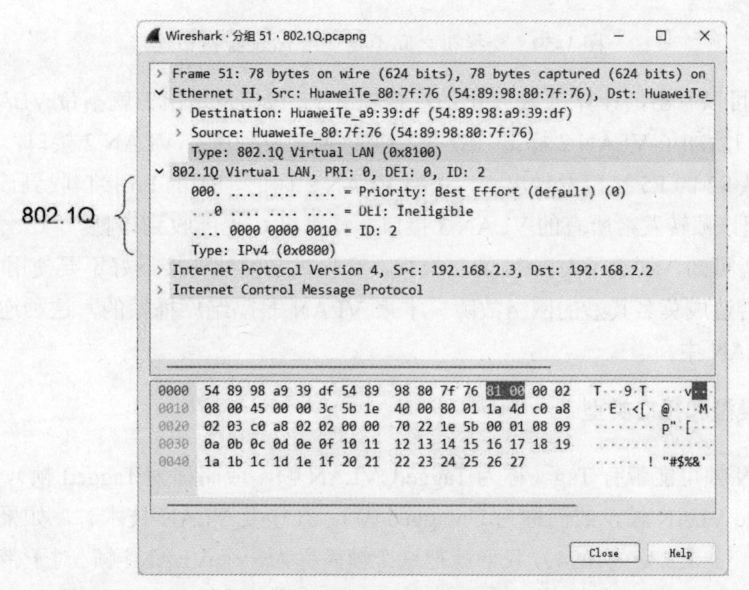

图 7-58　IEEE 802.1Q 帧格式

在图 7-55 所示的网络中，计算机连接交换机的链路称为接入（Access）链路。允许多个 VLAN 帧通过的交换机之间的链路称为干道（Trunk）链路。Access 链路上的帧不带 VLAN 标记（Untagged 帧），Trunk 链路上的帧可以带 VLAN 标记（Tagged 帧）。通过干道传递帧，VLAN 信息不会丢失。

比如计算机 B 发送一个广播帧，通过干道链路传到交换机 S2，交换机 S2 就知道这个广播帧来自 VLAN 1，就把该帧转发到 VLAN 1 的全部接口。

交换机上的接口分为 Access 接口、Trunk 接口和混合（Hybrid）接口。Access 接口只能属于一个 VLAN，一般用于连接计算机接口；Trunk 接口可以允许多个 VLAN 的帧通过，进出接口的帧可以带 VLAN 标记；Hybrid 接口在下一节进行详细介绍。

如图 7-59 所示，两台交换机 3 个 VLAN，思考一下，由 VLAN 1 中的计算机 A 发送的一个广播帧是否能够发送到 VLAN 2 和 VLAN 3？

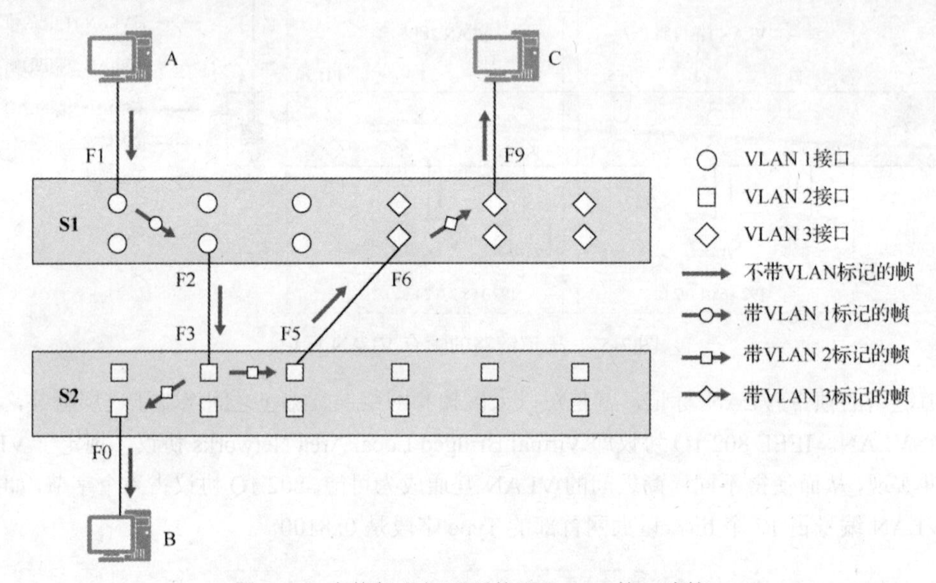

图 7-59　交换机之间不要使用 Access 接口连接

由图 7-59 可以看出，计算机 A 发出的广播帧从 F2 接口发送出去就不带 VLAN 标记，该帧进入 S2 的 F3 接口后加了 VLAN 2 标记，S2 就会把该帧转发到所有 VLAN 2 接口，计算机 B 能够收到该帧。该帧从 S2 的 F5 接口发送出去，去掉 VLAN 2 标记。S1 的 F6 接口收到该帧，加上 VLAN 3 标记后，就把该帧转发给所有的 VLAN 3 接口，计算机 C 也能收到该帧。

从以上分析可知，创建了 VLAN 的交换机，交换机之间的连接最好不要使用 Access 接口。如果连接错误，会造成莫名其妙的网络故障。本来 VLAN 是隔绝广播帧的，这种连接使广播帧能够扩散到 3 个 VLAN 中。

四、链路类型和接口类型

一个 VLAN 帧可能带有 Tag（称为 Tagged VLAN 帧，或简称为 Tagged 帧），也可能不带 Tag（称为 Untagged VLAN 帧，或简称为 Untagged 帧）。在谈及 VLAN 技术时，如果一个帧被交换机划分到 VLAN *i*（*i*=1,2,3,⋯,4094），我们就把这个帧简称为一个 VLAN *i* 帧。对于带有 Tag 的 VLAN *i* 帧，*i* 其实就是这个帧的 Tag 中的 VID（VLAN ID）字段的取值。注意，对于 Tagged VLAN 帧，交换机显然能够从其 Tag 中的 VID 值判定出它属于哪个 VLAN；对于 Untagged VLAN 帧（如终端计算机发出的帧），交换机需要根据某种原则（如根据这个帧是从哪个接口进入交换机的）来判定或划分它属于哪个 VLAN。

在一个支持 VLAN 特性的交换网络中，我们把交换机与终端计算机直接相连的链路称为 Access

链路（Access Link），把Access链路上交换机一侧的接口称为Access接口（Access Port）。同时，我们把交换机之间直接相连的链路称为Trunk链路（Trunk Link），把Trunk链路上两侧的接口称为Trunk接口（Trunk Port）。在一条Access链路上运动的帧只能是（或者说应该是）Untagged帧，并且这些帧只能属于某个特定的VLAN；在一条Trunk链路上运动的帧可以是Tagged帧，这些帧可以属于不同的VLAN。一个Access接口只能属于某个特定的VLAN，并且只能让属于这个特定VLAN的帧通过；一个Trunk接口可以同时属于多个VLAN，并且可以让属于不同VLAN的帧通过。

在实际的VLAN技术实现中，还常常会定义并配置另外一种类型的接口，称为Hybrid接口，既可以将交换机上与终端计算机相连的接口配置为Hybrid接口，又可以将交换机上与其他交换机相连的接口配置为Hybrid接口。

每一个交换机的接口（Access、Trunk、Hybrid接口）都应该配置一个PVID（Port VLAN ID），到达这个接口的Untagged帧将一律被交换机划分到PVID所指定的VLAN。例如，如果一个接口的PVID被配置为5，则所有到达这个接口的Untagged帧都将被认定为属于VLAN 5的帧。默认情况下，PVID的值为1。

概括地讲，链路（线路）上运动的帧，可能是Tagged帧，也可能是Untagged帧。但一台交换机内部不同接口之间运动的帧则一定是Tagged帧。

接下来，我们具体地描述一下Access接口、Trunk接口和Hybrid接口对帧的处理和转发规则。

- Access接口对帧的处理和转发规则。

当Access接口从链路（线路）上收到一个Untagged帧后，交换机会在这个帧中添加VID为PVID的Tag，然后对得到的Tagged帧进行转发操作（泛洪、点到点转发、丢弃）。

当Access接口从链路（线路）上收到一个Tagged帧后，交换机会检查这个帧的Tag中的VID是否与PVID相同。如果相同，则对这个Tagged帧进行转发操作（泛洪、点到点转发、丢弃）；如果不同，则直接丢弃这个Tagged帧。

当一个Tagged帧从本交换机的其他接口到达一个Access接口后，交换机会检查这个帧的Tag中的VID是否与PVID相同。如果相同，则将这个Tagged帧的Tag进行剥离，然后将得到的Untagged帧从链路（线路）上发送出去：如果不同，则直接丢弃这个Tagged帧。

- Trunk接口对帧的处理和转发规则。

对于每一个Trunk接口，除了要配置PVID，还必须配置允许通过的VLAN ID列表。

当Trunk接口从链路（线路）上收到一个Untagged帧后，交换机会在这个帧中添加VID为PVID的Tag，然后查看PVID是否在允许通过的VLAN ID列表中。如果在，则对得到的Tagged帧进行转发操作（泛洪、点到点转发、丢弃）；如果不在，则直接丢弃得到的Tagged帧。

当Trunk接口从链路（线路）上收到一个Tagged帧后，交换机会查看这个帧的Tag中的VID是否在允许通过的VLAN ID列表中。如果在，则对该Tagged帧进行转发操作（泛洪、点到点转发、丢弃）：如果不在，则直接丢弃该Tagged帧。

当一个Tagged帧从本交换机的其他接口到达一个Trunk接口后，如果这个帧的Tag中的VID不在允许通过的VLAN ID列表中，则该Tagged帧会被直接丢弃。

当一个Tagged帧从本交换机的其他接口到达一个Trunk接口后，如果这个帧的Tag中的VID在允许通过的VLAN ID列表中，且VID与PVID相同，则交换机会对这个Tagged帧的Tag进行剥离，然后将得到的Untagged帧从链路（线路）上发送出去。

当一个 Tagged 帧从本交换机的其他接口到达一个 Trunk 接口后，如果这个帧的 Tag 中的 VID 在允许通过的 VLAN ID 列表中，但 VID 与 PVID 不相同，则交换机不会对这个 Tagged 帧的 Tag 进行剥离，而是直接将它从链路（线路）上发送出去。

- Hybrid 接口对帧的处理和转发规则。

Hybrid 接口除了需要配置 PVID，还需要配置两个 VLAN ID 列表，一个是 Untagged VLAN ID 列表，另一个是 Tagged VLAN ID 列表。这两个 VLAN ID 列表中的所有 VLAN 的帧都是允许通过这个 Hybrid 接口的。

当 Hybrid 接口从链路（线路）上收到一个 Untagged 帧后，交换机会在这个帧中添加 VID 为 PVID 的 Tag，然后查看该帧是否在 Untagged VLAN ID 列表或 Tagged VLAN ID 列表中。如果在，则对得到的 Tagged 帧进行转发操作（泛洪、点到点转发、丢弃）；如果不在，则直接丢弃得到的 Tagged 帧。

当 Hybrid 接口从链路（线路）上收到一个 Tagged 帧后，交换机会查看这个帧的 Tag 中的 VID 是否在 Untagged VLAN ID 列表或 Tagged VLAN ID 列表中。如果在，则对该 Tagged 帧进行转发操作（泛洪、点到点转发、丢弃）；如果不在，则直接丢弃该 Tagged 帧。

当一个 Tagged 帧从本交换机的其他接口到达一个 Hybrid 接口后，如果这个帧的 Tag 中的 VID 既不在 Untagged VLAN ID 列表中，也不在 Tagged VLAN ID 列表中，则该 Tagged 帧会被直接丢弃。

当一个 Tagged 帧从本交换机的其他接口到达一个 Hybrid 接口后，如果这个帧的 Tag 中的 VID 在 Untagged VLAN ID 列表中，则交换机会对这个 Tagged 帧的 Tag 进行剥离，然后将得到的 Untagged 帧从链路（线路）上发送出去。

当一个 Tagged 帧从本交换机的其他接口到达一个 Hybrid 接口后，如果这个帧的 Tag 中的 VID 在 Tagged VLAN ID 列表中，则交换机不会对这个 Tagged 帧的 Tag 进行剥离，而是直接将它从链路（线路）上发送出去。

Hybrid 接口的工作机制比 Trunk 接口和 Access 接口更为丰富、灵活：Trunk 接口和 Access 接口可以看成 Hybrid 接口的特例。当 Hybrid 接口配置中的 Untagged VLAN ID 列表中有且只有 PVID 时，Hybrid 接口就等效于一个 Trunk 接口；当 Hybrid 接口配置中的 Untagged VLAN ID 列表中有且只有 PVID，并且 Tagged VLAN ID 列表为空时，Hybrid 接口就等效于一个 Access 接口。

五、VLAN 的类型

计算机发送的帧都是不带 Tag 的。对一个支持 VLAN 特性的交换网络来说，当计算机发送的 Untagged 帧一旦进入交换机后，交换机必须通过某种划分原则把这个帧划分到某个特定的 VLAN 中去。根据划分原则的不同，VLAN 便有了不同的类型。

- 基于接口的 VLAN。

划分原则：将 VLAN 的编号（VLAN ID）配置映射到交换机的物理接口上，从某一物理接口进入交换机的、由终端计算机发送的 Untagged 帧都被划分到该接口的 VLAN ID 所表明的那个 VLAN。这种划分原则简单而直观，实现也很容易，并且比较安全可靠。注意，对于这种类型的 VLAN，当计算机接入交换机的接口发生了变化时，该计算机发送的帧的 VLAN 归属可能会发生改变。基于接口的 VLAN 通常也称为物理层 VLAN，或一层 VLAN。

- 基于 MAC 地址的 VLAN。

划分原则：交换机内部建立并维护了一个 MAC 地址与 VLAN ID 的对应表，当交换机接收到计算机发送的 Untagged 帧时，交换机将分析帧中的源 MAC 地址，然后查询 MAC 地址与 VLAN ID 的对应表，并根据对应关系把这个帧划分到相应的 VLAN 中。这种划分原则实现起来稍显复杂，但灵活性得到了提高。例如，当计算机接入交换机的接口发生了变化时，该计算机发送的帧的 VLAN 归属并不会发生改变（因为计算机的 MAC 地址不会发生变化）。但需要指出的是，这种类型的 VLAN 的安全性不是很高，因为一些恶意的计算机是很容易伪造自己的 MAC 地址的。基于 MAC 地址的 VLAN 通常也称为二层 VLAN。

- 基于协议的 VLAN。

划分原则：交换机根据计算机发送的 Untagged 帧中的帧类型字段的值来决定帧的 VLAN 归属。例如，可以将类型值为 0x0800 的帧划分到一个 VLAN，将类型值为 0x86dd 的帧划分到另一个 VLAN。这实际上是将载荷数据为 IPv4 数据包的帧和载荷数据为 IPv6 数据包的帧分别划分到了不同的 VIAN。基于协议的 VLAN 通常也称为三层 VLAN。

以上介绍了 3 种不同类型的 VLAN。从理论上说，VLAN 的类型远远不止这些，因为划分 VLAN 的原则可以是灵活而多变的，并且某一种划分原则还可以是另外若干种划分原则的某种组合。在现实中，究竟该选择什么样的划分原则，需要根据网络的具体需求、实现成本等因素决定。就目前来看，基于接口的 VLAN 在实际的网络中应用最为广泛。如无特别说明，本书中所提到的 VLAN，均指基于接口的 VLAN。

六、配置基于接口的 VLAN

下面就以二层结构的局域网为例创建基于接口的跨交换机的 VLAN。

如图 7-60 所示，网络中有两台接入层交换机 LSW2 和 LSW3、一台汇聚层交换机 LSW1，网络中有 6 台计算机，PC1 和 PC2 在 VLAN 1，PC3 和 PC4 在 VLAN 2，PC5 和 PC6 在 VLAN 3，VLAN 1 所在的网段是 192.168.1.0/24，VLAN 2 所在的网段是 192.168.2.0/24，VLAN 3 所在的网段是 192.168.3.0/24。

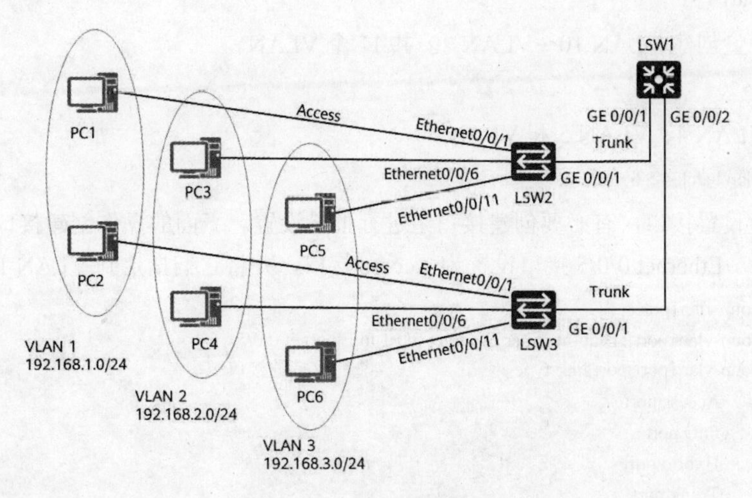

图 7-60 跨交换机 VLAN

我们需要完成以下功能。

- 每个交换机都创建 VLAN 1、VLAN 2 和 VLAN 3，VLAN 1 是默认 VLAN 不需要创建。
- 将接入层交换机接口 Ethernet 0/0/1～Ethernet 0/0/5 指定到 VLAN 1。

- 将接入层交换机接口 Ethernet 0/0/6～Ethernet 0/0/10 指定到 VLAN 2。
- 将接入层交换机接口 Ethernet 0/0/11～Ethernet 0/0/15 指定到 VLAN 3。
- 将连接计算机的接口设置成 Access 接口。
- 将交换机之间的连接接口设置成 Trunk，允许 VLAN 1、VLAN 2、VLAN 3 的帧通过。

在这里记住，接计算机的接口要设置成 Access 接口，交换机和交换机连接的接口要设置成 Trunk 接口。也可以这样记，如果接口需要多个 VLAN 的帧通过，就需要设置成 Trunk 接口。同时还要留意，交换机的这些 Trunk 接口的 PVID 要一致。汇聚层交换机虽然没有连接 VLAN 2 和 VLAN 3 的计算机，也需要创建 VLAN 2 和 VLAN 3，也就是说网络中的这三台交换机要有相同的 VLAN。

在交换机 LSW2 上创建 VLAN。

```
[LSW2]vlan ?
  INTEGER<1-4094>    VLAN ID                    --支持的 VLAN 数量，最大 4094
  batch              Batch process              --可以批量创建 VLAN
[LSW2]vlan 2                                    --创建 VLAN 2
[LSW2-vlan2]quit
[LSW2]vlan 3                                    --创建 VLAN 3
[LSW2-vlan3]quit
[LSW2]display vlan summary                      --显示 VLAN 摘要信息
static vlan:
Total 3 static vlan.                            --总共 3 个 VLAN
  1 to 3
dynamic vlan:
Total 0 dynamic vlan.
reserved vlan:
Total 0 reserved vlan.
[LSW2]
```

VLAN 1 是默认 VLAN，不用创建。以下命令批量创建 VLAN 4、VLAN 5 和 VLAN 6。

```
[LSW2]vlan batch 4 5 6
```

以下命令批量创建 VLAN 10～VLAN 20 共 11 个 VLAN。

```
vlan batch 10 to 20
```

批量删除 VLAN 4、VLAN 5 和 VLAN 6。

```
[LSW2]undo vlan batch 4 5 6
```

由于要批量设置接口，有必要创建接口组进行批量设置。下面的操作创建接口组 vlan1port，将 Ethernet 0/0/1～Ethernet 0/0/5 接口设置为 Access 接口，并将它们指定到 VLAN 1。

```
[LSW2]port-group vlan1port
[LSW2-port-group-vlan1port]group-member Ethernet 0/0/1 to Ethernet 0/0/5
[LSW2-port-group-vlan1port]port link-type ?              --查看支持的接口类型
  access          Access port
  dot1q-tunnel    QinQ port
  hybrid          Hybrid port
  trunk           Trunk port
[LSW2-port-group-vlan1port]port link-type access         --将接口设置成 Access
[LSW2-port-group-vlan1port]port default vlan 1           --将接口组指定到 VLAN 1，这些接口默认就在 VLAN 1，可以
不执行该命令
[LSW2-port-group-vlan1port]quit
```

为 VLAN 2 创建接口组 vlan2port，将 Ethernet 0/0/6～Ethernet 0/0/10 接口设置为 Access 接口，并将它们指定到 VLAN 2。

```
[LSW2]port-group vlan2port
[LSW2-port-group-vlan2port]group-member Ethernet 0/0/6 to Ethernet 0/0/10
[LSW2-port-group-vlan2port]port link-type access
[LSW2-port-group-vlan2port]port default vlan 2   --将接口组指定到 VLAN 2，执行这条命令后，这些接口的 PVID 就改成了 2
[LSW2-port-group-vlan2port]quit
```

为 VLAN 3 创建接口组 vlan3port，将 Ethernet 0/0/11～Ethernet 0/0/15 接口设置为 Access 接口，并将它们指定到 VLAN 3。

```
[LSW2]port-group vlan3port
[LSW2-port-group-vlan3port]group-member Ethernet 0/0/11 to Ethernet 0/0/15
[LSW2-port-group-vlan3port]port link-type access
[LSW2-port-group-vlan3port]port default vlan 3      --将接口组指定到 VLAN 3，执行这条命令后，这些接口的 PVID 就改成了 3
[LSW2-port-group-vlan3port]quit
将 GigabitEthernet 0/0/1 接口配置为 Trunk 类型，允许 VLAN 1、VLAN 2 和 VLAN 3 的帧通过
[LSW2]interface GigabitEthernet 0/0/1
[LSW2-GigabitEthernet0/0/1]port link-type trunk
[LSW2-GigabitEthernet0/0/1]port trunk allow-pass vlan ?
  INTEGER<1-4094>    VLAN ID
  all                All                                  --允许所有 VLAN 的帧通过
[LSW2-GigabitEthernet0/0/1]port trunk allow-pass vlan 1 2 3      --指定允许通过的 VLAN
```

默认所有接口的 PVID 都是 VLAN 1，执行以下命令将干道接口的 PVID 更改为 VLAN 2。

```
[LSW2-GigabitEthernet0/0/1]port trunk pvid vlan 2
```

对于 Access 接口，接口所属 VLAN 就是该接口的 PVID。输入以下命令查看接口的 PVID。

```
[LSW2]display interface Ethernet 0/0/1
Ethernet0/0/1 current state : UP
Line protocol current state : UP
Description:
Switch Port, PVID :   2 , TPID : 8100(Hex), The Maximum Frame Length is 9216
IP Sending Frames' Format is PKTFMT_ETHNT_2, Hardware address is 4c1f-cc8d-71bf
```

显示 VLAN 设置，可以看到接口 GE 0/0/1 同时属于 VLAN 1、VLAN 2 和 VLAN 3。

```
[LSW2]display vlan
The total number of vlans is : 3                    --VLAN 数量
--------------------------------------------------------------------------------
U: Up;    D: Down;    TG: Tagged;    UT: Untagged;    --TG:带 VLAN 标记。UT：不带 VLAN 标记
MP: Vlan-mapping;              ST: Vlan-stacking;
#: ProtocolTransparent-vlan;       *: Management-vlan;
--------------------------------------------------------------------------------
VID  Type     Ports
--------------------------------------------------------------------------------
1    common   UT:Eth0/0/1(U)     Eth0/0/2(D)      Eth0/0/3(D)      Eth0/0/4(D)
                 Eth0/0/5(D)     Eth0/0/16(D)     Eth0/0/17(D)     Eth0/0/18(D)
                 Eth0/0/19(D)    Eth0/0/20(D)     Eth0/0/21(D)     Eth0/0/22(D)
                 GE0/0/1(U)      GE0/0/2(D)     --GE0/0/1 的 PVID 为 VLAN 1,VLAN 1 的帧通过不带 VLAN 标记
```

```
2     common   UT:Eth0/0/6(U)      Eth0/0/7(D)      Eth0/0/8(D)      Eth0/0/9(D)
                 Eth0/0/10(D)
               TG:GE0/0/1(U)                           --TG 代表 VLAN 2 的帧通过需要带 VLAN 标记

3     common   UT:Eth0/0/11(U)     Eth0/0/12(D)     Eth0/0/13(D)     Eth0/0/14(D)
                 Eth0/0/15(D)
               TG:GE0/0/1(U)                           --TG 代表 VLAN 3 的帧通过需要带 VLAN 标记
```

参照 LSW2 的配置在 LSW3 上进行配置，创建 VLAN 并指定接口类型。

在汇聚层交换机 SW1 上，创建 VLAN 2、VLAN 3，将两个接口类型设置成 Trunk，允许 VLAN 1、VLAN 2、VLAN 3 的帧通过。

```
[LSW1]vlan batch   2 3                                 --批量创建 VLAN 2 和 VLAN 3
[LSW1]interface GigabitEthernet 0/0/1
[LSW1-GigabitEthernet0/0/1]port link-type trunk
[LSW1-GigabitEthernet0/0/1]port trunk allow-pass vlan 1 2 3
[LSW1-GigabitEthernet0/0/1]quit
[LSW1]interface GigabitEthernet 0/0/2
[LSW1-GigabitEthernet0/0/2]port link-type trunk
[LSW1-GigabitEthernet0/0/2]port trunk allow-pass vlan 1 2 3
[LSW1-GigabitEthernet0/0/2] quit
```

七、配置基于 MAC 地址的 VLAN

基于 MAC 地址划分 VLAN 适用于位置经常移动但网卡不经常更换的小型网络，如移动 PC。

如图 7-61 所示，SwitchA 和 SwitchB 的 GE1/0/1 接口分别连接两个会议室，Laptop1 和 Laptop2 是会议用笔记本电脑，在两个会议室间移动使用。Laptop1 和 Laptop2 分别属于两个部门，两个部门间使用 VLAN 100 和 VLAN 200 进行隔离。现要求这两台笔记本电脑无论在哪个会议室使用，均只能访问自己部门的服务器，即 Server 1 和 Server 2。Laptop1 和 Laptop2 的 MAC 地址分别为 0001-00ef-00c0 和 0001-00ef-00c1。

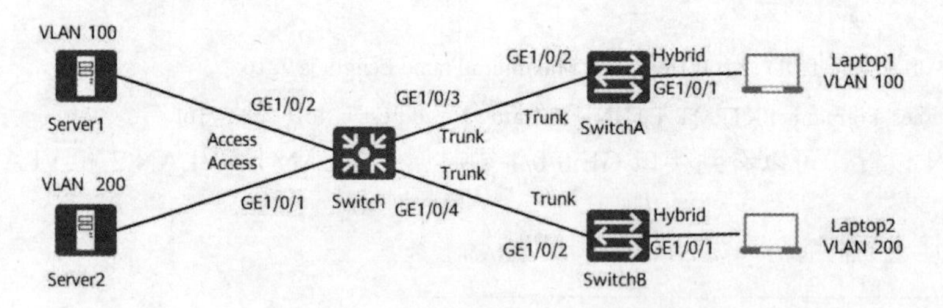

图 7-61　基于 MAC 地址的 VLAN

采用如下思路配置基于 MAC 地址划分 VLAN：

- 在 SwitchA 和 SwitchB 上创建 VLAN，配置 Trunk 接口和 Hybrid 接口。
- 在 SwitchA 和 SwitchB 上基于 MAC 地址划分 VLAN。
- 在 Switch 上创建 VLAN，配置 Trunk 和 Access 接口，保证笔记本电脑可以访问服务器。

配置 SwitchA。SwitchB 的配置与 SwitchA 相似，不再赘述。

```
<HUAWEI> system-view
[HUAWEI] sysname SwitchA
```

```
[SwitchA] vlan batch 100 200                    --创建 VLAN 100 和 VLAN 200
[SwitchA] interface gigabitethernet 1/0/2
[SwitchA-GigabitEthernet1/0/2] port link-type trunk   --交换机之间相连接口类型建议使用 Trunk，接口默认类型不是Trunk，需要手动配置为 Trunk
[SwitchA-GigabitEthernet1/0/2] port trunk allow-pass vlan 100 200    --接口 GE1/0/2 加入 VLAN 100 和 VLAN 200
[SwitchA-GigabitEthernet1/0/2] quit
[SwitchA] vlan 100
[SwitchA-vlan100] mac-vlan mac-address 0001-00ef-00c0   --MAC 地址为 0001-00ef-00c0 的报文在 VLAN 100 内转发
[SwitchA-vlan100] quit
[SwitchA] vlan 200
[SwitchA-vlan200] mac-vlan mac-address 0001-00ef-00c1    --MAC 地址为 0001-00ef-00c1 的报文在 VLAN 200 内转发
[SwitchA-vlan200] quit
[SwitchA] interface gigabitethernet 1/0/1
[SwitchA-GigabitEthernet1/0/1] port link-type hybrid    --基于 MAC 划分 VLAN 只能应用在类型为 Hybrid 的接口，V200R005C00 及之后版本，默认接口类型不是 Hybrid，需要手动配置
[SwitchA-GigabitEthernet1/0/1] port hybrid untagged vlan 100 200    --对 VLAN 为 100、200 的报文，剥掉 VLAN Tag
[SwitchA-GigabitEthernet1/0/1] mac-vlan enable  --使能接口的 MAC-VLAN 功能
[SwitchA-GigabitEthernet1/0/1] quit
```

检查配置结果，在任意视图下执行 display mac-vlan mac-address all 命令，查看基于 MAC 划分 VLAN 的配置。

```
[SwitchA] display mac-vlan mac-address all
----------------------------------------------------
MAC Address       MASK              VLAN     Priority
----------------------------------------------------
0001-00ef-00c0    ffff-ffff-ffff    100      0
0001-00ef-00c1    ffff-ffff-ffff    200      0

Total MAC VLAN address count: 2
```

配置 Switch，GE1/0/3 和 GE1/0/4 的配置相同，配置成 Trunk 接口，允许 VLAN 100、200 的帧通过，不再赘述。接口 GE1/0/2 与 GE1/0/1 相同，配置成 Access 接口，不再赘述。

```
<HUAWEI> system-view
[HUAWEI] sysname Switch
[Switch] vlan batch 100 200      --创建 VLAN 100 200
[Switch] interface gigabitethernet 1/0/3
[Switch-GigabitEthernet1/0/3] port link-type trunk
[Switch-GigabitEthernet1/0/3] port trunk allow-pass vlan 100 200    --将接口 GE1/0/2 加入 VLAN 100 和 VLAN 200
[Switch-GigabitEthernet1/0/3] quit
[Switch] interface gigabitethernet 1/0/2
[Switch-GigabitEthernet1/0/2] port link-type access
[Switch-GigabitEthernet1/0/2] port default vlan 100
[Switch-GigabitEthernet1/0/2] quit
```

八、混合端口应用场景和配置

上述内容讲的是一个 VLAN 内一个子网（网段）。如果想控制同一个网段内计算机之间的相互通信，可以在一个网段内创建多个 VLAN，在交换机上使用混合（Hybrid）端口来实现。如图 7-62 所示，计算机 A、B、C、D、E、F 在 192.168.0.0/24 网段，一组和二组能够相互通信，一组和三组能够相互通信，二组和三组之间不能相互通信。

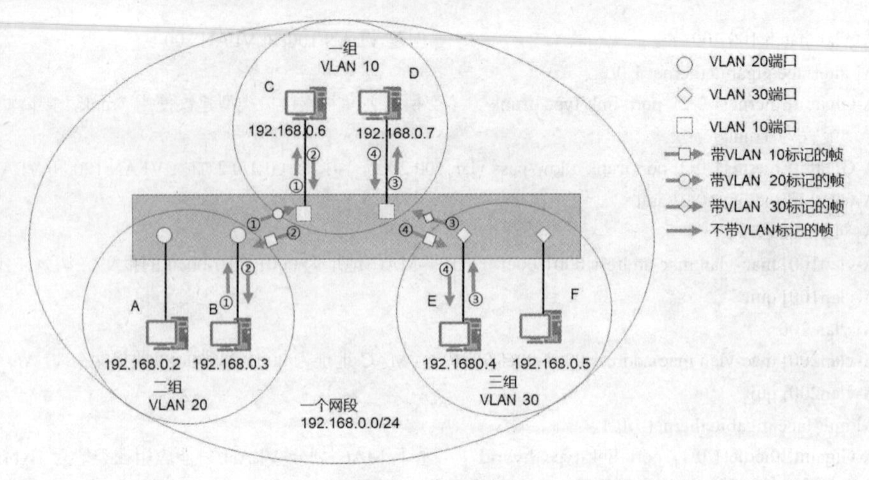

图 7-62　混合端口

实现方法：在交换机上创建 3 个 VLAN，将相应的端口指定到相应的 VLAN，端口类型设置为 Hybrid，然后设置这些端口允许把哪些 VLAN 的帧发送出去，发送出去的帧不带 VLAN 标记。如图 7-62 所示，设置 VLAN 10 的端口允许把 VLAN 10、VLAN 20、VLAN 30 的帧发送出去，设置 VLAN 20 的端口允许把 VLAN 20、VLAN10 的帧发送出去，设置 VLAN 30 的端口允许把 VLAN 30、VLAN 10 的帧发送出去。

图 7-62 中画出了计算机 B 与计算机 C 通信时使用的帧，①是计算机 B 发送给计算机 C 的帧，注意观察帧的 VLAN 标记，②是计算机 C 发送给计算机 B 的帧，注意观察帧的 VLAN 标记。图 7-62 中也画出了计算机 E 与计算机 D 通信时的帧，③是计算机 E 发送给计算机 D 帧，④是计算机 D 发送给计算机 E 的帧。注意观察帧的 VLAN 标记变化。

思考一下，图 7-62 中有几个广播域？计算机 B 发送一个广播帧，会广播到 VLAN 20 和 VLAN 10。计算机 C 发送一个广播帧，会广播到 VLAN 10、VLAN 20 和 VLAN 30。计算机 E 发送一个广播帧，会广播到 VLAN 10 和 VLAN 30，由此可知有 3 个广播域。

如图 7-63 所示，6 个 PC 在 192.168.0.0/24 网段，允许 VLAN 10 和 VLAN 20 中的计算机相互通信，允许 VLAN 10 和 VLAN 30 中的计算机相互通信，不允许 VLAN 20 和 VLAN 30 中的计算机相互通信。

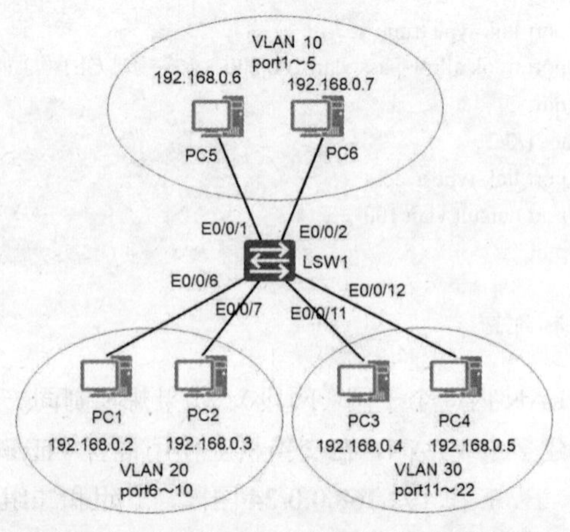

图 7-63　使用混合端口控制 VLAN 间通信

下面展示在 LSW1 上的配置。创建 VLAN 10、VLAN 20 和 VLAN 30。

```
[LSW1]vlan batch 10 20 30
```

创建端口组 vlan10port，将 Ethernet 0/0/1～Ethernet 0/0/5 端口类型设置为 Hybrid，指定端口所属基本 VLAN，指定允许把 VLAN 10、VLAN 20 和 VLAN 30 的帧转发出去，变成 Untagged 帧（不带 VLAN 标记的帧）。由于连接的是计算机，因此要变成 Untagged 帧。

```
[LSW1]port-group vlan10group
[LSW1-port-group-vlan10group]group-member Ethernet 0/0/1 to Ethernet 0/0/5
[LSW1-port-group-vlan10group]port link-type hybrid
[LSW1-port-group-vlan10group]port hybrid pvid vlan 10    --指定端口所属基本 VLAN
[LSW1-port-group-vlan10group]port hybrid untagged vlan 10 20 30  --指定允许转发哪些 VLAN 的帧
[LSW1-port-group-vlan10group]quit
```

创建端口组 vlan20port，将 Ethernet 0/0/6～Ethernet 0/0/10 端口类型设置为 Hybrid，指定端口所属基本 VLAN，指定允许把 VLAN 20 和 VLAN 10 的帧转发出去，变成 Untagged 帧。

```
[LSW1]port-group vlan20port
[LSW1-port-group-vlan20port]group-member Ethernet 0/0/6 to Ethernet 0/0/10
[LSW1-port-group-vlan20port]port link-type hybrid
[LSW1-port-group-vlan20port]port hybrid pvid vlan 20
[LSW1-port-group-vlan20port]port hybrid untagged vlan 20 10
[LSW1-port-group-vlan20port]quit
```

创建端口组 vlan30port，将 Ethernet 0/0/11～Ethernet 0/0/15 端口类型设置为 Hybrid，指定端口所属基本 VLAN，指定允许把 VLAN 30 和 VLAN 10 的帧转发出去，变成 Untagged 帧。

```
[LSW1]port-group vlan30port
[LSW1-port-group-vlan30port]group-member Ethernet 0/0/11 to Ethernet 0/0/22
[LSW1-port-group-vlan30port]port link-type hybrid
[LSW1-port-group-vlan30port]port hybrid pvid vlan 30
[LSW1-port-group-vlan30port]port hybrid untagged vlan 10 30
[LSW1-port-group-vlan30port]quit
```


7.6 VLAN 间路由

典型 HCIA 试题

1．在 VRP 平台上，命令“interface vlan <vlan-id>”的作用是？【单选题】

A．创建或进入 VLAN 虚接口视图　　B．创建一个 VLAN

C．无此命令　　D．给某端口配置 VLAN

2．同一台交换机 VLANIF 接口的 IP 地址不能相同。【判断题】

A．对　　B．错

3．网络管理员在三层交接机上创建了 VLAN 10，并在该 VLAN 的虚拟接口下配置了 IP 地址。当使用命令“display ip interface brief”查看接口状态时，发现 VLANIF 10 接口处于 Down 状态，则应该通过怎样的操作来使得 VLANIF 10 接口恢复正常？【单选题】

A．在 VLANIF 10 接口下使用命令“undo shutdown”

B．将一个状态必须为 Up 的物理接口划进 VLAN 10

C．将任意物理接口划进 VLAN 10

D．将一个状态必须为 Up 且必须为 Trunk 类型的接口划进 VLAN 10

4．如图 7-64 所示的网络，交换机使用 VLANIF 接口和路由器的子接口对接，则以下哪个配置可以实现这种需求？【单选题】

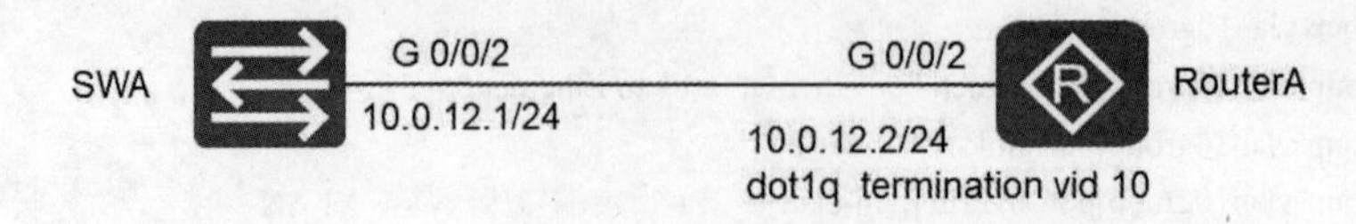

图 7-64　网络拓扑

A．interface Vlanif10
ip address 10.0.12.1 255.255.255.0
#
interface GigabitEthernet 0/0/2
port link-type trunk
port trunk pvid 10
port trunk allow-pass vlan 10
#

B．interface Vlanif10
ip address 10.0.12.1 255.255.255.0
#
interface GigabitEthernet 0/0/2
port link-type trunk
port trunk allow-pass vlan 10
#

C．interface Vlanif10
ip address 10.0.12.1 255.255.255.0
#
interface GigabitEthernet 0/0/2
port link-type hybrid
port hybrid untag vlan 10
#

D．interface Vlanif10
ip address 10.0.12.1 255.255.255.0
#
interface GigabitEthernet 0/0/2
port link-type access
port default vlan 10
#

5．如图 7-65 所示网络，路由器使用子接口作为主机的网关，网关的 IP 地址为 10.0.12.2，以下哪些命令可以实现这个需求？【多选题】

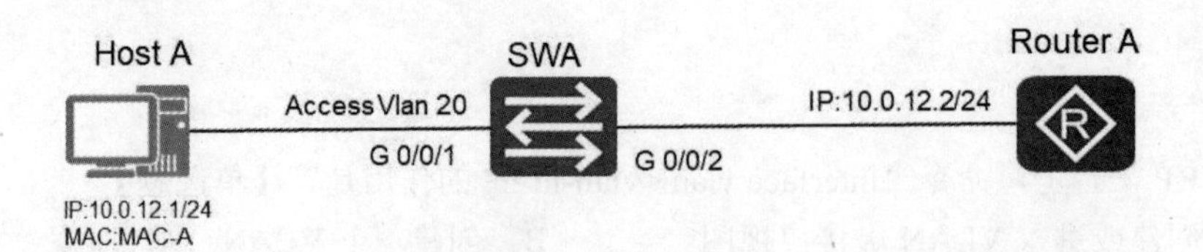

图 7-65　网络拓扑

A．interface GigabitEthernet0/0/0.10
Dot1q termination vid 10
ip address 10.0.12.2 255.255.255.0
arp broadcast enable
#

B．interface GigabitEthernet0/0/0.20
Dot1q termination vid 20
ip address 10.0.12.2 255.255.255.0
arp broadcast enable
#

C. interface GigabitEthernet0/0/0.10
Dot1q termination vid 20
ip address 10.0.12.2 255.255.255.0
arp broadcast enable
#

D. interface GigabitEthernet0/0/0.20
Dot1q termination vid 10
ip address 10.0.12.2 255.255.255.0
arp broadcast enable
#

6. 如图 7-66 所示，主机 A 与主机 B 希望通过单臂路由实现 VLAN 间通信，则在 RTA 的 G0/0/1.1 接口下该做哪项配置？【单选题】

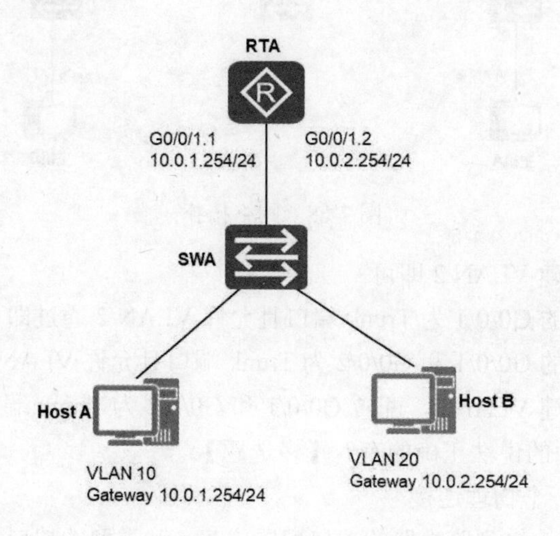

图 7-66　网络拓扑

A. dot1q termination vid 1
B. dot1q termination vid 10
C. dot1q termination vid 20
D. dot1q termination vid 30

7. 如图 7-67 所示，两台主机通过单臂路由实现机间通信，当 RTA 的 G0/0/1.2 子接口收到主机 B 发送给主机 A 的数据帧时，RTA 将执行下列哪项操作？【单选题】

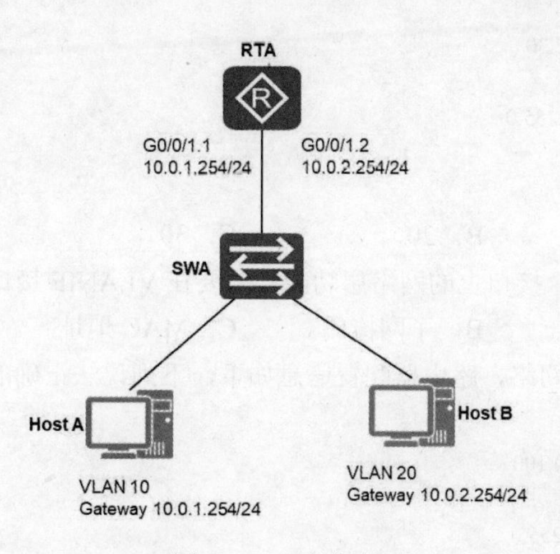

图 7-67　网络拓扑

A. RTA 将丢弃该数据帧
B. RTA 将数据帧通过 G0/0/1.1 子接口直接转发出去

C．RTA 删除 VLAN 标签 20 后，由 G0/0/1.1 接口发送出去

D．RTA 先要删除 VLAN 标签 20，然后添加 VLAN 标签 10，再由 G0/0/1.1 接口发送出去

8．如图 7-68 所示，网络管理员在 SWA 与 SWB 上创建 VLAN 2，并将两台交换机上连接主机的端口配置为 Access 端口，划入 VLAN 2。将 SWA 的 G0/0/1 与 SWB 的 G0/0/2 配置为 Trunk 端口，允许所有 VLAN 通过。则要实现两台主机间能够正常通信，还需要？【单选题】

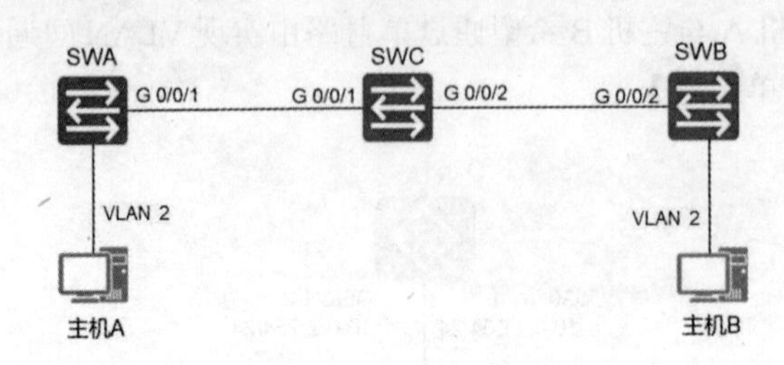

图 7-68　网络拓扑

A．在 SWC 上创建 VLAN 2 即可

B．配置 SWC 上的 G0/0/1 为 Trunk 端口且允许 VLAN 2 通过即可

C．配置 SWC 上的 G0/0/1 和 G0/0/2 为 Trunk 端口且允许 VLAN 2 通过即可

D．在 SWC 上创建 VLAN 2，配置 G0/0/1 和 G0/0/2 为 Trunk 端口，且允许 VLAN 2 通过

9．下列关于单臂路由的说法正确的有？【多选题】

A．每个 VLAN 一个物理连接

B．交换机上，把连接到路由器的端口配置成 Trunk 类型的端口，并允许相关 VLAN 的帧通过

C．在路由器上需要创建子接口

D．交换机和路由器之间仅使用一条物理链路连接

10．路由器某接口配置信息如下，则此端口可以接收携带哪个 VLAN 的数据包？【单选题】

```
#
interface GigabitEthernet0/0/2.30
dot1q termination vid 100
ip address 10.0.21.1 255. 255.255.0
arp broadcast enable
#
```

A．100　　B．20　　C．30　　D．1

11．为了实现 VLANIF 接口上的网络层功能，需要在 VLANIF 接口上配置？【多选题】

A．IP 前缀　　B．子网掩码　　C．MAC 地址　　D．IP 地址

12．如图 7-69 所示的网络，路由器配置信息如下，下列说法正确的是？【单选题】

```
Router A
interface GigabitEthernet0/0/0.100
dot1q termination vid 200
ip address 10.0.12.1 255.255.255.0
arp broadcast enable
#
Router B
interface GigabitEthernet0/0/0.200
```

```
dot1q termination vid 200
ip address 10.0.12.2 255.255.255.0
arp broadcast enable
#
```

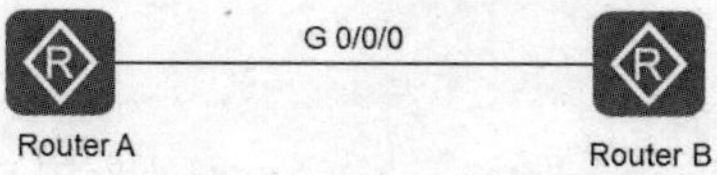

G 0/0/0

Router A　　Router B

图 7-69　网络拓扑

A．10.0.12.1 可以 ping 通 10.0.12.2

B．Router A 的子接口学习不到 Router B 子接口的 MAC 地址

C．Router B 的子接口学习不到 Router A 子接口的 MAC 地址

D．由于 Router A 和 Router B 的子接口编号不一致，所以 Router A 和 Router B 不能通信

13．VLANIF 接口通过数据帧的哪个信息判断进行二层转发或者三层转发？【单选题】

A．目标 MAC　　B．源 IP　　C．目标端口　　D．源 MAC

14．两台路由器之间转发的数据包一定不携带 VLAN Tag。【判断题】

A．对　　B．错

15．参考图 7-70 中单臂路由的配置，可以判断即使在 R1 的子接口上不开启 ARP 代理，行政部门与财务部门之间也能够互访。【判断题】

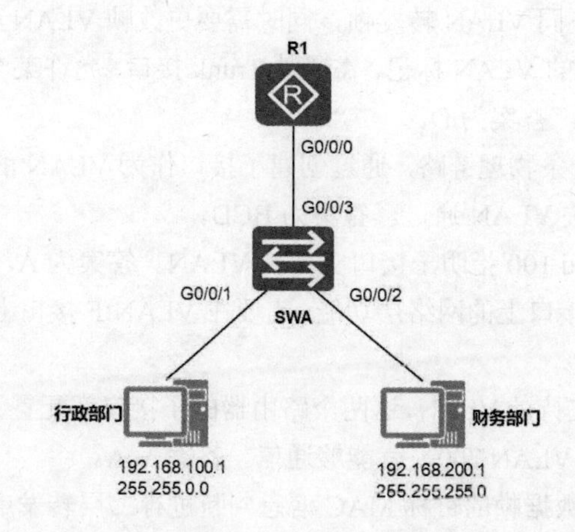

图 7-70　网络拓扑

```
[R1]interface GigabitEthernet 0/0/0.1
[R1-GigabitEthernet0/0/0.1]dot1q termination vid 10
[R1-GigabitEthernet0/0/0.1]ip address 192.168.100.254 255.255.255.0
[R1-GigabitEthernet0/0/0.1]quit
[R1]interface GigabitEthernet 0/0/0.2
[R1-GigabitEthernet0/0/0.2]dot1q termination vid 20
[R1-GigabitEthernet0/0/0.2]ip address 192.168.200.254 255.255.255.0
```

A．对　　B．错

16．交换机某个端口配置信息如下，则此端口的 PVID 为？【单选题】

```
#
Interface GigabitEthernet 0/0/1
```

```
  Port hybrid tagged vlan 2 to 3 100
  Port hybrid untagged vlan 4 6
#
```

A．100　　B．2　　C．4　　D．1

试题解析

1．在 VRP 平台上，命令“interface vlan <vlan-id>”的作用是创建或进入 VLAN 虚接口视图，必须先创建相应的 VLAN。答案为 A。

2．同一台交换机 VLANIF 接口的 IP 地址不能相同，VLANIF 接口相当于路由器物理接口，不仅 IP 地址不能相同，且不能在同一个网段。答案为 A。

3. 最少一个状态必须为 Up 的物理接口划进 VLAN 10，或某个 Trunk 接口允许 VLAN 10 通过。VLANIF 10 接口才能处于 Up 状态。答案为 B。

4．Router A 的 G0/0/2 的物理接口只能处理不带 VLAN 标记的帧，子接口才能处理带 VLAN 标记的帧。本 SWA 的 G0/0/2 发出去的帧也要带 VLAN 标记，这就需要将 G0/0/2 端口配置成 Trunk，允许 VLAN 10 通过。答案为 B。

5．在 Router A 上需要配置子接口作为 VLAN 20 的网关，子接口的编号不代表支持的 VLAN，是 Dot1q termination vid 20 命令指明该子接口支持的 VLAN。答案为 BC。

6．dot1q termination vid 10 用来配置该子接口支持 VLAN 10。答案为 B。

7．单臂路由器负责在不同 VLAN 转发帧，同时需要更改帧 VLAN 标记。答案为 D。

8. 要想跨交换机传递帧的 VLAN 标记，需通过 Trunk 接口，允许某个 VLAN 通过 Trunk 端口，先要在交换机上创建 VLAN。答案为 D。

9．单臂路由器需要在一条物理链路，通过创建子接口作为 VLAN 的网关，所连交换机的接口需要设置成 Trunk，允许相关 VLAN 通过。答案为 BCD。

10．dot1q termination vid 100 指明子接口支持的 VLAN。答案为 A。

11. 为了实现 VLANIF 接口上的网络层功能，需要在 VLANIF 接口上配置 IP 地址和子网掩码。答案为 BD。

12. 子接口编号不代表支持的 VLAN，这两个路由器的子接口都配置了 dot1q termination vid 200 命令，这两个子接口都支持 VLAN 200，就能够通信。答案为 A。

13．VLANIF 接口通过数据帧的目标 MAC 信息判断进行二层转发或者三层转发。答案为 A。

14．两台路由器使用物理接口的子接口通信，转发的帧就带 VLAN 标记。答案为 A。

15．行政部门计算机和财务部门计算机在不同 VLAN，但 IP 地址在一个网段，这就需要在 R1 子接口上开启 ARP 代理才能相互访问。答案为 B。

16．端口配置输出没有看到 PVID 的设置，PVID 默认是 1，默认设置是不输出的。答案为 D。

关联知识精讲

一、路由器实现 VLAN 间路由

在交换机上创建多个 VLAN，VLAN 间通信可以使用路由器实现。如图 7-71 所示，两台交换机使用干道链路连接，创建了 3 个 VLAN，路由器的 F0、F1 和 F2 接口连接 3 个 VLAN 的 Access

接口，路由器在不同 VLAN 间转发数据包。路由器的一条物理链路被形象地称为“手臂”，VLAN 1、VLAN 2 和 VLAN 3 中的计算机网关分别是路由器 F0、F1、F2 接口的地址。图 7-71 展示了使用多臂路由器实现 VLAN 间路由，还展示了 VLAN 1 中的计算机 A 与 VLAN 3 中的计算机 L 通信的过程，注意观察帧在途经链路上的 VLAN 标记。思考一下计算机 H 给计算机 L 发送数据时，帧的路径和经过每条链路时的 VLAN 标记。

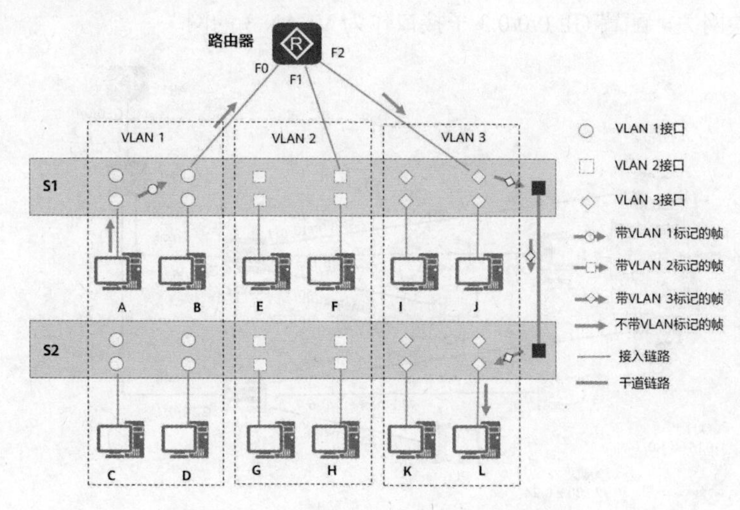

图 7-71　多臂路由器实现 VLAN 间路由

将路由器的接口连接 VLAN 的 Access 接口，一个 VLAN 需要路由器的一个物理接口，这样增加 VLAN 时就要考虑路由器的接口是否够用。也可以将路由器的物理接口连接到交换机的干道接口，如图 7-72 所示，将路由器的物理接口划分成多个子接口，每个子接口对应一个 VLAN，在子接口设置 IP 地址作为对应 VLAN 的网关，一个物理接口就可以实现 VLAN 间路由，这就是使用单臂路由器实现 VLAN 间路由。图 7-72 展示了 VLAN 1 中的计算机 A 给 VLAN 3 中的计算机 L 发送数据包时经过的链路。

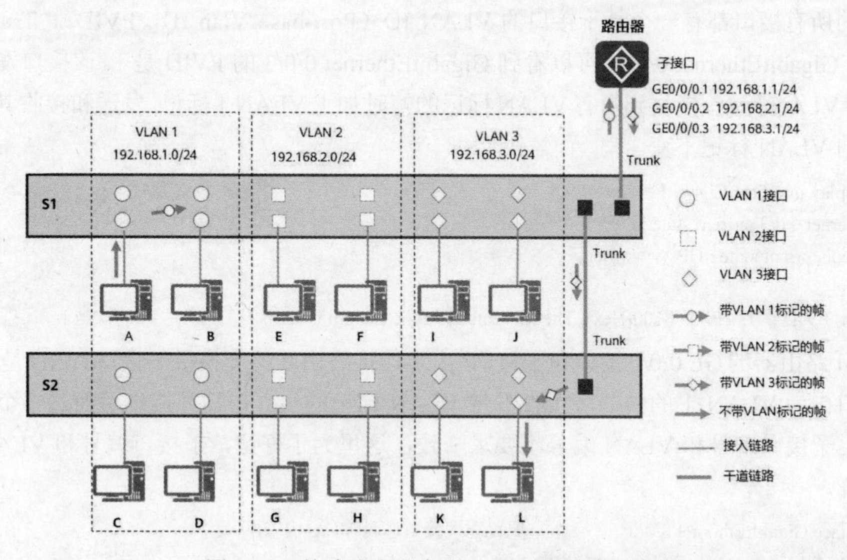

图 7-72　单臂路由器实现 VLAN 间路由示意图

二、配置单臂路由实现 VLAN 间路由

如图 7-73 所示，跨交换机的 3 个 VLAN 已经创建完成，在 LSW1 交换机上连接一个路由器以实现 VLAN 间通信，需要将 LSW1 交换机的 GE 0/0/3 配置成 Trunk 接口，允许 VLAN 1、VLAN 2 和 VLAN 3 通过。配置 AR1 路由器的 GE 0/0/0 物理接口作为 VLAN 1 的网关，配置 GE 0/0/0.2 子接口作为 VLAN 2 的网关，配置 GE 0/0/0.3 子接口作为 VLAN 3 的网关。

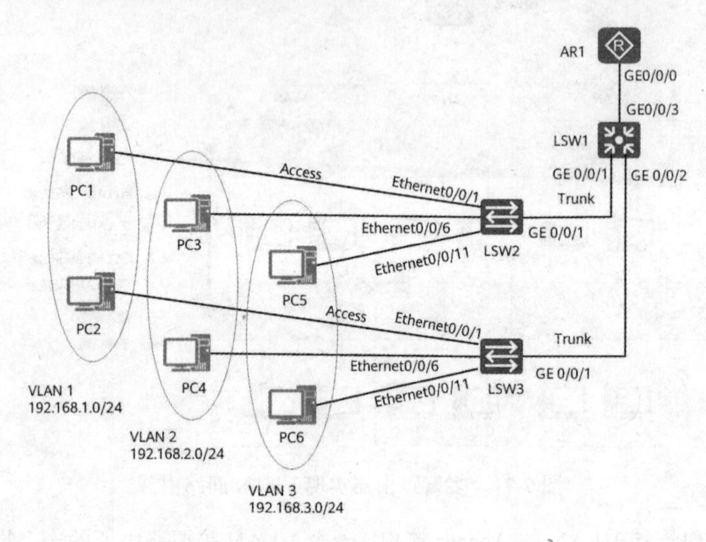

图 7-73　使用单臂路由器实现 VLAN 间路由

配置 LSW1 连接路由器的接口 GigabitEthernet 0/0/3 为 Trunk 接口，允许所有 VLAN 的帧通过。

```
[LSW1]interface GigabitEthernet 0/0/3
[LSW1-GigabitEthernet0/0/3]port link-type trunk
[LSW1-GigabitEthernet0/0/3]port trunk allow-pass vlan all
```

交换机的所有接口都有一个基于接口的 VLAN ID（Port-base Vlan ID，PVID），Trunk 接口也不例外。显示 GigabitEthernet 0/0/3，可以看到 GigabitEthernet 0/0/3 的 PVID 是 1。该接口发送 VLAN 1 的帧时去掉 VLAN 标记，接收到没有 VLAN 标记的帧时加上 VLAN 1 标记。发送和接收其他 VLAN 的帧时，帧的 VLAN 标记不变。

```
[LSW1]display interface GigabitEthernet 0/0/3
GigabitEthernet 0/0/3 current state : UP
Line protocol current state : UP
Description:
Switch Port, PVID :  1, TPID : 8100(Hex), The Maximum Frame Length is 9216          --PVID 是 1
```

配置 AR1 路由器的 GE 0/0/0 接口和子接口。由于连接路由器的交换机的接口 PVID 是 VLAN 1，就让物理接口作为 VLAN 1 的网关，接收不带 VLAN 标记的帧。在物理接口后面加一个数字就是一个子接口，子接口编号和 VLAN 编号不要求一致，这里为了好记，子接口编号和 VLAN 编号通常设置成一样。

```
[AR1]interface GigabitEthernet 0/0/0          --配置物理接口作为 VLAN 1 的网关
[AR1-GigabitEthernet0/0/0]ip address 192.168.1.1 24
```

```
[AR1-GigabitEthernet0/0/0]quit
[AR1]interface GigabitEthernet 0/0/0.2                       --进入子接口
[AR1-GigabitEthernet0/0/0.2]ip address 192.168.2.1 24
[AR1-GigabitEthernet0/0/0.2]dot1q termination vid 2          --指定子接口对应的 VLAN
[AR1-GigabitEthernet0/0/0.2]arp broadcast enable             --开启 ARP 广播功能
[AR1-GigabitEthernet0/0/0.2]quit
[AR1]interface GigabitEthernet 0/0/0.3
[AR1-GigabitEthernet0/0/0.3]ip address 192.168.3.1 24
[AR1-GigabitEthernet0/0/0.3]dot1q termination vid 3          --指定子接口对应的 VLAN
[AR1-GigabitEthernet0/0/0.3]arp broadcast enable             --开启 ARP 广播功能
[AR1-GigabitEthernet0/0/0.3]quit
```

arp broadcast enable 命令用来启用子接口的 ARP 广播功能。undo arp broadcast enable 命令用来取消子接口的 ARP 广播功能。缺省情况下，子接口没有启用 ARP 广播功能。

如果子接口上没有配置 arp broadcast enable 命令，那么系统会直接把该 IP 报文丢弃。此时该子接口的路由可以看作黑洞路由（黑洞路由是将所有无关路由吸入其中，使它们有来无回的路由）。如果子接口上配置了 arp broadcast enable 命令，那么系统会构造带 Tag 的 ARP 广播报文，然后再从该子接口发出。

三、使用三层交换实现 VLAN 间路由

三层交换是在交换机中引入路由模块，从而取代传统路由器以实现交换与路由相结合的网络技术。其在 IP 路由的处理上进行了改进，实现了简化的 IP 转发流程，利用专用的 ASIC 芯片实现硬件的转发，这样绝大多数的报文处理就都可以在硬件中实现了，只有极少数报文才需要使用软件转发，整个系统的转发性能得以提升千倍，相同性能的设备在成本上也得到大幅下降。

具有三层交换功能的交换机，到底是交换机还是路由器？这对很多初学者来说不好理解。大家可以把三层交换机理解成虚拟路由器和交换机的组合。在交换机上有几个 VLAN，在虚拟路由器上就有几个虚拟接口（Vlanif）和这几个 VLAN 相连接。

如图 7-74 所示，在三层交换上创建 VLAN 1 和 VLAN 2，在虚拟路由器上就有两个虚拟接口 Vlanif 1 和 Vlanif 2，这两个虚拟接口相当于分别接入 VLAN 1 的某个接口和 VLAN 2 的某个接口。图中的接口 F5 和 Vlanif 1 连接，接口 F7 和 Vlanif 2 连接。图 7-74 纯属为了形象展示，虚拟路由器是不可见的，也不占用交换机的物理接口和 Vlanif 接口连接。我们能够操作的就是给虚拟接口配置 IP 地址和子网掩码，让其充当 VLAN 的网关，让不同 VLAN 中的计算机能够相互通信。

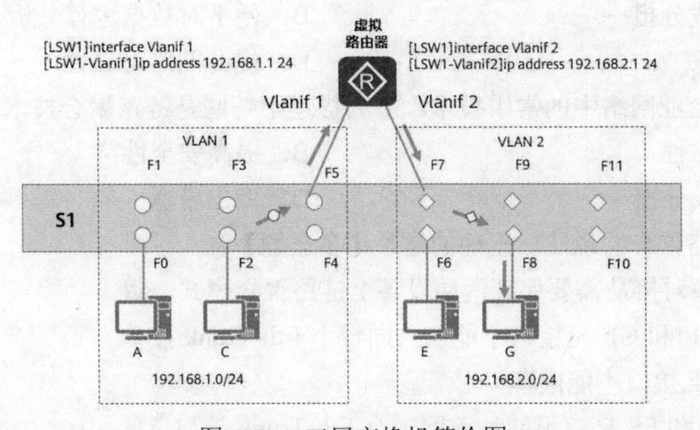

图 7-74　三层交换机等价图

配置了跨交换机的 VLAN，使用三层交换实现 VLAN 间路由。本例中 LSW1 是三层交换机，配置 LSW1 交换机以实现 VLAN 1、VLAN 2 和 VLAN 3 的路由。

```
[LSW1]interface Vlanif 1
[LSW1-Vlanif1]ip address 192.168.1.1 24
[LSW1-Vlanif1]quit
[LSW1]interface Vlanif 2
[LSW1-Vlanif2]ip address 192.168.2.1 24
[LSW1-Vlanif2]quit
[LSW1]interface Vlanif 3
[LSW1-Vlanif3]ip address 192.168.3.1 24
[LSW1-Vlanif3]quit
```

输入 display ip interface brief 显示 Vlanif 接口的 IP 地址信息以及状态。

```
<LSW1>display ip interface brief
*down: administratively down
^down: standby
(l): loopback
(s): spoofing
The number of interface that is UP in Physical is 4
The number of interface that is DOWN in Physical is 1
The number of interface that is UP in Protocol is 4
The number of interface that is DOWN in Protocol is 1

Interface                IP Address/Mask       Physical    Protocol
MEth0/0/1                unassigned            down        down
NULL0                    unassigned            up          up(s)
Vlanif1                  192.168.1.1/24        up          up
Vlanif2                  192.168.2.1/24        up          up
Vlanif3                  192.168.3.1/24        up          up
```


7.7 链路聚合

典型 HCIA 试题

1．链路聚合有什么作用？【多选题】

A．实现负载分担　　B．便于对数据进行分析

C．增加带宽　　D．提升网络可靠性

2．链路聚合是企业网络中的常用技术。下列描述中哪些是链路聚合技术的优点？【多选题】

A．提高可靠性　　B．提高安全性

C．实现负载分担　　D．增加带宽

3．下列关于链路聚合的说法，正确的是？【多选题】

A．两台设备对接是需要保证两端设备上链路聚合模式一致

B．GE 电接口和 GE 光接口不能加入同一个 Eth-Trunk 接口

C．Eth-Trunk 接口不能嵌套

D．GE 接口和 FE 接口不能加入同一个 Eth-Trunk 接口

4．下列关于链路聚合的说法，正确的有？【多选题】

A．Eth-Trunk 接口不能嵌套

B．两台设备对接时需要保证两端设备上链路聚合的模式一致

C．GE 接口和 FE 接口不能加入同一个 Eth-Trunk 接口

D．GE 电接口和 GE 光接口不能加入同一个 Eth-Trunk 接口

5．当两台交换机之间使用链路聚合技术进行互连时，各个成员端口需要满足以下哪些条件？【多选题】

A．两端相连的物理口数量一致　　B．两端相连的物理口速率一致

C．两端相连的物理口双工模式一致　　D．两端相连的物理口物理编号一致

E．两端相连的物理口使用的光模块型号一致

6．Eth-Trunk 两端的负载分担模式可以不一致。【判断题】

A．对　　B．错

7．设备链路聚合支持哪些模式？【多选题】

A．手工负载分担模式　B．手工主备模式　C．混合模式　D．LACP 模式

8．以下关于手动负载均衡模式的链路聚合的说法，正确的是？【单选题】

A．手工负载分担模式下所有活动接口都参与数据的转发，分担负载流量

B．手工负载分担模式下最多只能有 4 个活动端口

C．手工负载分担模式下链路两端的设备相互发送 LACP 报文

D．手工负载分担模式下可以配置活动端口的数量

9．如图 7-75 所示的网络，路由器 A 使用手工模式的链路聚合，并且把 G0/0/1 和 G0/0/2 端口均加入聚合组 1，关于 Router A 聚合端口 1 的状态的说法，错误的是？【单选题】

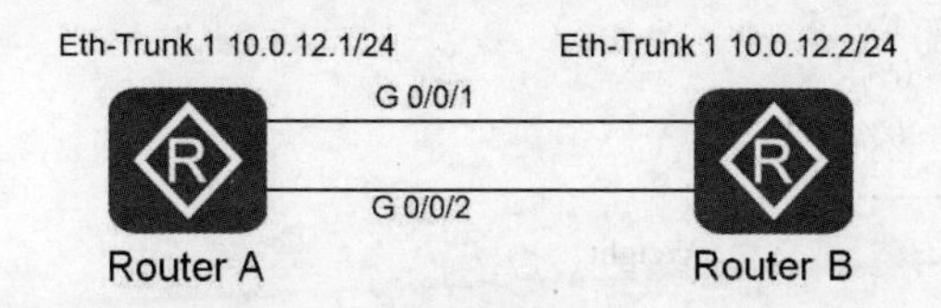

图 7-75　网络拓扑

A．只关闭 Router B 的 G0/0/2 端口，Eth-Trunk 1 protocol up

B．同时关闭 Router B 的 G0/0/1 和 G0/0/2 端口，Eth-Trunk 1 protocol up

C．只关闭 Router B 的 G0/0/1 端口，Eth-Trunk 1 protocol up

D．同时关闭 Router B 的 G0/0/1 和 G0/0/2 端口，Eth-Trunk 1 protocol down

10．如图 7-76 所示，两台交换机同时使用手工链路聚合，则下列说法错误的是？【单选题】

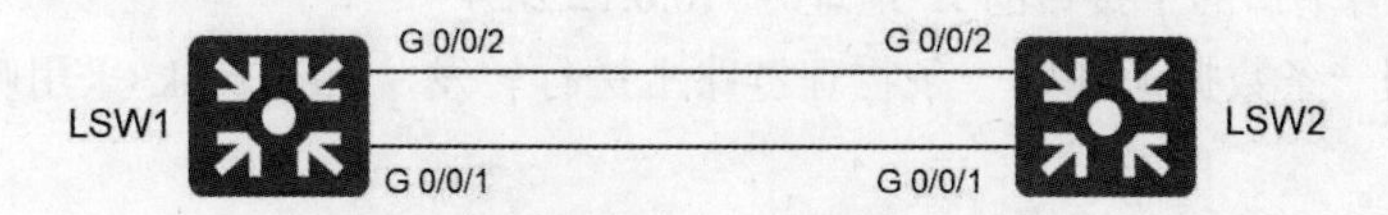

图 7-76　网络拓扑

A．在交换机 B 上只关闭 G0/0/2 口，Eth-Trunk 状态依旧为 Up

B．在交换机 B 上关闭 G0/0/1 和 G0/0/2 口，Eth-Trunk 状态依旧为 Up

C．在交换机 B 上只关闭 G0/0/1 口，Eth-Trunk 状态依旧为 Up

D．在交换机 B 上关闭 G0/0/1 和 G0/0/2 口，Eth-Trunk 状态为 Down

```
[Huawei]interface Eth-Trunk 1
[Huawei-Eth-Trunk1]undo portswitch
[Huawei-Eth-Trunk1]trunkport GigabitEthernet 0/0/1
[Huawei-Eth-Trunk1]trunkport GigabitEthernet 0/0/0
[Huawei-Eth-Trunk1]ip address 10.0.0.2 24
```

11．链路聚合的 LACP 模式采用 LACPDU 选举主动端，以下哪些信息不会在 LACPDU 中携带？【多选题】

A．MAC 地址　　B．接口描述　　C．接口优先级　　D．设备优先级

12．某台路由器聚合端口 1 的子接口输出信息如下，据此信息，下列说法正确的有？【多选题】

```
[Router A]display interface Eth-Trunk 1.100
Eth-Trunk 1.100 current state: UP
Line protocol currcent state: UP
Last line protocol up time: 2019-03-04 10:22:40 UTC-08:00
Description:HUAWEI,AR Series,Eth-Trunk1.100 Interface
Route Port, Hash arithmetic:According to SIP-XOR-DIP,Maximal BW:2G,Current BW:2G,The Maximum Transmit Unit is 1500
Internet Address is 10.0.12.2/24
IP Sending Frames'Format is PKTFMT_ETHNT_2,Hardware address is 00e0-fc3b-2015 Current system time: 2019-03-04
10:24:29-08:00
Last 300 seconds input rate 0 bits/sec,0 packets/sec
Last 300 seconds output rate 0 bfts/sec,0 packets/sec
Realtime 0 seconds input rate 0 bits/sec,0 packets/sec
Realtime 0 seconds output rate 0 bits/sec.0 packets/sec
Input: 6 packets,574 bytes,
Output: 7 packets,638 bytes,
Input bandwidth utilization:    0%
Output bandwidth utilization:   0%
-----------------------------------------------------
PortNane              Status        Weight
GigabitEthernet0/0/1  UP            1
GigabitEthernet0/0/2  UP            1
-----------------------------------------------------
The Number of Ports in Trunk: 2
The Number of UP Ports in Trunk: 2
```

A．聚合端口的子接口编号为 100

B．该聚合端口的子接口转发数据帧时携带 VLAN

C．聚合端口存在两条链路

D．该聚合端口的子接口的 IP 地址为 10.0.12.2/24

13．为保证同一条数据流在同一条物理链路上进行转发，Eth-Trunk 采用哪种方式的负载分担？【单选题】

A．基于流的负载分担　　B．基于包的负载分担

C．基于应用层信息的负载分担　　D．基于数据包入接口的负载分担

14．ARG3 系列路由器和 X7 系列交换机上一个 Eth-Trunk 接口最多能加入多少个成员端口？【单选题】

A．6　　　　　　B．8　　　　　　C．10　　　　　　D．12

15．路由器的聚合端口可以配置路由子接口。【判断题】

A．对　　　　　　B．错

16．链路聚合的 LACP 模式采用 LACPDU 选举主动端，LACPDU 中的哪些信息是选举 LACP 主动端的依据？【多选题】

A．接口编号　　　　B．接口优先级　　　C．设备优先级　　　D．MAC 地址

17．如图 7-77 所示，交换机 SWA 和路由器 Router A 通过两条链路相连，将这两条链路通过手工负载分担的模式进行链路聚合，聚合端口编号为 1，并且聚合链路进行数据转发时需要携带 VLAN Tag 100，路由器 Router A 需要使用如下哪些配置？【多选题】

图 7-77　网络拓扑

A．
```
interface Eth-Trunk1
port link-type trunk
port trunk allow-pass vlan 100
#
interface GigabitEthernet0/0/1
eth-trunk 1
#
interface GigabitEthernet0/0/2
eth-trunk 1
#
```
B．
```
interface Eth-Trunk 1
undo portswitch
#
interface Eth-Trunk 1.100
dot1q termination vid 100
ip address 10.0.12.2255.255.255.0
arp broadcast enable
#
```
C．
```
interface Eth-Trunk1
mode lacp-static
port link-type trunk port trunk allow pass vlan 100
#
interface GigabitEthernet0/0/1
eth-trunk 1
#
interface GigabitEthernet0/0/2
eth-trunk 1 #
```

D．interface GigabitEthernet0/0/1
eth-trunk 1
#
interface GigabitEthernet0/0/2
eth-trunk 1
#

18．当采用 LACP 模式进行链路聚合时，华为交换机的默认系统优先级是？【单选题】

A．36864　　B．24576　　C．4096　　D．32768

19．拓扑及配置如图 7-78 所示，那么两台交换机之间可以正常建立一条 Eth-Trunk 逻辑链路，且 LSW2 为主动端。【判断题】

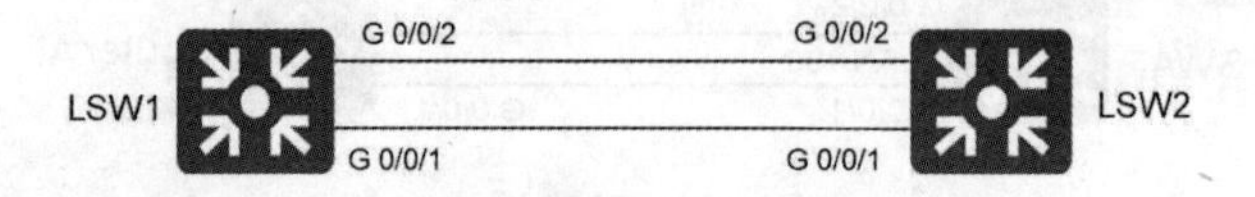

图 7-78　网络拓扑

```
[LSW1]lacp priority 100
#
[LSW1]interface Eth-Trunk1
[LSW1-Eth-Trunk1]mode lacp-static
[LSW1-Eth-Trunk1]max active-linknumber 2
#
[LSW1]interface GigabitEthernet0/0/1
[LSW1-GigabitEthernet0/0/1]eth-trunk 1
[LSW1-GigabitEthernet0/0/1]lacp priority 100
#
[LSW1]interface GigabitEthernet0/0/2
[LSW1-GigabitEthernet0/0/2]eth-trunk 1
[LSW1-GigabitEthernet0/0/2]lacp priority 100
[LSW2]lacp priority 200
#
[LSW2]interface Eth-Trunk1
[LSW2-Eth-Trunk1]mode lacp-static
[LSW2-Eth-Trunk1]max active-linknumber 2
#
[LSW2]interface GigabitEthernet0/0/1
[LSW2-GigabitEthernet0/0/1]eth-trunk 1
#
[LSW2]interface GigabitEthernet0/0/2
[LSW2-GigabitEthernet0/0/2]eth-trunk 1
```

A．对　　B．错

20．如图 7-79 所示的网络，交换机 A 输出信息如下，则在交换机 A 的 MAC 地址表中，主机 B 的 MAC 地址对应于哪个接口？【单选题】

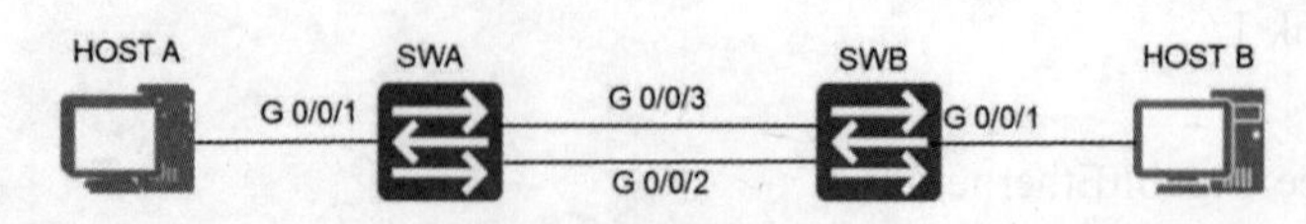

图 7-79　网络拓扑

Eth-Trunk 1 current state: UP
Line protocol current state : up
Description:
Switch Port,PVID:1,Hash arithmetic:According to SIP-XOR-DIP,Maximal BW:2G , current BW ; 2G , The Maximum Frame Length is 9216
IP sending Frames'Format is PKTFMT ETHNT_2，Hardware address is 4clf-ccb0-73d7current system time : 2019-02-28 10:44:19-08:00
Input bandwidth utilization ：0%
output bandwidth utilization：0%

PortName status Weight

GigabitEthernet0/0/2 UP 1
GigabitEthernet0/0/3 UP 1

The Number of ports in Trunk : 2
The Number of UP Ports in Trunk : 2

A．GigabitEthernet0/0/2　　B．Eth-Trunk 1
C．GigabitEthernet0/0/1　　D．GigabitEthernet0/0/3

21．以下关于 LACP 模式的链路聚合的说法，正确的是？【多选题】
A．LACP 模式下不能设置活动端口的数量
B．LACP 模式下所有活动接口都参与数据的转发，分担负载流量
C．LACP 模式下最多只能有 4 个活动端口
D．LACP 模式下链路两端的设备相互发送 LACP 报文

22．手工链路聚合模式下的 Eth-Trunk 端口，其传输速率与（　　）有关。【多选题】
A．成员端口的带宽　　B．成员端口处于公网还是私网
C．成员端口上是否配置了 IP 地址　　D．成员端口的数量

23．链路聚合技术中，Eth-Trunk 可以根据哪些参数来实现流量的负载分担？【多选题】
A．相同的源 IP 地址或目标 IP 地址
B．相同的源端口号或目标端口号
C．相同的源 MAC 地址或目标 MAC 地址
D．相同的协议类型

24．如图 7-80 所示的网络，两台交换机之间通过四条链路相连，Copper 指电接口，Fiber 指光接口，则以下哪两个接口可以实现链路聚合？【单选题】

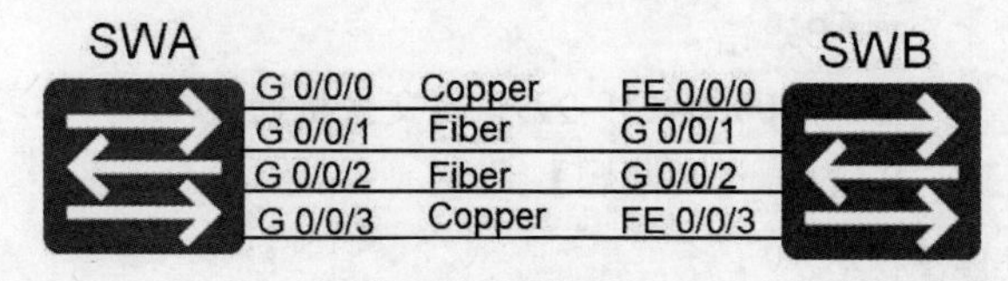

图 7-80　网络拓扑

A．G0/0/3 和 FE0/0/3　　B．G0/0/3 和 G0/0/2
C．G0/0/2 和 FE0/0/3　　D．G0/0/2 和 G0/0/1

25．LACP 协议优先级如图 7-81 所示，交换机 A 和交换机 B 采用 LACP 模式的链路聚合，并且所有接口都加入链路聚合组，同时设置最大活动端口数量为 3，则交换机 A 的哪个端口不是活动端口？【单选题】

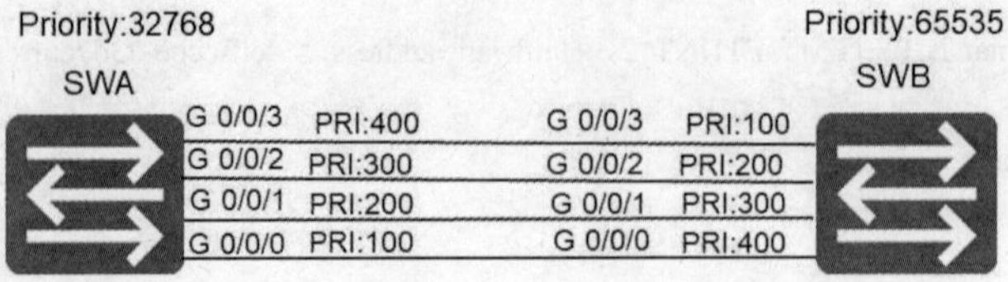

Priority:32768　SWA　G 0/0/3 PRI:400　G 0/0/2 PRI:300　G 0/0/1 PRI:200　G 0/0/0 PRI:100
Priority:65535　SWB　G 0/0/3 PRI:100　G 0/0/2 PRI:200　G 0/0/1 PRI:300　G 0/0/0 PRI:400

图 7-81　网络拓扑

A．G0/0/0　　B．G0/0/1　　C．G0/0/2　　D．G0/0/3

26．以下关于链路聚合 LACP 模式选举 active 端口的说法，正确的是？【单选题】

A．先比较接口优先级，无法判断出较优者继续比较接口编号，越小越优

B．只比较接口优先级

C．比较设备优先级

D．只比较接口编号

27．以下关于链路聚合 LACP 模式选举主动端的说法，正确的是？【多选题】

A．比较接口编号

B．优先级数值小的优先，如果相同则比较设备 MAC，越小越优

C．系统优先级数值小的设备作为主动端

D．MAC 地址小的设备作为主动端

28．堆叠、集群技术有以下哪些优势？【多选题】

A．扩展端口数量　　B．简化设备管理，管理一台逻辑上的设备即可

C．可以部署跨物理设备的链路聚合　　D．有效避免单点故障

29．堆叠、集群技术有哪些优势？【多选题】

A．扩展端口数量　　B．可以部署跨物理设备的链路聚合

C．解决通信故障　　D．简化配置管理、管理一台逻辑设备即可

30．交换机堆叠支持两台以上设备，通过堆叠可以将多台交换机组成逻辑上的一台设备。【判断题】

A．对　　B．错

31．交换机通过堆叠、集群之后成为一台逻辑上的交换机，可以部署跨物理设备的 Eth-Trunk 以提高网络可靠性。【判断题】

A．对　　B．错

32．通过以下信息，可以判断 00e0-fc99-9999 是交换机通过 ARP 学习到的特定主机的 MAC 地址，且该主机更换了三次 IP 地址。【判断题】

```
10.137.217.210 00e0-fc01-0203    E1/0/0
10.2.2.1       00e0-fc99-9999    Eth-Trunk 1
192.168.20.1   00e0-fc99-9999    vlan100
10.0.0.1       00e0-fc99-9999    vlan200
```

A．对　　B．错

试题解析

1．链路聚合可以实现负载分担、增加带宽、提升网络可靠性。答案为 ACD。

2．链路聚合技术的优点是提高可靠性、提高安全性、实现负载分担、增加带宽。答案为 ABCD。

3．加入到链路聚合接口的物理接口的接口带宽、双工模式、VLAN 配置必须相同，Eth-Trunk 接口不能嵌套，即 Eth-Trunk 接口的成员接口不能是 Eth-Trunk 接口。GE 电接口和 GE 光接口不能加入同一个 Eth-Trunk 接口。两台设备对接是需要保证两端设备上链路聚合模式一致。答案为 ABD。

4．Eth-Trunk 接口不能嵌套，两台设备对接时需要保证两端设备上链路聚合的模式一致，GE 接口和 FE 接口不能加入同一个 Eth-Trunk 接口，GE 电接口和 GE 光接口不能加入同一个 Eth-Trunk 接口。答案为 ABCD。

5．当两台交换机之间使用链路聚合技术进行互连时，两端相连的物理口数量一致，两端相连的物理口速率一致，两端相连的物理口双工模式一致。答案为 ABC。

6．Eth-Trunk 两端的负载分担模式可以不一致。负载分担模式只对出去的流量进行负载分担。答案为 A。

7．设备链路聚合支持手工负载分担模式和 LACP 模式。答案为 AD。

8．手动负载均衡模式的链路聚合不能设置活动端口的数量，不需要发送 LACP 报文，最多支持 8 个活动端口。答案为 A。

9．链路聚合接口中所有的物理接口关闭，聚合接口才 down。答案为 B。

10．链路聚合接口中所有的物理接口关闭，聚合接口才 down。答案为 B。

11．链路聚合的 LACP 模式采用 LACPDU 选举主动端，接口优先级、设备优先级会出现在 LACPDU 中。答案为 AB。

12．从输出信息可以看出，聚合端口的子接口编号为 100，聚合端口存在两条链路，该聚合端口的子接口的 IP 地址为 10.0.12.2/24。答案为 ACD。

13．为保证同一条数据流在同一条物理链路上进行转发，Eth-Trunk 基于流的负载分担。答案为 A。

14．ARG3 系列路由器和 X7 系列交换机上一个 Eth-Trunk 接口最多能加 8 个成员端口。答案为 B。

15．路由器的聚合端口可以配置路由子接口。答案为 A。

16．链路聚合的 LACP 模式采用 LACPDU 选举主动端，LACPDU 中的设备优先级、MAC 地址是选举 LACP 主动端的依据。答案为 CD。

17．将路由器多个接口添加到聚合链路，需要先执行 interface Eth-Trunk 1，创建聚合接口，执行 undo portswitch，将该接口配置三层接口。在进入聚合接口的子接口，配置 IP 地址等信息。再将物理接口添加到聚合接口。答案为 BD。

18．当采用 LACP 模式进行链路聚合时，华为交换机的默认系统优先级是 32768，系统 LACP 优先级值越小优先级越高。答案为 D。

19．华为交换机的默认系统优先级是 32768，LSW1 的优先级设置成了 100，系统 LACP 优先级值越小优先级越高，LSW1 成为主动端。答案为 B。

20．G0/0/2 和 G0/0/3 属于聚合接口 Eth-Trunk 1，主机 B 的 MAC 地址对应 Eth-Trunk 1。答案为 B。

21．LACP 模式下可以设置活动端口的数量。缺省情况下，链路聚合组活动接口数的上限阈值是 8。LACP 模式下所有活动接口都参与数据的转发，分担负载流量，备用端口不转发数据。答案为 BD。

22．手工链路聚合模式下的 Eth-Trunk 端口，其传输速率与成员端口的带宽和成员端口的数量有关。答案为 AD。

23．链路聚合技术中，Eth-Trunk 可以根据相同的源 IP 地址或目标 IP 地址、相同的源 MAC 地址或目标 MAC 地址负载分担。答案为 AC。

24．链路聚合要求两端带宽一样。答案为 D。

25．SWA 为主动端，以主动端的接口优先级来选择活动接口，如果主动端的接口优先级都相同则选择接口编号比较小的为活动接口。最大活动端口数量为 3，G0/0/3 接口的优先级为 400，成为非活动端口。答案为 D。

26．链路聚合 LACP 模式选举 active 端口时先比较接口优先级，无法判断出较优者继续比较接口编号，越小越优。答案为 A。

27．链路聚合 LACP 模式选举主动端时系统优先级数值小的设备作为主动端，如果相同则比较设备 MAC，越小越优。答案为 BC。

28．堆叠、集群技术可以扩展端口数量，简化设备管理，管理一台逻辑上的设备即可，可以部署跨物理设备的链路聚合，有效避免单点故障。答案为 ABCD。

29．堆叠、集群技术有扩展端口数量，可以部署跨物理设备的链路聚合，简化配置管理的优势。答案为 ABD。

30．交换机堆叠支持两台以上设备，通过堆叠可以将多台交换机组成逻辑上的一台设备。答案为 A。

31．交换机通过堆叠、集群之后成为一台逻辑上的交换机，可以部署跨物理设备的 Eth-Trunk 以提高网络可靠性。答案为 A。

32．MAC 地址只要在同一个网段唯一即可，从给出的信息看 00e0-fc99-9999MAC 地址在 VLAN 100 和 VLAN 200 都有，并不能说明该主机更换了三次 IP 地址。答案为 B。

关联知识精讲

一、链路聚合

我们经常听到这样一些概念：标准以太口、FE（Fast Ethernet）接口、百兆口、GE（Gigabit Ethernet）接口、万兆口。那么，这些概念究竟是什么意思呢？

其实，这些概念都跟以太网技术的规范有关，特别是跟以太网接口的带宽规范有关。IEEE 在制定关于以太网的信息传输率的规范时，信息传输速率几乎总是按照十倍关系来递增的。目前，规范化的以太网的接口带宽主要有 10Mbit/s、100Mbit/s、1000Mbit/s（1Gbit/s）、10Gbit/s 和 100Gbit/s。这种按十倍关系递增的方式既能很好地匹配微电子技术及光学技术的发展，又能控制关于以太网信息传输率规范的混乱性。试想一下，如果 IEEE 今天推出了一个信息传输率为 415Mbit/s 的规范，明天又推出一个信息传输率为 624Mbit/s 的规范，那么以太网网卡的生产厂家必定会苦不堪言。并且，在实际搭建以太网的时候，以太网链路两端的接口带宽匹配问题也会变得非常混乱。

以太网链路的概念是与以太网接口的概念相对应的。例如，如果一条链路两端的接口是 GE 口，则这条链路就称为一条 GE 链路；如果一条链路两端的接口是 FE 口，则这条链路就称为一条 FE 链路，如此等等。

接下来介绍什么是链路聚合技术。图 7-82 为某个公司的网络结构，接入层交换机和汇聚层交换机使用 GE 链路连接，如果打算提高接入层交换机和汇聚层交换机的连接带宽，从理论上来讲可以再增加一条 GE 链路，但生成树协议会阻断其中一条链路的一个接口。

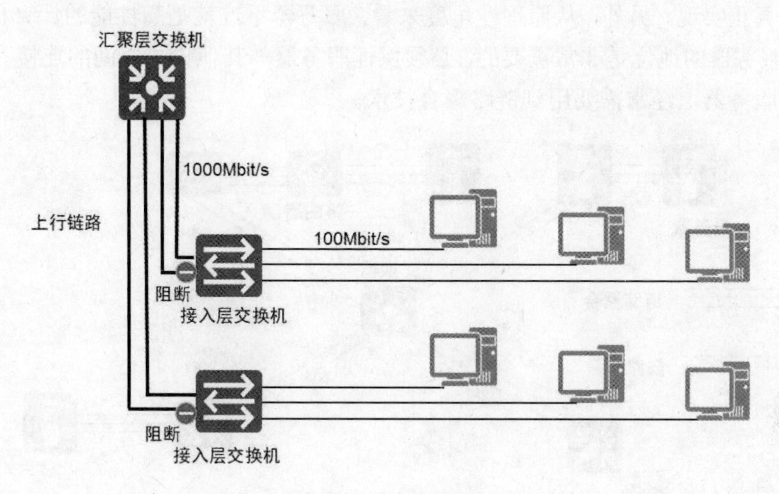

图 7-82　多条上行链路 STP 阻塞其中一条链路的一个接口

根据扩展链路带宽的需求，需要让链路两端的设备将多条链路视为一条逻辑链路进行处理，这就用到以太网链路聚合技术。以太网链路聚合（Eth-Trunk）简称链路聚合，也称为链路绑定，英文的概念有：Link Aggregation、Link Trunking、Link Bonding。需要说明的是，这里所说的链路聚合技术，针对的都是以太网链路。

链路聚合接口可以作为普通的以太网接口来使用，与普通以太网接口的差别就是转发数据的时候链路聚合接口（逻辑接口）需要从成员接口（物理接口）中选择一个或多个接口来进行数据转发，实现流量负载分担和链路冗余。如图 7-83 所示，如果两条 1000Mbit/s 链路就可构建 2000Mbit/s 聚合链路，就不用购买 10000Mbit/s 接口的设备。

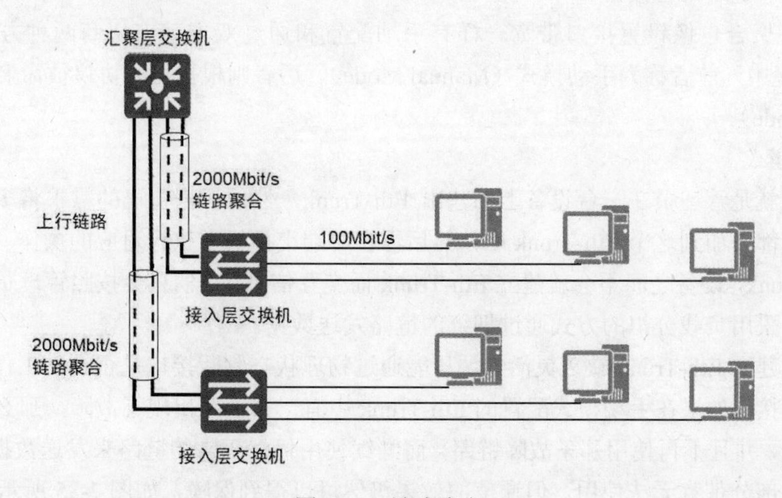

图 7-83　链路聚合

二、链路聚合技术的使用场景

链路聚合技术除了可应用在两台交换机之间，还可以应用在交换机与路由器之间、路由器与路由器之间、交换机与服务器之间、路由器与服务器之间、服务器与服务器之间，如图 7-84 所示。注意，从理论上讲，个人计算机（PC）上也是可以实现链路聚合的，但考虑到成本等因素，没人会在现实中去真正实现。另外，从原理性角度来看，服务器不过就是高性能的计算机。从网络应用的角度来看，服务器的地位是非常重要的，必须保证服务器与其他设备之间的连接具有非常高的可靠性。因此，服务器上经常需要用到链路聚合技术。

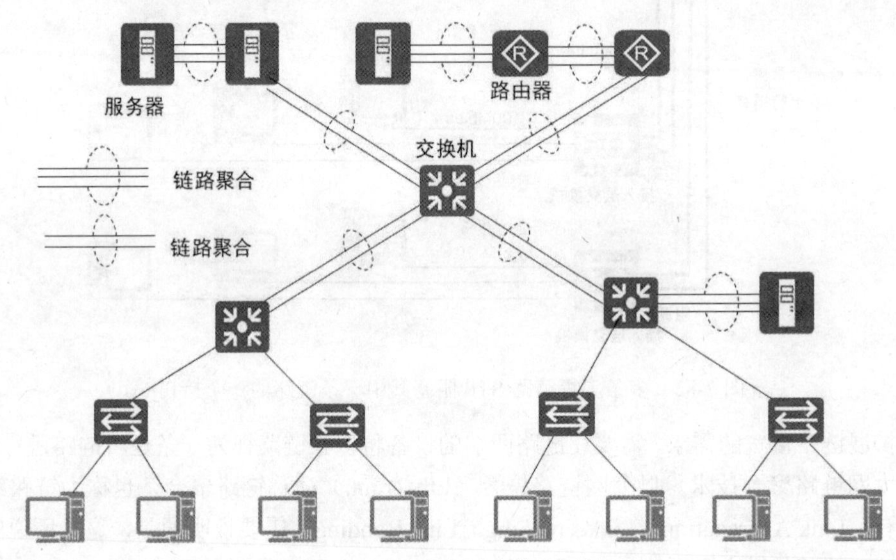

图 7-84　链路聚合技术的应用场景

三、链路聚合模式

为了使链路聚合接口正常工作，要求本端链路聚合接口中所有成员接口的对端接口属于同一设备，且加入同一链路聚合接口。

建立链路聚合也像设置接口带宽一样有手动配置和通过双方动态协商两种方式。在华为的 Eth-Trunk 语境中，前者称为手动模式（Manual Mode），后者则根据协商协议被命名为了 LACP 模式（LACP Mode）。

1. 手动模式

手动模式就是管理员在一台设备上创建出 Eth-Trunk，然后根据自己的需求将多条连接同一台交换机的接口都添加到这个 Eth-Trunk 中，然后再在对端交换机上执行对应的操作。采用手动模式配置的 Eth-Trunk，设备之间不会就建立 Eth-Trunk 而交互信息，它们只会按照管理员的配置执行链路捆绑，然后采用负载分担的方式通过捆绑的链路发送数据。

手动模式建立 Eth-Trunk 缺乏灵活性，只能通过物理状态判断接口是否正常工作，不能发现错误的配置或链接。如果在手动模式配置的 Eth-Trunk 中有一条链路出现了故障，那么双方设备可以检测到这一点，并且不再使用那条故障链路，而继续使用仍然正常的链路来发送数据。尽管因为链路故障导致一部分带宽无法使用，但通信的效果仍然可以得到保障，如图 7-85 所示。

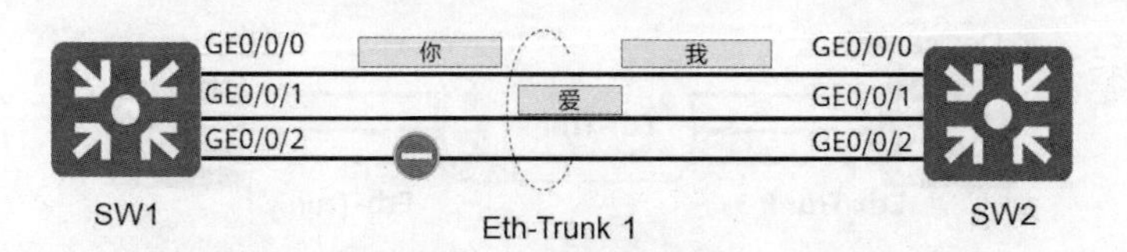

图 7-85 手动模式只能通过物理状态判断接口是否正常工作

如图 7-86 所示，管理员误将图 7-85 交换机 SW1 的接口 GE0/0/2 接到了交换机 SW3，SW1 不会知道该接口链接到了其他交换机，依然使用 GE0/0/2 这个接口进行负载均衡，很显然“你”这个帧不能发送到交换机 SW2，会造成无法正常通信。如果采用 LACP 模式，SW1 和 SW2 之间交换 LACP 协议帧的方式进行自动协商，确保对端是同一台设备、同一个聚合接口的成员接口。

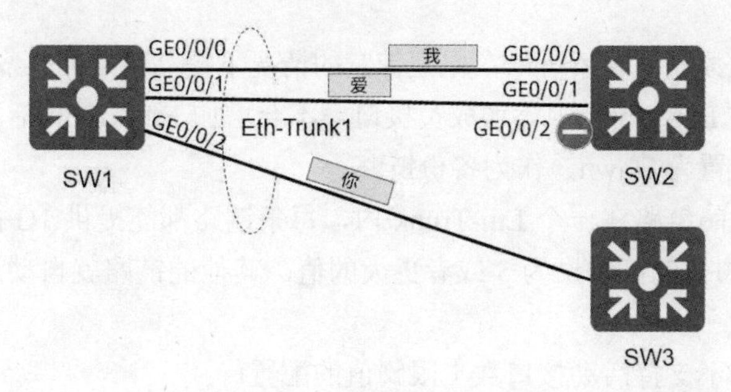

图 7-86 手动模式 Eth-Trunk 错误连接造成无法正常通信

2. LACP 模式

LACP 模式是采用 LACP 协议的一种链路聚合模式。设备间通过链路聚合控制协议数据单元（Link Aggregation Control Protocol Data Unit，LACPDU）进行交互，通过协议协商确保对端是同一台设备、同一个聚合接口的成员接口。采用 LACP 模式配置 Eth-Trunk 也不复杂，管理员只需要首先在两边的设备上创建出 Eth-Trunk 接口，然后将这个 Eth-Trunk 接口配置为 LACP 模式，最后再把需要捆绑的物理接口添加到这个 Eth-Trunk 中即可。

老旧、低端的设备如果不支持 LACP 协议，可以选择使用手工模式。

- 系统 LACP 优先级。

系统 LACP 优先级是为了区分两端设备优先级的高低而配置的参数。LACP 模式下，两端设备所选择的活动接口必须保持一致，否则链路聚合组就无法建立。此时可以使其中一端具有更高的优先级，另一端根据高优先级的一端来选择活动接口即可。系统 LACP 优先级值越小优先级越高。

- 接口 LACP 优先级。

接口 LACP 优先级是为了区别同一个 Eth-Trunk 中的不同接口被选为活动接口的优先程度，优先级高的接口将优先被选为活动接口。接口 LACP 优先级值越小，优先级越高。

- 成员接口间 *M*:*N* 备份。

LACP 模式链路聚合由 LACP 确定聚合组中的活动和非活动链路，又称为 *M*:*N* 模式，即 *M* 条活动链路与 *N* 条备份链路的模式。这种模式提供了更高的链路可靠性，并且可以在 *M* 条链路中实现不同方式的负载均衡。

如图 7-87 所示，两台设备间有 *M*+*N* 条链路，在聚合链路上转发流量时在 *M* 条链路上分担负载，即活动链路，不在另外的 *N* 条链路转发流量，这 *N* 条链路提供备份功能，即备份链路。此时链路的实际带宽为 *M* 条链路的总和，但是能提供的最大带宽为 *M*+*N* 条链路的总和。

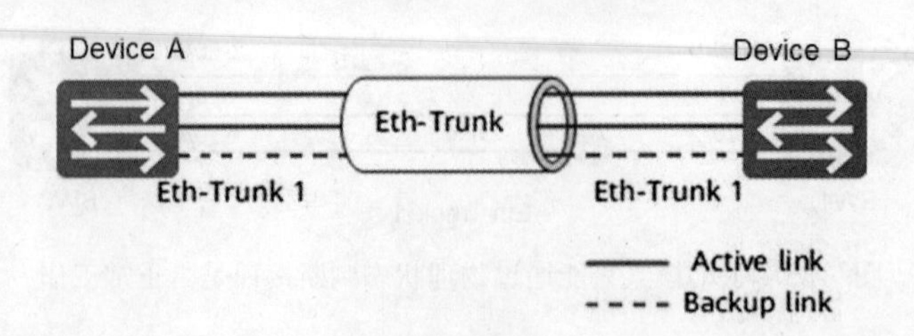

图 7-87　活动链路和备份链路

当 M 条链路中有一条链路故障时，LACP 会从 N 条备份链路中找出一条优先级高的可用链路替换故障链路。此时链路的实际带宽还是 M 条链路的总和，但是能提供的最大带宽就变为 $M+N-1$ 条链路的总和。

通过设置活动接口数上限阈值可以在保证带宽的情况下提高网络的可靠性。当前活动接口数目达到上限阈值时，再向 Eth-Trunk 中添加成员接口，不会增加 Eth-Trunk 活动接口的数目，超过上限阈值的链路状态将被置为 Down，作为备份链路。

例如，有 8 条无故障链路在一个 Eth-Trunk 内，每条链路都能提供 1G 的带宽，现在最多需要 5G 的带宽，那么上限阈值就可以设为 5 或者更大的值。其他的链路就自动进入备份状态以提高网络的可靠性。

手工模式链路聚合不支持活动接口数上限阈值的配置。

通过设置活动接口下限阈值可以保证最小带宽，当前活动链路数目小于下限阈值时，Eth-Trunk 接口的状态转为 Down。

例如，每条物理链路能提供 1G 的带宽，现在最小需要 2G 的带宽，那么活动接口数下限阈值必须要大于等于 2。

四、LACP 模式实现原理

LACP 通过链路聚合控制协议数据单元 LACPDU 与对端交互信息，LACPDU 报文中包含设备的系统优先级、MAC 地址、接口优先级、接口号和操作 Key 等信息。

LACP 模式 Eth-Trunk 建立的过程如下：

（1）在 LACP 模式的 Eth-Trunk 中加入成员接口后，两端互相发送 LACPDU 报文。如图 7-88 所示，在 Device A 和 Device B 上创建 Eth-Trunk 并配置为 LACP 模式，然后向 Eth-Trunk 中手工加入成员接口。此时成员接口上便启用了 LACP 协议，两端互发 LACPDU 报文。

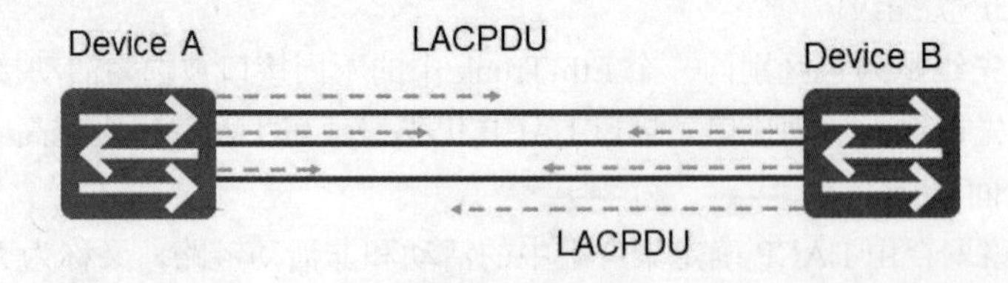

图 7-88　LACP 模式链路聚合互发 LACPDU

（2）确定主动端和活动链路。如图 7-89 所示，两端设备均会收到对端发来的 LACPDU 报文。以 Device B 为例，当 Device B 收到 Device A 发送的报文时，Device B 会查看并记录对端信息，然后比较系统优先级字段，如果 Device A 的系统优先级高于本端的系统优先级，则确定 Device A 为

LACP 主动端。如果 Device A 和 Device B 的系统优先级相同，比较两端设备的 MAC 地址，MAC 地址小的一端为 LACP 主动端。

选出主动端后，两端都会以主动端的接口优先级来选择活动接口，如果主动端的接口优先级都相同则选择接口编号比较小的为活动接口。两端设备选择了一致的活动接口，活动链路组便可以建立起来，从这些活动链路中以负载分担的方式转发数据。

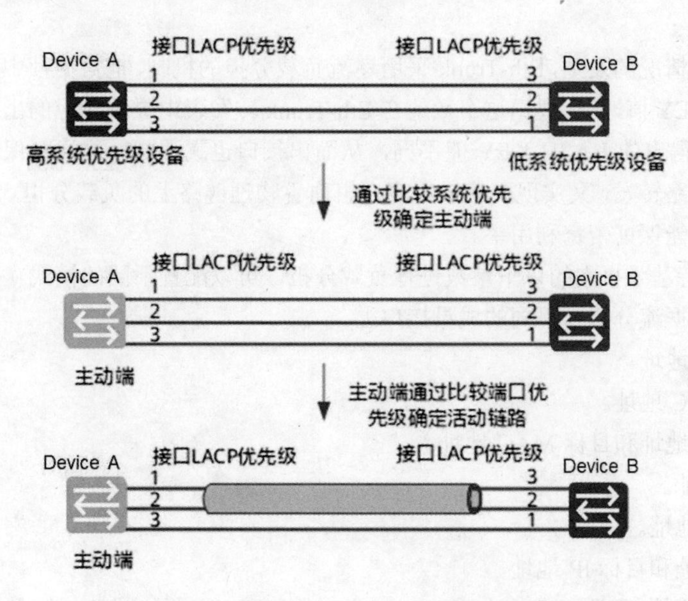

图 7-89　LACP 模式确定主动端和活动链路的过程

系统 LACP 优先级值越小优先级越高，缺省情况下，系统 LACP 优先级为 32768。LACPDU 报文包括系统优先级和接口优先级，如图 7-90 所示。

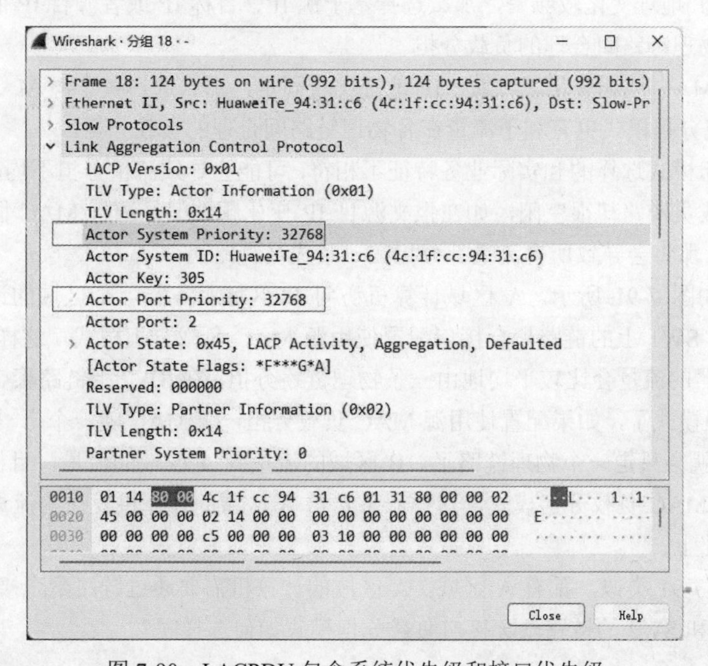

图 7-90　LACPDU 包含系统优先级和接口优先级

五、负载分担模式

在使用 Eth-Trunk 转发数据时，由于聚合组两端设备之间有多条物理链路，可能会产生同一数据流的第一个数据帧在一条物理链路上传输，而第二个数据帧在另外一条物理链路上传输的情况。这样一来同一数据流的第二个数据帧就有可能比第一个数据帧先到达对端设备，从而产生接收数据包乱序的情况。

为了避免这种情况的发生，Eth-Trunk 采用逐流负载分担的机制，把数据帧中的地址通过 HASH 算法生成 HASH-KEY 值，然后根据这个数值在 Eth-Trunk 转发表中寻找对应的出接口，不同的 MAC 或 IP 地址 HASH 得出的 HASH-KEY 值不同，从而出接口也就不同，这样既保证了同一数据流的帧在同一条物理链路转发，又实现了流量在聚合组内各物理链路上的负载分担。逐流负载分担能保证包的顺序，但不能保证带宽利用率。

Eth-Trunk 支持基于报文的以下参数进行负载分担，可以配置不同的模式（本地有效，对出方向报文生效）将数据流分担到不同的成员接口上。

- 源 MAC 地址。
- 目标 MAC 地址。
- 源 MAC 地址和目标 MAC 地址。
- 源 IP 地址。
- 目标 IP 地址。
- 源 IP 地址和目标 IP 地址。
- VLAN、源物理端口等（对 L2、IPv4、IPv6 和 MPLS 报文进行增强型负载分担）。

实际业务中用户需要根据业务流量特征配置合适的负载分担方式。业务流量中某种参数变化频繁（也就是数量多），选择与此参数相关的负载分担方式负载均衡程度就高。

如果报文的 IP 地址变化较频繁，那么选择基于源 IP、目标 IP 或者源目 IP 的负载分担模式更有利于流量在各物理链路间合理的负载分担。

如果报文的 MAC 地址变化较频繁，IP 地址比较固定，那么选择基于源 MAC、目标 MAC 或源目 MAC 的负载分担模式更有利于流量在各物理链路间合理的负载分担。

如果负载分担模式选择的和实际业务特征不相符，可能会导致流量分担不均，部分成员链路负载很高，其余的成员链路却很空闲，如在报文源目 IP 变化频繁但是源目 MAC 固定的场景下选择源目 MAC 模式，那将会导致所有流量都分担在一条成员链路上。

举例说明：如图 7-91 所示，A 区域计算机访问 B 区域服务器，A 区域的计算机数量多，源 MAC 数量多，在 SW1 上的链路聚合接口配置使用源 MAC 负载分担模式，这样 A 区域的计算机访问 B 区域服务器的流量会比较平均地由三条物理链路分担。在 SW2 上链路聚合接口就不能配置源 MAC 负载分担模式了，如果配置使用源 MAC 负载分担，源 MAC 就一个（一个服务器），所有到 A 区域的流量就会只走一个物理链路了。B 区域的流量到 A 区域的流量，目标 MAC 数量多，SW2 上配置目标 MAC 负载分担模式，这样服务器给 A 区域的计算机发送的流量就比较均匀地分担在三条物理链路上。

图 7-92 和图 7-91 类似，都有 A 区域。A 区域的计算机需要通过链路聚合接口访问 Internet，两个交换机 SW1 和 SW2 的链路聚合接口负载分担模式如何选择呢？

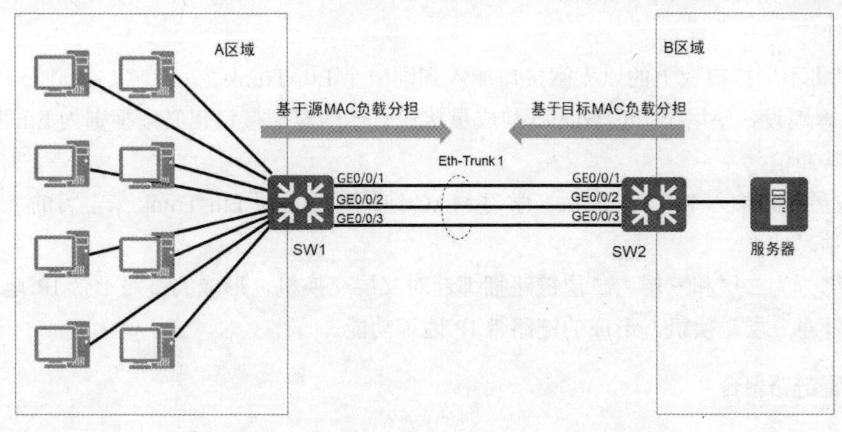

图 7-91 基于源 MAC 和目标 MAC 的负载分担模式

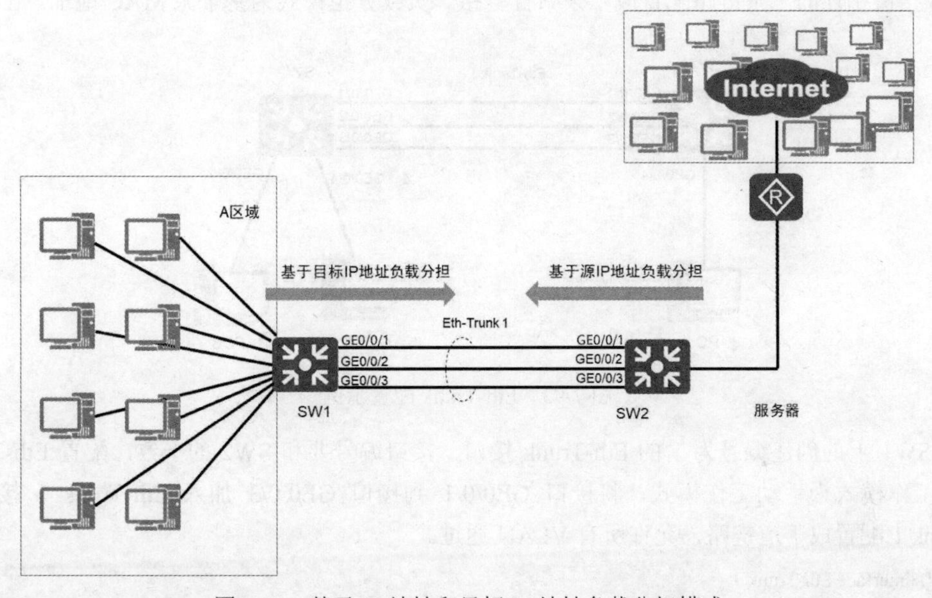

图 7-92 基于 IP 地址和目标 IP 地址负载分担模式

A 区域的计算机访问 Internet，Internet 中的计算机数量要比 A 区域的多，也就是 A 区域的计算机访问 Internet 的流量中，目标 IP 地址这个参数数量最多，因此在 SW1 的链路聚合接口上配置基于目标 IP 地址的负载分担模式，在 SW2 的链路聚合接口配置基于源 IP 地址的负载分担。

六、链路聚合实现的条件

1．每个 Eth-Trunk 接口下最多可以包含 8 个成员接口。

2．成员接口不能配置任何业务和静态 MAC 地址。

3．成员接口加入 Eth-Trunk 时，必须为缺省的 Hybrid 类型接口。

4．Eth-Trunk 接口不能嵌套，即成员接口不能是 Eth-Trunk。

5．一个以太网接口只能加入到一个 Eth-Trunk 接口，如果需要加入其他 Eth-Trunk 接口，必须先退出原来的 Eth-Trunk 接口。

6．一个 Eth-Trunk 接口中的成员接口必须是同一类型，例如：FE 口和 GE 口不能加入同一个

Eth-Trunk 接口。

7．可以将不同接口板上的以太网接口加入到同一个 Eth-Trunk。

8．如果本地设备使用了 Eth-Trunk，与成员接口直连的对端接口也必须捆绑为 Eth-Trunk 接口，两端才能正常通信。

9．当成员接口加入 Eth-Trunk 后，学习 MAC 地址时是按照 Eth-Trunk 来学习的，而不是按照成员接口来学习。

链路捆绑分为二层和三层。二层链路捆绑针对二层交换机，形成的链路不带 IP 地址功能。三层链路捆绑针对三层交换机，形成的链路带 IP 地址功能。

七、配置链路聚合

如图 7-93 所示，将交换机 SW1 的 GE0/0/1、GE0/0/2、GE0/0/3 和交换机 SW2 的 GE0/0/1、GE0/0/2、GE0/0/3 接口相连的三条链路配置成一条聚合链路。负载分担模式为基于源 MAC 地址。

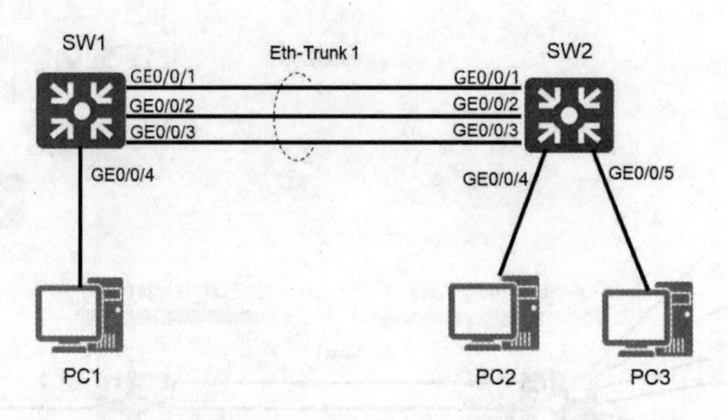

图 7-93　Eth-Trunk 配置示例

在 SW1 上的创建编号为 1 的 Eth-Trunk 接口，接口编号要和 SW2 的一致，配置 Eth-Trunk 1 接口的工作模式为手动工作模式，将接口 GE0/0/1 到接口 GE0/0/3 加入 Eth-Trunk 1 接口，将 Eth-Trunk 1 配置成干道链路，允许所有 VLAN 通过。

```
[SW1]interface Eth-Trunk 1
[SW1-Eth-Trunk1]mode ? --查看聚合链路支持的工作模式
  lacp-static      Static working mode
  manual           Manual working mode
[SW1-Eth-Trunk1]mode manual load-balance                --配置链路聚合模式为手动模式
[SW1-Eth-Trunk1]trunkport GigabitEthernet 0/0/1 to 0/0/3
[SW1-Eth-Trunk1]load-balance ?        --查看支持的负载分担模式
  dst-ip          According to destination IP hash arithmetic
  dst-mac         According to destination MAC hash arithmetic
  src-dst-ip      According to source/destination IP hash arithmetic
  src-dst-mac     According to source/destination MAC hash arithmetic
  src-ip          According to source IP hash arithmetic
  src-mac         According to source MAC hash arithmetic
[SW1-Eth-Trunk1]load-balance src-mac          --配置基于源 MAC 的负载分担模式

[SW1-Eth-Trunk1]port link-type trunk
[SW1-Eth-Trunk1]port trunk allow-pass vlan all
[SW1-Eth-Trunk1]quit
```

在 SW2 上的创建编号为 1 的 Eth-Trunk 接口，接口编号要和 SW1 的一致，配置 Eth-Trunk 1 接口的工作模式为手动负载分担模式，将接口 GE0/0/1 到接口 GE0/0/3 加入 Eth-Trunk 接口，将 Eth-Trunk 1 配置成干道链路，允许所有 VLAN 通过。

```
[SW2]interface Eth-Trunk 1
[SW2-Eth-Trunk1]mode manual load-balance
[SW2-Eth-Trunk1]trunkport GigabitEthernet 0/0/1 to 0/0/3
[SW2-Eth-Trunk1]load-balance src-mac
[SW2-Eth-Trunk1]port link-type trunk
[SW2-Eth-Trunk1]port trunk allow-pass vlan all
[SW2-Eth-Trunk1]quit
```

输入 display eth-trunk 1 查看 Eth-Trunk 1 接口的配置信息。

```
[SW1]display eth-trunk 1
Eth-Trunk1's state information is:
WorkingMode: NORMAL              Hash arithmetic: According to SA
Least Active-linknumber: 1    Max Bandwidth-affected-linknumber: 8
Operate status: up              Number Of Up Port In Trunk: 3
--------------------------------------------------------------------------------
PortName                        Status        Weight
GigabitEthernet0/0/1            Up            1
GigabitEthernet0/0/2            Up            1
GigabitEthernet0/0/3            Up            1
```

在上面的回显信息中，“WorkingMode：NORMAL”表示 Eth-Trunk1 接口的链路聚合模式为为 NORMAL，即手动模式。“Least Active-linknumber：1”表示处于 Up 状态的成员链路的下限阈值为 1。设置最少活动接口数目是为了保证最小带宽，当带宽过小时一些对链路带宽有要求的业务将会出现异常，此时切断 Eth-Trunk，通过网络自身的高可靠性将业务切换到其他路径，从而保证业务的正常运行。“Operate status：up”表示 Eth-Trunk 1 接口的状态为 Up。从 Number Of Up Port In Trunk 下面的信息可以看出，Eth-Trunk 1 接口包含了 3 个成员接口，分别是 GigabitEthernet0/0/1、GigabitEthernet0/0/2、GigabitEthernet0/0/3。

八、交换机堆叠技术

堆叠技术是在以太网交换机上扩展端口使用较多的另一类技术，是一种非标准化技术。

各个厂商之间不支持混合堆叠，堆叠模式为各厂商制定，不支持拓扑结构。

堆叠技术的最大优点就是提供简化的本地管理，将一组交换机作为一个对象来管理。为用户提供简化的管理和操作。

如图 7-94 所示，交换机堆叠是通过厂家提供的一条专用连接线，从一台交换机的“Up”堆叠端口直接连接到另一台交换机的“Down”堆叠端口，以实现单台交换机端口数的扩充，可以部署跨物理设备的链路聚合。一般交换机能够堆叠 4~9 台。

为了使交换机满足大型网络对端口的数量要求，一般在大型网络中都采用交换机的堆叠方式来解决。要注意的是只有可堆叠交换机才具有这种端口，即有“Up”“Down”。当多个交换机连接在一起时，可以当作一个单元设备来进行管理。

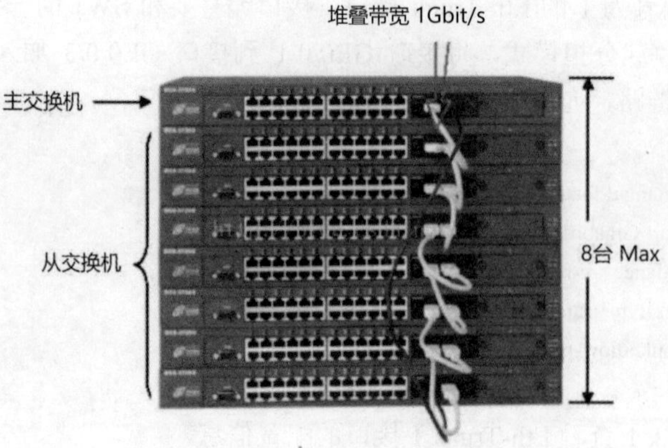

堆叠带宽 1Gbit/s

主交换机

从交换机

8台 Max

图 7-94　交换机堆叠

一般情况下，当多个交换机堆叠时，其中存在一个可管理交换机，可对此可堆叠交换机中其他“独立交换机”进行管理。可堆叠交换机可以非常方便地实现对网络的扩充，是新建网络时最为理想的选择。

第8章 DHCP

本章汇总了 DHCP 相关试题。

试题涉及的知识点：使用 DHCP 服务器分配地址的好处，DHCP 协议工作过程、四种报文类型，DHCP 租约更新，配置 DHCP 中继支持跨网段分配 IP 地址。配置华为路由器作为 DHCP 服务器，配置华为路由器作为 DHCP 中继代理。

8.1 DHCP 工作过程

典型 HCIA 试题

1. 使用动态主机配置协议 DHCP 分配 IP 地址有哪些优点？【多选题】
   A. 可以实现 IP 地址重复利用
   B. 工作量大且不好管理
   C. 配置信息发生变化（如 DNS），只需要管理员在 DHCP 服务器上修改，方便统一管理
   D. 避免 IP 地址冲突
2. 缺省情况下，DHCP 服务器分配 IP 地址的租期为？【单选题】
   A. 1h　　B. 24h　　C. 12h　　D. 18h
3. DHCP 客户端在租期到达哪个比例时第一次发送续租报文？【单选题】
   A. 0.25　　B. 0.5　　C. 1　　D. 0.875
4. DHCP Offer 报文可以携带 DNS 地址，但是只能携带一个 DNS 地址。【判断题】
   A. 对　　B. 错
5. 动态主机配置协议 DHCP 可以分配以下哪些网络参数？【多选题】
   A. 操作系统　　B. DNS 地址
   C. IP 地址　　D. 网关地址
6. 参考以下 DHCP 流程图（图 8-1），以下说法正确的是？【多选题】
   A. 第一步发送的是组播报文　　B. 第二步发送的是单播报文
   C. 第三步发送的是广播报文　　D. 第四步发送的是单播报文

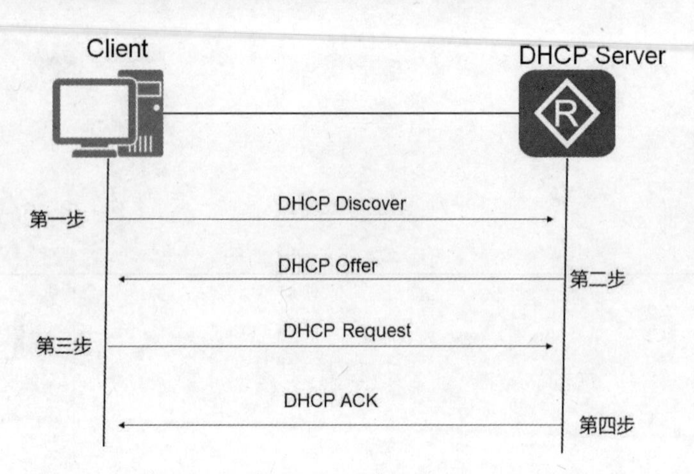

图 8-1　DHCP 报文

7. DHCP 包含以下哪些报文类型？【多选题】

A．DHCP Rollover　　B．DHCP Discover

C．DHCP Request　　D．DHCP Offer

8. DHCP 服务器使用哪种报文确认主机可以使用 IP 地址？【单选题】

A．DHCP ACK　　B．DHCP Discover

C．DHCP Request　　D．DHCP Offer

9. 如果 DHCP 客户端申请的 IP 地址已经被占用，DHCP 服务器会使用哪种报文作为应答？【单选题】

A．DHCP ACK　　B．DHCP Release

C．DHCP NAK　　D．DHCP Discover

10．DHCP Discover 报文的目标 IP 地址为？【单选题】

A．255.255.255.255　　B．224.0.0.1

C．224.0.0.2　　D．127.0.0.1

11．DHCP Discover 报文的主要作用是？【单选题】

A．客户端用来寻找 DHCP 服务器

B．DHCP 服务器用来响应 DHCP Discover 报文，此报文携带了各种配置信息

C．服务器对 Request 报文的确认响应

D．客户端请求配置确认，或者续借租期

12．一台 Windows 主机初次启动，如果采用 DHCP 的方式获取 IP 地址，那么此主机发送的第一个数据包的源 IP 地址是？【单选题】

A．127.0.0.1　　B．255.255.255.255

C．0.0.0.0　　D．169.254.2.33

13．DHCP Request 报文一定是以广播形式发送的。【判断题】

A．对　　B．错

14．DHCP 客户端想要离开网络时发送哪种 DHCP 报文？【单选题】

A．DHCP Discover　　B．DHCP Release

C．DHCP Request　　D．DHCP ACK

试题解析

1．使用动态主机配置协议 DHCP 分配 IP 地址方便统一管理，避免 IP 地址冲突。答案为 CD。

2．不同的 DHCP 服务器默认租期是不一样的，华为路由器配置的 DHCP 服务器默认租期为 24h，Windows Server 2008 默认租期 8h。答案为 B。

3．DHCP 客户端在租期到达 50%时第一次发送续租报文，租期到达 87.5%时会广播发送 DHCP Request。答案为 B。

4．DHCP Offer 报文可以携带 DNS 地址，但是只能携带多个 DNS 地址，图 8-2 所示是 DHCP 服务器提供给客户端的多个 DNS 地址。答案为 B。

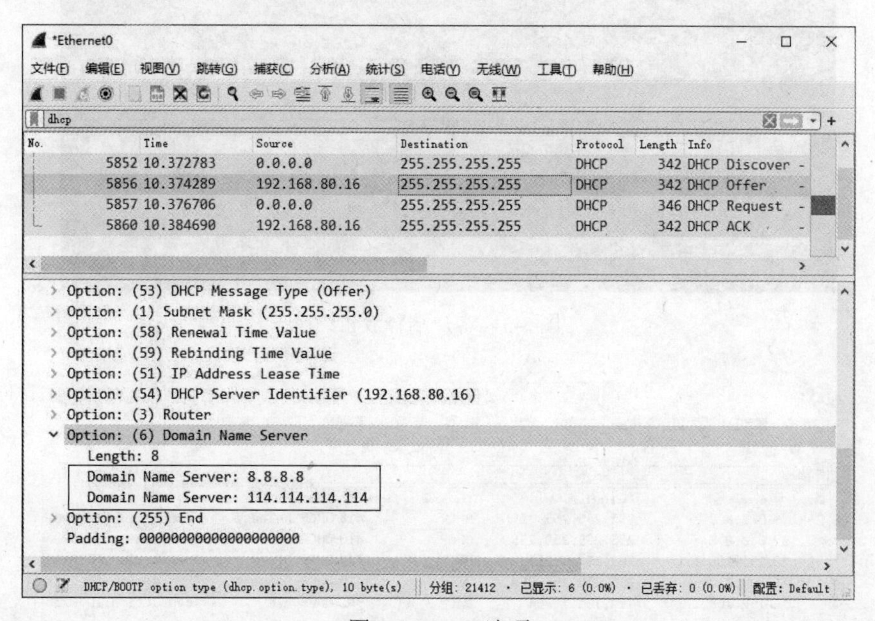

图 8-2 DNS 选项

5．动态主机配置协议 DHCP 可以分配 IP 地址、子网掩码、网关地址、DNS 地址。答案为 BCD。

6．华为路由器做 DHCP 服务器，客户端发送的 DHCP Discover 报文和 DHCP Request 报文目标 IP 地址是广播地址，DHCP 服务器发送的 DHCP Offer 和 DHCP ACK 报文目标 IP 地址是单播地址。尽管此时客户端还没使用该单播地址，目标 MAC 地址是客户端的 MAC 地址，客户端能够接收该数据包。答案为 BCD。

7．DHCP 包含 DHCP Discover、DHCP Offer、DHCP Request 和 DHCP ACK 报文类型。答案为 BCD。

8．DHCP 服务器使用 DHCP ACK 报文确认主机可以使用 IP 地址。答案为 A。

9．如果 DHCP 客户端申请的 IP 地址已经被占用，DHCP 服务器会使用 DHCP NAK 报文作为应答。答案为 C。

10．DHCP Discover 报文的目标 IP 地址为 255.255.255.255。答案为 A。

11．DHCP Discover 报文的主要作用是客户端用来寻找 DHCP 服务器。答案为 A。

12．一台 Windows 主机初次启动，如果采用 DHCP 的方式获取 IP 地址，那么此主机发送的第一个数据包的源 IP 地址是 0.0.0.0。答案为 C。

13．DHCP Request 报文一定是以广播形式发送的。答案为 A。

14．DHCP 客户端想要离开网络时发送 DHCP Release 报文，如图 8-3 所示在 Windows 客户端运行 ipconfig /release 释放租约，抓包工具就能捕获 DHCP Release 报文，如图 8-4 所示。答案为 B。

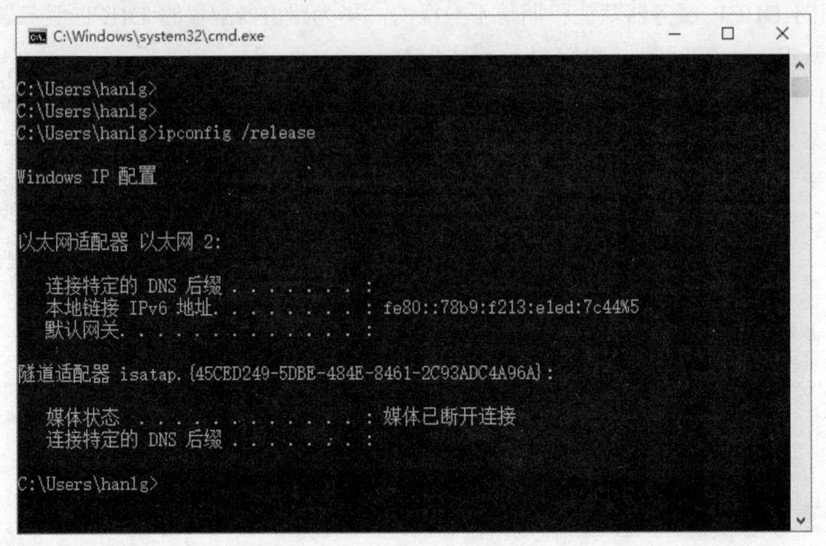

图 8-3　客户端释放租约

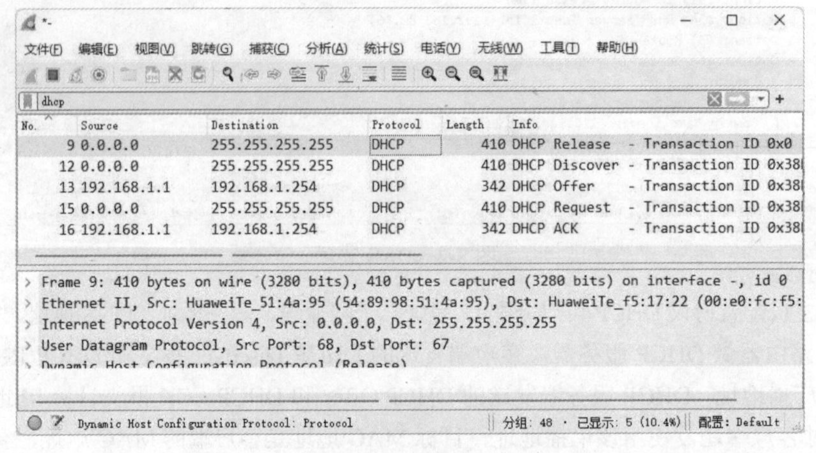

图 8-4　DHCP Release 报文

关联知识精讲

为计算机配置 IP 地址有两种方式：一种是手动指定 IP 地址、子网掩码、网关和 DNS 等配置信息，这种方式获得的 IP 地址称为静态地址；另一种是使用 DHCP 服务器为计算机分配 IP 地址、子网掩码、网关和 DNS 配置信息，这种方式获得的地址称为动态地址。

一、手动配置网络参数的问题

- 参数多，理解难。对于普通用户来说，最好是接上网线或连上 Wi-Fi 不用做任何设置就能上网。如果让普通用户配置 IP 地址、子网掩码、网关和 DNS 等参数才能上网，每次还需要网络管理提供一个没被使用的 IP 地址。

- 工作量大。如果企业网络中的计算机数量多，由网络管理员手动配置，工作量巨大，属于重复性劳动，网络管理员需要提前对 IP 地址进行规划，分配到个人。
- 利用率低。企业网络中每个人固定使用 IP 地址，IP 地址利用率低，有些地址可能长期处于未使用状态。比如说张三出差一个月，分配给张三电脑的 IP 地址就长期未使用。新来的员工还需要分配新的 IP 地址。
- 灵活性差。无线局域网（Wireless Local Area Network，WLAN）的出现使终端位置不再固定，当无线终端移动到另一个无线覆盖区域时，可能需要再次配置 IP 地址。

二、静态地址应用场景

计算机在网络中不经常改变位置，比如学校机房，台式机的位置是固定的，通常使用静态地址，甚至为了方便学生访问资源，IP 地址还按一定规则进行设置，比如第一排第四列的计算机 IP 地址设置为 192.168.0.14，第三排第二列的计算机 IP 地址设置为 192.168.0.32 等。

企业的服务器也通常使用固定的 IP 地址（静态地址），这是为了方便用户使用 IP 地址访问服务器，比如企业 Web 服务器、FTP 服务器、域控制器、文件服务器、DNS 服务器等通常使用静态地址。

三、动态地址应用场景

网络中的计算机不固定，比如软件学院，每个教室一个网段，202 教室的网络是 10.7.202.0/24 网段，204 教室的网络是 10.7.204.0/24 网段，学生从 202 教室下课后再去 204 教室上课，笔记本电脑就要更改 IP 地址了。如果让学生自己更改 IP 地址（静态地址），设置的地址有可能已经被其他学生的笔记本电脑占用了。人工为移动设备指定地址不仅麻烦，而且指定的地址还容易发生冲突。如果使用 DHCP 服务器统一分配地址，就不会产生冲突。配置信息发生变化（如 DNS），只需要管理员在 DHCP 服务器上修改，方便统一管理。

通过 Wi-Fi 联网的设备，地址通常也是由 DHCP 服务器自动分配的。通过 Wi-Fi 联网本来就是为了方便，如果连上 Wi-Fi 后，还要设置 IP 地址、子网掩码、网关和 DNS 才能上网，那就不方便了。

四、DHCP 基本概念

为解决传统静态手工配置方式的不足，动态主机配置协议（Dynamic Host Configuration Protocol，DHCP）应运而生，其可以实现网络动态地分配 IP 地址给主机使用。DHCP 采用 C/S（Client/Server）架构，主机只需将 IP 地址设置成自动获得就能从服务器端获取地址，实现接入网络后即插即用。

如图 8-5 所示，DHCP 客户端可以是无线移动设备，也可以是笔记本、台式机，只要 IP 地址设置成自动获得（默认就是自动获得），就是 DHCP 客户端。DHCP 服务器可以是 Windows Server、Linux 服务器，也可以是华为的三层设备和路由器。DHCP 客户端发送 DHCP 请求，DHCP 服务器收到请求后为客户端提供一个可用的地址、子网掩码、网关和 DNS 等参数。

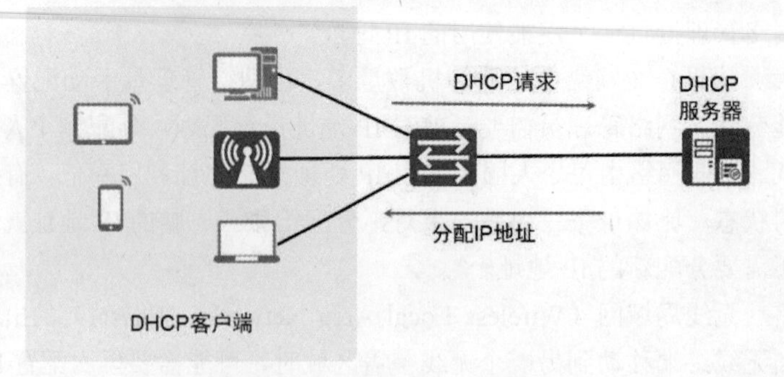

图 8-5　DHCP 工作示意图

DHCP 的优点：

- 统一管理。IP 地址从 DHCP 服务器端的地址池中获取，服务器端会记录维护 IP 地址的使用状态，比如哪些 IP 地址已经被使用，哪些地址还没有被使用等信息，做到 IP 地址统一分配管理。
- 地址租期。DHCP 提出了租期的概念，对于已经分配的 IP 地址，若终端超过租期仍未续租，服务器判断该终端不再需要使用该 IP 地址，将 IP 地址收回，可继续分配给其他终端。

五、DHCP 数据包的类型

以上几种情况下，DHCP 客户端与 DHCP 服务器之间会通过以下 4 个数据包来相互通信，其过程如图 8-6 所示，DHCP 协议定义了 4 种类型的数据包。

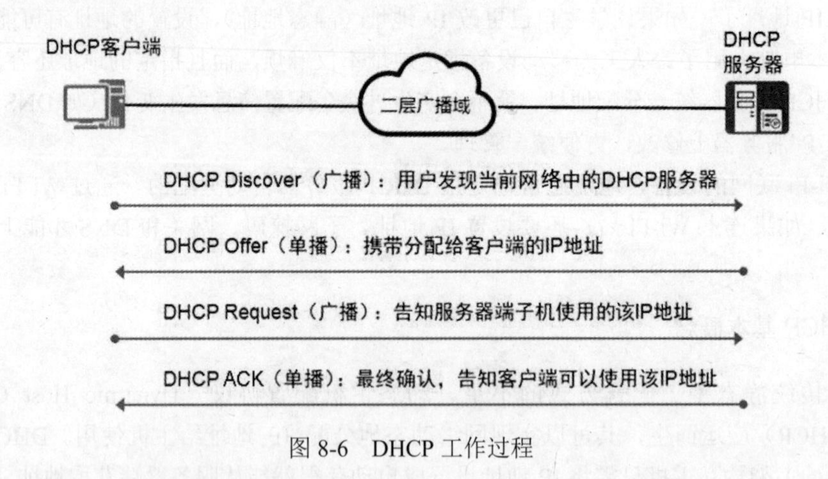

图 8-6　DHCP 工作过程

1. DHCP Discover（DHCP 发现）

DHCP 客户端通过向网络广播一个 DHCP Discover 数据包来发现可用的 DHCP 服务器。

将 IP 地址设置为自动获得的计算机就是 DHCP 客户端，它不知道网络中谁是 DHCP 服务器，自己也没地址，DHCP 客户端就发送广播包来请求地址，网络中的设备都能收到该请求。广播包的源 IP 地址为 0.0.0.0，目标 IP 地址为 255.255.255.255。

2. DHCP Offer（DHCP 提供）

DHCP 服务器通过向网络广播一个 DHCP Offer 数据包来应答客户端的请求。

当 DHCP 服务器接收到 DHCP 客户端广播的 DHCP Discover 数据包后，网络中的所有 DHCP 服务器都会向网络广播一个 DHCP Offer 数据包。所谓 DHCP Offer 数据包，就是 DHCP 服务器用来将 IP 地址提供给 DHCP 客户端的信息。华为路由器作为 DHCP 服务器，DHCP Offer 数据包目标地址是单播地址，如图 8-7 所示。Windows 系统作为 DHCP 服务器，DHCP Offer 数据包目标地址是广播地址，如图 8-8 所示。

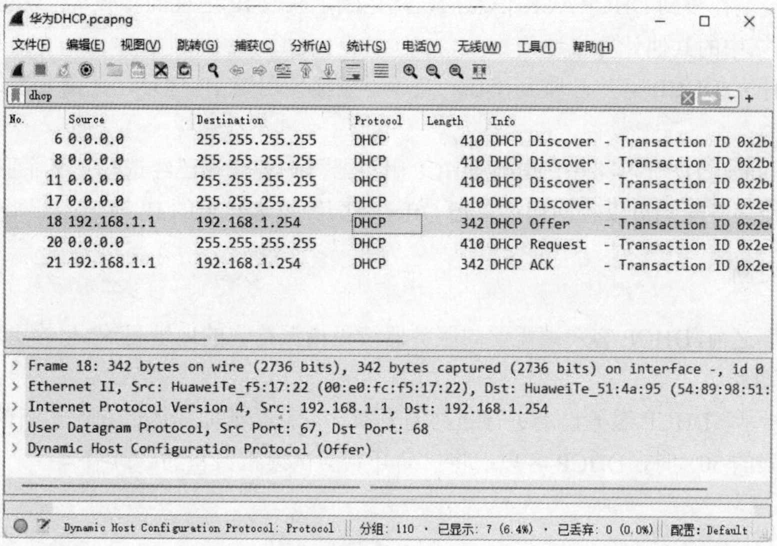

图 8-7 华为路由器作为 DHCP 服务器

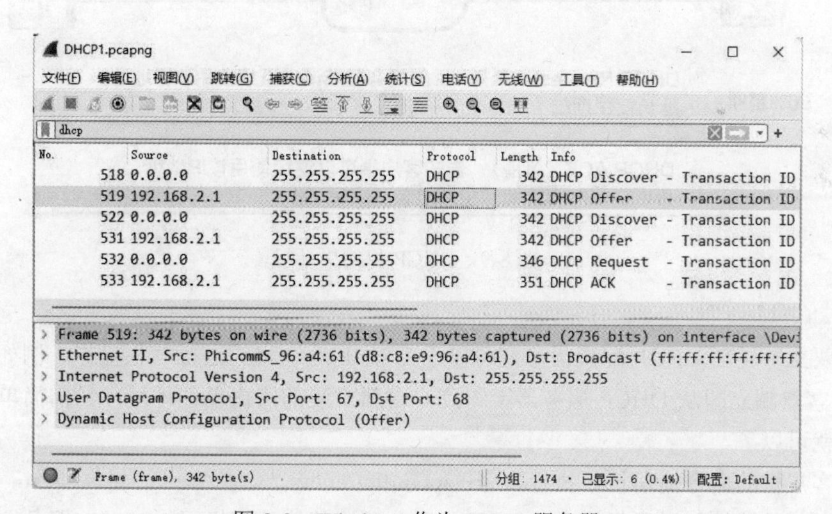

图 8-8 Windows 作为 DHCP 服务器

3. DHCP Request（DHCP 请求）

DHCP 客户端向网络广播一个 DHCP Request 数据包来选择多个服务器提供的 IP 地址。

在 DHCP 客户端通过接收到服务器的 DHCP Offer 数据包后，会向网络广播一个 DHCP Request 数据包以接受分配。DHCP Request 数据包包含为客户端提供租约的 DHCP 服务器的标识，这样其他 DHCP 服务器收到这个数据包后，就会撤销对这个客户端的分配，而将本该分配的 IP 地址收回用于响应其他客户端的租约请求。

4. DHCP ACK（DHCP 确认）

被选择的 DHCP 服务器向网络广播一个 DHCP ACK 数据包，用以确认客户端的选择。

在 DHCP 服务器接收到客户端广播的 DHCP Request 数据包后，随即向网络广播一个 DHCP ACK 数据包。所谓 DHCP ACK 数据包，就是 DHCP 服务器发给 DHCP 客户端的用以确认 IP 地址租约成功生成的信息。此信息包含该 IP 地址的有效租约和其他的 IP 配置信息。

DHCP 客户端在收到 DHCP ACK 信息后，就完成了获取 IP 地址的步骤，也就可以开始利用这个 IP 地址与网络中的其他计算机通信。

思考：为什么 DHCP 客户端收到 Offer 之后不直接使用该 IP 地址，还需要发送一个 Request 告知服务端？

广播的 Request 报文让网络中的其他 DHCP 服务器得知客户端已经选择了某个服务端分配的 IP 地址，保证其他服务器端可以收回通过单播 Offer 分配给该客户端的 IP 地址。

六、租约更新

在租约过期之前，DHCP 客户端需要向服务器续租指派给它的地址租约，租约更新有两种方法。

- 自动更新。

如图 8-9 所示，DHCP 服务自动进行租约的更新，也就是前面描述的租约更新的过程，当租约期达到租约期限的 50%时，DHCP 客户端将自动开始尝试续租该租约。

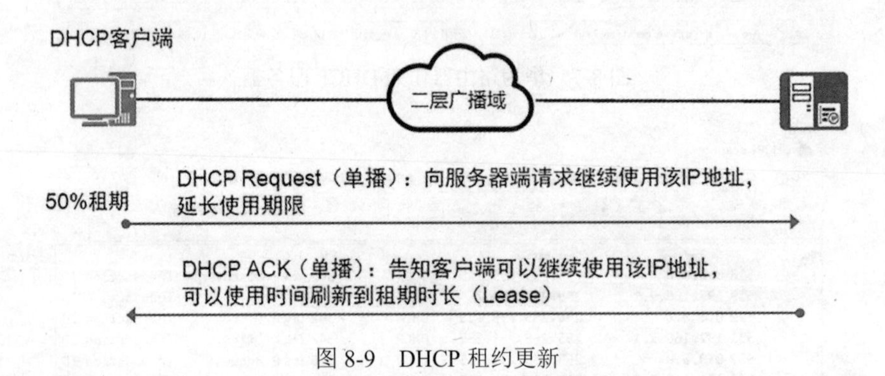

图 8-9　DHCP 租约更新

- 手动更新。

如果需要立即更新 DHCP 配置信息，可以手工对 IP 地址租约进行续租操作，例如：如果我们希望 DHCP 客户端立即从 DHCP 服务器上得到一台新安装的路由器的地址，只需简单地在客户端做续租操作就可以了。

直接在客户机的命令提示符下执行命令：ipconfig/renew。

客户端更新的地址如果已经被 DHCP 服务器分配给其他计算机了，DHCP 服务器会给客户端发送 DHCP NAK 报文。

七、自动更新的过程

DHCP 客户端按照设定好的时间，周期性地续租其租约以保证其使用的是最新的配置信息。若租约期满而客户端依然没有更新其地址租约，则 DHCP 客户端将失去这个地址租约并开始一个 DHCP 租约产生过程。DHCP 租约更新过程步骤如下。

（1）当租约时间过去 50%时，客户机向 DHCP 服务器发送一个请求，请求更新和延长当前租约。客户机直接向 DHCP 服务器发请求，最多可重发三次，分别在 4s、8s 和 16s 时。

（2）如果某台服务器应答一个 DHCP Offer 消息，以更新客户机的当前租约，客户机就用服务器提供的信息更新租约并继续工作。

如果在 50%租期时客户端未得到原服务器端的回应，则客户端在 87.5%租期时会广播发送 DHCP Request，任意一台 DHCP 服务器端都可以回应，该过程称为重绑定。

（3）如果租约终止而且没有连接到服务器，客户机必须立即停止使用其租约 IP 地址。Windows 系统停止使用地址后，会使用 169.254.0.0/16 网段的一个地址。然后，客户机执行与它初始启动期间相同的过程来获得新的 IP 地址租约。

八、DHCP 中继原理

前面讲的 DHCP 服务器为直连的网段分配 IP 地址。DHCP 服务器也可以为非直连的网段分配 IP 地址。如图 8-10 所示，配置 AR1 作为 DHCP 服务器为研发部分配 IP 地址。这就需要在 AR2 路由器的 vlanif 1 接口启用 DHCP 中继。

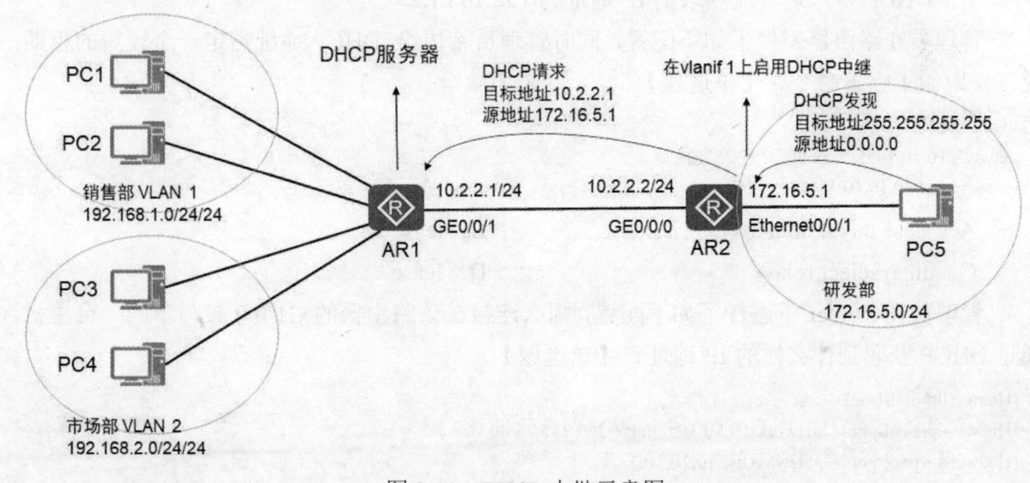

图 8-10　DHCP 中继示意图

DHCP 中继原理：

（1）当 DHCP 客户端启动并进行 DHCP 初始化时，它会在本地网络发送 DHCP Discover 请求报文。

（2）如果本地网络存在 DHCP 服务器，则可以直接进行 DHCP 配置，不需要 DHCP 中继。

（3）如果本地网络没有 DHCP 服务器，则与本地网络相连的具有 DHCP 中继功能的网络设备收到该广播报文后，将进行适当处理并转发给指定的其他网络上的 DHCP 服务器。如图 8-10 所示，DHCP 中继转发 PC5 发出的 DHCP 请求数据包，数据包的目标地址是 DHCP 服务器的 IP 地址，源地址是 AR2 接口 vlanif 1 的 IP 地址。DHCP 根据源地址就能够判断出这是来自哪个网段的请求。

（4）DHCP 服务器根据 DHCP 客户端提供的信息进行相应的配置，并通过 DHCP 中继将配置信息发送给 DHCP 客户端，完成对 DHCP 客户端的动态配置。

事实上，从开始到最终完成配置，需要多个这样的交互过程。DHCP 中继设备修改 DHCP 消息中的相应字段，把 DHCP 的广播包改成单播包，并负责在服务器与客户机之间转换。

8.2 配置 DHCP

典型 HCIA 试题

1．某台路由器 DHCP 地址池配置信息如下，下列说法正确的有？【多选题】

```
#
ip pool test
network 192.168.1.0 mask 255.255.255.0
excluded-ip-address 192.168.1.200 192.168.1.254
lease day 0 hour 12 minute 0
#
```

A．该地址池有 199 个可用的 IP 地址

B．IP 地址的租期为 12h

C．该地址池有 55 个可用的 IP 地址

D．DHCP 客户端可能获取的 IP 地址为 192.168.1.2

2．管理员在路由器上做了如下配置，同时管理员希望给 DHCP 地址指定一个较短的租期，请问应该使用如下哪条命令？【单选题】

```
ip pool pool1
network 10.10.10.0 mask 255.255.255.0
gateway-list 10.10.10.1
```

A．lease day 0 hour 10　　　　B．lease 24

C．dhcp select relay　　　　D．lease

3．管理员在 Router 下进行了如下配置，那么连接在该路由器的 G1/0/0 接口下的一台主机，能够通过 DHCP 获取到什么样的 IP 地址？【单选题】

```
[Huawei]ip pool pool1
[Huawei-ip-pool-pool1]network 10.10.10.0 mask 255.255.255.0
[Huawei-ip-pool-pool1]gateway-list 10.10.10.1
[Huawei-ip-pool-pool1]quit
[Huawei]ip pool pool2
[Huawei-ip-pool-pool2]network 10.20.20.0 mask 255.255.255.0
[Huawei-ip-pool-pool2]gateway-list 10.20.20.1
[Huawei-ip-pool-pool2]quit
[Huawei]interface GigabitEthernet 1/0/0
[Huawei-GigabitEthernet1/0/0]ip address 10.10.10.1 24
[Huawei-GigabitEthernet1/0/0]dhcp select global
```

A．该主机获取的 IP 地址属于 10.10.10.0/24 网络

B．该主机获取不到 IP 地址

C．该主机获取的 IP 地址属于 10.20.20.0/24 网络

D．该主机获取的 IP 地址可能属于 10.10.10.0/24 网络，也可能属于 10.20.20.0/24 网络

4．网络中部署了一台 DHCP 服务器，但是管理员发现部分主机并没有正确获取到该 DHCP 服务器所指定的地址，请问可能的原因有哪些？【多选题】

A．DHCP 服务器的地址池已经全部分配完毕

B．部分主机无法与该 DHCP 服务器正常通信，这些主机客户端系统自动生成了 169.254.0.0 范围内的地址

C．网络中存在另外一台工作效率更高的 DHCP 服务器

D．部分主机无法与该 DHCP 服务器正常通信，这些主机客户端系统自动生成了 127.254.0.0 范围内的地址

5．一台 Windows 主机初次启动，如果无法从 DHCP 服务器处获取地址，那么此主机可能会使用下列哪一个 IP 地址？【单选题】

A．127.0.0.1　　B．169.254.2.33

C．255.255.255.255　　D．0.0.0.0

6．下列关于 DHCP 协议的使用场景的说法正确的是？【单选题】

A．DHCP 中继接收到 DHCP 请求或应答报文后，不修改报文格式直接进行转发

B．网络中不允许出现多个 DHCP 务器

C．DHCP 客户端和 DHCP 服务器必须连接到同一个交换机

D．如果 DHCP 客户端和 DHCP 服务器不在同一个网段，需要通过 DHCP 中继来转发 DHCP 报文

7．DHCP 协议接口地址池的优先级比全局地址池高。【判断题】

A．对　　B．错

8．路由器某接口开启 DHCP 服务器功能，DHCP 客户端可能获取到以下哪个 IP 地址？【单选题】

```
interface GigabitEthernet0/0/1
ip address 11.0.1.1 255.255.255.0
dhcp select interface
dhcp server excluded-ip-address 11.0.1.2 11.0.1.127
#
```

A．11.0.1.1　　B．11.0.1.100　　C．11.0.1.254　　D．11.0.1.255

试题解析

1．地址池可用的地址为 192.168.1.1～192.168.1.254，排除了 192.168.1.200～192.168.1.254，可用地址还剩下 199 个。答案为 ABD。

2．lease day 0 hour 10 命令将租期更改为 10 小时。答案为 A。

3．接口收到主机发送的 DHCP Discover 报文，就会从该接口所在的网段的地址池中选择地址给主机。答案为 A。

4．网络中部署了一台 DHCP 服务器，但是管理员发现部分主机并没有正确获取到该 DHCP 服务器所指定的地址，可能 DHCP 服务器的地址池已经全部分配完毕，可能客户端和 DHCP 服务器网络不通，网络中其他的 DHCP 更快地响应了客户端请求。答案为 ABC。

5．一台 Windows 主机初次启动，如果无法从 DHCP 服务器处获取地址，那么此主机可能会使用 169.254.0.0/16 网段的 IP 地址。答案为 B。

6．DHCP 中继接收到 DHCP 请求或应答报文后，需修改报文格式转发。一个网段允许有多个 DHCP 服务器。DHCP 客户端和 DHCP 服务器可以在不同网段，在不同的交换机上连接，跨网段分配 IP 地址需要配置 DHCP 中继代理。答案为 D。

7．DHCP 协议接口地址池的优先级比全局地址池高。答案为 A。

8．排除了 11.0.1.2～11.0.1.127 范围的地址，不能分配接口使用的地址，广播地址不能分配给客户端，选项值只有 11.0.1.254 符合要求。答案为 C。

关联知识精讲

一、将路由器配置为 DHCP 服务器

Windows Server、Linux 服务器和华为路由器、三层交换机都可以配置为 DHCP 服务器。使用华为网络设备配置为 DHCP 服务器，就可以不用专门的 Windows 或 Linux 服务器作为 DHCP 服务器了。

如图 8-11 所示，某企业有 3 个部门，销售部的网络使用 192.168.1.0/24 网段、市场部的网络使用 192.168.2.0/24 网段、研发部的网络使用 172.16.5.0/24 网段。现在要配置 AR1 路由器为 DHCP 服务器，为这 3 个部门的计算机分配 IP 地址。

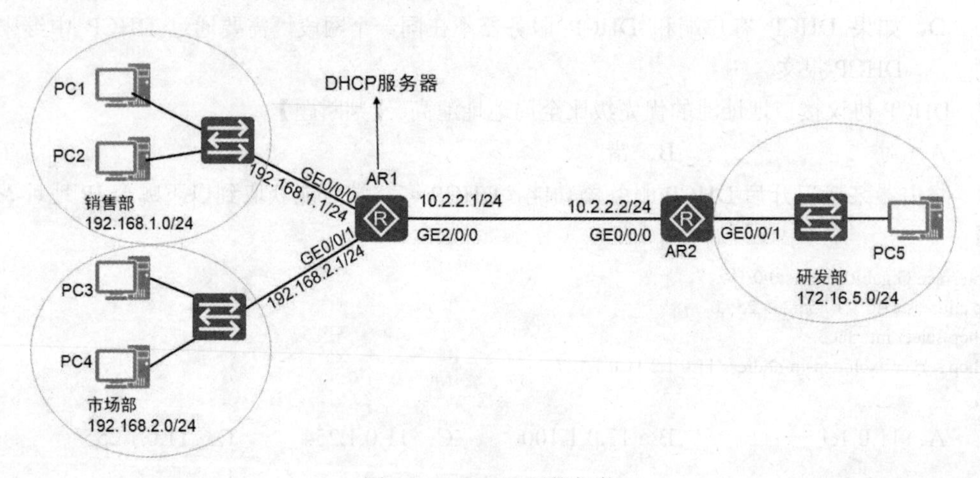

图 8-11　DHCP 网络拓扑

在 AR1 上为销售部创建地址池 Vlan1，Vlan1 是地址池的名称，地址池名称可以随便指定。

```
[AR1]dhcp enable                                                      --全局启用 DHCP 服务
[AR1]ip pool vlan1                                                    --为 Vlan 1 创建地址池
[AR1-ip-pool-vlan1]network 192.168.1.0 mask 24                        --指定地址池所在的网段
[AR1-ip-pool-vlan1]gateway-list 192.168.1.1                           --指定该网段的网关
[AR1-ip-pool-vlan1]dns-list 8.8.8.8                                   --指定 DNS 服务器
[AR1-ip-pool-vlan1]dns-list 222.222.222.222                           --指定第二个 DNS 服务器
[AR1-ip-pool-vlan1]lease day 0 hour 8 minute 0                        --地址租约，允许客户端使用多长时间
[AR1-ip-pool-vlan1]excluded-ip-address 192.168.1.1 192.168.1.10       --指定排除的地址范围
Error:The gateway cannot be excluded.                                 --不能包括网关
[AR1-ip-pool-vlan1]excluded-ip-address 192.168.1.2 192.168.1.10       --指定排除的地址范围
[AR1-ip-pool-vlan1]excluded-ip-address 192.168.1.50 192.168.1.60      --指定排除的地址范围
[AR1-ip-pool-vlan1]display this                                       --显示地址池的配置
[V200R003C00]
#
ip pool vlan1
 gateway-list 192.168.1.1
```

```
  network 192.168.1.0 mask 255.255.255.0
  excluded-ip-address 192.168.1.2 192.168.1.10
  excluded-ip-address 192.168.1.50 192.168.1.60
  lease day 0 hour 8 minute 0
  dns-list 8.8.8.8 222.222.222.222
#
Return
```

配置 GigabitEthernet 0/0/0 接口从全局地址池选择地址。以上创建的 Vlan1 地址池是全局（global）地址池。

```
[AR1]interface GigabitEthernet 0/0/0
[AR1-GigabitEthernet0/0/0]dhcp select global
```

一个网段只能创建一个地址池，如果该网段中有些地址已经被占用，就要在该地址池中排除，避免 DHCP 分配的地址和其他计算机冲突。DHCP 分配给客户端的 IP 地址等配置信息是有时间限制的（租约时间），对于网络中计算机变换频繁的情况，租约时间设置得短一些，如果网络中的计算机相对稳定，租约时间设置得长一点。如软件学院的学生 2 个小时就有可能更换教室听课，可把租约时间设置成 2 小时。通常情况下，客户端在租约时间过去一半时就会自动找到 DHCP 服务器续约。如果到期了，客户端没有找 DHCP 服务器续约，DHCP 就认为该客户端已经不在网络中，该地址就被收回，以后就可以分配给其他计算机了。

为市场部创建地址池。

```
[AR1]ip pool vlan2
[AR1-ip-pool-vlan2]network 192.168.2.0 mask 24
[AR1-ip-pool-vlan2]gateway-list 192.168.2.1
[AR1-ip-pool-vlan2]dns-list 114.114.114.114
[AR1-ip-pool-vlan2]lease day 0 hour 2 minute 0
[AR1-ip-pool-vlan2]quit
```

配置 GigabitEthernet 0/0/1 接口以从全局地址池选择地址。

```
[AR1]interface GigabitEthernet 0/0/1
[AR1-GigabitEthernet0/0/1]dhcp select global
```

输入 display ip pool 以显示定义的地址池。

```
<AR1>display ip pool
  -----------------------------------------------------------------------
  Pool-name      : vlan1
  Pool-No.       : 0
  Position       : Local           Status           : Unlocked
  Gateway-0      : 192.168.1.1
  Mask           : 255.255.255.0
  VPN instance   : --

  -----------------------------------------------------------------------
  Pool-name      : vlan2
  Pool-No.       : 1
  Position       : Local           Status           : Unlocked
  Gateway-0      : 192.168.2.1
  Mask           : 255.255.255.0
  VPN instance   : --
```

```
IP address Statistic
  Total        :506
  Used         :4          Idle        :482
  Expired      :0          Conflict    :0          Disable    :20
```

输入 display ip pool name vlan1 used 命令显示地址池 vlan1 的地址租约使用情况。使用黑体标出了已经分配给计算机使用的地址有 2 个。

```
<AR1>display ip pool name vlan1 used
  Pool-name      : vlan1
  Pool-No.       : 0
  Lease          : 0 Days 8 Hours 0 Minutes
  Domain-name    : -
  DNS-server0    : 8.8.8.8
  DNS-server1    : 222.222.222.222
  NBNS-server0   : -
  Netbios-type   : -
  Position       : Local          Status          : Unlocked
  Gateway-0      : 192.168.1.1
  Mask           : 255.255.255.0
  VPN instance   : --
 ---------------------------------------------------------------------
        Start          End          Total   Used   Idle(Expired)   Conflict   Disable
 ---------------------------------------------------------------------
     192.168.1.1   192.168.1.254     253     2      231(0)          0         20
 ---------------------------------------------------------------------

  Network section :
  -------------------------------------------------------------------
  Index     IP            MAC                  Lease    Status
  -------------------------------------------------------------------
   252    192.168.1.253   5489-9851-4a95       335     Used        --租约，有客户端 MAC 地址
   253    192.168.1.254   5489-9831-72f6       344     Used        --租约，有客户端 MAC 地址
  -------------------------------------------------------------------
```


二、使用接口地址池为直连网段分配地址

以上操作将华为路由器配置为 DHCP 服务器，一个网段创建一个地址池，还为地址池指定了网段和子网掩码。如果路由器为直连网段分配地址，可以不用创建地址池，路由器接口已经配置了地址和子网掩码，可以使用接口所在的网段作为地址池的网段和子网掩码。

如图 8-12 所示，AR1 路由器连接两个网段 192.168.1.0/24 和 192.168.2.0/24。要求配置 AR1 路由器为这两个网段分配 IP 地址。

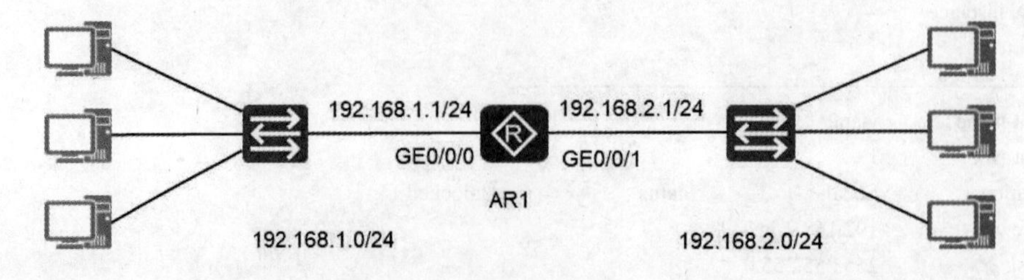

图 8-12　使用接口地址池为直连网段分配地址的拓扑图

配置 AR1 的 GigabitEthernet 0/0/0 和 GigabitEthernet 0/0/1 接口地址。

```
[AR1]interface GigabitEthernet 0/0/0
[AR1-GigabitEthernet0/0/0]ip address 192.168.1.1 24
[AR1-GigabitEthernet0/0/0]quit
[AR1]interface GigabitEthernet 0/0/1
[AR1-GigabitEthernet0/0/1]ip address 192.168.2.1 24
[AR1-GigabitEthernet0/0/1]
```

启用 DHCP 服务，配置 GigabitEthernet 0/0/0 接口从接口地址池选择地址。

```
[AR1]dhcp enable                                  --全局启用 DHCP 服务
[AR1]interface GigabitEthernet 0/0/0
[AR1-GigabitEthernet0/0/0]dhcp select interface     --从接口地址池选择地址
[AR1-GigabitEthernet0/0/0]dhcp server dns-list 114.114.114.114
[AR1-GigabitEthernet0/0/0]dhcp server ?            --可以看到全部配置项
  dns-list              Configure DNS servers
  domain-name           Configure domain name
  excluded-ip-address  Mark disable IP addresses
……
  lease                 Configure the lease of the IP pool
[AR1-GigabitEthernet0/0/0]dhcp server excluded-ip-address 192.168.1.2 192.168.1.20    --排除地址
```

配置 GigabitEthernet 0/0/1 接口从接口地址池选择地址。

```
[AR1]interface GigabitEthernet 0/0/1
[AR1-GigabitEthernet0/0/1]dhcp select interface
[AR1-GigabitEthernet0/0/1]dhcp server dns-list 8.8.8.8
[AR1-GigabitEthernet0/0/1]dhcp server lease day 0 hour 4 minute 0
```

三、跨网段分配 IP 地址

前面讲的 DHCP 服务器为直连的网段分配 IP 地址。DHCP 服务器也可以为非直连的网段分配 IP 地址。如图 8-13 所示，配置 AR1 作为 DHCP 服务器为研发部分配 IP 地址。这就需要在 AR2 路由器的 GE0/0/1 接口启用 DHCP 中继。

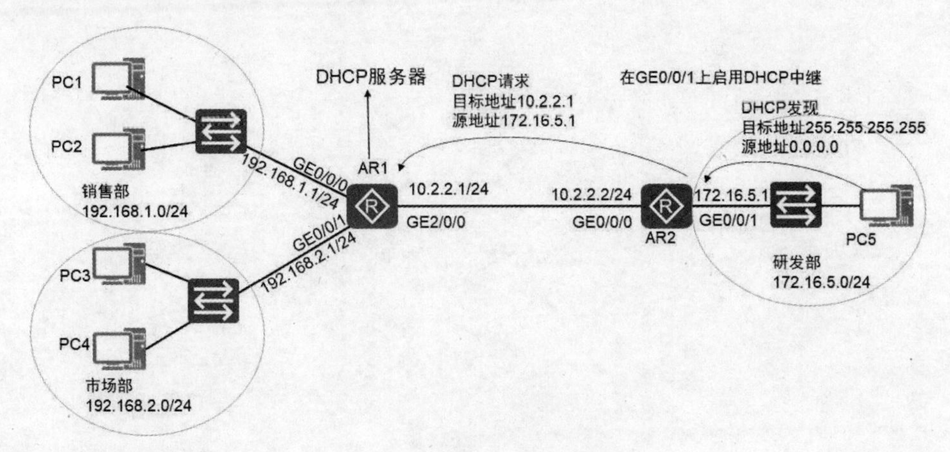

图 8-13　DHCP 中继示意图

按照图 8-13 搭建网络环境，在 AR1 路由器上创建地址池 remoteNet，从而为研发部的计算机分配地址，研发部的网络没有和 AR1 路由器直连，路由器隔绝广播，AR1 收不到研发部的计算机发送的 DHCP 发现数据包。这就需要配置 AR2 路由器的 GE0/0/1 接口，启用 DHCP 中继功能，将收到的 DHCP 发现数据包转换成定向 DHCP 发现数据包，目标地址为 10.2.2.1，源地址为接口 GE0/0/1 的地址 172.16.5.1。AR1 路由器一旦收到这样的数据包，就知道这是来自 172.16.5.0/24 网段的请求，于是就从 remoteNet 地址池中选择一个 IP 地址提供给 PC5。完成此过程的前提是确保这几个网络畅通。

下面就在 AR1 上为研发部的网络创建地址池 remoteNet。远程网段的地址池必须设置网关。

```
[AR1]ip pool remoteNet
[AR1-ip-pool-remoteNet]network 172.16.5.0 mask 24
[AR1-ip-pool-remoteNet]gateway-list 172.16.5.1          --必须设置网关
[AR1-ip-pool-remoteNet]dns-list 8.8.8.8
[AR1-ip-pool-remoteNet]lease day 0 hour 2 minute 0
[AR1-ip-pool-remoteNet]quit
```

配置 AR1 的 GigabitEthernet 2/0/0 接口从全局地址池选择地址。

```
[AR1]interface GigabitEthernet 2/0/0
[AR1-GigabitEthernet2/0/0]dhcp select global
[AR1-GigabitEthernet2/0/0]quit
```

在 AR2 路由器上启用 DHCP 功能，配置 AR2 路由器的 GE0/0/1 接口，启用 DHCP 中继功能，指明 DHCP 服务器的地址。

```
[AR2]dhcp enable          --启用 DHCP
[AR2] interface GigabitEthernet 0/0/1
[AR2- GigabitEthernet 0/0/1]dhcp select relay                          --在接口启用 DHCP 中继
[AR2- GigabitEthernet 0/0/1]dhcp relay server-ip 10.2.2.1              --指定 DHCP 服务器的地址
```

第9章 网络安全和NAT

本章汇总了网络安全和网络地址转换相关试题，包括访问控制列表（Access Control List，ACL）、身份认证、授权、计费（Authentication、Authorization、Accounting、AAA）和网络地址转换（Network Address Translation，NAT）。

ACL 是一种应用非常广泛的网络技术，它的基本原理极为简单。考查的知识点有：ACL 的应用场景、ACL 规则应用顺序、ACL 的分类、通配符。

AAA 是一种管理框架，它提供了授权部分用户访问指定资源和记录这些用户操作行为的安全机制。考查的知识点有：AAA 的概念，创建认证方案、授权方案、计费方案、服务器模板，配置基于域的账号认证、计费、授权。

NAT 能够让使用私网地址的计算机访问 Internet，通过端口映射能够让 Internet 的计算机访问内网使用私网地址的计算机。试题涉及的知识点有：公网地址和私网地址、NAT 的类型、NAT Server。

9.1 ACL

典型 HCIA 试题

1．如果报文匹配 ACL 的结果是“拒绝”，该报文最终被丢弃。【判断题】

A．对　　B．错

2．以下关于 ACL 的匹配机制的说法正确的有？【多选题】

A．如果 ACL 不存在，则返回 ACL 匹配结果为：不匹配

B．如果一直查到最后一条规则，报文仍未匹配上，则返回 ACL 匹配结果为：不匹配

C．无论报文匹配 ACL 的结果是“不匹配”“允许”还是“拒绝”，该报文最终是被允许通过还是拒绝通过，实际是由应用 ACL 的各个业务模块来决定

D．缺省情况下，从 ACL 中编号最小的规则开始查找，一旦匹配规则，停止查询后续规则

3．ACL 不会过滤设备自身产生的访问其他设备的流量；只过滤转发的流量，转发的流量中包括其他设备访问该设备的流量。【判断题】

A．对　　B．错

4．基于 ACL 规则，ACL 可以划分为以下哪些类？【多选题】

A．二层 ACL　　B．用户 ACL　　C．高级 ACL　　D．基本 ACL

5．以下哪种类型的 ACL 不能匹配网络层信息？【单选题】

A．基本 ACL　　B．二层 ACL　　C．用户 ACL　　D．高级 ACL

6．关于访问控制列表编号与类型的对应关系，下面描述正确的是？【单选题】

A．基本的访问控制列表编号范围是 1000～2999

B．二层的访问控制列表编号范围是 4000～4999

C．高级的访问控制列表编号范围是 3000～4000

D．基于接口的访问控制列表编号范围是 1000～2000

7．关于访问控制列表编号与类型的对应关系，下面描述正确的是？【多选题】

A．高级的访问控制列表编号范围是 3000～3999

B．二层的访问控制列表编号范围是 4000～4999

C．基于接口的访问控制列表编号范围是 1000～2000

D．基于接口的访问控制列表编号范围是 1000～2999

8．二层 ACL 的编号范围是？【单选题】

A．4000～4999　　B．6000～6031　　C．2000～2999　　D．3000～3999

9．高级 ACL 的编号范围是？【单选题】

A．6000～6031　　B．4000～4999　　C．3000～3999　　D．2000～2999

10．基本 ACL 的编号范围是？【单选题】

A．4000～4999　　B．2000～2999　　C．6000～6031　　D．3000～3999

11．某个 ACL 规则如下：

```
rule 5 permit ip source 10.0.2.0 0.0.254.255?
```

则下列哪些 IP 地址可以被 permit 规则匹配？【多选题】

A．10.0.4.5　　B．10.0.5.6　　C．10.0.6.7　　D．10.0.2.1

12．如图 9-1 所示的网络，Router A 的配置信息如下，下列说法错误的是？【单选题】

```
ACL number 2000
rule 5 deny source 200.0.12.0 0.0.0.7
rule 10 permit source 200.0.12.0 0.0.0.15
#
interface GigabitEthernet0/0/1
traffic-filter outbound ACL 2000
#
```

图 9-1　网络拓扑

A．源 IP 地址为 200.0.12.2 的主机不能访问 Internet

B．源 IP 地址为 200.0.12.6 的主机不能访问 Internet

C．源 IP 地址为 200.0.12.8 的主机不能访问 Internet

D．源 IP 地址为 200.0.12.4 的主机不能访问 Internet

13．在路由器 RTA 上使用如下所示 ACL 匹配路由条目，则下列哪些条目将会匹配上？【单选题】

```
[RTA]acl 2002
[RTA-acl-basic-2002]rule deny source 172.16.1.1 0.0.0.0
[RTA-acl-basic-2002]rule deny source 172.16.0.0 0.255.0.0
```

A．172.18.0.0/16　　B．172.16.1.0/24　　C．192.17.0.0/24　　D．172.16.1.1/24

14．如果配置的 ACL 规则存在包含关系，应注意严格条件的规则编号需要排序靠前，宽松条件的规则编号需要排序靠后，避免报文因命中宽松条件的规则而停止往下继续匹配，从而使其无法命中严格条件的规则。【判断题】

A．对　　B．错

15．在路由器 RTA 上完成如下所示的 ACL 配置，则下列描述正确的是？【单选题】

```
[RTA]acl 2001
[RTA-acl-basic-2001]rule 20 permit source 20.1.1.0 0.0.0.255
[RTA-acl-basic-2001]rule 10 deny source 20.1.1.0 0.0.0.255
```

A．VRP 系统将会按配置先后顺序调整第一条规则的顺序编号为 5

B．VRP 系统不会调整顺序编号，但是会先匹配规则 permit source 20.1.1.0 0.0.0.255

C．VRP 系统将会按顺序编号先匹配规则 deny source 20.1.1.0 0.0.0.255

D．配置错误，规则的顺序编号必须从小到大配置

16．AR G3 系列路由器上 ACL 支持两种匹配顺序：配置顺序和自动排序？【判断题】

A．对　　B．错

17．config 模式是华为设备上缺省的 ACL 匹配顺序。【判断题】

A．对　　B．错

18．AR G3 系列路由器上 ACL 缺省步长为？【单选题】

A．15　　B．5　　C．10　　D．20

19．如果 ACL 规则中最大的编号为 12，缺省情况下，用户配置新规则时未指定编号，则系统为新规则分配的编号为？【单选题】

A．14　　B．16　　C．15　　D．13

20．某台路由器 ACL 配置信息如下，下列说法正确的是？【单选题】

```
#
acl number 2000
rule 5 permit source 192.168.1.1 0
rule 10 deny source 192.168.1.1 0
#
```

A．源 IP 地址为 192.168.1.254 的数据包被 permit 规则匹配

B．源 IP 地址为 192.168.1.1 和 192.168.1.254 的数据包被 permit 规则匹配

C．源 IP 地址为 192.168.1.1 的数据包被 permit 规则匹配

D．源 IP 地址为 192.168.1.1 的数据包被 deny 规则匹配

21．如图 9-2 所示的网络，管理员希望所有主机每天在 8:00—17:00 不能访问 Internet，则在 G0/0/1 的接口配置中 traffic-filter outbound 需要绑定哪个 ACL 规则？【单选题】

图 9-2　网络拓扑

A．time-range am9topm5 08:00 to 17:00 working-day

#

acl number 2003

rule 5 deny time-range am9topm5

#

B．time-range am9topm5 08:00 to 17:00 daily

#

acl number 2001

rule 5 deny time-range am9topm5

#

C．time-range am9topm5 07:00 to 18:00 daily

#

acl number 2002

rule 5 permit time-range am9topm5

#

D．time-range am9topm5 08:00 to 17:00 off-day

#

acl number 2004

rule 5 permit time-range am9topm5

#

22．在 Telnet 中应用如下 ACL，下列说法正确的是？【单选题】

```
ACL number 2000
rule 5 deny source 172.16.105.3  0
rule 10 deny source 172.16.105.4  0
rule 15 deny source 172.16.105.5  0
rule 20 permit #
```

A．IP 地址为 172.16.105.6 的设备可以使用 Telnet 服务

B．IP 地址为 172.16.105.3 的设备可以使用 Telnet 服务

C．IP 地址为 172.16.105.5 的设备可以使用 Telnet 服务

D．IP 地址为 172.16.105.4 的设备可以使用 Telnet 服务

23．下列哪项参数不能用于高级访问控制列表？【单选题】

A．时间范围　　B．目标端口号　　C．物理接口　　D．协议号

24．以下哪种类型的 ACL 可以匹配传输层端口号？【单选题】

A．高级 ACL　　B．基本 ACL　　C．二层 ACL　　D．中级 ACL

25．路由器某个 ACL 中存在如下规则，rule deny tcp source 192.168.2.0 0.0.0.255 destination 172.16.10.2 0.0.0.0，下列说法正确的是？【单选题】

A．源 IP 为 192.168.2.1，目标 IP 为 172.16.10.1 的所有 TCP 报文匹配这条规则

B．源 IP 为 192.168.2.1，目标 IP 为 172.16.10.2 的所有 TCP 报文匹配这条规则

C．源 IP 为 172.16.10.2，目标 IP 为 192.168.2.1 的所有 TCP 报文匹配这条规则

D．源 IP 为 172.16.10.2，目标 IP 为 192.168.2.0 的所有 TCP 报文匹配这条规则

26．如图 9-3 所示的网络，从安全角度考虑，路由器 A 拒接从 G0/0/1 接口收到的 OSPF 报文、GRE 报文、ICMP 报文，以下哪些命令可以实现这个需求？【多选题】

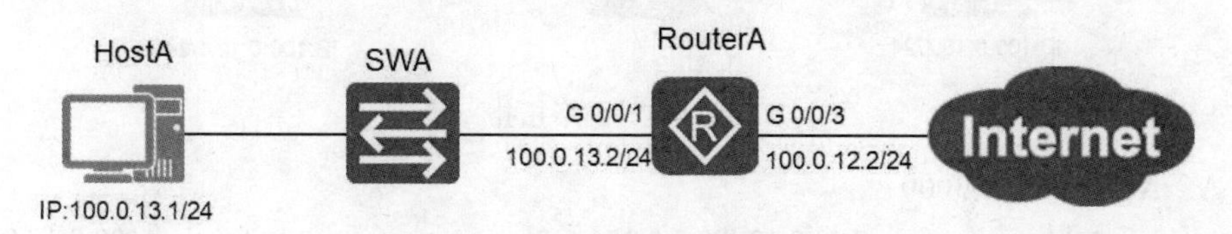

图 9-3 网络拓扑

A．ACL number 3000

rule 5 deny gre

rule 10 deny OSPF

rule 15 deny icmp

interface GigabitEthernet0/0/1

traffic-filter inbound ACL 3000

#

B．ACL number 3000

rule 5 deny gre

rule 10 deny 89

rule 15 deny icmp

#

interface GigabitEthernet0/0/1

traffic-filter inbound ACL 3000

#

C．ACL number 2000

rule 5 deny 47

rule 10 deny 89

rule 15 deny 1

#

interface GigabitEthernet0/0/1

traffic-filter inbound ACL 2000

#

D．ACL number 3000

rule 5 deny 47

rule 10 deny 89

rule 15 deny 1

#

interface GigabitEthernct0/0/1

traffic-filter inbound ACL 3000

#

27．路由器 A 的 G0/0/1 接口配置信息如下，下列说法正确的有？【多选题】

```
#
acl number 3000
rule 5 deny 17
rule 10 deny 89
rule 15 deny 6
#
interface GigabitEthernet 0/0/1
traffic-filter inbound acl 3000
#
```

A．接口不会转发收到的 FTP 报文

B．本接口可以和其他路由器建立 OSPF 的邻居关系

C．本接口不会转发 ICMP 报文

D．本接口不会转发收到的 SNMP 报文

28．如图 9-4 所示的网络，通过以下哪些配置可以实现主机 A 不能访问主机 B 的 HTTP 服务，主机 B 不能访问主机 A 的 FTP 服务？【多选题】

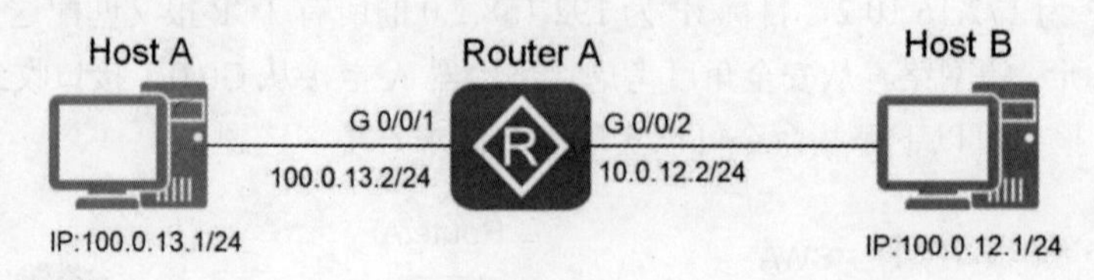

图 9-4　网络拓扑

A．ACL number 3000

rule 5 deny tcp source 100.0.12.0 0.0.0.255 source-port eq www destination 100.0.13.0 0.0.0.255

#

ACL number 3001

rule 5 deny tcp source 100.0.13.0 0.0.0.255 source-port eq ftp destination 100.0.12.0 0.0.0.255

#

interface GigabitEthernet0/0/1

traffic-filter outbound ACL 3000

#

interface GigabitEthernet0/0/2

traffic-filter outbound ACL 3001

#

B．ACL number 3000

rule 5 deny tcp source 100.0.13.0 0.0.0.255 destination 100.0.12.0 0.0.0.255 destination-port eq www

#

ACL number 3001

rule 5 deny tcp source 100.0.12.0 0.0.0.255 destination 100.0.13.0 0.0.0.255 destination-port eq ftp

#

interface GigabitEthernet0/0/1

traffic-filter inbound ACL 3000

#

interface GigabitEthernet0/0/2

traffic-filter inbound ACL 3001

#

C．ACL number 3000

rule 5 deny tcp source 100.0.13.0 0.0.0.255 destination 100.0.12.0 0.0.0.255 destination-port eq www

#

ACL number 3001

rule 5 deny tcp source 100.0.12.0 0.0.0.255 destination 100.0.13.0 0.0.0.255 destination-port eq ftp

#

interface GigabitEthernet0/0/1

traffic-filter outbound ACL 3000

#

interface GigabitEthernet0/0/2
traffic-filter outbound ACL 3001
#

D. ACL number 3000
rule 5 deny tcp source 100.0.12.0 0.0.0.255 source-port eq www destination 100.0.13.0 0.0.0.255
#
ACL number 3001
rule 5 deny tcp source 100.0.13.0 0.0.0.255 source-port eq ftp destination 100.0.12.0 0.0.0.255
#
interface GigabitEthernet0/0/1
traffic-filter inbound ACL 3000
#
interface GigabitEthernet0/0/2
traffic-filter inbound ACL 3001
#

29. 如图 9-5 所示的网络，管理员希望所有主机都不能访问 Web 服务（端口号为 80），其他服务正常访问，则在 G0/0/1 的接口配置中 traffic-filter outbound 需要绑定哪个 ACL 规则？【单选题】

图 9-5 网络拓扑

A. ACL number 3000
rule 5 deny tcp destination-port eq www
rule 10 permit ip
#

B. ACL number 3001
rule 5 deny udp destination-port eq www
rule 10 permit ip
#

C. ACL number 3002
rule 5 permit ip
rule 10 deny tcp destination eq www
#

D. ACL number 3003
rule 5 permit ip
rule 10 deny udp destination eq www
#

30. 二层 ACL 可以匹配源 MAC、目标 MAC、源 IP、目标 IP 等信息。【判断题】

A. 对　　B. 错

31．如下选项中的配置，哪些属于二层 ACL？【多选题】

A．rule 25 permit source 192.168.1.1 0.0.0.0

B．rule 10 permit 12-protocol arp

C．rule 25 permit source-mac 0203-0405-0607

D．rule 25 permit vlan-id 100

32．如图 9-6 所示的网络，通过以下哪个配置可以实现所有主机都能和主机 C 通信，但是主机 A 和主机 B 不能通信？【单选题】

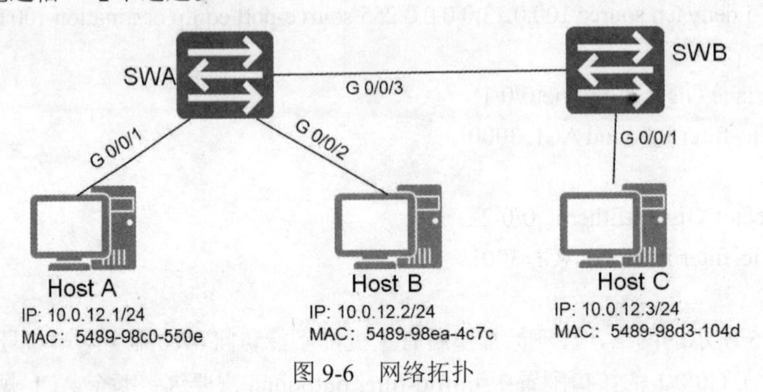

图 9-6　网络拓扑

A．ACL number 4000

rule 5 deny destination-mac 5489-98ea-4c7c source-mac 5489-98d3-104d

#

interface GigabitEthernet0/0/1

traffic-filter inbound ACL 4000

#

B．ACL number 4000

rule 5 deny destination-mac 5489-98ea-4c7c source-mac 5489-98d3-104d

#

interface GigabitEthernet0/0/1

traffic-filter outbound ACL 4000

#

C．ACL number 4000

rule 5 deny destination-mac 5489-98ea-4c7c source-mac 5489-98c0-550e

#

interface GigabitEthernet0/0/1

traffic-filter inbound ACL 4000

#

D．ACL number 4000

rule 5 deny destination-mac 5489-98ea-4c7c source-mac 5489-98c0-550e

#

interface GigabitEthernet0/0/1

traffic-filter outbound ACL 4000

#

33．以下业务模块的 ACL 默认动作为 permit 的是？【单选题】

A．HTTP　　B．SNMP　　C．Telnet　　D．流策略

34．在华为设备上部署 ACL 时，下列描述正确的是？【多选题】

A．ACL 定义规则时，只能按照 10，20，30 这样的顺序递进

B．同一个 ACL 可以调用在多个接口下

C．在接口下调用 ACL 时只能应用于出方向

D．ACL 不可以用于过滤 OSPF 流量，因为 OSPF 流量不使用 UDP 协议封装

E．ACL 可以匹配报文的 TCP/UDP 的端口号，且可以指定端口号的范围

试题解析

1．ACL 是一种应用非常广泛的网络技术，配置了 ACL 的网络设备根据事先设定好的报文匹配规则对经过该设备的报文进行匹配，然后对匹配上的报文执行事先设定好的处理动作。不同的应用对“拒绝”和“允许”的处理不同。“拒绝”不一定是丢弃报文。答案为 B。

2．ACL 的匹配规则：缺省情况下，从 ACL 中编号最小的规则开始查找，一旦匹配规则，停止查询后续规则。如果 ACL 不存在，则返回 ACL 匹配结果为：不匹配。如果有 ACL，一直查到最后一条规则，报文仍未匹配上，则返回 ACL 匹配结果为：不匹配。无论报文匹配 ACL 的结果是“不匹配”“允许”还是“拒绝”，该报文最终是被允许通过还是拒绝通过，实际是由应用 ACL 的各个业务模块来决定。答案为 ABCD。

3．ACL 不会过滤设备自身产生的访问其他设备的流量；只过滤转发的流量，转发的流量中包括其他设备访问该设备的流量。答案为 A。

4．按照 ACL 的功能分类，分为基本 ACL、高级 ACL、二层 ACL、用户自定义 ACL、基于 ARP 的 ACL、基本 ACL6、高级 ACL6。答案为 ACD。

5．二层 ACL 是根据报文的源 MAC 地址、目标 MAC 地址、802.1p 优先级、二层协议类型等二层信息进行规则匹配、处理。答案为 B。

6．访问控制列表编号与类型的对应关系如图 9-7 所示。答案为 B。

7．关于访问控制列表编号与类型的对应关系如图 9-7 所示。答案为 AB。

8．如图 9-7 所示，展示了不同类型的 ACL 使用的编号。二层 ACL 的编号范围是 4000～4999。答案为 A。

9．如图 9-7 所示，高级 ACL 的编号范围是 3000～3999。答案为 C。

10．如图 9-7 所示，基本 ACL 的编号范围是 2000～2999。答案为 B。

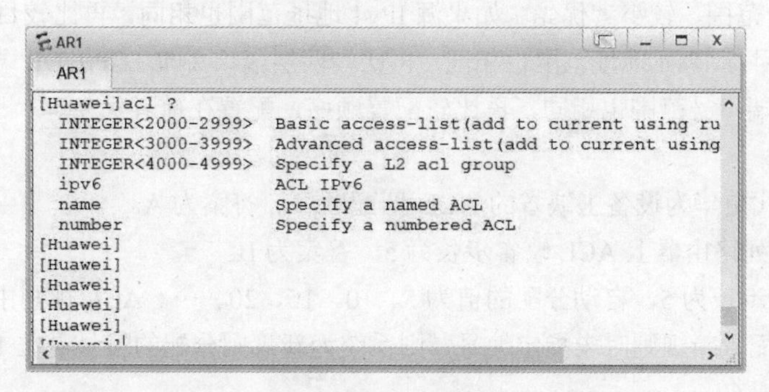

图 9-7　ACL 编号

11．将 10.0.2.0 写成二进制为 **0000 1010.0000 0000**.0000 0010.0000 0000，将通配符 0.0.254.255 写成二进制形式为 0000 0000.0000 0000.1111 1110.1111 1111，“0”表示“匹配”，“1”表示“不关心”。黑体部分是必须要匹配的位，第三部分要求必须偶数，第四部分随意。答案为 ACD。

12．把通配符 0 0.0.0.7 写成二进制形式为 00000000.00000000.00000000.00000111，200.0.12.0 的二进制前 29 位匹配即可，后三位可以是 000、001、010、011、100、101、110、111，写成十进制就是 0、1、2、3、4、5、6、7。答案为 C。

13．第一条规则通配符 0.0.0.0 要求 32 位 IP 地址完全匹配，匹配条目 172.16.1.1/32。第二条规则的通配符 0.255.0.0，匹配条目为 172.x.0.0/16，其中 x 为 0～255 的任意值。答案为 A。

14．因为规则从第一条开始依次匹配，如果配置的 ACL 规则存在包含关系，应注意严格条件的规则编号需要排序靠前，宽松条件的规则编号需要排序靠后，避免报文因命中宽松条件的规则而停止往下继续匹配，从而使其无法命中严格条件的规则。答案为 A。

15．VRP 系统将会按顺序编号先匹配规则 deny source 20.1.1.0 0.0.0.255。答案为 C。

16．ACL 的规则匹配顺序有以下两种，如图 9-8 所示。

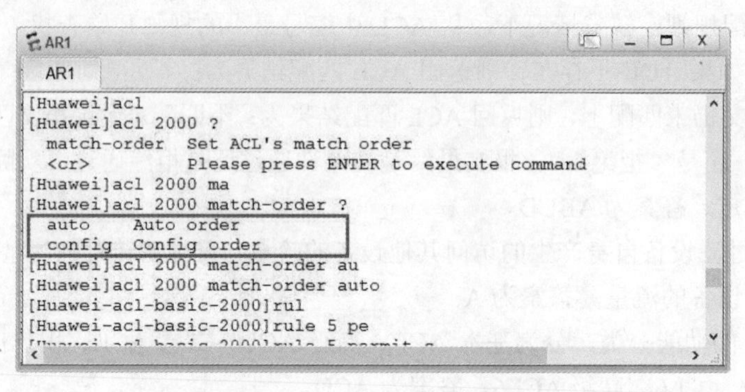

图 9-8　ACL 规则匹配顺序

配置顺序（config）：按照用户配置规则的先后顺序进行匹配，但由于本质上系统是按照规则编号由小到大进行匹配，因此后插入的规则如果编号较小也有可能先被匹配。

自动排序（auto）：按照“深度优先”原则由深到浅进行匹配。不同类型 ACL 的“深度优先”排序规则如下。

IPv4 基本 ACL：先比较源 IPv4 地址范围，范围较小者优先。如果源 IP 地址范围相同，再比较配置顺序，配置在前者优先。

IPv4 高级 ACL：先比较协议范围，指定有 IPv4 承载的协议类型者优先。如果协议范围相同，再比较源 IPv4 地址范围，较小者优先。如果源 IPv4 地址范围也相同，再比较目标 IPv4 地址范围，较小者优先。如果目标 IPv4 地址范围也相同，再比较四层端口（即 TCP/UDP 端口）号范围，较小者优先。如果四层端口号范围也相同，再比较配置顺序，配置在前者优先。

答案为 A。

17．config 模式是华为设备上缺省的 ACL 匹配顺序。答案为 A。

18．AR G3 系列路由器上 ACL 缺省步长为 5。答案为 B。

19．ACL 默认步长为 5，自动分配的值为 5、10、15、20、…。ACL 规则中最大的编号为 12，缺省情况下，用户配置新规则时未指定编号，则系统为新规则分配的编号是比 12 大的，即 15，如图 9-9 所示。答案为 C。

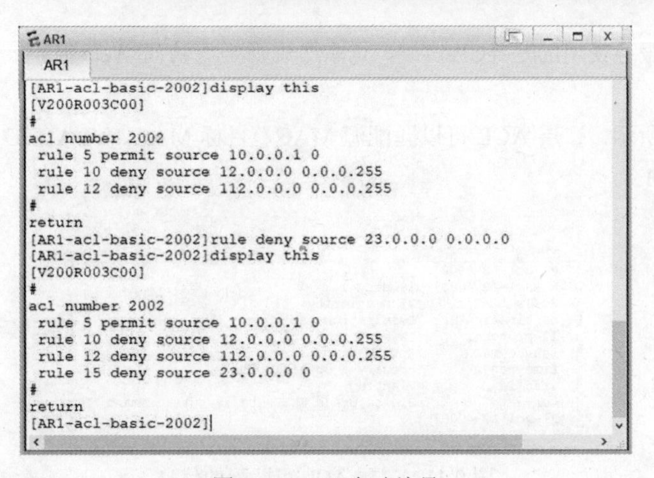

图 9-9　ACL 自动编号

20．这两条规则通配符为 0，这就意味着只有 192.168.1.1 这一个地址匹配规则。优先匹配编号小的规则，源 IP 地址为 192.168.1.1 的数据包被 permit 规则匹配。答案为 C。

21．先定义时间范围，再将时间应用到 ACL 的规则中。daily 代表每天，working-day 代表周一到周五，off-day 代表周六、周日。答案为 B。

22．ACL 中前 3 个规则通配符均为 0，每条规则拒绝的是单个地址，最后一条规则允许所有。答案为 A。

23．高级 ACL 可基于源 IP 地址、目标 IP 地址、协议、端口、时间范围等要素组成，不包括物理接口。答案为 C。

24．高级 ACL 可以匹配传输层端口号。答案为 A。

25．ACL 中匹配的源地址为 192.168.2.0/24，目标地址为 172.16.10.2/32。答案为 B。

26．基于协议控制需要创建高级 ACL，如图 9-10 所示，规则中可以使用协议的名称，也可以使用协议号。答案为 ABD。

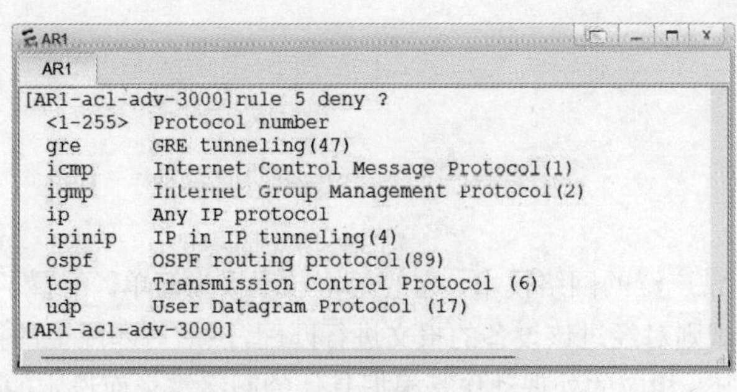

图 9-10　协议对应的协议号

27．协议号 17 是 UDP、89 是 OSPF、6 是 TCP。答案为 AD。

28．ACL 中的规则源 IP 地址、目标 IP 地址、端口等要素的顺序可以调整。计算机通信通常是客户端向服务器端发送请求，服务器端向客户端返回响应。ACL 通常会通过拦截客户端向服务器端发送请求，也可以使用 ACL 拦截服务器端向客户端发送的响应。选项 B 的 ACL 是拦截客户端向服务器端发送请求。选项 A 的 ACL 是拦截服务器端向客户端返回响应。注意观察规则中端口是源端口还是目标端口，在接口上绑定 ACL 方向是出站还是入站。答案为 AB。

29．访问 Web 服务使用的是 TCP 协议，先添加规则拒绝访问 Web 服务，再添加规则允许所有流量。答案为 A。

30．如图 9-11 所示，二层 ACL 可以匹配源 MAC、目标 MAC、VLAN ID、二层协议、时间范围等信息。答案为 B。

AR1
AR1
[AR1-acl-L2-4000]
[AR1-acl-L2-4000]rule deny ?
8021p Vlan priority
destination-mac Destination-mac
l2-protocol Layer 2 protocol
source-mac Source mac
time-range Specify a special time
vlan-id Vlan id
<cr> Please press ENTER to execute command
[AR1-acl-L2-4000]

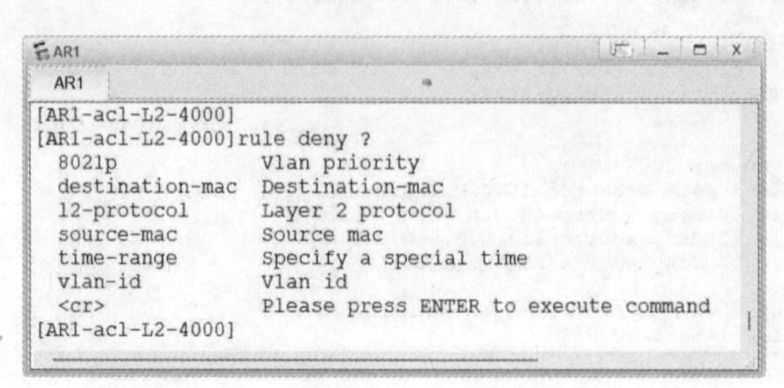

图 9-11　二层 ACL 可匹配的信息

31．二层 ACL 不包含 IP 地址，第二层协议包括 arp，如图 9-12 所示。答案为 BCD。

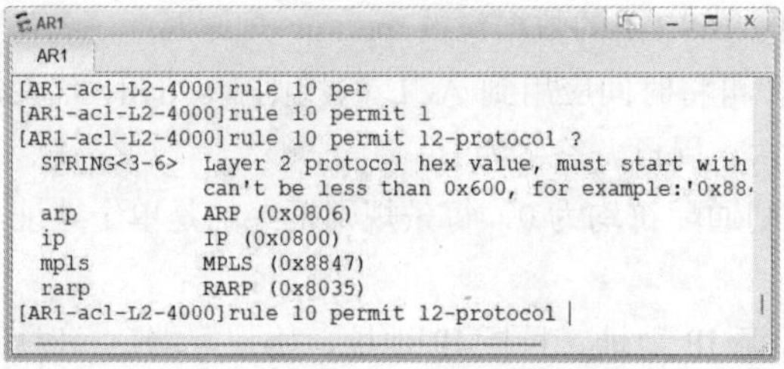

AR1
AR1
[AR1-acl-L2-4000]rule 10 per
[AR1-acl-L2-4000]rule 10 permit l
[AR1-acl-L2-4000]rule 10 permit l2-protocol ?
STRING<3-6> Layer 2 protocol hex value, must start with
can't be less than 0x600, for example:'0x88
arp ARP (0x0806)
ip IP (0x0800)
mpls MPLS (0x8847)
rarp RARP (0x8035)
[AR1-acl-L2-4000]rule 10 permit l2-protocol

图 9-12　二层 ACL 可匹配的协议

32．二层 ACL 先要看绑定到哪个接口的哪个方向，再看 ACL 中源 MAC 地址和目标 MAC 地址是否正确。答案为 C。

33．流策略模块 ACL 默认动作为 permit。答案为 D。

34．同一个 ACL 可以调用在多个接口下，ACL 可以通过协议号过滤 OSPF、ICMP、GRE 等协议。答案为 BE。

关联知识精讲

一、ACL 介绍

ACL 是一种应用非常广泛的网络技术，它的基本原理极为简单。配置了 ACL 的网络设备根据事先设定好的报文匹配规则对经过该设备的报文进行匹配，然后对匹配上的报文执行事先设定好的处理动作。这些匹配规则及相应的处理动作是根据具体的网络需求而设定的。处理动作的不同以及匹配规则的多样性，使得 ACL 可以发挥出各种各样的功效。

本章涉及的试题主要考查使用 ACL 实现网络安全。网络中的设备相互通信时，需要保障网络传输的安全可靠和性能稳定。例如：

- 防止对网络的攻击，例如 IP（Internet Protocol）报文、TCP（Transmission Control Protocol）报文、ICMP（Internet Control Message Protocol）报文的攻击。
- 对网络访问行为进行控制，例如企业网中内、外网的通信，用户访问特定网络资源的控制，特定时间段内允许对网络的访问。

- 限制网络流量和提高网络性能，例如限定网络上行、下行流量的带宽，对用户申请的带宽进行收费，保证高带宽网络资源的充分利用。

ACL 的出现，有效地解决了上述问题，切实保障了网络传输的稳定性和可靠性。

二、ACL 的应用场景

ACL 技术总是与防火墙（Firewall）、路由策略、服务质量（Quality of Service，QoS）、流量过滤（Traffic Filter）等其他技术结合使用的。

ACL 可以应用于诸多方面，比如包过滤防火墙功能，网络地址转换（Network Address Translation，NAT），QoS 的数据分类，路由策略和过滤，按需拨号等。

- 包过滤防火墙功能。

在路由器或三层交换机上创建 ACL，在 ACL 中添加过滤规则，基于数据包的源 IP 地址、目标 IP 地址、协议、端口、分片等信息创建规则。将 ACL 绑定到接口的出站或入站方向，过滤数据包，实现网络层防火墙的功能。

企业网用户可以通过与 Internet 相连的路由器访问 Internet 网络。部分用户（如研发部门的员工）需要限制其向外网访问的权限，而有些服务器（如工资查询服务器）不接受来自外网用户的访问，保证本身的信息安全。基于以上所述的企业网的特殊要求，可以在与 Internet 相连的路由器的出入方向定义 ACL 规则，用来过滤不同路由的报文。

- 路由策略和过滤。

ACL 可以应用在各种动态路由协议中，对路由协议发布和接收的路由信息进行过滤。

如图 9-13 所示，在运行 OSPF 协议的网络中，Router A 作为内外网的连接设备，在 Router A 上定义 ACL 列表，并在 OSPF 协议中应用 ACL 过滤，可控制路由的发布和接收，如：Router A 仅提供 10.1.17.0/24、10.1.18.0/24 和 10.1.29.0/24 网段的路由给 Router B。Router C 仅接收 10.1.18.0/24 网段的路由。

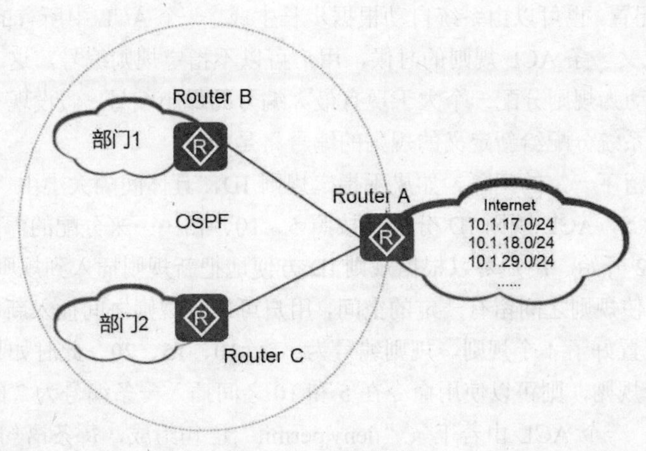

图 9-13　网络拓扑

- 在 QoS 中使用 ACL 进行流分类。

如图 9-14 所示，网络 C 通过路由器访问网络 A、网络 B，网络 A、网络 B 对语音、视频、数据有不同的访问需求。如网络 A 对视频的访问需求比较强烈，为了保证网络 A 的访问质量，可以在路由器上使用 ACL，然后在 QoS 策略中引用这个 ACL，这样，所有去往网络 A 的视频报文都会被路由器进行 QoS 处理后转发，以保证质量。而去往网络 B 的报文，因为没有匹配 ACL 而正常的转发，没有 QoS 的保障。

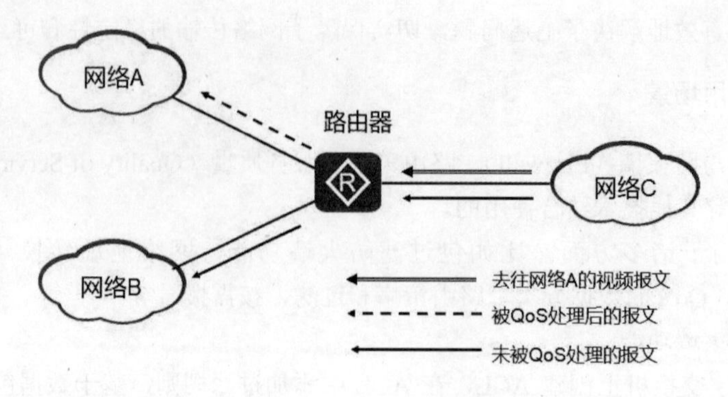

图 9-14　QoS 示意图

- ACL 对分片报文的支持。

设备支持通过 ACL 对分片报文进行包过滤功能。

对于不包含参数 fragment 的 ACL 规则，设备不仅会匹配非分片报文和首片分片报文（首片分片报文的处理方式与非分片报文相同），也会匹配首片分片后续的分片报文。但是当 ACL 规则包含四层端口号时，设备不会匹配分片报文。

对于包含参数 fragment 的 ACL 规则，设备则仅匹配非首片分片报文。

因此，针对网络攻击者构造分片报文进行流量攻击的情况，可以配置包含参数 fragment 的 ACL 规则，使设备仅过滤非首片分片报文，从而避免因过滤掉其他非分片报文而影响业务的正常运行。

三、ACL 的组成

每个 ACL 作为一个规则组，可以包含多个规则。规则通过规则 ID（RULE-ID）来标识，规则 ID 可以由用户进行配置，也可以由系统自动根据步长生成。一个 ACL 中所有的规则均按照规则 ID 从小到大排序。在定义一条 ACL 规则的时候，用户可以不指定规则编号，这时，系统会从步长值开始，按照步长，自动为规则分配一个大于现有最大编号的最小编号。假设现有规则的最大编号是 25，步长是 5，那么系统分配给新定义的规则的编号将是 30。

规则 ID 之间会留下一定的间隔。如果不指定规则 ID，具体间隔大小由“ACL 的步长”来设定。例如步长设定为 5，ACL 规则 ID 分配是按照 5、10、15……来分配的。如果步长值是 2，自动生成的规则 ID 从 2 开始。用户可以根据规则 ID 方便地把新规则插入到规则组的某一位置。

通过设置步长，使规则之间留有一定的空间，用户可以在规则之间插入新的规则，以控制规则的匹配顺序。例如配置好了 4 个规则，规则编号为：5、10、15、20。此时如果用户希望能在第一条规则之后插入一条规则，则可以使用命令在 5 和 10 之间插入一条编号为 7 的规则。

如图 9-15 所示，一个 ACL 由若干条“deny|permit”语句组成，每条语句就是该 ACL 的一条规则，每条语句中的 deny 或 permit 就是与这条规则相对应的处理动作。处理动作 permit 的含义是“允许”，处理动作 deny 的含义是“拒绝”。特别需要说明的是，ACL 技术总是与其他技术结合在一起使用的，因此，所结合的技术不同，“允许（permit）”及“拒绝（deny）”的内涵及作用也会不同。例如，当 ACL 技术与流量过滤技术结合使用时，permit 就是“允许通行”的意思，deny 就是“拒绝通行”的意思。

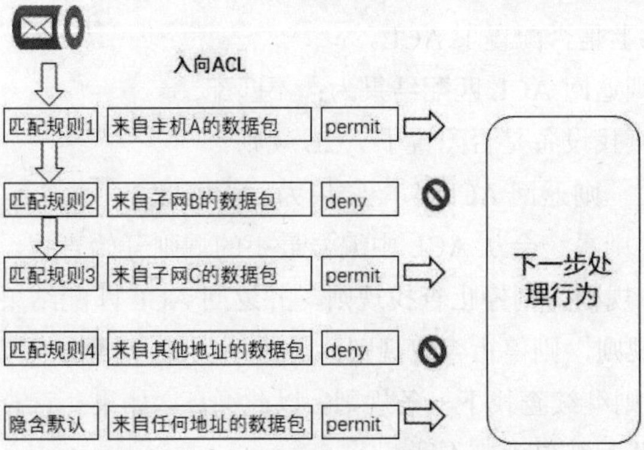

入向ACL

匹配规则1	来自主机A的数据包	permit
匹配规则2	来自子网B的数据包	deny
匹配规则3	来自子网C的数据包	permit
匹配规则4	来自其他地址的数据包	deny
隐含默认	来自任何地址的数据包	permit

下一步处理行为

图 9-15　ACL 的组成

四、ACL 的匹配规则

如图 9-16 所示，配置了 ACL 的设备在接收到一个报文之后，会将该报文与 ACL 中的规则逐条进行匹配。如果不能匹配上当前这条规则，则会继续尝试去匹配下一条规则。一旦报文匹配上了某条规则，则设备会对该报文执行这条规则中定义的处理动作（permit 或 deny），并且不再继续尝试与后续规则进行匹配。如果报文不能匹配上 ACL 的任何一条规则，则要执行默认动作。这个默认动作要看具体模块，在各类业务模块中应用 ACL 时，ACL 的默认动作各有不同。设备将报文与 ACL 规则进行匹配时，遵循“一旦命中即停止匹配”的机制。

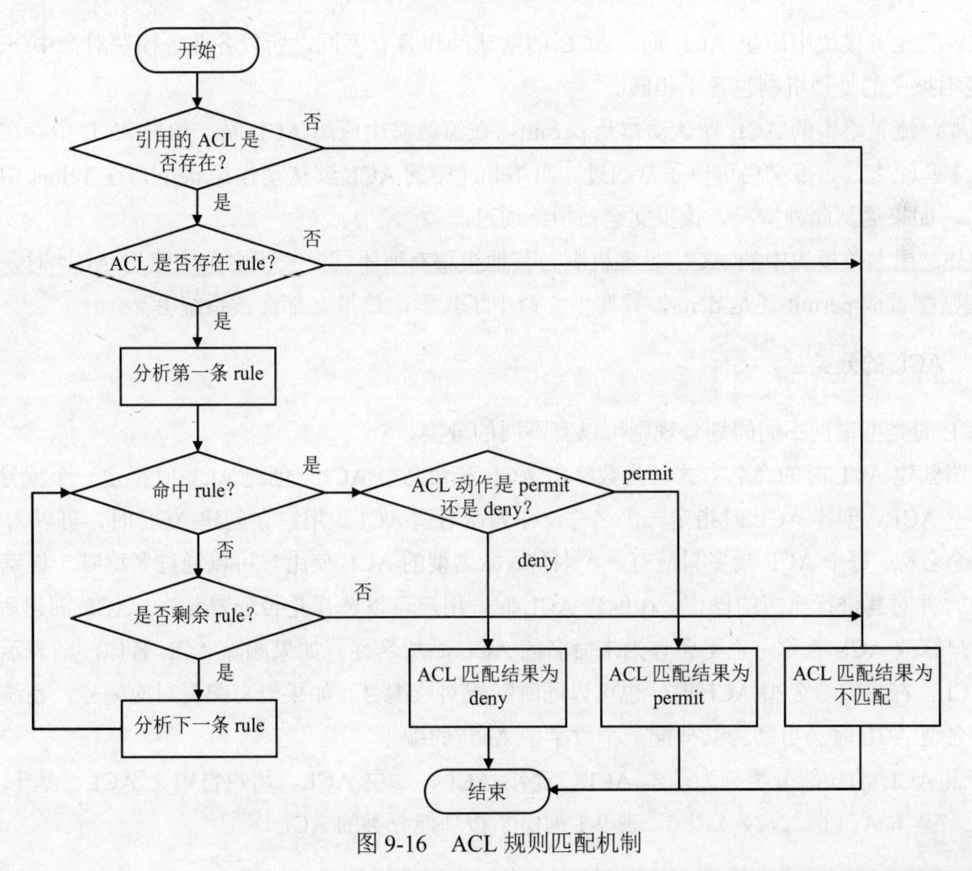

图 9-16　ACL 规则匹配机制

首先系统会查找设备上是否配置了 ACL。

如果 ACL 不存在，则返回 ACL 匹配结果为：不匹配。

如果 ACL 存在，则查找设备是否配置了 ACL 规则。

- 如果规则不存在，则返回 ACL 匹配结果为：不匹配。
- 如果规则存在，则系统会从 ACL 中编号最小的规则开始查找。

如果匹配上了 permit 规则，则停止查找规则，并返回 ACL 匹配结果为：匹配（允许）。

如果匹配上了 deny 规则，则停止查找规则，并返回 ACL 匹配结果为：匹配（拒绝）。

如果未匹配上规则，则继续查找下一条规则，以此循环。如果一直查到最后一条规则，报文仍未匹配上，则返回 ACL 匹配结果为：不匹配。

从整个 ACL 匹配流程可以看出，报文与 ACL 规则匹配后，会产生两种匹配结果："匹配"和"不匹配"。

- 匹配（命中规则）：指存在 ACL，且在 ACL 中查找到了符合匹配条件的规则。不论匹配的动作是"permit"还是"deny"，都称为"匹配"，而不是只是匹配上 permit 规则才算"匹配"。
- 不匹配（未命中规则）：指不存在 ACL，或 ACL 中无规则，再或者在 ACL 中遍历了所有规则都没有找到符合匹配条件的规则。

五、应用模块的 ACL 默认动作和处理机制

在各类业务模块中应用 ACL 时，ACL 的默认动作各有不同，所以各业务模块对命中/未命中 ACL 规则报文的处理机制也各不相同。

例如，流策略中的 ACL 默认动作是 permit，在流策略中应用 ACL 时，如果 ACL 中存在规则但报文未匹配上，该报文仍可以正常通过。而 Telnet 中的 ACL 默认动作是 deny，在 Telnet 中应用 ACL 时，如果遇到此种情况，该报文会被拒绝通过。

此外，黑名单模块中的 ACL 处理机制与其他模块有所不同。在黑名单中应用 ACL 时，无论 ACL 规则配置成 permit 还是 deny，只要报文命中了规则，该报文都会被系统丢弃。

六、ACL 的分类

ACL 的类型根据不同的划分规则可以有不同的分类。

按照创建 ACL 时的命名方式分为数字型 ACL 和命名型 ACL。创建 ACL 时指定一个编号，称为数字型 ACL。创建 ACL 时指定一个名称，称为命名型 ACL。用户在创建 ACL 时，可以为 ACL 指定一个名称，每个 ACL 最多只能有一个名称。命名型的 ACL 使用户可以通过名称唯一地确定一个 ACL，并对其进行相应的操作。在创建 ACL 时，用户可以选择是否配置名称。ACL 创建后，不允许用户修改 ACL 名称，也不允许为未命名的 ACL 添加名称。如果删除 ACL 名称，则表示删除整个 ACL。在指定命名型 ACL 时，也可以同时配置对应编号。如果没有配置对应编号，系统在记录此命名型 ACL 时会自动为其分配一个数字型 ACL 的编号。

按照 ACL 的功能分类分为基本 ACL、高级 ACL、二层 ACL、用户自定义 ACL、基于 ARP 的 ACL、基本 ACL6、高级 ACL6。表 9-1 列出了按功能分类的 ACL。

表 9-1 ACL 的分类

分类	适用的 IP 版本	功能介绍	说明
基本 ACL	IPv4	可使用 IPv4 报文的源 IP 地址、分片标记和时间段信息来定义规则	基本 IPv4 ACL 简称基本 ACL。编号范围为 2000～2999
高级 ACL	IPv4	既可使用 IPv4 报文的源 IP 地址，也可使用目标地址、IP 优先级、IP 协议类型、ICMP 类型、TCP 源端口/目标端口、UDP（User Datagram Protocol）源端口/目标端口号等来定义规则	高级 IPv4 ACL 简称高级 ACL。编号范围为 3000～3999
二层 ACL	IPv4&IPv6	可根据报文的以太网帧头信息来定义规则，如根据源 MAC（Media Access Control）地址、目标 MAC 地址、以太帧协议类型等	编号范围为 4000～4999
用户自定义 ACL	IPv4&IPv6	可根据偏移位置和偏移量从报文中提取出一段内容进行匹配	编号范围为 5000～5999
基于 ARP 的 ACL	IPv4	基于 ARP 的 ACL 根据 ARP 报文的源/目标 IP 地址、源/目标 MAC 地址定义规则，实现对 ARP 报文的匹配过滤	编号范围为 23000～23999
基本 ACL6	IPv6	可使用 IPv6 报文的源 IP 地址、分片标记和时间段信息来定义规则	基本 IPv6 ACL 简称基本 ACL6。编号范围为 2000～2999
高级 ACL6	IPv6	可以使用 IPv6 报文的源地址、目标地址、IP 承载的协议类型、针对协议的特性（例如 TCP 的源端口、目标端口、ICMPv6 协议的类型、ICMPv6 Code）等内容定义规则	高级 IPv6 ACL 简称高级 ACL6。编号范围为 3000～3999

七、通配符

通配符（Wildcard-mask）与 IP 地址合写在一起时，表示的是一个由若干个 IP 地址组成的集合。通配符是一个 32 比特长度的数值，用于指示 IP 地址中哪些比特位需要严格匹配，哪些比特位无须匹配。通配符通常采用类似网络掩码的点分十进制形式表示，但是含义却与网络掩码完全不同。

通配符换算成二进制后，“0”表示“匹配”，“1”表示“不关心”。如图 9-17 所示，192.168.1.0 通配符为 0.0.0.255，表示的网段为 192.168.1.0/24。

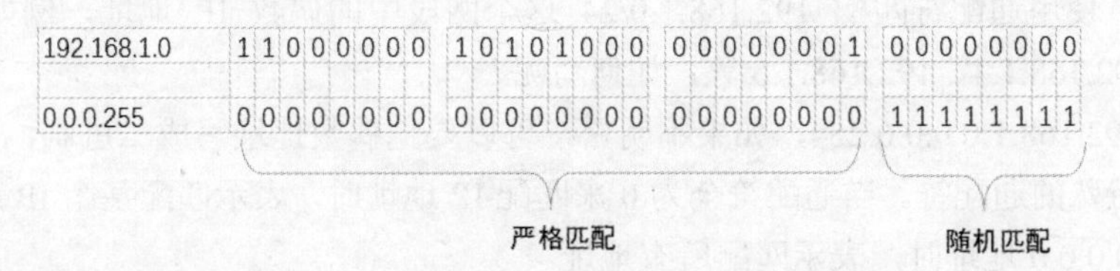

图 9-17 通配符

以下命令创建 ACL 2000，添加 4 条规则，每条规则后黑体部分为通配符。

```
[AR1]acl 2000
[AR1-acl-basic-2000]rule 5     deny     source 10.1.1.1        0.0.0.0
[AR1-acl-basic-2000]rule 10    permit   source 192.168.1.0     0.0.0.255
[AR1-acl-basic-2000]rule 15    permit   source 172.16.0.0      0.0.255.255
```

```
[AR1-acl-basic-2000]rule 20   deny    source 0.0.0.0          255.255.255.255
[AR1-acl-basic-2000]quit
```

rule 5：拒绝源 IP 地址为 10.1.1.1 报文通过，因为通配符为全 0，所以每一位都要严格匹配，因此匹配的主机 IP 地址 10.1.1.1。

rule 10：允许源地址是 192.168.1.0/24 网段地址的报文通过，因为通配符写成二进制为 0.0.0.11111111，后 8 位为 1，表示不关心。因此 192.168.1.xxxx xxxx 的后 8 位可以为任意值，所以匹配的是 192.168.1.0/24 网段。

rule 15：允许源地址是 172.16.0.0/16 网段地址的报文通过，因为通配符写成二进制为 0.0.11111111.11111111，后 16 位为 1，表示不关心。因此 172.16.xxxxxxxx.xxxxxxxx 的后 16 位可以为任意值，所以匹配的是 172.16.0.0/16 网段。

rule 20：拒绝源地址是 0.0.0.0/0 网段地址的报文通过，这就相当于拒绝了所有网段。因为通配符写成二进制为 11111111.11111111.11111111.11111111，32 位全为 1，表示都不关心。因此 xxxxxxxx.xxxxxxxx.xxxxxxxx.xxxxxxxx 的 32 位可以为任意值，所以匹配的是 0.0.0.0/0 网段。

通配符中的“1”或者“0”可以不连续。

使用通配符匹配 192.168.1.0/24 这个网段中的奇数 IP 地址，例如 192.168.1.1、192.168.1.3、192.168.1.5 等，通配符如何写呢？

如图 9-18 所示，将奇数 IP 地址最后一部分写成二进制，可以看到共同点，奇数的 IP 地址最后一位都是 1，因此要严格匹配，答案为 192.168.1.1 0.0.0.254（0.0.0.11111110）。

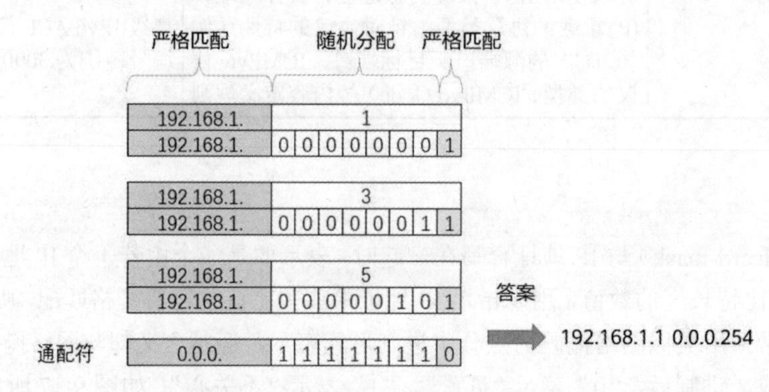

图 9-18 通配符中 0 和 1 可以不连续

思考一下，使用通配符匹配 192.168.1.0/24 这个网段中的偶数 IP 地址，例如 192.168.1.0、192.168.1.2、192.168.1.4、192.168.1.6 等，如何写呢？

答案是：192.168.1.0 0.0.0.254，如果不明白，可以要把偶数地址写成二进制，再写出通配符。

还有两个特殊的通配符。当通配符全为 0 来匹配 IP 地址时，表示匹配某个 IP 地址。当通配符全为 1 来匹配 0.0.0.0 地址时，表示匹配所有地址。

八、ACL 设计思路

计算机通信通常是客户端向服务器发送请求，服务器响应客户端的请求。使用 ACL 控制网络流量时，通常是限制客户端向服务器发送的请求流量，服务器收不到客户端请求，就不会响应。虽然使用 ACL 限制服务器向客户端发送响应的流量也能实现相同效果，但不如直接拦截客户端请求的流量更直接。

使用 ACL 控制网络流量时，先考虑使用基本 ACL 还是使用高级 ACL。如果只基于数据包源 IP 地址进行控制，就使用基本 ACL。如果需要基于数据包的源 IP 地址、目标 IP 地址、协议、目标端口进行控制，那就需要高级 ACL。然后再考虑在哪个路由器上的哪个接口的哪个方向进行控制。确定了这些才能确定 ACL 规则中的哪些 IP 地址是源地址，哪些 IP 地址是目标地址。

在创建 ACL 规则前，还要确定 ACL 中规则的顺序，如果每条规则中的地址范围不重叠，规则编号顺序无关紧要，如果多条规则中用到的地址有重叠，就要把地址块小的规则放到前面，地址块大的规则放到后面。

在路由器的每个接口的出向和入向的每个方向只能绑定一个 ACL，一个 ACL 可以绑定到多个接口。

如图 9-19 所示，本例中只想控制内网到 Internet 的访问，是基于源 IP 地址的控制，因此使用基本 ACL 就可以实现。内网计算机访问 Internet 要经过 R1 和 R2 两个路由器，这就要考虑要在哪个路由器上进行控制，绑定到哪个接口。若在 R1 路由器上创建 ACL，就要绑定到 R1 路由器的 GE0/0/1 的出向，出去的时候检查应用 ACL。本例在 R2 路由器上创建 ACL，绑定到 R2 路由器的 GE0/0/0 的入向。

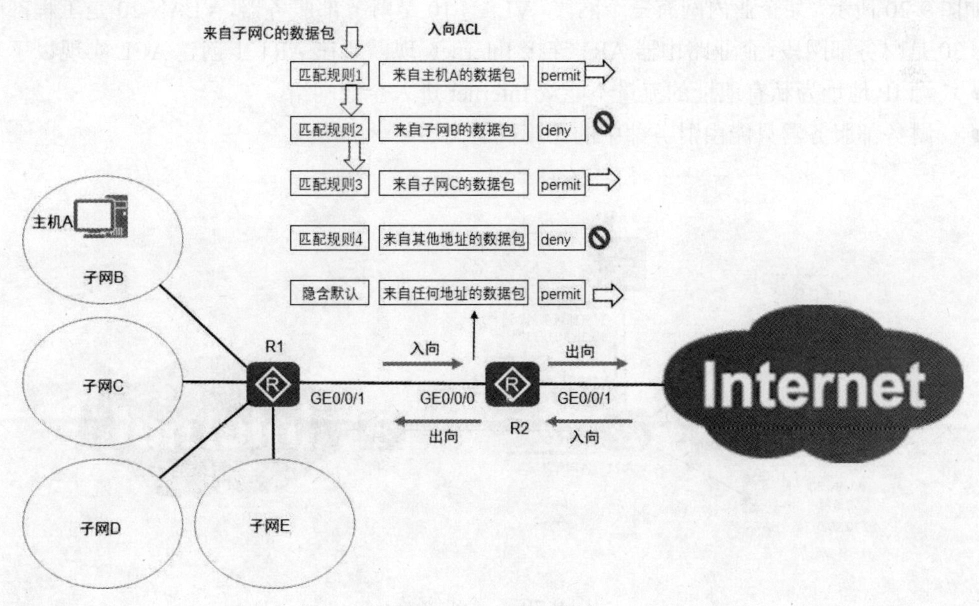

图 9-19　ACL 示例

可以看到图 9-19 中 ACL 中有 4 个匹配规则，在华为路由器中 ACL 中隐含默认最后一条规则是任何地址都允许通过，本例中创建的匹配规则 4，任何地址都拒绝通过，则隐含默认规则就没机会用上了，因为 ACL 中的规则是按编号从小到大依次进行匹配，一旦匹配成功，就不再匹配下面的规则。

本例中规则 2 中的源地址包含规则 1 中的主机 A，也就是规则中的地址有重叠，这就要求针对主机 A 的规则在针对子网 B 的规则前面，如果顺序颠倒，针对主机 A 的规则就没机会匹配上了。

创建好的 ACL 要在接口进行绑定，并且要指明方向。方向是站在路由器来看的，从接口进入路由器就是入向，从接口离开路由器就是出向。本例中定义好的 ACL 绑定到 R2 路由器的 GE0/0/0 接口，那就是入向，绑定到 R2 路由器的 GE0/0/1 接口就是出向。

图 9-19 中来自子网 C 的数据包从 R2 路由器的 GE0/0/0 进入，将会依次比对规则 1、规则 2，最后匹配规则 3，处理动作是允许。子网 E 在规则中没有明确指明，但会匹配规则 4，处理动作是拒绝，隐含默认那条规则没机会用到。

试想一下，该 ACL 绑定到 R2 路由器的 GE 0/0/1 的出向是否可以？绑定到 R2 路由器的 GE 0/0/1 的入向是否可以？

绑定到 R2 路由器接口 GE0/0/1 的出口方向也是可以的。但绑定到 R2 路由器的 GE0/0/1 接口的入站方向是不行的，因为规则创建时源地址都是内网，控制的是内网到 Internet 的访问。

九、使用基本 ACL 实现网络安全

基本 ACL 只能基于 IP 报文的源 IP 地址、报文分片标记和时间段信息来定义规则。下面就以一家企业的网络为例，讲述基本 ACL 的用法。

根据数据包从源网络到目标网络的路径，在必经之地（某个路由器的接口）进行数据包过滤。在创建 ACL 之前，需要先确定在沿途的哪个路由器的哪个接口的哪个方向进行包过滤，才能确定 ACL 规则中源地址。

如图 9-20 所示，某企业内网有三个网段，VLAN 10 是财务部服务器，VLAN 20 是工程部网段，VLAN 30 是财务部网段，企业路由器 AR1 连接 Internet，现需要在 AR1 上创建 ACL 实现以下功能。

- 源 IP 地址为私有地址的流量不能从 Internet 进入企业网络。
- 财务部服务器只能由财务部中的计算机访问。

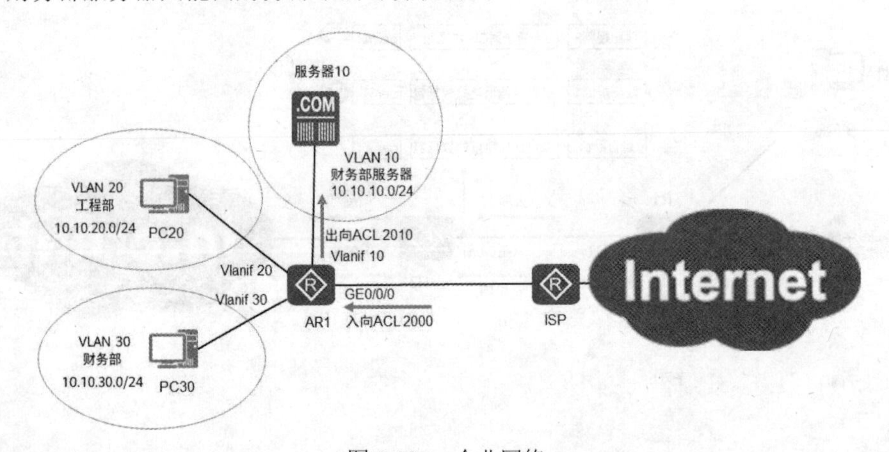

图 9-20　企业网络

首先确定需要创建两个 ACL，一个绑定到 AR1 路由器的 GE0/0/0 接口入向，一个绑定到 AR1 的 Vlanif 10 接口的出向。

在 AR1 上创建两个基本 ACL 2000 和 2010。

```
[AR1]acl ?
  INTEGER<2000-2999>   Basic access-list(add to current using rules)      --基本 ACL 编号范围
  INTEGER<3000-3999>   Advanced access-list(add to current using rules)   --高级 ACL 编号范围
  INTEGER<4000-4999>   Specify a L2 acl group
  IPv6                 ACL IPv6
  name                 Specify a named ACL
  number               Specify a numbered ACL
```

```
[AR1]acl 2000                                                    --创建 ACL
[AR1-acl-basic-2000]rule deny source 10.0.0.0 0.255.255.255
[AR1-acl-basic-2000]rule deny source 172.16.0.0 0.15.255.255
[AR1-acl-basic-2000]rule deny source 192.168.0.0 0.0.255.255
[AR1-acl-basic-2000]quit
[AR1]acl 2010
[AR1-acl-basic-2010]rule permit source 10.10.30.0 0.0.0.255
[AR1-acl-basic-2010]rule 20 deny source any                      --指定规则编号
[AR1-acl-basic-2010]quit
```

输入 display acl all 查看全部 ACL，输入 display acl 2000 可以查看编号是 2000 的 ACL。

```
[AR1]display acl all
 Total quantity of nonempty ACL number is 2

Basic ACL 2000, 3 rules
Acl's step is 5
 rule 5 deny source 10.0.0.0 0.255.255.255
 rule 10 deny source 172.16.0.0 0.15.255.255
 rule 15 deny source 192.168.0.0 0.0.255.255

Basic ACL 2010, 2 rules
Acl's step is 5
 rule 5 permit source 10.10.30.0 0.0.0.255
 rule 20 deny
```

将创建的 ACL 绑定到接口。

```
[AR1]interface GigabitEthernet 0/0/0
[AR1-GigabitEthernet0/0/0]traffic-filter inbound acl 2000        --入向
[AR1-GigabitEthernet0/0/0]quit
[AR1]interface Vlanif 1
[AR1-Vlanif1]quit
[AR1]interface Vlanif 10
[AR1-Vlanif10]traffic-filter outbound acl 2010                   --出向
[AR1-Vlanif10]quit
```

ACL 定义好之后，还可以对其进行编辑，可以删除其中的规则，也可以在指定位置插入规则。

现在修改 ACL 2000，删除其中的规则 10，添加一条规则，允许 10.30.30.0/24 网段通过，思考一下这条规则应该放到什么位置？

```
[AR1]acl 2000
[AR1-acl-basic-2000]undo rule 10                                     --删除 rule 10
[AR1-acl-basic-2000]rule 2 permit source 10.30.30.0 0.0.0.255        --插入 rule 2  编号要小于 5
[AR1-acl-basic-2000]rule 15 permit source 192.168.0.0 0.0.255.255    --修改 rule 15  将其改成 permit
[AR1-acl-basic-2000]display this
[V200R003C00]
#
acl number 2000
 rule 2 permit source 10.30.30.0 0.0.0.255
 rule 5 deny source 10.0.0.0 0.255.255.255
 rule 15 permit source 192.168.0.0 0.0.255.255
#
return
```

删除 ACL，并不自动删除接口的绑定，还需要在接口删除绑定的 ACL。

```
[AR1]undo acl 2000                                        --删除 ACL
[AR1]interface GigabitEthernet 0/0/0
[AR1-GigabitEthernet0/0/0]display this
[V200R003C00]
#
interface GigabitEthernet0/0/0
 ip address 20.1.1.1 255.255.255.0
 traffic-filter inbound acl 2000                          --acl 2000 依然绑定在出口
#
return
[AR1-GigabitEthernet0/0/0]undo traffic-filter inbound     --解除入向绑定
```

十、使用基本 ACL 保护路由器安全

网络中的路由器如果配置了 VTY 端口，只要网络畅通，任何计算机都可以 telnet 到路由器进行配置。一旦 telnet 路由器的密码被泄露，路由器的配置就有可能被非法更改。可以创建标准 ACL，只允许特定 IP 地址能够 telnet 路由器进行配置。

路由器 AR1 只允许 PC3 对其进行 telnet 登录。在 AR1 路由器上创建基本 ACL 2001，并将之绑定到 user-interface vty 进站方向。

```
[AR1]acl 2001
[AR1-acl-basic-2001]rule permit source 192.168.2.2 0      --不指定步长，默认是 5
[AR1-acl-basic-2001]rule deny source any                  --拒绝所有
```

提示：拒绝所有的可以简写成[AR1-acl-basic-2001]rule deny。

查看定义的 ACL 2001 配置。

```
<AR1>display acl 2001
Basic ACL 2001, 2 rules
Acl's step is 5                       --步长为 5
 rule 5 permit source 192.168.2.2 0 (1 matches)
 rule 10 deny (3 matches)
```

设置 telnet 端口的身份验证模式和登录密码，为用户权限级别绑定基本 ACL 2001。

```
[AR1]user-interface vty 0 4
[AR1-ui-vty0-4]authentication-mode password                         --设置身份验证模式
Please configure the login password (maximum length 16):91xueit     --设置登录密码 91xueit
[AR1-ui-vty0-4]user privilege level 3
[AR1-ui-vty0-4]acl 2001 inbound                                     --绑定 ACL 2001 进站方向
```

删除绑定，执行以下命令。

```
[AR1-ui-vty0-4]undo acl inbound
```

十一、使用高级 ACL 实现网络安全

如图 9-21 所示，要求在 AR1 路由器上创建高级 ACL 实现以下功能：

- 允许工程部能够访问 Internet。
- 允许财务部能够访问 Internet，但只允许访问网站和收发电子邮件。
- 允许财务部能够使用 ping 命令测试到 Internet 网络是否畅通。
- 禁止财务部服务器访问 Internet。

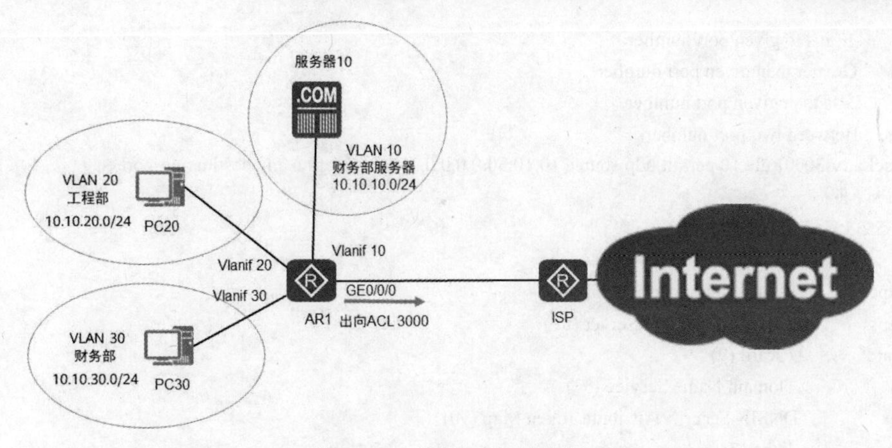

图 9-21　高级 ACL 的应用

本案例流量控制基于数据包的源 IP 地址、目标 IP 地址、协议和端口号，那就要使用高级 ACL 来实现。在 AR1 上创建一个高级 ACL，将该 ACL 绑定到 AR1 的 GE 0/0/0 接口的出向。

允许财务部能够访问 Internet 网站，访问网站需要域名解析，域名解析使用 DNS 协议，DNS 协议使用的是 UDP 的 53 端口，访问网站使用的协议是 HTTP 协议和 HTTPS 协议，HTTP 协议使用的是 TCP 的 80 端口，HTTPS 协议使用的是 TCP 的 443 端口。

为了避免以上实验创建的基本 ACL 对本实验的影响，先删除全部 ACL，再在 Vlanif 10 和 GE0/0/0 上解除绑定的 ACL。

```
[AR1]undo acl all                                --删除以上实验创建的全部 ACL
[AR1]interface Vlanif 10
[AR1-Vlanif10]undo traffic-filter outbound       --删除接口上的绑定
```

在 AR1 上创建高级 ACL，基于 TCP 和 UDP 创建规则时需要指定目标端口。

```
[AR1]acl 3000                          --创建高级 ACL
[AR1-acl-adv-3000]rule 5 permit ?      --查看可用的协议
  <1-255>   Protocol number
  gre       GRE tunneling(47)
  icmp      Internet Control Message Protocol(1)
  igmp      Internet Group Management Protocol(2)
  ip        Any IP protocol            --ip 协议包含了 TCP、UDP 和 ICMP
  ipinip    IP in IP tunneling(4)
  ospf      OSPF routing protocol(89)
  tcp       Transmission Control Protocol (6)
  udp       User Datagram Protocol (17)
[AR1-acl-adv-3000]rule 5 permit ip source 10.10.20.0 0.0.0.255 destination any
[AR1-acl-adv-3000]rule 10 permit udp source 10.10.30.0 0.0.0.255 destination any  ?
 --查看可用参数
  destination-port         Specify destination port
  dscp                     Specify dscp
  fragment                 Check fragment packet
  none-first-fragment      Check the subsequence fragment packet
……

[AR1-acl-adv-3000]rule 10 permit udp source 10.10.30.0 0.0.0.255 destination any destination-port ?     --指定目标端口大于、小于或等于某个端口或端口范围
```

```
    eq        Equal to given port number
    gt        Greater than given port number
    lt        Less than given port number
    range     Between two port numbers
[AR1-acl-adv-3000]rule 10 permit udp source 10.10.30.0 0.0.0.255 destination any destination-port eq ?     --可以指定端口号或应用层协议名称
    <0-65535>      Port number
    biff           Mail notify (512)
    bootpc         Bootstrap Protocol Client (68)
    bootps         Bootstrap Protocol Server (67)
    discard        Discard (9)
    dns            Domain Name Service (53)
    dnsix          DNSIX Security Attribute Token Map (90)
    echo           Echo (7)
    ……
[AR1-acl-adv-3000]rule 10 permit udp source 10.10.30.0 0.0.0.255 destination any destination-port eq dns
[AR1-acl-adv-3000]rule 15 permit tcp source 10.10.30.0 0.0.0.255 destination-port eq www
[AR1-acl-adv-3000]rule 20 permit tcp source 10.10.30.0 0.0.0.255 destination-port eq 443
[AR1-acl-adv-3000]rule 25 permit icmp source 10.10.30.0 0.0.0.255
[AR1-acl-adv-3000]rule 30 deny ip
[AR1-acl-adv-3000]quit
```

将 ACL 绑定到接口。

```
[AR1]interface GigabitEthernet 0/0/0
[AR1-GigabitEthernet0/0/0]traffic-filter outbound acl 3000
```

9.2 AAA

典型 HCIA 试题

1．在华为 AR G3 系列路由器上，AAA 支持哪些认证模式？【多选题】

A．802.1x　　B．None　　C．HWTACACS　　D．Local

2．在华为 AR G3 系列路由器上，AAA 支持哪些授权模式？【多选题】

A．HWTACACS 授权　　B．不授权

C．RADIUS 认证成功后授权　　D．本地授权

3．以下哪条命令配置认证模式为 HWTACACS 认证？【单选题】

A．authentication-mode hwtacacs　　B．authentication-mode none

C．Authorization-mode hwtacacs　　D．Authorization-mode local

4．AAA 协议是 RADIUS 协议。【判断题】

A．对　　B．错

5．RADIUS 是实现 AAA 的常见协议。【判断题】

A．对　　B．错

6．AAA 不包含下列哪一项？【单选题】

A．Authorization（授权）　　B．Accounting（计费）

C．Authentication（认证）　　D．Audit（审计）

7. 在华为 AR G3 系列路由器上进行有关 AAA 认证的配置时，最多能配置多少个域（Domain）？【单选题】

A. 33　　B. 31　　C. 32　　D. 30

8. 某台路由器配置信息如下，下列说法正确的有？【单选题】

```
#
aaa
authentication-scheme default
authentication-scheme huawei
authentication-mode radius
authorization-scheme default
authorization-scheme huawei
accounting-scheme default
domain default
domain default_admin
domain huawei
authentication-scheme huawei
authorization-scheme huawei
local-user huawei password cipher 123456
local-user huawei@huawei password cipher 654321
#
```

A. 域名为 huawei 的域没有使用计费方案

B. 使用用户名 huawei 进行认证，则密码需要为 654321

C. 域名为 huawei 的域采用的认证方式为本地认证

D. 域名为 huawei 的域采用的授权方式为本地授权

9. 在一台充当认证服务器的路由器上配置了两个认证域“Area 1”和“Area 2”，用户如果使用正确的用户名“huawei”和密码“hello”进行认证，则此用户会被分配到哪个认证域当中？【单选题】

A. 认证域“Area 1”　　B. 认证域“Area 2”

C. 认证域“default_admin domain”　　D. 认证域“default domain”

10. [RTA]aaa

[RTA-aaa] domain huawei

[RTA-aaa-domain-huawei]authentication-scheme au1

[RTA-aaa-domain-huawei]authentication-scheme au2

网络管理员在华为路由器 RTA 上进行如上所示配置，若某用户需在认证域“huawei”中进行认证，则下列描述正确的是？【单选题】

A. 将使用“authentication-scheme au1”认证，如果“au1”被删除，将使用“au2”认证

B. 将使用“authentication-scheme au2”认证，如果“au2”被删除，将使用“au1”认证

C. 将使用“authentication-scheme au2”认证

D. 将使用“authentication-scheme au1”认证

11. NAS 设备对用户的管理是基于域的，每个用户都属于一个域，一个域是由属于同一个域的用户构成的群体？【判断题】

A. 对　　B. 错

12．在 AR 路由器上创建的认证方案、授权方案、计费方案、HWTACACS 或者 RADIUS 服务器模板，只有在域下应用后才能生效。【判断题】

A．对　　B．错

13．路由器 Radius 信息配置如下，下列说法正确的有？【多选题】

```
radius-server template Huawei
radius-server shared-key cipher Huawei
radius-server authentication 200.0.12.1 1812
radius-server accounting 200.0.12.1 1813
radius-attribute nas-ip 200.0.12.2
#
```

A．路由器发送 Radius 报文的源 IP 地址为 200.0.12.2

B．授权服务器的 IP 地址为 200.0.12.1

C．认证服务器的 IP 地址为 200.0.12.1

D．计费服务器的 IP 地址为 200.0.12.1

14．RADIUS 使用以下哪种报文类型表示认证拒绝？【单选题】

A．Access-Reject　　B．Access-Request

C．Access-Challenge　　D．Access-Accept

15．在华为设备上，如果使用 AAA 认证进行授权，当远程服务器无响应时，可以从网络设备侧进行授权。【判断题】

A．对　　B．错

试题解析

1．在华为 AR G3 系列路由器上，AAA 支持认证模式如图 9-22 所示。答案为 BCD。

2．在华为 AR G3 系列路由器上，AAA 支持的授权模式如图 9-23 所示，也支持 RADIUS 认证成功后授权。答案为 ABCD。

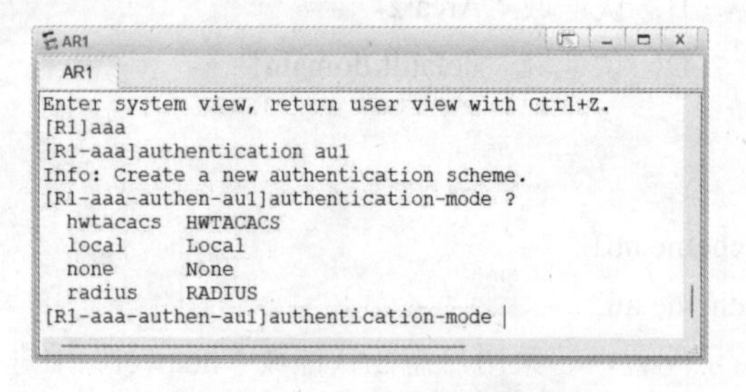

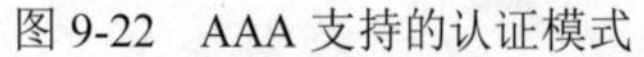

图 9-22　AAA 支持的认证模式

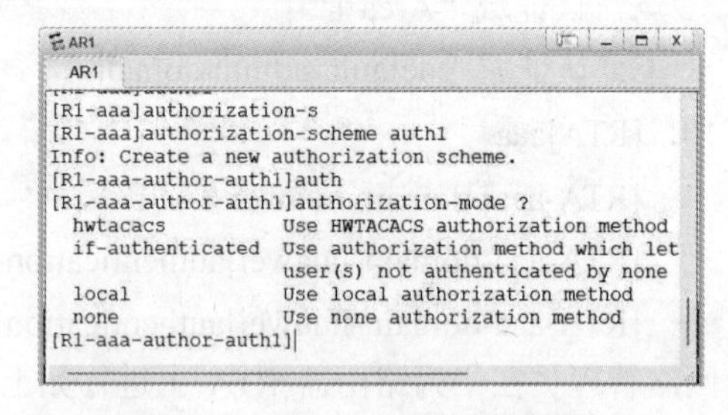

图 9-23　AAA 支持的授权模式

3．authentication-mode hwtacacs 命令配置认证模式为 HWTACACS 认证。答案为 A。

4．AAA 不是协议，是一种管理框架，它提供了授权部分用户访问指定资源和记录这些用户操作行为的安全机制。AAA 的认证、计费、授权会用到 RADIUS 协议。答案为 B。

5．RADIUS、HWTACACS 是实现 AAA 的常见协议。答案为 A。

6．AAA 包含认证、计费、授权。答案为 D。

7．在华为 AR G3 系列路由器上进行有关 AAA 认证的配置时，最多能配置 30 个域。答案为 D。

8．域名为 huawei 的域采用的认证方式为 RADIUS 认证，使用用户名 huawei 进行认证，则密码需要为 123456。如果一个域没有指明计费方案，则使用默认计费方案。授权方案如果不设置则默认使用本地授权。答案为 D。

9．如果用户名没有指定域，就被分配到默认域当中，即 default domain。答案为 D。

10．配置域的身份验证方案后一个配置的身份验证方案会覆盖前一个身份验证方案。答案为 C。

11．NAS 设备对用户的管理是基于域的，每个用户都属于一个域，一个域是由属于同一个域的用户构成的群体。答案为 A。

12．在 AR 路由器上创建的认证方案、授权方案、计费方案、HWTACACS 或者 RADIUS 服务器模板是独立的，只有在域下应用后才能生效。答案为 A。

13．radius-attribute nas-ip 200.0.12.2 命令用来配置 NAS 发送 RADIUS 报文使用的 IP 地址。radius-server authentication 命令配置认证服务器的 IP 地址，radius-server accounting 命令配置计费服务器的 IP 地址。答案为 ACD。

14．如图 9-24 所示，第 102、163 个数据包是 Radius 客户端向 Radius 服务器发送的请求访问报文，报文类型为 Access-Request。第 103 个数据包是 Radius 服务器发送的接受访问的报文，报文类型为 Access-Accept。第 164 个数据包是 Radius 服务器发送的接受访问的报文，报文类型为 Access-Reject。答案为 A。

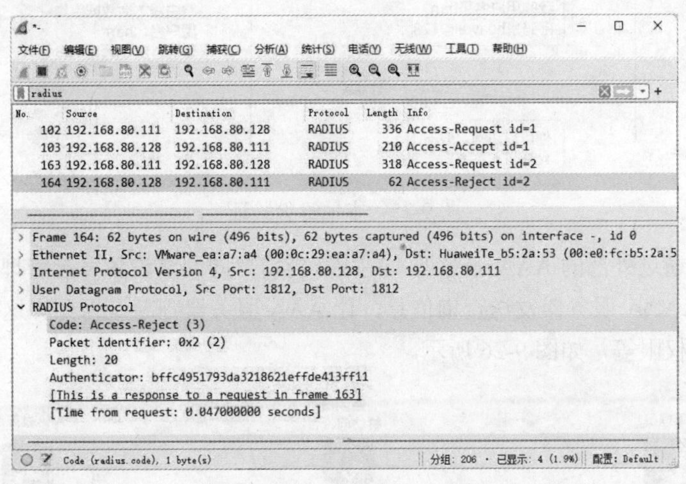

图 9-24　RADIUS 报文类型

15．认证方案、授权方案可以同时指定远程认证和本地认证、远程授权和本地授权。答案为 A。

关联知识精讲

一、AAA 简介

对于任何网络，用户管理都是最基本的安全管理要求之一。

用户登录系统或网络设备输入账户密码来验证用户的身份，这个过程叫身份认证（Authentication）。不同的用户授予了不同的权限，这个过程叫作授权（Authorization）。为了安全起见，用户登录后对系统资源的访问或更改可以进行记录，这个过程叫作计费（Accounting），这三项独立安全功能总称为 AAA。

AAA 是一种管理框架，它提供了授权部分用户访问指定资源和记录这些用户操作行为的安全机制。因其具有良好的可扩展性，并且容易实现用户信息的集中管理而被广泛使用。AAA 可以通过多种协议来实现，在实际应用中，最常使用 RADIUS（Remote Authentication Dial-In User Service）协议。RADIUS 协议就是被管理设备（Network Access Server，NAS）和 AAA 服务器通信的标准协议，即远程认证拨入用户服务，AAA 服务器是 RADIUS 服务器（AAA 服务器），路由器是 RADIUS 客户端。

网络运营商（ISP）需要验证家庭宽带用户的账号密码之后才允许其上网，并记录用户的上网时长或上网流量等内容，这就是 AAA 技术最常见的应用场景。

网络设备可以通过两种方式对发起管理访问的用户执行认证、授权和计费。一种方式是在本地完成的，如图 9-25 所示，也就是说，网络设备通过自己本地数据库中的用户名和密码信息来完成身份验证、权限指定。

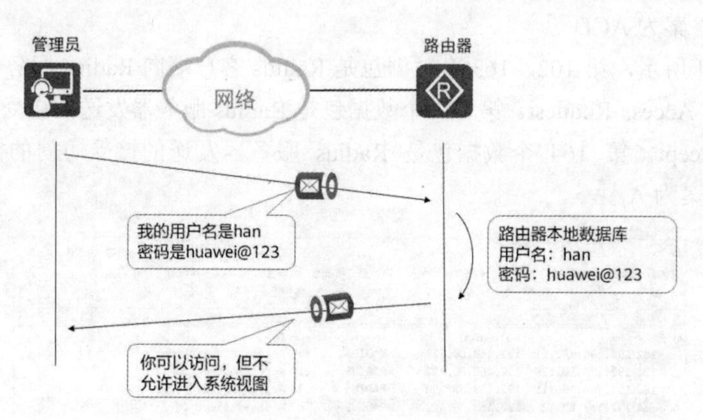

图 9-25　本地身份验证

另一种方式是通过外部的 AAA 服务器来完成。当用户向网络设备发起管理访问时，网络设备向位于指定地址的 AAA 服务器发送查询信息，让 AAA 服务器判断是否允许这位用户访问，以及这位用户拥有什么权限等，如图 9-26 所示。

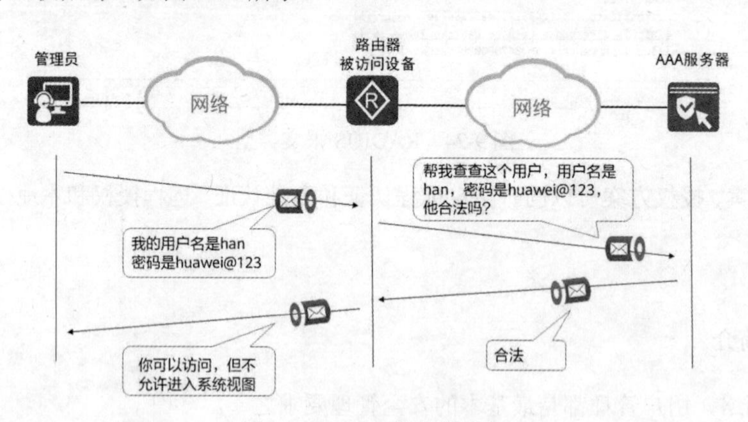

图 9-26　AAA 服务器认证

二、基于域的用户管理

设备对用户的管理是基于域的，每个用户都属于一个域，一个域是由属于同一个域的用户构成的群体。简单地说，用户属于哪个域就使用哪个域下的 AAA 配置信息。用户登录账户时使用@指明所属的域，根据用户所属的域采用不同的认证方案、计费方案、认证服务器。如图 9-27 所示，zhang@91xueit.com 账户登录使用 91xueit.com 域的 AAA 认证服务器验证用户身份，wang@51cto.com 账户登录使用 51cto.com 域的 AAA 认证服务器验证用户身份。如果登录账户没有指明所属的域，比如使用 wang 账户登录，被登录设备将用户加入到默认域中。

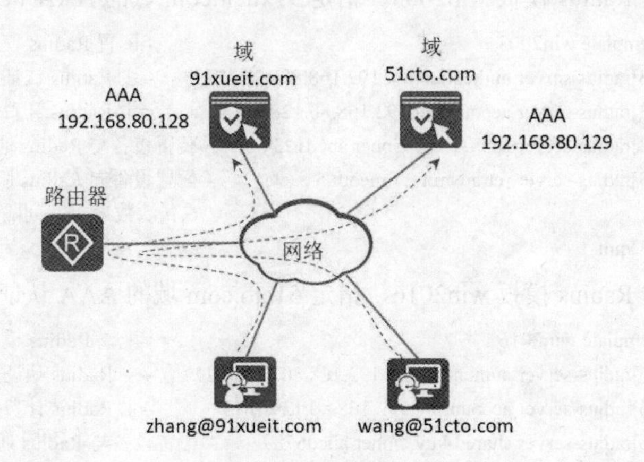

图 9-27　使用域用户登录

如图 9-28 所示，认证方案、授权方案、计费方案、服务器模板单独创建，创建域时可以引用这些方案和服务器模板。认证方案、授权方案、计费方案可以被多个域引用。

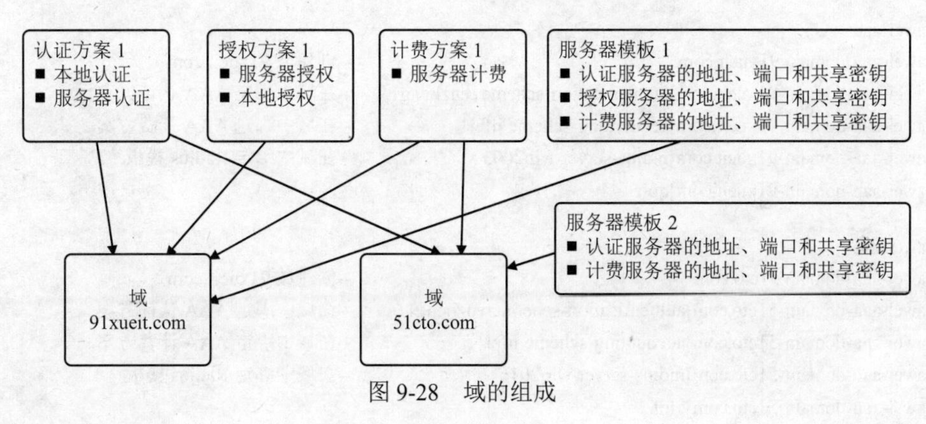

图 9-28　域的组成

三、实战：创建认证计费方案和域

在图 9-27 中通过 telnet 配置路由器身份验证采用 AAA 模式，用户账户在两个域中。一个是 91xueit.com 域，使用认证和计费的服务器的 IP 地址是 192.168.80.128。一个是 51cto.com 域，使用认证和计费的服务器的 IP 地址是 192.168.80.129。

在路由器上的配置如下。

1. 配置 AAA 认证和计费方案

```
[Huawei]aaa
[Huawei-aaa]authentication-scheme renzheng1                 --配置 AAA 认证方案名为 renzheng1
[Huawei-aaa-authen-renzheng1]authentication-mode radius     --配置 AAA 认证模式为 Radius
[Huawei-aaa-authen-renzheng1]quit
[Huawei-aaa]accounting-scheme jifei1                        --配置 AAA 计费方案名为 jifei1
```

```
[Huawei-aaa-accounting-jifei1]accounting-mode radius                --配置 AAA 计费模式为 Radius 服务器计费
[Huawei-aaa-accounting-jifei1]accounting start-fail offline         --配置当开始计费失败时，将用户离线
[Huawei-aaa-accounting-jifei1]quit
```

2. 创建和配置 Radius 模板

以下配置将会创建 Radius 模板 win2003，指定 91xueit.com 域的 AAA 认证和计费服务器。

```
[Huawei]radius-server template win2003                                      --配置 Radius 模板名为 win2003
[Huawei-radius-win2003]radius-server authentication 192.168.80.128 1812     --主 Radius 认证服务地址和端口
[Huawei-radius-win2003]radius-server accounting 192.168.80.128 1813         --主 Radius 计费服务地址和端口
[Huawei-radius-win2003]radius-server shared-key cipher abcd1234             --配置设备与 Radius 通信的共享密钥为 abcd1234
[Huawei-radius-win2003]radius-server retransmit 2 timeout 5                 --配置设备向 Radius 服务器发送请求报文的超时
                                                                             重传次数为 2s，间隔为 5s
[Huawei-radius-win2003]quit
```

以下配置将会创建 Radius 模板 win2016，指定 51cto.com 域的 AAA 认证和计费服务器。

```
[Huawei]radius-server template win2016                                      --配置 Radius 模板名为 win2016
[Huawei-radius-win2016]radius-server authentication 192.168.80.129 1812     --主 Radius 认证服务地址和端口
[Huawei-radius-win2016]radius-server accounting 192.168.80.129 1813         --主 Radius 计费服务地址和端口
[Huawei-radius-win2016]radius-server shared-key cipher abcd6789             --配置设备与 Radius 通信的共享密钥为 abcd6789
[Huawei-radius-win2016]radius-server retransmit 2 timeout 5                 --配置设备向 Radius 服务器发送请求报文的超时
                                                                             重传次数为 2s，间隔为 5s
[Huawei-radius-win2016]quit
```

3. 创建域并绑定认证计费方案和 Radius 模板

```
[Huawei]aaa
[Huawei-aaa]domain 91xueit.com                                          --创建域 91xueit.com
[Huawei-aaa-domain-91xueit.com]authentication-scheme renzheng1          --在域中绑定 AAA 认证方案
[Huawei-aaa-domain-91xueit.com]accounting-scheme jifei1                 --在域中绑定 AAA 计费方案
[Huawei-aaa-domain-91xueit.com]radius-server win2003                    --在域中绑定 Radius 模板
[Huawei-aaa-domain-91xueit.com]quit
```

```
[Huawei]aaa
[Huawei-aaa]domain 51cto.com                                            --创建域 91xueit.com
[Huawei-aaa-domain-51cto.com]authentication-scheme renzheng1            --在域中绑定 AAA 认证方案
[Huawei-aaa-domain-51cto.com]accounting-scheme jifei1                   --在域中绑定 AAA 计费方案
[Huawei-aaa-domain-51cto.com]radius-server win2016                      --在域中绑定 Radius 模板
[Huawei-aaa-domain-51cto.com]quit
```

输入以下命令配置 91xueit.com 域为全局默认域。

```
[Huawei] domain 91xueit.com
```

四、HWTACACS 协议

HWTACACS（Huawei Terminal Access Controller Access Control System）协议是华为在 TACACS 协议的基础上进行了功能增强的一种安全协议。该协议与 RADIUS 协议类似，主要是通过“客户端—服务器”模式与 HWTACACS 服务器通信来实现多种用户的 AAA 功能。

HWTACACS 与 RADIUS 的不同在于：

- RADIUS 基于 UDP 协议，而 HWTACACS 基于 TCP 协议。
- RADIUS 的认证和授权绑定在一起，而 HWTACACS 的认证和授权是独立的。
- RADIUS 只对用户的密码进行加密，HWTACACS 可以对整个报文进行加密。

以下命令配置华为路由器使用 HWTACACS 协议的认证、授权和计费方案。

```
[Huawei]aaa
[Huawei-aaa]authentication-scheme renzheng2                                  --配置 AAA 认证方案名为 renzheng2
[Huawei-aaa-authen-renzheng2]authentication-mode hwtacacs local              --配置 AAA 认证模式为先 HWTACACS，如无响应则本地认证
[Huawei-aaa-authen-renzheng2]authentication-super hwtacacs super             --接入用户进行提权时，先进行 HWTACACS 认证，如无响应再本地认证
[Huawei-aaa-authen-renzheng2]quit
```

```
[Huawei]aaa
[Huawei-aaa]authorization-scheme shouquan2                                   --配置 AAA 授权方案名为 shouquan2
[Huawei-aaa-author-shouquan2]authorization-mode hwtacacs local               --配置 AAA 授权模式为先 HWTACACS，如无响应则本地授权
[Huawei-aaa-author-shouquan2]quit
```

```
[Huawei-aaa]accounting-scheme jifei2                              --配置 AAA 计费方案名为 jifei2
[Huawei-aaa-accounting-jifei2]accounting-mode hwtacacs            --配置 AAA 计费模式为 HWTACACS 服务器计费
[Huawei-aaa-accounting-jifei2]accounting start-fail offline       --配置当开始计费失败时，将用户离线
[Huawei-aaa-accounting-jifei2]accounting realtime 3               --配置对用户进行实时计费，计费间隔为 3min
[Huawei-aaa-accounting-jifei2]quit
```

以下命令创建和配置 HWTACACS 模板。

```
[Huawei]hwtacacs-server template huawei_use       --配置 HWTACACS 模板名为 huawei_use
[Huawei-hwtacacs-huawei_use]hwtacacs-server authentication 192.168.1.254 49           --主 HWTACACS 认证服务地址和端口
[Huawei-hwtacacs-huawei_use]hwtacacs-server authentication 192.168.1.253 49 secondary           --备用认证服务器
[Huawei-hwtacacs-huawei_use]hwtacacs-server authorization 192.168.1.253 49           --主 HWTACACS 授权服务地址和端口
[Huawei-hwtacacs-huawei_use]hwtacacs-server authorization 192.168.1.253 49 secondary           --备用授权服务器
[Huawei-hwtacacs-huawei_use]hwtacacs-server accounting 192.168.1.253 49           --主 HWTACACS 计费服务地址和端口
[Huawei-hwtacacs-huawei_use]hwtacacs-server accounting 192.168.1.253 49 secondary           --备用计费服务器
[Huawei-hwtacacs-huawei_use]hwtacacs-server shared-key cipher hello   --配置设备与 HWTACACS 通信的共享密钥为 hello
[Huawei-hwtacacs-huawei_use]quit
```

创建 AAA 用户域，绑定要使用的 AAA 认证、授权、计费方案和 HWTACACS 模板。

```
[Huawei]aaa
[Huawei-aaa]domain huawei                                              --配置 AAA 域，名称 huawei
[Huawei-aaa-domain-huawei]authentication-scheme renzheng2              --在域中绑定 AAA 认证方案
[Huawei-aaa-domain-huawei]authorization-scheme shouquan2               --在域中绑定 AAA 授权方案
[Huawei-aaa-domain-huawei]accounting-scheme jifei2                     --在域中绑定 AAA 计费方案
[Huawei-aaa-domain-huawei]hwtacacs-server huawei_use                   --在域中绑定 HWTACACS 模板
[Huawei-aaa-domain-huawei]quit
```

9.3 NAT

典型 HCIA 试题

1．主机 192.168.1.2 访问公网地址一定要经过 NAT。【判断题】

A．对　　　　B．错

2．下列选项中，能使一台 IP 地址为 10.0.0.1 的主机访问 Internet 的必要技术是？【单选题】

A．动态路由　　B．NAT　　C．路由引入　　D．静态路由

3．静态 NAT 只能实现私有地址和公有地址的一对一映射。【判断题】

A．对　　B．错

4．如图 9-29 所示，路由器 R1 上部署了静态 NAT 命令，当 PC 访问互联网时，数据包中的目标地址不会发生任何变化。【判断题】

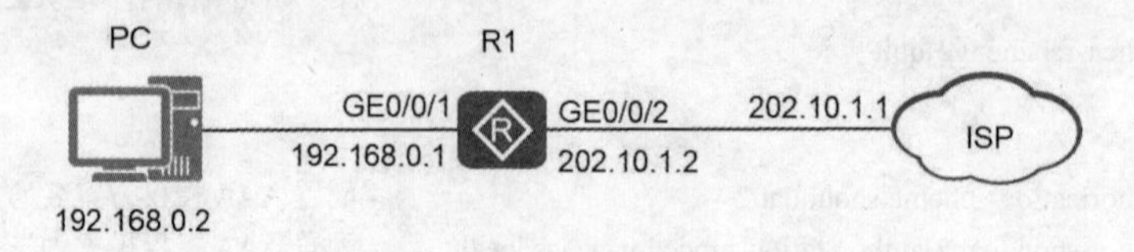

图 9-29　网络拓扑

```
[R1]interface GigabitEthernet0/0/1
[R1-GigabitEthernet0/0/1]ip address 192.168.0.1 255.255.255.0
[R1]interface GigabitEthernet0/0/2
[R1-GigabitEthernet0/0/2]ip address 202.10.1.2 255.255.255.0
[R1]nat static global 202.10.1.3 inside 192.168.0.2 netmask 255.255.255.255
[R1]ip route-static 0.0.0.0 0.0.0.0 202.10.1.1
```

A．对　　B．错

5．NAT 在使用动态地址池时，地址池中的地址可以重复使用，即同一 IP 同时映射给多个内网 IP。【判断题】

A．对　　B．错

6．某私有网络内有主机需要访问 Internet，为实现此需求，管理员应该在该网络的边缘路由器上做如下哪些配置？【多选题】

A．默认路由　　B．NAT　　C．STP　　D．DHCP

7．NAPT 可以对哪些元素进行转换？【单选题】

A．只有 MAC 地址　　B．IP 地址+端口号

C．MAC 地址+端口号　　D．只有 IP 地址

8．NAPT 允许多个私有 IP 地址通过不同的端口号映射到同一个公有 IP 地址上，则下列关于 NAPT 中端口号的描述，正确的是？【单选题】

A．必须手工配置端口号和私有地址的对应关系

B．只需要配置端口号的范围

C．需要使用 ACL 分配端口号

D．不需要做任何关于端口号的配置

9．NAPT 通过 TCP 或者 UDP 或者 IP 报文中的协议号区分不同用户的 IP 地址。【判断题】

A．对　　B．错

10．一个公司有 50 个私有 IP 地址，管理员使用 NAT 技术将公司网络接入公网，但是该公司仅有一个公网地址且不固定，则下列哪种 NAT 转换方式符合需求？【单选题】

A．NAPT　　B．Basic NAT　　C．静态 NAT　　D．Easy IP

11．如图 9-30 所示的网络，要求主机 A 所在的网络通过 Easy IP 的方式访问 Internet，则在路由器的 G0/0/3 接口需要使用下列哪个 ACL？【单选题】

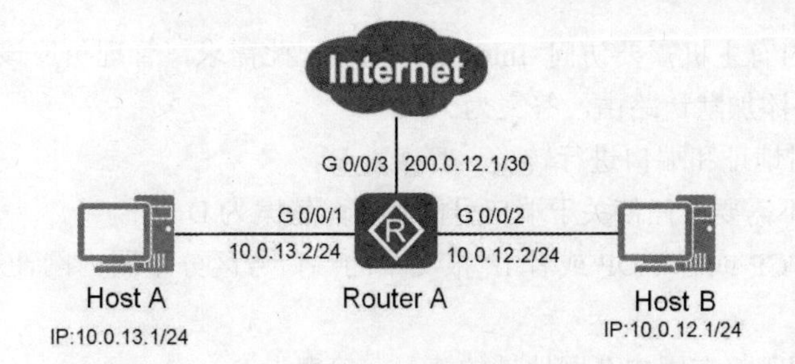

图 9-30 网络拓扑

A. ACL number 2000
rule 5 permit source 10.0.13.1 0.0.0.0
#

B. ACL number 2000
rule 5 permit source 10.0.12.0 0.0.0.255
#

C. ACL number 2000
rule 5 permit source 10.0.12.1 0.0.0.0

D. ACL number 2000
rule 5 permit source 10.0.13.0 0.0.0.255

12. ICMP 报文不包含端口号，所以无法使用 NAPT。【判断题】

A. 对　　B. 错

13. 如图 9-31 所示，私有网络中有一台 Web 服务器需要向公网用户提供 HTTP 服务，因此网络管理员需要在网关路由器 RTA 上配置 NAT 以实现需求，则下列配置中能满足需求的是？【单选题】

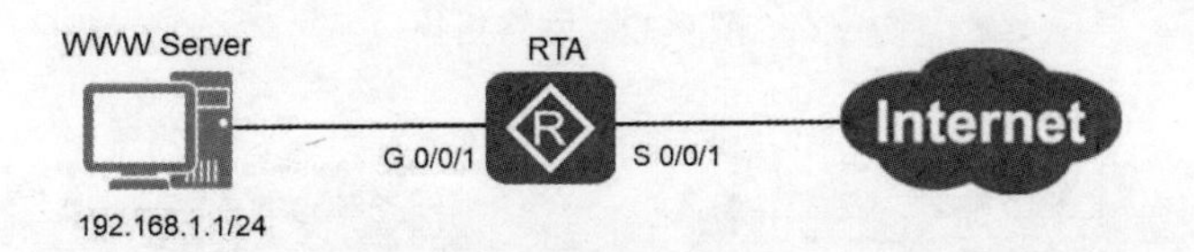

图 9-31 网络拓扑

A. [RTA-Serial1/0/1]nat server protocol tcp global 202.10.10.1 www inside 192.168.1.1 8080

B. [RTA-Serial1/0/1]nat server protocol tcp global 192.168.1.1 www inside 202.10.10.1 8080

C. [RTA-Gigabitethernet0/0/1]nat server protocol tcp global 202.10.10.1 www inside 192.168.1.1 8080

D. [RTA-Gigabitethernet0/0/1]nat server protocol tcp global 192.168.1.1 www inside 202.10.10.1 8080

试题解析

1. 私网地址访问 Internet 一定要经过 NAT。答案为 A。

2. 10.0.0.1 是私网地址，访问 Internet 要使用 NAT 技术。答案为 B。

3. 静态 NAT 只能实现私有地址和公有地址的一对一映射。答案为 A。

4. 配置了静态 NAT，内网访问互联网，数据包目标地址不发生任何变化，源地址会被 202.10.1.3 替换。答案为 A。

5. NAT 只是地址转换，一个公网地址替换一个私网地址，动态地址池中的一个地址只能给一个内网的计算机做映射。NAPT 使用动态地址池时，地址池中的地址可以重复使用，即同一 IP 同时映射给多个内网 IP。答案为 B。

6．某私有网络内有主机需要访问 Internet，为实现此需求，管理员应该在该网络的边缘路由器上配置 NAT，也要添加默认路由。答案为 AB。

7．NAPT 需要对地址和端口进行转换。答案为 B。

8．配置 NAPT 不需要做任何关于端口号的配置。答案为 D。

9．NAPT 通过 TCP 或者 UDP 或者 IP 报文中的端口号区分不同内网计算机的 IP 地址。答案为 B。

10．Easy IP 适用于没有固定公网地址的情况。答案为 D。

11．ACL 的规则要包含主机 A 所在的网段。答案为 D。

12．ICMP 报文不包含端口号，ICMP 字段中的 Identifier 字段标识计算机发出去的一个 ICMP 请求，经过路由器的 NAPT 处理后，请求报文 Identifier 字段值都会被替换成唯一的值。如图 9-32 所示，在 RTA 路由器上配置了 NAPT，PC1 ping 8.8.8.8，在 RTA 的 G0/0/1 接口捕获的 ICMP 请求报文 Identifier（BE）字段值为 16276，如图 9-33 所示。在 RTA 的 G0/0/0 接口捕获的转换后的 ICMP 请求报文 Identifier（BE）的值被修改为 40，如图 9-34 所示。答案为 B。

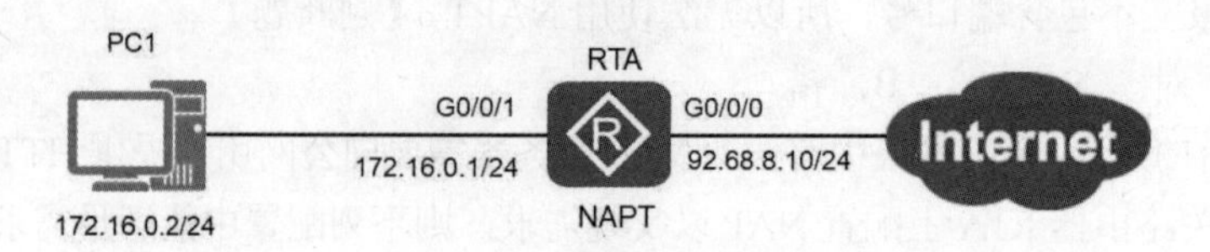

图 9-32　网络拓扑

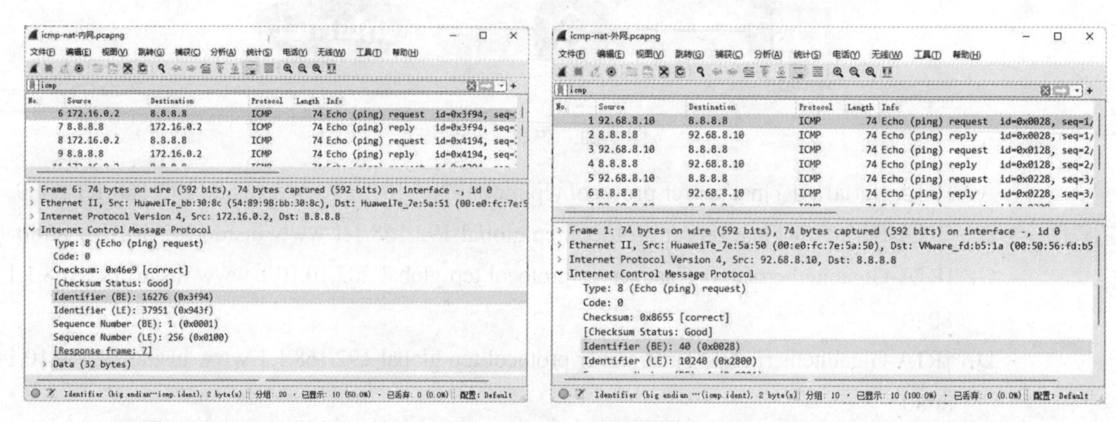

图 9-33　ICMP 的标识字段　　　　图 9-34　ICMP 的标识字段被替换

13．私有网络中有一台 Web 服务器需要向公网用户提供 HTTP 服务，就需要在外网接口配 nat server 将公网地址的 TCP 的 80 端口映射到内网 Web 服务器的 HTTP 使用的端口，本题中的 Web 服务器使用的端口为 8080。答案为 A。

关联知识精讲

一、公网地址和私网地址

公网是指 Internet，公网 IP 地址指的是 Internet 上全球统一规划的 IP 地址，网段地址块不能重叠。Internet 上的路由器能够转发目标地址为公网地址的数据包。

在 IP 地址空间里，A、B、C 3 类地址中各保留了一部分地址作为私网地址，私网地址不能在公网上出现，只能用在内网中，Internet 中的路由器没有到私网地址的路由。

保留的 A、B、C 类私网地址的范围分别如下。

A 类地址：10.0.0.0～10.255.255.255。

B 类地址：172.16.0.0～172.31.255.255。

C 类地址：192.168.0.0～192.168.255.255。

企业或学校的内部网络，可以根据计算机数量、网络规模大小，选用适当的私网地址段。小型企业或家庭网络可以选择保留 C 类私网地址，大中型企业网络可以选择保留 B 类地址或 A 类地址。如图 9-35 所示，A 学校选用 10.0.0.0/28 作为内网地址，B 学校也选择 10.0.0.0/28 作为内网地址，反正这两个学校的网络现在不需要相互通信，将来也不打算相互访问，使用相同的网段或地址重叠也没关系。如果以后 A 学校和 B 学校的网络需要相互通信，就不能使用重叠的地址段了，就要重新规划这两个学校的内网地址。

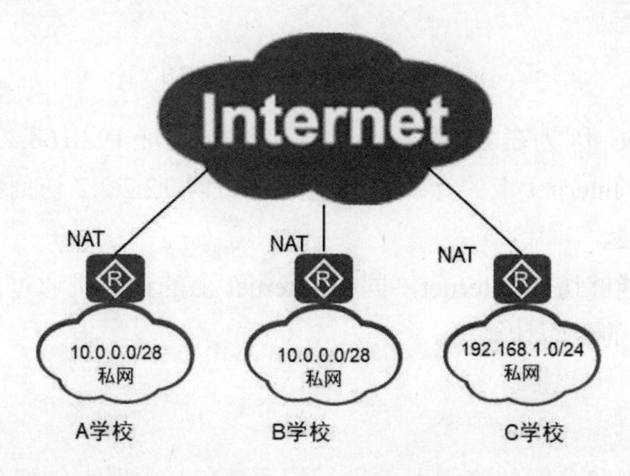

图 9-35　私网地址

企业内网通常使用私网 IP 地址，Internet 使用的是公网 IP 地址。使用私网地址的计算机访问 Internet（公网）时需要用到网络地址转换（Network Address Translation，NAT）技术。

在连接企业内网（私网地址）和 Internet 的路由器上配置网络地址转换（NAT）。一个私网地址需要占用一个公网地址做转换。NAT 分为静态 NAT 和动态 NAT。

如果内网计算机数量（私网地址数量）比可用的公网地址多，就需要做网络地址端口转换（Network Address and Port Translation，NAPT）。NAPT 技术允许企业内网的计算机使用公网 IP 地址进行网络地址端口转换。

如果企业的服务器部署在内网，使用私网地址，打算让 Internet 上的计算机访问内网服务器，就需要在连接 Internet 的路由器上配置端口映射。

二、静态 NAT

静态 NAT 在连接私网和公网的路由器上进行配置，一个私网地址对应一个公网地址，这种方式不节省公网 IP 地址。

如图 9-36 所示，在 R1 路由器上配置静态映射，内网 192.168.1.2 访问 Internet 时使用公网地址 12.2.2.2 替换源 IP 地址，内网 192.168.1.3 访问 Internet 时使用公网地址 12.2.2.3 替换源 IP 地址。图 9-33 中画出了 PC1、PC2 访问 Web 服务器，数据包在内网时的源地址和目标地址，以及数据包发送到 Internet 后的源地址和目标地址，也画出了 Web 服务器发送给 PC1 和 PC2 的数据包在 Internet 的源地址和目标地址，以及进入内网后的源地址和目标地址。

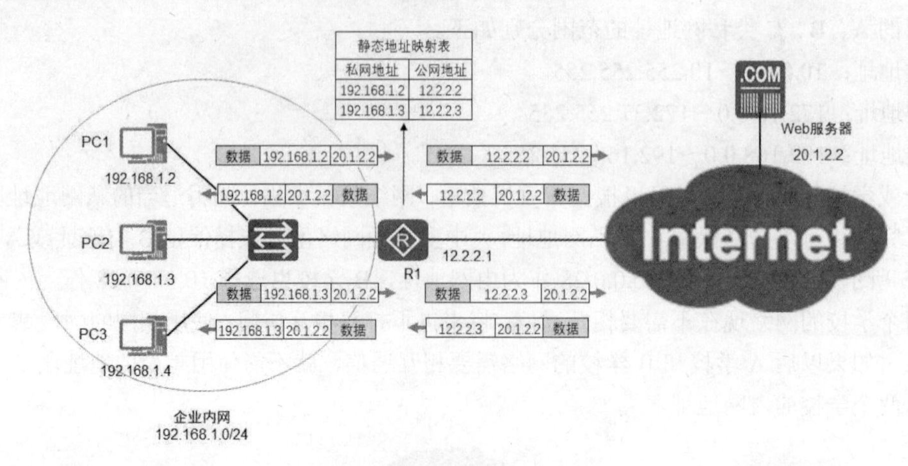

图 9-36　静态 NAT 示意图

PC3 不能访问 Internet，因为在 R1 路由器上没有为 IP 地址 192.168.1.4 指定用来替换的公网地址。配置好了静态 NAT，Internet 上的计算机就能通过访问 12.2.2.2 访问到内网的 PC1，通过访问 12.2.2.3 访问到内网的 PC2。

静态 NAT 使得内网能够访问 Internet，同样 Internet 上的计算机通过访问静态地址映射表中的某个公网地址访问到对应的内网计算机。

三、动态 NAT

动态 NAT 在连接私网和公网的路由器上进行配置，在路由器上创建公网地址池（地址段），使用 ACL 定义内网地址，并不指定用哪个公网地址替换哪个私网地址。内网计算机访问 Internet，路由器会从公网地址池中随机选择一个没被使用的公网地址做源地址替换，动态 NAT 只允许内网主动访问 Internet，Internet 上的计算机不能通过公网地址访问内网的计算机，这和静态 NAT 不一样。

如图 9-37 所示，内网有 4 台计算机，公网地址池有三个公网 IP 地址，这只允许内网的三台计算机访问 Internet，到底谁能访问 Internet，那就看谁先上网了，图中 PC4 没有可用的公网地址，就不能访问 Internet 了。

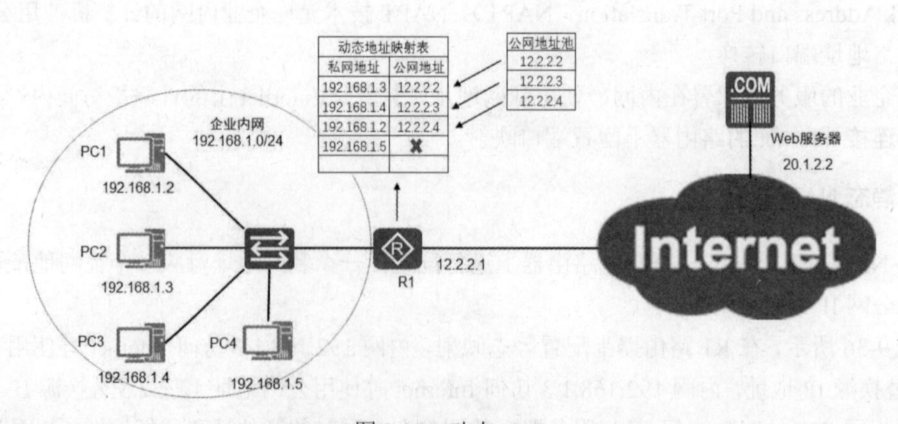

图 9-37　动态 NAT

四、网络地址端口转换（NAPT）

如果用于 NAT 的公网地址少于内网上网计算机的数量，内网计算机使用公网地址池中的 IP 地址访问 Internet，出去的数据包就要替换源 IP 地址和源端口，在路由器中有一张表用于记录端口地址转换，如图 9-38 所示。

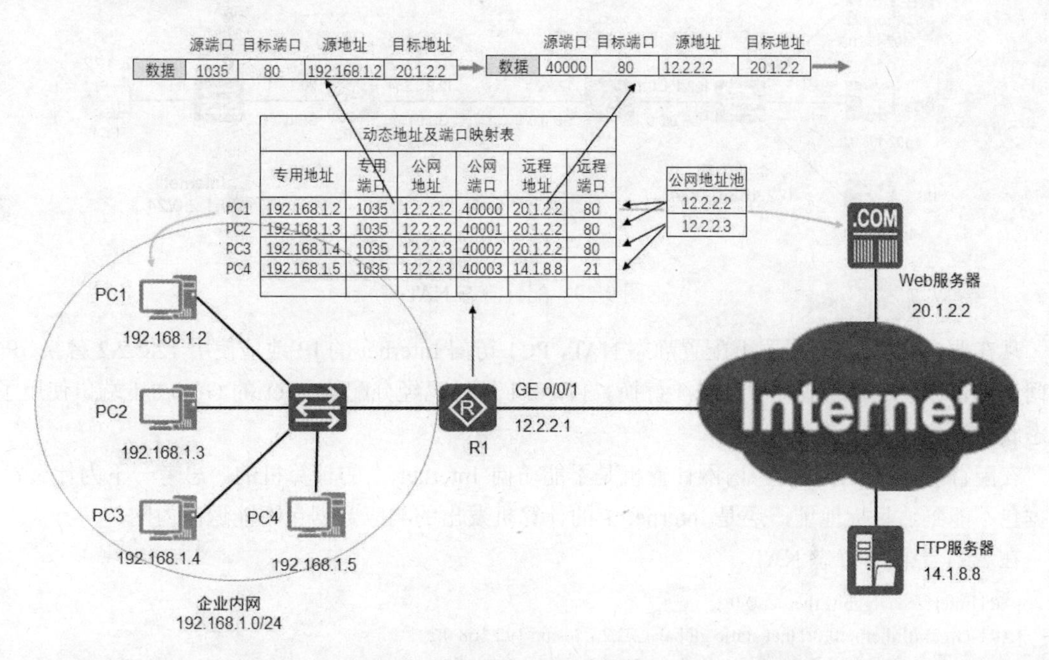

图 9-38　网络地址端口转换示意图

源端口（图 9-38 中的公网端口）由路由器统一分配，不会重复，R1 收到返回来的数据包，根据目标端口就能判定应该给内网中的哪台计算机。这就是网络地址端口转换（Network Address and Port Translation，NAPT），NAPT 的应用会节省公网地址。

NAPT 只允许内网主动访问 Internet，Internet 中的计算机不能主动向内网发起通信，这使得内网更加安全。

五、Easy IP

Easy IP 技术是 NAPT 的一种简化情况。Easy IP 无须建立公有 IP 地址资源池，因为 Easy IP 只会用到一个公有地址，该地址就是路由器 R1 的 GE 0/0/1 接口的 IP 地址。Easy IP 也会建立并维护一张动态地址及端口映射表，并且，Easy IP 会将这张表中的公有 IP 地址绑定成的 GE 0/0/1 接口的 IP 地址。R1 的 GE 0/0/1 接口的 IP 地址如果发生了变化，那么，这张表中的公有 IP 地址也会自动跟着变化。GE 0/0/1 接口的 IP 地址可以是手工配置的，也可以是动态分配的。

其他方面，Easy IP 都是与 NAPT 完全一样的，这里不再赘述。

六、静态 NAT 的实现

在连接 Internet 的路由器上配置静态 NAT。

如图 9-39 所示，企业内网的私网地址是 192.168.0.0/24，AR1 路由器连接 Internet，有一条默认路由指向 AR2 的 GE 0/0/0 端口地址，AR2 代表 ISP 的 Internet 上的路由器，该路由器没有到私网的路由。ISP 给企业分配了 3 个公网地址 12.2.2.1、12.2.2.2、12.2.2.3，其中 12.2.2.1 指定给 AR1 的 GE 0/0/1 端口。

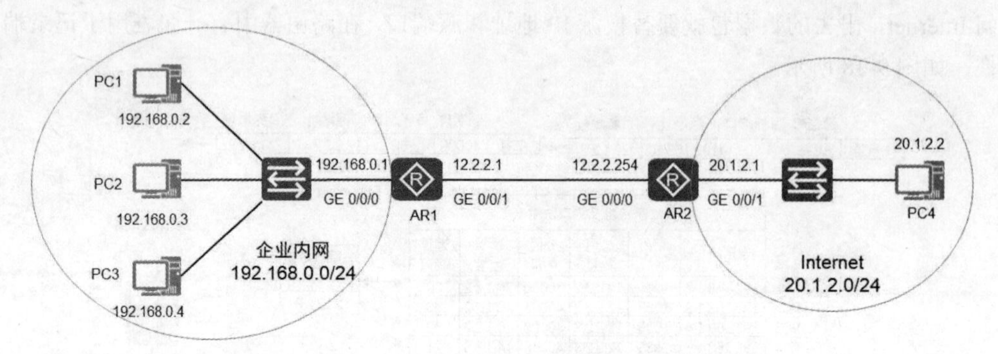

图 9-39　配置静态 NAT

现在要求在 AR1 路由器上配置静态 NAT，PC1 访问 Internet 的 IP 地址使用 12.2.2.2 替换、PC2 访问 Internet 的 IP 地址使用 12.2.2.3 替换。12.2.2.1 地址已经分配给 AR1 的 GE 0/0/1 端口使用了，静态映射不能再使用这个地址。

在配置静态 NAT 之前，内网计算机是不能访问 Internet 上的计算机的。思考一下为什么？是数据包不能到达目标地址，还是 Internet 上的计算机发出的响应数据包不能返回内网？

在 AR1 上配置静态 NAT。

```
[AR1]interface GigabitEthernet 0/0/1
[AR1-GigabitEthernet0/0/1]nat static global 12.2.2.2 inside 192.168.0.2
[AR1-GigabitEthernet0/0/1]nat static global 12.2.2.3 inside 192.168.0.3
```

配置完成后，PC1 和 PC2 能 ping 通 20.1.2.2。PC3 不能 ping 通 Internet 上计算机的 IP 地址。Internet 上的 PC4 能够通过 12.2.2.2 地址访问到内网的 PC1，能够通过 12.2.2.3 地址访问到内网的 PC3。

测试完成后，删除静态 NAT 设置，配置 NAPT 初始化环境。

```
[AR1-GigabitEthernet0/0/1]undo nat static global 12.2.2.2 inside 192.168.0.2
[AR1-GigabitEthernet0/0/1]undo nat static global 12.2.2.3 inside 192.168.0.3
```

七、NAPT 的实现

本节网络环境如图 9-39，假如 ISP 给企业分配了 12.2.2.1、12.2.2.2、12.2.2.3 三个公网地址，12.2.2.1 给 AR1 路由器的 GE 0/0/1 端口使用，12.2.2.2 和 12.2.2.3 这两个地址给内网计算机做 NAPT 使用，这就需要定义公网地址池来做 NAPT。

创建公网地址池。

```
[AR1]nat address-group 1 ?                              --指定公网地址池编号 1
  IP_ADDR<X.X.X.X>   Start address
[AR1]nat address-group 1 12.2.2.2 12.2.2.3              --指定开始地址和结束地址
```

如果企业内网有多个网段，也许只允许几个网段能够访问 Internet。需要通过 ACL 定义允许通过 NAPT 访问 Internet 的内网网段，在本示例中内网就一个网段。

```
[AR1]acl 2000
```

```
[AR1-acl-basic-2000]rule 5 permit source 192.168.0.0 0.0.0.255
[AR1-acl-basic-2000]rule deny
[AR1-acl-basic-2000]quit
```

为 AR1 上连接 Internet 的端口 GigabitEthernet 0/0/1 配置 NAPT。

```
[AR1]interface GigabitEthernet 0/0/1
[AR1-GigabitEthernet0/0/1]nat outbound 2000 address-group 1?          --指定使用的公网地址池
  no-pat    Not use PAT                                                --如果带 no-pat，就是动态 NAT
  <cr>      Please press ENTER to execute command
[AR1-GigabitEthernet0/0/1]nat outbound 2000 address-group 1
```

在 PC1、PC2、PC3 上 ping Internet 上的 PC4，看看是否能通。

八、Easy IP 的实现

如图 9-40 所示，企业内网使用私网地址 192.168.0.0/24，ISP 只给了企业一个公网地址 12.2.2.1/24。在 AR1 上配置 NAPT，允许内网计算机使用 AR1 路由器上 GE 0/0/1 端口的公网地址做地址转换以访问 Internet。使用路由器端口的公网 IP 地址做 NAPT，称为 Easy IP。

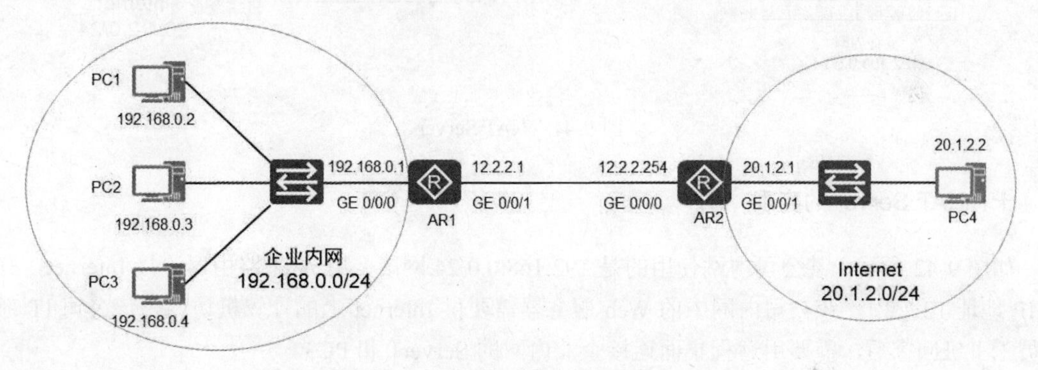

图 9-40　使用外网端口地址做 NAPT

如果企业内网有多个网段，也许只允许几个网段能够访问 Internet。需要通过 ACL 定义允许通过 NAPT 访问 Internet 的内网网段，在本示例中内网就一个网段。

```
[AR1]acl 2000
[AR1-acl-basic-2000]rule 5 permit source 192.168.0.0 0.0.0.255
[AR1-acl-basic-2000]rule deny
[AR1-acl-basic-2000]quit
```

为 AR1 上连接 Internet 的端口 GigabitEthernet 0/0/1 配置 NAPT。

```
[AR1]interface GigabitEthernet 0/0/1
[AR1-GigabitEthernet0/0/1]nat outbound 2000      --指定允许 NAPT 的 ACL
```

九、NAT Server 的使用场景

当私网网络中的服务器需要对公网提供服务时，就需要在路由器上配置 NAT Server，指定[公网地址：端口]与[私网地址：端口]的一对一映射关系，将内网服务器映射到公网。公网主机访问[公网地址：端口]实现对内网服务器的访问。

如图 9-41 所示，RA 路由器连接内网和 Internet，打算让 Internet 上的计算机访问内网 Web 服务器的网站。实现以上功能，就需要在 RA 路由器上配置一个 NAT Server，这实质上就是在 NAT

映射表中添加了一条静态 NAT 映射，将 TCP 协议的 80 端口映射到内网 Web 服务器的 80 端口。

图 9-41 中画出了 Internet 中 PC4 访问 12.2.2.8 地址的 TCP 协议 80 端口的数据包，RA 路由器收到后，查找 NAT 映射表，根据[公网地址：端口]信息查找对应的[私网地址：端口]，并进行 IP 地址数据报文目标地址、端口转换，转换后将数据包发送到内网 Web 服务器。

RA 路由器收到 Web 服务器返回给 PC4 的数据包，再根据 NAT 映射表，将数据包的源 IP 地址和端口进行转换后，发送给 PC4。

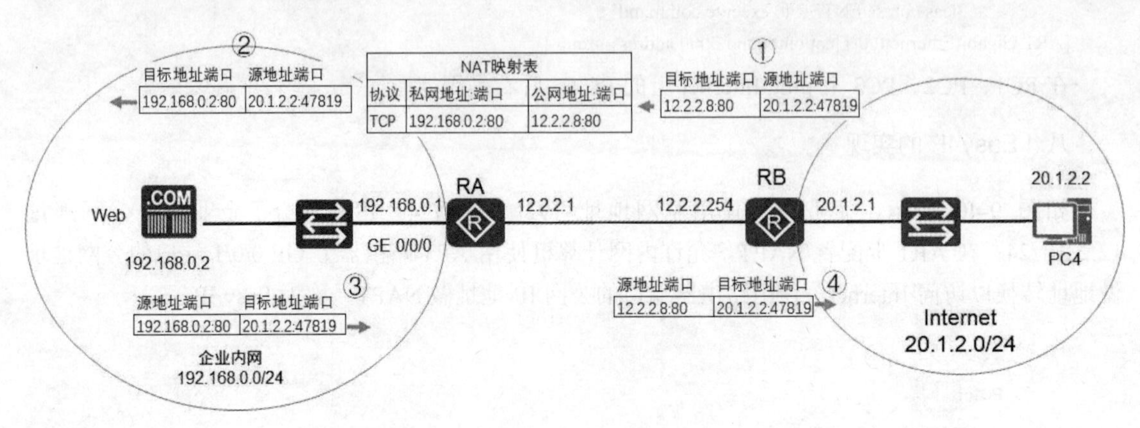

图 9-41　NAT Server

十、NAT Server 的实现

如图 9-42 所示，某公司内网使用的是 192.168.0.0/24 网段，用 AR1 路由器连接 Internet，有公网 IP 地址 12.2.2.1，该公司内网中的 Web 服务器需要供 Internet 上的计算机访问，该公司 IT 部门的员工下班回家后，需要用远程桌面连接企业内网的 Server1 和 PC3。

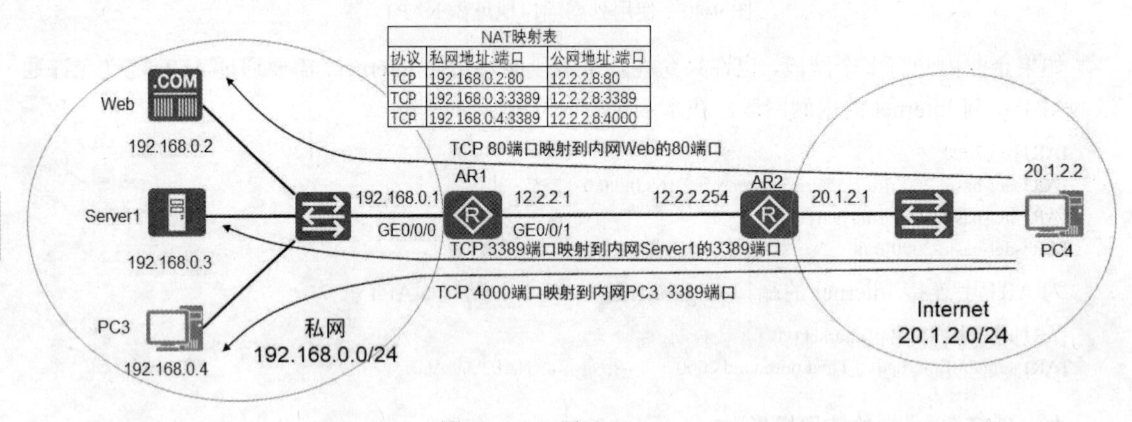

图 9-42　配置 NAT Server

访问网站使用的是 HTTP 协议，该协议默认使用 TCP 协议的 80 端口，将 12.2.2.8 的 TCP 协议的 80 端口映射到内网 192.168.0.2 的 TCP 协议的 80 端口。

远程桌面使用的是 RDP 协议，该协议默认使用 TCP 协议的 3389 端口，将 12.2.2.8 的 TCP 协议的 3389 端口映射到内网的 192.168.0.3 的 TCP 协议的 3389 端口。

TCP 的 3389 端口已经映射到内网的 Server1 了，使用远程桌面连接 PC3 时就不能再使用 3389

端口了，可以将 12.2.2.8 的 TCP 协议的 4000 端口映射到内网 192.168.0.4 的 3389 端口。通过访问 12.2.2.8 的 TCP 协议的 4000 端口就可以访问 PC3 的远程桌面（3389 端口）。

在 AR1 路由器的 GE 0/0/1 端口配置 Easy IP，内网访问 Internet 的数据包的源地址使用该接口的公网地址替换。本例配置 NAT Server，使用另外一个公网地址 12.2.2.8 做 NAT Server 地址，允许 Internet 访问内网中的 Web 服务器、Server1 和 PC3 的远程桌面。

将 AR1 上的 GigabitEthernet 0/0/1 接口的地址从 TCP 协议的 80 端口映射到内网的 192.168.0.2 地址的 80 端口。

```
[AR1-GigabitEthernet0/0/1]nat server protocol tcp global   12.2.2.8 ?
  <0-65535>   Global port of NAT                    --端口号
  ftp         File Transfer Protocol (21)
  pop3        Post Office Protocol v3 (110)
  smtp        Simple Mail Transport Protocol (25)
  telnet      Telnet (23)
  www         World Wide Web (HTTP, 80)             --www 相当于 80 端口
[AR1-GigabitEthernet0/0/1]nat server protocol tcp global 12.2.2.8 www inside 192.168.0.2 www
Warning:The port 80 is well-known port. If you continue it may cause function failure.
Are you sure to continue?[Y/N]:y
```

将 AR1 上的 GigabitEthernet 0/0/1 接口的地址从 TCP 协议的 3389 端口映射到内网的 192.168.0.3 地址的 3389 端口。

```
[AR1-GigabitEthernet0/0/1]nat server protocol tcp global 12.2.2.8 3389 inside 192.168.0.3 3389
```

将 AR1 上的 GigabitEthernet 0/0/1 接口的地址从 TCP 协议的 4000 端口映射到内网的 192.168.0.4 地址的 3389 端口。

```
[AR1-GigabitEthernet0/0/1]nat server protocol tcp global 12.2.2.8 4000 inside 192.168.0.4 3389
```

查看 AR1 上 GigabitEthernet 0/0/1 接口的 NAT Server 配置。

第10章 IPv6

本章汇总了IPv6相关试题。

考查的知识点包括：IPv6首部，IPv6编址，IPv6地址分类，单播地址、组播地址、任播地址，链路本地地址，IPv6无状态自动配置和有状态自动配置，IPv6静态路由和动态路由，配置OSPFv3实现IPv6动态路由。

10.1 IPv6首部

典型HCIA试题

1．网络设备发送IPv6报文时，会首先将报文长度和MTU值进行对比，如果大于MTU值，则直接丢弃。【判断题】

A．对　　B．错

2．以下哪些字段是IPv6和IPv4报文头中都存在的字段？【多选题】

A．Source Address　　B．Version　　C．Destination Address　　D．Next Header

3．IPv6报文支持哪些扩展报头？【多选题】

A．分片扩展报头　　B．目的选项扩展报头

C．VLAN 扩展报头　　D．逐跳选项扩展报头

4．IPv6报文的基本首部长度是固定值。【判断题】

A．对　　B．错

5．IPv6基本报头长度为多少字节？【单选题】

A．40　　B．48　　C．32　　D．64

6．IPv6报文头的哪个字段可以用于QoS？【单选题】

A．Next Header　　B．Payload Length

C．Traffic Class　　D．Version

7．IPv6报文头比IPv4报文头增加了哪个字段？【单选题】

A．Version　　B．Flow Label

C．Destination Address　　D．Source Address

8．路由器在转发 IPv6 报文时，不需要对数据链路层重新封装。【判断题】

A．对　　　　　　　　　B．错

9．IPv6 报头中的哪个字段的作用类似于 IPv4 报头中的 TTL 字段？【单选题】

A．Version　　　　　　B．Traffic Class　　C．Hop Limit　　D．Next Header

10．IPv6 中的流标签字段、源地址字段和目标地址字段一起为特定数据流指定了网络中的转发路径。【判断题】

A．对　　　　　　　　　B．错

试题解析

1．网络设备发送 IPv6 报文时，会首先将报文长度和 MTU 值进行对比，如果大于 MTU 值，会分片。答案为 B。

在 Windows10 上 ping IPv6 地址带参数-l 指定发送的数据为 4000 个字节，以太网的 MTU 默认为 1500，会分片。图 10-1 是分片的 ICMP 数据包，可以看到 Next Header 字段为分片首部，值为 44。扩展首部的 Next Header 值为 58，表明其中的内容为 ICMPv6 的数据。

C:\Users\han>ping 2001:2022::11:3 -l 4000

正在 Ping 2001:2022::11:3 具有 4000 字节的数据：

来自 2001:2022::11:3 的回复: 时间<1ms

来自 2001:2022::11:3 的回复: 时间<1ms

来自 2001:2022::11:3 的回复: 时间<1ms

来自 2001:2022::11:3 的回复: 时间<1ms

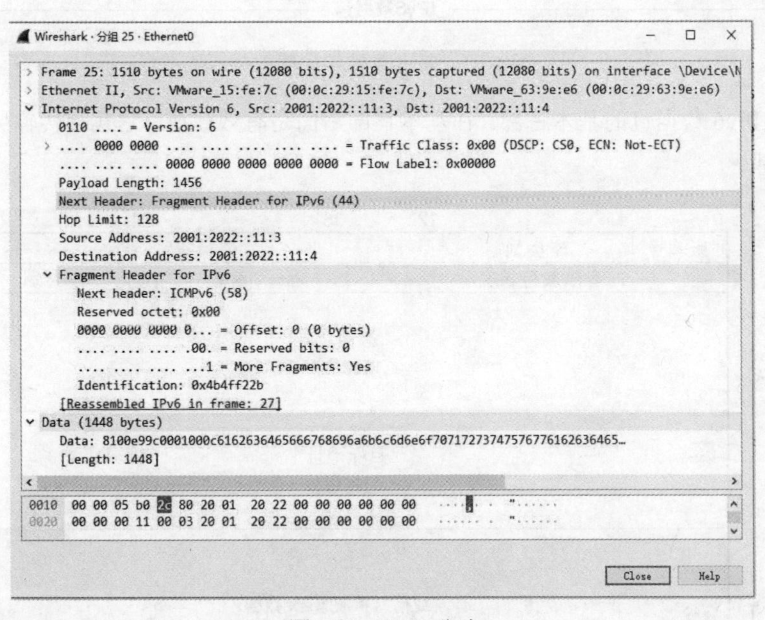

图 10-1　IPv6 分片

2．IPv6 和 IPv4 报文头中都存在的字段包括版本、源地址、目标地址等。答案为 ABC。

3．IPv6 报文支持逐跳选项首部、目的选项首部、路由选择首部、分片首部、认证首部、封装安全有效载荷首部扩展报头。答案为 ABD。

4．IPv6 报文的基本首部长度是固定值。答案为 A。

5．IPv6 基本报头长度为 40 字节。答案为 A。

6．IPv6 报文头的 Traffic Class 字段可以用于 QoS。答案为 C。

7．IPv6 报文头比 IPv4 报文头增加了 Flow Label 字段。答案为 B。

8．路由器在转发 IPv6 报文时，需要数据链路层重新封装。答案为 B。

9．IPv6 报头中的 Hop Limit 字段的作用类似于 IPv4 报头中的 TTL 字段。答案为 C。

10．IPv6 中的流标签字段、源地址字段和目标地址字段一起为特定数据流指定了网络中的转发路径。答案为 A。

关联知识精讲

一、IPv6 的基本首部

IPv6 数据包在基本首部（Base Header）的后面允许有零个或多个扩展首部（Extension Header），再后面是数据，如图 10-2 所示。但请注意，所有的扩展首部都不属于 IPv6 数据包的首部。所有的扩展首部和数据合起来叫作数据包的有效载荷（Payload）或净负荷。

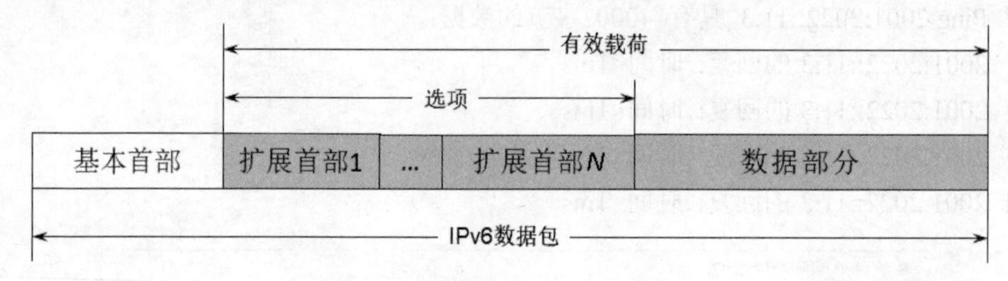

图 10-2　基本首部和扩展首部

图 10-3 是 IPv6 数据包的基本首部。在基本首部后面是有效载荷，它包括传输层的数据和可能选用的扩展首部。

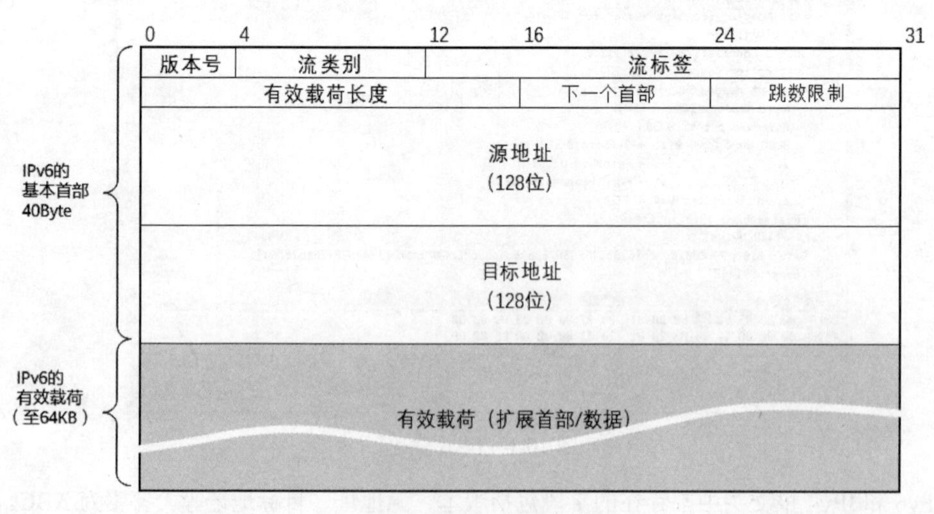

图 10-3　IPv6 基本首部

与 IPv4 相比，IPv6 对首部中的某些字段进行了如下的更改。

- 取消了首部长度字段，因为它的首部长度是固定的（40字节）。
- 取消了服务类型字段，因为优先级和流标号字段合起来实现了服务类型字段的功能。
- 取消了总长度字段，改用有效载荷长度字段。
- 取消了标识、标志和片偏移字段，因为这些功能已包含在分片扩展首部中。
- 把TTL字段改称为跳数限制字段，但作用是一样的（名称与作用更加一致）。
- 取消了协议字段，改用下一个首部字段。
- 取消了检验和字段，这样就加快了路由器处理数据包的速度。差错检验交给了数据链路层和传输层，在数据链路层对检测出有差错的帧就丢弃。在传输层，当使用UDP时，若检测出有差错的用户数据包就丢弃。当使用TCP时，对检测出有差错的报文段就重传，直到正确传送到目的进程为止。
- 取消了选项字段，而用扩展首部来实现选项功能。
- 由于把网络首部中不必要的功能取消了，使得IPv6首部的字段数减少到只有8个（虽然首部长度增大了一倍）。

下面解释IPv6基本首部中各字段的作用。

- 版本号：长度为4bit。对于IPv6，该值为6。
- 流类别：长度为8bit。等同于IPv4中的QoS字段，表示IPv6数据包的类或优先级，主要应用于QoS。
- 流标签：长度为20bit。IPv6中的新增字段，用于区分实时流量，不同的流标签+源地址可以唯一确定一条数据流，中间网络设备可以根据这些信息更加高效率地区分数据流。
- 有效载荷长度：长度为16bit。有效载荷是指紧跟IPv6首部的数据包的其他部分（即扩展首部和上层协议数据单元）。
- 下一个首部：长度为8bit。该字段定义紧跟在IPv6首部后面的第一个扩展首部（如果存在）的类型，或者上层协议数据单元中的协议类型（类似于IPv4的Protocol字段）。
- 跳数限制：长度为8bit。该字段类似于IPv4中的Time to Live字段，它定义了IP数据包所能经过的最大跳数。每经过一个路由器，该数值减去1，当该字段的值为0时，数据包将被丢弃。
- 源地址：长度为128bit。表示发送方的地址。
- 目标地址：长度为128bit。表示接收方的地址。

二、IPv6的扩展首部

IPv4的数据包如果在其首部中使用了选项，那么沿数据包传送的路径上的每一个路由器都必须对这些选项一一进行检查，这就降低了路由器处理数据包的速度。然而实际上很多的选项在途中的路由器上是不需要检查的（因为不需要使用这些选项的信息）。

IPv6把原来IPv4首部中选项的功能都放在扩展首部中，并把扩展首部留给路径两端的源点和终点的计算机来处理，而数据包途中经过的路由器都不处理这些扩展首部（只有一个首部例外，即逐跳选项扩展首部），这样就大大提高了路由器的处理效率。在RFC2460中定义了以下六种扩展首部，当超过一种扩展首部被用在同一个IPv6报文里时，扩展首部必须按照下列顺序出现：

- 逐跳选项首部：主要用于为在传送路径上的每跳转发指定发送参数，传送路径上的每台中间节点都要读取并处理该字段。

- 目的选项首部：携带了一些只有目的节点才会处理的信息。
- 路由首部：IPv6 源节点用来强制数据包经过特定的设备。
- 分片首部：当报文长度超过最大传输单元（Maximum Transmission Unit，MTU）时就需要将报文分片发送，而在 IPv6 中，分片发送使用的是分片首部。
- 认证首部（AH）：该首部由 IPSec 使用，提供认证、数据完整性以及重放保护。
- 封装安全有效载荷首部（ESP）：该首部由 IPSec 使用，提供认证、数据完整性以及重放保护和 IPv6 数据包的保密。

IPv6 基本首部的“下一个首部”字段，用来指明基本首部后面的数据应交付 IP 层上面的哪一个高层协议。比如，6 表示应交付给传输层的 TCP，17 表示应交付给传输层的 UDP，58 表示应交付给 ICMPv6。

表 10-1 是规范中定义的所有扩展首部对应的“下一个首部”的取值。

表 10-1　扩展首部对应的首部值

对应扩展首部类型	下一个首部值
逐跳选项首部	0
目的选项首部	60
路由选择首部	43
分片首部	44
认证首部	51
封装安全有效载荷首部	50
无下一个扩展首部	59

每一个扩展首部都由若干个字段组成，它们的长度也各不相同。但所有扩展首部的第一个字段都是 8 位的“下一个首部”字段。此字段的值指出了在该扩展首部后面的字段是什么。如图 10-4 所示，IPv6 数据包中扩展首部有路由选择首部、分片首部、TCP 首部。

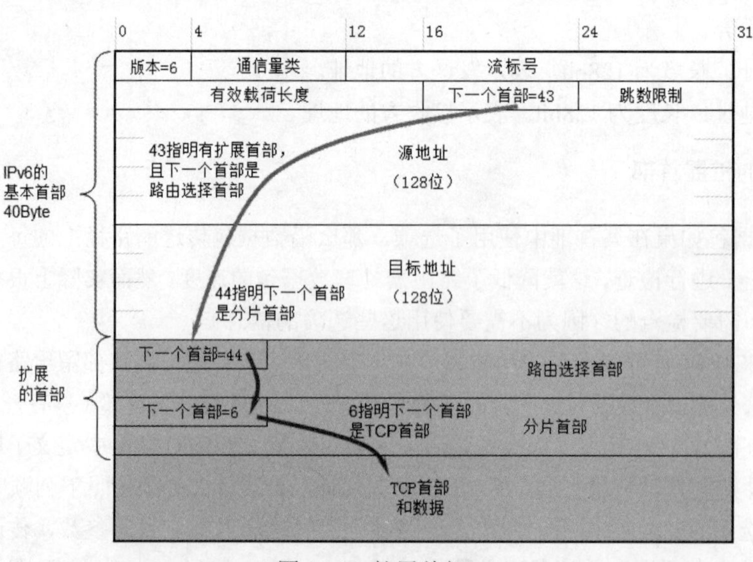

图 10-4　扩展首部

10.2 IPv6 编址

典型 HCIA 试题

1. IPv6 地址总长度是 IPv4 地址长度的多少倍？【单选题】

A. 4　　B. 3　　C. 5　　D. 2

2. IPv6 地址总长度为多少 bit？【单选题】

A. 64　　B. 96　　C. 128　　D. 32

3. 关于 IPv6 地址 2031:0000:720C:0000:0000:09E0:839A:130B，下面哪些缩写是正确的？【多选题】

A. 2031:0:720C:0:0:9E0:839A:130B　　B. 2031:0:720C::9E0:839A:130B

C. 2031:0:720C:0:0:9E:839A:1308　　D. 2031::720C::9E0:839A:130B

4. IPv6 地址 2001:ABEF:224E:FFE2:BCC0:CD00:DDBE:8D58 不能简写。【判断题】

A. 对　　B. 错

5. IPv6 地址 3001:0DB8:0000:0000:0346:ABCD:42BC:8D58 的最简形式为？【单选题】

A. 3001:0DB8::0000:0346:ABCD:42BC:8D58

B. 3001:DB8::346:ABCD:42BC:8D58

C. 3001:DB8::0346:ABCD:42BC:8D58

D. 3001:0DB8::0346:ABCD:42BC:8D58

6. IPv6 地址包含以下哪些类型？【多选题】

A. 任播地址　　B. 组播地址　　C. 单播地址　　D. 广播地址

7. 以下哪个 IPv6 地址是全球单播地址？【单选题】

A. 2001::12:1　　B. FE80::2E0:FCFF:FEEF:FEC

C. FF02::2E0:FCFF:FEEF:FEC　　D. FF02::1

8. 以下哪个 IPv6 地址是链路本地地址？【单选题】

A. FC00::2E0:FCFF:FEEF:FEC　　B. FE80::2E0:FCFF:FEEF:FEC

C. 2000::2E0:FCFF:FEEF:FEC　　D. FF02::2E0:FCFF:FEEF:FEC

9. IPv6 地址 FE80::2E0:FCFF:FE6F:4F36 属于哪一类？【单选题】

A. 组播地址　　B. 全球单播地址　　C. 链路本地地址　　D. 任播地址

10. 如果一个接口的 MAC 地址为 0EE0-FFFE-0FEC，则其对应的 EUI-64 地址为？【单选题】

A. 0CE0-FFFF-FEFE-0FEC　　B. 00E0-FCEF-FFFE-0FEC

C. 00E0-FCFF-FFFE-0FEC　　D. 00E0-FCFF-FEEF-0FEC

11. 如果 EUI-64 地址 78BC-FEFF-FEFE-EFAB 是根据 MAC 地址计算得到，则其所对应的 MAC 地址应该为？【单选题】

A. 7ABC-FEFE-EFAB　　B. 78BC-FFFE-EFAB

C. 7ABC-FFFE-EFAB　　D. 78BC-FEFE-EFAB

12. 以下哪个 IPv6 地址是组播地址？【单选题】

A. FF02::2E0:FCFF:FEEF:FEC　　B. FE80::2E0:FCFF:FEEF:FEC

C．2000::2E0:FCFF:FEEF:FEC　　　　D．FC00::2E0:FCFF:FEEF:FEC

13．组播地址 FF02::2 表示链路本地范围的所有路由器。【判断题】

A．对　　　　B．错

14．组播地址 FF02::1 表示链路本地范围的所有节点。【判断题】

A．对　　　　B．错

15．被请求节点组播地址由前缀 FF02::1:FF00:0/104 和单播地址的最后 24 位组成。【判断题】

A．对　　　　B．错

16．IPv6 组播地址标志字段（Flag）取值为以下哪个时表示该组播地址是一个临时组播地址？【单选题】

A．0　　　　B．1　　　　C．2　　　　D．3

17．IPv6 组播地址标志字段（Flag）取值为以下哪个时表示该组播地址是一个永久组播地址？【单选题】

A．0　　　　B．1　　　　C．2　　　　D．3

18．IPv6 组播地址标志字段（Flag）长度为多少 bit？【单选题】

A．3　　　　B．2　　　　C．4　　　　D．5

19．路由器接口输出信息如下，下列说法正确的有？【多选题】

```
[Huawei]display IPv6 interface GigabitEthernet 0/0/0
GigabitEthernet0/0/0 current state : UP
IPv6 protocol current state : UP
IPv6 is enabled，link-local address is FE80:2E0:FCFF:FE6F:4F36
    Global unicast address (es) :
        2001::12:1,subnet is 2001::/64
    Joined group address (es) :
        FF02::1:FF12:1
        FF02::2
        FF02::1
        FF02::1:FF6F:4F36
    MTU is 1500 bytes
```

A．本接口的全球单播地址为 2001::12:1

B．本接口的 MTU 值为 1500

C．本接口的链路本地地址为 FE80::2E0:FCFF:FE6F:4F36

D．本接口 IPv6 协议状态为 UP

20．路由器接口输出信息如下，则此接口可以接收哪些组播地址的数据？【多选题】

```
[Huawei]display IPv6 interface GigabitEthernet 0/0/0
GigabitEthernet0/0/0 current state : UP
IPv6 protocol current state : UP
IPv6 is enabled，link-local address is FE80:2E0:FCFF:FE6F:4F36
    Global unicast address (es) :
        2001:12:1,subnet is 2001::/64
        2019::12:1,subnet is 2019::/64
    Joined group address (es) :
        FF02::1:FF12:1
        FF02::2
```

```
    FF02::1
    FF02::1:FF6F:4F36
  MTU is 1500 bytes
```

A．FF02::2　　B．FF02::1:FF12:1

C．FF02::1:FF6F:4F36　　D．FF02::1

21．IPv6 地址 2019::8:AB 对应的 Solicited-node 组播地址为？【单选题】

A．FF02::1:FF08:AB　B．FF02::FF08:AB　C．FF02::1:FE08:AB　D．FF02::1:FF20:19

22．下列哪个 IPv6 地址的 Solicited-node 组播地址为 FF02::1:FF12:1？【单选题】

A．2020::1200:1　B．2019::12:1　C．2019::12:1000　D．2020::12AB:1

23．::1/128 是 IPv6 环回地址。【判断题】

A．对　B．错

24．以下关于 IPv6 任播地址的说法正确的有？【多选题】

A．实现服务的负载分担

B．目标地址是任播地址的数据包将发送给其中路由意义上最近的一个网络接口

C．为服务提供冗余功能

D．任播地址和单播地址使用相同的地址空间

试题解析

1．IPv6 地址总长度是 IPv4 地址长度的 4 倍。答案为 A。

2．IPv6 地址总长度为 128 bit。答案为 C。

3．IPv6 地址 2031:0000:720C:0000:0000:09E0:839A:130B，可以缩写为 2031:0:720C:0:0:9E0:839A:130B、2031:0:720C::9E0:839A:130B。答案为 AB。

4．IPv6 地址 2001:ABEF:224E:FFE2:BCC0:CD00:DDBE:8D58 不能简写。答案为 A。

5．IPv6 地址 3001:0DB8:0000:0000:0346:ABCD:42BC:8D58 的最简形式为 3001:DB8::346:ABCD:42BC:8D58。答案为 B。

6．IPv6 地址包含单播地址、组播地址、任播地址，IPv6 没有广播地址。答案为 ABC。

7．FE 打头的地址为链路本地地址、FF 打头的地址为组播地址，0010 0000 0000 0000::/3 为全球单播地址，这就意味着只要 IPv6 地址中前三位为 001 就是单播地址。0010 0000 0000 0000::/3 和 0011 0000 0000 0000::/3 的前三位也是 001，这意味着 2000::/3 和 3000::/3 均为 IPv6 全球单播地址。答案为 A。

8．FE80::/10 为链路本地地址范围，写成二进制为 1111 1101 1000 0000::/10。答案为 B。

9．FE80::/10 为链路本地地址范围，IPv6 地址 FE80::2E0:FCFF:FE6F:4F36 为链路本地地址。答案为 C。

10．接口的 MAC 地址为 0EE0-FFFE-0FEC，0E 写成二进制为 0000 1110，第七位取反后为 0000 1100，再写成十六进制为 0C，在中间插入 FF-FE，为 0CE0-FFFF-FEFE-0FEC。答案为 A。

11．EUI-64 地址 78BC-FEFF-FFFE-EFAB 根据 MAC 地址计算得到，78 写成二进制为 0111 1000，第七位取反后为 0111 1010，写成十六进制为 7A，把中间的 FFFE 去掉，得到 MAC 地址为 7ABC-FEFE-EFAB。答案为 A。

12．组播地址以 11111111（即 ff）开头，没有子网掩码，只能作为目标地址。答案为 A。

13．组播地址 FF01::2、FF02::2 表示链路本地范围的所有路由器。答案为 A。

14．组播地址 FF01::1、FF02::1 表示链路本地范围的所有节点。答案为 A。

15．被请求节点组播地址由前缀 FF02::1:FF00:0/104 和单播地址的最后 24 位组成，如图 10-5 所示。答案为 A。

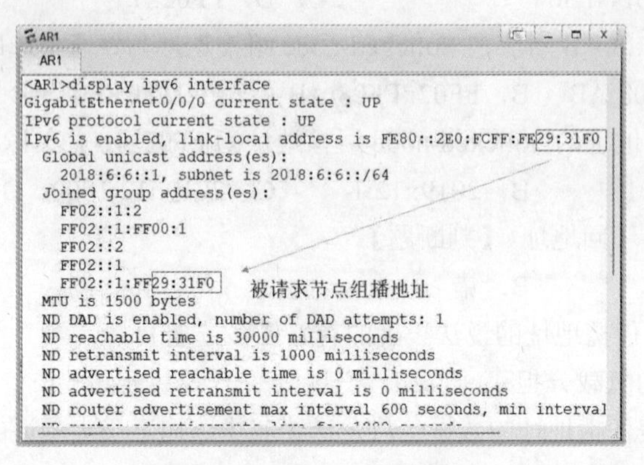

图 10-5　被请求节点组播地址

16．IPv6 组播地址标志字段（Flag）取值为 0001 时表示该组播地址是一个临时组播地址。答案为 B。

17．IPv6 组播地址标志字段（Flag）取值为 0000 时表示该组播地址是一个永久组播地址。答案为 A。

18．IPv6 组播地址标志字段（Flag）长度为 4bit。答案为 C。

19．从路由器接口输出信息可知本接口的全球单播地址为 2001::12:1，本接口的 MTU 值为 1500，本接口的链路本地地址为 FE80::2E0:FCFF:FE6F:4F36，本接口 IPv6 协议状态为 UP。答案为 ABCD。

20．从路由器接口输出信息可以看到加入的组播组为 FF02::1:FF12:1、FF02::2、FF02::1、FF02::1:FF6F:4F36。答案为 ABCD。

21．IPv6 地址 2019::8:AB 对应的被请求节点的组播地址为 FF02::1:FF08:AB。答案为 A。

22．哪个 IPv6 地址的 Solicited-node 组播地址为 FF02::1:FF12:1，就看哪个 IPv6 地址后 24 位是 12:1。答案为 B。

23．::1/128 是 IPv6 环回地址。答案为 A。

24．关于 IPv6 任播地址说法正确的有：IPv6 任播地址可以实现服务的负载分担，目标地址是任播地址的数据包将发送给其中路由意义上最近的一个网络接口，为服务提供冗余功能，任播地址和单播地址使用相同的地址空间。答案为 ABCD。

关联知识精讲

一、IPv6 地址长度和压缩规范

128 位的 IPv6 地址可以划分更多地址层级、拥有更广阔的地址分配空间，并支持地址自动配置。近乎无限的地址空间是 IPv6 的最大优势。

如图 10-6 所示，IPv6 地址由 128 位二进制组成，用于标识一个或一组接口。IPv6 地址通常写

作 xxxx:xxxx:xxxx:xxxx:xxxx:xxxx:xxxx:xxxx，其中 xxxx 是 4 个十六进制数，等同于一个 16 位的二进制数，八组 xxxx 共同组成了一个 128 位的 IPv6 地址。一个 IPv6 地址由 IPv6 网络前缀和接口 ID 组成，IPv6 网络前缀用来标识 IPv6 网络，接口 ID 用来标识接口。

由于 IPv6 地址的长度为 128 位，因此书写时会非常不方便。此外，IPv6 地址的巨大地址空间使得地址中往往会包含多个 0。为了应对这种情况，IPv6 提供了压缩方式来简化地址的书写，压缩规则如下所示。

- 每 16 位中的前导 0 可以省略。
- 地址中包含的连续两个或多个均为 0 的组，可以用双冒号“::”来代替。需要注意的是，在一个 IPv6 地址中只能使用一次双冒号，否则，设备将压缩后的地址恢复成 128 位时，无法确定每段中 0 的个数，如图 10-7 所示。

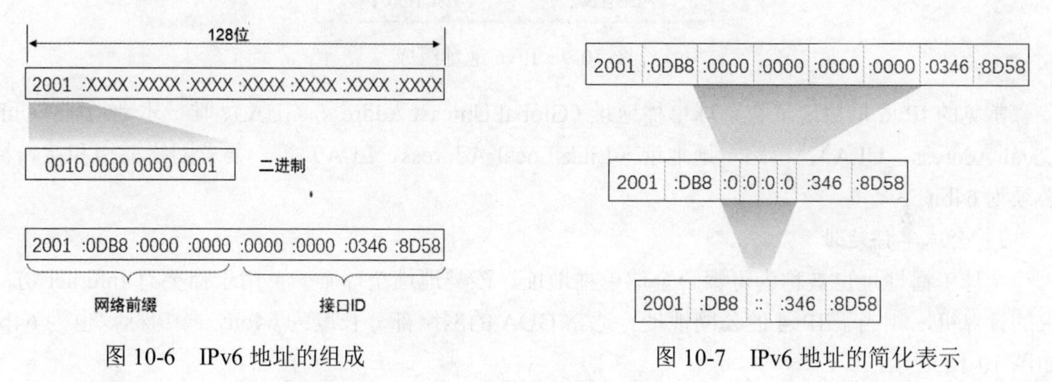

图 10-6　IPv6 地址的组成　　图 10-7　IPv6 地址的简化表示

本示例展示了如何利用压缩规则对 IPv6 地址进行简化表示。

IPv6 地址分为 IPv6 前缀和接口标识，子网掩码使用前缀长度的方式标识。表示形式是：IPv6 地址/前缀长度，其中“前缀长度”是一个十进制数，表示该地址的前多少位是地址前缀。例如 F00D:4598:7304:6540:FEDC:BA98:7654:3210，其地址前缀是 64 位，可以表示为 F00D:4598:7304:6540:FEDC:BA98:7654:3210/64，所在的网段是 F00D:4598:7304:6540::/64。

二、IPv6 地址分类

根据 IPv6 地址前缀，可将 IPv6 地址分为单播（Unicast）地址、组播（Multicast）地址和任播（Anycast）地址，如图 10-8 所示。单播地址又分为全球单播地址、唯一本地地址、链路本地地址、特殊地址和其他单播地址。IPv6 没有定义广播地址（Broadcast Address）。在 IPv6 网络中，所有广播的应用场景将会被 IPv6 组播所取代。

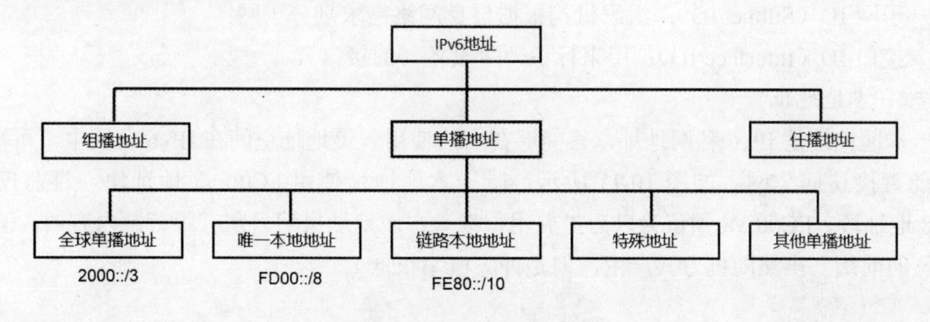

图 10-8　IPv6 地址分类

三、单播地址

1. 单播地址的组成

单播地址是点对点通信时使用的地址，此地址仅标识一个接口，网络负责把对单播地址发送的数据包传送到该接口上。一个 IPv6 单播地址可以分为如下两部分，如图 10-9 所示。

- 网络前缀（Network Prefix）：*n* bit，相当于 IPv4 地址中的网络 ID。
- 接口标识（Interface Identify）：（128-*n*）bit，相当于 IPv4 地址中的计算机 ID。

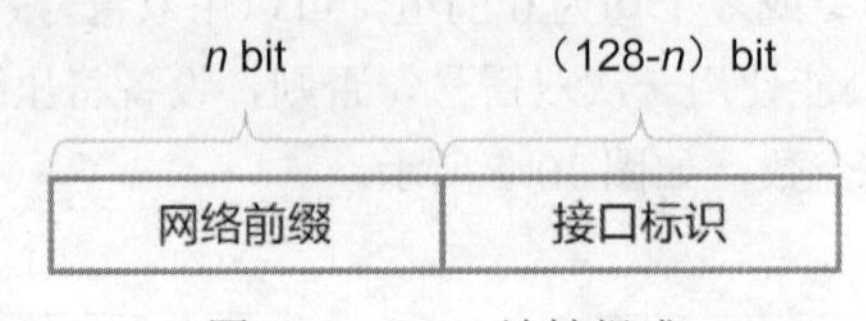

图 10-9 IPv6 地址组成

常见的 IPv6 单播地址有全球单播地址（Global Unicast Address，GUA）、唯一本地地址（Unique Local Address，ULA）、链路本地地址（Link-Local Address，LLA）等，要求网络前缀和接口标识必须为 64bit。

2. 全球单播地址

全球单播地址也被称为可聚合全球单播地址。该类地址全球唯一，用于需要有 Internet 访问需求的计算机，相当于 IPv4 的公网地址。通常 GUA 的网络部分长度为 64bit，接口标识也为 64bit，如图 10-10 所示。

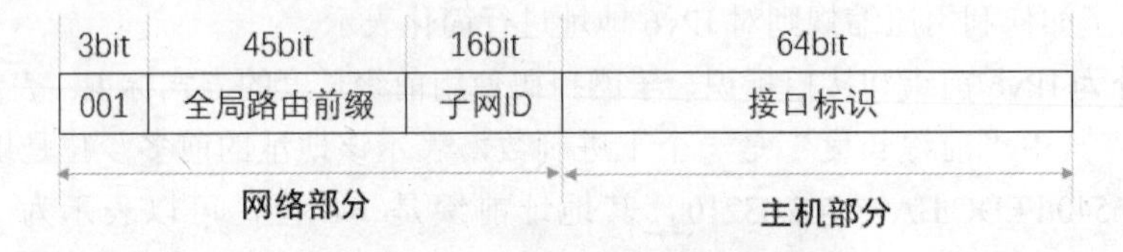

图 10-10 全球单播地址的结构

IPv6 全球单播地址的分配方式如下：顶级地址聚集机构 TLA（即大的 ISP 或地址管理机构）获得大块地址，负责给次级地址聚集机构 NLA（中小规模 ISP）分配地址，NLA 给站点级地址聚集机构 SLA（子网）和网络用户分配地址。

可以向运营商申请全球单播地址或者直接向所在地区的 IPv6 地址管理机构申请。

- 全局路由前缀（Global Routing Prefix）：由提供商指定给一个组织机构，一般至少为 45bit。
- 子网 ID（Subnet ID）：组织机构根据自身网络需求划分子网。
- 接口 ID（Interface ID）：用来标识一个设备（的接口）。

3. 唯一本地地址

唯一本地地址是 IPv6 私网地址，只能够在内网使用。该地址空间在 IPv6 公网中不可被路由，因此不能直接访问公网。如图 10-11 所示，唯一本地地址使用 FC00::/7 地址块，目前仅使用了 FD00::/8 地址段，FC00::/8 预留为以后扩展用。唯一本地地址虽然只在有限范围内有效，但也具有全球唯一的前缀（虽然随机方式产生，但是冲突概率很低）。

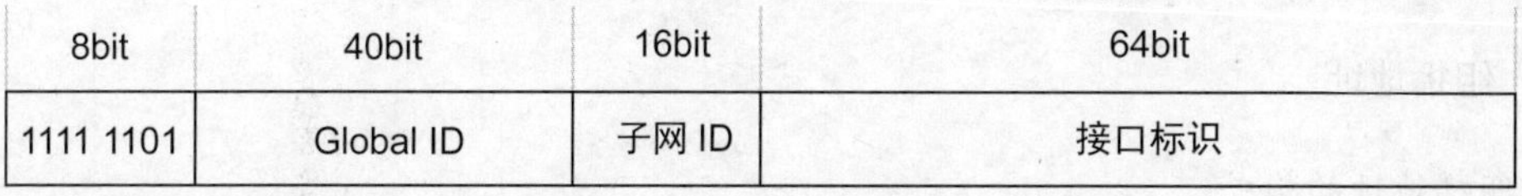

8bit	40bit	16bit	64bit
1111 1101	Global ID	子网 ID	接口标识

图 10-11 唯一本地地址

4. 链路本地地址

IPv6 中有种地址类型叫作链路本地地址，该地址用于在同一子网中的 IPv6 计算机之间进行通信。自动配置、邻居发现以及没有路由器的链路上的节点都使用这类地址。链路本地地址有效范围是本地链路，如图 10-12 所示，前缀为 FE80::/10。任意需要将数据包发往单一链路上的设备，以及不希望数据包发往链路范围外的协议都可以使用链路本地地址。当配置一个单播 IPv6 地址的时候，接口上会自动配置一个链路本地地址。链路本地地址可以和可路由的 IPv6 地址共存。

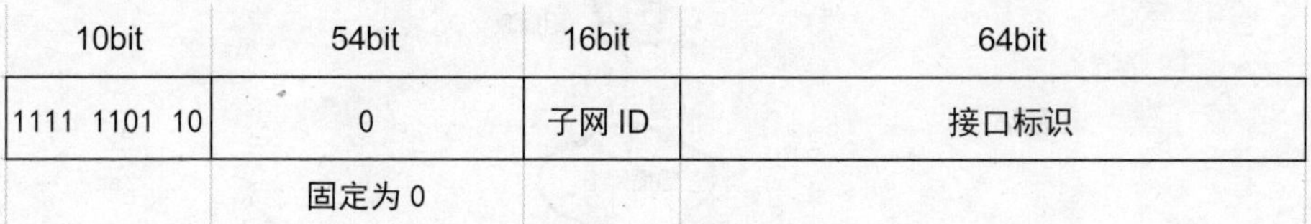

10bit	54bit	16bit	64bit
1111 1101 10	0	子网 ID	接口标识
	固定为 0		

图 10-12 链路本地地址范围 FE80::/10

IPv6 地址的接口标识为 64bit，用于标识链路上的接口。接口标识有许多用途，最常见的用法就是附加在链路本地地址前缀后面，形成接口的链路本地地址。或者在无状态自动配置中，附加在获取到的 IPv6 全球单播地址前缀后面构成接口的全球单播地址。

5. 单播地址接口标识生成方式

IPv6 单播地址接口标识可以通过三种方式生成：

- 手工配置。
- 系统自动生成。
- 通过 IEEE EUI-64（64-bit Extended Unique Identifier）规范生成。

其中 EUI-64 规范最为常用，此规范将接口的 MAC 地址转换为 IPv6 接口标识。IEEE EUI-64 规范是在 MAC 地址中插入 FF-FE，MAC 地址的第 7 位取反，形成 IPv6 地址的 64bit 网络接口标识，如图 10-13 所示。

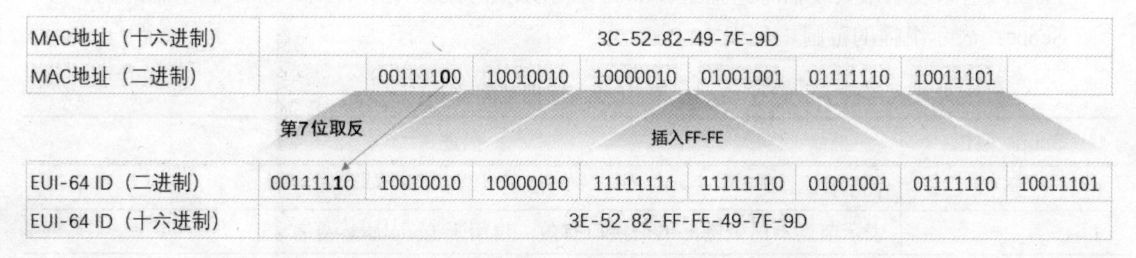

图 10-13 EUI-64 规范

这种由 MAC 地址产生 IPv6 地址接口标识的方法可以减少配置的工作量，尤其是当采用无状态地址自动配置时，只需要获取一个 IPv6 前缀就可以与接口标识形成 IPv6 地址。

使用这种方式最大的缺点就是某些恶意者可以通过三层 IPv6 地址推算出二层 MAC 地址。

四、组播地址

1. 组播地址的构成

与 IPv4 组播相同，IPv6 组播地址标识多个接口，一般用于“一对多”的通信场景。IPv6 组播地址只可以作为 IPv6 报文的目标地址。

组播地址就相当于广播电台的频道，某个广播电台在特定频道发送信号，收音机只要调到该频道，就能收到该广播电台的节目，没有调到该频道的收音机忽略该信号。

如图 10-14 所示，组播源使用某个组播地址发送组播流，打算接收该组播信息的计算机需要加入该组播组，也就是网卡绑定该组播 IP 地址，生成对应的组播 MAC 地址。加入该组播的所有接口接收组播数据包并对其进行处理，而没有绑定该组播地址的计算机则忽略组播信息。

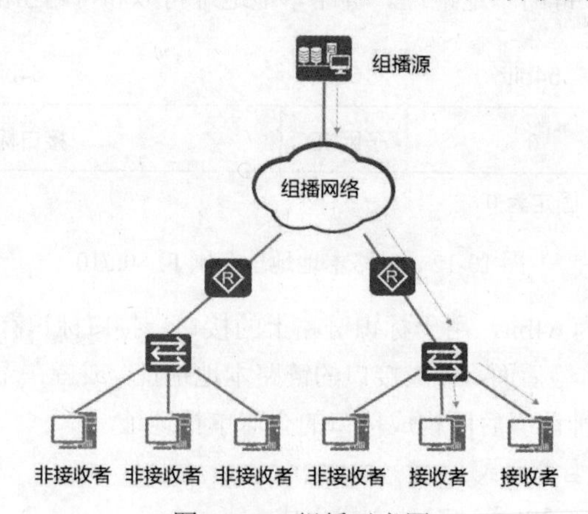

图 10-14　组播示意图

组播地址以 11111111（即 ff）开头，如图 10-15 所示。

8bit	4bit	4bit	80bit	32bit
11111111	Flags	Scope	Reserved（必须为 0）	Group ID

图 10-15　组播地址的构成

Flags：用来表示永久或临时组播组。0000 表示永久分配或众所周知。0001 表示临时的。

Scope：表示组播的范围，见表 10-2。

表 10-2　组播范围

Scope 取值	描述
0	表示预留
1	表示节点本地范围，单个接口有效，仅用于 Loopback 通信
2	表示链路本地范围，例如 FF02::1
5	表示站点本地范围
8	组织本地范围
E	表示全球范围
F	表示预留

Group ID：组播组 ID。

Reserved：占 80bit，必须为 0。

2. 被请求节点组播地址

当一个节点具备了单播或任播地址，就会对应生成一个被请求节点组播地址，并且加入这个组播组。该地址主要用于邻居发现机制和地址重复检测功能。被请求节点组播地址的有效范围为本地链路范围。

如图 10-16 所示，被请求节点组播地址前 104 位固定，前缀为：

FF02:0000:0000:0000:0000:0001:FFxx:xxxx/104 或缩写成 FF02::1:FFxx:xxxx/104

将 IPv6 地址的后 24 位移下来填充到后面就形成被请求节点组播地址。

例如：IPv6 地址 2001::1234:5678/64 的被请求节点组播地址为 FF02::1:FF34:5678/104。

其中 FF02::1:FF 为固定部分，共 104 位。

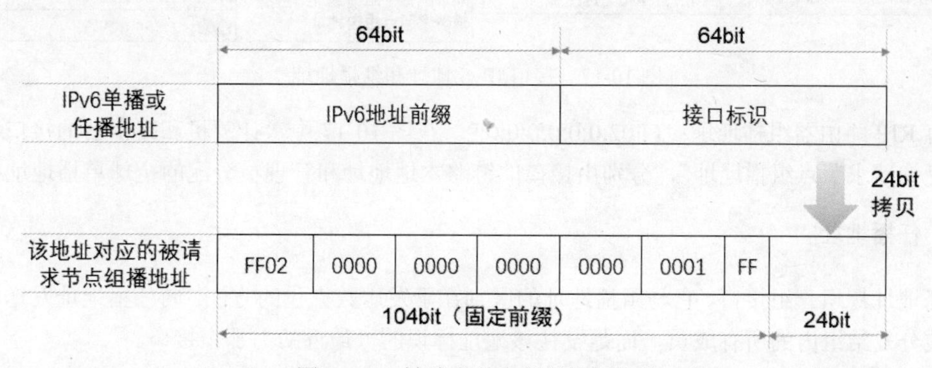

图 10-16　被请求节点组播地址构成

在本地链路上，被请求节点的组播地址中只包含一个接口。只要知道一个接点的 IPv6 地址，就能计算出它的被请求节点的组播地址。

被请求节点组播地址的作用：

- 在 IPv6 中没有 ARP。ICMP 代替了 ARP 的功能，被请求节点的组播地址被节点用来获得相同本地链路上邻居节点的链路层地址。
- 用于重复地址检测（Duplicate Address Detection，DAD），在使用无状态自动配置将某个地址配置为自己的 IPv6 地址之前，节点利用 DAD 验证在其本地链路上该地址是否已经被使用。

由于只有目标节点才会侦听这个被请求节点组播地址，所以该组播报文可以被目标节点所接收，同时不会占用其他非目标节点的网络性能。

五、接口 IPv6 地址和组播地址

配置了或启用了 IPv6 地址的计算机和路由器接口，会自动加入组播特定的组播地址，如图 10-17 所示。

所有节点的组播地址：FF02::1。

所有路由器的组播地址：FF02::2。

被请求节点组播地址：FF02::1:FFXX:XXXX。

所有 OSPF 路由器组播地址：FF02::5。

所有OSPF 的DR 路由器组播地址：FF02::6。

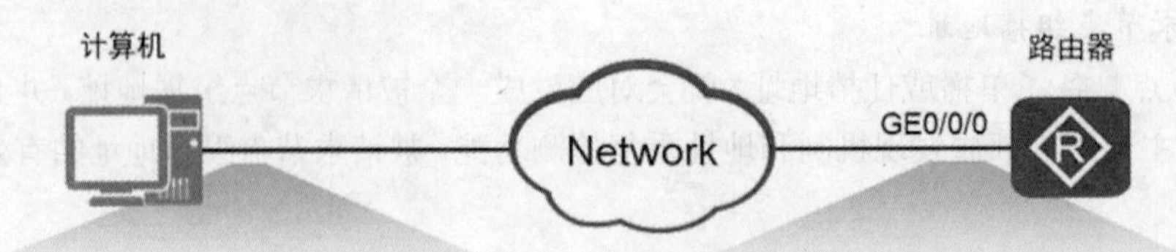

网卡的链路本地地址	FE80::2E0:FCFF:FE35:7287
管理员分配的全球单播地址	2001::1975
环回地址	::1
“所有节点”组播地址	FF01::1及FF02::1
网卡的每个单播地址对应的被请求节点组播地址	FF02::1:FF35:7287
	FF02::1:FF00:1975

网卡的链路本地地址	FE80::2E0:FCFF:FE99:1285
管理员分配的全球单播地址	2001::1977
环回地址	::1
“所有节点”组播地址	FF01::1及FF02::1
“所有路由”组播地址	FF01::2及FF02::2
网卡的每个单播地址对应的被请求节点组播地址	FF02::1:FF99:1285
	FF02::1:FF00:1977

图 10-17　接口 IPv6 地址和组播地址

所有 RIP 路由器组播地址：FF02:0:0:0:0:0:0:9。在图 10-17 中，计算机和路由器的接口都生成了两个“被请求节点组播地址”，分别由接口的链路本地地址和管理员分配的全球单播地址生成。

六、任播地址

任播地址标识一组接口，它与组播地址的区别在于发送数据包的方法。向任播地址发送的数据包并未被分发给组内的所有成员，而是发往该地址标识的“最近的”那个接口。

如图 10-18 所示，Web 服务器 1 和 Web 服务器 2 分配了相同的 IPv6 地址 2001:0DB8::84C2，该单播地址就成了任播地址，PC1 和 PC2 需要访问 Web 服务，向 2001:0DB8::84C2 地址发送请求，PC1 和 PC2 就会访问到距离它们最近（路由开销最小，也就是路径最短）的 Web 服务器。

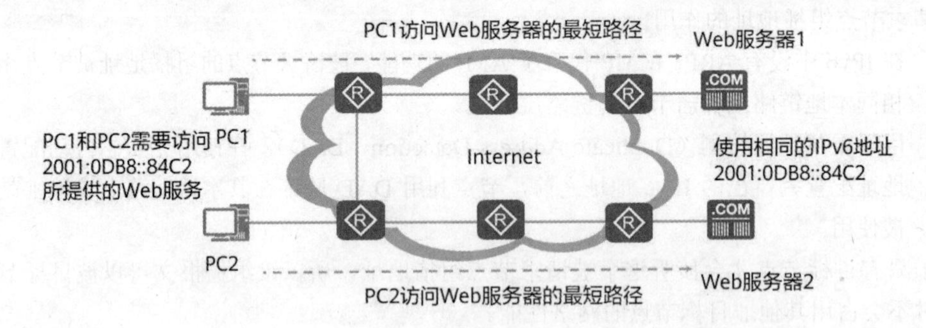

图 10-18　任播地址的作用

任播过程涉及一个任播报文发起方和一个或多个响应方。

- 任播报文的发起方通常为请求某一服务（例如，Web 服务）的主机。
- 任播地址与单播地址在格式上无任何差异，唯一的区别是一台设备可以给多个具有相同地址的设备发送报文。

网络中运用任播地址有以下优势。

- 业务冗余。比如，用户可以通过多台使用相同地址的服务器获取同一个服务（例如，Web

服务)。这些服务器都是任播报文的响应方。如果不是采用任播地址通信，当其中一台服务器发生故障时，用户需要获取另一台服务器的地址才能重新建立通信。如果采用的是任播地址，当一台服务器发生故障时，任播报文的发起方能够自动与使用相同地址的另一台服务器通信，从而实现业务冗余。

- 提供更优质的服务。比如，某公司在 A 省和 B 省各部署了一台提供相同 Web 服务的服务器。基于路由优选规则，A 省的用户在访问该公司提供的 Web 服务时，会优先访问部署在 A 省的服务器，提高访问速度，降低访问时延，大大提升了用户体验。
- 任播地址从单播地址空间中分配，使用单播地址的任何格式。因而，从语法上，任播地址与单播地址没有区别。当一个单播地址被分配给多于一个的接口时，就将其转换为任播地址。被分配具有任播地址的节点必须得到明确的配置，从而知道它是一个任播地址。

七、常见的 IPv6 地址类型和范围

表 10-3 中列出了 IPv6 常见的地址类型和地址范围。

表 10-3　IPv6 常见的地址类型和地址范围

地址范围	描述
2000::/3	全球单播地址
2001:0DB8::/32	保留地址
FE80::/10	链路本地地址
FF00::/8	组播地址
::/128	未指定地址
::1/128	环回地址

目前，有一小部分全球单播地址已经由 IANA（Internet 名称与数字地址分配机构 ICANN 的一个分支）分配给了用户。单播地址的格式是 2000::/3，代表公共 IP 网络上任意可到达的地址。IANA 负责将该段地址范围内的地址分配给多个区域 Internet 注册管理机构（RIR），RIR 负责全球 5 个区域的地址分配。以下几个地址范围已经分配：2400::/12（APNIC）、2600::/12（ARIN）、2800::/12（LACNIC）、2A00::/12（RIPE）和 2C00::/12（AFRINIC），它们使用单一地址前缀标识特定区域中的所有地址。

在 2000::/3 地址范围内还为文档示例预留了地址空间，例如 2001:0DB8::/32。

链路本地地址只能在同一网段的节点之间通信使用。以链路本地地址为源地址或目标地址的 IPv6 报文不会被路由器转发到其他链路。链路本地地址的前缀是 FE80::/10。使用 IPv6 通信的计算机会同时拥有链路本地地址和全球单播地址。

组播地址的前缀是 FF00::/8。组播地址范围内的大部分地址都是为特定组播组保留的。跟 IPv4 一样，IPv6 组播地址还支持路由协议。IPv6 中没有广播地址，用组播地址替代广播地址可以确保报文只发送给特定的组播组而不是 IPv6 网络中的任意终端。

0:0:0:0:0:0:0:0/128 等于::/128。这是 IPv4 中 0.0.0.0 的等价地址，代表 IPv6 未指定地址。

0:0:0:0:0:0:0:1 等于::1。这是 IPv4 中 127.0.0.1 的等价地址，代表本地环回地址。

10.3 IPv6 有状态自动配置和无状态自动配置

典型 HCIA 试题

1．下列关于 IPv6 中的 RA 和 RS 报文的说法，正确的是？【多选题】

A．RS 用于请求地址前缀信息　　B．RS 用于回复地址前缀信息

C．RA 用于回复地址前缀信息　　D．RA 用于请求地址前缀信息

2．以下关于 IPv6 无状态地址自动配置和 DHCPv6 的说法，正确的有？【多选题】

A．IPv6 无状态地址自动配置使用 RA 和 RS 报文

B．DHCPv6 比无状态自动配置可管理性更好

C．DHCPv6 又可以分为 DHCPv6 有状态自动配置和 DHCPv6 无状态自动配置

D．IPv6 无状态地址自动配置和 DHCPv6 均可以为主机分配 DNS 地址等相关配置信息

3．以下关于 IPv6 地址配置的说法，正确的有？【多选题】

A．IPv6 地址支持多种方式的自动配置　　B．IPv6 支持 DHCPv6 的形式进行地址配置

C．IPv6 地址只能手工配置　　D．IPv6 支持无状态自动配置

4．路由器可以通过无状态地址自动配置方案为主机分配指定的 IPv6 地址。【判断题】

A．对　　B．错

5．主机使用无状态地址自动配置方案来获取 IPv6 地址，无法获取 DNS 服务器地址信息。【判断题】

A．对　　B．错

6．IPv6 无状态自动配置使用的 RA 报文属于以下哪种协议？【单选题】

A．UDPv6　　B．ICMPv6　　C．IGMPv6　　D．TCPv6

7．IPv6 协议使用 NS 和 NA 报文进行重复地址检测（DAD）。【判断题】

A．对　　B．错

8．DHCPv6 属于一种有状态地址自动配置协议。【判断题】

A．对　　B．错

9．DHCPv6 服务器支持为主机提供 DNS 服务器地址等其他配置信息。【判断题】

A．对　　B．错

10．路由器的同一个接口不能同时作为 DHCPv6 服务器和 DHCPv6 客户端。【判断题】

A．对　　B．错

11．DHCPv6 客户端发送哪个报文，请求 DHCPv6 服务器为其分配 IPv6 地址和网络配置参数？【单选题】

A．Solicit　　B．Advertise　　C．Discover　　D．Request

12．DHCPv6 客户端发送的 DHCPv6 请求报文的目标端口号为？【单选题】

A．546　　B．548　　C．547　　D．549

13．DHCPv6 服务器发送的 DHCPv6 Advertise 报文的目标端口号为？【单选题】

A．548　　B．547　　C．549　　D．546

14．当 DHCPv6 客户端收到 DHCPv6 服务器发送的 RA 报文中的 M 和 O 标记位取值为下列哪

个数值时，DHCPv6 客户端采用 DHCPv6 有状态自动配置获取 IPv6 地址和其他配置信息？【单选题】

A．1 0　　B．1 1　　C．1　　D．0

15．DHCPv6 客户端和 DHCPv6 服务器通过哪些报文判断客户端采用 DHCPv6 有状态自动配置还是 DHCPv6 无状态自动配置？　【多选题】

A．RA　　B．NA　　C．NS　　D．RS

16．当主机采用 DHCPv6 无状态自动配置时，主机发送哪一个 DHCPv6 报文请求配置信息？【单选题】

A．Information-Request　　B．Confirm

C．Solicit　　D．Rebind

17．DHCPv6 基本协议架构中，主要包括哪三种角色？【多选题】

A．DHCPv6 交换器　　B．DHCPv6 中继

C．DHCPv6 客户端　　D．DHCPv6 服务器

18．DHCPv6 服务发送的 RA 报文中的 M O 标记位取值为 0 1，则主机采用下列哪种方式进行地址自动配置？【单选题】

A．取值没有任何意义　　B．DHCPv6 无状态自动配置

C．DHCPv6 有状态自动配置　　D．无状态自动配置

19．如图 10-19 所示网络，Router A 作为 DHCPv6 中继，Router B 作为 DHCPv6 服务器，此时在 Router B 设备上必须配置以下哪些参数？【多选题】

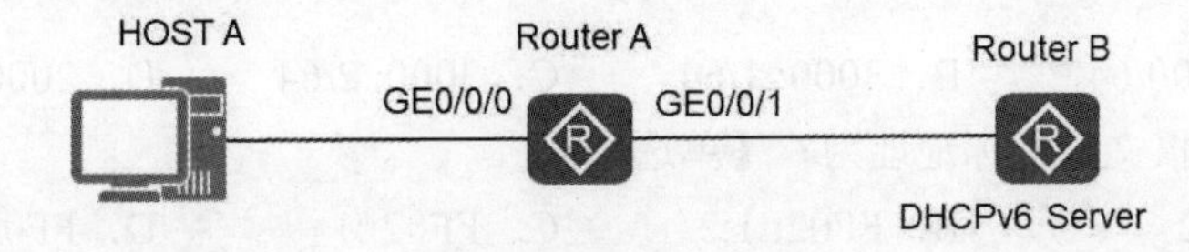

图 10-19　网络拓扑

A．Router B 的 GE0/0/1 端口开启 RA　　B．DHCPv6 中继的 IPv6 地址

C．DHCPv6 DUID　　D．DHCPv6 地址池

20．DHCPv6 服务器用哪个报文回复 Solicit 报文？【单选题】

A．Request　　B．Advertise　　C．Offer　　D．Reply

21．DHCPv6 服务器在 RA 报文中包含管理地址配置标记（M），如果取值为 1，则下列说法正确的是？【单选题】

A．表示客户端启用 DHCPv6 有状态地址配置

B．表示客户端需要通过无状态的 DHCPv6 来获取其他网络配置参数

C．表示客户端启用 IPv6 无状态地址自动分配方案

D．表示客户端需要通过有状态的 DHCPv6 来获取其他网络配置参数

22．DHCPv6 客户端必须从 DHCPv6 服务器同时获取 IPv6 地址和其他配置信息。【判断题】

A．对　　B．错

23．DHCPv6 客户端发送哪个报文，回应 DHCPv6 服务器发送的 Advertise 报文？【单选题】

A．Offer　　B．Request　　C．Reply　　D．Advertise

24．某路由器 DHCPv6 地址池配置信息如下，如果主机采用 DHCPv6 有状态自动配置，则主

机可以获取到哪些 IPv6 地址？【多选题】

```
#
dhcpv6 pool test
address prefix 3000::/64
excluded-address 3000::1
dns-server 2000::1
dns-domain-name huawei dns-domain-name huawei.com
#
```

A．3000::2/64　　B．3000::1/64　　C．3000::3000/64　　D．2000::1/64

25．路由器输出信息如下，则此接口获取到的 IPv6 地址为？【单选题】

```
[client]display dhcpv6 client
GigabitEthernet0/0/0 is in stateful DHCPv6 client mode.
state is BOUND.
Preferred server DUID: 0003000100E0FCA648F5
Reachable via address:FE80::2E0:FCFE:FEA6:48F5
IA NA IA ID 0x00000031 T1 43200 T2 69120
Obtained: 2019-03-08 11:14:28
Renews: 2019-03-08 23:14:28
Rebinds: 2019-03-09 06:26:28
Address: 3000::2
Lifetime valid 172800 seconds,preferred 86400 seconds
Expires at 2019-03-10 11:14:28(172693 seconds left)
DNS server:2000::1
```

A．3000::3000/64　　B．3000::1/64　　C．3000::2/64　　D．2000::1/64

26．HCPv6 请求报文的目标地址为？【单选题】

A．FF01::1:2　　B．FF02::1:2　　C．FF02::1　　D．FF02::2

试题解析

1．IPv6 中的 RS 报文请求地址前缀信息，RA 报文用于回复地址前缀信息。答案为 AC。

2．IPv6 无状态地址自动配置和有状态自动配置都会使用 RA 和 RS 报文。DHCPv6 能够看到分配给客户端的 IPv6 地址、上线情况，可管理性更好。通过 DHCPv6 配置地址就是有状态自动配置。IPv6 无状态自动配置不能配置 DNS 等相关信息。答案为 AB。

3．IPv6 支持自动配置和手工配置，自动配置又分无状态和有状态自动配置。使用 DHCPv6 配置 IPv6 地址属于有状态自动配置。答案为 ABD。

4．无状态地址自动配置方案不能为主机分配指定的 IPv6 地址。答案为 B。

5．主机使用无状态地址自动配置方案来获取 IPv6 地址，无法获取 DNS 服务器地址信息。答案为 A。

6．IPv6 无状态自动配置使用的 RA 和 RS 报文都属于 ICMPv6 协议。答案为 B。

7．重复地址检测使用 ICMPv6 邻居请求（Neighbor Solicitation，NS）和邻居通告（Neighbor Advertisement，NA）报文确保网络中无两个相同的单播地址。所有接口在使用单播地址前都需要做 DAD。邻居请求使用 ICMPv6 类型为 135 的报文，邻居通告使用 ICMPv6 类型为 136 的报文。答案为 A。

8．IPv6 有状态自动配置会使用 DHCPv6。答案为 A。

9．DHCPv6 服务器支持为主机提供 DNS 服务器地址等其他配置信息。答案为 A。

10．路由器的同一个接口不能同时作为 DHCPv6 服务器和 DHCPv6 客户端。答案为 A。

以下命令将一个接口配置为 DHCPv6 客户端。

```
[AR2]dhcp enable
[AR2]interface GigabitEthernet 0/0/1
[AR2-GigabitEthernet0/0/1]IPv6 address auto dhcp
```

11．DHCPv6 客户端发送的 DHCPv6 请求（相当于 DHCPv4 的 Discover）报文，消息类型为 Solicit，如图 10-20 所示。DHCPv6 服务器发送的宣告报文（相当于 DHCPv4 的 Offer），消息类型为 Advertise，如图 10-21 所示。答案为 A。

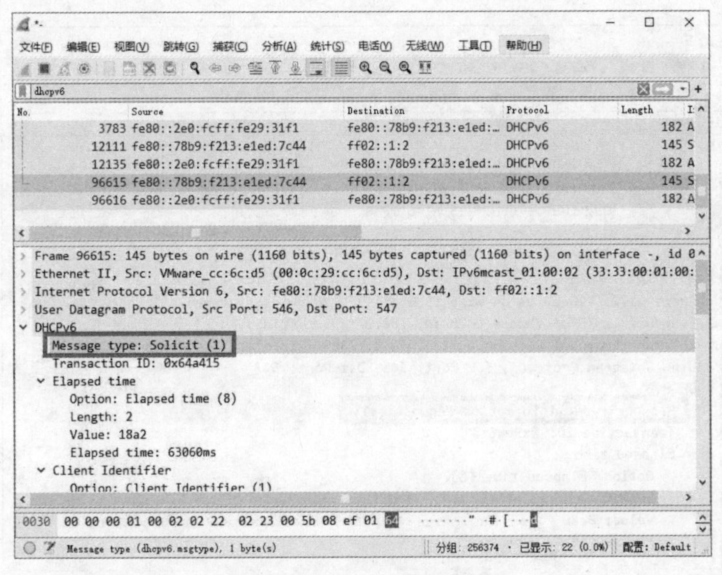

图 10-20　DHCPv6 请求报文

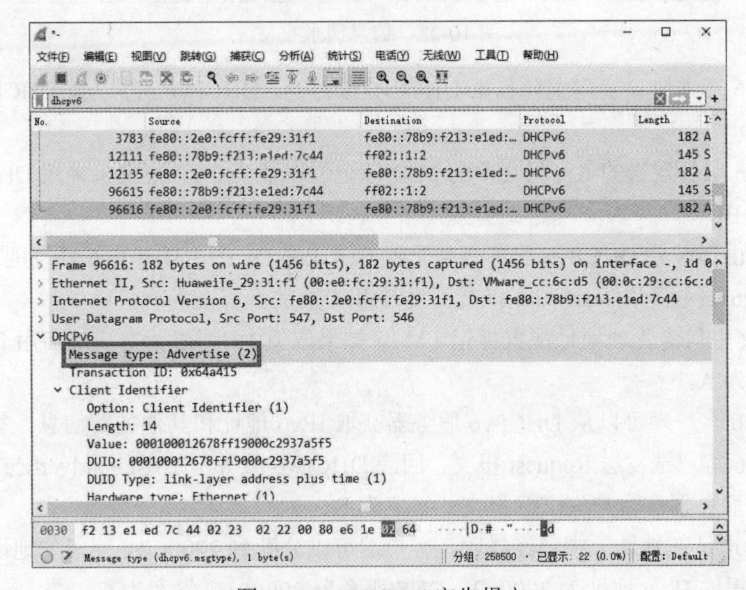

图 10-21　DHCPv6 宣告报文

12．DHCPv6 客户端发送的 DHCPv6 请求报文的目标端口号为 547，源端口号为 546，答案为 C。

13．DHCPv6 服务器发送的 DHCPv6 宣告报文目标端口号为 546，源端口号为 547，答案为 D。

14．DHCPv6 客户端收到启用了 IPv6 地址的路由器接口发送的单播 RA 报文，如果 RA 报文的 M 标记位值为 1，O 标记位值为 1，HCPv6 客户端采用 DHCPv6 有状态自动配置获取 IPv6 地址和其他配置信息。本题中所说 DHCPv6 发送的 RA 报文是错误的。答案为 B。

15．DHCPv6 客户端根据路由器发送的 RA 报文的 M 标记位和 O 标记位的值来确定是有状态自动配置还是无状态自动配置。答案为 AD。

16. 当主机采用 DHCPv6 无状态自动配置时，主机发送 Information-Request 报文请求配置信息，如图 10-22 所示。答案为 A。

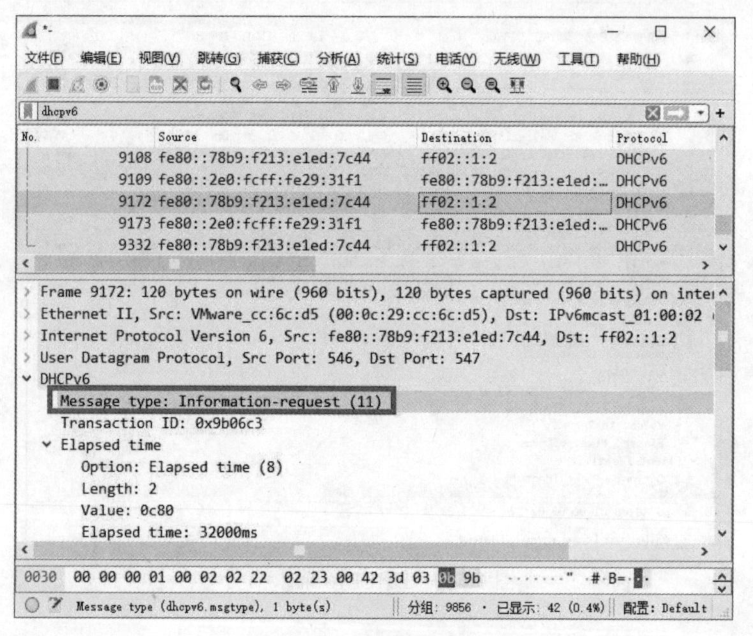

图 10-22　信息请求报文

17．DHCPv6 基本协议架构主要包括 DHCPv6 服务器、DHCPv6 客户端、DHCPv6 中继三种角色。答案为 BCD。

18．DHCPv6 服务发送的 RA 报文中的 M O 标记位取值为 0 1，则主机采用 DHCPv6 无状态自动配置。答案为 B。

19．华为路由器配置 DHCPv6 服务必须配置 DHCPv6 DUID、DHCPv6 地址池。答案为 CD。

20．DHCPv6 服务器用 Advertise 报文回复 Solicit 报文。答案为 B。

21．RA 报文中包含管理地址配置标记（M），如果取值为 1，表示客户端启用 DHCPv6 有状态地址配置。答案为 A。

22．DHCPv6 客户端可以从 DHCPv6 服务器获取 IPv6 地址和其他配置信息。答案为 B。

23．DHCPv6 客户端发送 Request 报文，回应 DHCPv6 服务器发送的 Advertise 报文，图 10-23 展示了 DHCPv6 服务器和客户端交互报文。答案为 B。

24．3000::1 地址在地址池中已经排除，客户端可以分配到 3000::/64 网段的地址。答案为 AC。

25．接口获得的 IPv6 地址为 3000::2、DNS 服务器 2000::1。答案为 C。

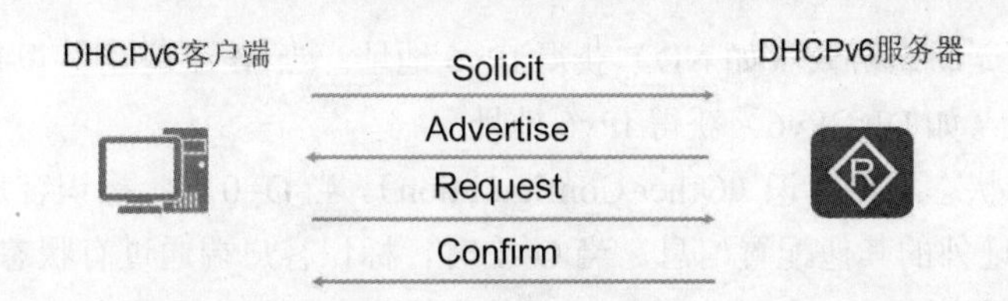

图 10-23 DHCPv6 工作过程

26．DHCPv6 请求报文的目标地址为 FF02::1:2，如图 10-24 所示。答案为 B。

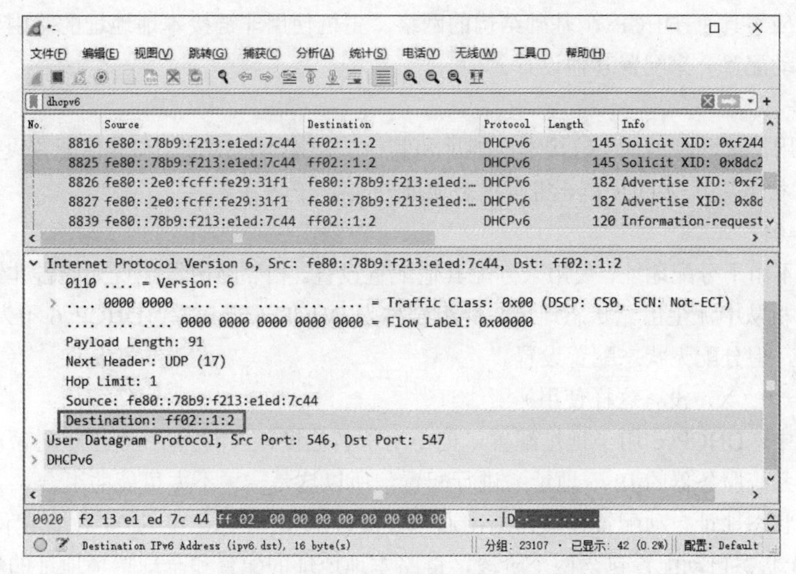

图 10-24 DHCPv6 请求报文的目标地址

关联知识精讲

一、有状态自动配置和无状态自动配置

IPv6 支持地址有状态（Stateful）和无状态（Stateless）两种自动配置方式。

IPv6 地址无状态地址自动配置，无须使用诸如 DHCP 之类的辅助协议，计算机即可获取 IPv6 前缀并自动生成接口 ID。路由发现功能是 IPv6 地址自动配置功能的基础，主要通过 RA、RS 两种报文实现。

每台路由器为了让二层网络上的计算机和其他路由器知道自己的存在，定期以组播方式发送携带网络配置参数的 RA 报文。RA 报文的 Type 字段值为 134。

计算机接入网络后可以主动发送 RS 报文。RA 报文是由路由器定期发送的，但是如果计算机希望能够尽快收到 RA 报文，它可以立刻主动发送 RS 报文给路由器。网络上的路由器收到 RS 报文后会立即向相应的计算机单播回应 RA 报文，告知计算机该网段的默认路由器和相关配置参数。RS 报文的 Type 字段值为 133。

路由器接口通告的 RA 报文中的 M 标记位（Managed Address Configuration Flag）和 O 标记位（Other Stateful Configuration Flag）控制终端自动获取地址的方式。

M 字段为管理地址配置标识（Managed Address Configuration）。当 M=0 时，标识为无状态地址分配，客户端通过无状态协议（如 ND）获得 IPv6 地址。当 M=1 时，标识有状态地址分配，客户端通过有状态协议（如 DHCPv6）获得 IPv6 地址。

O 字段为其他有状态配置标识（Other Configuration）。当 O=0 时，标识客户端通过无状态协议（如 ND）获取除地址外的其他配置信息。当 O=1 时，标识客户端通过有状态协议（如 DHCPv6）获取除地址外的其他配置信息，如 DNS，SIP 服务器等信息。

结合 M 和 O 标记的值可以产生以下组合。

- MO=00（无 DHCPv6）

此组合对应不具有 DHCPv6 基础结构的网络。主机使用非链接本地地址的路由器公告以及其他方法（如手动配置）来配置其他设置。

- MO=11

DHCPv6 用于这两种地址（链接本地地址和其他非链接本地地址）和其他配置设置。该组合称为 DHCPv6 有状态，其中 DHCPv6 将有状态地址分配给 IPv6 主机。

- MO=01

DHCPv6 不用于分配地址，仅用来分配其他配置设置。相邻路由器配置为通告非链接本地地址前缀，IPv6 主机从中派生出无状态地址。此组合称为 DHCPv6 无状态：DHCPv6 不为 IPv6 主机分配有状态地址，但分配无状态配置设置。

- MO=10（X，没有这样使用）

在此组合中，DHCPv6 用于地址配置，但不用于其他设置。因为 IPv6 主机通常需要使用其他设置（如域名系统服务器的 IPv6 地址）进行配置，所以这是一种不太可能的组合。

下面是无状态地址自动配置过程，路由通告（RA）中，M 标记位为 0，O 标记位为 0。

NDP 的无状态自动配置包含两个阶段，链路本地地址的配置和全球单播地址的配置。当一个接口启用时，计算机会首先根据本地前缀 FE80::/64 和 EUI-64 接口标识符，为该接口生成一个链路本地地址，如果在后续的 DAD 中发生地址冲突，则必须对该接口手动配置本地链路地址，否则该接口将不可用。

就以图 10-25 中计算机 PC1 的 IPv6 无状态自动配置为例，讲解 IPv6 无状态自动配置步骤。

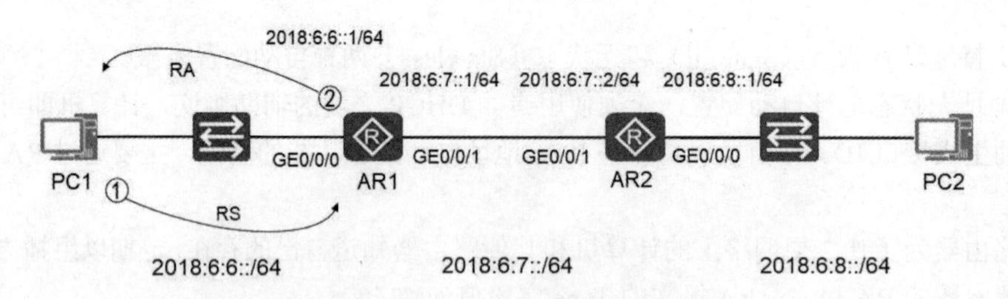

图 10-25　IPv6 无状态自动配置示意图

（1）计算机节点 PC1 在配置好链路本地地址后，发送 RS 报文，请求路由前缀信息。

（2）路由器收到 RS 报文后，发送单播 RA 报文，携带用于无状态地址自动配置的前缀信息，M 标记位为 0，O 标记位为 0，同时路由器也会周期性地发送组播 RA 报文。

（3）PC1 收到 RA 报文后，根据路由前缀信息和配置信息生成一个临时的全球单播地址。同时启动 DAD，发送 NS 报文验证临时地址的唯一性，此时该地址处于临时状态。

（4）链路上的其他节点收到 DAD 的 NS 报文后，如果没有节点使用该地址，则丢弃报文，否则产生应答 NS 的 NA 报文。

（5）PC1 如果没有收到 DAD 的 NA 报文，说明地址是全局唯一的，则用该临时地址初始化接口，此时地址进入有效状态。

无状态地址配置的关键在于路由器完全不关心计算机的状态如何，比如是否在线等，所以称为无状态。无状态地址配置多用于物联网等终端，比如网络摄像头、网络存储、网络打印机等，这类终端不需要地址外其他参数的场景。

以图 10-26 中计算机 PC1 的 IPv6 有状态自动配置（DHCPv6）为例，讲解 IPv6 有状态自动配置步骤。

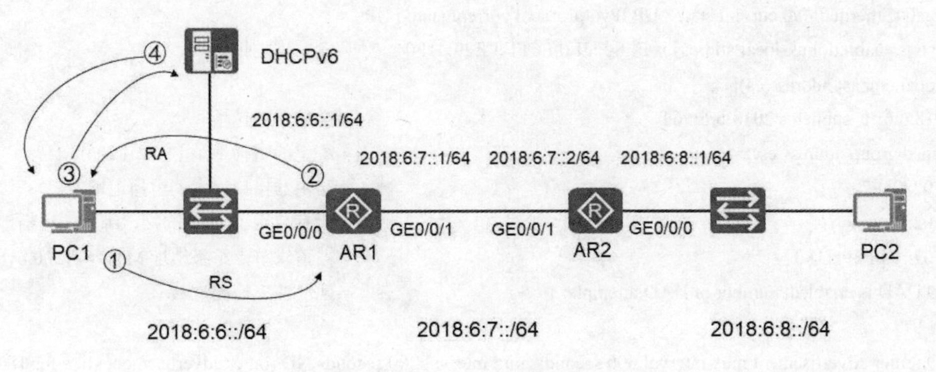

图 10-26　有状态自动配置示意图

（1）PC1 发送路由器请求（RS）。

（2）AR1 路由器发送路由器通告（RA），RA 报文中有两个标志位。M 标记位是 1，告诉 PC1 从 DHCPv6 服务器端获取完整的 128bit IPv6 地址。O 标记位是 1，告诉 PC1 从 DHCPv6 服务器获取 DNS 等其他配置。如果这两个标记位都是 0，则是无状态自动配置，不需要 DHCPv6 服务器。

（3）PC1 发送 DHCPv6 征求消息。征求消息实际上就是组播消息，目标地址为 FF02::1:2，是所有 DHCPv6 服务器和中继代理的组播地址。

（4）DHCPv6 服务器给 PC1 提供 IPv6 地址和其他设置。此外，DHCPv6 服务器端将会记录该地址的分配情况（这也是为什么被称为有状态）。

有状态地址配置要求网络中配置 DHCPv6 服务器，多用于公司内部有线终端的地址配置，便于地址进行管理。

二、实现 IPv6 地址无状态自动配置

实验环境如图 10-27 所示，有 3 个 IPv6 网络，需要参照拓扑中标注的地址配置 AR1 和 AR2 路由器接口的 IPv6 地址。将 Windows 10 的 IPv6 地址设置成自动获取 IPv6 地址，实现无状态自动配置。

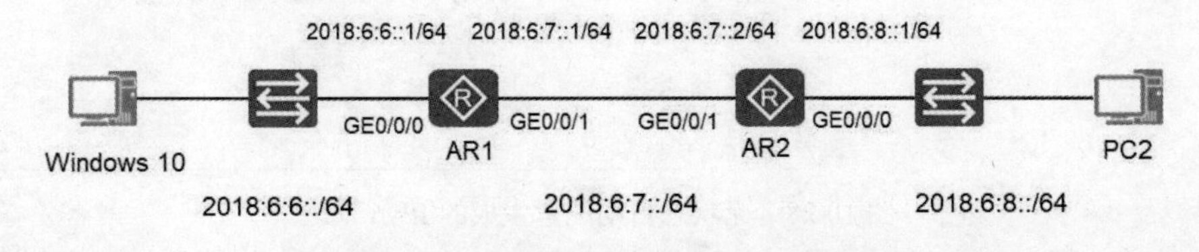

图 10-27　IPv6 地址无状态自动配置的实验拓扑

AR1 路由器上的配置如下。

```
[AR1]ipv6                                                  --全局开启对 IPv6 的支持
[AR1]interface GigabitEthernet 0/0/0
[AR1-GigabitEthernet0/0/0]ipv6 enable                      --在接口上启用 IPv6 支持
[AR1-GigabitEthernet0/0/0]ipv6 address 2018:6:6::1 64      --添加 IPv6 地址
[AR1-GigabitEthernet0/0/0]ipv6 address auto link-local     --配置自动生成链路本地地址
[AR1-GigabitEthernet0/0/0]undo ipv6 nd ra halt             --允许接口发送 RA 报文，默认不发送 RA 报文
[AR1-GigabitEthernet0/0/0]quit
[AR1]display ipv6 interface GigabitEthernet 0/0/0          --查看接口的 IPv6 地址
GigabitEthernet0/0/0 current state : UP IPv6 protocol current state : UP
IPv6 is enabled, link-local address is FE80::2E0:FCFF:FE29:31F0   --链路本地地址
Global unicast address(es):
2018:6:6::1, subnet is 2018:6:6::/64                       --全局单播地址
Joined group address(es):                                  --绑定的组播地址 FF02::1:FF00:1
FF02::2                                                    --路由器接口绑定的组播地址
FF02::1                                                    --所有启用了 IPv6 的接口绑定的组播地址
FF02::1:FF29:31F0                                          --被请求节点组播地址 MTU is 1500 bytes
ND DAD is enabled, number of DAD attempts: 1               --地址冲突检测次数
……
ND router advertisement max interval 600 seconds, min interval 200 seconds ND router advertisements live for 1800 seconds
ND router advertisements hop-limit 64 ND default router preference medium
Hosts use stateless autoconfig for addresses               --计算机使用无状态自动配置
```

在 Windows 10 操作系统中，设置 IPv6 地址自动获得。打开命令提示符，输入 ipconfig/all 可以看到无状态自动配置生成的 IPv6 地址，同时也能看到链路本地地址（Windows 系统称为本地连接 IPv6 地址），IPv6 网关是路由器的链路本地地址，如图 10-28 所示。

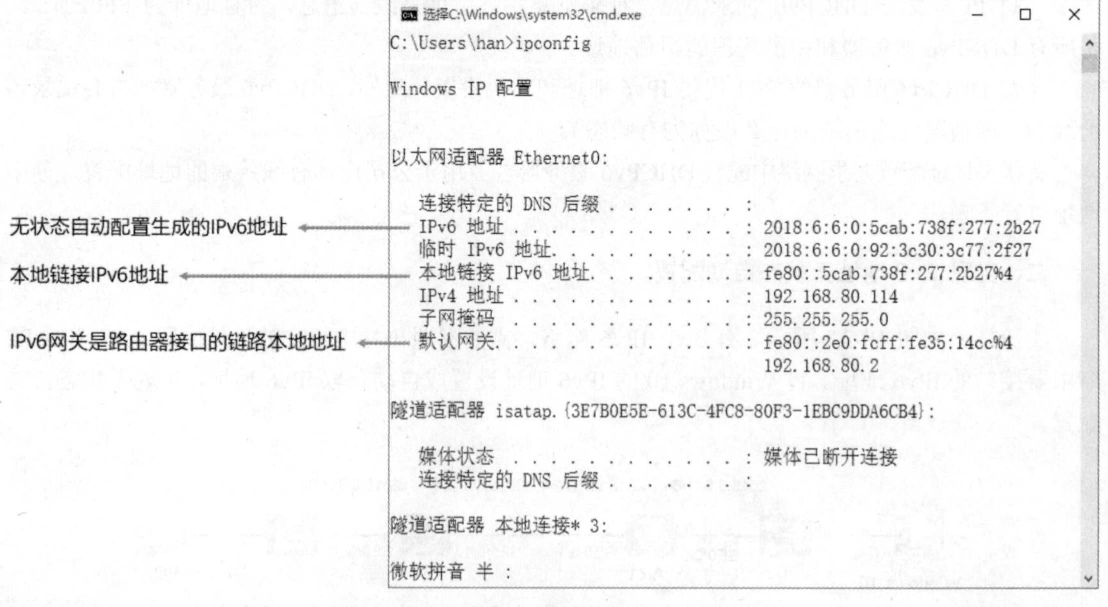

图 10-28　无状态自动配置生成的 IPv6 地址

三、抓包分析 RA 和 RS 数据包

为了让抓包工具能够捕获 IPv6 自动配置发送的 RS 报文和路由器响应的 RA 报文，先在 Windows 10 上运行抓包工具，然后在 Windows 10 上给 IPv6 指定一个静态 IPv6 地址，再选择“自动获取 IPv6 地址”，这样计算机就会发送 RS 报文，路由器发送 RA 报文进行响应。

如图 10-29 所示，抓包工具捕获的数据包中，在显示筛选器输入 icmpv6.type==133，显示的第 22 个数据包是 Windows 10 发送的路由器请求（RS）数据包，使用的是 ICMPv6 协议，类型字段是 133，可以看到目标地址是组播地址 ff02::2，代表网络中所有启用了 IPv6 的路由器接口，源地址是 Windows 10 的链路本地地址。

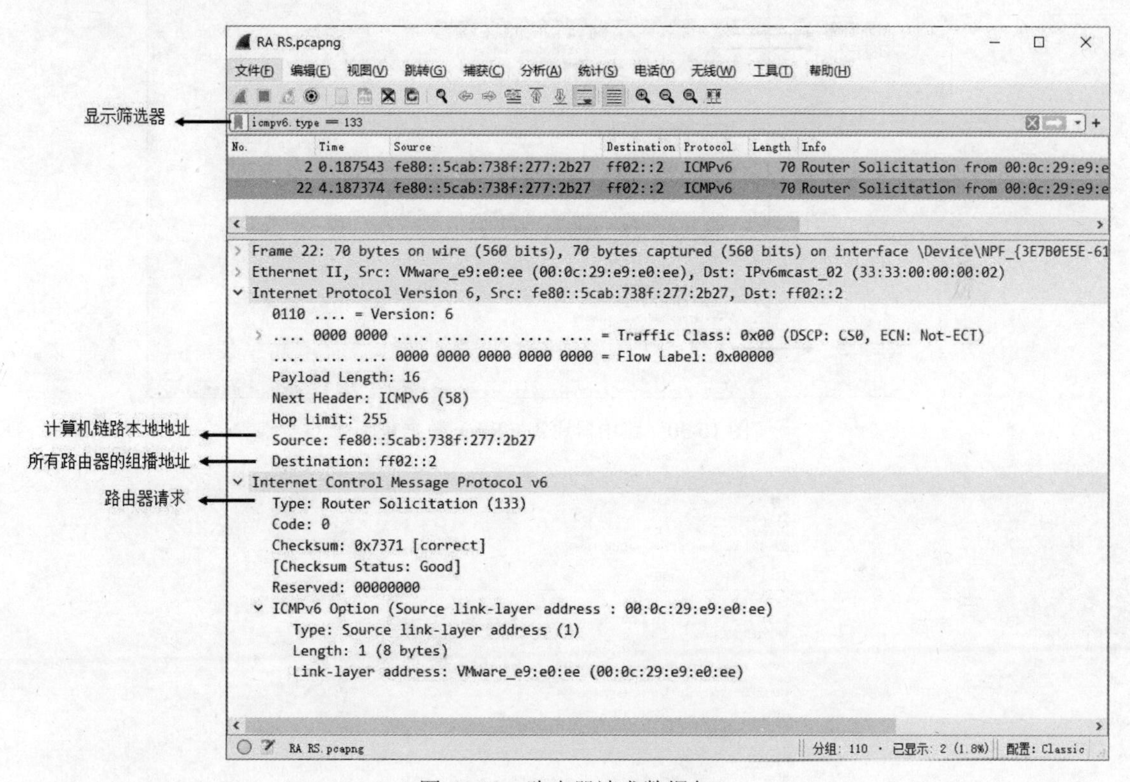

图 10-29 路由器请求数据包

如图 10-30 所示，在显示筛选器输入 icmpv6.type == 134，第 60 个数据包是路由器发送的路由器通告（RA）报文，目标地址是组播地址 ff02::1（代表网络中所有启用了 IPv6 的接口），使用的是 ICMPv6 协议，类型字段是 134。可以看到 M 标记位为 0，O 标记位为 0，这就告诉 Windows 10，使用无状态自动配置，网络前缀为 2018:6:6::。

在 Windows 10 操作系统上查看 IPv6 的配置，如图 10-31 所示。打开命令提示符，输入 netsh，输入 interface ipv6，再输入 show interface 查看“Ethernet0”的索引，可以看到是 4。再输入 show interface “4”，可以看到 IPv6 相关的配置参数。“受管理的地址配置”是 disable，即不从 DHCPv6 服务器获取 IPv6 地址，“其他有状态的配置”是 disable，即不从 DHCPv6 服务器获取 DNS 等其他参数，也就是无状态自动配置。

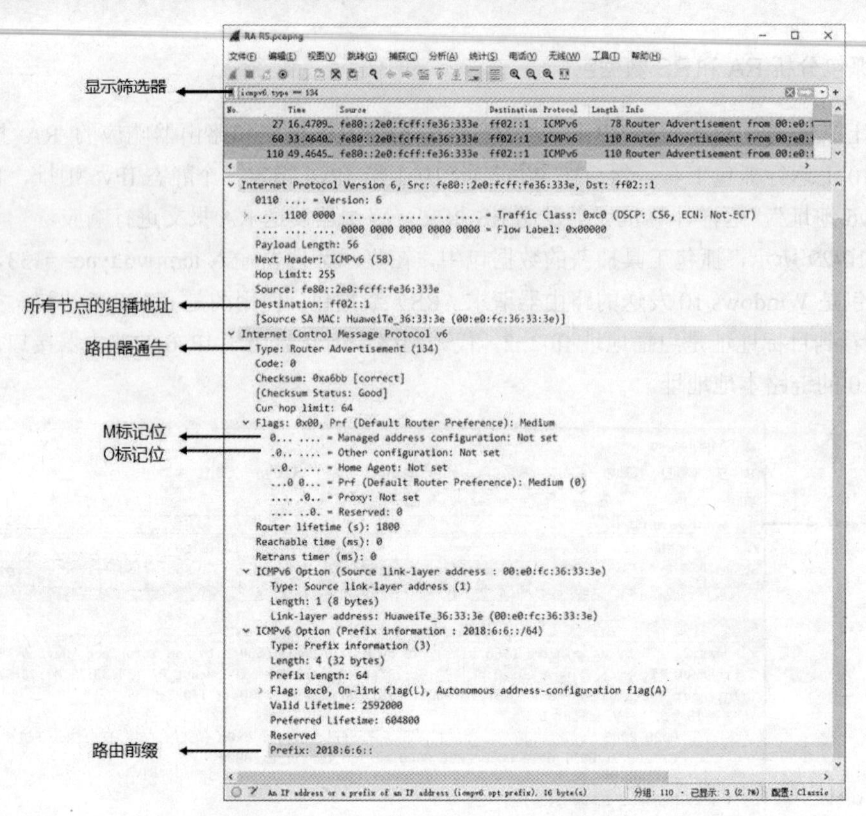

图 10-30　路由器通告（RA）数据包

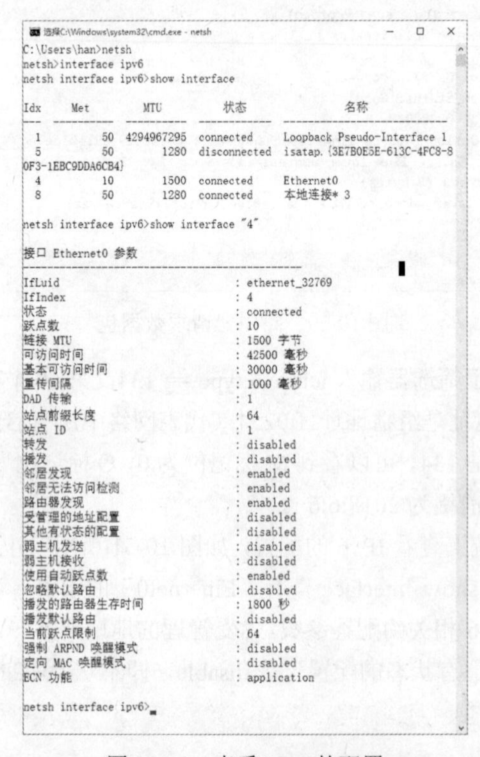

图 10-31　查看 IPv6 的配置

第 10 章

四、实现 IPv6 地址有状态自动配置

使用 DHCPv6 可以为计算机分配 IPv6 地址和 DNS 等设置。

下面实现 IPv6 有状态地址自动配置，网络环境如图 10-32 所示。配置 AR1 路由器为 DHCPv6 服务器，配置 GE0/0/0 接口，路由器通告报文中的 M 标记位为 1，O 标记位也为 1，Windows 10 操作系统会从 DHCPv6 获取 IPv6 地址。

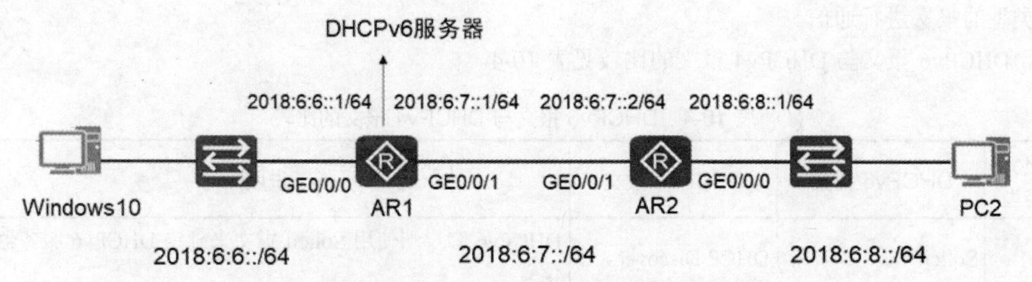

图 10-32　有状态自动配置的网络拓扑

```
[AR1]ipv6                                                    --启用 IPv6
[AR1]dhcp enable                                             --启用 DHCP 功能
[AR1]dhcpv6 duid ?                                           --生成 DHCP 唯一标识的方法
ll DUID-LL llt DUID-LLT
[AR1]dhcpv6 duid llt                                         --使用 llt 方法生成 DHCP 唯一标识
[AR1]display dhcpv6 duid                                     --显示 DHCP 唯一标识
The device's DHCPv6 unique identifier: 0001000122AB384A00E0FC2931F0
[AR1]dhcpv6 pool localnet                                    --创建 IPv6 地址池 名称为 localnet
[AR1-dhcpv6-pool-localnet]address prefix 2018:6:6::/64       --地址前缀
[AR1-dhcpv6-pool-localnet]excluded-address 2018:6:6::1       --排除的地址
[AR1-dhcpv6-pool-localnet]dns-domain-name huawei.com         --域名后缀
[AR1-dhcpv6-pool-localnet]dns-server 2018:6:6::2000          --DNS 服务器
[AR1-dhcpv6-pool-localnet]quit
```

查看配置的 DHCPv6 地址池。

```
<AR1>display dhcpv6 pool DHCPv6 pool: localnet
Address prefix: 2018:6:6::/64
Lifetime valid 172800 seconds, preferred 86400 seconds
2 in use, 0 conflicts
Excluded-address 2018:6:6::1
1 excluded addresses Information refresh time: 86400
DNS server address: 2018:6:6::2000 Domain name: 91xueit.com
Conflict-address expire-time: 172800 Active normal clients: 2
```

配置 AR1 路由器的 GE 0/0/0 接口。

```
[AR1]interface GigabitEthernet 0/0/0
[AR1-GigabitEthernet0/0/0]ipv6 enable
[AR1-GigabitEthernet0/0/0]dhcpv6 server localnet                  --指定从 localnet 地址池选择地址
[AR1-GigabitEthernet0/0/0]undo ipv6 nd ra halt                    --允许发送 RA 报文
[AR1-GigabitEthernet0/0/0]ipv6 nd autoconfig managed-address-flag --M 标记位为 1
[AR1-GigabitEthernet0/0/0]ipv6 nd autoconfig other-flag           --O 标记位为 1
[AR1-GigabitEthernet0/0/0]quit
```

为了让抓包工具能够捕获 IPv6 自动配置发送的 RS 报文和路由器响应的 RA 报文，先在 Windows 10 上运行抓包工具，然后在 Windows 10 上给 IPv6 指定一个静态 IPv6 地址，再选择“自动获取 IPv6 地址”，这样计算机就会发送 RS 报文，路由器就会发送 RA 报文进行响应。从抓包工具中找到路由器通告（RA）报文，可以看到 M 标记位和 O 标记位的值都为 1。也通告了路由器前缀，但计算机还是会从 DHCPv6 服务器获取 IPv6 地址和其他设置。

目前 DHCPv6 定义了如下 13 种报文类型，DHCPv6 服务器和 DHCPv6 客户端之间通过这 13 种类型的报文进行通信。

DHCPv6 报文与 DHCPv4 报文的比较见表 10-4。

表 10-4　DHCPv6 报文与 DHCPv4 报文的比较

报文类型	DHCPv6 报文	DHCPv4 报文	说明
1	Solicit	DHCP Discover	DHCPv6 客户端使用 Solicit 报文来确定 DHCPv6 服务器的位置
2	Advertise	DHCP Offer	DHCPv6 服务器发送 Advertise 报文来对 Solicit 报文进行回应，宣告自己能够提供 DHCPv6 服务
3	Request	DHCP Request	DHCPv6 客户端发送 Request 报文来向 DHCPv6 服务器请求 IPv6 地址和其他配置信息
4	Confirm	—	DHCPv6 客户端向任意可达的 DHCPv6 服务器发送 Confirm 报文检查自己目前获得的 IPv6 地址是否适用于它所连接的链路
5	Renew	DHCP Request	DHCPv6 客户端向给其提供地址和配置信息的 DHCPv6 服务器发送 Renew 报文来延长地址的生存期并更新配置信息
6	Rebind	DHCP Request	如果 Renew 报文没有得到应答，DHCPv6 客户端向任意可达的 DHCPv6 服务器发送 Rebind 报文来延长地址的生存期并更新配置信息
7	Reply	DHCP ACK/NAK	DHCPv6 服务器在以下场合发送 Reply 报文： DHCPv6 服务器发送携带了地址和配置信息的 Reply 消息来回应从 DHCPv6 客户端收到的 Solicit、Request、Renew、Rebind 报文。 DHCPv6 服务器发送携带配置信息的 Reply 消息来回应收到的 Information-Request 报文。 用来回应 DHCPv6 客户端发来的 Confirm、Release、Decline 报文
8	Release	DHCP Release	DHCPv6 客户端向为其分配地址的 DHCPv6 服务器发送 Release 报文，表明自己不再使用一个或多个获取的地址
9	Decline	DHCP Decline	DHCPv6 客户端向 DHCPv6 服务器发送 Decline 报文，声明 DHCPv6 服务器分配的一个或多个地址在 DHCPv6 客户端所在链路上已经被使用了
10	Reconfigure	—	DHCPv6 服务器向 DHCPv6 客户端发送 Reconfigure 报文，用于提示 DHCPv6 客户端，在 DHCPv6 服务器上存在新的网络配置信息
11	Information-Request	DHCP Inform	DHCPv6 客户端向 DHCPv6 服务器发送 Information-Request 报文来请求除 IPv6 地址以外的网络配置信息

续表

报文类型	DHCPv6 报文	DHCPv4 报文	说明
12	RELAY-FORW	—	中继代理通过Relay-Forward报文来向DHCPv6服务器转发DHCPv6客户端请求报文
13	RELAY-REPL	—	DHCPv6服务器向中继代理发送Relay-Reply报文，其中携带了转发给DHCPv6客户端的报文

10.4 IPv6路由

典型HCIA试题

1．如图10-33所示的网络，在Router B设备上配置静态路由如下，则在Router B路由表中，2001::1/128对应的NextHop为？【单选题】

图10-33 网络拓扑

```
IPv6 route-static 2001::1 128 3001::12:1
```

A．3001::12:2　　B．fe80::fe03:c3fb　C．3002::12:1　　D．3001::12:1

2．如图10-34所示的网络，所有接口开启OSPFv3协议，则Router A和Router B不能建立邻接关系。【判断题】

图10-34 网络拓扑

A．对　　B．错

3．OSPFv3的邻接关系建立后的状态为？【单选题】

A．Loading　　B．2-way　　C．Full　　D．Down

4．下列哪个OSPF版本适用于IPv6？【单选题】

A．OSPFv2　　B．OSPFv3　　C．OSPFv4　　D．OSPFv1

5．缺省情况下，在以太网链路上发送OSPFv3 Hello报文的周期为多少秒？【单选题】

A．30　　B．10　　C．20　　D．40

第10章

6．OSPFv3 的 Router ID 可以通过系统自动产生。【判断题】

A．对　　　　　　　　B．错

7．路由器 Router ID 邻居关系如下，下列说法正确的有？【多选题】

```
<Router D>display ospfv3 peer 10.0.3.3 verbose
OSPFV3 Process (1)
Neighbor 10.0.3.3 is 2-way,interface address FE80::2E0:FCFF:FE48:4EC8
In the area 0.0.0.0 via interface GE0/0/0
DR Priority is 1 DR is 10.0.2.2 BDR is 10.0.1.1
options is 0x000013   (-IRI-I-IE|V6)
Dead timer due in 00:00:35
Neighbor is up for 00:00:00
Database summary Packets List 0
Link state Request List 0
Link state Retransmission List   0
Neighbor Event:2
Neighbor If Id:0x3
```

A．DR 路由器的 Router ID 为 10.0.2.2

B．DR 路由器的 Router ID 为 10.0.1.1

C．本路由器是 DRother 路由器

D．本路由器和 Router ID 为 10.0.3.3 的路由器不能直接交换链路状态信息

8．在邻接关系建立过程中，OSPFv3 中 DD 报文的作用是？【单选题】

A．用来向对端路由器发送所需要的 LSA

B．发现、维护邻居关系

C．来描述自己的 LSDB

D．请求缺少的 LSA

9．OSPFv3 邻接关系无法建立，可能是由以下哪些原因引起的？【多选题】

A．Router ID 冲突　　　　　　　　B．Hello 报文发送周期不一致

C．区域号码不一致　　　　　　　　D．接口 IPv6 地址前缀不一致

10．链路两端 IPv6 地址前缀相同才可以建立 OSPFv3 的邻接关系。【判断题】

A．对　　　　　　　　B．错

11．在一个广播型网络中存在 4 台路由器，并且 4 台路由器全部运行 OSPFv3 协议，所有路由器 DR 优先级均非 0，则网络中共有多少个邻接关系？【单选题】

A．6　　　　B．4　　　　C．5　　　　D．3

12．在 P2P 网络中，OSPFv3 邻接关系建立时不需要发送 DD 报文。【判断题】

A．对　　　　　　　　B．错

13．OSPFv3 中使用哪个组播地址表示所有路由器？【单选题】

A．FF02::6　　　　B．FF02::8　　　　C．FF02::5　　　　D．FF02::7

14．OSPFv3 协议本身不提供认证功能。【判断题】

A．对　　　　　　　　B．错

15．在 IPv6 网络中，OSPFv3 不再支持下列哪项特性？【单选题】

A．Router ID　　　　　　　　B．多区域划分

C．认证功能　　　　　　　　D．以组播方式发送协议报文

试题解析

1．Router B 和 Router A 的 G0/0/1 接口都在 3001::/64 网段，添加静态路由下一跳应该写 3001::12:1。答案为 D。

2．Router A 和 Router B 的 G 0/0/1 地址冲突，且 Router ID 相同，不能建立邻接关系。答案为 A。

3．OSPFv3 的邻接关系建立后的状态为 Full。答案为 C。

4．OSPFv3 适用于 IPv6。答案为 B。

5．缺省情况下，在以太网链路上发送 OSPFv3 Hello 报文的周期为 10 秒。答案为 B。

6．在 OSPFv2 中，路由器 ID（RID）由分配给路由器的最大 IP 地址决定（也可以人工来分配）。在 OSPFv3 中需要分配 RID、地区 ID 和链路状态 ID。链路状态 ID 仍然是 32 位的值，但不能再使用 IP 地址找到了，因为 IPv6 的地址为 128 位。OSPFv3 的 Router ID 必须手工指定。答案为 B。

7．DR 路由器的 Router ID 为 10.0.2.2，BDR 路由器的 Router ID 为 10.0.1.1，由此可知该路由器为 DRother 路由器。Router ID 为 10.0.3.3 的路由器也是 DRother 路由器，DRother 路由器之间不能交换链路状态信息。答案为 ACD。

8．在邻接关系建立过程中，OSPFv3 中 DD 报文用来描述自己的 LSDB。答案为 C。

9．Router ID 冲突、Hello 报文发送周期不一致、区域号码不一致均可引起 OSPFv3 邻接关系无法建立，路由器相连接口的 IPv6 地址前缀不一致，或不在一个网段都没关系，因为 OSPFv3 交换链路状态信息使用组播地址，对于 OSPFv3 路由器，地址为 FF02::5，对于 OSPFv3 指定路由器，地址为 FF02::6。答案为 ABC。

10．链路两端 IPv6 地址前缀不一致，或不在一个网段都没关系，因为 OSPFv3 交换链路状态信息使用组播地址，对于 OSPFv3 路由器，地址为 FF02::5，对于 OSPFv3 指定路由器，地址为 FF02::6。答案为 B。

11．4 台路由器有 DR 和 BDR、两个 DRother 路由器，DRother 路由器之间不形成邻接关系，如图 10-35 所示有 5 个邻接关系。答案为 C。

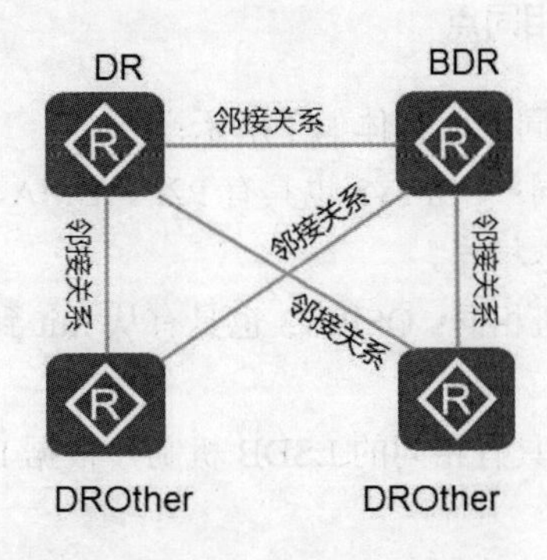

图 10-35 邻接关系

12．在 P2P 网络中，只是不需要选举 DR 和 BDR，但 OSPFv3 邻接关系建立时需要发送 DD 报文。答案为 B。

13．OSPFv3 中使用 FF02:0:0:0:0:0:0:5 组播地址表示所有路由器，FF02:0:0:0:0:0:0:6 组播地址表示 DR 路由器组播地址。答案为 C。

14．OSPFv3 协议本身不提供认证功能。OSPFv3 是基于 IPv6 的路由协议，因为 IPv6 本身的 IPSec 安全特性，OSPFv3 本身就已经没再带安全认证功能，这一功能由 IPv6 协议来完成。答案为 A。

15．OSPFv3 没有身份验证数据包，它使用 IPv6 认证扩展头。在 IPv6 网络中，OSPFv3 不再支持认证功能。答案为 C。

关联知识精讲

IPv6 网络畅通的条件和 IPv4 一样，数据包有去有回网络才能通。对于没有直连的网络，需要人工添加静态路由或使用动态路由协议学习到各个网络的路由。

支持 IPv6 的动态路由协议也都需要新的版本，支持 IPv6 的 OSPF 协议是 OSPFv3（OSPF 第 3 版），支持 IPv4 的 OSPF 协议是 OSPFv2（OSPF 第 2 版）。

一、OSPFv3 概述

OSPFv3 与 OSPFv2 有一些高层次的相似性。OSPFv3 使用与 OSPFv2 同样的 SPF 算法、泛洪、DR 选举、区域等基本机制。OSPFv3 相对于 OSPFv2，基本原理相同但是是一个独立的路由协议。OSPFv3 是基于 IPv6 的 OSPF 协议，因此，IPv6 的特性对 OSPFv3 造成了一定的影响，具体见表 10-5。

表 10-5　IPv6 特性对 OSPFv3 的影响

IPv6 特性	对 OSPFv3 相应的影响
IPv6 地址为 128 位	LSA 长度增加
IPv6 中存在 LLA 地址	OSPFv3 使用 LLA 地址进行报文交互
接口可以配置多个全球单播地址	运行于每个 LLA 进行通信，不再基于子网
IPv6 支持验证功能	使用 IPv6 扩展头进行报文的认证和加密

二、OSPFv3 与 OSPFv2 的相同点

OSPFv3 与 OSPFv2 有很多相同点，具体如下所示：

- 网路类型和接口类型相同：OSPFv3 也具有 P2P、BMA、NBMA、P2MP 四种网络类型，且各网络类型中原理基本相同。
- 接口状态机和邻居状态机相同：OSPFv3 也具有从 Init 到 Full 的邻居状态机，且各阶段完成任务完全相同。
- LSDB 相同：OSPFv3 也具有相同的 LSDB 机制，根据 LSDB，各个路由器单独计算整个网络拓扑。
- 泛洪机制相同：OSPFv3 也是借助组播来实现部分报文传递，LSA 信息泛洪机制也和 OSPFv2 相同。
- 协议报文相同：OSPFv3 也使用 DD、Hello、LSR、LSACK、LSU 五种报文完成整个邻居建立全过程。
- 路由计算基本相同：与 OSPFv2 相似，OSPFv3 的路由计算过程也是 SPF 算法。

三、配置 OSPFv3

在 OSPFv2 中，路由器 ID（RID）由分配给路由器的最大 IP 地址决定（也可以人工来分配）。在 OSPFv3 中需要分配 RID、地区 ID 和链路状态 ID。OSPFv3 的 Router ID 必须手工指定。OSPFv3 的路由器使用链路本地地址作为发送报文的源地址，使用组播流量来发送更新和应答信息。对于 OSPF 路由器，地址为 FF02::5，对于 OSPF 指定路由器，地址为 FF02::6，这些新地址相当于 OSPFv2 使用的 224.0.0.5 和 224.0.0.6 组播地址。一个路由器可以学习到这个链路上相连的所有其他路由器的链路本地地址，并使用这些链路本地地址作为下一跳来转发报文。

下面就展示配置 OSPFv3 的过程。如图 10-36 所示，网络中的路由器接口地址已经配置完成，现在需要在路由器 AR1 和 AR2 上配置 OSPFv3。

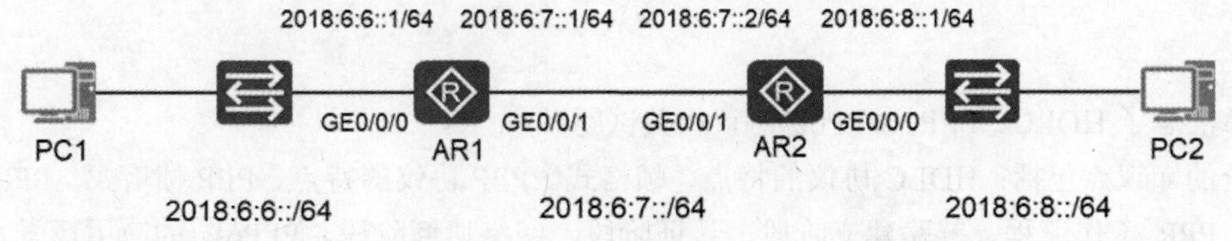

图 10-36　配置 OSPFv3

AR1 上的配置如下。

```
[AR1]ospfv3 1                                       --启用 OSPFv3，指定进程号
[AR1-ospfv3-1]router-id 1.1.1.1                     --指定 router-id，必须唯一
[AR1-ospfv3-1]quit
[AR1]interface GigabitEthernet 0/0/0
[AR1-GigabitEthernet0/0/0]ospfv3 1 area 0           --在接口上启用 OSPFv3，指定区域编号
[AR1-GigabitEthernet0/0/0]quit
[AR1]interface GigabitEthernet 0/0/1
[AR1-GigabitEthernet0/0/1]ospfv3 1 area 0           --在接口上启用 OSPFv3，指定区域编号
[AR1-GigabitEthernet0/0/1]quit
```

AR2 上的配置如下。

```
[AR2]ospfv3 1                                       --启用 OSPFv3，指定进程号
[AR2-ospfv3-1]router-id 1.1.1.2 [AR2-ospfv3-1]quit
[AR2]interface GigabitEthernet 0/0/0
[AR2-GigabitEthernet0/0/0]ospfv3 1 area 0
[AR2-GigabitEthernet0/0/0]quit
[AR2]interface GigabitEthernet 0/0/1
[AR2-GigabitEthernet0/0/1]ospfv3 1 area 0
[AR2-GigabitEthernet0/0/1]quit
```

查看 OSPFv3 学习到的路由。

```
[AR1]display ipv6 routing-table protocol ospfv3 Public Routing Table : OSPFv3
Summary Count : 3
OSPFv3 Routing Table's Status : < Active > Summary Count : 1
Destination : 2018:6:8::    PrefixLength : 64 NextHop     : FE80::2E0:FCFF:FE1E:7774    Preference    : 10 Cost    :    2
Protocol      : OSPFv3
RelayNextHop : ::   TunnelID      : 0x0 Interface      : GigabitEthernet0/0/1     Flags  : D
```

第11章 广域网

本章汇总了HDLC、PPP、PPPoE协议相关试题。

考查的知识点包括：HDLC协议的特点、帧格式。PPP协议的特点、PPP帧格式、PPP三个阶段协商、PPP工作流程、链路建立阶段、认证阶段、网络协商阶段。PPPoE的应用场景、PPPoE报文格式、PPPoE工作过程。

11.1 HDLC协议

典型HCIA试题

1. HDLC具有以下哪些特点？【多选题】

   A. HDLC协议支持点到点链路　　B. HDLC协议不支持IP地址协商

   C. HDLC协议支持点到多点的链路　　D. HDLC协议不支持认证

2. HDLC帧由以下哪些字段组成？【多选题】

   A. 控制字段（C）　　B. 帧校验序列字段（FCS）

   C. 地址字段（A）　　D. 标志字段（F）

3. 如图11-1所示，在RTA的Serial1/0/1接口使用命令“ip address unnumbered interface loopback 0”配置了地址借用，则下列描述正确的是？【多选题】

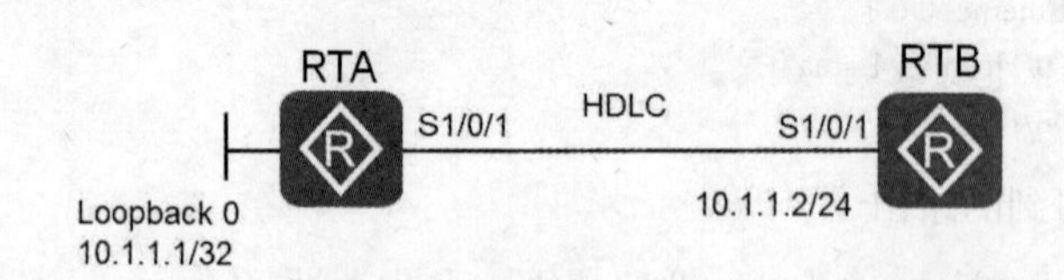

图11-1　网络拓扑

   A. RTA的接口Serial1/0/1的IP地址为10.1.1.1/24

   B. RTA的接口Serial1/0/1的IP地址为10.1.1.1/32

   C. RTA的路由表中存在一条10.1.1.0/24的路由条目

   D. RTA的路由表中不存在一条10.1.1.0/24的路由条目

试题解析

1．HDLC 协议支持点到点链路，不支持 IP 地址协商，不支持认证，也不支持点到多点的链路。答案为 ABD。

2．HDLC 帧由标志字段（F）、地址字段（A）、控制字段（C）、帧校验序列字段（FCS）组成。答案为 ABCD。

3．借用地址，不会在路由器上添加到某个网段的路由，RTA 的接口 Serial1/0/1 的 IP 地址为 10.1.1.1/32，RTA 的路由表中不存在一条 10.1.1.0/24 的路由条目。答案为 BD。

关联知识精讲

一、广域网概念和使用的协议

广域网（Wide Area Network，WAN）是一种跨地区的数据通信网络，通常覆盖很大的地理范围，从几十千米到几千千米不等，它能提供远距离通信，连接多个城市或国家，甚至横跨几个大洲，形成国际性的远程网络。局域网通常作为广域网的终端用户与广域网相连。如图 11-2 所示，一家公司在北京、上海和深圳有 3 个局域网，这 3 个局域网需要相互通信，同时家庭办公、移动办公人员也需要能够访问这 3 个局域网。这 3 个局域网和家庭办公、移动办公员工通过互联网服务提供商（Internet Service Provider，ISP）的网络互连，ISP 提供广域网连接。可见，广域网大多是租用运营商的网络。很少有企业自己布线连接不同城市的局域网，因为运营维护成本太高。

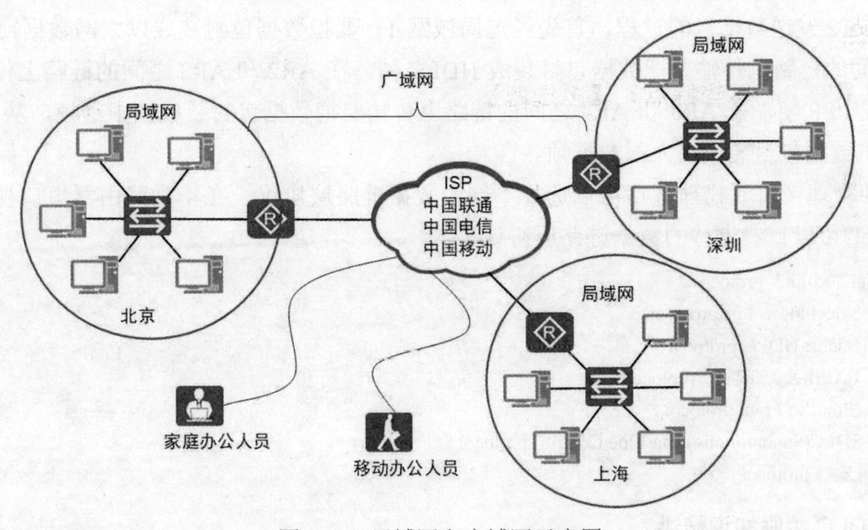

图 11-2　局域网和广域网示意图

互联网服务提供商面向广大家庭用户、企业客户提供互联网接入业务、信息业务和增值业务的电信运营商。中国三大基础运营商：中国电信、中国移动、中国联通。

局域网（Local Area Network，LAN）通常由企业购买路由器、交换机等网络设备，自己组建、管理和维护。广域网一般由电信部门或电信公司负责组建、管理和维护，并向全社会提供面向通信的有偿服务，进行流量统计和计费。比如家庭用户通过光纤接入 Internet，就是广域网的一个应用。

如图 11-3 所示，局域网 1 和局域网 2 通过广域网链路连接。图中路由器上连接广域网的接口为 Serial 接口，即串行接口。Serial 接口有多个标准，图中展示了“同异步 WAN 接口”和“非通道化 E1/T1 WAN 接口”两种接口。

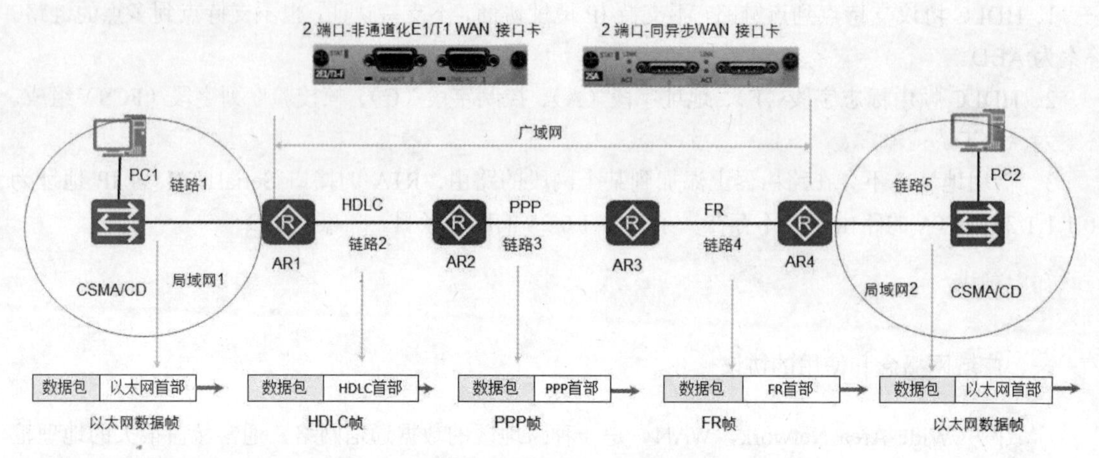

图 11-3 广域网示意图

如图 11-3 所示，广域网链路可以有不同的协议。AR1 路由器和 AR2 路由器之间的串行链路使用的是高级数据链路控制（High-Level Data Link Control，HDLC）协议，AR2 和 AR3 之间的串行链路使用的是 PPP，AR3 和 AR4 使用帧中继（Frame Relay）交换机连接，使用的是 Frame Relay 协议。

从图 11-3 可以看到不同的链路可以使用不同的数据链路层协议，每种数据链路层协议都定义了相应的数据链路层封装（帧格式），数据包经过不同的链路，就要封装成不同的帧。图 11-3 展示了 PC1 给 PC2 发送数据包的过程，首先经过局域网 1，要把数据包封装成以太网数据帧，在 AR1 和 AR2 之间的链路上传输要把数据包封装成 HDLC 帧，在 AR2 和 AR3 之间的链路上传输要把数据包封装成 PPP 帧，在 AR3 和 AR4 之间的链路上传输要把数据包封装成帧中继帧，从 AR4 发送到 PC2 要将数据包封装成以太网数据帧。

同一种物理接口或物理链路可以选择不同的数据链路层协议。在华为路由器串口视图下输入 link-protocol?可以查看支持的数据链路层协议。

```
[R1-Serial2/0/0]link-protocol ?
  fr     Select FR as line protocol
  hdlc   Enable HDLC protocol
  lapb   LAPB(X.25 level 2 protocol)
  ppp    Point-to-Point protocol
  sdlc   SDLC(Synchronous Data Line Control) protocol
  x25    X.25 protocol
```


二、HDLC 关联知识精讲

HDLC 是高级数据链路控制协议，是一种数据链路层的协议。HDLC 是一个 ISO 标准的面向位的数据链路协议，其在同步串行数据链路上封装数据，最常用于点对点链接。HDLC 主要有以下几个特性：

- 协议不依赖于任何一种字符编码集。
- 数据报文可透明传输，用于透明传输的“0 比特插入法”易于硬件实现。
- 全双工通信，不必等待确认可连续发送数据报文，有较高的数据链路传输效率。

- 所有帧采用 CRC 校验，并对信息帧进行编号，可防止漏收或重收，传输可靠性高。
- 传输控制功能与处理功能分离，具有较大的灵活性和较完善的控制功能。
- HDLC 的主要缺点在于，没有指定字段来标识已封装的第三层协议。

一个完整的 HDLC 帧最多由六个字段组成，如图 11-4 所示，有标志字段（F）、地址字段（A）、控制字段（C）、信息字段（Info）、帧校验序列字段（FCS）。

比特	8	8	8	可变	16	8
	标志 F	地址 A	控制 C	信息 Info	帧校验序列 FCS	标志 F

图 11-4 HDLC 帧格式

- 标志字段：这是一个 8 位序列，标记帧的开始和结束。标志的位模式是 01111110。也可以作为帧与帧之间的填充字符。
- 地址字段：包含接收者的地址。如果该帧是由主站发送的，则它包含从站的地址。如果它是从站发送的，则包含主站的地址。地址字段可以从 1 个字节到几个字节。
- 控制字段：用于构成各种命令及响应，以便对链路进行监控。长度为 1 字节或 2 字节。
- 信息字段：承载来自网络层的数据。它的长度由 FCS 字段或通信节点的缓存容量来决定。使用较多的上限是 1000～2000 比特；下限是 0（S 帧）。
- 帧校验字段：这是一个 2 字节或 4 字节的帧检查序列，用于对两个标志字段之间的内容进行错误检测。使用的是标准代码 CRC（循环冗余代码）。

三、IP 地址借用

华为路由器如果接口不配置 IP 地址，数据链路层（Protocol）就不会 up。如以下输出所示，GigabitEthernet0/0/1 接口没有配置 IP 地址，Protocol 状态为 down。

```
<Huawei>display ip interface brief
*down: administratively down
^down: standby
Interface                          IP Address/Mask      Physical    Protocol
GigabitEthernet0/0/0               10.0.0.1/24          up          up
GigabitEthernet0/0/1               unassigned           up          down
```

在点到点链路上，在有些应用环境下，为了节约 IP 地址资源，需要配置某个接口借用其他接口的 IP 地址。有时某个接口只是偶尔使用，这种情况也可配置该接口借用其他接口的 IP 地址，而不必让其一直占用一个单独的 IP 地址。

由于借用方接口本身没有 IP 地址，无法在此接口上启用动态路由协议，所以必须手工配置一条到对端网段的静态路由，才能实现设备路由间的连通。

IP 地址借用是指一个接口上没有配置 IP 地址，但为了使该接口能正常使用，就向同一设备上其他有 IP 地址的接口借用一个 IP 地址。

下面是 IP 地址借用使用限制。

- Loopback 接口不能借用其他接口的地址。
- 被借用接口的地址本身不能为借用地址。
- 如果被借用接口没有配置 IP 地址，则接口借用到的 IP 地址为 0.0.0.0。

- 如果被借用接口有多个手动配置的 IP 地址，则只有手动配置的主 IP 地址能被借用。

如图 11-5 所示网络，路由器 R1 和 R2 之间使用点到点链路相连，使用的协议是 HDLC 或 PPP。下面配置两个路由器的 S2/0/0 接口借用 G0/0/0 接口的地址。然后添加静态路由，使得 PC1 和 PC2 能够通信。

图 11-5 网络拓扑

配置路由器 R1 的 Serial2/0/0 接口借用 GigabitEthernet 0/0/0 接口的地址，输入 display this 查看接口的 IP 信息。

```
[R1-Serial2/0/0]ip address unnumbered interface GigabitEthernet 0/0/0
[R1-Serial2/0/0]display this
[V200R003C00]
#
interface Serial2/0/0
 link-protocol ppp
 ip address unnumbered interface GigabitEthernet0/0/0
#
Return
```

配置路由器 R2 的 Serial2/0/0 接口借用 GigabitEthernet 0/0/0 接口的地址，输入 display ip interface brief 查看接口的 IP 信息。可以看到 Serial2/0/0 接口的地址和 GigabitEthernet 0/0/0 接口一样。这就意味着 R1 的 Serial2/0/0 接口和 R2 的 Serial2/0/0 接口的 IP 地址不在一个网段。添加静态路由不能使用下一跳的地址了，只能写到达目标网段的出口了。

```
[R2-Serial2/0/0]ip address unnumbered interface GigabitEthernet 0/0/0
<R2>display ip interface brief
*down: administratively down
^down: standby
Interface                    IP Address/Mask      Physical      Protocol
GigabitEthernet0/0/0         11.0.0.1/24          up            up
GigabitEthernet0/0/1         unassigned           down          down
NULL0                        unassigned           up            up(s)
Serial2/0/0                  11.0.0.1/24          up            up
Serial2/0/1                  unassigned           down          down
```

在 R1 和 R2 上添加静态路由。

```
[R1]ip route-static 11.0.0.0 24 Serial 2/0/0
[R2]ip route-static 10.0.0.0 24 Serial 2/0/0
```

11.2 PPP 协议

典型 HCIA 试题

1．PPP 协议有以下哪些优点？【多选题】

A．PPP 协议支持链路层参数的协商

B．PPP 协议支持网络层参数的协商

C．PPP 协议既支持同步传输又支持异步传输

D．PPP 协议支持认证

2．PPP 帧格式中的 Protocol 字段为 0xC223，表示该协议是？【单选题】

A．CHAP　B．PAP　C．NCP　D．LCP

3．PPP 帧格式中的 Protocol 字段为 0xC023，表示该协议是？【单选题】

A．PAP　B．LCP　C．CHAP　D．NCP

4．PPP 帧格式中的 Flag 字段的取值为？【单选题】

A．0xFF　B．0x7E　C．0xEF　D．0x8E

5．在 PPP 中，当通信双方的两端检测到物理链路激活时，就会从链路不可用阶段转化到链路建立阶段，在这个阶段主要是通过什么协议进行链路参数的协商？【单选题】

A．IP　B．LCP　C．NCP　D．DHCP

6．LCP 协商使用以下哪个参数检测链路环路和其他异常情况？【单选题】

A．CHAP　B．MRU　C．魔术字　D．PAP

7．PPP 协议中的 LCP 协议支持以下哪些功能？【多选题】

A．协商最大接收单元　B．协商认证协议

C．协商网络层地址　D．检测链路环路

8．某台路由器配置信息如下，则对端路由器使用哪个用户名和密码的组合可以使 PPP 链路完成认证？【单选题】

```
aaa
    local-user test password cipher test
    local-user test service-type ppp
    local-user test1 password cipher test1
    local-user test1 service-type telnet
    local-user test2 password cipher test2
#
interface serial1/0/0
    link-protocol ppp
    ppp authentication-mode pap
    ip address 10.0.12.1 255.255.255.0
```

A．用户名：test1 密码：test1　B．用户名：test 密码：test

C．用户名：test2 密码：test　D．用户名：test2 密码：test2

9．关于 PPP 配置和部署，下面说法正确的是？【单选题】

A．PPP 不支持双向认证　B．PPP 不可以修改 keepalive 时间

C．PPP 不能用于下发 IP 地址　D．PPP 支持 CHAP 和 PAP 两种认证方式

10．PPP 中启用 CHAP 认证的命令为：ppp chap authentication。【判断题】

A．对　B．错

11．数据链路层使用 PPP 封装，链路两端的 IP 地址可以不在同一个网段。【判断题】

A．对　B．错

12．PPP 链路建立过程中由 Dead 阶段可以直接转化为哪个阶段？【单选题】

A．Authenticate　B．Terminate　C．Establish　D．Network

13．某台路由器输出信息如下，下列说法正确的有？【多选题】

```
[Router A]display interface serial 1/0/0
Serial1/0/0 current state : UP
Line protocol current state : UP
Last line protocol up time : 2019-03-04 16:01:10 UTC-08 :00
Description:HUAWEI,AR series，serial1/0/0 Interface
Route Port，The Maximum Transmit unit is 1500，Hold timer is 10(sec)
Internet Address is 10.0.12.1/24
Link layer protocol is PPP
LCP opened，IPCP opened
Last physical up time : 2019-03-04 16:00 :43 UTC-08:00
Last physical down time : 2019-03-04 16:00:42 UTC-08:00
Current system time : 2019-03-04 16:01:44-08:00
Physical layer is synchronous，Virtualbaudrate is 64000 bps
Interface is DTE，Cable type is V11，Clock mode is TC
Last 300 seconds input rate 6 bytes/sec 48 bits/sec 0 packets/sec
Last 300 seconds output rate 3 bytes/sec 24 bits/sec 0 packets/sec
```

A．本接口是同步接口

B．接口的 IP 地址为 10.0.12.1/24

C．数据链路层采用的协议为 PPP

D．当本接口转发的数据包超过 1400Byte 时，数据包需要分片

试题解析

1．PPP 协议支持链路层参数的协商，PPP 协议支持认证，PPP 协议支持网络层参数的协商，PPP 协议既支持同步传输又支持异步传输。答案为 ABCD。

2．PPP 帧格式 Protocol 字段用来说明 PPP 所封装的协议报文类型，0xC021 代表 LCP 报文，0xC023 代表 PAP 报文，0xC223 代表 CHAP 报文。答案为 A。

3．PPP 帧格式中的 Protocol 字段为 0xC023，表示该协议是 PAP 报文。答案为 A。

4．PPP 帧格式中的 Flag 字段的取值为 0x7E。答案为 B。

5．在 PPP 中，当通信双方的两端检测到物理链路激活时，就会从链路不可用阶段转化到链路建立阶段，在这个阶段主要是通过 LCP 协议进行链路参数的协商。答案为 B。

6．LCP 协商使用魔术字参数检测链路环路和其他异常情况。答案为 C。

7．PPP 协议中的 LCP 协议支持协商最大接收单元、协商认证协议、检测链路环路。答案为 ABD。

8．用 test 的服务类型为 PPP，对端路由器使用 test 用户名和密码的组合可以使 PPP 链路完成认证。答案为 B。

9．PPP 支持双向认证，PPP 可以修改 keepalive 时间，PPP 可以给另一端下发 IP 地址，PPP 支持 CHAP 和 PAP 两种认证方式。答案为 D。

10．PPP 中启用 CHAP 认证的命令为 ppp authentication chap。答案为 B。

11．数据链路层使用 PPP 或使用 HDLC 封装，链路两端的 IP 地址可以不在同一个网段，可以借用其他接口的 IP 地址。添加静态路由时写出口，不能写下一跳 IP 地址。答案为 A。

12．PPP 链路建立过程中由 Dead 阶段可以直接转化为链路建立阶段。答案为 C。

13．物理层是同步（synchronous）接口，接口的 IP 地址为 10.0.12.1/24，数据链路层采用的协议为 PPP，最大传输单元为 1500，转发的数据包不超过 1500 就不用分片。答案为 ABC。

关联知识精讲

一、PPP 简介

PPP 是一种常见的广域网数据链路层协议，主要用于在全双工的链路上进行点到点的数据传输。PPP 的前身是 SLIP（Serial Line Internet Protocol）和 CSLIP（Compressed SLIP）。这两种协议现在已基本不再使用。但 PPP 自 20 世纪 90 年代推出以来，一直得到了广泛的应用，现在已经成为用于 Internet 接入的使用非常广泛的数据链路层协议。

PPP 是一种常见的广域网数据链路层协议，主要用于在全双工的链路上进行点到点的数据传输封装。

PPP 提供链路控制协议（Link Control Protocol，LCP），用于各种链路层参数的协商，例如最大接收单元，认证模式等。

PPP 提供了安全认证协议族密码验证协议（Password Authentication Protocol，PAP）和挑战握手认证协议（Challenge Handshake Authentication Protocol，CHAP）。

PPP 提供各种网络控制协议（Network Control Protocol，NCP），如 IP 控制协议（IP Control Protocol，IPCP），用于各网络层参数的协商，更好地支持了网络层协议。

PPP 具有良好的扩展性，PPP 可以和 ADSL、Cable Modem、LAN 等技术结合起来完成各类型的宽带接入。PPP 具有良好的扩展性，例如，当需要在以太网链路上承载 PPP 时，PPP 可以扩展为 PPPoE。家庭中使用最多的宽带接入方式就是 PPPoE。这是一种利用以太网资源，在以太网上运行 PPP 来对用户进行接入认证的技术，PPP 负责在用户端和运营商的接入服务器之间建立通信链路。

CMSA/CD 协议工作在以太网接口和以太网链路上，而 PPP 是工作在串行接口和串行链路上。串行接口本身的种类是多种多样的，例如，EIARS-232-C 接口、EIARS-422 接口、EIARS-423 接口、ITU-TV.35 接口等，这些都是常见的串行接口，并且都能够支持 PPP。事实上，任何串行接口，只要能够支持全双工通信方式，便可以支持 PPP。另外，PPP 对于串行接口的信息传输速率没有什么特别的规定，只要求串行链路两端的串行接口在速率上保持一致即可。在本章中，把支持并运行 PPP 的串行接口统称为 PPP 接口。

二、PPP 帧格式

PPP 的数据帧封装格式如图 11-6 所示。首部有 5 个字节，其中 Flag 字段为帧开始定界符（0x7E），占 1 个字节，Address 字段为地址字段，占 1 个字节，Control 字段为控制字段，占 1 个字节，Protocol 字段用来标明信息部分是什么协议，占 2 个字节。尾部占 3 个字节，其中 2 个字节是帧校验序列，1 个字节是帧结束定界符（0x7E）。信息部分不超过 1500 个字节。

PPP 的封装方式在很大程度上参照了 HDLC 协议的规范，PPP 使用了 HDLC 协议封装中的帧开始和结束标记字段和帧校验字段。此外，PPP 数据帧中很多字段的取值是固定的。鉴于 PPP 纯粹是一种应用于点到点环境中的协议，任何一方发送的消息都只会由固定的另一方接收并且处理，地址字段存在的意义已经不大，因此 PPP 地址字段的取值为以全 1 的方式被明确下来，表示这条链路上的所有接口。最后，PPP 控制字段（Control）的取值也被明确固定为了 0x03。

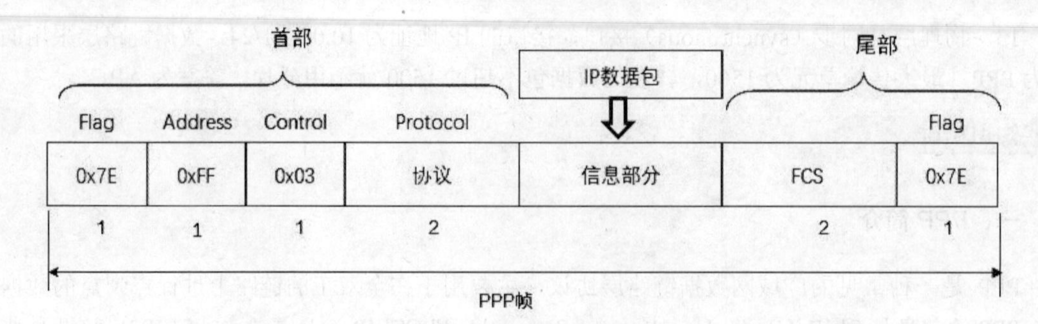

图 11-6 PPP 数据帧封装格式

PPP 的封装与 HDLC 协议也有一些区别，例如 PPP 在帧首部添加了协议字段。

三、PPP 3 个阶段的协商

使用 PPP 的链路在通信之前需要 3 个阶段的协商过程：链路层协商、认证协商（可选）和网络层协商。

（1）链路层协商。通过链路控制协议（Link Control Protocol，LCP）报文进行链路参数协商，建立链路层连接。链路参数协商用来确定不同的参数，这些参数有最大接收单元、认证方式等。对于没有协商的参数，使用默认操作。

（2）认证协商（可选）。通过链路层协商的认证方式进行身份验证。如果一方需要身份验证，就需要对方出示账户和密码。最常用的身份验证协议包括密码验证协议（Password Authentication Protocol，PAP）和挑战握手验证协议（Challenge Handshake Authentication Protocol，CHAP）。PAP 和 CHAP 通常被用在使用 PPP 的链路上，提供安全性认证。

（3）网络层协商。通过网络层控制协议（Network Control Protocol，NCP）来协商配置参数。NCP 并不是一个特定的协议，而是指 PPP 中一系列控制不同网络层传输协议的协议。各类不同的网络层协议都有一个对应的 NCP，例如 IPv4 对应的是 IPCP、IPv6 对应的是 IPv6CP、IPX（Sequences Packet Exchange）对应的是 IPXCP、AppleTalk 协议对应的是 ATCP 等。以 IPCP 为例，其需要协商的配置参数包括消息的 PPP 和 IP 头部是否压缩，使用什么算法进行压缩，以及 PPP 接口的 IPv4 地址。

四、PPP 工作流程

PPP 基本工作流程如图 11-7 所示，总共包含 6个阶段，分别是：链路静止阶段、链路建立阶段、认证阶段、网络层协商阶段、链路打开阶段，链路终止阶段。

（1）通信双方建立 PPP 链路时，由链路静止阶段进入到链路建立阶段。

（2）在链路建立阶段进行链路层协商。协商通信双方的最大接收单元（Maximum Receive Unit，MRU）、认证方式和魔术数（Magic Number）等参数。协商成功后链路进入打开状态，表示底层链路已经建立。

（3）如果配置了身份验证，将进入身份验证阶段。否则直接进入网络层协商阶段。

（4）在认证阶段会根据链路建立阶段协商的认证方式进行链路认证。认证方式有两种：PAP 和 CHAP。如果认证成功，进入网络层协商阶段，否则进入链路终结阶段，拆除链路，LCP 状态转为 down。

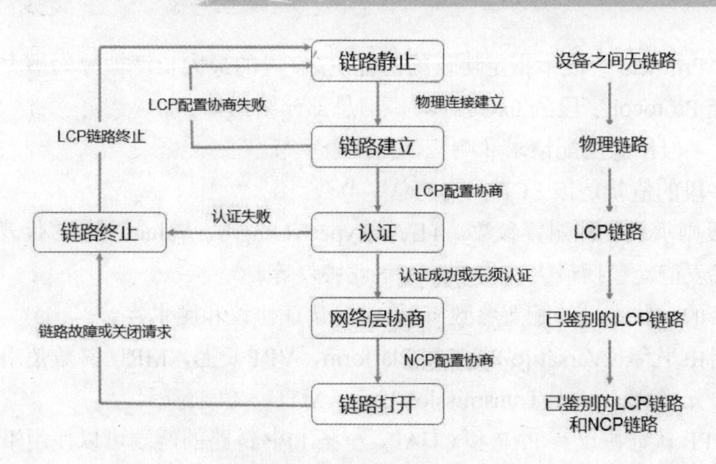

图 11-7 PPP 基本工作流程

（5）在网络层协商阶段 PPP 链路进行 NCP 协商。通过 NCP 协商来选择和配置一个网络层协议并进行网络层参数协商。网络层协商成功，进入链路打开状态。

（6）在链路打开阶段，如果所有资源都被释放，通信双方将回到链路终止阶段。PPP 运行过程中，连接可能随时会中断，如物理链路断开、认证失败、超时定时器时间到、管理员通过配置关闭连接等，中断后导致链路进入链路终止状态。

五、链路建立阶段

PPP 基本工作流程的第一个阶段是链路关闭阶段。在此阶段，PPP 接口的物理层功能尚未进入正常状态。只有当本端接口和对端接口的物理层功能都进入正常状态之后，PPP 才能进入到下一个工作阶段，即链路建立阶段。在此阶段，本端接口会与对端接口相互发送携带有 LCP 报文的 PPP 帧。

LCP 报文格式如图 11-8 所示。

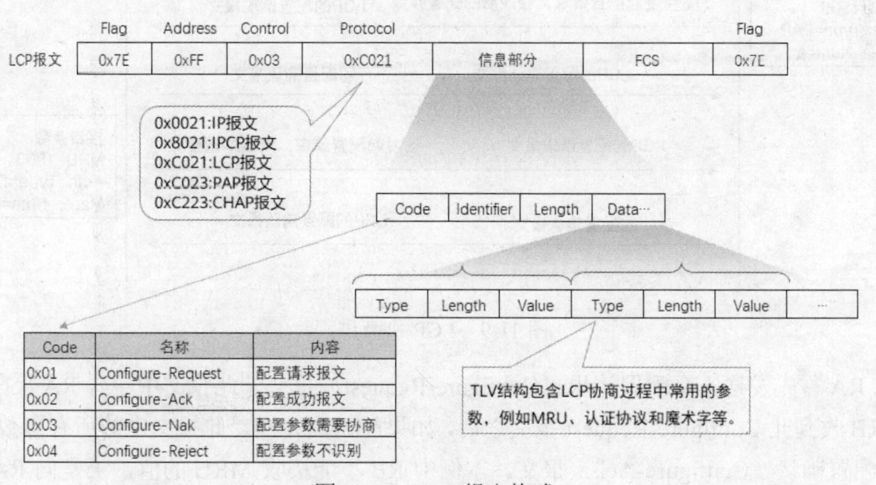

Code	名称	内容
0x01	Configure-Request	配置请求报文
0x02	Configure-Ack	配置成功报文
0x03	Configure-Nak	配置参数需要协商
0x04	Configure-Reject	配置参数不识别

图 11-8 LCP 报文格式

其中，Protocol 字段用来说明 PPP 所封装的协议报文类型，0xC021 代表 LCP 报文，0xC023 代表 PAP 报文，0xC223 代表 CHAP 报文。当 Protocol 字段为 0xC021 时，又有 Code 字段标识不同类型的 LCP 报文。

信息部分包含 Protocol 字段中指定协议的内容，该字段的最大长度被称为最大接收单元 MRU，缺省值为 1500。当 Protocol 字段为 0xC021 时，信息部分结构如下。

- Identifier 字段用来匹配请求和响应，占 1 个字节。
- Length 字段的值就是该 LCP 报文的总字节数。
- Data 字段则承载各种配置参数，TLV（Type、Length、Value）的 T 代表类型、L 代表长度、V 代表值，包括最大接收单元，认证协议等。

LCP 报文携带的一些常见的配置参数有 MRU、认证协议和魔术字。

- 在通用路由平台（Versatile Routing Platform，VRP）上，MRU 参数使用接口上配置的最大传输单元（Maximum Transmission Unit，MTU）值来表示。
- 常用的 PPP 认证协议有 PAP 和 CHAP，一条 PPP 链路的两端可以使用不同的认证协议认证对端，但是被认证方必须支持认证方要求使用的认证协议并正确配置用户名和密码等认证信息。
- LCP 使用魔术字来检测路由环路和其他异常情况。魔术字是随机产生的一个数字，随机机制需要保证两端产生相同魔术字的可能性几乎为 0。

如图 11-9 所示，RA 和 RB 使用串行链路相连，运行 PPP。当物理层链路变为可用状态之后，RA 和 RB 使用 LCP 协商链路参数。下列步骤描述 RA 和 RB 进行链路参数协商的过程。

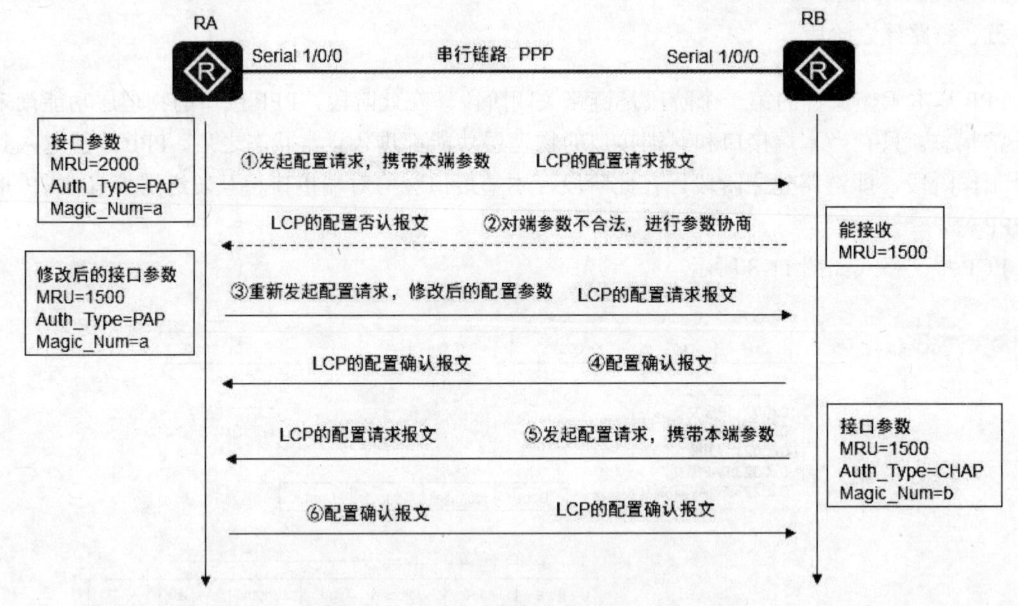

图 11-9 LCP 协商过程

（1）RA 首先发送一个配置请求（Configure-Request）报文，此报文中包含 RA 上配置的链路层参数。RB 收到此 Configure-Request 报文之后，如果能识别并接受此报文中的所有参数，则向 RA 回应一个配置确认（Configure-Ack）报文。本例中 RB 不能接收 MRU 的值，于是向 RA 发送一个配置否认（Configure-Nak）报文，该报文中包含不能接收的链路层参数和 RB 上可以接收的取值（或取值范围）。本例中配置否认报文包含不能接收的 MRU 参数和可以接收的 MRU 的值为 1500。

（2）RA 在收到配置否认报文之后，根据此报文中的链路层参数重新选择本地配置的其他参数，并重新发送一个配置请求报文。

（3）RB 收到配置请求报文后，如果能够识别和接收此报文中的所有参数，则向 RA 回应一个配置确认报文。

（4）同样的，RB 也需要向 RA 发送配置请求报文，携带 RB 的接口参数。

（5）RA 检测 RB 上的参数是不是可以接收。如果都可以接收，发送配置确认报文。

RA 在没有接收到配置确认报文或配置否认报文的情况下，会每隔 3 秒重发一次配置请求报文，如果连续 10 次发送配置请求报文仍然没有收到配置确认报文，则认为对端不可用，停止发送配置请求报文。

六、认证阶段

链路建立成功后，进行认证协商（可选）。认证协商有两种模式，PAP 和 CHAP。本案例中 RA 在 LCP 协商参数中要求认证方式为 PAP，RA 就是认证方，RB 就是被认证方。PAP 认证协议为两次握手协议，密码以明文方式在链路上传输，过程如图 11-10 所示。

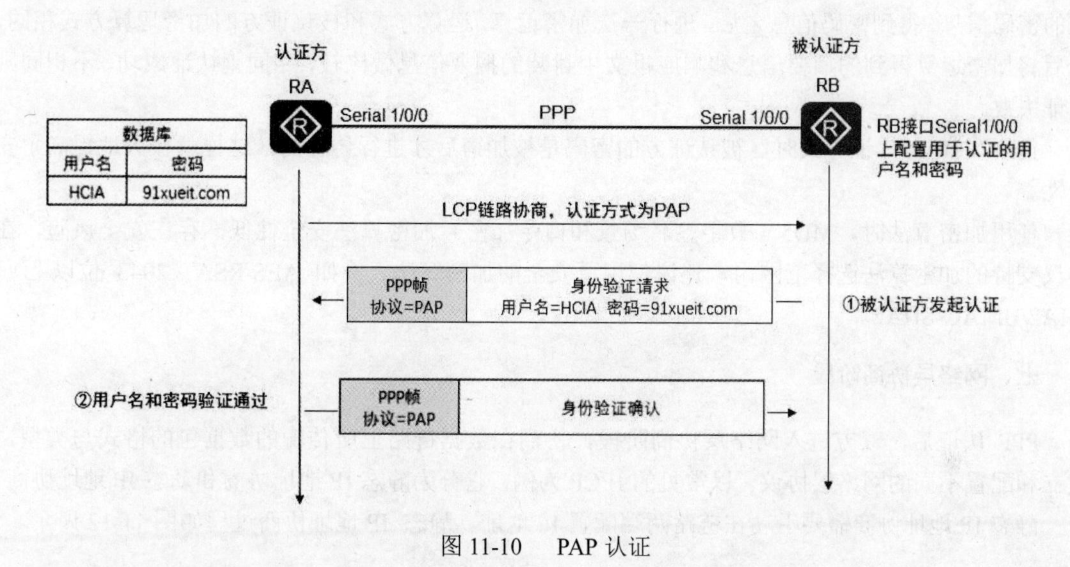

图 11-10　PAP 认证

（1）被认证方将配置的用户名和密码使用身份验证请求（Authenticate-Request）报文以明文方式发送给认证方。

（2）认证方收到被认证方发送的用户名和密码后，根据本地配置的用户名和密码数据库检查用户名和密码是否匹配；如果匹配，则回应身份验证确认（Authenticate-Request）报文，表示认证成功。否则，回应身份验证否认（Authenticate-Nak）报文，表示认证失败。

本案例中，LCP 协商完成后，RB 要求 RA 使用 CHAP 方式进行认证。CHAP 认证双方 3 次握手，协商报文被加密后再在链路上传输，过程如图 11-11 所示。

（1）认证方 RB 主动发起认证请求，向被认证方 RA 发送挑战报文，报文内包含随机数和 ID（此认证的序列号）。

（2）被认证方 RA 收到此挑战报文之后，进行一次加密计算，运算公式为 MD5（ID+随机数+密码），意思是将 ID、随机数和密码三部分连成一个字符串，然后对此字符串做 MD5 运算，得到一个 16Byte 长的摘要信息，然后将此摘要信息和端口上配置的 CHAP 用户名一起封装在 Response 报文中发回认证方 RA。

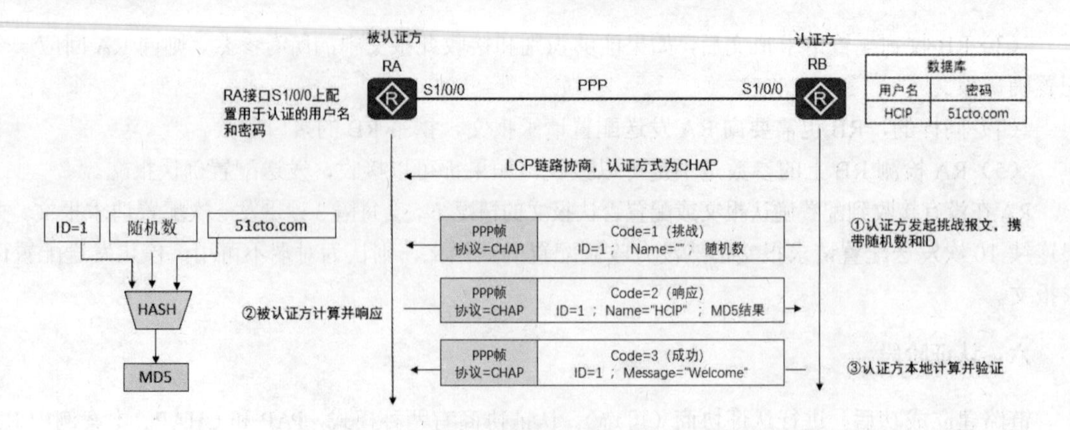

图 11-11　CHAP 验证

（3）认证方 RB 接收到被认证方 RA 发送的响应报文之后，按照其中的用户名在本地查找相应的密码信息，得到密码信息之后，进行一次加密运算，运算方式和被认证方的加密运算方式相同，然后将加密运算得到的摘要信息和响应报文中封装的摘要信息做比较，相同则认证成功，不相同则认证失败。

使用 CHAP 认证方式时，被认证方的密码是被加密后才进行传输的，这样就极大地提高了安全性。

使用加密算法时，MD5（数字签名场景和口令加密）加密算法安全性低，存在安全风险，在协议支持的加密算法选择范围内，建议使用更安全的加密算法，例如 AES/RSA（2043 位以上）/SHA2/HMAC-SHA2。

七、网络层协商阶段

PPP 认证后，双方进入网络层协商阶段，协商在数据链路上所传输的数据包的格式与类型，建立和配置不同的网络层协议。以常见的 IPCP 为例，它分为静态 IP 地址协商和动态 IP 地址协商。

静态 IP 地址协商需要手动在链路两端配置 IP 地址。静态 IP 地址协商过程如图 11-12 所示。

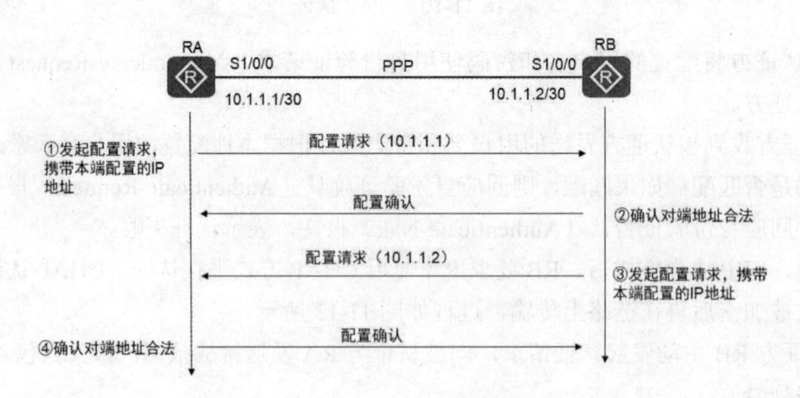

图 11-12　静态 IP 地址协商

（1）每一端都要发送配置请求报文，报文中包含本地配置的 IP 地址。

（2）每一端接收到对端发送的配置请求报文之后，检查其中的 IP 地址。如果 IP 地址是一个合法的单播 IP 地址，而且和本地配置的 IP 地址不同（没有 IP 地址冲突），则认为对端可以使用该

IP 地址，并向对端回应一个配置确认报文。

动态 IP 地址协商支持 PPP 链路一端为对端配置 IP 地址。动态协商 IP 地址的过程如图 11-13 所示。

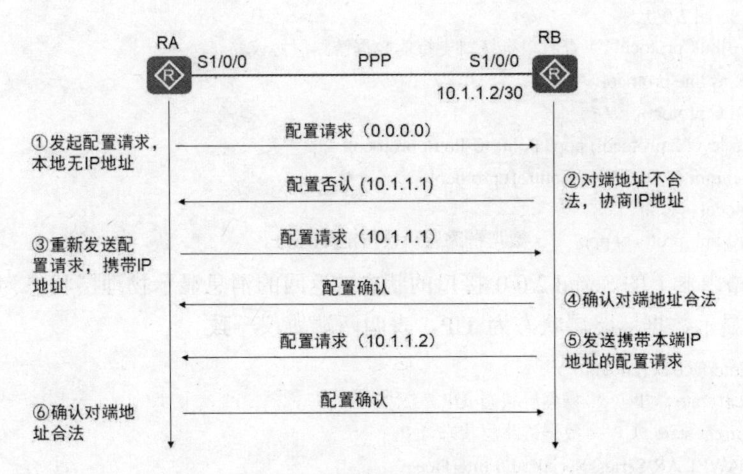

图 11-13　动态 IP 地址协商

（1）RA 向 RB 发送一个配置请求报文，报文中会包含一个 IP 地址 0.0.0.0，表示向对端请求 IP 地址。

（2）RB 收到上述配置请求报文后，认为其中包含的 IP 地址 0.0.0.0 不合法，使用配置否认回应一个新的 IP 地址 10.1.1.1。

（3）RA 收到此配置否认报文之后，更新本地 IP 地址，并重新发送一个配置请求报文，包含新的 IP 地址 10.1.1.1。

（4）RB 收到配置请求报文后，认为其中包含的 IP 地址合法，回应一个配置确认报文。同时，RB 也要向 RA 发送配置请求报文请求使用地址 10.1.1.12。

（5）RA 如果认为此地址合法，回应配置确认报文。

八、配置 PPP 身份验证用 PAP 模式

如图 11-14 所示，配置网络中的 AR1 和 AR2 路由器实现以下功能。

- 在 AR1 和 AR2 之间的链路上配置使用 PPP 作为数据链路层协议。
- 在 AR1 上创建用户和密码，用于 PPP 身份验证。
- 在 AR1 的 Serial 2/0/0 接口上，配置 PPP 身份验证模式为 PAP。
- 在 AR2 的 Serial 2/0/1 接口上，配置出示给 AR1 路由器的账号和密码。

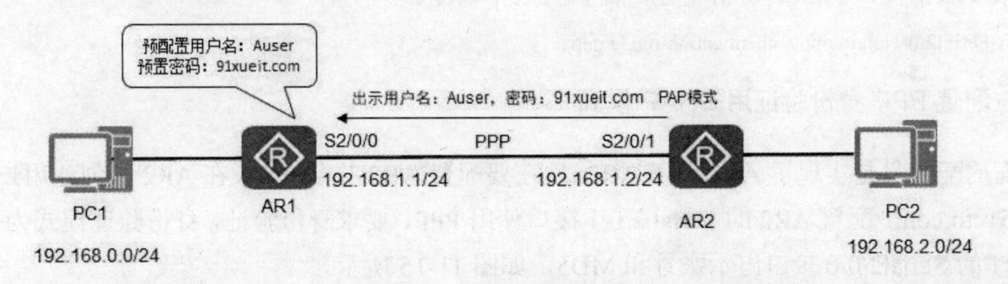

图 11-14　PPP 实验网络拓扑

在 AR1 路由器上的 Serial 2/0/0 接口配置数据链路层使用 PPP，华为路由器串行接口默认使用的就是 PPP。下面的操作查看串行接口支持的数据链路层协议，可以看到同一个接口可以指定使用不同的数据链路层协议。

```
[AR1]interface Serial 2/0/0
[AR1-Serial2/0/0]link-protocol ? --查看串行接口支持的数据链路层协议
fr      Select FR as line protocol
hdlc  Enable HDLC protocol
lapb LAPB(X.25 level 2 protocol) ppp   Point-to-Point protocol
sdlc SDLC(Synchronous Data Line Control) protocol
x25    X.25 protocol
[AR1-Serial2/0/0]link-protocol ppp      --数据链路层协议指定使用 PPP
```

查看 AR1 路由器上的 Serial 2/0/0 接口的状态。返回的消息显示物理层状态为 UP，表明两端接口连接正常，显示数据链路层状态为 UP，表明两端协议一致。

```
<AR1>display interface Serial 2/0/0
Serial2/0/0 current state : UP       --物理层状态  UP
Line protocol current state : UP   --数据链路层状态  UP
Description:HUAWEI, AR Series, Serial2/0/0 Interface
Route Port,The Maximum Transmit Unit is 1500, Hold timer is 10(sec)
Internet Address is 192.168.1.1/24
Link layer protocol is PPP --数据链路层协议为  PPP
……
```

在 AR1 上创建用于 PPP 身份验证的用户。

```
[AR1]aaa
[AR1-aaa]local-user Auser password cipher 91xueit.com      --创建用户 Auser，密码为 91xueit.com
[AR1-aaa]local-user Auser service-type ppp           -       --指定 Auser 用于 PPP 身份验证
[AR1-aaa]quit
```

配置 AR1 接口 Serial 2/0/0 PPP 身份验证模式为 PAP，另一端身份验证后才能连接。

```
[AR1]interface Serial 2/0/0
[AR1-Serial2/0/0]ppp authentication-mode ?          --查看 PPP 身份验证模式
chap  Enable CHAP authentication                    --密码安全传输
pap     Enable PAP authentication                   --密码明文传输
[AR1-Serial2/0/0]ppp authentication-mode pap        --需要 PAP 身份验证
```

在 AR2 路由器上的 Serial 2/0/1 接口配置数据链路层使用 PPP，并指定向 AR1 出示的账号和密码。

```
[AR2]interface Serial 2/0/1
[AR2-Serial2/0/1]link-protocol ppp
[AR2-Serial2/0/1]ppp pap local-user Auser password cipher 91xueit.com
```

如果要取消接口的 PPP 身份验证，需执行以下命令：

```
[AR1-Serial2/0/1]undo ppp authentication-mode pap
```

九、配置 PPP 身份验证用 CHAP 模式

上面的配置只是实现了 AR1 验证 AR2。现在要配置 AR2 验证 AR1，在 AR2 上创建用户 Buser，密码为 51cto.com。配置 AR2 的 Serial 2/0/1 接口使用 PPP，要求身份验证，身份验证模式为 CHAP。配置 AR1 的 Serial2/0/0 接口出示账号和 MD5，如图 11-15 所示。

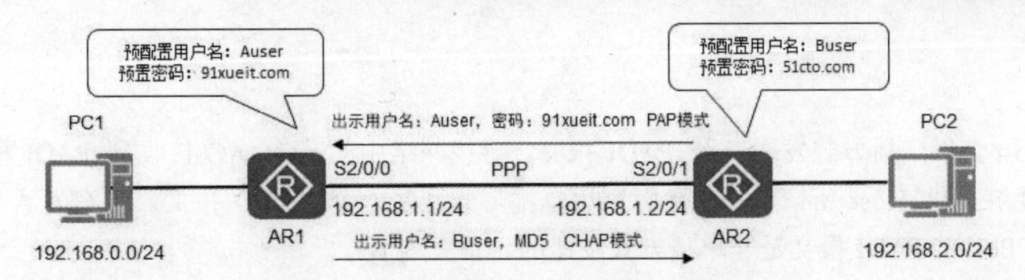

图 11-15 配置 PPP 身份验证用 CHAP 模式

在 AR2 上创建 PPP 身份验证的用户。配置 Serial 2/0/1 接口，PPP 要求完成身份验证才能连接。

```
[AR2]aaa
[AR2-aaa]local-user Buser password cipher 51cto.com
[AR2-aaa]local-user Buser service-type ppp
[AR2-aaa]quit [AR2]interface Serial 2/0/1
[AR2-Serial2/0/1]ppp authentication-mode chap       --要求完成身份验证才能连接
[AR2-Serial2/0/1]quit
```

AR1 上的配置如下，先指定用于 PPP 身份验证的账号，再指定密码。

```
[AR1]interface Serial 2/0/0
[AR1-Serial2/0/0]ppp chap user Buser  --账号
[AR1-Serial2/0/0]ppp chap password cipher 51cto.com --密码
[AR1-Serial2/0/0]quit
```

11.3 PPPoE

典型 HCIA 试题

1．PPPoE 客户端使用哪种方式向 Server 发送 PADI 报文？【单选题】

A．广播　　B．单播　　C．组播　　D．任播

2．以下哪种 PPPoE 的报文是非单播方式发送的？【单选题】

A．PADS　　B．PADI　　C．PADO　　D．PADR

3．当需要终止 PPPoE 会话时需要发送哪种报文？【单选题】

A．PADR　　B．PADT　　C．PADO　　D．PADI

4．PPPoE 会话建立过程可分为哪两个阶段？【多选题】

A．PPP connecting 阶段　　B．Discovery 阶段

C．PPPoE Session 阶段　　D．DHCP 阶段

5．以太网数据帧的 Type/Length 字段取以下哪个值时，表示承载的是 PPPoE 发现阶段的报文？【单选题】

A．0x0800　　B．0x8863　　C．0x8864　　D．0x0806

6．PPPoE 会话建立和终结过程中不包括以下哪个阶段？【单选题】

A．发现阶段　　B．数据转发阶段　　C．会话阶段　　D．会话终结阶段

7．下列哪项命令可以用来检查 PPPoE 客户端的会话状态？【单选题】

A．display pppoe-client session packet　　B．display pppoe-client session summary

C．display ip interface brief　　D．display current-configuration

试题解析

1．Host 会以广播方式发送一个 PADI 报文，寻找网络中的 AC。AC 接收到 PADI 报文之后，AC 如果能够提供 Host 所请求的服务，则以单播形式回复一个 PADO 报文。答案为 A。

2．PPPoE 的 PADI 报文是非单播方式发送的。答案为 B。

3．当需要终止 PPPoE 会话时需要发送 PADT 报文。答案为 B。

4．PPPoE 会话建立过程可分为 Discovery 阶段和 PPPoE Session 阶段两个阶段。答案为 BC。

5．PPPoE 在 Discovery 阶段，以太网数据帧的 Type 字段取值为 0x8863。答案为 B。

6．PPPoE 会话建立和终结过程包含发现、会话、会话终结三个阶段。答案为 B。

7．display pppoe-client session summary 命令可以用来检查 PPPoE 客户端的会话状态。答案为 B。

关联知识精讲

一、PPPoE 应用场景

PPP 本身具备通过用户名和密码的形式进行认证的功能。然而，PPP 只适用于点到点的网络类型。图 11-16 中，家庭网关（Home Gateway，HG）作为 PPPoE Client，和 PPPoE Server 通过以太网交换机连接，交换机组建的网络是多点接入网络（Multi-Access Network），PPP 无法直接应用在这样的网络上。为了将 PPP 应用在以太网（多点接入网络）上，一种被称为 PPPoE（PPP over Ethernet）的协议应运而生。

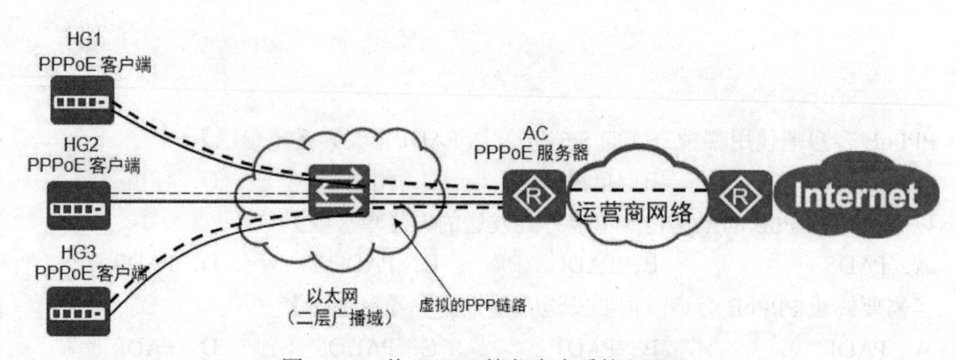

图 11-16　从 PPPoE 的角度来看接入网

PPPoE 实现了在以太网上提供点到点的连接。PPPoE 客户端与 PPPoE 服务器端之间建立 PPP 会话，封装 PPP 数据报文，为以太网上的主机提供接入服务，实现用户控制和计费，PPPoE 的常见应用场景有家庭用户拨号上网、企业用户拨号上网等。

本质上讲，PPPoE 是一个允许在以太网广播域中的两个以太网接口之间创建点对点隧道的协议，它描述了如何将 PPP 帧封装在以太网数据帧中。图 11-16 显示了 PPPoE 的基本架构。PPPoE 采用了 Client/Server 模式。在 PPPoE 的标准术语中，运行 PPPoE Client 程序的设备称为 Host，运行 PPPoE Server 程序的设备称为 AC（Access Concentrator）。在图 11-16 中，HG 就是 Host，而运营商路由器就是 AC。

利用 PPPoE，每个家庭用户的 HG 都可以与 PPPoE Server 之间建立起一条虚拟的 PPP 链路（逻辑意义上的 PPP 链路）。也就是说，HG 与 PPPoE Server 是可以交互 PPP 帧的。然而，这些 PPP 帧并非是在真实的物理 PPP 链路上传递的，而是被包裹在 HG 与 PPPoE Server 之间交互的以太网数据帧中，并随这些以太网数据帧在以太链路上的传递而传递。

二、PPPoE 报文格式

PPP 不支持以太网环境，以太网网络适配器（网卡）只能将数据分装成以太网数据帧格式，不能将数据封装成 PPP 帧格式。于是，人们想到了一种方法：在封装好的 PPP 数据帧外面再封装一层以太网数据帧，然后再把这个嵌套了 PPP 数据帧的以太网数据帧放到以太网中传输。这样一来，当运营商的设备接收到这个以太网数据帧时，会通过解封装获得其中封装的 PPP 数据帧，然后再根据这个 PPP 数据帧内部封装的协议，来对数据帧进行相应的处理。

图 11-17 显示了 PPPoE 报文的格式。如果以太网数据帧的类型字段的值为 0x8863 或 0x8864，则表明该以太网数据帧的载荷数据就是一个 PPPoE 报文。

PPPoE 报文分为 PPPoE 首部和 PPPoE 载荷两个部分。在 PPPoE 首部中，VER 字段（版本字段）的值总是取 0x1，Type 字段的值也总是取 0x1，Code 字段用来表示不同类型的 PPPoE 报文，Length 字段用来表示整个 PPPoE 报文的长度，Session-ID 字段用来区分不同的 PPPoE 会话（PPPoE Session），PPP 帧在 PPPoE Payload 中。

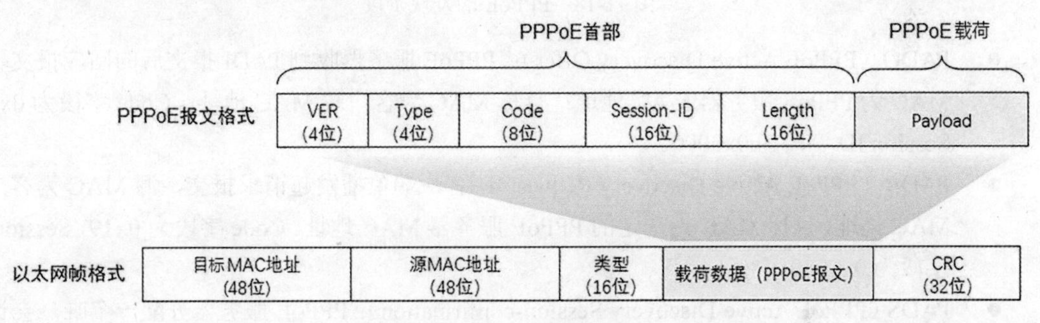

图 11-17 PPPoE 报文格式

三、PPPoE 的工作过程

PPPoE 的工作过程分为两个不同的阶段，即 Discovery 阶段（发现阶段）和 PPP Session 阶段（PPP 会话阶段）。

1. Discovery 阶段

由于传统的 PPP 连接是创建在串行链路或拨号时创建的 ATM 虚电路连接上的，所有的 PPP 帧都可以确保通过电缆到达对端。但是以太网是多路访问的，每一个节点都可以相互访问。以太帧包含目的节点的物理地址（MAC 地址），这使得该帧可以到达预期的目的节点。因此，为了在以太网上创建连接而交换 PPP 控制报文之前，两个端点都必须知道对端的 MAC 地址，这样才可以在控制报文中携带 MAC 地址。PPPoE 发现阶段做的就是这件事。除此之外，在此阶段还将创建一个会话 ID，以供后面交换报文使用。

PPPoE 发现有 4 个步骤：客户端发送请求、服务端响应请求、客户端确认响应和建立会话。

如图 11-18 所示，在 PPPoE 发现阶段，Host 与 AC 之间会交互 5 种不同类型的 PPPoE 报文。

- PADI（PPPoE Active Discovery Initiation）：用户主机发起的 PPPoE 服务器探测报文。源 MAC 为客户端 MAC 地址；目标 MAC 为广播地址；Code 字段为 0x09；Session ID 字段为 0x0000。

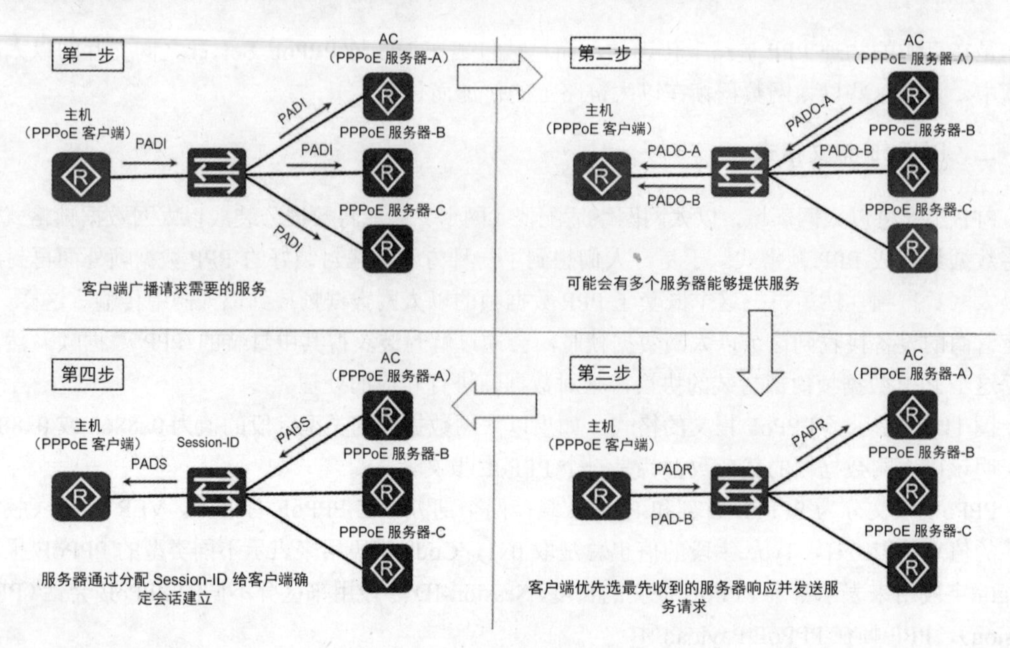

图 11-18　PPPoE 的发现阶段

- PADO（PPPoE Active Discovery Offer）：PPPoE 服务器收到 PADI 报文后的回应报文。源 MAC 为 PPPoE 服务器 MAC 地址；目标 MAC 为客户端 MAC 地址；Code 字段为 0x07；Session ID 字段为 0x0000。
- PADR（PPPoE Active Discovery Request）：客户端单播发起请求报文，源 MAC 为客户端 MAC 地址，目标 MAC 为选定的 PPPoE 服务器 MAC 地址。Code 字段为 0x19，Session ID 字段为 0x0000。
- PADS（PPPoE Active Discovery Session-confirmation）：PPPoE 服务器分配一个唯一会话进程 ID，通过此报文发送给客户端。源 MAC 为发出报文的 PPPoE 服务器 MAC 地址，目标 MAC 为客户端 MAC 地址。Code 字段为 0x09，Session ID 字段为 PPPoE 服务器为会话而产生的 Session ID，Code 字段的值为 0x65。
- PADT（PPPoE Active Discovery Terminate）。会话建立之后，当 PPPoE 服务器端或客户端希望关闭连接时，便会发送 PADT 报文（哪一端希望关闭就由哪一端发送），Session ID 为希望关闭的连接的 Session ID，另外一端一旦收到此报文，连接随即关闭。

首先，Host 会以广播方式发送一个 PADI 报文，如图 11-19 所示，目的是寻找网络中的 AC，并告诉 AC 自己希望获得的服务类型信息。在 PADI 报文的 Payload 中，包含的是若干个具有 Type-Length-Value 结构的 Tag 字段，这些 Tag 字段表达了 Host 想要获得的各种服务类型信息。注意，PADI 报文中的 Session-ID 字段的值为 0。

AC 接收到 PADI 报文之后，会将 PADI 报文中所请求的服务与自己能够提供的服务进行比较。AC 如果能够提供 Host 所请求的服务，则以单播形式回复一个 PADO 报文；如果不能提供，则不做任何回应。PADO 报文中的 Session-ID 字段的值为 0。

如果网络中有多个 AC，则 Host 就可能接收到来自不同的 AC 所回应的 PADO 报文。通常，Host 会选择最先收到的 PADO 报文所对应的 AC 作为自己的 PPPoE Server，并向这个 AC 单播发送一个 PADR 报文。PADR 报文中的 Session-ID 字段的值仍然为 0。

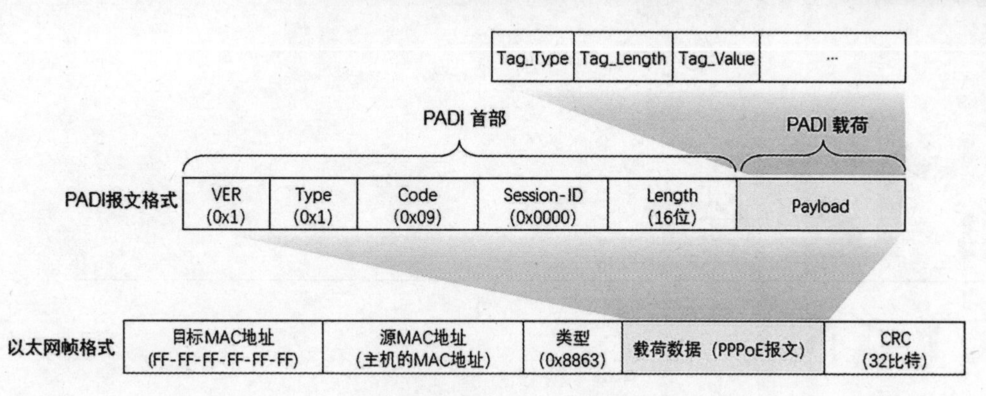

图 11-19　PADI 报文格式

AC 接收到 PADR 报文之后，会确定出一个 PPPoE Session-ID，并在发送给 Host 的单播 PADS 报文中携带上这个 PPPoE Session-ID。PADS 报文中的 Session-ID 字段的值为 0xXXXX，这个值便是 PPPoE Session-ID。

Host 接收到 PADS 报文并获知了 PPPoE Session-ID 之后，便标志着 Host 与 AC 之间已经成功建立起了 PPPoE Session。接下来，Host 和 AC 便可进入 PPP Session 阶段。

2. PPP Session 阶段

在 PPP Session 阶段，Host 与 AC 之间交互的仍然是以太网数据帧，但是这些以太网数据帧中携带了 PPP 帧。图 11-20 显示了在 PPP Session 阶段 Host 与 AC 之间交互的以太网数据帧所包含的内容。以太网数据帧的类型字段的值为 0x8864（注：在 Discovery 阶段，以太网数据帧的类型字段的值总是为 0x8863），表明以太网数据帧的载荷数据是一个 PPPoE 报文。PPPoE 报文中，Code 字段的值取 0x00，Session-ID 字段的值保持为在 Discovery 阶段所确定的值。现在我们终于可以看到此时的 PPPoE 报文的 Payload 就是一个 PPP 帧。然而，需要注意的是，PPPoE 报文的 Payload 并非是我们之前所熟悉的一个完整的 PPP 帧，而只是 PPP 帧的 Protocol 字段和 Information 字段。之所以如此，是因为 PPP 帧的其他字段在此虚拟的 PPP 链路上已无存在的必要。

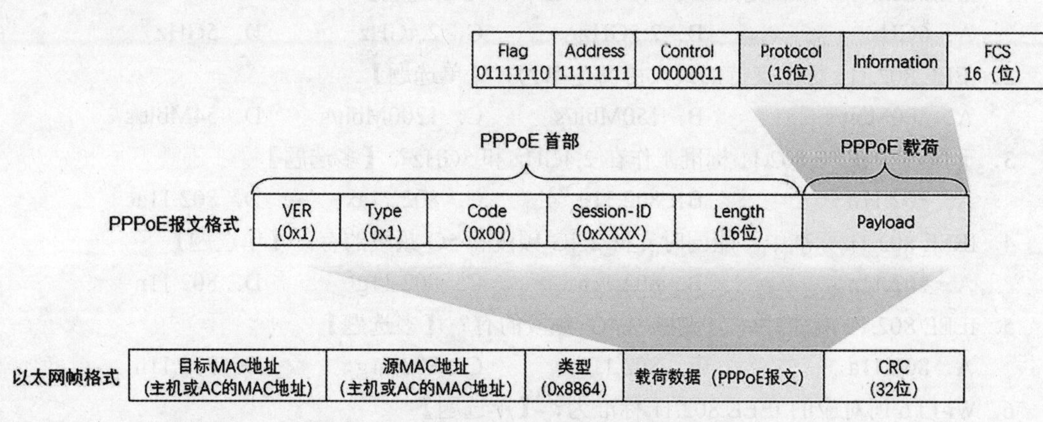

图 11-20　携带有 PPP 帧的以太网数据帧

我们看到，通过 PPPoE 的中介作用，在 PPP 阶段 Host 与 AC 之间就可以交互 PPP 帧了。通过 PPP 帧的交互，Host 和 AC 便可经历 PPP 的 Link Establishment 阶段，Authentication 阶段以及 Network Layer Protocol 阶段，最终实现 PPP 功能。

第12章 WLAN

本章汇总了无线局域网相关试题。

WLAN 概念部分考查的知识点包括：无线网标准、无线电磁波、无线信道、无线设备、AP 模式、BSS、ESS、VPA、CAPWAP、AP-AC 组网方式、AC 连接方式。

配置部分考查的知识点包括：AC 上的预先配置、AP 获取 IP 地址的方式、AP 发现 AC 的方式、AP 的接入控制、AP 版本升级、CAPWAP 隧道的维持、域管理模板、射频模板、VAP 模板、射频参数配置、STA 接入。

12.1 无线标准和无线组网架构

典型 HCIA 试题

1. IEEE 802.11n 标准支持在哪些频率下工作？【多选题】

A．6GHz　B．2.5GHz　C．2.4GHz　D．5GHz

2. IEEE 802.11g 标准支持的最大协商速率为？【单选题】

A．300Mbit/s　B．150Mbit/s　C．1200Mbit/s　D．54Mbit/s

3. 下列哪些 IEEE 802.11 标准工作在 2.4GHz 和 5GHz？【多选题】

A．802.11n　B．802.11g　C．802.11ax　D．802.11ac

4. IEEE 802.11 标准中，能同时支持 2.4G 频段和 5G 频段的有？【单选题】

A．802.11a　B．802.11b　C．802.11g　D．802.11n

5. IEEE 802.11 标准中，只支持 2.4G 频段的有？【多选题】

A．802.11a　B．802.11b　C．802.11g　D．802.11n

6. Wi-Fi 6 所对应的 IEEE 802.11 标准为？【单选题】

A．IEEE 802.11au　B．IEEE 802.11ac　C．IEEE 802.11ax　D．IEEE 802.11at

7. Wi-Fi 6 实际是指 IEEE 802.11ax 标准。【判断题】

A．对　B．错

8. 以下哪些 IEEE 802.11 标准支持工作在 5GHz 频段？【多选题】

A．802.11n　B．802.11ax　C．802.11a　D．802.11g

9．IEEE 802.11ac 只支持 5GHz 频段。【判断题】

A．对　　B．错

10．Wi-Fi 6 相比于 Wi-Fi 5 的优势不包括以下哪项？【单选题】

A．更高的消耗　　B．更高的 AP 接入终端数

C．更低的传输时延　　D．更高的带宽

11．2.4GHz 频段中的 14 个可用频段不存在信道重叠。【判断题】

A．对　　B．错

12．无线接入控制器（Access Controller，AC）是 FIT AP 架构中的统一管理、控制设备，以下关于 AC 的作用的描述错误的是？【单选题】

A．AP 配置下发

B．用户接入控制

C．用户接入认证

D．无论何种数据转发方式，用户的数据报文都由 AC 进行转发

13．FIT AP 可以不依赖 AC 独立进行工作。【判断题】

A．对　　B．错

14．AP 无须 AC 即可独立完成无线用户接入、无线用户认证、业务数据转发的工作。【判断题】

A．对　　B．错

15．FAT AP 无须 AC 即可独立完成无线接入、无线用户定义、业务数据转发等工作。【判断题】

A．对　　B．错

16．AP 的工作模式不允许切换。【判断题】

A．对　　B．错

17．华为企业级 AP 支持的工作模式有以下哪几种？【多选题】

A．Local　　B．FIT　　C．FAT　　D．Cloud

18．企业场景下的 WLAN 部署方案中一般会涉及哪些设备？【多选题】

A．AC（Access Controller）　　B．AP

C．PoE 交换机　　D．CPE

19．以下关于无线设备的描述正确的是？【单选题】

A．FAT AP 一般与无线控制器配合工作

B．无线设备没有有线接口

C．FIT AP 一般独立完成用户接入认证业务转发

D．无线控制器（AC）一般位于整个网络的汇聚层，提供高速、安全、可靠的 WLAN 业务

试题解析

1．IEEE 802.11n 标准支持在 2.4GHz、5GHz 下工作。答案为 CD。

2．IEEE 802.11g 标准支持的最大协商速率为 54Mbit/s。答案为 D。

3．IEEE 802.11 的 802.11n、802.11ax 标准工作在 2.4GHz 和 5GHz。答案为 AC。

4．IEEE 802.11 标准中，能同时支持 2.4G 频段和 5G 频段的有 802.11n 和 802.11ax。答案为 D。

5．IEEE 802.11 标准中，只支持 2.4G 频段的有 802.11b、802.11g。答案为 BC。

6．Wi-Fi 6 所对应的 IEEE 802.11 标准为 IEEE 802.11ax。答案为 C。

7．Wi-Fi 6 实际是指 IEEE 802.11ax 标准。答案为 A。

8．IEEE 802.11 的 802.11n、802.11a 和 802.11ax 标准支持工作在 5GHz 频段。答案为 ABC。

9．IEEE 802.11ac 只支持 5GHz 频段。答案为 A。

10．Wi-Fi 6 相比于 Wi-Fi 5 的优势包括更高的 AP 接入终端数、更低的传输时延、更高的带宽。答案为 A。

11．2.4GHz 频段中的 14 个可用频段存在信道重叠。答案为 B。

12．无线接入控制器作为 FIT AP 架构中的统一管理、控制设备，负责 AP 配置下发、用户接入控制、用户接入认证。如果是直接转发模式，用户的数据报文就不由 AC 转发。答案为 D。

13．FIT AP 依赖 AC 进行工作。答案为 B。

14．FAT AP 无须 AC 即可独立完成无线用户接入、无线用户认证、业务数据转发的工作。而不是所有 AP 不需要 AC。答案为 B。

15．FAT AP 无须 AC 即可独立完成无线接入、无线用户定义、业务数据转发等工作。答案为 A。

16．AP 的工作模式允许切换。答案为 B。

17．华为企业级 AP 支持的工作模式有 FIT、FAT、Cloud。答案为 BCD。

18．企业场景下的 WLAN 部署方案中一般会涉及 AC、AP、PoE 交换机设备。答案为 ABC。

19．FAT AP 不需要 AC 配合工作，无线设备有有线接口，FIT AP 的用户接入认证可以由 AC 统一管理，无线控制器（AC）一般位于整个网络的汇聚层，提供高速、安全、可靠的 WLAN 业务。答案为 D。

关联知识精讲

一、无线网标准

本书介绍的 WLAN 特指通过 Wi-Fi 技术基于 802.11 系列标准。IEEE 802.11 是现今无线局域网的标准，它是由国际电机电子工程协会（IEEE）定义的无线网络通信的标准。利用高频信号（例如 2.4GHz 或 5GHz）作为传输介质的无线局域网。

Wi-Fi 是无线保真的缩写，英文全称为“Wireless Fidelity”，在无线局域网的范畴是指“无线相容性认证”，实质上是一种商业认证，同时也是一种无线联网的技术。Wi-Fi 是一个无线网络通信技术的品牌，由 Wi-Fi 联盟（Wi-Fi Alliance）所持有。目的是改善基于 IEEE 802.11 标准的无线网络产品之间的互通性。基于两套系统的密切相关，也常有人把 Wi-Fi 当作 IEEE 802.11 标准的同义术语。

经过十几年的发展，WLAN 技术目前已经历了三代技术和产品的更迭。

第一代 WLAN 主要是采用 FAT AP（即“胖”AP），每一个接入点（AP）都要单独进行配置，费时、费力且成本较高。

第二代 WLAN 融入了无线网关功能，但还是不能集中进行管理和配置。其管理能力、安全性以及对有线网络的依赖成为了第一代和第二代 WLAN 产品发展的瓶颈，由于这一代技术的 AP 储存了大量的网络和安全的配置，而 AP 又是分散在建筑物中的各个位置，一旦 AP 的配置被盗取读出并修改，其无线网络系统就失去了安全性。在这样的背景下，基于无线网络控制器技术的第三代 WLAN 产品应运而生。

第三代 WLAN 采用接入控制器（Access Control，AC）和 FIT AP（即“瘦”AP）的架构，对传统 WLAN 设备的功能做了重新划分，将密集型的无线网络安全处理功能转移到集中的 WLAN 网络控制器中实现，同时加入了许多重要的新功能，诸如无线网管、AP 间自适应、射频（Radio Frequency，RF）监测、无缝漫游以及服务质量（Quality of Service，QoS）控制，使得 WLAN 的网络性能、网络管理和安全管理能力得以大幅提高。

目前 WLAN 企业网络建设除利旧外，基本不再部署传统“胖”AP 设备，而是采用“瘦 AP+AC”架构。该架构中 AC 负责网络的接入控制、转发和统计、AP 的配置监控、漫游管理、AP 的网管代理以及安全控制等功能；“瘦”AP 负责 IEEE 802.11 报文的加解密、无线物理层（PHY）射频功能、空口的统计等功能。

“胖”“瘦”AP 技术是两种不同的发展思路方向，“瘦”AP 代表了 WLAN 集中式智能与控制的发展趋势。两种技术方案的区别如下。

- 集中管理配置

“胖”AP 的管理只存在于自身，没有全局的统一管理，更没有对无线链路和无线用户的监测与管理。“瘦 AP+AC”架构的管理权全部集中在 AC 上，并通过网管平台，可以直观地对全网 AP 设备进行统一批量地发现、升级和配置，甚至包括对无线链路的监测、对无线用户的管理。

- 安全策略控制

“胖”AP 的安全策略只有很少的一部分，且只能存在于自身，而对于大规模无线网络，安全策略是要经常性批量配置和下发的，“胖”AP 的这种现状无法支撑全局的统一安全。“瘦 AP+AC”架构中所有用户和“瘦”AP 的安全策略都存在于 AC 上，安全策略的部署非常容易。

- 信道间干扰

AC 具备动态的 RF 管理功能，即通过监测网内的每个 AP 的无线信号质量，根据设定的算法自动调整 AP 的工作信道和功率，以降低 AP 之间的干扰（注：目前各厂商都有自己设定的信道和功率调整算法，尚无统一的算法标准）。

- 设备自身的安全性

“胖”AP 本身拥有全部的配置，一旦被盗窃，网络入侵者很容易通过串口或网络口获取无线网络配置信息，是大规模部署无线网络的巨大隐患。“瘦 AP+AC”架构的“瘦”AP 设备本身并不保存配置，即“零配置”，全部配置都保存在 AC 上。因此，即便是部署于用户现场的“瘦”AP 被盗，非法入侵者也无法获得任何配置，杜绝了网络入侵的可能。

表 12-1 标出了 IEEE 802.11 标准与 Wi-Fi 的世代。

表 12-1　IEEE 802.11 标准和 Wi-Fi 世代

Wi-Fi	Wi-Fi 1	Wi-Fi 2	Wi-Fi 3		Wi-Fi 4	Wi-Fi 5		Wi-Fi 6
频率	2.4GHz	2.4GHz	5GHz	2.4GHz	2.4GHz 和 5GHz	5GHz	5GHz	2.4GHz 和 5GHz
速率	2Mbit/s	11Mbit/s	54Mbit/s	54Mbit/s	300Mbit/s	1300Mbit/s	6.9Gbit/s	9.6Gbit/s
标准	802.11	802.11b	802.11a	802.11g	802.11n	802.11ac wave1	802.11ac wave2	802.11ax

IEEE 802.11 标准聚焦在 TCP/IP 对等模型的下两层。数据链路层主要负责信道接入、寻址、数据帧校验、错误检测、安全机制等内容。物理层主要负责在空口（空中接口）中传输比特流，例如规定所使用的频段等。

IEEE 802.11 第 1 个版本发表于 1997 年。此后，更多的基于 IEEE 802.11 的补充标准逐渐被定义，最为熟知的是影响 Wi-Fi 代际演进的标准：802.11b、802.11a、802.11g、802.11n、802.11ac 等。

在 IEEE 802.11ax 标准推出之际，Wi-Fi 联盟将新 Wi-Fi 规格的名字简化为 Wi-Fi 6，主流的 IEEE 802.11ac 改称 Wi-Fi 5、IEEE 802.11n 改称 Wi-Fi 4，其他世代以此类推。

二、无线电磁波

无线电磁波是频率介于 3Hz 和 300GHz 之间的电磁波，也叫作射频电波，或简称射频、射电，如图 12-1 所示。无线电技术将声音信号或其他信号经过转换，利用无线电磁波传播。

WLAN 技术就是通过无线电磁波在空间传输信息。当前使用的频段是超高频的 2.4GHz 频段（2.4GHz～2.4835GHz）和 5GHz 频段（5.15GHz～5.35GHz，5.725GHz～5.85GHz）。

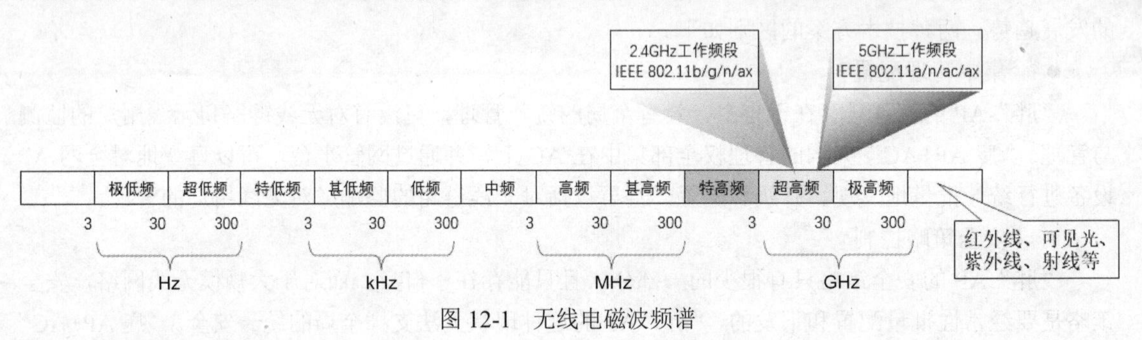

图 12-1　无线电磁波频谱

三、无线信道

信道是传输信息的通道，无线信道就是空间中的无线电磁波。无线电磁波无处不在，如果随意使用频谱资源，那将带来干扰问题，所以无线通信协议除了要定义出允许使用的频段，还要精确划分出频率范围，每个频率范围就是信道。

无线网络（路由器、AP 热点、计算机无线网卡）可在多个信道上运行。在无线信号覆盖范围内的各种无线网络设备应该尽量使用不同的信道，以避免信号之间的干扰。

图 12-2 展示了 2.4GHz（=2400MHz）频段的信道划分。实际一共有 14 个信道（下面的图中标出了第 14 信道），但第 14 信道一般不用。图中只列出信道的中心频率。每个信道的有效宽度是 20MHz，另外还有 2MHz 的强制隔离频带（类似于公路上的隔离带）。即，对于中心频率为 2412MHz 的 1 信道，其频率范围为 2401～2423MHz。

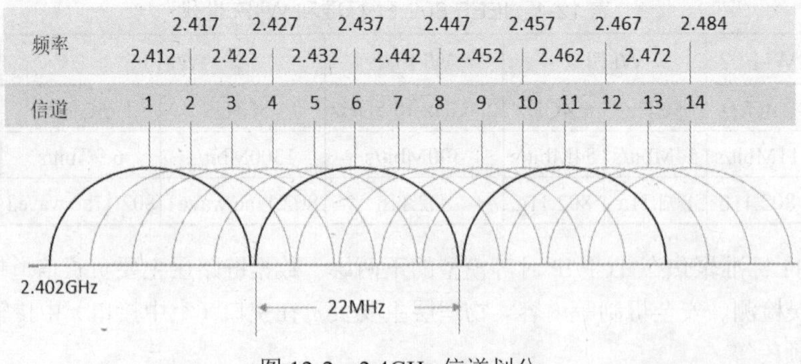

图 12-2　2.4GHz 信道划分

目前主流的 Wi-Fi 网络设备不管是 802.11b/g 标准还是 802.11b/g/n 标准一般都支持 13 个信道。它们的中心频率虽然不同，但是因为都占据一定的频率范围，所以会有一些相互重叠的情况。图 12-2

中画出了这 13 个信道的频率范围。了解这 13 个信道所处的频段，有助于我们理解人们经常说的 3 个不互相重叠的信道含义。

从图 12-2 中很容易看到，1、6、11 这 3 个信道之间是完全没有交叠的，也就是人们常说的 3 个不互相重叠的信道。每个信道 20MHz 带宽。图中也很容易看清楚其他各信道之间频谱重叠的情况。另外，除 1、6、11 这 3 个一组互不干扰的信道外，还有 2、7、12，3、8、13，4、9、14 三组互不干扰的信道。

WLAN 中，AP 的工作状态会受到周围环境的影响。例如，当相邻 AP 的工作信道存在重叠频段时，某个 AP 的功率过大会对相邻 AP 造成信号干扰。

通过射频调优功能，动态调整 AP 的信道和功率，可以使同一 AC 管理的各 AP 的信道和功率保持相对平衡，保证 AP 工作在最佳状态。

四、无线设备介绍

华为无线局域网产品形态丰富，覆盖室内室外、家庭、企业等各种应用场景，提供高速、安全和可靠的无线网络连接，如图 12-3 所示。

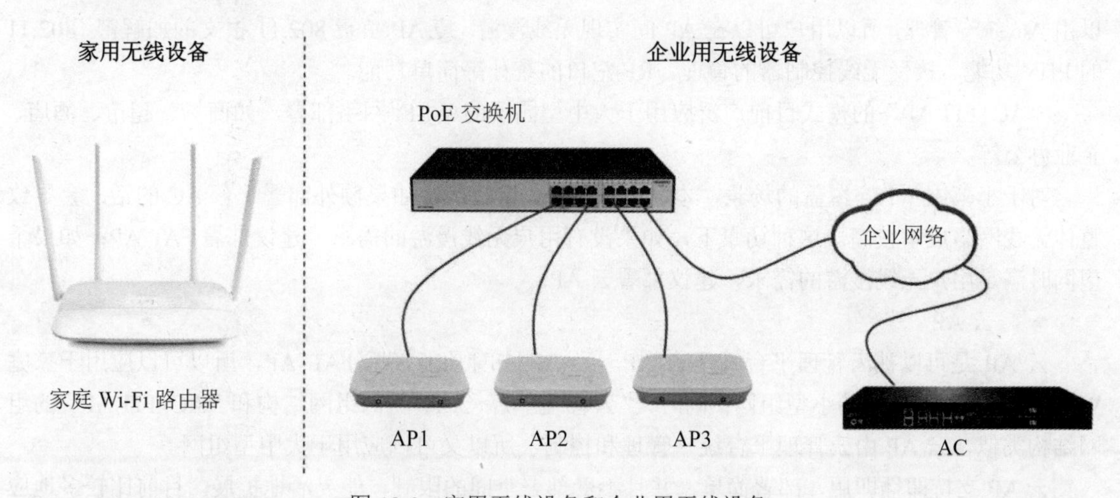

图 12-3　家用无线设备和企业用无线设备

家庭 WLAN 产品有家庭 Wi-Fi 路由器，家庭 Wi-Fi 路由器通过把有线网络信号转换成无线信号，供家庭计算机、手机等设备接收，实现无线上网功能。

企业 WLAN 产品包括 AP、AC、PoE 交换机和工作站。

- 无线接入点（Access Point，AP）是无线交换机，是移动计算机用户进入有线网络的接入点，主要用于宽带家庭、大楼内部以及园区内部，可以覆盖几十米至上百米。
- 无线接入控制器（Access Controller，AC）一般位于整个网络的汇聚层，提供高速、安全、可靠的 WLAN 业务。提供大容量、高性能、高可靠性、易安装、易维护的无线数据控制业务，具有组网灵活、绿色节能等优势。
- 以太网供电（Power over Ethernet，PoE）交换机是指通过网线供电，在 WLAN 网络中，可以通过 PoE 交换机对 AP 设备进行供电。
- 工作站 STA（Station）支持 802.11 标准的终端设备。例如带无线网卡的计算机、支持 WLAN 的手机等。

五、AP 的模式

AP 的模式包括 FAT、FIT 和云（Cloud），出厂默认是 FIT 模式。

- FAT AP

FAT AP 又称为胖 AP，能够独立完成 Wi-Fi 覆盖，不需要另外部署管控设备。由于 FAT AP 是独立工作的，所以每一台 FAT AP 都需要单独进行配置。如果想要通过部署很多台 FAT AP 来满足大面积的 Wi-Fi 覆盖，那么实际配置和维护所耗费的成本是巨大的。同时，由于 FAT AP 独自控制用户的接入，用户无法在 FAT AP 之间实现无线漫游。

因此，FAT AP 通常用于家庭或 SOHO 环境的小范围 Wi-Fi 覆盖，在企业场景已经逐步被“AC+FIT AP”和“云管理平台+云 AP”的模式所取代。

- FIT AP

FIT AP 又称为瘦 AP，无法独立完成 Wi-Fi 覆盖，需要和 AC 配合使用。

AC 的主要功能是对所有 FIT AP 进行管理和控制。AC 统一给 FIT AP 批量下发配置，因此不需要对 AP 逐个进行配置，大大降低了 WLAN 的管控和维护成本。同时，因为用户的接入认证可以由 AC 统一管理，所以用户可以在 AP 间实现无线漫游。瘦 AP 负责 802.11 报文的加解密、802.11 的 PHY 功能、接受无线控制器的管理、RF 空口的统计等简单功能。

“AC+FIT AP”的模式目前广泛应用于大中型园区的 Wi-Fi 网络部署，如商场、超市、酒店、企业办公等。

对于小范围 Wi-Fi 覆盖的场景，本身所需 AP 数量较少，如果额外部署一台 AC 的话，会导致整体无线网络成本较高。这种场景下，如果没有用户无线漫游的需求，建议部署 FAT AP；如果希望同时满足用户无线漫游的需求，建议部署云 AP。

- 云 AP

云 AP 是可以被云管理平台管理的 AP。云 AP 自身功能接近 FAT AP，所以可以应用于家庭 WLAN 或 SOHO 环境的小型组网；同时，“云管理平台+云 AP”的组网结构和“AC+FIT AP”的组网结构类似，云 AP 由云管理平台统一管理和控制，所以又可以应用于大中型组网。

云 AP 支持即插即用，部署简单，并且不受部署空间的限制，能灵活地扩展，目前比较多地应用于分支较多的场景，如零售、中小企业、酒店等场景。

12.2 BSS 和 ESS

典型 HCIA 试题

1．在 WLAN 中用于标识无线网络，区分不同的无线网络的是？【单选题】

A．AP Name　　B．SSID　　C．VAP　　D．BSSID

2．我们在笔记本电脑上搜索可接入无线网络时，显示出来的网络名称实际是？【单选题】

A．BSS　　B．BSSID　　C．ESS　　D．SSID

3．在 WLAN 中用于接收无线网络，区分不同无线网络的是？【单选题】

A．AP Name　　B．BSSID　　C．SSID　　D．VAP

4．在 WLAN 中标识一个 AP 覆盖范围的是？【单选题】

A. SSID　　B. BSSID　　C. BSS　　D. ESS

5. 在 AP 上为区分不同的用户提供不同的网络服务，可以通过置配以下哪个网络实现？【单选题】

A. WAP　　B. VAP　　C. VAC　　D. VT

试题解析

1. 在 WLAN 中用于标识无线网络，区分不同的无线网络的是 SSID，使用 SSID 替代了 BSSID。答案为 B。

2. 我们在笔记本电脑上搜索可接入无线网络时，显示出来的网络名称实际是 SSID。答案为 D。

3. 在 WLAN 中用于接收无线网络，区分不同无线网络的是 SSID。答案为 C。

4. 在 WLAN 中标识一个 AP 覆盖范围的是 BSS。答案为 C。

5. 在 AP 上为区分不同的用户提供不同的网络服务，可以通过创建不同的 VAP 实现。答案为 B。

关联知识精讲

一、BSS/SSID/BSSID

基本服务集 BSS（Basic Service Set）是一个 AP 覆盖的范围，是无线网络的基本服务单元，通常由一个 AP 和若干 STA 组成，BSS 是 802.11 网络的基本结构，如图 12-4 所示。由于无线介质共享性，BSS 中报文收发需携带 BSSID（MAC 地址）。

终端要发现和找到 AP，需要通过 AP 的一个身份标识，这个身份标识就是基本服务集标识符（Basic Service Set Identifier，BSSID）。BSSID 是 AP 上的数据链路层 MAC 地址。为了区分 BSS，要求每个 BSS 都有唯一的 BSSID，因此使用 AP 的 MAC 地址来保证其唯一性。

如果一个空间部署了多个 BSS，终端就会发现多个 BSSID，只要选择加入的 BSSID 就行。但是做选择的是用户，为了使得 AP 的身份更容易辨识，则用一个字符串来作为 AP 的名字。这个字符串就是服务集标识符（Service Set Identifier，SSID），使用 SSID 代替 BSSID。

SSID 是无线网络的标识，用来区分不同的无线网络，AP 可以发送 SSID 以便于无线设备选择和接入。例如，当在笔记本计算机上搜索可接入无线网络时，显示出来的网络名称就是 SSID，如图 12-5 所示。

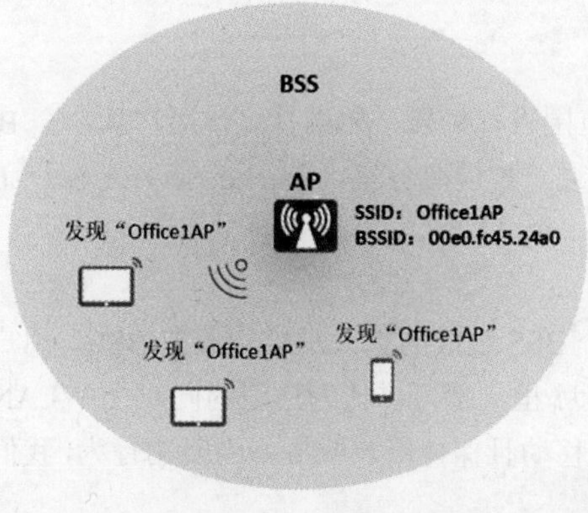

图 12-4　BSS

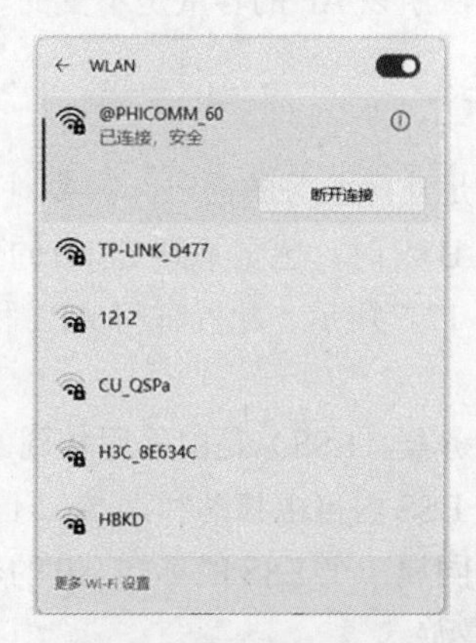

图 12-5　发现的 SSID

二、VAP

早期的 AP 只支持 1 个 BSS，如果要在同一个空间部署多个 BSS，则需要安放多个 AP，这不但增加了成本，还占用了信道资源。为了改善这种情况，现在的 AP 通常支持创建多个虚拟 AP（Virtual Access Point，VAP）。

虚拟接入点（VAP）是在一个物理实体 AP 上虚拟出多个 AP。每个被虚拟出来的 AP 就是一个 VAP。每个 VAP 提供和物理实体 AP 一样的功能。如图 12-6 所示，每个 VAP 对应一个 BSS，这样 1 个 AP 就可以提供多个 BSS，可以再为这些 BSS 设置不同的 SSID 和不同的接入密码，指定不同的业务 VLAN。这样可以为不同的用户群体提供不同的无线接入服务，比如通过 VAP1 接入无线网络的计算机在 VLAN 10，不允许访问 Internet，通过 VAP2 接入无线网络的计算机在 VLNA 20，允许访问 Internet。

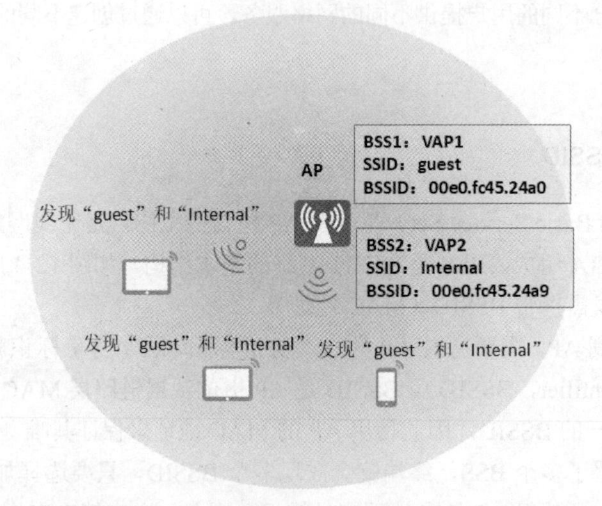

图 12-6　VAP

VAP 简化了 WLAN 的部署，但不意味 VAP 越多越好，要根据实际需求进行规划。一味增加 VAP 的数量，不仅要让用户花费更多的时间找到 SSID，还会增加 AP 配置的复杂度。而且 VAP 并不等同于真正的 AP，所有的 VAP 都共享这个 AP 的软件和硬件资源，所有 VAP 的用户都共享相同的信道资源，所以 AP 的容量是不变的，并不会随着 VAP 数目的增加而成倍增加。

三、ESS

为了满足实际业务的需求，需要对 BSS 的覆盖范围进行扩展。如果打算让用户从一个 BSS 移动到另一个 BSS 时，感觉不到 SSID 的变化，则可以通过扩展服务集（Extend Service Set，ESS）实现，如图 12-7 所示。配置时将 AP1 和 AP2 加入到一个 AP 组，在 AP 组上应用 VAP 设置，就能实现 ESS。

扩展服务集（ESS）是由采用相同的 SSID 的多个 BSS 组成的更大规模的虚拟 BSS。用户可以带着终端在 ESS 内自由移动和漫游，不管用户移动到哪里，都可以认为使用的同一个 WLAN。

STA 在同属一个 ESS 的不同 AP 的覆盖范围之间移动且保持用户业务不中断的行为，我们称之为 WLAN 漫游。

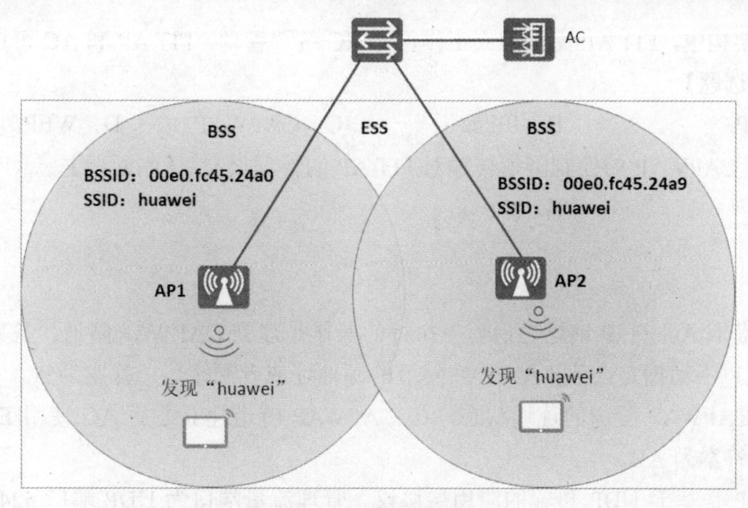

图 12-7　扩展服务集

WLAN 网络的最大优势就是 STA 不受物理介质的影响，可以在 WLAN 覆盖范围内四处移动并且能够保持业务不中断。同一个 ESS 内包含多个 AP 设备，当 STA 从一个 AP 覆盖区域移动到另外一个 AP 覆盖区域时，利用 WLAN 漫游技术可以实现 STA 用户业务的平滑切换。

12.3　有线侧组网

典型 HCIA 试题

1. FIT AP 获取 AC 的 IP 地址之后首先执行的操作是？【单选题】

   A．建立 CAPWAP 隧道　　B．请求配置文件

   C．下载配置文件　　D．升级软件版本

2. AC 上可以手动指定创建 CAPWAP 隧道的源地址或者源接口。【判断题】

   A．对　　B．错

3. 为检测 CAPWAP 隧道的连通状态，在 CAPWAP 隧道建立之后 AC 使用以下哪些 CAPWAP 报文进行探测？【多选题】

   A．Keepalive　　B．Echo　　C．DPD　　D．Hello

4. CAPWAP 协议规定了 AC 与 AP 之间的通信标准，以下关于 CAPWAP 协议的说法正确的是？【单选题】

   A．CAPWAP 是基于 TCP 传输的应用层协议

   B．CAPWAP 为减少对 AP 的负担，使用一个隧道同时进行控制报文、数据报文的传输

   C．AP 可以将用户的数据报文封装在 CAPWAP 中交由 AC 转发

   D．为建立 CAPWAP 隧道，FIT AP 只能通过广播形式的报文发现 AC

5. CAPWAP 的控制隧道和数据隧道传输采用的端口号一致。【判断题】

   A．对　　B．错

6. 控制隧道传输对 FIT AP 的管理报文。【判断题】

   A．对　　B．错

7．WLAN 架构中，FIT AP 无法独立工作，要 AC 统一管理。FIT AP 和 AC 可以通过哪种方式进行通信？【单选题】

A．WAP　　B．IPSec　　C．CAPWAP　　D．WEP

8．AC 使用 CAPWAP 的控制隧道传输对 FIT AP 的管理报文。【判断题】

A．对　　B．错

试题解析

1．FIT AP 获取 AC 的 IP 地址之后首先执行的操作是建立 CAPWAP 隧道。答案为 A。

2．AC 上可以手动指定创建 CAPWAP 隧道的源地址或者源接口。答案为 A。

3．为检测 CAPWAP 隧道的连通状态，在 CAPWAP 隧道建立之后 AC 使用 Echo、Keepalive 报文进行探测。答案为 AB。

4．CAPWAP 是基于 UDP 传输的应用层协议。管理流量端口为 UDP 端口 5246，业务数据流量端口为 UDP 端口 5247，两个端口就是两个隧道。为建立 CAPWAP 隧道，FIT AP 只能通过广播形式，也可以通过 DHCP 和 DNS 发现 AC。AP 可以将用户的数据报文封装在 CAPWAP 中交由 AC 转发。答案为 C。

5．CAPWAP 的管理流量端口为 UDP 端口 5246，业务数据流量端口为 UDP 端口 5247。答案为 B。

6．控制隧道传输对 FIT AP 的管理报文。答案为 A。

7．WLAN 架构中，FIT AP 无法独立工作，要 AC 统一管理。FIT AP 和 AC 可以通过 CAPWAP 进行通信。答案为 C。

8．AC 使用 CAPWAP 的控制隧道传输对 FIT AP 的管理报文。答案为 A。

关联知识精讲

WLAN 网络架构分有线侧和无线侧两部分，如图 12-8 所示。有线侧是指 AP 上行到 Internet 的网络，使用以太网协议。无线侧是指 STA 到 AP 之间的网络，使用 802.11 标准。

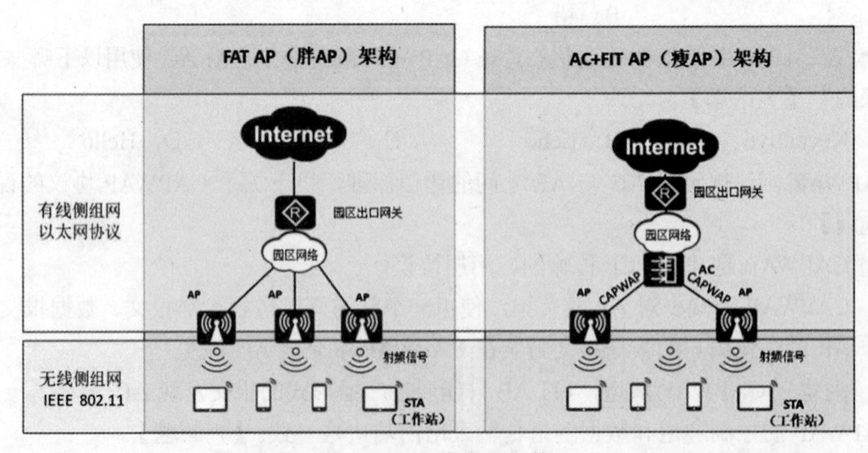

图 12-8　无线组网架构

无线侧接入的 WLAN 网络架构为集中式架构。从最初的 FAT AP 架构，演进为 AC+FIT AP 架构。无线局域网有线侧组网涉及的概念有 CAPWAP、AP-AC 组网方式和 AC 连接方式。

一、CAPWAP

为满足大规模组网的要求，需要对网络中的多个 AP 进行统一管理，IETF 成立了无线接入点控制和配置协议（Control And Provisioning of Wireless Access Points Protocol，CAPWAP）工作组，最终制定 CAPWAP。该协议定义了 AC 如何对 AP 进行管理、业务配置，即 AC 与 AP 间首先会建立 CAPWAP 隧道，然后 AC 通过 CAPWAP 隧道来实现对 AP 的集中管理和控制，如图 12-9 所示。

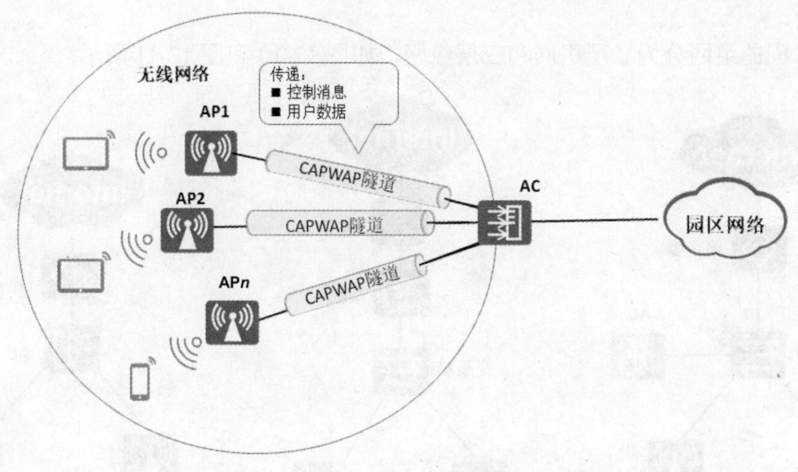

图 12-9　CAPWAP 隧道

CAPWAP 隧道维护 AP 与 AC 间的状态，业务配置下发。当采用隧道模式转发时，AP 将 STA 发出的数据通过 CAPWAP 隧道实现与 AC 之间的交互。

CAPWAP 是基于 UDP 进行传输的应用层协议。CAPWAP 在传输层运输两种类型的消息。

- 业务数据流量，封装转发无线数据帧。
- 管理流量，管理 AP 和 AC 之间交换的管理消息。

CAPWAP 数据和控制报文基于不同的 UDP 端口发送。管理流量端口为 UDP 端口 5246，业务数据流量端口为 UDP 端口 5247。CAPWAP 报文细分为：

- CAPWAP 控制报文：完成如 STA 上下线配置、STAIP 地址配置等工作，通过 CAPWAP 控制隧道转发。
- CAPWAP 数据报文：内部封装 STA 上网的数据报文。数据报文通过 CAPWAP 数据隧道进行转发。
- CAPWAP 保活报文：STA 和 AP 可能随时掉线，通过定时发送 Keepalive 报文，AC 可以得知 STA 和 AP 的状况，从而更新内部的转发表项。保活报文应该算是控制报文的一种，比较特殊的是，CAPWAP 保活报文通过 CAPWAP 数据隧道进行转发。

CAPWAP 链路的超时是通过 Keepalive（UDP 端口号为 5247）和 Echo（UDP 端口号为 5246）报文来检测的。

- Keepalive 报文检测数据链路。
- Echo 报文检测控制链路。

Keepalive 和 Echo 报文均为 AP 发出，AC 收到之后会进行回应。

AP 在 CAPWAP 链路 run 之后开始周期性发送 Keepalive 和 Echo 报文，两者基本上是同时发出的。周期性时间在 AC 上可配置。

AP 上只要在一定时间内没有收到 AC 上 Keepalive 或 Echo 报文的回应报文，则认为 CAPWAP 链路出现了故障，会 down 掉。这个时间称为超时时间。

AC 上只要在超时时间内没有收到 AP 发送的 Keepalive 或 Echo 报文，则认为 CAPWAP 链路出现了故障，会 down 掉。

二、AP-AC 组网方式

AP 和 AC 间的组网分为二层组网和三层组网，如图 12-10 和图 12-11 所示。

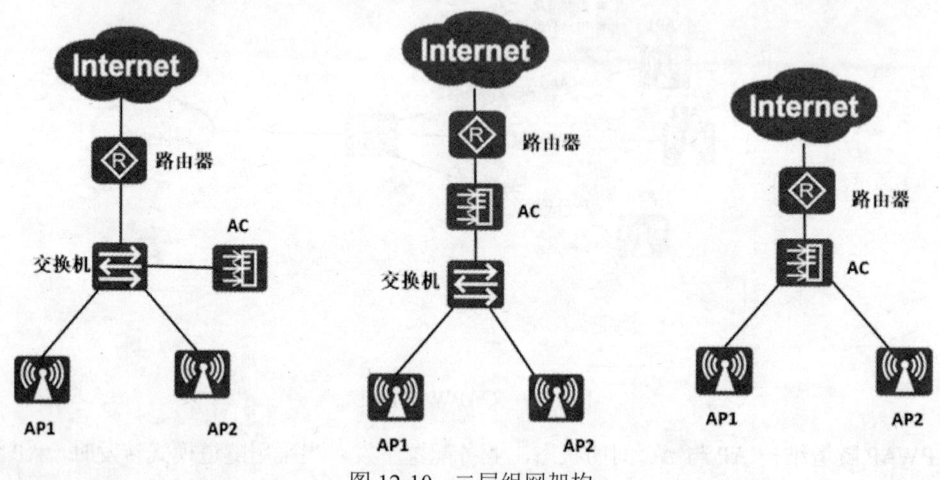

图 12-10　二层组网架构

二层组网是指 AP 和 AC 之间的网络为直连或者二层网络（使用交换机连接），AP 和 AC 在同一个网段。二层组网 AP 可以通过二层广播或者 DHCP 过程，实现 AP 即插即用上线。二层组网比较简单，适用于简单临时的组网，能够进行比较快速的组网配置，但不适用于大型组网架构。

三层组网是指 AP 与 AC 之间的网络为三层网络，如图 12-11 所示，AP 和 AC 没在一个网段，通信需要经过路由器。三层组网 AP 无法直接发现 AC，需要通过 DHCP 或 DNS 方式动态发现，或者配置静态 IP。在实际组网中，一台 AC 可以连接几十台甚至几百台 AP，组网一般比较复杂。比如在企业网络中，AP 可以布放在办公室、会议室、会客间等场所，而 AC 可以安放在公司机房。这样，AP 和 AC 之间的网络就是比较复杂的三层网络。因此，在大型组网中一般采用三层组网。

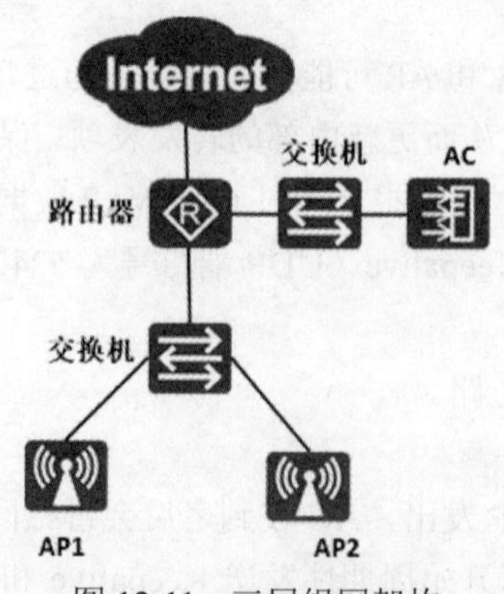

图 12-11　三层组网架构

三、AC 连接方式

AC 的连接方式分为直连式组网和旁挂式组网。

直连式组网 AC 部署在用户的转发路径上，如图 12-12 所示，直连模式用户流量要经过 AC，会消耗 AC 的转发能力，对 AC 的吞吐量以及处理数据能力要求比较高，如果 AC 性能差，有可能是整个无线网络带宽的瓶颈。但用此种组网，架构清晰，实施起来简单。

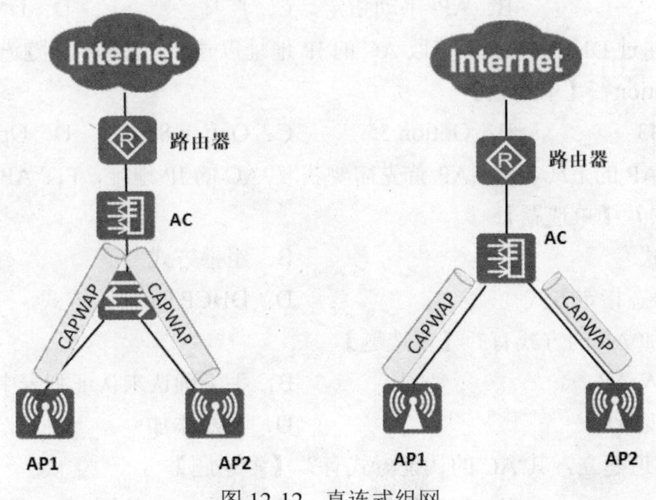

图 12-12 直连式组网

旁挂式组网 AC 旁挂在 AP 与上行网络的直连网络中，不再直接连接 AP，如图 12-13 所示，AP 的业务数据可以不经过 AC 而直接到达上行网络。

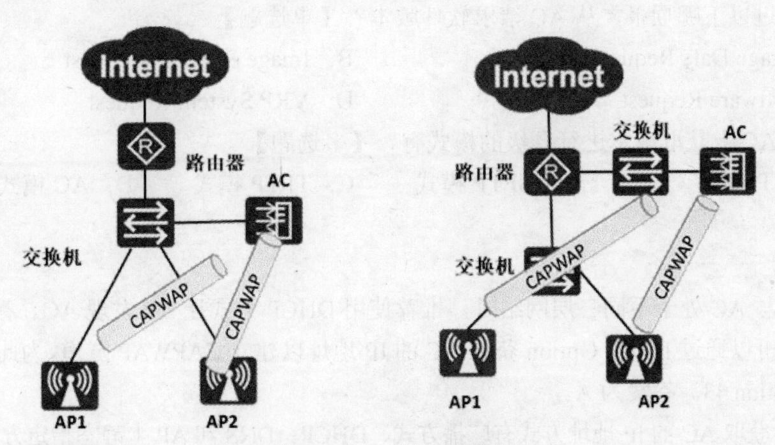

图 12-13 旁挂式组网

由于实际组网中，大部分不是早期就规划好无线网络，无线网络的覆盖架设大部分是后期在现有网络中扩展而来。而采用旁挂式组网就比较容易进行扩展，只需将 AC 旁挂在现有网络中，比如旁挂在汇聚交换机上，就可以对终端 AP 进行管理。所以此种组网方式使用率比较高。

在旁挂式组网中，AC 可以只承载对 AP 的管理功能，管理流封装在 CAPWAP 隧道中传输。数据业务流可以通过 CAPWAP 数据隧道经 AC 转发，也可以不经过 AC 转发直接转发。直接转发无线用户业务流经汇聚交换机传输至上层网络。

12.4 配置 AP 上线

典型 HCIA 试题

1．当 AP 与 AC 处于不同三层网络时，推荐使用哪种方式让 AP 发现 AC？【单选题】

A．DHCP　　B．AP 手动指定　　C．广播　　D．DNS

2. FIT AP 可以通过 DHCP Option 获取 AC 的 IP 地址以建立 CAPWAP 隧道，为此需要在 DHCP 服务上配置哪个 Option？【单选题】

A．Option 43　　B．Option 55　　C．Option 82　　D．Option 10

3．为实现 FIT AP 的上线，FIT AP 首先需要获取 AC 的 IP 地址，FIT AP 获取 AC 的 IP 地址方式不包含以下哪项？【单选题】

A．广播方式　　B．组播方式

C．AP 上静态指定方式　　D．DHCP Option 方式

4．在 AC 上添加 AP 的方式有？【多选题】

A．离线导入 AP　　B．手工确认未认证列表中的 AP

C．自动发现 AP　　D．在线添加

5．CAPWAP 隧道建立，其 AC 的认证方式有？【多选题】

A．不认证　　B．MAC 认证　　C．Password 认证　　D．SN 认证

6．FIT AP 上线过程中一定会在 AC 上下载软件版本。【判断题】

A．对　　B．错

7．AP 通过以下哪项报文从 AC 请求软件版本？【单选题】

A．Image Data Request　　B．Image Package Request

C．Software Request　　D．VRP System Request

8．AP 从 AC 上获取版本进行升级的模式有？【多选题】

A．FTP 模式　　B．SFTP 模式　　C．TFTP 模式　　D．AC 模式

试题解析

1．当 AP 与 AC 处于不同三层网络时，推荐使用 DHCP 方式让 AP 发现 AC。答案为 A。

2. FIT AP 可以通过 DHCP Option 获取 AC 的 IP 地址以建立 CAPWAP 隧道，为此需要在 DHCP 服务上配置 Option 43。答案为 A。

3．FIT AP 获取 AC 的 IP 地址方式有广播方式、DHCP、DNS 和 AP 上静态指定方式。答案为 B。

4．在 AC 上添加 AP 的方式有离线导入 AP、手工确认未认证列表中的 AP，自动发现 AP。答案为 ABC。

5．CAPWAP 隧道建立，其 AC 的认证方式有不认证、MAC 认证、SN 认证，如下面的输出。答案为 ABD。

```
[AC]wlan
[AC-wlan-view]ap auth-mode ?
  mac-auth    MAC authenticated mode, default authenticated mode
```

```
no-auth    No authenticated mode
sn-auth    SN authenticated mode
```

6．AP 根据收到的加入请求报文中的参数判断当前的系统软件版本是否与 AC 上指定的一致。如果不一致，则 AP 通过发送版本升级请求报文请求软件版本。答案为 B。

7．AP 通过以 Image Data Request 报文从 AC 请求软件版本。答案为 A。

8．AP 从 AC 上获取版本进行升级的模式有 FTP 模式、SFTP 模式、AC 模式。答案为 ABD。

关联知识精讲

AC+FIT AP 组网架构中，是通过 AC 对 AP 进行统一的管理，因此所有的配置都是在 AC 上进行的。WLAN 的工作流程分为四个阶段，如图 12-14 所示。

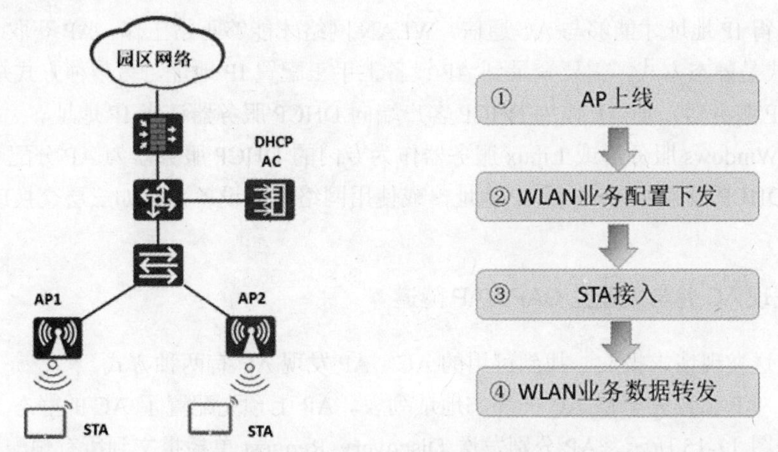

图 12-14　WLAN 的工作流程

FIT AP 需完成上线过程，AC 才能实现对 AP 的集中管理和控制，以及业务下发。AP 的上线过程包括以下步骤。

一、AC 上线预先配置

为确保 AP 能够上线，AC 需要预先配置如下内容。

- 配置网络互通：配置 DHCP 服务器，为 AP 和 STA 分配 IP 地址，也可以将 AC 设备配置为 DHCP 服务器。配置 AP 到 DHCP 服务器之间的网络互通，配置 AP 到 AC 之间的网络互通。
- 创建 AP 组：每个 AP 都会加入并且只能加入到一个 AP 组中，AP 组通常用于多个 AP 的通用配置。
- 配置 AC 的国家及地区码（域管理模板）：域管理模板提供对 AP 的国家及地区码、调优信道集合和调优带宽等的配置。国家及地区码用来标识 AP 射频所在的国家，不同国家及地区码规定了不同的 AP 射频特性，包括 AP 的发送功率、支持的信道等。配置国家及地区码是为了使 AP 的射频特性符合不同国家或区域的法律法规要求。
- 配置源接口或源地址（与 AP 建立隧道）：每台 AC 都必须唯一指定一个 IP 地址、VLANIF 接口或者 Loopback 接口，该 AC 设备下挂接的 AP 学习到此 IP 地址或者此接口下配置的 IP 地址，用于 AC 和 AP 间的通信。此 IP 地址或者接口称为源地址或源接口。只有为每台 AC 指定唯一一个源接口或源地址，AP 才能与 AC 建立 CAPWAP 隧道。设备支持使用 VLANIF 接口或 Loopback 接口作为源接口，支持使用 VLANIF 接口或 Loopback 接口下的 IP 地址作为源地址。

- 配置 AP 上线时自动升级（可选）：自动升级是指 AP 在上线过程中自动对比自身版本与 AC 或 SFTP（SSH File Transfer Protocol）或 FTP 服务器上配置的 AP 版本是否一致，如果不一致，则进行升级，然后 AP 自动重启，再重新上线。
- 添加 AP 设备（配置 AP 认证模式）：即配置 AP 认证模式，AP 上线。添加 AP 有 3 种方式：离线导入 AP、自动发现 AP 以及手工确认未认证列表中的 AP。

二、AP 获取 IP 地址

AP 必须获得 IP 地址才能够与 AC 通信，WLAN 网络才能够正常工作。AP 获取 IP 地址有两种方式，一种方式是静态方式，需要登录到 AP 设备上手工配置 IP 地址。另一种方式是 DHCP 方式，通过配置 DHCP 服务器，使 AP 作为 DHCP 客户端向 DHCP 服务器请求 IP 地址。

可以部署 Windows 服务器或 Linux 服务器作为专门的 DHCP 服务器为 AP 分配 IP 地址。也可以使用 AC 的 DHCP 服务为 AP 分配 IP 地址，或使用网络中的设备，比如三层交换或路由器为 AP 分配 IP 地址。

三、AP 发现 AC 并与之建立 CAPWAP 隧道

AP 通过发送发现请求报文，找到可用的 AC。AP 发现 AC 有两种方式。

静态方式：AP 上预先配置 AC 的静态地址列表。AP 上预先配置了 AC 的静态 IP 地址列表，AP 上线时，如图 12-15 所示，AP 分别发送 Discovery Request 单播报文到所有预配置列表对应 IP 地址的 AC。然后 AP 通过接收到 AC 返回的发现响应报文，选择一个 AC 开始建立 CAPWAP 隧道。

动态方式：分为 DHCP 方式、DNS 方式和广播方式。本章主要介绍 DHCP 方式和广播方式。

- DHCP 方式发现 AC 的过程。

AP 要想通过配置 DHCP 服务器发现 AC，DHCP 响应报文中必须携带 Option 43，且 Option 43 携带 AC 的 IP 地址列表。DHCP 的 Option 43 选项是告诉 AP，AC 的 IP 地址，让 AP 寻找 AC 进行注册。华为设备如交换机、路由器、AC 等作为 DHCP 服务器时要配置 Option 43 选项。

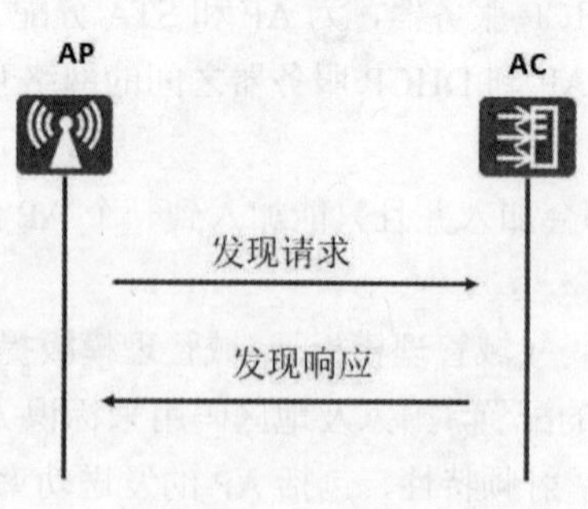

图 12-15　AP 发现 AC

以 AC 的 IP 地址为 192.168.22.1 为例，DHCP 服务器配置命令 option 43 sub-option 3 ascii 192.168.22.1。

其中，sub-option 3 为固定值，代表子选项类型，ascii 192.168.22.1 是 AC 地址 192.168.22.1 的

ASCII 格式。

对于涉及多个 AC，Option 要填写多个 IP 地址的情形，IP 地址同样要以英文的“,”间隔。比如两个 AC 的 IP 地址分别为 192.168.22.1 和 192.168.22.2，则 DHCP 服务器上的配置命令为 option 43 sub-option 3 ascii 192.168.22.1,192.168.22.2。

AP 通过 DHCP 服务获取 AC 的 IP 地址后，使用 AC 发现机制来获知哪些 AC 是可用的，决定与最佳 AC 来建立 CAPWAP 的连接。

AP 启动 CAPWAP 的发现机制，以单播或广播的形式发送发现请求报文试图关联 AC，AC 收到 AP 的发现请求以后，会发送一个单播发现响应给 AP，AP 可以通过发现响应中所带的 AC 优先级或者 AC 上当前 AP 的个数等，确定与哪个 AC 建立会话。

- 广播方式发现 AC 的过程。

当 AP 启动后，如果 DHCP 方式和 DNS 方式均未获得 AC 的 IP 或 AP 发出发现请求报文后未收到响应，则 AP 启动广播发现流程，以广播包方式发出发现请求报文。

接收到发现请求报文的 AC 检查该 AP 是否有接入本机的权限（通过给 AP 的 MAC 地址或者序列号授权），如果有则发回响应。如果该 AP 没有接入权限，AC 则拒绝请求。

广播发现方式只适用于 AC、AP 间为二层可达的网络场景。

AP 发现 AC 后完成 CAPWAP 隧道的建立。CAPWAP 隧道包括数据隧道和控制隧道，控制隧道用来维护 AP 与 AC 间的状态。

数据隧道用于把 AP 接收的业务数据报文经过 CAPWAP 数据隧道集中到 AC 上转发，同时还可以选择对数据隧道进行数据传输层安全（Datagram Transport Layer Security，DTLS）加密，启用 DTLS 加密功能后，CAPWAP 数据报文都会经过 DTLS 加解密。

控制隧道用于 AP 与 AC 之间的管理报文的交换。同时还可以选择对控制隧道进行数据传输层安全 DTLS 加密，启用 DTLS 加密功能后，CAPWAP 控制报文都会经过 DTLS 加解密。

四、AP 接入控制

AP 发现 AC 后，会发送加入请求报文。AC 收到 AP 发送的加入请求报文之后，AC 会进行 AP 合法性的认证，认证通过则添加相应的 AP 设备，并响应 Join Response 报文，如图 12-16 所示。

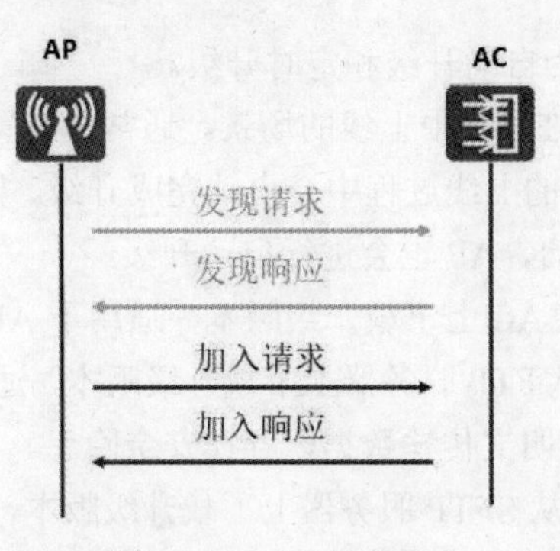

图 12-16 AP 加入 AC

AC 上支持 3 种对 AP 的认证方式。

- MAC 认证。
- 序列号（SN）认证。

- 不认证。

AC 上添加 AP 的方式有 3 种。

- 离线导入 AP：预先配置 AP 的 MAC 地址和 SN，当 AP 与 AC 连接时，如果 AC 发现 AP 和预先增加的 AP 的 MAC 地址和 SN 匹配，则 AC 开始与 AP 建立连接。
- 自动发现 AP：当配置 AP 的认证模式为不认证或配置 AP 的认证模式为 MAC 或 SN 认证且将 AP 加入 AP 白名单中，则当 AP 与 AC 连接时，AP 将被 AC 自动发现并正常上线。
- 手工确认未认证列表中的 AP：当配置 AP 的认证模式为 MAC 或 SN 认证，但 AP 没有离线导入且不在已设置的 AP 白名单中，则该 AP 会被记录到未授权的 AP 列表中。需要用户手工确认后，此 AP 才能正常上线。

五、AP 的版本升级

AP 根据收到的加入请求报文中的参数判断当前的系统软件版本是否与 AC 上指定的一致。如果不一致，则 AP 通过发送版本升级请求报文请求软件版本，然后进行版本升级，升级方式包括 AC 模式、FTP 模式和 SFTP 模式。AP 在软件版本更新完成后重启，重复进行前面的 3 个步骤，如图 12-17 所示。

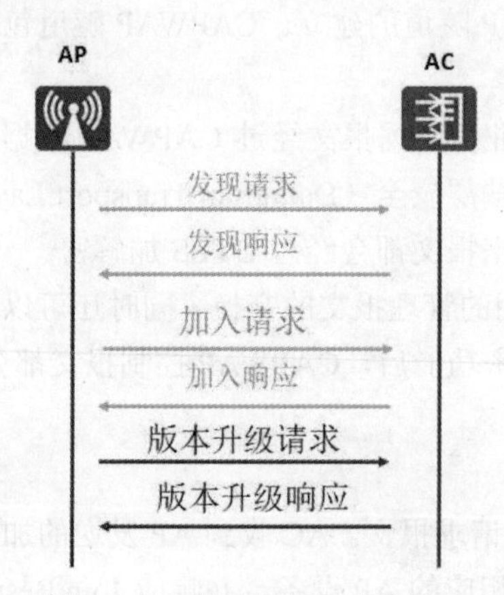

图 12-17　版本升级请求和响应

在 AC 上给 AP 升级方式分为自动升级和定时升级。

自动升级主要用于 AP 还未在 AC 中上线的场景。通常先配置好 AP 上线时的自动升级参数，然后再配置 AP 接入。AP 在之后的上线过程中会自动完成升级。如果 AP 已经上线，配置完自动升级参数后，任意方式触发 AP 重启，AP 也会进行自动升级。

- AC 模式：AP 升级时从 AC 上下载升级版本，适用于 AP 数量较少时的场景。
- FTP 模式：AP 升级时从 FTP 服务器上下载升级版本，适用于网络安全性要求不是很高的文件传输场景中，采用明文传输数据，存在安全隐患。
- SFTP 模式：AP 升级时从 SFTP 服务器上下载升级版本，对传输数据进行了加密和完整性保护，适用于网络安全性要求高的场景。主要用于 AP 已经在 AC 中上线并已承载了 WLAN 业务的场景。

定时升级主要用于 AP 已经在 AC 中上线并已承载了 WLAN 业务的场景。通常指定在网络访问量少的时间段升级。

六、CAPWAP 隧道维持

数据隧道维持通过 AP 与 AC 之间交互 Keepalive（UDP 端口号为 5247）报文来检测数据隧道的连通状态。

控制隧道维持通过 AP 与 AC 交互 Echo（UDP 端口号为 5246）报文来检测控制隧道的连通状态。

12.5　业务配置下发

典型 HCIA 试题

1．国家码的配置会影响实际传输使用的频率以及最大传输功率。【判断题】
A．对　　B．错

2．AC 上配置国家码的命令为？【单选题】
A．nation-code　　B．province-code
C．country-code　　D．state-code

3．只有 WPA2-PSK 的安全策略才支持使用 TKIP 进行数据加密。【判断题】
A．对　　B．错

4．WLAN 所使用的加密算法安全强度最高的是？【单选题】
A．WEP　　B．AES　　C．CCMP　　D．TKIP

5．WEP 方式的安全策略支持使用 TKIP 进行数据加密。【判断题】
A．对　　B．错

6．哪些 WLAN 安全策略支持 OPEN 方式的链路认证方式？【多选题】
A．WPA2-802.1X　　B．WPA　　C．WPA2-PSK　　D．WEP

7．在 AC 上配置直接转发方式的命令为？【单选题】
A．Forward-mode Tunnel　　B．Forward-capwap
C．Forward-direct　　D．direct-Forward

8．在 AC 上配置数据转发方式为直接转发的命令为？【单选题】
A．forward-mode direct-forward　　B．forward-mode capwap-forward
C．forward-mode tunnel　　D．forward-mode direct

9．AP 一个射频口只能绑定一个 SSID。【判断题】
A．对　　B．错

试题解析

1．国家码的配置会影响实际传输使用的频率以及最大传输功率。答案为 A。

2．AC 上配置国家码的命令为 country-code。答案为 C。

3．WPA2-PSK 和 WPA-WPA2 802.1x 安全策略都支持 TKIP 进行数据加密，如图 12-18 所示。答案为 B。

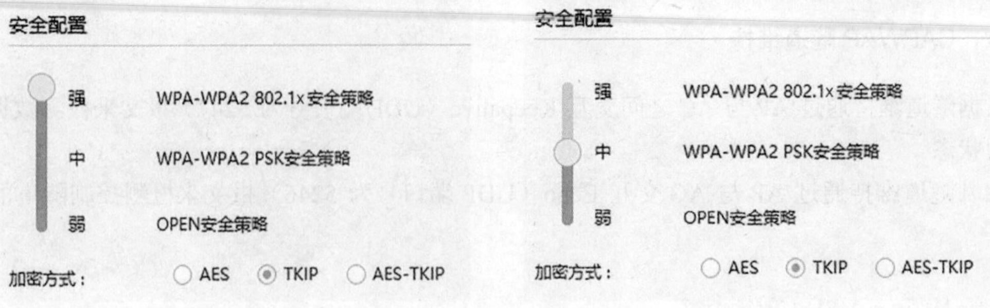

安全配置

强 WPA-WPA2 802.1x安全策略

中 WPA-WPA2 PSK安全策略

弱 OPEN安全策略

加密方式： ○ AES ◉ TKIP ○ AES-TKIP

安全配置

强 WPA-WPA2 802.1x安全策略

中 WPA-WPA2 PSK安全策略

弱 OPEN安全策略

加密方式： ○ AES ◉ TKIP ○ AES-TKIP

图 12-18 支持的加密方式

4．WLAN 所使用的加密算法安全强度最高的是 CCMP（Counter mode with Cipher block chaining Message authentication code Protocol）。答案为 C。

5．WEP 是无线网络早先使用的加密技术。不支持 TKIP 进行数据加密。答案为 B。

6．WEP、WPA、WPA2-802.1x、WPA2-PSK 策略都支持 OPEN 方式的链路认证方式。答案为 ABCD。

7．在 AC 上配置直接转发的命令为 direct-Forward。答案为 D。

8．在 AC 上配置数据转发方式为直接转发的命令为 forward-mode direct-forward。答案为 A。

9．一个 AP 可以绑定多个 VAP，一个 VAP 可以绑定一个 SSID，一个射频口可以绑定多个 SSID，下面的命令将 vap-sales 绑定到 default AP 组，使用射频 0，射频 0 为 2.4GHz 射频。答案为 B。

```
[AC-wlan-view]ap-group name default
[AC-wlan-ap-group-default]vap-profile vap-sales wlan 1 radio 0
```

关联知识精讲

如图 12-19 所示，AC 向 AP 发送配置更新请求消息，AP 回应配置更新响应消息。然后 AC 将 AP 的业务配置信息下发给 AP。

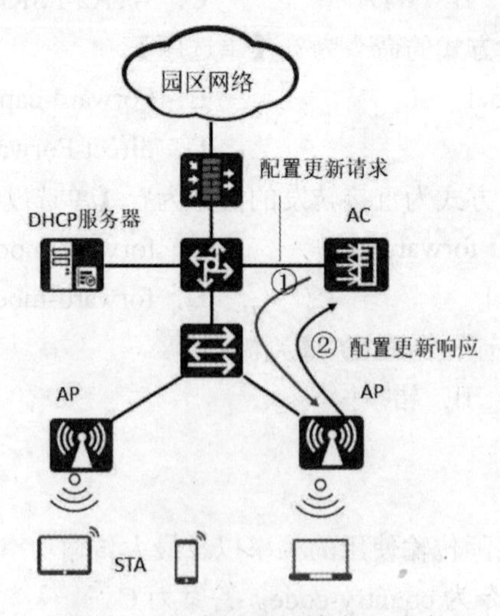

图 12-19 配置升级请求和响应

AP 上线后，会主动向 AC 发送配置状态请求报文，该信息中包含 AP 的现有配置。当 AP 的现有配置与 AC 要求不符合时，AC 会通过配置状态响应通知 AP。

说明：AP 上线后，首先会主动向 AC 获取当前配置，而后统一由 AC 对 AP 进行集中管理和业务配置下发。

一、配置模板

WLAN 网络中存在大量的 AP，为了简化 AP 的配置操作步骤，可以将 AP 加入 AP 组中，在 AP 组中统一对 AP 进行同样的配置。但是每个 AP 具有不同于其他 AP 的参数配置，不便于通过 AP 组来进行统一配置，这类个性化的参数可以直接在每个 AP 下配置。每个 AP 在上线时都会加入并且只能加入一个 AP 组中。当 AP 从 AC 上获取到 AP 组和 AP 个性化的配置后，会优先使用 AP 下的配置。

AP 组和 AP 都能够引用域管理模板、射频模板、VAP 模板，如图 12-20 所示，部分模板还能继续引用其他模板，这些模板统称为 WLAN 模板。

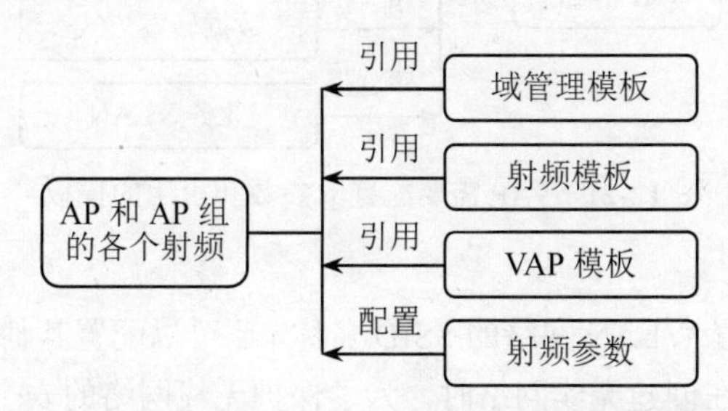

图 12-20　AP 或 AP 组引用的模板和配置

- 域管理模板。

域管理模板最重要的一个参数是配置国家及地区码。通过配置调优信道集合，可以在配置射频调优功能时指定 AP 信道动态调整的范围，同时避开雷达信道和终端不支持信道。

- 射频模板。

根据实际的网络环境对射频的各项参数进行调整和优化，使AP具备满足实际需求的射频能力，提高 WLAN 网络的信号质量。射频模板中各项参数下发到 AP 后，只有 AP 支持的参数才会在 AP 上生效。

可配置的参数包括：射频的类型、射频的速率、射频的无线报文组播发送速率、AP 发送 Beacon 帧的周期等。

- VAP 模板。

在 VAP 模板下配置各项参数，然后在 AP 组或 AP 中引用 VAP 模板，AP 上就会生成 VAP，VAP 用来为 STA 提供无线接入服务。通过配置 VAP 模板下的参数，使 AP 实现为 STA 提供不同无线业务服务的能力。VAP 模板下还能继续引用 SSID 模板、安全模板、流量模板等。

- 射频参数配置。

AP 射频需要根据实际的 WLAN 网络环境来配置不同的基本射频参数，以使 AP 射频的性能达到更优。

WLAN 网络中，相邻 AP 的工作信道存在重叠频段时，容易产生信号干扰，对 AP 的工作状态产生影响。为避免信号干扰，使 AP 工作在更佳状态，提高 WLAN 网络质量，可以手动配置相邻 AP 工作在非重叠信道上。

根据实际网络环境的需求，配置射频的发射功率和天线增益，使射频信号强度满足实际网络需求，提高 WLAN 网络的信号质量。

实际应用场景中，两个 AP 之间的距离可能为几十米到几十千米，因为 AP 间的距离不同，所以 AP 之间传输数据时等待 ACK 报文的时间也不相同。通过调整合适的超时时间参数，可以提高 AP 间的数据传输效率。

二、VAP 模板

VAP 模板要引用 SSID 模板、安全模板，配置数据转发方式和业务 VLAN，如图 12-21 所示。

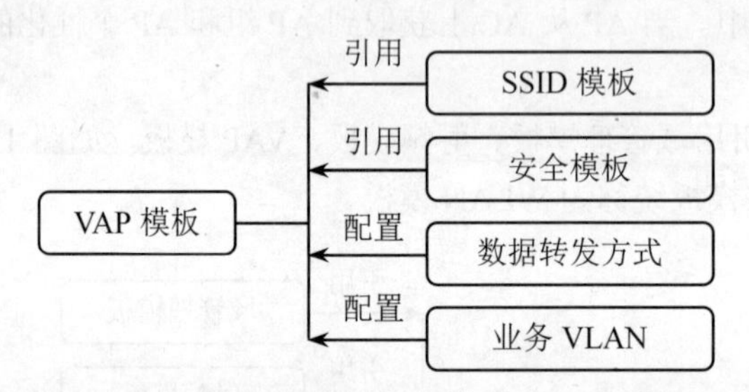

图 12-21　VAP 需要配置的参数和引用的模板

- SSID 模板。

SSID 模板主要用于配置 WLAN 网络的 SSID 名称，还可以配置其他功能，主要包括如下功能：

隐藏 SSID 功能：用户在创建无线网络时，为了保护无线网络的安全，可以对无线网络名称进行隐藏设置。这样，只有知道网络名称的无线用户才能连接到这个无线网络中。

单个 VAP 下能够关联成功的最大用户数：单个 VAP 下接入的用户数越多，每个用户能够使用的平均网络资源就越少，为了保证用户的上网体验，可以根据实际的网络状况配置合理的最大用户接入数。

用户数达到最大时自动隐藏 SSID 的功能：使能用户数达到最大时自动隐藏 SSID 的功能后，当 WLAN 网络下接入的用户数达到最大时，SSID 会被隐藏，新用户将无法搜索到 SSID。

- 安全模板。

配置 WLAN 安全策略，可以对无线终端进行身份验证，对用户的报文进行加密，保护 WLAN 网络和用户的安全。下面是 WLAN 安全策略。

（1）Open 安全策略，不需要密码就能连接。

（2）有线等效加密（Wired Equivalent Privacy，WEP）无线网络早先使用的加密技术。它是基于 40 位或 128 位的加密，使用单个静态密钥。

（3）WiFi 保护接入（Wi-Fi Protected Access，WPA）有 WPA 和 WPA2 两个标准。因为 WEP 加密标准频出漏洞，Wi-Fi 协会推出了 WPA 加密标准。WPA 设置最普遍的是 WPA-PSK（预共享密钥），而且 WPA 使用了 256 位密钥，明显强于 WEP 标准中使用的 64 位和 128 位密钥。WPA 标准作出了一些重大变革，其中包括消息完整性检查（确定接入点和客户端之间传输的数据包是否被攻击者捕获或改变）、临时密钥完整性协议（TKIP）。TKIP 采用的包密钥系统，比 WEP 采用的固定密钥系统更加安全。TKIP 协议最后被高级加密标准（AES）所取代。

（4）WPA-WPA2 PSK 策略，使用预先共享密钥 PSK（Pre-Shared Key）实现安全，使用 WPA 和 WPA2 两个标准，加密方式有高级加密标准（Advanced Encryption Standard，AES）、临时密钥完整性协议（Temporal Key Integrity Protocol，TKIP）、AES-TKIP。AES 的安全性比 TKIP 好。

WPA-WPA2 PSK 策略是目前用得较多的安全策略，即输入密码连接无线。

（5）WPA-WPA2 802.1x 策略，使用 802.1x 认证，支持 TKIP 或 AES 两种加密算法。如图 12-22 所示为华为 AC 支持的三种安全策略。

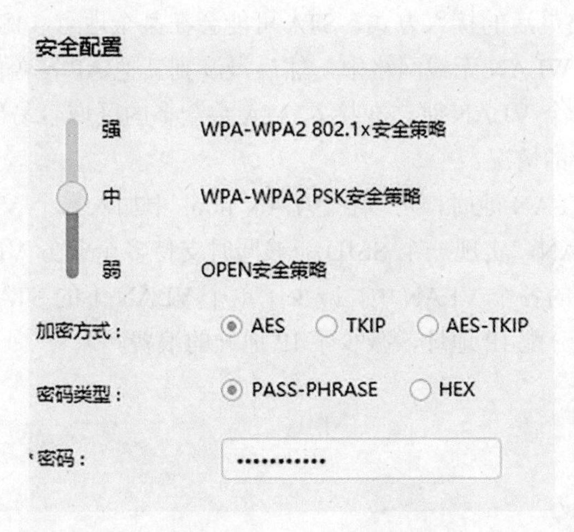

图 12-22　安全策略

- 数据转发方式。

控制报文是通过 CAPWAP 的控制隧道转发的，用户的数据报文分为隧道转发（又称为“集中转发”）方式、直接转发（又称为“本地转发”）方式。

隧道转发方式是指用户的数据报文到达 AP 后，需要经过 CAPWAP 数据隧道封装后发送给 AC，然后由 AC 再转发到上层网络，如图 12-23 所示。

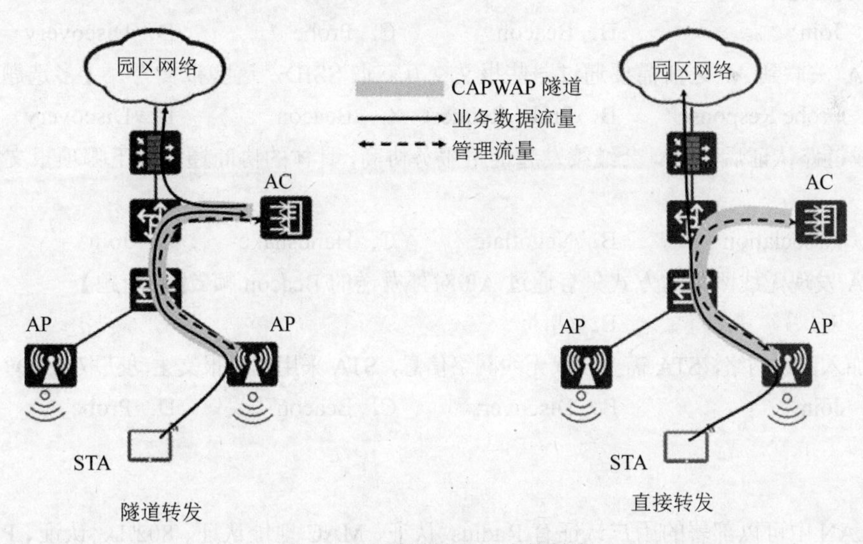

图 12-23　隧道转发和直接转发

直接转发方式是指用户的数据报文到达 AP 后，不经过 CAPWAP 的隧道封装而直接转发到上层网络，如图 12-23 所示。

隧道转发方式的优点就是 AC 集中转发数据报文，安全性好，方便集中管理和控制。缺点是业务数据必须经过 AC 转发，报文转发效率比直接转发方式低，AC 所受压力大。

直接转发方式的优点是数据报文不需要经过 AC 转发，报文转发效率高，AC 所受压力小。缺点是业务数据不便于集中管理和控制。

- 业务 VLAN。

由于 WLAN 无线网络灵活的接入方式，STA 可能会在某个地点（例如办公区入口或体育场馆入口）集中接入到同一个 WLAN 无线网络中，然后漫游到其他 AP 覆盖的无线网络环境下。

业务 VLAN 配置为单个 VLAN 时，在接入 STA 数众多的区域容易出现 IP 地址资源不足，而其他区域 IP 地址资源浪费的情况。

业务 VLAN 配置为 VLAN 池时，可以在 VLAN pool 中加入多个 VLAN，然后通过将 VLAN 池配置为 VAP 的业务 VLAN，实现一个 SSID 能够同时支持多个业务 VLAN。新接入的 STA 会被动态地分配到 VLAN 池中的各个 VLAN 中，减少了单个 VLAN 下的 STA 数目，缩小了广播域；同时每个 VLAN 尽量均匀地分配 IP 地址，减少了 IP 地址的浪费。

12.6 STA 接入

典型 HCIA 试题

1. WLAN 中可以部署的用户认证有？【多选题】

A. Radius 认证　　B. MAC 地址认证

C. 802.1x 认证　　D. Portal 认证

2. 为让 STA 获取 AP 上的 SSID 相关信息，AP 采用以下哪种报文主动对外声明无线网络 SSID 信息？【单选题】

A. Join　　B. Beacon　　C. Probe　　D. Discovery

3. STA 关联到 AP 之前需要通过一些报文交互获取 SSID，这些报文为？【多选题】

A. Probe Response　　B. Probe Request　　C. Beacon　　D. Discovery

4. 完成链路认证后，STA 会继续发起链路服务协商，具体的协商通过以下哪项报文实现？【单选题】

A. Association　　B. Negotiate　　C. Handshake　　D. Join

5. STA 发现无线网络的方式只有通过 AP 对外发送的 Beacon 帧。【判断题】

A. 对　　B. 错

6. 为加入无线网络，STA 需要获取无线网络信息，STA 采用哪种报文主动获取 SSID？【单选题】

A. Join　　B. Discovery　　C. Beacon　　D. Probe

试题解析

1. WLAN 中可以部署的用户认证有 Radius 认证、MAC 地址认证、802.1x 认证、Portal 认证。答案为 ABCD。

2. 为让 STA 获取 AP 上的 SSID 相关信息，AP 采用 Beacon 报文主动对外声明无线网络 SSID 信息。答案为 B。

3. 客户端会定期地在其支持的信息列表中，发送 Probe Request 帧扫描无线网络。客户端通过侦听 AP 定期发送的 Beacon 帧发现周围的无线网络。答案为 BC。

4．完成链路认证后，STA 会继续发起链路服务协商，具体的协商通过 Association 报文实现。答案为 A。

5．客户端通过侦听 AP 定期发送的 Beacon 帧发现周围的无线网络，客户端也会定期地在其支持的信息列表中，发送 Probe Request 帧扫描无线网络。答案为 B。

6．为加入无线网络，STA 需要获取无线网络信息，STA 采用 Probe Request 报文主动获取 SSID。答案为 D。

关联知识精讲

CAPWAP 隧道建立完成后，用户就可以接入无线网络。STA 接入过程分为 6 个阶段：扫描阶段、链路认证阶段、关联阶段、接入认证阶段、STA 地址分配（DHCP）、用户认证。

一、扫描阶段

STA 可以通过主动扫描，定期搜索周围的无线网络，获取到周围的无线网络信息。根据 Probe Request 帧（探测请求帧）是否携带 SSID，可以将主动扫描分为两种，如图 12-24 所示。

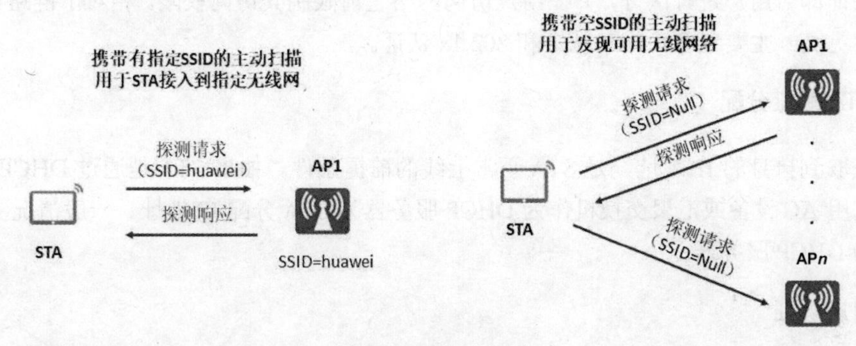

图 12-24　主动扫描

● 携带有指定 SSID 的主动扫描方式。

适用于 STA 通过主动扫描接入指定的无线网络。客户端发送携带指定 SSID 的 Probe Request（探测请求），STA 依次在每个信道发出 Probe Request 帧，寻找与 STA 有相同 SSID 的 AP，只有能够提供指定 SSID 无线服务的 AP 接收到该探测请求后才回复探查响应。

● 携带空 SSID 的主动扫描方式。

适用于 STA 通过主动扫描可以获知是否存在可使用的无线服务。客户端发送广播 Probe Request，客户端会定期地在其支持的信息列表中，发送 Probe Request 帧扫描无线网络。当 AP 收到 Probe Request 帧后，会回应 Probe Response（探测响应）帧通告可以提供的无线网络信息。

STA 也支持被动扫描搜索无线网络。被动扫描是指客户端通过侦听 AP 定期发送的 Beacon 帧（信标帧，包含：SSID、支持速率等信息）发现周围的无线网络，缺省状态下 AP 发送 Beacon 帧的周期为 100TU（1TU=1024μs）。

二、链路认证阶段

WLAN 技术是以无线射频信号作为业务数据的传输介质，这种开放的信道使攻击者很容易对无线信道中传输的业务数据进行窃听和篡改，因此，安全性成为阻碍 WLAN 技术发展的重要因素。

WLAN 安全提供了 WEP、WPA、WPA2 等安全策略机制。每种安全策略包含一整套安全机制，包括无线链路建立时的链路认证方式，无线用户上线时的用户接入认证方式和无线用户传输数据业务时的数据加密方式。

为了保证无线链路的安全，STA 接入过程 AP 需要完成对 STA 的认证。802.11 链路定义了两种认证机制：开放系统认证和共享密钥认证。

- 开放系统认证即不认证，任意 STA 都可以认证成功。
- 共享密钥认证即 STA 和 AP 预先配置相同的共享密钥，验证两边的密钥配置是否相同，如果一致，则认证成功，否则，认证失败。

三、关联阶段

完成链路认证后，STA 会继续发起链路服务协商，具体的协商通过 Association 报文实现。STA 关联过程实质上就是链路服务协商的过程，协商内容包括：支持的速率，信道等。

四、接入认证阶段

接入认证即对用户进行区分，并在用户访问网络之前限制其访问权限。相对于链路认证，接入认证安全性更高。主要包含：PSK 认证和 802.1x 认证。

五、STA 地址分配

STA 获取到自身的 IP 地址，是 STA 正常上线的前提条件。如果 STA 是通过 DHCP 获取 IP 地址，可以使用 AC 设备或汇聚交换机作为 DHCP 服务器为 STA 分配 IP 地址。一般情况下使用汇聚交换机作为 DHCP 服务器。

六、用户认证

用户认证是一种“端到端”的安全结构，包括：802.1x 认证、MAC 认证和 Portal 认证。Portal 认证也称 Web 认证，一般将 Portal 认证网站称为门户网站。用户上网时，必须在门户网站进行认证，只有认证通过后才可以使用网络资源。这个认证通常需要微信登录或手机短信息验证用户身份，因为微信或手机都是实名认证过的，这样就能记录接入网络的用户的信息，如果出现安全事件，可以追查到具体的人。

第13章 VPN、MPLS、SR

本章汇总了VPN、MPLS、Segment Routing相关试题。

VPN考查的知识点包括：GRE VPN如何添加静态路由，IPSec包含的网络数据安全的一整套体系结构，IPSec传输模式、隧道模式下的AH和ESP加密和认证的封装过程，IPSec隧道模式实现了VPN的功能。

MPLS考查的知识点包括：MPLS的概念，MPLS标签的结构，MPLS标签动作。

Segment Routing考查的知识点包括：分段路由概念和转发机制，SR部署方式，分段路由转发路径。

13.1 GRE VPN和IPSec VPN

典型HCIA试题

1．如图13-1所示，两台私网主机之间希望通过GRE隧道进行通信，当GRE隧道建立之后，网络管理员需要在RTA上配置一条静态路由，将主机A访问主机B的流量引入到隧道中，则下列关于静态路由配置能满足需求的是？【单选题】

图13-1 网络拓扑

A．ip route-static 10.1.2.0 24 tunnel 0/0/1

B．ip route-static 10.1.2.0 24 200.1.1.1

C．ip route-static 10.1.2.0 24 GigabitEthernet0/0/1

D．ip route-static 10.1.2.0 24 200.2.2.1

2．启用GRE的Keepalive功能后，GRE隧道的本端会周期性地每10s向对端发送一次Keepalive报文。【判断题】

A．对　　　　　B．错

3．某台路由器输出信息如下，则此接口采用的隧道协议是？【单选题】

```
[Router A]display interface Tunnel 0/0/0
Tunne10/0/0 current state : UP
Line protocol current state : UP
Last line protocol up time : 2019-03-06 11:03:15 utc-8 : 00
Description:HUAWEI,AR series, Tunne10/0/0 Interface
Route Port, The Maximum Transmit Unit is 1500
Internet Address is unnumbered, using address of LoopBack0 (10.0.1.1/32)
Encapsulation is TUNNEL, loopback not set
Tunnel source 10.0.12.1 (GigabitEthernet0/0/0),destination 10.0.12.2
Tunnel protocol/transport GRE/IP,key disabled
```

A．MPLS　　B．IPSec　　C．LDP　　D．GRE

4．运用 IKE 协议为 IPSec 自动协商建立 SA，可以支持在协商发起方地址动态变化情况下进行身份认证。【判断题】

A．对　　B．错

5．从安全性来讲，IPSec 隧道模式优于 IPSec 传输模式。【判断题】

A．对　　B．错

6．如图 13-2 所示，IPSec 隧道模式中 AH 协议认证的范围是？【单选题】

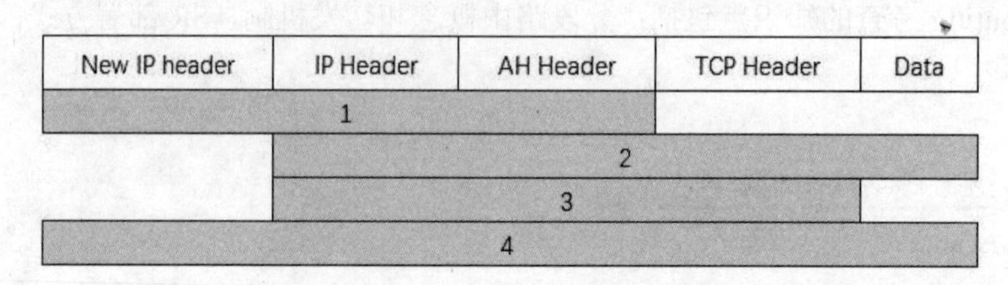

图 13-2　IPSec 隧道模式 AH 认证范围

A．1　　B．2　　C．3　　D．4

7．IPSec 的数据封装模式为隧道模式时，隐藏了内网主机的 IP 地址，这样可以保护整个原始数据包的安全。【判断题】

A．对　　B．错

8．在如图 13-3 所示的数据包封装格式中，下列哪些字段将会被 IPSec VPN 的 ESP 协议加密？【单选题】

IPHeader	ESP Header	TCP Header	Data	ESP Trailer	ESP Auth Data

图 13-3　IPSec 报文 ESP 加密部分

A．ESP Header,TCP Header,Data

B．ESP Header,TCP Header,Data,ESP Trailer

C．ESP Header,TCP Header,Data,ESP Trailer,ESP Auth

D．TCP Header,Data,ESP Trailer

9．SA（Security Association）安全联盟由以下哪些参数标识？　【多选题】

A．源 IP 地址　　B．安全参数索引（Security Parameter Index，SPI）

C．目标 IP 地址　　D．安全协议号（AH 或 ESP）

10．如图 13-4 所示，IPSec 采用隧道模式，则 ESP 加密的范围是？【单选题】

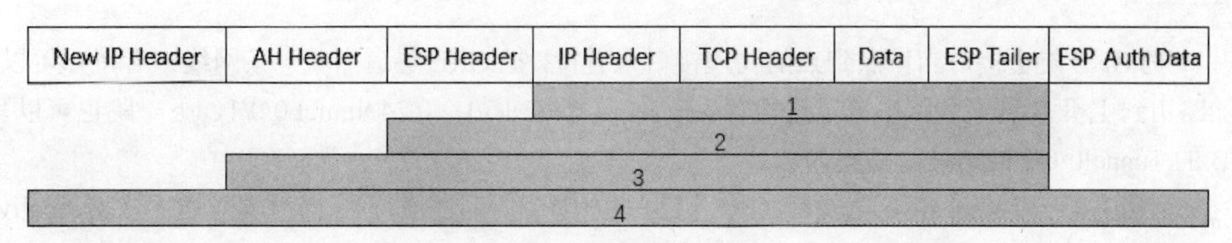

图 13-4　IPSec 隧道模式 ESP 加密范围

A．1　　B．2　　C．3　　D．4

11．如图 13-5 所示，IPSec 传输模式中 AH 的头部应该插入到以下哪个位置？【单选题】

1	IP Header	2	TCP Header	3	Data	4

图 13-5　AH 首部位置

A．1　　B．2　　C．3　　D．4

12．IPSec VPN 体系结构主要由以下哪些协议组成？【多选题】

A．GRE　　B．ESP　　C．IKE　　D．AH

13．如图 13-6 所示，两台主机之间使用 IPSec VPN 传输数据，为了隐藏真实的 IP 地址和尽可能高地保证数据的安全性，则使用 IPSec VPN 的哪种模式和协议封装较好？【多选题】

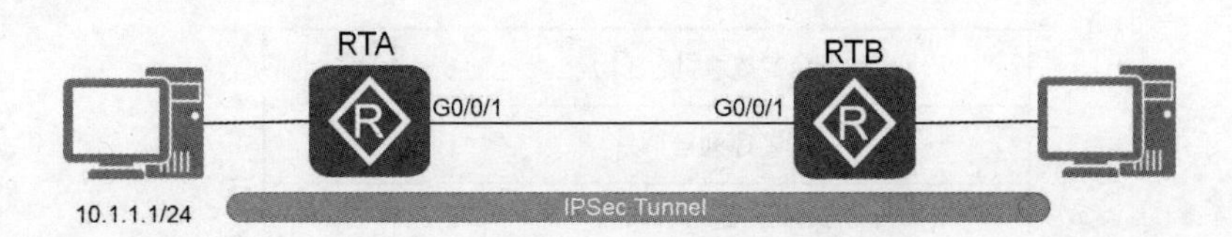

图 13-6　IPSec 隧道

A．AH　　B．隧道模式　　C．传输模式　　D．ESP

14．图 13-7 为数据包在 IPSec VPN 中的封装格式，这种类型的数据包是使用 IPSec VPN 的哪种模式封装的？【单选题】

New IP Header	AH Header	Origin IP Header	TCP Header	Data

图 13-7　IPSec 报文封装

A．隧道模式　　B．通用模式　　C．传输模式　　D．此封装错误

15．如果两个 IPSec VPN 对等体希望同时使用 AH 和 ESP 来保证安全通信，则两个对等体总共需要构建多少个 SA （安全联盟）？【单选题】

A．1　　B．2　　C．3　　D．4

16．IPSec VPN 支持以下哪些封装模式？【多选题】

A．隧道模式　　B．交换模式　　C．传输模式　　D．路由模式

17．以下关于 IPSec VPN 中的 AH 协议功能的说法，错误的是？【单选题】

A．支持数据完整性校验　　B．支持防报文重放

C．支持报文的加密　　D．支持数据源验证

试题解析

1．把 GRE 隧道接口当作点到点的物理接口来看待，把 GRE 隧道当成一条网线来看待都可以。添加路由到主机 B 网络的路由可以这样写：ip route-static 10.1.2.0 24 tunnel 0/0/1，下一跳也可以写 RTB 的 Tunnel0/0/1 的地址。答案为 A。

2. 启用 GRE 的 Keepalive 功能后，GRE 隧道的本端会周期性地每 5s 向对端发送一次 Keepalive 报文。答案为 B。

3．从路由器输出信息 Tunnel protocol/transport GRE/IP,key disabled 可以得知接口采用的隧道协议为 GRE。答案为 D。

4．IKE 可用于协商虚拟专用网（VPN），也可用于远程用户（其 IP 地址不需要事先知道）访问安全主机或网络，支持客户端协商。这种情况协商发起方地址是动态变化的。答案为 A。

5．隧道模式将原始数据包的网络层也加密了，从这一点来看，IPSec 隧道模式优于 IPSec 传输模式。答案为 A。

6．AH 协议认证的范围包括 IP 首部，IPSec 隧道模式也不例外，包括新 IP 首部。答案为 D。

7．IPSec 的数据封装模式为隧道模式时，隐藏了内网主机的 IP 地址，这样可以保护整个原始数据包的安全。答案为 A。

8．如图 13-8 所示 ESP 报文结构，TCP Header、Data、ESP Trailer 字段将会被 IPSec VPN 的 ESP 协议加密。答案为 D。

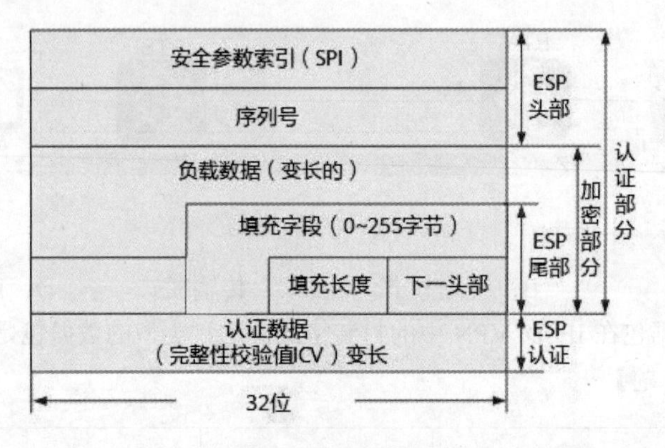

图 13-8　ESP 报文结构

9．SA（Security Association）安全联盟由一个三元组来唯一标识，这个三元组包括安全参数索引（SPI）、目标 IP 地址、安全协议号（AH 或 ESP）。SPI 是为唯一标识 SA 而生成的一个 32 比特的数值，它在 IPSec 头中传输。答案为 BCD。

10．IPSec 采用隧道模式，则 ESP 加密的范围是 IP Header、TCP Header、Data、ESP Tailer。答案为 A。

11．IPSec 传输模式中 AH 的头部应该插入到 IP Header 和 TCP Header 之间。答案为 B。

12．IPSec VPN 体系结构主要由 ESP、AH、IKE 协议组成。答案为 BCD。

13．隧道模式能够加密真实的 IP 地址，ESP 能够加密数据和认证。答案为 BD。

14．有两个 IP 首部就是隧道模式 IPSec VPN。答案为 A。

15．SA（安全联盟）需要双向建立，AH 需要有两个方向的 SA，ESP 也需要两个方向的 SA，总共需要 4 个 SA。答案为 D。

16．IPSec VPN 支持传输模式和隧道模式两种封装模式。答案为 AC。

17．IPSec VPN 中的 AH 协议不加密报文。答案为 C。

关联知识精讲

一、GRE VPN

GRE（Generic Routing Encapsulation）是通用路由封装协议，它对某些网络层协议（如 IP 和 IPX）的数据包进行封装，使这些被封装的数据包能够在另一个网络层协议（如 IP）中传输。下面讨论的 GRE 隧道 VPN，用于将跨 Internet 的内网之间通信的数据包封装到具有公网地址的数据包中进行传输。

如图 13-9 所示，北京和上海的两个局域网通过 Internet 连接，在 AR1 和 AR3 上配置 GRE 隧道，这时候大家应该把这条隧道当成连接 AR1 和 AR3 的一根网线。AR1 隧道接口的地址和 AR3 隧道接口的地址在同一个网段。这样理解，就很容易想到，要想实现这两个私网间的通信，需要添加静态路由。在 AR1 上添加到上海网段的路由，下一跳地址是 172.16.0.2；在 AR3 上添加到北京网段的路由，下一跳地址是 172.16.0.1。

可以在 GRE 隧道接口启用 Keepalive 检测功能，默认 Keepalive 检测功能没有启用。其中，period 参数指定 Keepalive 检测报文的发送周期，默认值为 5 秒；retry-times 参数指定 Keepalive 检测报文的重传次数，默认值为 3。如果在指定的重传次数内未收到对端的回应报文，则认为隧道两端通信失败，GRE 隧道将被拆除。

图 13-9 中也画出了 PC1 与 PC2 通信的数据包、在隧道中（也就是在 Internet 中）传输时的封装格式示意图，可以看到 PC1 到 PC2 的数据包的外面又有一层 GRE 封装，最外面是隧道的目标地址和源地址。

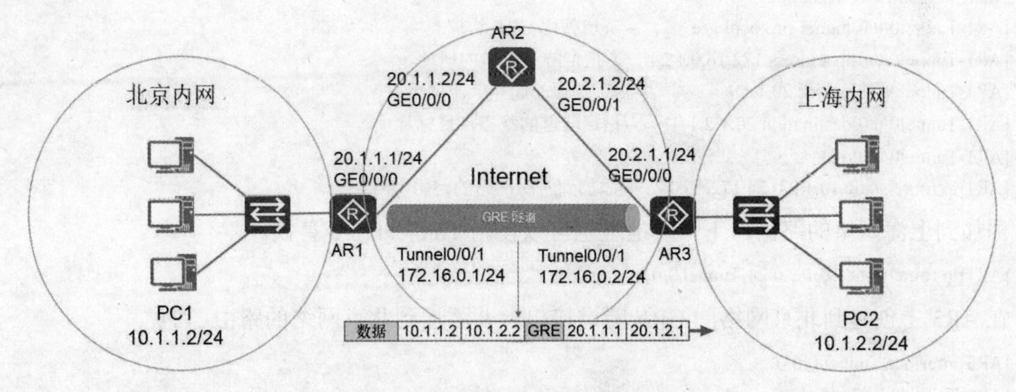

图 13-9　GRE 隧道 VPN 的网络拓扑

使用 eNSP 参照图 13-9 搭建实验环境。

AR1 上的配置如下：

```
[AR1]interface GigabitEthernet 0/0/0
[AR1-GigabitEthernet0/0/0]ip address 20.1.1.1 24
[AR1-GigabitEthernet0/0/0]quit
[AR1]interface Vlanif 1
```

```
[AR1-Vlanif1]ip address 10.1.1.1 24
[AR1-Vlanif1]quit
[AR1]ip route-static 20.1.2.0 24 20.1.1.2       --添加到 20.1.2.0/24 网络的路由
```

AR2 上的配置如下，不添加到北京和上海网络的路由，因为在 Internet 上的路由器中不会添加到私有网络的路由。

```
[AR2]interface GigabitEthernet 0/0/0
[AR2-GigabitEthernet0/0/0]ip address 20.1.1.2 24
[AR2-GigabitEthernet0/0/0]quit
[AR2]interface GigabitEthernet 0/0/1
[AR2-GigabitEthernet0/0/1]ip address 20.1.2.2 24
[AR2-GigabitEthernet0/0/1]quit
```

AR3 上的配置如下。

```
[AR3]interface GigabitEthernet 0/0/0
[AR3-GigabitEthernet0/0/0]ip address 20.1.2.1 24
[AR3-GigabitEthernet0/0/0]quit
[AR3]interface Vlanif 1
[AR3-Vlanif1]ip address 10.1.2.1 24
[AR3-Vlanif1]quit
[AR3]ip route-static 20.1.1.0 24 20.1.2.2       --添加到 20.1.1.0/24 网络的路由
```

现在，在 AR1 上创建到上海网络的 GRE 隧道接口，并添加到上海网络的路由。

```
[AR1]interface Tunnel 0/0/0                  --指定隧道接口编号
[AR1-Tunnel0/0/0]tunnel-protocol ?            --查看隧道支持的协议
  gre        Generic Routing Encapsulation
  ipsec      IPSEC Encapsulation
  ipv4-ipv6  IP over IPv6 encapsulation
  ipv6-ipv4  IPv6 over IP encapsulation
  mpls       MPLS Encapsulation
  none       Null Encapsulation
[AR1-Tunnel0/0/0]tunnel-protocol gre          --隧道使用 GRE 协议
[AR1-Tunnel0/0/0]ip address 172.16.0.1 24     --指定隧道接口的地址
[AR1-Tunnel0/0/0]source 20.1.1.1              --指定隧道的起点（源地址）
[AR1-Tunnel0/0/0]destination 20.1.2.1         --指定隧道的终点（目标地址）
[AR1-Tunnel0/0/0]quit
[AR1]ip route-static 10.1.2.0 24 172.16.0.2   --添加到上海网络的路由
```

添加到上海网络的路由，下一跳地址也可以使用 Tunnel 0/0/0 替换。

```
[AR1]ip route-static 10.1.2.0 24 Tunnel 0/0/0。
```

在 AR3 上创建到北京网络的 GRE 隧道接口，并添加到北京网络的路由。

```
[AR3]interface Tunnel 0/0/0
[AR3-Tunnel0/0/0]tunnel-protocol gre
[AR3-Tunnel0/0/0]ip address 172.16.0.2 24
[AR3-Tunnel0/0/0]source 20.1.2.1
[AR3-Tunnel0/0/0]destination 20.1.1.1
[AR3-Tunnel0/0/0]quit
[AR3]ip route-static 10.1.1.0 24 172.16.0.1
```

查看 Tunnel 0/0/0 接口的状态。

```
<AR3>display interface Tunnel 0/0/0
```

```
Tunnel0/0/0 current state : UP
Line protocol current state : UP
Last line protocol up time : 2018-06-16 01:37:01 UTC-08:00
Description:HUAWEI, AR Series, Tunnel0/0/0 Interface
Route Port,The Maximum Transmit Unit is 1500
Internet Address is 172.16.0.2/24
Encapsulation is TUNNEL, loopback not set
Tunnel source 20.1.2.1 (GigabitEthernet0/0/0), destination 20.1.1.1
Tunnel protocol/transport GRE/IP, key disabled
keepalive disabled
Checksumming of packets disabled
Current system time: 2022-11-14 15:08:06-08:00
……
```

总结：GRE 是一个标准协议，支持多种协议和多播，能够用来创建弹性的 VPN，支持多点隧道，能够实施 QoS。

二、IPSec 和 IPSec VPN 介绍

IPSec（IP Security）是 IETF 制定的三层隧道加密协议，它为 Internet 上传输的数据提供了高质量的、可互操作的、基于密码学的安全保证。特定的通信方之间在 IP 层通过加密与数据源认证等方式，提供了以下的安全服务：

- 数据机密性（Confidentiality）：IPSec 发送方在通过网络传输包前对包进行加密。
- 数据完整性（Data Integrity）：IPSec 接收方对发送方发送来的包进行认证，以确保数据在传输过程中没有被篡改。
- 数据来源认证（Data Authentication）：IPSec 在接收端可以认证发送 IPSec 报文的发送端是否合法。
- 防重放（Anti-Replay）：IPSec 接收方可检测并拒绝接收过时或重复的报文。

IPSec 不是一个单独的协议，它给出了应用于 IP 层上网络数据安全的一整套体系结构。该体系结构包括鉴别首部协议（Authentication Header，AH）、封装安全有效载荷协议（Encapsulating Security Payload，ESP）、密钥管理协议（Internet Key Exchange，IKE）和用于网络认证及加密的一些算法等。IPSec 规定了如何在对等体之间选择安全协议、确定安全算法和密钥交换，向上提供了访问控制、数据源认证、数据加密等网络安全服务。

- 鉴别首部协议（AH）：提供源点鉴别和数据完整性，但不能保密。
- 封装安全有效载荷（ESP）协议：它提供源点鉴别、数据完整性和保密。AH 协议的功能都已包含在 ESP 协议中，因此使用 ESP 协议就可以不使用 AH 协议。但 AH 协议早已使用在一些商品中，因此 AH 协议还不能废弃。下面我们不再讨论 AH 协议，而只讨论 ESP 协议。
- 密钥管理协议（IKE）：用于协商 AH 和 ESP 所使用的密码算法，并将算法所需的必备密钥放到恰当位置。IKE 可用于协商虚拟专用网（VPN），也可用于远程用户（其 IP 地址不需要事先知道）访问安全主机或网络，支持客户端协商。客户端模式即为协商方不是安全连接发起的终端点。当使用客户模式时，端点处身份是隐藏的。

使用 IPSec 协议的 IP 数据报称为 IPSec 数据报，它可以在两个主机之间、两个路由器之间、

或一个主机和一个路由器之间发送。在发送 IPSec 数据报之前，在源实体和目标实体之间必须创建一条网络逻辑连接，即安全关联（Security Association，SA）。SA 是通信对等体间对某些要素的约定，例如使用哪种协议、协议的操作模式、加密算法（DES、3DES、AES-128、AES-192 和 AES-256）、特定流中保护数据的共享密钥以及 SA 的生存周期等。

安全联盟是单向的，在两个对等体之间的双向通信，最少需要两个安全联盟来分别对两个方向的数据流进行安全保护。

如图 13-10 所示，Client 计算机到 Web 服务器的安全关联为 SA1，Client 到 SQL 服务器的安全关联为 SA2。当然，要想实现安全通信，Web 服务器也要有到 Client 的安全关联，SQL 服务器也要有到 Client 的安全关联。

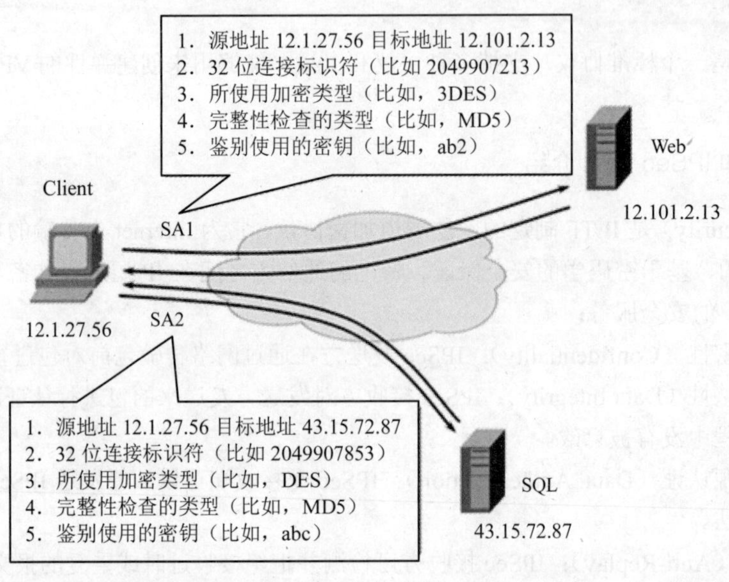

图 13-10　安全关联（SA）

以 Client 计算机到 Web 服务器的安全关联 SA1 为例，来说明一条安全关联包括的状态信息。

- 源点（Client 的 IP 地址）和终点（Web 服务器的地址）。
- 一个 32 位的连接标识符，称为安全参数索引（Security Parameter Index，SPI）。
- 所使用的加密类型（如 DES）。
- 加密密钥。
- 完整性检查类型（例如，使用报文摘要 MD5 的报文鉴别码 MAC）。
- 鉴别使用的密钥（比如指定身份验证密钥为 abc）。

当 Client 给 SQL 服务器发送 IPSec 数据报时，就必须读取 SA1 的这些状态信息，以便知道如何对 IP 数据报进行加密和鉴别。当然 SQL 服务器也要有到 Client 的一条安全关联。

建立安全联盟的方式有两种：一种是手工方式（Manual）；另一种是 IKE 自动协商（ISAKMP）方式。

手工方式配置比较复杂，创建安全联盟所需的全部信息都必须手工配置，而且 IPSec 的一些高级特性（例如定时更新密钥）不能被支持，但优点是可以不依赖 IKE 而单独实现 IPSec 功能。该方式适用于与之进行通信的对等体设备数量较少的情况，或是 IP 地址相对固定的环境中。

IKE 自动协商方式相对比较简单，只需要配置好 IKE 协商安全策略的信息，由 IKE 自动协商来创建和维护安全联盟。该方式适用于中、大型的动态网络环境中。该方式建立 SA 的过程分两个阶段。第一阶段，协商创建一个通信信道（ISAKMP SA），并对该信道进行认证，为双方进一步的 IKE 通信提供机密性、数据完整性以及数据源认证服务；第二阶段，使用已建立的 ISAKMP SA 建立 IPSec SA。分两个阶段来完成这些服务有助于提高密钥交换的速度。

三、IPSec 的两种工作模式

IPSec 有两种工作模式：传输模式和隧道模式。

如图 13-11 所示，是 IPSec 传输模式，实现点到点通信安全，IPSec 隧道起点和终点是通信的两个计算机。

图 13-11 IPSec 传输模式示意图

传输模式下只对 IP 负载进行保护，可能是 TCP/UDP/ICMP 协议，也可能是 AH/ESP 协议。传输模式只为上层协议提供安全保护，在此种模式下，参与通信的双方主机都必须安装 IPSec 协议，而且它不能隐藏主机的 IP 地址。启用 IPSec 传输模式后，IPSec 会在传输层包的前面增加 AH/ESP 头部或同时增加两种头部，构成一个 AH/ESP 数据包，然后添加 IP 首部组成 IP 包。在接收方，首先处理的是 IP，然后再做 IPSec 处理，最后再将载荷数据交给上层协议。

图 13-12 展示 AH 协议处理数据包的过程，将 IP 首部和传输层报文或 IP 数据报通过 MD5 或 SHA1 摘要算法计算出 AH 认证头摘要，再添加原始 IP 首部。

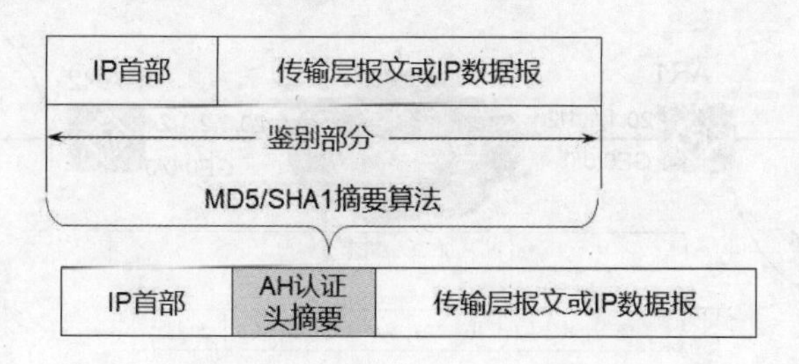

图 13-12 传输模式下 AH 数据包

图 13-13 展示 ESP 协议处理数据包的过程，先使用 DES、3DES 或 AES 加密算法加密传输层报文或 IP 数据报，增加 ESP 首部和填充部分。ESP 首部和 IP 数据加密后密文和填充部分通过 MD5 或 SHA1 摘要算法计算 ESP MAC。最后添加原始 IP 首部。

图 13-14 展示了传输模式下 ESP 和 AH 封装过程。

隧道模式（Tunnel Mode）应用如图 13-15 所示，在路由器 AR1 和 AR2 之间配置 IPSec，建立安全隧道，实现网络 1 和网络 2 两个网络的计算机安全通信。两个网络的计算机不需配置 IPSec。图中标注了 PC2 发送给 PC4 的数据包，经过 IPSec 隧道的封装示意图，可以看到 PC2 访问 PC4 的数据包经过加密认证后又使用隧道的起点和终点地址进行了封装。

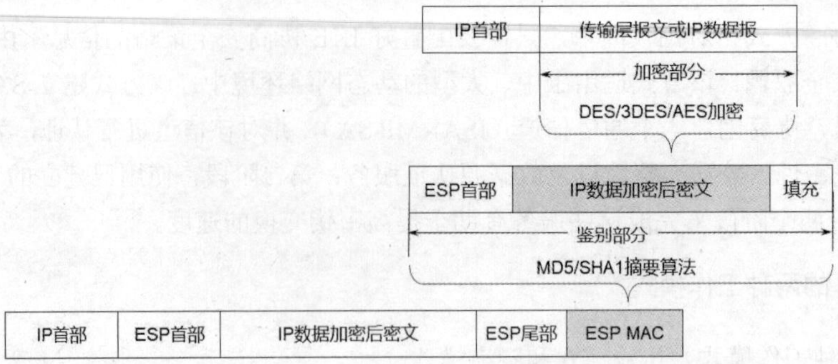

IP首部
传输层报文或IP数据报
加密部分
DES/3DES/AES加密
ESP首部
IP数据加密后密文
填充
鉴别部分
MD5/SHA1摘要算法
IP首部
ESP首部
IP数据加密后密文
ESP尾部
ESP MAC

图 13-13　传输模式下 ESP 报文封装

IP首部
传输层报文或IP数据报
ESP加密部分
DES/3DES/AES加密
ESP首部
IP数据加密后密文
填充
ESP鉴别部分
MD5/SHA1摘要算法
IP首部
ESP首部
IP数据加密后密文
ESP尾部
ESP MAC
AH鉴别部分
MD5/SHA1摘要算法
IP首部
AH首部
ESP首部
IP数据加密后密文
ESP尾部
ESP MAC

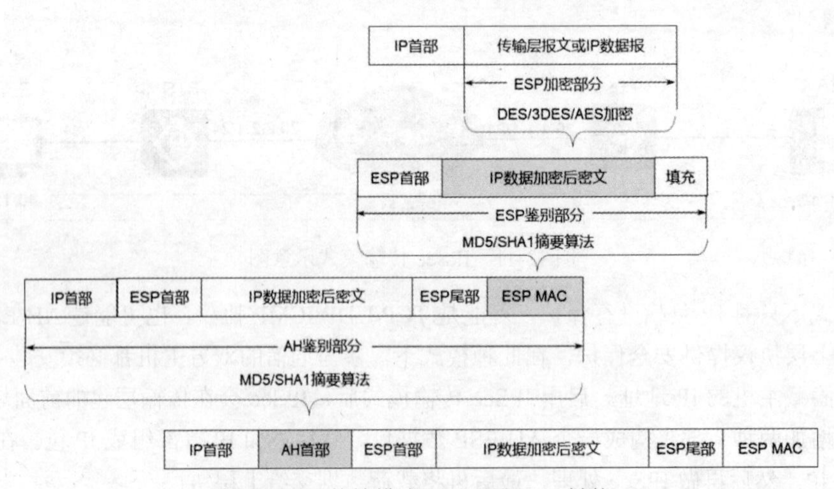

图 13-14　传输模式下 ESP 和 AH 封装

PC1
网络1
PC2
10.1.1.2/24
10.1.1.0/24
AR1
20.1.1.1/24
GE0/0/0
IP network
AR2
20.1.2.1/24
GE0/0/0
网络2
PC3
PC4
10.1.2.0/24
10.1.2.2/24
IPSec 隧道
数据
10.1.1.2
10.1.2.2
加密认证
20.1.1.1
20.1.2.1

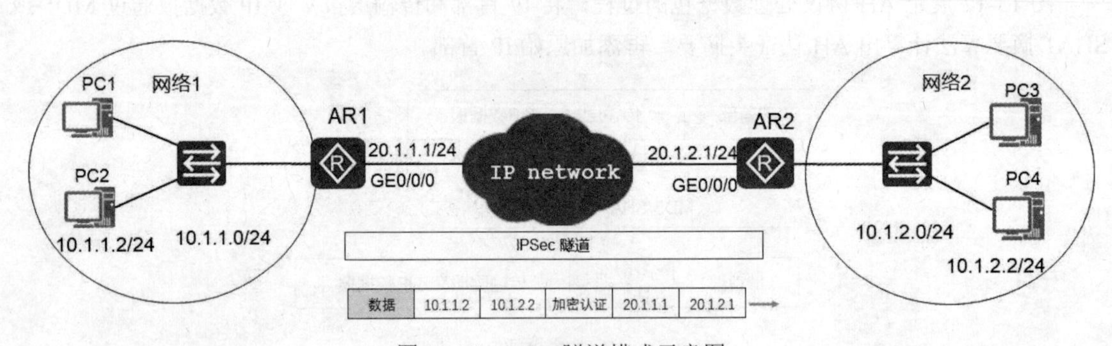

图 13-15　IPSec 隧道模式示意图

图 13-16 展示了隧道模式下的 AH 封装。

外网IP首部
内网IP首部
传输层报文或IP数据报
AH鉴别部分
MD5/SHA1摘要算法
外网IP首部
AH认证
头摘要
内部IP首部
传输层报文或IP数据报

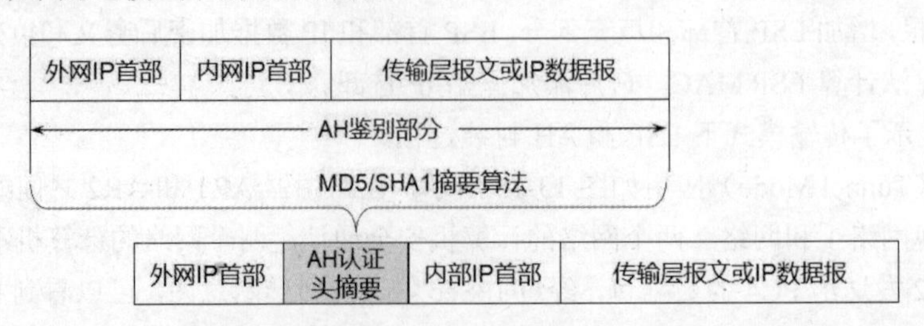

图 13-16　隧道模式下的 AH 封装

图 13-17 展示了隧道模式下 ESP 的封装过程，将内网数据包进行加密。ESP 首部、IP 数据加密后密文和填充部分计算报文鉴别码，再加上外网 IP 首部组成新 IP 包。隧道模式下的 ESP 为整个 IP 包提供保护。

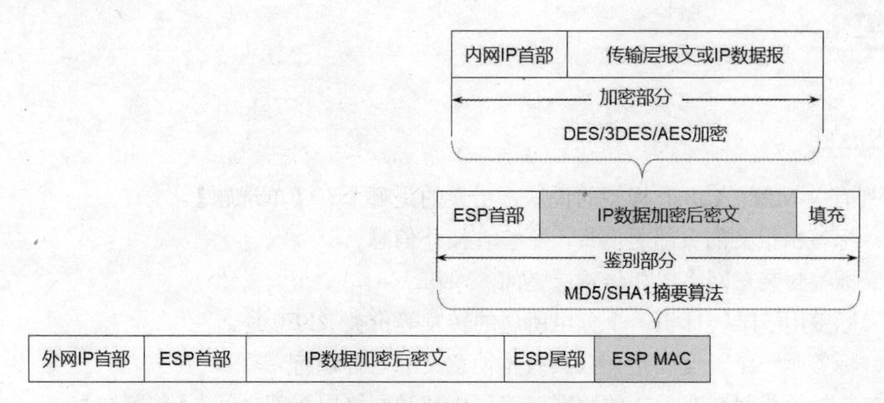

图 13-17 隧道模式下 ESP 的封装

图 13-18 展示了隧道模式下 ESP 和 AH 的封装过程。

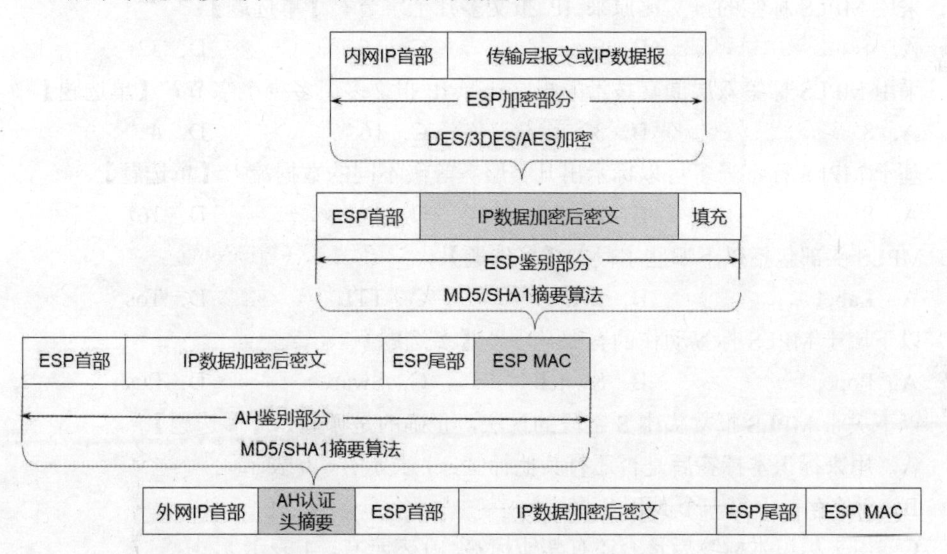

图 13-18 隧道模式下 AH 和 ESP 的封装

传输模式和隧道模式的区别在于：

从安全性来讲，隧道模式优于传输模式。它可以完全地对原始 IP 数据包进行验证和加密。隧道模式下可以隐藏内部 IP 地址、协议类型和端口。

从性能来讲，隧道模式因为有一个额外的 IP 头，所以它将比传输模式占用更多带宽。

从场景来讲，传输模式主要应用于两台主机或一台主机和一台 VPN 网关之间通信；隧道模式主要应用于两台 VPN 网关之间或一台主机与一台 VPN 网关之间的通信。

当安全协议同时采用 AH 和 ESP 时，AH 和 ESP 协议必须采用相同的封装模式。

四、IPSec 隧道模式即 IPSec VPN

IPSec 隧道模式正好可以被利用在通过 Internet 连接的两个局域网，将局域网通信的数据包进行二次封装，实现局域网跨 Internet 通信。通过 IPSec 隧道模式建立两个局域网安全隧道，这就是 IPSec VPN。

13.2 MPLS

典型 HCIA 试题

1. 下列有关 MPLS Label 标签的说法，错误的是哪个？【单选题】

A．标签由报文的头部所携带，不包含拓扑信息

B．标签封装在网络层和传输层之间

C．标签用于唯一标识一个分组所属的转发等价类（FEC）

D．标签是一个长度固定、只具有本地意义的短标识符

2. MPLS 标签头封装在报文的数据链路层头部和网络层头部之间。【判断题】

A．对　　B．错

3. 采用 MPLS 标签的报文比原来 IP 报文多几个字节？【单选题】

A．4　　B．8　　C．16　　D．32

4. 采用 MPLS 标签双层嵌套技术的报文比原 IP 报文多了多少个字节？【单选题】

A．8　　B．32　　C．16　　D．4

5. 基于 MPLS 标签最多可以标示出几类服务等级不同的数据流？【单选题】

A．8　　B．2　　C．4　　D．16

6. MPLS 头部包括以下哪些字段？【多选题】

A．Label　　B．EXP　　C．TTL　　D．Tos

7. 以下属于 MPLS 标签动作的有哪几项？【多选题】

A．Pop　　B．Switch　　C．Swap　　D．Push

8. 以下关于 MPLS 报文头中 S 字段的说法，正确的是哪些？【多选题】

A．用来标识本标签后是否还有其他标签，1 表示有，0 表示无

B．S 位存在于每一个 MPLS 报文头中

C．用来标识本标签后是否还有其他标签，0 表示有，1 表示无

D．S 位在帧模式中只有 1bit，在信元模式中有 2bit

9. MPLS 的体系结构由控制平面（Control Plane）和转发平面（Forwarding Plane）组成，其中转发平面主要完成标签的交换和报文的转发。【判断题】

A．对　　B．错

试题解析

1. MPLS 标签封装在数据链路层和网络层之间。答案为 B。

2. MPLS 标签头封装在报文的数据链路层头部和网络层头部之间。答案为 A。

3. MPLS 标签 4 个字节，双层标签就是 8 个字节。答案为 A。

4. 一个 MPLS 标签 4 个字节。答案为 A。

5. MPLS 标签中有个 Exp 字段。该字段占 3bit，Bits 用以表示从 0 到 7 的报文优先级字段，

最多可以标示出 8 类服务等级不同的数据流。答案为 A。

6. MPLS 头部包括 Label、EXP、BoS 和 TTL，如图 13-19 所示。答案为 ABC。

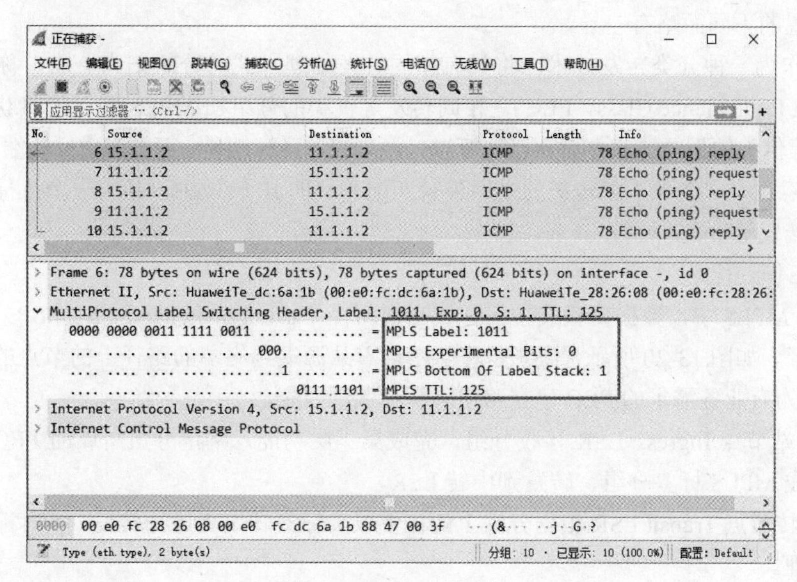

图 13-19 MPLS 标签

7. 标签操作类型包括标签压入（Push）、标签交换（Swap）和标签弹出（Pop）。答案为 ACD。

8. S 位存在于每一个 MPLS 报文头中，用来标识本标签后是否还有其他标签，0 表示有，1 表示无。答案为 BC。

9. MPLS 的体系结构由控制平面（Control Plane）和转发平面（Forwarding Plane）组成，其中转发平面主要完成标签的交换和报文的转发。答案为 A。

关联知识精讲

一、MPLS 介绍

多协议标签交换（Multi-Protocol Label Switching，MPLS）是新一代的 IP 高速骨干网络交换标准，是一种在开放的通信网上利用标签引导数据高速、高效传输的新技术。多协议的含义是指 MPLS 不但可以支持多种网络层面上的协议，还可以兼容第二层的多种数据链路层技术。

MPLS 是利用标记（Label）进行数据转发的。当分组进入网络时，要为其分配固定长度的短的标记，并将标记与分组封装在一起，在整个转发过程中，交换节点仅根据标记进行转发。提高数据转发效率。带来了一些新的应用，比如在 VPN 和流量工程中的应用。支持单播 IPv4、组播 IPv4、单播 IPv6、组播 IPv6 等协议。

MPLS 的典型应用主要有：

- 基于 MPLS 的 VPN。
- 基于 MPLS 的流量工程等。

多协议标签交换（MPLS）最初是为了提高转发速度而提出的。与传统 IP 路由方式相比，它在数据转发时，只在网络边缘分析 IP 报文头，而不用在每一跳都分析 IP 报文头，从而节约了处理时间。

MPLS 网络是指由运行 MPLS 协议的交换节点构成的区域。这些交换节点就是 MPLS 标记交换路由器（Label Switch Router，LSR），按照它们在 MPLS 网络中所处位置的不同，可划分为入栈 LSR（Ingress LSR）、中转 LSR（Transit LSR）和出栈 LSR（Egress LSR）。LSR 路由器的功能因其在网络中位置的不同而略有差异。

MPLS 作为一种分类转发技术，将具有相同转发处理方式的分组归为一类，称为转发等价类（Forwarding Equivalence Class，FEC）。相同转发等价类的分组在 MPLS 网络中将获得完全相同的处理。转发等价类的划分方式非常灵活，可以是源地址、目标地址、源端口、目标端口、协议类型、VPN 等的任意组合。例如，在传统的采用最长匹配算法的 IP 转发中，到同一个目标地址的所有报文就是一个转发等价类。

MPLS 工作过程：

（1）在 MPLS 中，数据传输发生在标签交换路径（Label Switched Path，LSP）上，LSP 需要建立双向路径，如图 13-20 所示，LSP 是每一个沿着从源端到终端的路径上的节点的标签序列。在各个 LSR 中为有业务需求的 FEC 建立路由表和标签映射表。

（2）入站节点 Ingress LSR 接收分组，完成第三层功能，判定分组所属的 FEC，并给分组加上标签，形成 MPLS 标签分组，转发到中转 LSR。

（3）中转节点 Transit LSR 根据分组上的标签以及标签转发表进行转发，不对标签分组进行任何第三层处理。

（4）在出节点 Egress LSR 去掉分组中的标签，继续进行后面的转发。

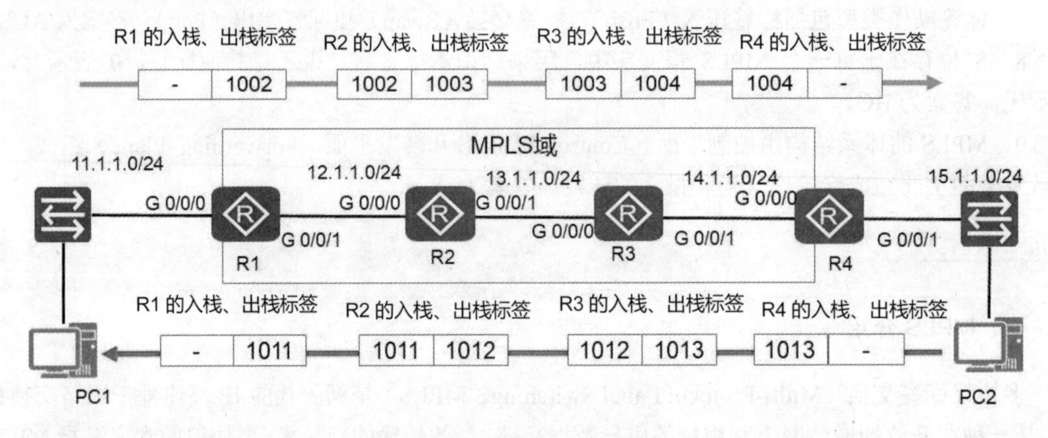

图 13-20 标签交换路径

标签操作类型包括标签压入（Push）、标签交换（Swap）和标签弹出（Pop），它们是标签转发的基本动作。

- Push：当 IP 报文进入 MPLS 域时，MPLS 边界设备在报文二层首部和 IP 首部之间插入一个新标签；或者 MPLS 中间设备根据需要，在标签栈顶增加一个新的标签（即标签嵌套封装）。
- Swap：当报文在 MPLS 域内转发时，根据标签转发表，用下一跳分配的标签，替换 MPLS 报文的栈顶标签。
- Pop：当报文离开 MPLS 域时，将 MPLS 报文的标签剥掉。在最后一跳节点，标签已经没有使用价值。这种情况下，可以利用倒数第二跳弹出特性 PHP（Penultimate Hop Popping），在倒数第二跳节点处将标签弹出，减少最后一跳的负担。最后一跳节点直接进行 IP 转发或者下一层标签转发。默认情况下，设备支持 PHP 特性，支持 PHP 的 Egress 节点分配给倒数第二跳节点的标签值为 3。

由此可以看出，MPLS 并不是一种业务或者应用，它实际上是一种隧道技术，也是一种将标签交换转发和网络层路由技术集于一身的路由与交换技术平台。这个平台不仅支持多种高层协议与业务，而且在一定程度上可以保证信息传输的安全性。

二、MPLS 标签格式

如图 13-21 所示，一个 MPLS 标签长为 4 个字节，32bit，由 Label、EXP、BoS 和 TTL 组成。

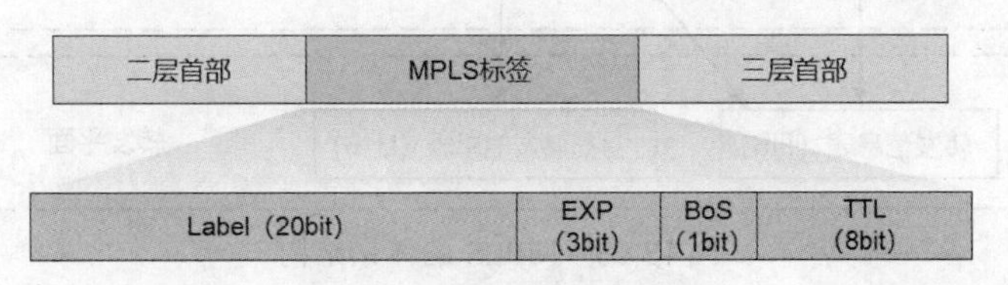

图 13-21　MPLS 封装格式

Label：标签是一个长度固定、只具有本地意义的短标识符，用于唯一标识一个分组所属的转发等价类（FEC）。在某些情况下，例如要进行负载分担，对应一个 FEC 可能会有多个标签，但是一个标签只能代表一个 FEC。标签由报文的头部所携带，不包含拓扑信息，只具有局部意义。标签的长度为 4 个字节。

EXP：优先级。Experimental Bits 用以表示从 0 到 7 的报文优先级字段，最多可以标示出 8 类服务等级不同的数据流。

BoS（Bottom of Stack）：栈低位。如果该字段值为 1，则表示本标签头部为标签栈的栈低，这意味着该标签头部后便是 IP 头部；如果该字段为 0，则表示本标签头部后还是 MPLS 标签，如图 13-22 所示。正因为这个字段表明了 MPLS 的标签理论上可以无限嵌套，从而提供无限的业务支持能力。这是 MPLS 技术最大的魅力所在。

TTL：生存期字段（Time to Live）。用来对生存期值进行编码。与 IP 报文中的 TTL 值功能类似，同样是提供一种防环机制。

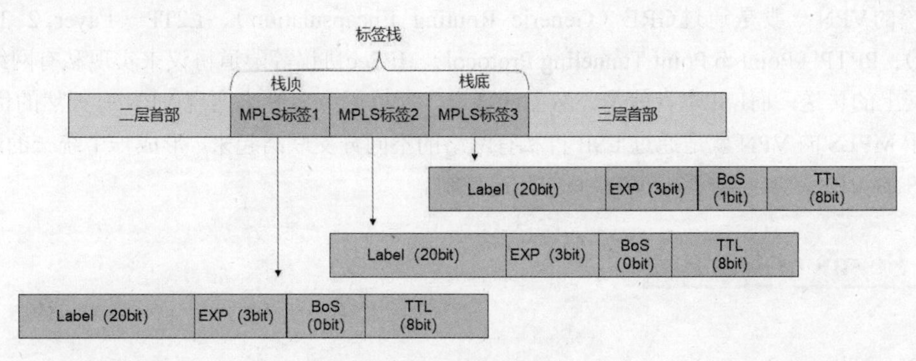

图 13-22　标签栈

Label（标签）头部长度固定，可以包括多个标签头部。

标签分发协议，一个流量能够顺利穿越 MPSL 域之前，该流量所对应的 FEC 的 LSP 必须建立完成，LSP 的建立可以通过两种方式实现：静态和动态。

三、MPLS 的体系结构

MPLS 的体系结构如图 13-23 所示，它由控制平面（Control Plane）和转发平面（Forwarding Plane）组成。

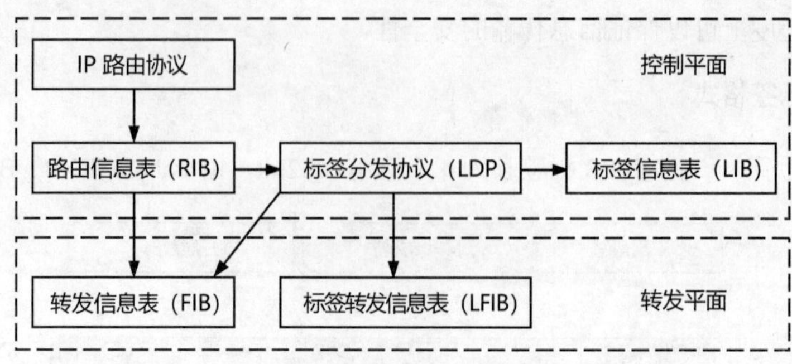

图 13-23　MPLS 的体系结构

控制平面：负责产生和维护路由信息以及标签信息。

路由信息表（Routing Information Base，RIB）：由 IP 路由协议（IP Routing Protocol）生成，用于选择路由。

标签分发协议（Label Distribution Protocol, LDP）：负责标签的分配、标签转发信息表的建立、标签交换路径的建立、拆除等工作。

标签信息表（Label Information Base, LIB）：由标签分发协议生成，用于管理标签信息。

转发平面：即数据平面（Data Plane），负责普通 IP 报文的转发以及带 MPLS 标签报文的转发。

转发信息表（Forwarding Information Base，FIB）：从 RIB 提取必要的路由信息生成，负责普通 IP 报文的转发。

标签转发信息表（Label Forwarding Information Base，LFIB）：简称标签转发表，由标签分发协议在 LSR 上建立 LFIB，负责带 MPLS 标签报文的转发。

四、基于 MPLS 的 VPN

传统的VPN一般是通过GRE（Generic Routing Encapsulation）、L2TP（Layer 2 Tunneling Protocol）、PPTP（Point to Point Tunneling Protocol）、IPSec协议等隧道协议来实现私有网络间数据流在公网上的传送。而LSP本身就是公网上的隧道，所以用 MPLS 来实现 VPN 有天然的优势。

基于 MPLS 的 VPN 就是通过 LSP 将私有网络的不同分支联结起来，形成一个统一的网络。基于 MPLS 的 VPN 还支持对不同 VPN 间的互通控制。

13.3　Segment Routing

典型 HCIA 试题

1．SR（Segment Routing）产生的原因之一是传统的 LDP 存在一些制约其发展的因素，以下关于 LDP 的问题的描述正确有哪些？【多选题】

A．LDP 算路依赖于 IGP，在 IGP 与 LDP 不同步的情况下会造成黑洞，影响业务

B．LDP 本身有 11 种协议报文，在应用时大大增加了链路带宽的消耗和设备的 CPU 利用率

C．LDP 只支持 IGP 最短路径（最小开销）进行路径计算，不支持流量工程

D．LDP 无法实现标签自动分配

2．Segment Routing 是基于什么理念而设计的在网络上转发数据包的一种协议？【单选题】

A．路由策略　　B．目的路由　　C．策略路由　　D．源路由

3．段路由（Segment Routing，SR）是对现有 IGP 协议进行扩展，基于 MPLS 协议，采用源路由技术而设计的在网络上转发数据包的一种协议。【判断题】

A．对　　B．错

4．通过（Segment Routing，SR）可以简易地定义一条显式路径，网络中的节点只需要维护 SR 信息，即可应对业务的实时快速发展。SR 具有如下哪些特点？【多选题】

A．SR 采用 IP 转发，不需要额外维护另外一张标签转发表

B．同时支持控制器的集中控制模式和转发器的分布控制模式，提供集中控制和分布控制之间的平衡

C．通过对现有协议（例如 IGP）进行扩展，能使现有网络更好地平滑演进

D．采用源路由技术，提供网络和上层应用快速交互的能力

5．Segment Routing 将代表转发路径的段序列编码在数据包头部，随数据包传输，接收端收到数据包后，对段序列进行解析。如果段序列的顶部段标识是本节点，则弹出该标识，然后进行下一步处理，如果不是本节点，则使用 ECMP（Equal Cost Multiple Path）方式将数据包转发到下一节点。【判断题】

A．对　　B．错

试题解析

1．SR 产生的原因之一是因为传统的 LDP 存在一些制约其发展的因素。比如 LDP 算路依赖于 IGP，在 IGP 与 LDP 不同步的情况下会造成黑洞，影响业务。LDP 本身有 11 种协议报文，在应用时大大增加了链路带宽的消耗和设备的 CPU 利用率。LDP 只支持 IGP 最短路径（最小开销）进行路径计算，不支持流量工程。答案为 ABC。

2．SR 是基于源路由设计的在网络上转发数据包的一种协议。答案为 D。

3．SR 是对现有 IGP 协议进行扩展，基于 MPLS 协议，采用源路由技术而设计的在网络上转发数据包的一种协议。答案为 A。

4．SR 同时支持控制器的集中控制模式和转发器的分布控制模式，提供集中控制和分布控制之间的平衡。通过对现有协议（例如 IGP）进行扩展，能使现有网络更好地平滑演进。采用源路由技术，提供网络和上层应用快速交互的能力。答案为 BCD。

5．Segment Routing 将代表转发路径的段序列编码在数据包头部，随数据包传输，接收端收到数据包后，对段序列进行解析。如果段序列的顶部段标识是本节点，则弹出该标识，然后进行下一步处理，如果不是本节点，则使用 ECMP（Equal Cost Multiple Path）方式将数据包转发到下一节点。答案为 A。

关联知识精讲

为解决传统 IP 转发和 MPLS 标签分发问题，业界提出了分段路由（Segment Routing，SR）。

SR 是一种新型的 MPLS 技术，其中控制平面基于 IGP 路由协议扩展实现，转发层面基于 MPLS 转发网络实现，对 Segment 来说在转发层面呈现为标签。分段路由流量工程（Segment Routing-Traffic Engineering，SR-TE）是使用 SR 作为控制信令的一种新型的 MPLS TE 隧道技术，控制器负责计算隧道的转发路径，并将与路径严格对应的标签栈下发给转发器，在 SR-TE 隧道的入节点上，转发器根据标签栈进行转发。

分段路由使用一种路由技术或称为源数据包路由的技术。在源数据包路由中，源或入口路由器指定数据包将通过网络的路径，而不是根据数据包的目标地址逐跳地路由数据包通过网络。

分段路由的转发机制有很大改进，主要体现在以下几个方面。

- 基于现有协议进行扩展。扩展后的 IGP/BGP 具有标签分发能力，因此网络中无须其他任何标签分发协议，实现协议简化。
- 引入源路由机制。基于源路由机制，支持通过控制器进行集中算路。
- 由业务来定义网络。业务驱动网络，由应用提出需求（时延、带宽、丢包率等），控制器收集网络拓扑、带宽利用率、时延等信息，根据业务需求计算显式路径。

分段路由将网络路径分成一个个的段（Segment），并且为这些段分配 SID（Segment ID）。SID 的分配对象有两种：转发节点或者邻接链路。本例中 SID 1600x，x 为路由器编号；邻接链路 SID160xx，xx 表示链路两端的节点编号，如图 13-24 所示。

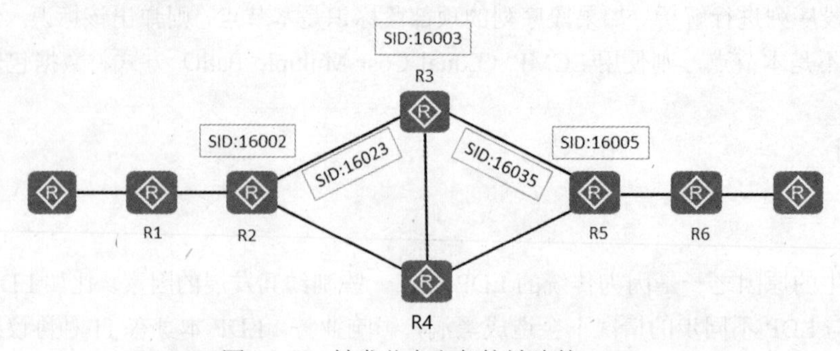

图 13-24　转发节点和邻接链路的 SID

如图 13-25 所示，邻接链路和网络节点的 SID 有序排列形成段列表（Segment List），它代表一条转发路径。SR 由源节点将段序列编码在数据包头部，随数据包传输。SR 的本质是指令，指引报文去哪里和怎么去。

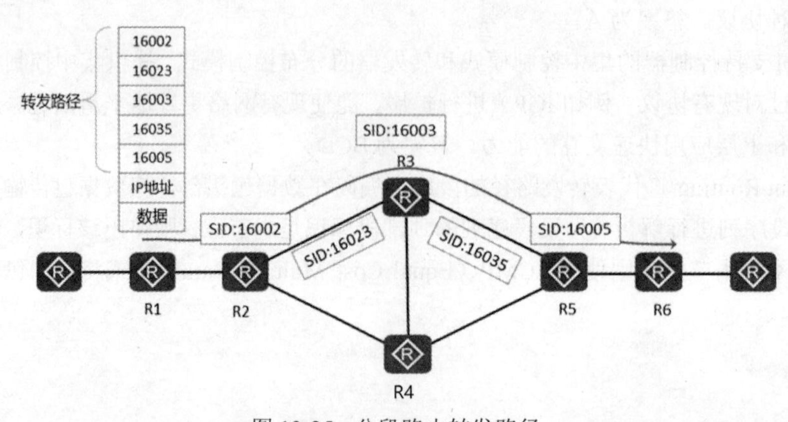

图 13-25　分段路由转发路径

如图 13-26 所示，SR 部署分为有控制器部署和无控制器部署。图中 iMaster NCE 是控制器，控制器收集信息、预留路径资源、计算路径，最后将结果下发到节点，是更为推荐的部署方式。无控制器部署需要管理员对每个设备进行配置。

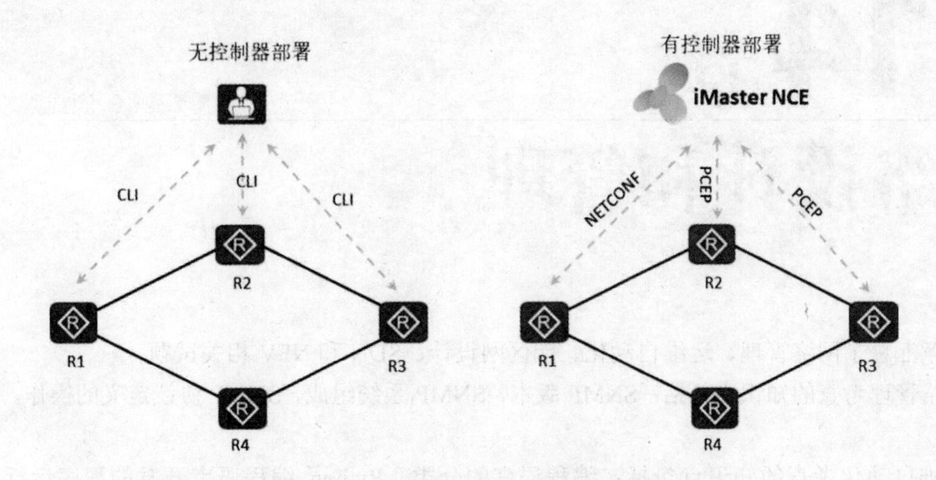

图 13-26 无控制器部署和有控制器部署

网络配置协议（Network Configuration Protocol，NETCONF）为网管和网络设备之间通信提供了一套协议，网管通过 NETCONF 协议对远端设备的配置进行下发、修改和删除等操作。网络设备提供了规范的应用程序编程接口（Application Programming Interface，API），网管可以通过 NETCONF 使用这些 API 管理网络设备。

路径计算单元通信协议（Path Computation Element Communication Protocol，PCEP）简单概括就是一个通信协议。网络中的路径计算的服务器节点为所有路由器上进行路径计算，从而可以做到集中算路。算路服务器和路由器之间使用 PCEP 协议通信。

SR 可以简易地指定报文转发路径，也可以为不同业务定义不同的路径。如图 13-27 所示，在控制器上定义了数据下载、视频和语音 3 条显式路径，实现了业务驱动网络。设备由控制器管理，支持路径实时快速发放。

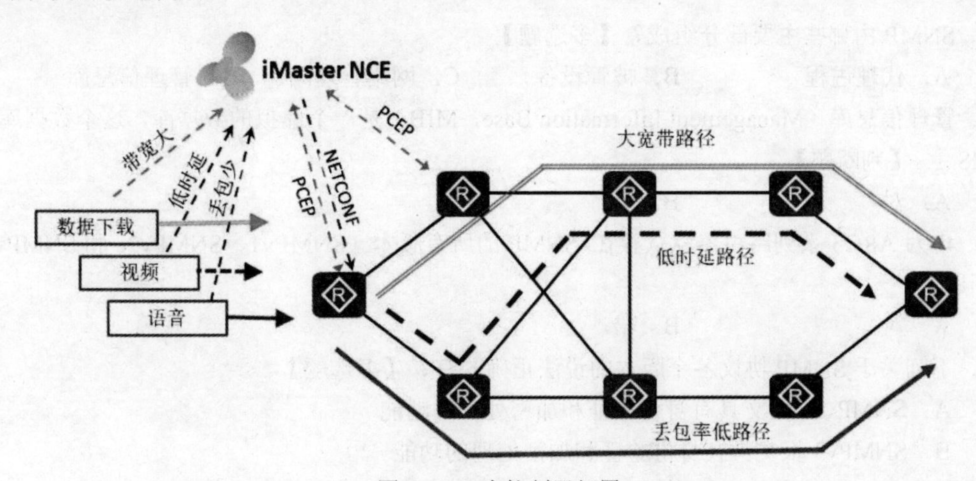

图 13-27 有控制器部署

第14章 网络设计和管理

本章汇总了网络管理、运维自动化、园区网设计、SDN 和 NFV 相关试题。

网络管理考查的知识点包括：SNMP 版本，SNMP 系统组成，SNMP 协议定义的操作，管理信息库。

运维自动化考查的知识点包括：编程语言的分类，Python 编程语言开发的程序运行过程，Python 编码规范，使用 Python 标准库中 Telnetlib 的模块定义的方法管理网络设备。

园区网设计考查的知识点：园区网的生命周期，VLAN 设计和 IP 地址划分，可靠性设计，二层环路避免设计，路由设计和路由配置，确定 IP 地址分配方式，WLAN 设计和规划，出口 NAT 设计和配置，安全设计。

SND 和 NFV 考查的知识点包括：SND 概念，SND 网络架构，NFV 的概念和价值，NFV 关键技术架构。

14.1 网络管理

典型 HCIA 试题

1．SNMP 由哪些主要部分组成？【多选题】

A．代理进程　　B．被管设备　　C．网络管理站　　D．管理信息库

2．管理信息库（Management Information Base，MIB）是一个虚拟的数据库，这个数据库保存在 NMS 上。【判断题】

A．对　　B．错

3．华为 ARG3 系列路由器默认存在 SNMP 的所有版本（SNMPv1、SNMPv2c 和 SNMPv3）。【判断题】

A．对　　B．错

4．下列关于 SNMP 协议各个版本的说法正确的有？【多选题】

A．SNMPv2c 报文具有身份验证和加密处理的功能

B．SNMPv3 报文具有身份验证和加密处理的功能

C．SNMPv1 采用 UDP 作为传输层协议，而 SNMPv2c 和 SNMPv3 采用 TCP 作为传输层协议，因此可靠性更高

D．SNMPv2c 沿用了 v1 版本定义的 5 种协议操作并额外新增了两种操作

5．下列哪个版本的 SNMP 支持加密特性？【单选题】

A．SNMPv3　　B．SNMP2c　　C．SNMP2　　D．SNMP1

6．关于 SNMP 协议的说法，正确的是？【单选题】

A．SNMP 协议采用组播的方式发送管理消息

B．SNMP 采用 IGMP 作为网络层协议

C．SNMP 采用 UDP 作为传输层协议

D．SNMP 协议只支持在以太网链路上发送管理消息

7．SNMP 报文是通过 UDP 来承载的。【判断题】

A．对　　B．错

8．SNMP 报文是通过 TCP 来承载的。【判断题】

A．对　　B．错

9．使用 SNMPv1 协议管理网络设备时，网管系统使用下列哪条命令完成对网络设备的配置？【单选题】

A．Get-Request　　B．Response　　C．Set Request　　D．Get-Next Request

10．缺省情况下运行 SNMPv2c 协议的网络设备使用以下哪个端口号向网络管理系统发送 trap 消息？【单选题】

A．161　　B．6　　C．162　　D．17

11．缺省情况下在 SNMP 协议中，代理进程使用哪个端口号向 NMS 发送告警消息？【单选题】

A．163　　B．161　　C．162　　D．164

12．在 SNMP 中应用如下 ACL：则下列说法错误的是？【单选题】

```
ACL number 2000
rule 5 permit source 192.168.1.2 0
rule 10 permit source 192.168.1.3 0
rule 15 permit source 192.168.1.4 0
```

A．IP 地址为 192.168.1.5 的设备可以使用 SNMP 服务

B．IP 地址为 192.168.1.3 的设备可以使用 SNMP 服务

C．IP 地址为 192.168.1.4 的设备可以使用 SNMP 服务

D．IP 地址为 192.168.1.2 的设备可以使用 SNMP 服务

13．SNMPv1 定义了 5 种协议操作。【判断题】

A．对　　B．错

14．网络管理工作站通过 SNMP 协议管理网络设备，当被管理设备有异常发生时，网络管理工作站将会收到哪种 SNMP 报文？【单选题】

A．get-response 报文　　B．trap 报文

C．set-request 报文　　D．get-request 报文

15．以下哪种 SNMP 报文是由被管理设备上的 Agent 发送给 NMS 的？【单选题】

A．Get-Next-Request　　B．Get-Request　　C．Set-Request　　D．Response

16．网络管理系统通过 SNMP 协议只能查看设备运行状态而不能下发配置。【判断题】

A．对　　B．错

试题解析

1．SNMP 由代理进程、被管设备、网络管理站和管理信息库组成。答案为 ABCD。

2．管理信息库 MIB 是 SNMP 协议定义的一个虚拟的数据库，这个数据库保存在 NMS 和被管设备上。答案为 B。

3．华为 ARG3 系列路由器默认存在 SNMP 的所有版本（SNMPv1、SNMPv2c 和 SNMPv3）。答案为 A。

4．SNMPv3 报文具有身份验证和加密处理的功能。SNMPv2c 沿用了 v1 版本定义的 5 种协议操作并额外新增了两种操作。答案为 BD。

5．SNMP 的 SNMPv3 支持加密特性。答案为 A。

6．SNMP 采用 UDP 作为传输层协议。答案为 C。

7．SNMP 报文是通过 UDP 来承载的。答案为 A。

8．SNMP 报文是通过 UDP 来承载的。答案为 B。

9. 使用 SNMPv1 协议管理网络设备时，网管系统使用 SetRequest 命令完成对网络设备的配置。答案为 C。

10．缺省情况下运行 SNMPv2c 协议的网络设备使用 UDP 的 162 号端口向网络管理系统发送 trap 消息。答案为 C。

11．缺省情况下在 SNMP 协议中，代理进程使用 UDP 的 162 号端口向 NMS 发送告警消息。答案为 C。

12．在 SNMP 中的 ACL 定义了三个源 IP 地址允许通过。192.168.1.5 没有包含在 ACL 中，不能使用 SNMP 服务。答案为 A。

13．SNMPv1 定义 get-request、get-next-request、set-request、get-response、trap 五种协议操作。SNMPv1 版本不支持 GetBulk 操作。答案为 A。

14．网络管理工作站通过 SNMP 协议管理网络设备，当被管理设备有异常发生时，网络管理工作站将会收到 trap 报文。答案为 B。

15．SNMP 的 Response 报文是由被管理设备上的 Agent 发送给 NMS 的。答案为 D。

16．网络管理系统通过 SNMP 协议既能查看设备运行状态又能下发配置。答案为 B。

关联知识精讲

一、SNMP 版本和系统组成

网络设备种类多种多样，不同设备厂商提供的管理接口（如命令行接口）各不相同，这使得网络管理变得愈发复杂。为解决这一问题，SNMP 应运而生。SNMP 作为广泛应用于 TCP/IP 网络的网络管理标准协议，提供了统一的接口，从而实现了不同种类和厂商的网络设备之间的统一管理。

SNMP 分为 3 个版本：SNMPv1、SNMPv2c 和 SNMPv3。

- SNMPv1 是 SNMP 的最初版本，提供最小限度的网络管理功能。SNMPv1 基于团体名认证，安全性较差，但返回报文的错误码较少。
- SNMPv2c 也采用团体名认证。在 SNMPv1 版本的基础上引入了 GetBulk 和 Inform 操作，支持更多的标准错误码信息，支持更多的数据类型（Counter64、Counter32）。

- SNMPv3 主要在安全性方面进行了增强，SNMPv3 由于采用了用户安全模块（User-Based Security Model，USM）和基于视图的访问控制模块（View-Based Access Control Model，VACM），在安全性上得到了提升。SNMPv3 版本支持的操作和 SNMPv2c 版本支持的操作一样。

如图 14-1 所示，SNMP 系统由网络管理系统（Network Management System，NMS）、SNMP 代理（SNMP Agent）、管理信息库（Management Information Base，MIB）和被管对象（Management Object）四部分组成。NMS 作为整个网络的网管中心，对设备进行管理。

SNMP 系统每个被管理设备中都包含 SNMP 代理、MIB 和多个被管对象。NMS 通过与运行在被管设备上的管理信息库 SNMP 代理交互，由 SNMP Agent 对设备的 MIB 进行操作，完成 NMS 的指令。

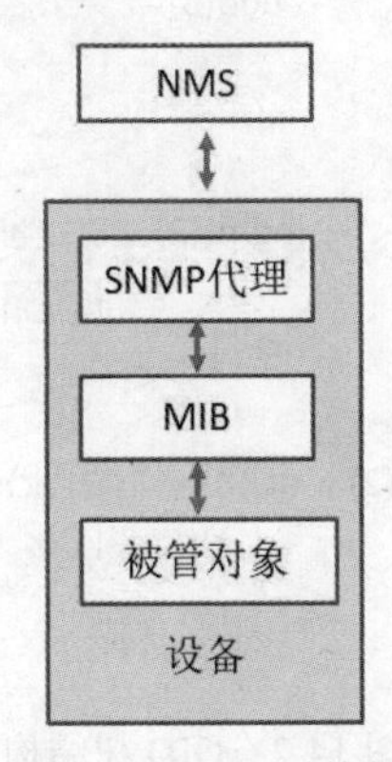

图 14-1　SNMP 系统组成

- NMS 是网络中的管理者，是一个采用 SNMP 对网络设备进行管理、监视的系统，运行在 NMS 服务器上。NMS 可以向设备上的 SNMP Agent 发出请求，查询或修改一个或多个具体的参数值。NMS 可以接收设备上的 SNMP 代理主动发送的 SNMP 陷阱（SNMP Trap），以获知被管设备当前的状态（SNMP 陷阱：在网管系统中，被管设备中的代理可以在任何时候向网络管理工作站报告错误情况，例如预制定阈值越界程度等。代理并不需要等到管理工作站为获得这些错误情况而轮询它的时候才会报告。这些错误情况就是 SNMP 陷阱）。
- SNMP Agent 是被管设备中的一个代理进程，用于维护被管设备的信息数据并响应来自 NMS 的请求，把管理数据汇报给发送请求的 NMS。SNMP Agent 接收到 NMS 的请求信息后，通过 MIB 数据库完成相应指令后，并把操作结果提交给 NMS。当设备发生故障或者其他事件时，设备会通过 SNMP Agent 主动发送 SNMP Traps 给 NMS，向 NMS 报告设备当前的状态变化。
- MIB 是一个数据库，存储了被管理设备所维护的变量，这些变量就是被管理设备的一系列属性，比如被管理设备的名称、状态、访问权限和数据类型等。MIB 也可以看作 NMS 和 SNMP Agent 之间的一个接口，通过这个接口，NMS 对被管设备所维护的变量进行查询、设置操作。
- Managed Object 指被管对象。每一个设备可能包含多个被管对象，被管对象可以是设备中的某个硬件，也可以是在硬件、软件（如路由选择协议）上配置的参数集合。

二、管理信息库

MIB 是以树状结构存储数据的，如图 14-2 所示。树的节点表示被管对象，它可以用从根开始的一条路径唯一地识别，这条路径就称为对象标识符（Object IDentifier，OID），如 system 对象的 OID 为 1.3.6.1.2.1.1，interfaces 对象的 OID 为 1.3.6.1.2.1.2。

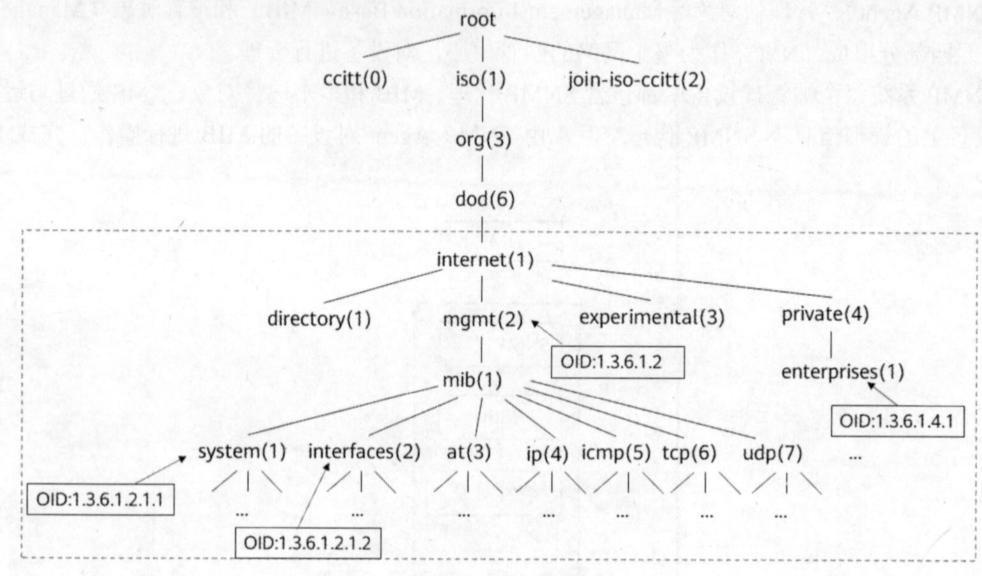

图 14-2 OID 树结构

子树可以用该子树根节点的 OID 来标识，如以 private 为根节点的子树的 OID 为 private 对象的 OID，即 1.3.6.1.4.1。

MIB 视图是 MIB 的子集合，用户可以配置 MIB 视图来限制 NMS 能够访问的 MIB 被管对象。用户可以将 MIB 视图内的子树（或节点）配置为 exclude 或 include，exclude 表示当前视图不包含该 MIB 子树的所有节点，include 表示当前视图包含该 MIB 子树的所有节点。

NMS 可以主动向 SNMP Agent 发送查询请求，SNMP Agent 接收到查询请求后，通过 MIB 表完成相应指令，并将结果反馈给 NMS，如图 14-3 所示。

SNMP 查询操作有三种：get-request、get-next-request 和 GetBulk。SNMPv1 版本不支持 GetBulk 操作。

- get-request 操作：NMS 使用该操作从 SNMP Agent 中获取一个或多个参数值。
- get-next-request 操作：NMS 使用该操作从 SNMP Agent 中获取一个或多个参数的下一个参数值。
- set-request 操作：设置代理进程的一个或多个参数值。
- GetBulk 操作：基于 GetNext 实现，相当于连续执行多次 GetNext 操作。在 NMS 上可以设置被管理设备在一次 GetBulk 报文交互时，执行 GetNext 操作的次数。
- get-response 操作：返回的一个或多个参数值。这个操作是由代理进程发出的，它是前面三种操作的响应操作。
- trap 操作：代理进程主动发出的报文，通知管理进程有某些事情发生。

不同版本的 SNMP 查询操作的工作原理基本一致，唯一的区别是 SNMPv3 版本增加了身份验证和加密处理。下面以 SNMPv2c 版本的 Get 操作为例介绍 SNMP 查询操作的工作原理。

NMS 可以主动向 SNMP Agent 发送对设备进行 Set 操作的请求，SNMP Agent 接收到 Set 请求后，通过 MIB 表完成相应指令，并将结果反馈给 NMS，如图 14-4 所示。

图 14-3　SNMP 查询操作

图 14-4　SNMP Set 操作

SNMP 设置只有一种 Set 操作，NMS 使用该操作可设置 SNMP Agent 中的一个或多个参数值。

不同版本的 SNMP Set 操作的工作原理基本一致，唯一的区别是 SNMPv3 版本增加了身份验证和加密处理。

SNMP Agent 还可以向 NMS 发送 SNMP Traps 消息，主动将设备产生的告警或事件上报给 NMS，以便网络管理员及时了解设备当前运行的状态。

SNMP Agent 上报 SNMP Traps 有两种方式——Trap 和 Inform。SNMPv1 版本不支持 Inform。Trap 和 Inform 的区别在于，SNMP Agent 通过 Inform 向 NMS 发送告警或事件后，NMS 需要回复 InformResponse 进行确认。SNMP Agent 向 NMS 发送 Trap 消息，NMS 不向 SNMP Agent 发送确认，如图 14-5 所示。

图 14-5　SNMP Traps 操作

14.2 运维自动化

典型 HCIA 试题

1．以下关于 Python 语言的说法，错误的是？【多选题】

A．Python 一般都会按照次序从头到尾执行代码

B．在写代码时注意多使用注释，帮助读代码的人理解，注释以=开头

C．Python 语言支持自动缩进，在写代码时不需要关注

D．print()的作用是输出括号内的内容

2．以下关于 Python 的说法不正确的是？【单选题】

A．Python 具有丰富的第三方库

B．Python 可以用于自动化运维脚本、人工智能、数据科学等诸多领域

C．Python 是一种完全开源的高级编程语言

D．Python 拥有清晰的语法结构，简单易学同时运行效率高

3．telnetlib 是 Python 自带的实现 Telnet 协议的模板。【判断题】

A．对　　　　B．错

4．现在需要实现一个 Python 自动化脚本 telnet 到设备上查看设备远程登录配置，下列说法错误的是？【单选题】

A．telnetlib 可以实现这个功能

B．telnet.close()用在每一次输入命令后，作用是等待交换机回显消息

C．使用 telnet.Telnet(host)连接到 Telnet 服务器

D．可以使用 telnet.write(b"display current-configuration\n"向设备输入查看当前配置命令

5．现在需要实现一个 Python 自动化脚本 telnet 到设备上查看设备运行配置。以下说法错误的是？【单选题】

A. 可以使用 telnet.write(b"display current-configuration \n")向设备输入查看当前配置的命令

B．使用 telnet.Telnet(host)连接到 Telnet 服务器

C．telnet.close()用在每一次输入命令后，作用是用户等待交换机回显信息

D．Telnetlib 可以实现这个功能

6．telnetlib 中 telnet.read_very_eager()的作用是非阻塞地读取数据。通常需要和 time 模块一起使用。【判断题】

A．对　　　　B．错

7．telnetlib 中 telnet.read.all()的作用是读取所有数据直到 EOF，如果回显没有返回 EOF 则会一致阻塞。【判断题】

A．对　　　　B．错

8．在 Python 的 telnetlib 中以下哪个方法可以非阻塞地读取数据？【单选题】

A．telnet.read very lazy()　　　　B．telnet.read all()

C．telnet.read eager()　　　　D．telnet.read_very_eager()

9．某设备已配置完成 Telnet 配置。设备登录地址为 10.1.1.10，Telnet 用户名为 admin，密码

为 Huawei@123。以下使用 telnetlib 登录此设备正确的方法是？【单选题】

A．telnetlib.Telnet(10.1.1.0, admin)

B．telnetlib.Telnet(10.1.1.0, 23, admin, Huawei@123)

C．telnetlib.Telnet(10.1.1.0)

D．telnetlib.Telnet(10.1.1.0,admin, Huawei@123)

试题解析

1．在写代码时注意多使用注释，帮助读代码的人理解。注释以#开头。Python 语言不支持自动缩进，编写代码的时候，建议按 Tab 键来生成缩进。答案为 BC。

2．Python 语言是解释型语言。解释型语言的程序每次运行都需要将源代码解释成机器码并执行，效率较低。答案为 D。

3．telnetlib 是 Python 自带的实现 Telnet 协议的模板。答案为 A。

4．telnet.close()是关闭连接。答案为 B。

5．telnet.close()是关闭连接。答案为 C。

6．telnetlib 中 telnet.read_very_eager()的作用是非阻塞地读取数据。通常需要和 time 模块一起使用。答案为 A。

7．telnetlib 中 telnet.read.all()的作用是读取所有字节类型数据，直到 EOF（End Of File）为止；或者直到连接关闭。答案为 B。

8．在 Python 的 telnetlib 中 telnet.read_very_eager()方法可以非阻塞地读取数据。答案为 D。

9．telnetlib.Telnet()方法的参数不包含用户名和密码信息。答案为 C。

关联知识精讲

一、编程语言分类

计算机编程语言是程序设计最重要的工具，它是指计算机能够接受和处理的、具有一定语法规则的语言。从计算机诞生至今，计算机语言经历了机器语言、汇编语言和高级语言几个阶段。

高级语言按照在执行之前是否需编译可以将编程语言分为需要编译的编译型语言（Compiled Language）和不需要编译的解释型语言（Interpreted Language），如图 14-6 所示。

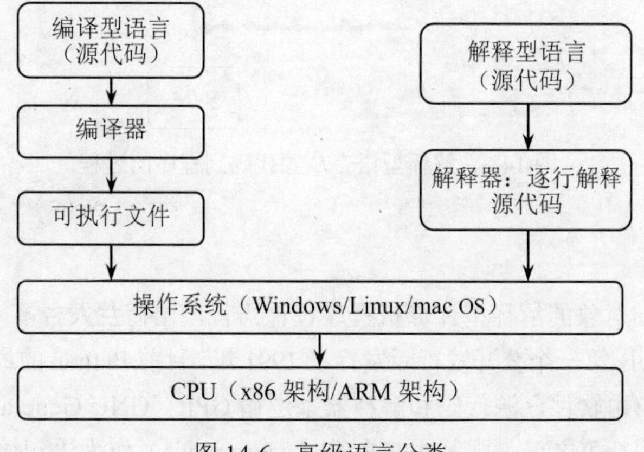

图 14-6　高级语言分类

- 编译型语言。

编译型语言编译和执行是分开的，程序在执行之前有一个编译过程，把源代码编译成为机器语言的二进制文件。编译型语言生成的可执行程序运行时不需要重新编译，直接使用编译的结果，运行效率高。但可执行程序与特定平台相关，不能跨平台执行。C、C++、Go 语言都是典型的编译型语言。

图 14-7 展示了编译型语言从源代码到程序的过程：源代码需要由编译器、汇编器编译成机器指令，再通过链接器连接库函数生成机器语言程序。机器语言程序须与 CPU 的指令集匹配，在运行时通过加载器加载到内存，由 CPU 执行指令。编译型语言的源代码编译时将转换成计算机可以执行的格式，如.exe，.dll，.ocx。

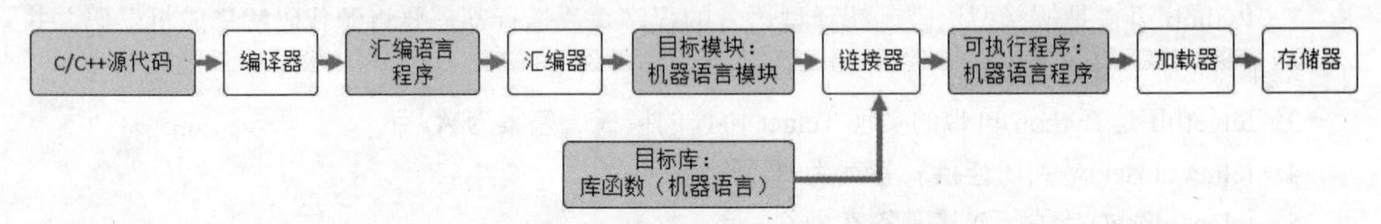

图 14-7 编译型语言从源代码到程序的过程

- 解释型语言。

解释型语言不需要事先编译，直接将源代码解释成机器码即可执行，所以只要平台提供了相应的解释器即可运行程序。解释型语言的程序每次运行都需要将源代码解释成机器码并执行，效率较低。但只要平台提供相应的解释器，就可以运行程序，所以程序移植较方便。Python、Perl 都是典型的解释型语言。

图 14-8 展示了解释型语言从源码到程序的过程，将源代码文件（py 文件）通过解释器转换成字节码文件（pyc 文件），然后运行在 Python 虚拟机（Python VM，PVM）上。

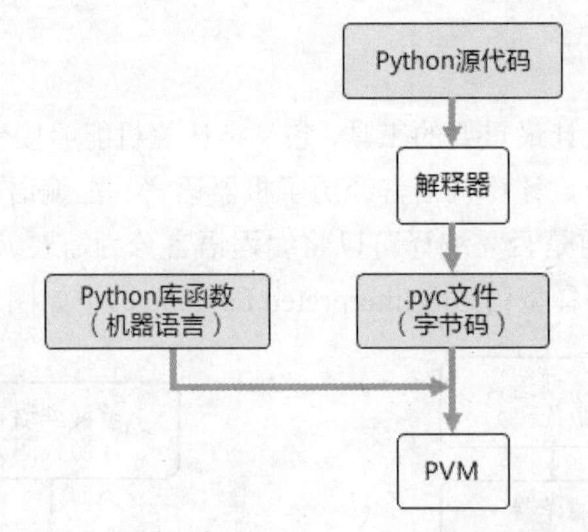

图 14-8 解释型语言从源代码到程序的过程

二、Python 简介

Python 是一种面向对象的解释型计算机程序设计语言，由荷兰人吉多·范罗苏姆（Guido van Rossum）于 1989 年发明，第一个公开发行版发行于 1991 年。目前 Python 的最新发行版是 Python3.6。

Python 是纯粹的自由软件，源代码和解释器都遵循 GPL（GNU General Public License）协议。Python 语法简洁清晰，特色之一是强制用空白符（white space）作为语句缩进。

Python 具有丰富和强大的库。它常被称为胶水语言，能够把用其他语言制作的各种模块（尤其是 C/C++）很轻松地集成在一起。常见的一种应用场景是，使用 Python 快速生成程序的原型（有时甚至是程序的最终界面），然后对其中有特别要求的部分，用更合适的编程语言改写，比如 3D 游戏中的图形渲染模块，性能要求特别高，就可以用 C/C++重写，然后封装为 Python 可以调用的扩展类库。需要注意的是在您使用扩展类库时可能需要考虑平台问题，某些库可能不提供跨平台的实现。

尽管 Python 源代码文件（.py）可以直接使用 Python 命令执行，但实际上 Python 并不是直接解释 Python 源代码，而是先将 Python 源代码编译生成 Python Byte Code（Python 字节码，字节码文件的扩展名一般是.pyc），然后再由 Python Virtual Machine（Python 虚拟机，可以简称为 PVM）来执行 Python Byte Code。也就是说，这里说 Python 是一种解释型语言，指的是解释 Python Byte Code，而不是 Python 源代码。这种机制的基本思想跟 Java 和.NET 是一致的。

尽管 Python 也有自己的虚拟机，但 Python 的虚拟机与 Java 或.NET 的虚拟机不同的是，Python 的虚拟机是一种更高级的虚拟机。这里的高级并不是通常意义上的高级，不是说 Python 的虚拟机比 Java 或.NET 的功能更强大，而是说与 Java 或.NET 相比，Python 的虚拟机距离真实机器更远。或者说，Python 的虚拟机是一种抽象层次更高的虚拟机。

Python 语言程序源代码执行过程如图 14-9 所示。

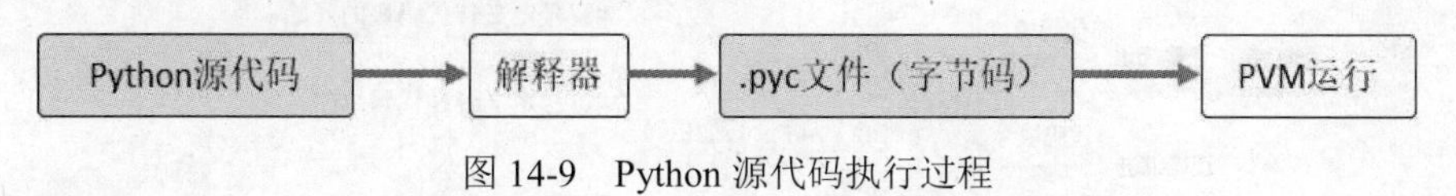

图 14-9 Python 源代码执行过程

（1）在操作系统上安装 Python 和运行环境。

（2）编写 Python 源代码。

（3）解释器运行 Python 源代码，解释生成.pyc 文件（字节码）。

（4）Python 虚拟机将字节码转换为机器语言。

（5）硬件执行机器语言。

三、Python 编码规范

编码规范是使用 Python 编写代码时应遵守的命名规则、代码缩进、代码和语句分割方式等。良好的编码规范有助于提高代码的可读性，便于代码的维护和修改。

分号、空行、圆括号和空格的使用规范建议如下。

分号：Python 程序允许在行尾添加分号，但是不建议使用分号隔离语句。建议每条语句单独一行。如果一行有多条语句，需要用分号隔开。

空行：不同函数或语句块之间可以使用空行来分割，以区分两段代码，提高代码的可读性。

圆括号：圆括号可用于长语句的续行，一般不使用不必要的括号。

空格：不建议在括号内使用空格，对于运算符，可以按照个人习惯决定是否在两侧加空格。

- 标识符命名规范。

Python 标识符用于表示常量、变量、函数以及其他对象的名称。标识符通常由字母、数字和下划线组成，但不能以数字开头。标识符大小写敏感，不允许重名。如果标识符不符合命名规范，编译器运行代码时会输出 SyntaxError 语法错误。如图 14-10 所示，第 5 个标识符以数字开头，就是错误的标识符。

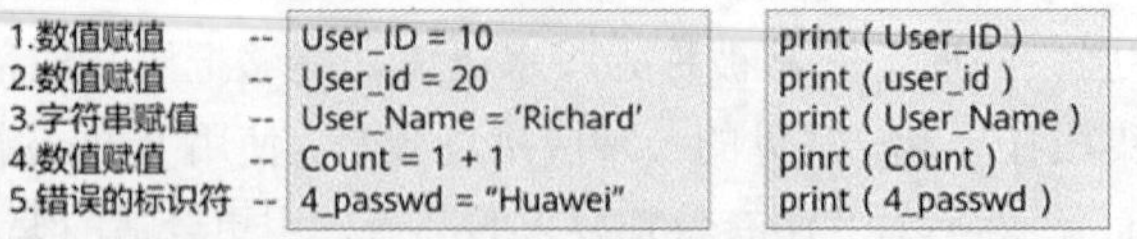

1.数值赋值 --	User_ID = 10	print (User_ID)
2.数值赋值 --	User_id = 20	print (user_id)
3.字符串赋值 --	User_Name = 'Richard'	print (User_Name)
4.数值赋值 --	Count = 1 + 1	pinrt (Count)
5.错误的标识符 --	4_passwd = "Huawei"	print (4_passwd)

图 14-10 标识符命名规范

- 代码缩进。

使用 Python 编写条件和循环语句时，需要用到代码块这个概念。代码块是满足一定条件时执行的一组语句。在 Python 程序中，用代码缩进划分代码块的作用域。如果一个代码块包含两个或更多的语句，则这些语句必须具有相同的缩进量。Python 语言使用代码缩进和冒号来区分代码之间的层次。对 Python 而言，代码缩进是一种语法规则。

编写代码的时候，建议按 Tab 键来生成缩进。如果代码中使用了错误的缩进，则会在程序运行时返回 IndentationError 错误信息。图 14-11 所示的判断语句列出了代码块的开始和结束，以及正确缩进和错误缩进的示例。图中 if 行和 else 行属于同一个代码块，缩进相同。最后一行 print(a)和 if 行、else 行属于同一代码块，缩进应该相同。

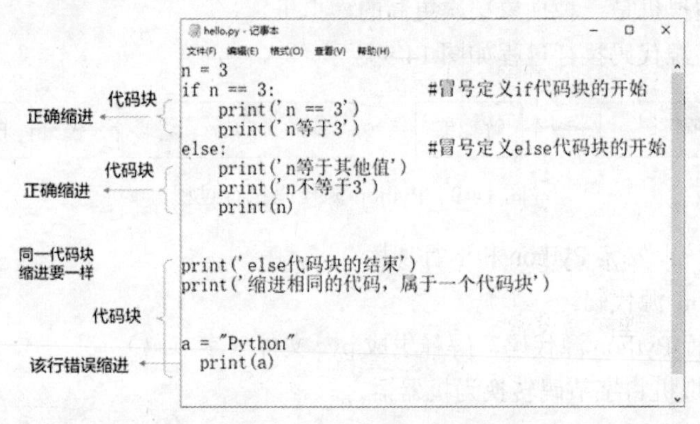

图 14-11 代码块和缩进

- 使用注释。

注释就是在程序中添加解释说明，能够增强程序的可读性。如图 14-12 所示，在 Python 程序中，注释分为单行注释和多行注释。单行注释以#字符开始直到行尾结束。多行注释可以包含跨多行的内容，这些内容包含在一对 3 引号内（"'…'"或者""""…""""）。

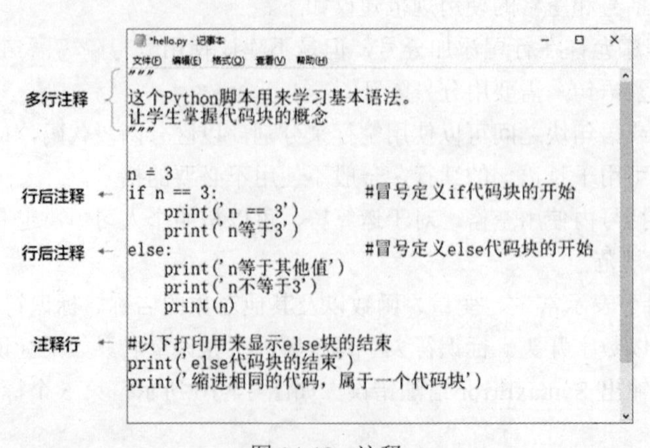

图 14-12 注释

● 源代码文件结构。

一个完整的 Python 源代码文件一般包含解释器和编码格式声明、文档字符串、模块导入和运行代码。

如果在程序中需要调用标准库或其他第三方库的类，需要先使 import 或 from.import 语句导入相关的模块。导入语句始终在文件的顶部，在模块注释或文档字符串（docstring）之后，图 14-13 是源代码文件结构示例。

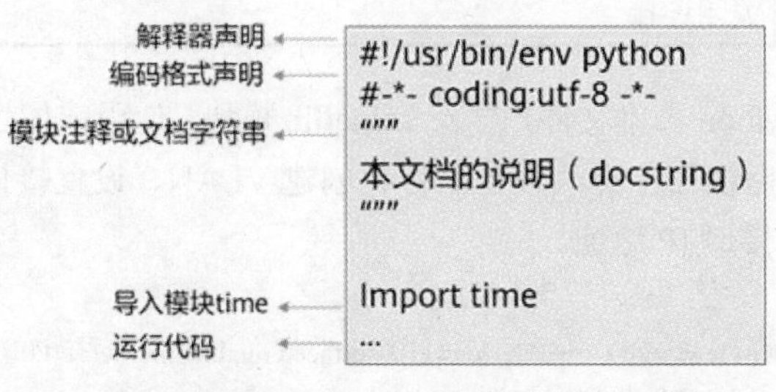

图 14-13 源代码文件结构

解释器声明的作用是指定运行本文件的编译器的路径（非默认路径安装编译器或有多个 Python 编译器）。Windows 操作系统上可以省略本例中第一行解释器声明。

编码格式声明的作用是指定本程序使用的编码类型，以指定的编码类型读取源代码。Python 2 默认使用的是 ASCII 编码（不支持中文），Python 3 默认支持 UTF-8 编码（支持中文）。

文档字符串的作用是对本程序功能的总体介绍。

模块导入部分导入了 time 模块，它是 Python 内置模块，作用是提供处理时间相关的函数。

四、使用 Python 管理网络设备

Telnet 定义了网络虚拟终端（Network Virtual Terminal，NVT）。它描述了数据和命令序列在 Internet 上传输的标准表示方式，以屏蔽不同平台和操作系统的差异，例如不同平台上换行的指令不一样。Telnet 通信采用带内信令方式，即 Telnet 命令在数据流中传输。为了区分 Telnet 命令和普通数据，Telnet 采用转义序列。每个转义序列由两个字节构成，前一个字节（0xFF）叫作“解释为命令”（Interpret As Command，IAC），标识后面一个字节是命令。在 Windows 操作系统或 Linux 操作系统可以使用 Telnet 远程配置华为路由器和交换机等网络设备。

Telnetlib 是 Python 标准库中的模块。它提供了实现 Telnet 功能的类 Telnetlib.Telnet。表 14-1 展示了 Telnetlib 模块定义的方法，这里通过调用 Telnetlib 模块 Telnet 类的不同方法实现不同的功能。

表 14-1 Telnetlib 模块的方法

方法	功能
Telnet.open (host,port = 0 [,timeout])	连接到主机。可选的第二个参数是端口号，默认为标准 Telnet 端口（23）可选的 timeout 参数指定阻塞操作（如连接尝试）的超时（以秒为单位）（如果未指定，将使用全局默认超时设置）
Telnet.read_until (expected,timeout=None)	读取，直到预期的给定字节字符串（b''）或时间超时，如果找不到匹配项，则返回可用的内容，可能是空字节，如果连接已关闭且没有可用的 cooked 数据，则引发 EOFError
Telnet.read_all( )	读取所有字节类型数据，直到 EOF（End Of File）为止；或者直到连接关闭

续表

方法	功能
Telnet.read_very_eager( )	读取从上次 I/O 阻断到现在所有的内容，返回字符串连接关闭或者没有数据时触发 EOFError 异常
Telnet.write(buffer)	将一个字节字符串写入套接字，使任何 IAC 字符加倍。如果连接关闭，可能会引发 OSError
Telnet.close( )	关闭连接

以下案例展示使用 Python 脚本文件，导入 Telnetlib 模块，使用该模块定义的方法，通过 Telnet 配置华为路由器，在华为路由器上更改设备名称、创建 VLAN、设置接口 IP 地址这类操作。

首先配置华为路由器接口 IP 地址。

```
<Huawei>system-view
Enter system view, return user view with Ctrl+Z. [Huawei]interface GigabitEthernet 0/0/0
[Huawei-GigabitEthernet0/0/0]ip address 192.168.80.99 24
[Huawei-GigabitEthernet0/0/0]quit
```

配置路由器允许 Telnet。

```
[Huawei]user-interface vty 0 4
[Huawei-ui-vty0-4]authentication-mode password
Please configure the login password (maximum length 16):huawei@123
[Huawei-ui-vty0-4]user privilege level 15
[Huawei-ui-vty0-4]quit
```

在 Windows 上使用 Telnet 登录路由器，注意观察交互过程。

```
C:\Users\hanlg>Telnet 192.168.80.99 Login authentication
Password:
<Huawei>system-view
Enter system view, return user view with Ctrl+Z.
[Huawei]quit
```

根据第三步的 Telnet 交互输入和输出，编写 Python 脚本使用 Telnetlib 模块下的方法读取 Telnet 输出，输入 Telnet 命令，对网络设备进行配置。

```
import Telnetlib                              #导入 Telnetlib 模块
host = '192.168.80.99'                        #指定登录设备 IP 地址
password = 'huawei@123'                       #指定登录设备密码
tn = Telnetlib.Telnet(host)                   #使用 Telnet 登录到设备
tn.read_until(b'Password:')                   #读取直到回显信息（即设备返回的信息）为“Password:”
tn.write(password.encode('ascii')+b'\n')      #输入编码 ASCII 的密码并回车换行

#进入系统视图，更改设备名称
tn.read_until(b'<Huawei>')                    #输出读取直到“<Huawei>”的信息
tn.write(b'system-view'+b'\n')                #输入命令 system 并回车换行
tn.read_until(b'[Huawei]')                    #输出读取直到“[Huawei]”的信息
tn.write(b'sysname R1'+b'\n')                 #更改路由器名称为 R1
tn.read_until(b'[R1]')                        #读取直到回显信息为“[R1]”

#创建 VLAN 2
tn.write(b'vlan 2'+b'\n')                     #输入命令创建
```

```
vlan 2 tn.read_until(b'vlan2]')                         #输出读取直到"vlan2]"的信息
tn.write(b'quit'+b'\n')                                 #输入命令退出 vlan2 视图
tn.read_until(b'[R1]')                                  #输出读取直到"[R1]"的信息

#进入接口视图，配置接口 IP 地址
tn.write(b'interface GigabitEthernet 0/0/1'+b'\n')      #输入命令进入接口配置模式
tn.read_until(b'1]')                                    #输出读取直到"1]"的信息
tn.write(b'ip address 10.1.1.1 24'+b'\n')               #输入命令配置接口 IP 地址和网络掩码
tn.read_until(b'1]')                                    #输出读取直到"1]"的信息
tn.close()                                              #关闭 Telnet 连接
```

Python 中 encode()和 decode()函数的作用是，以指定的方式编码字符串和解码字符串。本例中，password.encode('ascii')表示将字符串 huawei@123 转为 ASCII。此处编码格式遵守 Telnetlib 模块官方要求。

Python 在字符串前添加 b，例如 b'string'，表示将字符串 string 转换为 bytes 类型。本例中，b'Password:'表示将字符串 Password:转换为 bytes 类型字符串。此处编码格式遵守 Telnetlib 模块官方要求。

14.3 园区网设计

典型 HCIA 试题

1. 园区网搭建的生命周期中哪个阶段是一个项目的开端？【单选题】
   A. 网络优化　B. 网络运维　C. 规划与设计　D. 网络实施
2. 园区网络规划是服务器建议采用静态 IP 地址。【判断题】
   A. 对　B. 错
3. 园区网络规划时，可以按照业务类型进行 VLAN 的规划。【判断题】
   A. 对　B. 错
4. 以下哪个层次不属于中型园区网络架构中常见的网络层次？【单选题】
   A. 网络层　B. 核心层　C. 汇聚层　D. 接入层
5. 园区网可以通过链路聚合和堆叠提高网络可靠性。【判断题】
   A. 对　B. 错
6. 设备有哪几个平面？【多选题】
   A. 业务平面　B. 管理平面　C. 控制平面　D. 数据平面

试题解析

1. 园区网搭建的生命周期中规划与设计阶段是一个项目的开端。答案为 C。
2. 园区网络规划是服务器建议采用静态 IP 地址，移动设备采用动态地址。答案为 A。
3. 园区网络规划时，建议按照业务类型进行 VLAN 的规划。答案为 A。
4. 中型园区网络架构中常见的网络层次包括接入层、汇聚层、核心层。答案为 A。
5. 园区网可以通过链路聚合和堆叠提高网络可靠性。答案为 A。
6. 设备有管理平面、控制平面和数据平面。答案为 BCD。

关联知识精讲

一、园区网的生命周期

一般来说，园区网的生命周期至少应该包括：网络系统的规划和计划、部署和实施、运营维护、网络优化的过程。园区网的生命周期是一个循环迭代的过程，每次循环迭代的动力都来自于网络应用需求的变更。每次循环变更过程都存在规划和设计、部署和实施、运营的维护、网络优化这4个阶段。

- 规划和设计。

网络的规划与设计是一个项目的起点，完善细致的规划工作将为后续的项目具体工作打下坚实的基础。该阶段包括设备选型、确定网络的物理拓扑、逻辑拓扑、使用的技术与协议等。

- 部署和实施。

项目实施是工程师交付项目的具体操作环节，系统的管理和高效的流程是确保项目实施顺利完成的基本要素。该阶段的工作包括设备安装、单机调试、联调测试、割接并网等。

- 运营和维护。

要保证网络各项功能正常运行，从而支撑用户业务的顺利开展，需要对网络进行日常的维护工作和故障处理。该阶段的工作包括日常维护、软件与配置备份、集中式网管监控、软件升级等。

- 网络优化。

用户的业务在不断发展，因此用户对网络功能的需求也会不断变化。当现有网络不能满足业务需求，或网络在运行过程中暴露出了某些隐患时，就需要通过网络优化来解决。该阶段的工作包括提升网络的安全性、软件与配置备份、提升网络用户的体验等。

二、VLAN 设计和 IP 地址规划

VLAN 设计建议如下。

- VLAN 编号建议连续分配，以保证 VLAN 资源合理利用。
- VLAN 划分需要区分业务 VLAN、管理 VLAN 和互联 VLAN。
- 基于接口划分 VLAN。
- 业务 VLAN 设计可以按地理区域划分 VLAN、按逻辑区域划分 VLAN、按人员结构划分 VLAN、按业务类型划分 VLAN。

管理 VLAN 设计用于网络设备远程管理，需要给要管理的设备配置 IP 地址、网络掩码和默认路由。建议所有属于同一二层网络的交换机使用同一管理 VLAN，管理地址处于同一网段。通常二层交换机使用 VLANIF 接口地址作为管理地址。

三、可靠性设计

本案例中接入层和汇聚层都是使用交换机组网，交换机组网的可靠性分为端口级别的可靠性和设备级别的可靠性。

- 端口级别的可靠性。采用以太网链路聚合技术可以增加接入交换机与汇聚交换机之间的可靠性，同时也可增加链路带宽。
- 设备级别的可靠性。可以采用双汇聚、双核心来实现，也可以采用 iStack 或者 CSS 技术。

四、二层环路避免设计

根据可靠性设计，本案例选择了端口级别的可靠性设计和双汇聚设备级别可靠性设计方案，存在环路。同时办公人员有可能将两个交换机误连接，形成环路。为防止办公人员误操作造成环路，可配置交换机采用生成树技术。

本案例生成树协议采用快速生成树协议（Rapid Spanning Tree Protocol，RSTP），同时建议手工配置 LSW1 为根桥，LSW2 为备用根网桥。

五、路由设计和路由配置

中小型园区网的路由设计包括园区内部的路由设计及园区出口路由设计。

（1）园区内部的路由设计主要为满足园区内部设备、终端的互通需求，并且可以与外部路由交互。由于中小型园区的网络规模比较小，网络结构比较简单，内部的路由设计也不复杂。AP 设备通过 DHCP 分配 IP 地址后默认会生成一条缺省路由。交换机、网关设备通过静态路由即可满足需求，无须部署复杂的路由协议。

（2）园区出口的路由设计主要为满足园区内部用户访问 Internet 和广域网的需求，建议在出口设备上配置静态默认路由。

六、IP 地址分配方式

IP 地址分配可以采用动态 IP 地址分配或静态 IP 地址分配。在中小型园区网中，IP 地址具体的分配原则如下。

（1）连接广域网的接口的 IP 地址由运营商进行分配，可以通过静态 IP 地址、动态 IP 地址（DHCP 或者 PPPoE 方式）分配，对于连接广域网接口的 IP 地址需要提前与运营商沟通获取。

（2）服务器、特殊终端设备（打卡机、打印机、IP 视频监控设备等）建议采用静态 IP 地址绑定方式分配。

（3）用户终端设备，比如用户办公用 PC、IP 电话等设备，建议通过在网关设备上部署 DIICP 服务器后，统一通过 DHCP 方式动态分配 IP 地址。

七、WLAN 设计和规划

- WLAN 组网设计。

根据 AC 和 AP 的 IP 地址情况，以及数据流量是否流经 AC，可将组网划分为直连二层组网、旁挂二层组网、直连三层组网、旁挂三层组网。本案例采取直连二层组网。

- WLAN 数据转发方式设计。

WLAN 中的数据包括控制报文和数据报文。控制报文通过 CAPWAP 隧道转发，数据报文转发方式分为隧道转发、直接转发。本案例采用隧道转发方式。

- 其他设计。

除了要规划组网和数据转发方式外，仍需进行以下设计。

（1）网络覆盖设计：针对无线网络覆盖的区域设计规划，保证区域覆盖范围内的信号强度能满足用户的要求，并且解决相邻 AP 间的同频干扰问题。

（2）网络容量设计：根据无线终端的带宽要求、终端数目、并发量、单 AP 性能等数据来设计部署网络所需的AP数量，确保无线网络性能可以满足所有终端的上网业务需求。

（3）AP布放设计：在网络覆盖设计的基础上，根据实际情况对AP的实际布放位置、布放方式和供电走线原则进行修正确认。

八、出口NAT设计和配置

园区网的内网通常使用私网地址，内网计算机访问Internet时需要做地址转换（NAT）。在连接Internet的路由器上通常有公网地址，并配置有NAT。NAT的类型包括静态 NAT、动态NAT、网络地址端口转换（Network Address and Port Translation，NAPT）、Easy IP和NAT Server，可根据实际情况选择合适类型的NAT。

静态 NAT 适用于有较多的静态公网 IP 地址，且内网的计算机需要使用固定的公网地址访问Internet的场景。这种场景下，Internet中的计算机也可以使用公网地址直接访问到对应的私网地址。

动态NAT有地址池的概念，路由器从公网地址池中的选择可用地址给内网计算机访问Internet使用。这种场景下，内网可以发起到Internet的访问，而Internet不能主动通过公网地址发起对内网的访问。一个公网地址只能给一个内网的计算机做地址转换。

NAPT适用于公网地址池中 IP地址数量有限的场景。内网计算机数量超过公网地址池的地址数量，就需要配置成NAPT，节省公网IP地址，提高公网IP地址的利用率。

Easy IP适用于连接Internet的接口地址动态获得的场景。使用接口的公网地址作为NAPT，不需要配置公网地址池。

NAT Server适用于内网的计算机需要给Internet的计算机提供服务的场景。配置了NAT Server，Internet中的计算机就可以通过路由器的公网地址访问到内网的特定服务，如内网的Web服务等。

九、安全设计

本案例中安全设计涉及流量管控、DHCP安全以及网络管理安全，使用路由器和交换机实现。

- 流量管控。

如图14-14所示，允许研发部、市场部和行政部的计算机之间能够相互访问，但不允许其访问Internet。访客网络中的计算机可以访问 Internet，但不能访问园区内部网络。我们可以用traffic-policy、traffic-filter等技术完成流量管控，通过配置NAPT允许访客网络访问Internet。配置NAPT需要创建ACL，并定义允许访问Internet的网段。本案例中ACL中只需添加两条规则，一是允许访客的流量通过，二是拒绝其他流量通过。然后在路由器出口配置Easy IP。

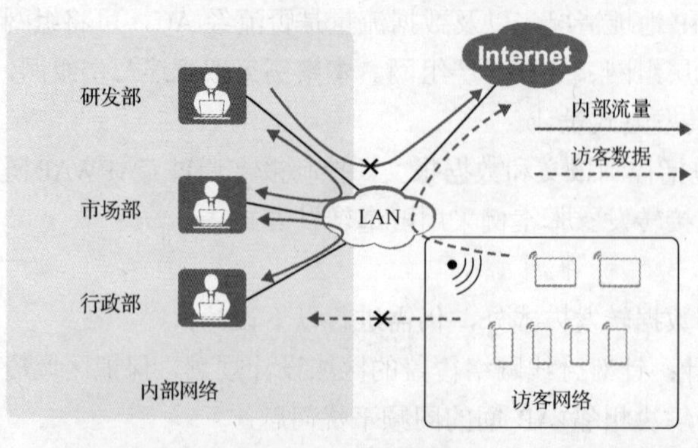

图14-14 流量管控

```
[CORE-R1]acl 2000
[CORE-R1-acl-basic-2000]rule 5 permit source 192.168.1.0 0.0.0.255
[CORE-R1-acl-basic-2000]rule 10 deny
[CORE-R1-GigabitEthernet0/0/0]nat outbound 2000
```

- DHCP 安全。

在园区网中，经常会出现员工私接带 DHCP 的无线路由器，导致内网地址混乱，出现地址冲突，无法上网等情况。一般会在接入层交换机使用 DHCP Snooping 防止这种情况，保障 DHCP 安全。

- 网络管理安全。

当使用 Telnet 或 Web 等方式对设备进行网络管理时，可以通过 ACL 技术，仅允许固定的用户（固定 IP 地址的计算机）登录进行网络管理。对于集中式网管［管理员能够通过一个管理端程序的操作界面及时获取到所有被管理设备的工作状态，并能够通过这个界面对所有被管理设备进行配置。简单网络管理协议（Simple Network Management Protocol，SNMP）定义了管理端与网络设备执行管理通信的标准］，SNMPv3 增加了身份验证和加密处理，可以大大提高网络管理的安全性。

14.4 SDN 和 NFV

典型 HCIA 试题

1．SDN 的起源是转控分离。转控分离是实现 SDN 的一种方法而不是本质。【判断题】

A．对　　B．错

2．以下选项中，不属于 SDN 网络架构的是？【单选题】

A．设备层　　B．控制器层　　C．芯片层　　D．应用协同层

3．SDN 架构中协同层的作用是基于用户意图完成业务部署。OpenStack 属于业务协同层。【判断题】

A．对　　B．错

4．控制器是 SDN 的核心组件，控制器通过南向接口连接设备，以下属于控制器南向协议的是？【多选题】

A．SNMP　　B．OpenFlow　　C．PCEP　　D．NETCONF

5．下列选项中关于 NFV 架构概念的描述，正确的是？【多选题】

A．VNFM 负责 VNF 的生命周期管理

B．NFVO（NFV Orchestrator）负责业务的编排

C．MANO 由 NFVO、VNFM 和 VIM 组成

D．VIM 负责实现基础设施的虚拟化

6．虚拟化是实现 NFV 的基础，以下关于虚拟化特点的说法，正确的是？【多选题】

A．隔离：同一个物理服务器上的虚拟机相互隔离

B．分区：可以在单个物理服务器上同时运行多个虚拟机

C．封装：虚拟机都是共享操作系统的，通过命令空间实现封装

D．硬件独立：虚拟机和硬件解耦，支持虚拟机在服务器之间迁移

7．以下哪些不是华为网络设备开放接口？【单选题】

A．RE TCONF　　B．JSON　　C．XML　　D．NETCONF

8. NFV 实现了以软件化的方式部署网络应用。【判断题】

A. 对　　B. 错

试题解析

1. SDN 的本质是网络软件化，提升网络可编程能力。SDN 的起源是转控分离。转控分离是实现 SDN 的一种方法而不是本质。答案为 A。

2. SDN 网络架构分为设备层、控制器层和应用协同层。答案为 C。

3. SDN 架构中协同层的作用是基于用户意图完成业务部署。OpenStack 属于业务协同层。答案为 A。

4. 控制器是 SDN 的核心组件，控制器通过南向接口连接设备，控制器南向协议包括 NETCONF、SNMP、OpenFlow、OVSDB 等。答案为 ABD。

5. VNFM（虚拟网络功能管理）负责 VNF 的生命周期管理。NFVO 负责业务的编排。MANO 由 NFVO、VNFM 和 VIM 组成。虚拟资源管理（Virtualised Infrastructure Manger，VIM）负责实现基础设施的虚拟化。答案为 ABCD。

6. 虚拟化是实现 NFV 的基础，隔离、分区、封装和硬件独立是虚拟化的特点。答案为 ABCD。

7. 华为网络设备开放接口包括 JSON、XML 和 NETCONF。答案为 A。

8. 网络功能虚拟化（Network Functional Virtualization，NFV）实现了以软件化的方式部署网络应用。答案为 A。

关联知识精讲

一、SDN 的概念

软件定义网络（Software Defined Network，SDN）是 2006 年由斯坦福大学 Clean Slate 研究组提出的一种新型网络创新架构。SDN 提出了 3 个特征：转控分离、集中控制和开放可编程接口。SDN 的核心理念是通过将网络设备控制平面与数据平面分离，实现控制平面的集中控制，为网络应用的创新提供良好的支撑。SDN 架构如图 14-15 所示。

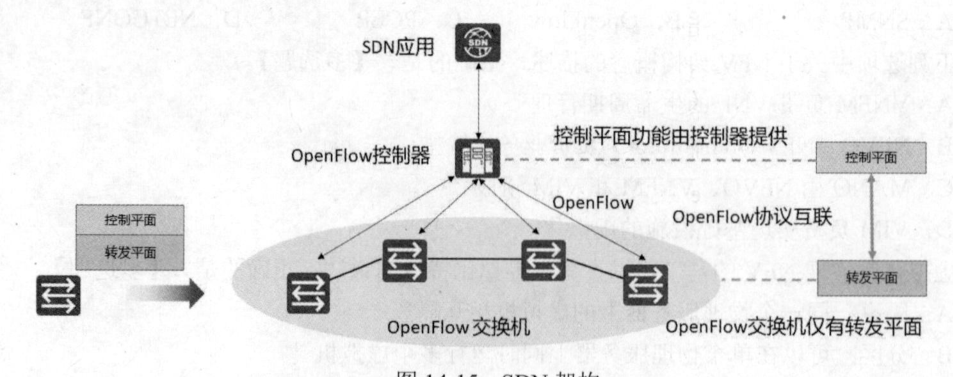

图 14-15　SDN 架构

过去几十年里，传统网络一直是全分布式的，满足了各种用户需求。今天，SDN 是为了未来更好地满足用户需求。并不是传统网络无法满足什么需求，只是 SDN 能做到更快、更好、更简单。SDN 试图摆脱硬件对网络架构的限制，这样便可以像安装、升级软件一样对网络进行修改，便于更多的应用程序（Application，App）快速部署到网络上。如果把现有的网络看成手机，那 SDN 的目标就是做出一个网络界的 Android 系统，可以在手机上安装升级，同时还能安装更多、更强大的手机 App。

SDN 的本质是网络软件化，提升网络可编程能力。SDN 是一次网络架构的重构，而不是一种新特性、新功能。不能简单地将 SDN 等同于转控分离或 OpenFlow 协议。控制与转发分离，管理与控制分离都只是满足 SDN 的一种手段，OpenFlow 协议也只是满足 SDN 的一种协议。

二、SDN 网络架构

SDN 是对传统网络架构的一次重构，由原来分布式控制的网络架构重构为集中控制的网络架构，如图 14-16 所示。

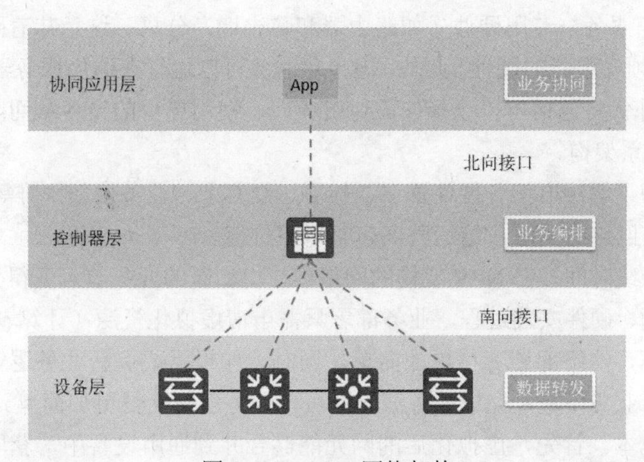

图 14-16　SDN 网络架构

协同应用层主要包括满足用户需求的各种上层应用。典型的协同应用层应用包括 OSS、OpenStack 等。OSS 可以负责整网的业务协同，OpenStack 云平台一般用于数据中心，负责网络、计算、存储的业务协同。还有其他协同应用层应用，比如用户希望部署一个安全 App，这个安全 App 不关心设备具体部署位置只是调用了控制器的北向接口，例如 Block（source IP，Dest IP），然后控制器会给各网络设备下发指令，这个指令根据南向协议不同而不同。

控制器层的实体就是 SDN 控制器，是 SDN 网络架构下最核心的部分。控制器层是 SDN 系统的大脑，其核心功能是实现网络业务编排。

设备层的网络设备接收控制器指令，执行设备转发。

北向接口（Northbound Interface，NBI）为控制器对接协同应用层的接口，主要为 RESTful。RESTful 是一种网络应用程序的设计风格和开发方式，基于 HTTP，可以使用 XML 格式定义或 JSON 格式定义。

南向接口（Southbound Interface，SBI）为控制器与设备交互的协议，包括南向接口为控制器与设备交互的协议，包括 NETCONF、SNMP、OpenFlow、OVSDB 等。

三、NFV 的概念和价值

近年虚拟化和云计算等 IT 技术蓬勃发展，传统应用逐渐云化，以软件的方式部署于私有云、公有云或者混合云上。

网络功能虚拟化（Network Functions Virtualization，NFV）将许多不同类型的网络设备（如Servers、Switches 和 Storage 等）构建为一个数据中心网络（Data Center Network），通过虚拟化技术形成虚拟机（Virtual Machine，VM），然后将传统的通信技术（Communications Technology，CT）业务部署到 VM 上。

虚拟化之后的网络功能被称为 VNF（Virtualized Network Function）。当我们谈到 VNF 时，通常是指运营商 IMS（IP Multi-Media Sub-System，基于 IP 的多媒体子系统是一个通信网络中各种网络实体的总称）、CPE（Customer Premise Equipment，客户前置设备）这些传统网元（网元即网络元素，包括服务器、存储、交换机、路由器）在虚拟化之后的实现。硬件通用化后，传统网元不再是嵌入式的软硬结合的产品，而是以纯软件的方式装在通用硬件［即 NFV 基础设施（NFV Infrastructure，NFVI）］上。

NFV 允许将通信服务与专用硬件（如路由器和防火墙）分离。这意味着网络运维可以不断地提供新的服务，且无须安装新的硬件。此外，虚拟化服务可以运行在通用服务器（而不是专用硬件）上。NFV 的一些额外优势包括可以选择按需付费模式、使用更少的设备从而降低运维开销，以及能够快速扩展网络体系架构。

NFV 是运营商为了解决电信各硬件繁多、部署运维复杂、业务创新困难等问题而提出的。

NFV 在重构电信网络的同时，给运营商带来以下价值。

- 缩短业务上线时间。在 NFV 架构的网络中，增加新的业务节点变得异常简单。不再需要复杂的工勘、硬件安装过程。业务部署只需申请虚拟化资源（计算、存储、网络等），加载软件即可，网络部署变得更加简单。同时，如果需要更新业务逻辑，也只需要更新软件或加载新业务模块，完成业务编排即可，业务创新变得更加简单。
- 降低建网成本。首先，虚拟化后的网元能够合并到通用设备中，获取规模经济效应。其次，提升网络资源利用率和能效，降低整体成本。NFV 采用云计算技术，利用通用化硬件构建统一的资源池，根据业务的实际需要动态按需分配资源，实现资源共享，提高资源使用效率。如通过自动扩容、缩容解决业务潮汐效应下资源利用问题。
- 提升网络运维效率。自动化集中式管理提升运营效率，降低运维成本。例如数据中心的硬件单元的集中管理的自动化，基于管理编排域（Management and Orchestration，MANO）的应用生命周期管理的自动化，基于 NFV/SDN 协同的网络自动化。
- 构建开放的生态系统。传统电信网络专有软硬件的模式，决定了它是一个封闭系统。NFV 架构下的电信网络，基于标准的硬件平台和虚拟化的软件架构，更易于开放平台和开放接口，引入第三方开发者，使得运营商可以共同和第三方合作伙伴共建开放的生态系统。

四、NFV 关键技术和架构

在 NFV 的道路上，虚拟化是基础，云化是关键。

传统电信网络中，各个网元都是由专用硬件实现的。这种方式的问题在于，一方面搭建网络需要进行大量不同硬件的互通测试及安装配置，费时费力；另一方面，业务创新需要依赖于硬件厂商的实现，通常耗时较长，难以满足运营商对业务创新的需求。

在这种背景下运营商希望引入虚拟化的模式，将网元软件化，运行在通用基础设施上（包括通用的服务器、存储、交换机等）。虚拟化具有分区、隔离、封装和相对于硬件独立的特征，能够很好地满足 NFV 的需求，如图 14-17 所示。

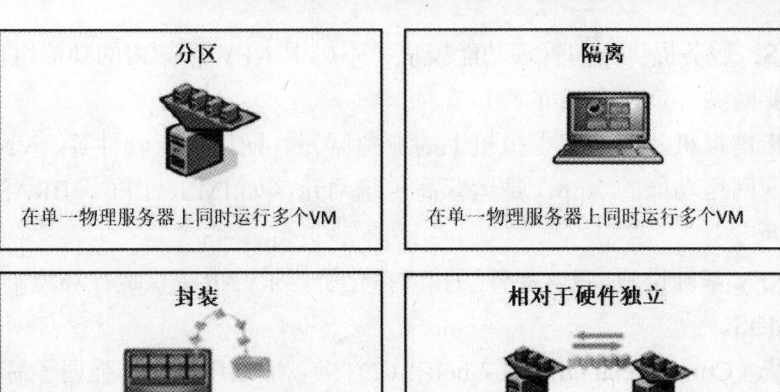

图 14-17　虚拟化的特征

使用通用硬件，首先运营商可以减少采购专用硬件的成本。其次，业务软件可以快速地进行迭代开发，也使得运营商可以快速进行业务创新、提升自身的竞争力。最后，这也赋予了运营商进入云计算市场的能力。

云化就是将现有业务迁移到云计算平台的过程。根据美国国家标准与技术研究院的定义，云计算是一种模型，它可以实现随时随地、便捷地、随需应变地从可配置计算资源共享池中获取所需的资源（例如，网络、服务器、存储、应用及服务），资源能够快速供应并释放，使管理资源的工作量和与服务提供商的交互减小到最低限度。

云计算服务应该具备以下几条特征。

- 按需自助服务：云计算实现了 IT 资源的按需自助服务，不需要 IT 管理员的介入即可申请和释放资源。
- 广泛网络接入：有网络即可随时、随地使用。
- 资源池化：资源池中的资源包括网络、服务器、存储等资源，提供给用户使用。
- 快速弹性伸缩：资源能够快速地供应和释放。申请即可使用，释放立即回收资源。
- 可计量服务：计费功能。计费依据就是所使用的资源可计量。例如按使用小时为时间单位，以服务器 CPU 个数、占用存储的空间、网络的带宽等综合计费。

运营商网络中网络功能的云化更多的是利用了资源池化和快速弹性伸缩两个特征。

NFV 架构分基础设施（Network Functions Virtualization Infrastructure，NFVI）、虚拟化网络功能层（Virtualized Network Function，VNF）和管理自动化及网络编排（Management and Orchestration，MANO）等功能模块，同时还要支持现有的 OSS/BSS（Operation Support System/Business Support System）功能模块，如图 14-18 所示。

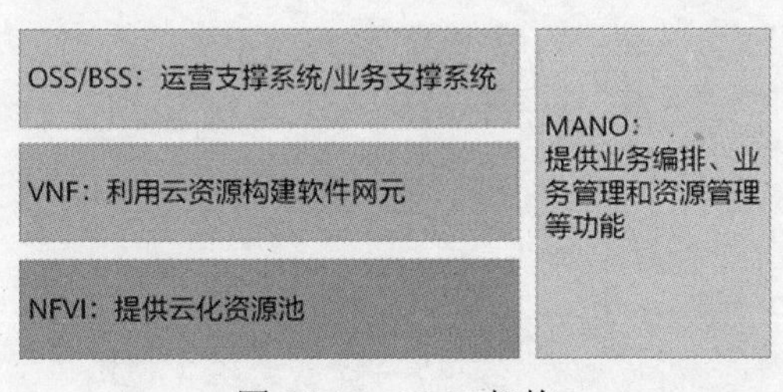

图 14-18　NFV 架构

- OSS/BSS：服务提供商的管理功能模块，不属于 NFV 框架内的功能组件，但 MANO 和网元需要提供对 OSS/BSS 的接口支持。
- VNF：指虚拟机及部署在虚拟机上的业务网元、网络功能软件等，VNF 也可以理解为各种不同网络功能的 App，是运营商传统网元（如 IMS、EPC、BRAS、CPE 等）的软件实现。
- NFVI：NFV 基础设施，包含硬件层和虚拟化层，为 VNF 提供运行环境。业界也称作 COTS 和 CloudOS。
- 商用现货（Commercial Off-The-Shelf，COTS），即通用硬件，强调了易获得性和通用性。例如 Huawei FusionServer 系列硬件服务器。
- 云操作系统（Cloud Operating System，CloudOS）：设备云化的平台软件，可以理解为电信业的操作系统。CloudOS 提供了硬件设备的虚拟化能力，将物理的计算、存储、网络资源变成虚拟资源供上层的软件使用。例如华为的云操作系统 Fusion Sphere。
- MANO：MANO 的引入是要解决 NFV 多 CT/IT 厂家环境下的网络业务的发放问题，包括：分配物理、虚拟资源，垂直打通管理各层，快速适配对接新厂家新网元。MANO 包括 NFVO（Network Functions Virtualization Orchestrator，实现对整个 NFV 基础架构、软件资源、网络业务的编排和管理）、VNFM（Virtualized Network Function Manager，负责 VNF 的生命周期管理，比如实例化、配置、关闭等）、VIM（Virtualized Infrastructure Manager，负责 NFVI 的资源管理，通常运行于对应的基础设施站点中，主要功能包括资源的发现、虚拟资源的管理分配、故障处理等）3 部分。

NFV 架构每个功能模块可由不同的厂商提供解决方案，在提高系统开发性的同时增加了系统集成的复杂度。